Jetzt helfe ich mir selbst

Motor
buch
Verlag

Umschlagentwurf und Buchgestaltung: Anita Ament.
Umschlagfoto: Thomas Nauck.

ISBN 3-613-01645-1

Auflage Nr. 101 5910

Fotos: Boge 1, Bosch 2, Champion 8, Haeberle 2, Lautenschlager 6, Nauck 283, Volkswagen 9.
Zeichnungen: autopress 1, Bosch 3, Bridgestone 1, Brunner 3, Fiat 1, Fulda 1, Haeberle 3, Hofmann 1, Lautenschlager 1, Mazda 1, Uniroyal 1, Varta 1, Volkswagen 133, ZF 1.
Stromlaufpläne: Volkswagen.
Bildgrafik: Thomas Nauck, Ulrike Nülsen.
Repros: Die Repro, 71732 Tamm.
Satz: Vaihinger Satz + Druck, 71665 Vaihingen.
Druck: Rung-Druck, 73033 Göppingen.
Bindung: Wilhelm Nething, 73235 Weilheim.
Printed in Germany.

Roland Riesen

Opel Omega

Benziner Vierzylinder
ab Oktober '94

Motorbuch Verlag
Stuttgart

Inhaltsverzeichnis

Seite

Seite

Omega open

Der Opel Omega ist der Mehrzahl seiner Käufer mehr als ein reines Fortbewegungsmittel. Ob neu oder gebraucht gekauft hat, man möchte gern über das gute, teure Stück informiert sein. Als erste Informationsquelle kann die Betriebsanleitung weiterhelfen, wenn sie beim Gebrauchtwagen nicht schon abhanden gekommen ist. Aber all die technischen Bauteile und deren Feinheiten finden Sie dort trotzdem nicht beschrieben. Hier ist unser Handbuch das richtige: Es informiert umfangreich und nennt Ihnen – für den Fall des Falles – auch die Möglichkeiten zur Störungssuche.

Aber auch im Fall einer Reparatur lassen wir Sie nicht alleine. Oft endet ein Werkstattbesuch mit einer umfangreichen, hohen Rechnung, da mehr als ursprünglich gedacht repariert oder ersetzt werden mußte. Dann kommt mancher Autobesitzer ins Grübeln: Waren wirklich alle aufgeführten Arbeiten notwendig? Hätte man nicht zumindest einen Teil der Wartungsaufgaben oder Reparaturen selbst erledigen und dabei Geld sparen können?

Mit diesem Buch wollen wir dem Autofahrer – speziell in Sachen Omega – zur Seite stehen, um seine Ausgaben zu verringern und den Wert seines Wagens zu erhalten. Aber da kommt gleich die nächste Frage: Reichen die eigenen Fähigkeiten und Möglichkeiten aus? Auch hier ist es wie anderswo: Ob Frau oder Mann, jeder hat mehr Geschick, als er glaubt. Und auch am Auto gibt es einfache Handgriffe, nicht schwerer als im täglichen Leben. Wir nennen nur: Auswechseln von Glühlampen, Kontrolle und Nachfüllen von Öl und Wasser bzw. Reifendruck prüfen. Und man kann sich nach Belieben steigern.

Dieses Buch gibt Auskunft, z. B. mit dem farbigen Wartungsplan innen auf der hinteren Umschlagseite. Darin finden Sie genau aufgeführt, was Sie als verantwortungsbewußter Fahrer selbst erledigen können und welche Arbeiten Werkstatt bzw. Tankstelle rationeller erledigen. Die entsprechende Arbeitsbeschreibung finden Sie hier im Buch anhand der angegebenen Seitenzahl. Dort steht Punkt für Punkt, wie die Arbeit erledigt wird.

So können Sie eine komplette Inspektion in Eigenregie durchführen. Oder Sie erwerben sich das nötige Grundwissen, um bei der Auftragsvergabe in der Werkstatt sachkundig mitreden zu können. Wenn Ihnen das nicht genügt, können Sie auch an die Reparatur gehen – wir haben alle gängigen Arbeiten bis hin zur Teilzerlegung des Motors beschrieben.

Damit Sie sich im Innern dieses Bandes leichter zurecht finden, ist bereits im Inhaltsverzeichnis auf den vorangegangenen Seiten eine Auswahl der Stichworte herausgegriffen, die in den einzelnen Kapiteln zur Sprache kommen. Eine weitere Orientierungshilfe bietet das Stichwortverzeichnis hinten im Buch.

Ebenfalls der besseren Orientierung dient die Buchgestaltung auf den einzelnen Seiten. So sind Passagen, die der Information dienen, stets einspaltig abgedruckt, während reine Arbeitsschritte generell zweispaltig erscheinen. Je nach Interessenlage können Sie sich also mehr dem einen oder dem anderen Wissensgebiet zuwenden.

Bei der Erstellung des Manuskriptes für dieses Buch haben uns viele freundliche, geduldige und hilfsbereite Menschen bei Opel, in den Werkstätten sowie in anderen Firmen mit Rat und Tat unterstützt. Wir möchten uns an dieser Stelle ganz herzlich bei ihnen bedanken.

Die Verfasser

Achtventiler

Der Blick in den Motorraum eines Omega mit 2,0-Liter-Achtventilmotor: 1 – Federbein; 2 – Kühlmittel-Ausgleichsbehälter; 3 – Motronic-Einspritzanlage; 4 – Gaszug; 5 – DIS-Zündmodul; 6 – Zündkerze; 7 – Ölpeilstab; 8 – Hauptbremszylinder; 9 – Bremsflüssigkeitsbehälter; 10 – Vorratsbehälter der Servolenkung; 11 – Relaiskasten; 12 – Batterie; 13 – Scheibenwaschwasserbehälter; 14 – Servopumpe; 15 – Keilrippenriemen-Spannrolle; 16 – Motoröl-Einfüllstutzen; 17 – Keilrippenriemen-Antriebsrad; 18 – Ölfilter; 19 – Drehstrom-Lichtmaschine; 20 – Luftansaugschlauch; 21 – Luftfiltergehäuse.

Sechzehnventiler

Im Motorraum eines Omega mit 2,0-Liter-16V- Motor sehen Sie folgende Bauteile: 1 – Federbein; 2 – Kühlmittel-Ausgleichsbehälter; 3 – Luftansaugschlauch; 4 – Simtec-Einspritzanlage; 5 – Motoröl-Einfüllstutzen; 6 – Zündkabelabdeckung; 7 – Zahnriemenabdeckung; 8 – Ölpeilstab; 9 – Hauptbremszylinder; 10 – Bremsflüssigkeitsbehälter; 11 – Vorratsbehälter der Servolenkung; 12 – Relaiskasten; 13 – Batterie; 14 – Scheibenwaschwasserbehälter; 15 – Servopumpe; 16 – Keilrippenriemen-Spannrolle; 17 – Keilrippenriemen; 18 – Ölfilter; 19 – Drehstrom-Lichtmaschine; 20 – unterer Kühlmittelschlauch; 21 – Luftfiltergehäuse.

Im Fitness-Center

Fit sein, fit bleiben – was dem Besitzer recht ist, gilt auch für den Wagen. Damit es so bleibt, hat Opel ein Fitnessprogramm zusammengestellt. Nicht für den Besitzer, sondern für den Wagen. Um Verwechslungen zu vermeiden, heißt das ganze schlicht »Wartungsplan«.

Wartungs-Intervalle

Verfährt man nach der Opel-Empfehlung, soll der Omega alle 15 000 km oder einmal jährlich in der Werkstatt stehen. Bei diesem Anlaß wird neben zahlreichen anderen Wartungspunkten der Ölwechsel und – wenn laut Plakette am vorderen Kennzeichen fällig – die Abgas-Untersuchung durchgeführt. Bei Kilometerstand 30 000 (oder alle zwei Jahre) bzw. 45 000 (oder alle drei Jahre) kommen weitere Arbeiten dazu. Ob die Wartung in Zeit- oder Kilometerintervallen erfolgen soll, hängt davon ab, welches Limit zuerst erreicht wird.

Vorgehensweise

Ob für Sie die Jahres- oder Kilometer-Intervalle maßgeblich sind, entscheidet sich an der Jahres-Kilometerleistung Ihres Wagens. Hier einige Beispiele:

○ Wenn Sie 15 000 km oder weniger im Jahr fahren, wird die Inspektion natürlich jährlich durchgeführt.

○ Bei einer Laufleistung von 20 000 km pro Jahr erfolgt die Inspektion mit Ölwechsel beim 15 000er-Intervall. Hierbei kann es allerdings ungünstige Überschneidungen mit den Wartungsarbeiten geben, die im Zwei- bzw. Dreijahres-Rhythmus fällig werden (Abgas-Untersuchung und Bremsflüssigkeitswechsel).

○ Steht der Termin für die Abgas-Untersuchung oder den Bremsflüssigkeitswechsel an, kann dieser Anlaß dazu benutzt werden, den Werkstatt-Termin zu legen. Will es dagegen gar nicht passen, können Sie die entsprechende Arbeit auch völlig separat in Auftrag geben.

○ Der Selbsthelfer kann in einem solchen Fall flexibler einteilen, was wann gemacht werden soll. Er kann beispielsweise – nach Ablauf der Garantiezeit, versteht sich – jährlich die Inspektion durchführen, aber einen zusätzlichen Ölwechsel einschieben.

Wartungsplan für den Selbsthelfer

Damit Sie zu unserem Pflegeplan während der Arbeit nicht ständig zurückblättern müssen, haben wir ihn **auf der Innenseite des Umschlags hinten** abgedruckt. So haben Sie ihn ständig vor Augen und können die Arbeiten Punkt für Punkt erledigen. Die Reihenfolge haben wir speziell für den Heimwerker zusammengestellt und auch zusätzliche Punkte eingefügt, die nach unseren Erfahrungen wichtig sind.
Ganz zu Anfang finden Sie eine Anzahl von Arbeiten unter der Überschrift »Ständige Kontrollen«. Diese Wartungspunkte lassen sich in kein Kilometerintervall pressen. Auch sollte da – wie beispielsweise bei der Ölstandskontrolle – öfter als alle 15 000 km nachgesehen werden.

Was können Sie selbst machen?

Fast alle Wartungsarbeiten am Omega können Sie selbst ausführen, das entsprechende Wissen hierzu liefert unser Handbuch. Wenn dennoch Werkstatt oder Tankstelle den einen oder anderen Wartungspunkt rationeller durchführen können, so haben wir das im Wartungsplan vermerkt. Die »Selbsthelfer-Ampel« weist Ihnen dabei vor jedem Wartungspunkt in den bekannten Farben grün-gelb-rot den richtigen Weg:
Grün: Freie Fahrt für den Selbsthelfer. Diese Arbeit können Sie mit den Kenntnissen aus diesem Buch fachgerecht ausführen und Geld sparen.
Gelb: Die Arbeit ist zwar nicht schwierig, doch es fehlen meist die nötigen Einrichtungen. An der Tankstelle sind Sie in diesem Fall am besten aufgehoben.
Rot: Halt, hier lassen Sie am besten die Werkstatt ran. Spezielle Werkzeuge oder Meßgeräte sind erforderlich, der Aufwand an Eigenarbeit lohnt sich nicht, weil die Werkstatt wesentlich schneller arbeitet oder weitergehende Kenntnisse erforderlich sind.

Garantie-Bedingungen beachten

Solange Ihr Wagen noch jünger als ein Jahr ist oder wenn wesentliche Bauteile erneuert wurden, verlangt das Werk, daß die entsprechenden Wartungsarbeiten termingerecht in einer Werkstatt erledigt werden. Andernfalls können auch berechtigte Garantieansprüche abgelehnt werden.

Behandlungsraum

Nicht jeder Platz ist dafür geeignet, um dort Krankheiten des Wagens zu beseitigen oder um regelmäßige Wartungsarbeiten durchzuführen. Auf einem Rasenplatz versickern beispielsweise Öltropfen, Kraftstoff oder Frostschutz unaufhaltsam böse im Erdreich. Ist der Untergrund zudem noch weich, wird das Aufbocken nicht nur schwieriger, sondern auch wesentlich gefährlicher. Wo also arbeiten ?

Der Pflegeplatz

Am günstigsten ist eine breite, lange Garage oder ein ähnlicher Raum mit solchen Ausmaßen. Der Pflegeplatz sollte gut ausgeleuchtet werden können, wofür sich Leuchtstoffröhren und eine Handlampe oder Stehlampe gut eignen. Einige Steckdosen dürfen nicht fehlen. Haben Sie einen Arbeitsplatz mit Montagegrube, können die Arbeiten an der Unterseite Ihres Fahrzeuges einfach und bequem durchgeführt werden. Hinweis: Vor dem nachträglichen Einbau einer Grube mit dem zuständigen Bauamt sprechen. Wenn Ihr Arbeitsraum ausreichend hoch ist, könnten Sie an der Decke einen stabilen Haken befestigen, um ggf. einen Flaschenzug einhängen zu können. Ein mit einem Kunststoff-Anstrich versehener Boden läßt sich gründlich reinigen. Stabile Regale, eine Arbeitsfläche oder eine Werkbank runden einen weitestgehend perfekten Pflegeplatz ab. Doch auch wenn Sie sich nicht solche Möglichkeiten schaffen können, braucht die Selbstpflege Ihres Omega nicht zu unterbleiben. Viele Reparaturen und fast alle Wartungsarbeiten können bei warmem, trockenen Wetter genauso gut auf einer Fläche mit festem Boden im Freien durchgeführt werden. Sorgen Sie für genügend Ablageflächen, bevor Sie mit dem Arbeiten beginnen. Vorsicht mit Kraftstoff und Öl auf Asphalt. Beachten Sie auch, daß warmer Asphalt weich wird. Wagenheber oder Unterstellböcke können umkippen !

Fingerzeig: Nicht selten bleiben nach der Arbeit Ölspuren auf dem Boden zurück, die man abbinden sollte, bevor sie weiter versickern. Hier kann fürs erste ein scharfer Haushaltsreiniger oder Geschirrspülmittel helfen. Auch saugende Materialien, wie z. B. Sägemehl, Sand, Zement, schaffen Besserung. Im Zubehörhandel und von der Fa. Take GmbH, Trumppstraße 2, 80997 München werden Ölfleck-Entferner angeboten.

Wagenheber

Es gibt verschiedene Wagenhebertypen mit unterschiedlicher Belastbarkeit und entsprechenden Preisdifferenzen. Ansatzstellen für die Wagenheber siehe Abbildungen auf der gegenüberliegenden Seite.

Bordwagenheber: Er darf immer nur auf festen Untergrund gestellt werden. Ggf. ein kleines stabiles Brett unterlegen.

Scherenwagenheber: Hiervon ist nur eine stabile Ausführung mit breitem Fuß und möglichst langer Kurbel ratsam.

Hydraulischer Stempelwagenheber: Es gibt preiswerte Ausführungen. Sein Vorteil ist es, daß der Wagen

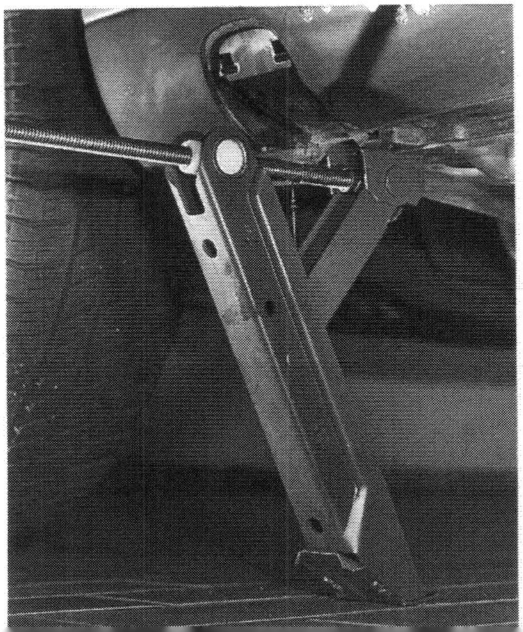

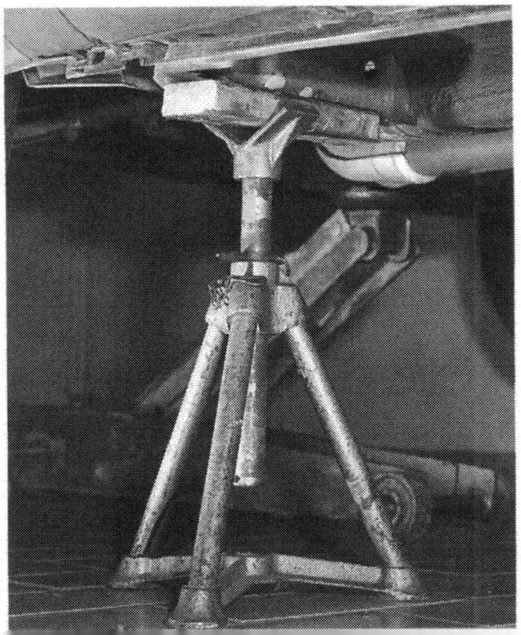

Links: Der Bordwagenheber darf nur unter der ins Blech eingeprägten Markierung am Blechfalz des Wagenbodens angesetzt werden. Das gilt vorn wie hinten. Die Ansatzstellen sind durch Klappen verdeckt. Zum Abnehmen betreffende Klappe von Hand abziehen.
Rechts: Abstützen nicht vergessen, wenn am Wagen gearbeitet wird! Gut geeignet ist ein solcher Dreibock. Ein lastverteilendes Kantholz als Zwischenlage schont Unterbodenschutz und Wagenboden.

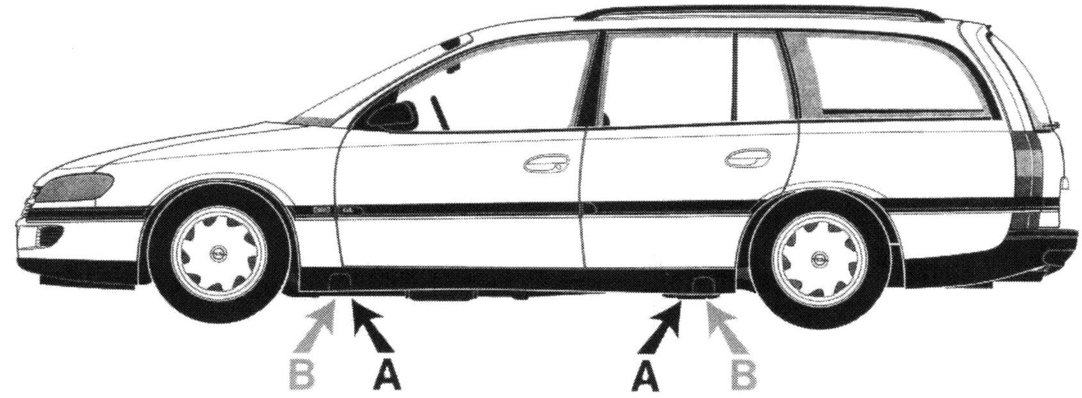

Nur an diesen Punkten dürfen Wagenheber angesetzt werden:
A – Aufnahme für Werkstattwagenheber;
B – Aufnahme für Bordwagenheber.

sehr schnell angehoben werden kann. Vor dem Kauf ist die Hubhöhe zu kontrollieren: Bei zu kurzem Hub werden die Räder nicht genügend vom Boden abgehoben. Ein zu großer Heber läßt sich nicht unter dem Wagenboden ansetzen.

Rangierwagenheber: Als noch praktischer erweist sich ein solcher Heber, wenn er ein zusätzliches Pedal zum Hochpumpen hat. Für den Heimwerker gut geeignet ist ein kurzer, kleiner Rangierwagenheber, der sich leicht verstauen läßt. Aber es ist zu beachten, daß sich ein Heber mit zu kleinen Rädern unter Last kaum noch rangieren läßt und daß die Befestigung der Deichsel den Rangiervorgängen standhält.

Fingerzeig: Ein Hartholzbrett zwischen Kopf des Wagenhebers (ausgenommen Bordwagenheber) und Wagenboden plaziert, verteilt die Last besser und verhindert mögliche Beschädigungen der Fahrzeugunterseite.

Wagen immer abstützen

Wagenheber sind – wie ihr Name schon sagt – nur dazu da, das Fahrzeug anzuheben. Das gilt für Bordwagenheber, Scherenwagenheber, hydraulischen Stempelwagenheber und Rangierwagenheber. Sie sind keinesfalls eine ausreichende Stütze für Arbeiten an der Wagenunterseite. Lassen Sie es auch in der größten Eile nie an der fachgerechten Abstützung des aufgebockten Fahrzeugs fehlen. Sonst kann die eigenhändige Reparatur das Leben kosten. Zum richtigen Abstützen gehört natürlich auch das Unterlegen der Räder mit Steinen oder Holzkeilen, damit der Wagen beim Anheben nicht wegrollen kann.

Womit abstützen ?

Hohlblocksteine haben sich als preisgünstigste Abstützmöglichkeit erwiesen. Sie dürfen allerdings nicht feucht oder rissig sein, sonst könnten sie unter Belastung in sich zusammenbrechen. Zwischen Stein und Karosserie muß ein Brett gelegt werden, damit sich die Last gleichmäßig über den ganzen Stein verteilen kann. Der Hohlblockstein selbst muß senkrecht auf ebenem und tragfähigem Grund (Beton oder Asphalt) stehen. Ungeeignet ist weicher Boden oder Rasen.

Unterstellböcke stellen eine ideale Ergänzung zum Rangierwagenheber dar. Bei allen Hebern – aber auch bei seitlich angesetztem Rangierwagenheber – besteht allerdings die Gefahr, daß der auf der gegenüberliegenden Seite angesetzte Dreibeinbock einfach zur Seite weggedrückt wird. Am günstigsten steht der Bock, wenn eines seiner Beine nach außen und zwei zur Wagenmitte hin zeigen. Beachten Sie beim Kauf, daß die Böcke keine zu kleine Standfläche haben sollten. Kontrollieren Sie beim Ansetzen eines Unterstellbocks, ob das Blech nirgendwo eingedrückt werden kann. Günstig ist ein zusätzlich eingelegtes Kantholz, wie im Bild unten rechts gezeigt.

Auffahrrampen sind die schnellste Aufbockmöglichkeit, da kein Wagenheber gebraucht wird. Auch steht der Wagen dann absolut sicher. Wichtig ist, daß die Rampen einerseits eine genügend hohe seitliche Absicherung und nach vorn einen Überfahrschutz haben, andererseits aber auch von einem Fahrzeug mit Frontspoiler befahren werden können. Als zusätzliche Sicherung sollte in der Standfläche eine Mulde für die Räder vorhanden sein. Die billige Ausführungen genügen diesen Anforderungen oft nicht.

Mietwerkstatt

Steht Ihnen kein geeigneter Platz zum Autobasteln zur Verfügung oder müßte im Winter bei Eiskälte im Freien geschraubt werden, können Sie sich auch in einer Mietwerkstatt einquartieren. Dort gibt es Hebebühnen, Gruben sowie teilweise auch Spezialwerkzeuge, und die Arbeitsräume sind winters beheizt. Mit freien Plätzen ist unter der Woche eher zu rechnen als am Wochenende, wenn alle Autobastler zum Werkzeug greifen. Die Rechnung muß aber in der Mietwerkstatt stimmen; Sie müssen Ihre Zeit scharf kalkulieren. Nur wenn die Arbeit flott von der Hand geht und evtl. ein Helfer mitarbeitet, lohnt sich die Eigenarbeit. Wenn Sie eine umfangreiche Reparatur erstmals selbst ausführen, kann das Experiment durch die Summe der angesammelten Stunden teurer werden als der Arbeitspreis in der Fachwerkstatt.

Der Ölprinz

Motoröl hat es schwer! Es muß viele verschiedene Eigenschaften besitzen und soll selbst noch bei extremen und extremsten Bedingungen seine Schmierfähigkeit behalten. Auch soll es möglichst langsam altern, damit lange Ölwechselintervalle realisiert werden können.

Aufgaben des Öls

○ Öl vermindert die Reibung, damit Kolben und Zylinder nebst sämtlichen Lagerungen und dem Ventiltrieb möglichst wenig Verschleiß ausgesetzt sind.

○ Zur Feinabdichtung zwischen Kolben, Kolbenringen und Zylinderwand wird das Öl gebraucht, denn zwischen diesen Teilen verbleibt andernfalls ein gewisser, wenn auch nur tausendstel Millimeter breiter Spalt. Durch die zusätzliche Dichtwirkung des Öls kann der durch die Verbrennung entstehende hohe Druck weitestgehend ohne Verluste auf die Kolbenböden übertragen und in Bewegungsenergie umgesetzt werden, der Motor also auf optimale Leistung kommen.

○ Weiter wird das Öl zur Kühlung herangezogen. Bei der Verbrennung des Kraftstoffes kann nur ein Viertel der anfallenden Energie für die Fortbewegung nutzbar gemacht werden, ein Teil verläßt den Motor als Wärme durch den Auspuff, und ein weiteres Teil Wärmeenergie muß über das Kühlwasser und Öl abgeführt werden. So kann z. B. ein Kolben nur durch das Motoröl gekühlt werden. Zum einen wird die Wärme vom Kolben durch die Kolbenringe und das abdichtende Öl an die Zylinderlaufflächen und weiter an das Kühlmittel geleitet, und zum anderen kühlt das im Kurbelgehäuse umherspritzende Öl den Kolben direkt. Aber auch jedes einzelne Lager von Kurbelwelle, Nockenwelle usw. wird durch das Öl gekühlt. Die vom Motoröl aufgenommene Wärme wird über die Ölwanne an den Fahrtwind abgeleitet.

○ Die Motorenbauer haben noch spezielle Wünsche an das Öl: Es soll bei den hohen Temperaturen, wie sie an den Zylinderlaufbahnen auftreten, nicht verdampfen. Es darf bei diesen ungünstigen Bedingungen den Schmierfilm nicht abreißen lassen. Wenn es verbrennt, soll dies ohne Rückstände geschehen – Ölverbrauch bedeutet im Grund genommen, daß das Öl verbrannt wird. Das Öl soll Ruß und Schmutz binden, damit sie sich nicht im Motor ablagern. Es soll alterungsbeständig sein und noch einiges mehr.

Motorölstand prüfen

Ständige Kontrolle

Zum Ölpeilstab sollten Sie nach jeder zweiten Tankung greifen. In der Einfahrzeit oder bei einem älteren Motor mit erhöhtem Ölverbrauch erfolgt die Kontrolle sicherheitshalber schon bei jedem Volltanken.

● Wagen auf waagrechtem Untergrund abstellen.

● Nach dem Abstellen des vorher warmgefahrenen Motors mindestens fünf Minuten warten, damit alles Öl in die Ölwanne abtropfen kann. Besser ist die Kontrolle vor dem ersten Start bei noch kaltem Motor.

● Peilstab ziehen – Vorsicht bei heißem Motor, der benachbarte Auspuffkrümmer ist sehr heiß –, mit sauberem, fusselfreien Lappen oder Papiertuch abwischen, bis zum Anschlag wieder hineinschieben, kurz warten und erneut herausziehen.

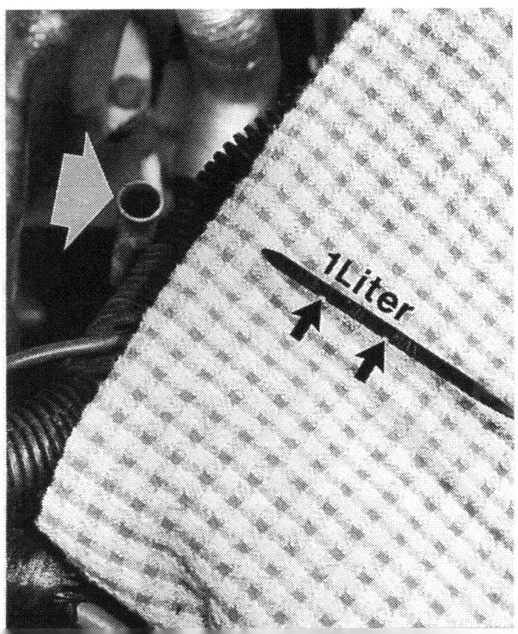

Links: Die Abbildung zeigt den Öleinfüllstutzen im Zylinderkopfdeckel (2). Muß nachgefüllt werden, Deckel (1) losdrehen und entsprechende Menge Motoröl einfüllen.
Rechts: Zur Ölstandskontrolle wird der Peilstab aus dem Führungsrohr an der linken Motorseite gezogen. Der Pegel muß sich zwischen den Marken (Pfeile) befinden. Genau ist die Messung nur, wenn der Wagen auf waagrechtem Untergrund steht.

● An der Peilstabspitze können Sie nun den Ölstand ablesen: Der Pegel muß sich **zwischen den Markierungen** befinden; dann ist alles in Ordnung.

● Reicht die Schmiermittelmenge nur noch bis zur unteren Markierung, muß Motoröl nachgefüllt werden.

Fingerzeig: Lassen Sie sich nicht verunsichern: Hochwertiges Motoröl wird schon nach kurzer Laufzeit dunkel. Das beweist nur, daß es richtig »arbeitet« und den anfallenden Schmutz in der Schwebe hält. Es ist jedoch kein Zeichen dafür, daß das Öl gewechselt werden müßte.

Öl nachfüllen

Die Ölmenge zwischen oberer und unterer Peilstabmarke beträgt **1 Liter**. Unter die untere Marke sollte der Ölstand nicht fallen. Ein Viertelliter zu wenig ist für den Motor noch nicht gefährlich. Fehlt mehr Öl und wird der Omega scharf gefahren, kann der Öldruck gefährlich abfallen, was die Öldruckkontrolleuchte auch sofort anzeigt.

○ Bei gemäßigtem Fahrstil genügt Nachfüllen – wie schon gesagt –, wenn das Niveau an der unteren Peilstabmarke angelangt ist.

○ Lediglich bei sehr scharfer Fahrweise empfiehlt sich Auffüllen, wenn der Ölstand sich im unteren Viertel zwischen den beiden Peilstabmarken befindet. Die größere Ölmenge kann die Kühlungsaufgaben besser erfüllen.

○ Sie erweisen dem Motor keinen Gefallen, wenn Sie weit über die obere Peilstabmarke hinaus Öl einfüllen. Dann gelangt zu viel Öl über die Kurbelgehäuse-Entlüftung in die Brennräume und wird dort verbrannt.

Fingerzeig: Öl wird selten in Halbliter-Dosen verkauft, sondern in Liter-Dosen, die sich nicht wieder verschließen lassen. Wenn Sie preisgünstiges Öl in größeren Gebinden gekauft haben, sollten Sie einen kleinen, mineralölbeständigen Kanister füllen und in den Kofferraum stellen. Den Rest einer angebrochenen Liter-Dose gießen Sie ebenfalls in einen solchen Behälter als Reserve für unterwegs.

Darf man Öle mischen?

Die Motorölsorten aller Hersteller lassen sich ohne Gefahr mischen, auch Einbereichs- mit Mehrbereichsölen. Diese Mischbarkeit ohne schädliche Folgen ist eine Grundforderung der internationalen Öl-Normen. Entscheidend ist lediglich, ob die **Spezifikation** ausreicht.

Ölverbrauch

Ein Teil des Motoröls verbrennt bei seiner Schmiertätigkeit. Ölverbrauch ist also völlig natürlich. Gut eingefahrene Motoren kommen mit **0,2 Liter Öl auf 1000 km** aus, bei Opel gilt als **höchstzulässiger Wert** ein Verbrauch von **1,0 Liter je 1000 km**.

Ölverbrauch messen

Wenn Sie den Ölverbrauch auf den Hundertstel-Liter genau messen wollen, muß der Wagen jeweils auf einer absolut waagrechten Stelle stehen und der Motor mindestens fünf Minuten stillstehen. Am einfachsten geht das vor dem ersten Start. Dann wird der Ölstand ganz genau angezeigt, und Sie müssen nicht einmal den Peilstab abwischen, da über Nacht alles Öl in die Ölwanne zurückgesickert ist.

Zu hoher Ölverbrauch

Wieviel Öl Ihr Omega verbraucht, hängt von folgenden Umständen ab:

○ Ölverlust wird häufig mit Ölverbrauch verwechselt. Bevor also der Ölverbrauch kritisiert wird, müssen erst die illegalen Ölquellen beseitigt werden.

○ Wer Öl bis weit über die obere Peilstabmarke einfüllt, hat automatisch höheren Ölverbrauch, denn der übrige Schmierstoff wird zur Kurbelgehäuse-Entlüftung hinausgeblasen.

○ Dünnflüssiges Öl verbrennt schneller als dickflüssiges. Wenn das Einbereichsöl sehr heiß wird, fließt es »dünn wie Wasser«. Mehrbereichsöl bleibt dagegen dickflüssiger und kann so vor allem bei Langstreckenfahrern den Verbrauch senken.

○ Motoröl (vor allem Mehrbereichsöl), das zu lange im Motor bleibt, hat einen etwas höheren Nachfüllbedarf.

○ Scharfe Fahrweise treibt nicht nur den Kraftstoffkonsum in die Höhe. Nach unseren Erfahrungen hängt auch der Ölverbrauch davon ab, ob bevorzugt in den höchsten Drehzahlen gefahren wird.

○ Einlaufvorgang noch nicht abgeschlossen (mindestens 5000 km).

○ Defekt im Motor; z. B. Ventilschaftabdichtungen defekt, Spiel zwischen Ventilführung und Ventilschaft zu groß, Kolbenringe falsch eingebaut oder schadhaft, beschädigte Zylinderwand durch Kolbenfresser.

Ihr Motor verbraucht kein Öl?

Im winterlichen Kurzstreckenbetrieb kann es vorkommen, daß der Ölstand steigt, statt wie normal leicht abzufallen. Sie haben dann nicht etwa eine Ölquelle entdeckt, sondern der Ölwanneninhalt wurde durch Kraftstoffkondensat verdünnt, das sich – bedingt durch die Gemischanreicherung – an den Kolbenringen vorbeigemogelt hat. Sie riechen den Benzingehalt im Öl sogar am herausgezogenen Ölpeilstab.

Die Grafik zeigt die Verwendbarkeit der verschiedenen Motoröl-Viskositäten in Abhängigkeit von der Außentemperatur:
»A« steht für Einbereichsöle;
»B« für Mehrbereichsöle;
»C« für Hochleistungs- und Leichtlauföle.

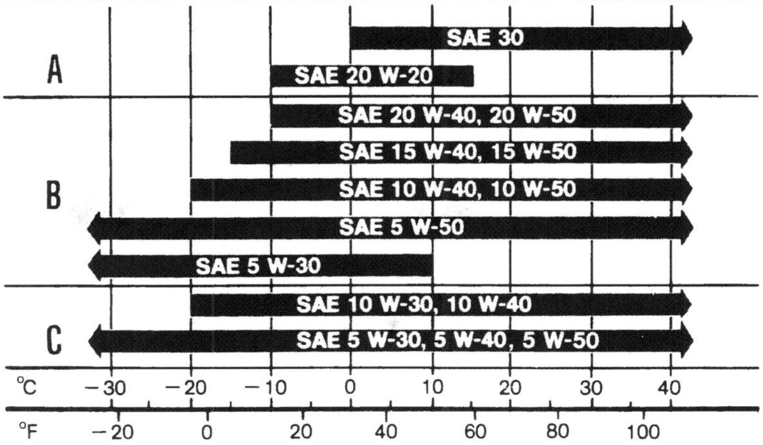

Die Schmiereigenschaften des Öls sind dadurch beträchtlich herabgesetzt. Ein zusätzlicher Ölwechsel zwischen den Intervallen (oft schon nach 3000 km) ist da kein Luxus, denn er kann Ihnen schwere Motorschäden ersparen. Der Ölfilter braucht dabei natürlich nicht gewechselt zu werden.
Bei geringerer Ölverdünnung kann auch eine längere Fahrt Ölstand und Schmierfähigkeit des Öls wieder ins richtige Lot bringen. Bei Öltemperaturen über 100°C verdunsten die Kondensatanteile nach etwa einer halben Stunde. Wichtig ist jetzt die sofortige Ölstandskontrolle! Durch die Verdunstung kann der Ölpegel erheblich absinken.

Die Ölqualität

Ölspezifikation

Die veraltete Qualitätsbezeichnung »HD-Öl«, die immer noch vereinzelt auftaucht, wurde schon vor vielen Jahren nach und nach durch tiefergreifende Ölspezifikationen ersetzt, die von verschiedenen Institutionen nach unterschiedlichen, aber letztlich doch ähnlichen Prüfbedingungen erstellt wurden. Mit Erfolg geprüfte Öle dürfen als Qualitätsnachweis die erreichte Spezifikation auf der Verpackung tragen.
Die Qualitätsprüfungen führen zum Beispiel durch: Das **A**merican **P**etroleum **I**nstitute (API) und die Vereinigung europäischer Autohersteller (CCMC).
Egal, ob Sie das Motoröl an der Tankstelle oder im Supermarkt kaufen, auf der Verpackung muß mindestens **eine** der geforderten Ölspezifikationen aufgedruckt sein.

Die richtige Ölspezifikation

Opel gibt für seine Benzinmotoren ausdrücklich folgende Ölspezifikationen frei:

Ein- und Mehrbereichsöle				Leichtlauföle			
API SG API SH	API SG/CC API SH/CC	API SG/CD API SH/CD	CCMC-G 4	API SG API SH	API SG/CC	API SG/CD API SH/CD	CCMC-G 5

Ist das Öl mit einer dieser Spezifikationen gekennzeichnet, können Sie unbesorgt zugreifen – auch wenn es wesentlich billiger ist als gleichartiges, bekanntes Markenöl.

Fingerzeig: Öle mit der Bezeichnung API CD oder API CC sind reine Dieselöle und sollten nicht im Benzinmotor verwendet werden. Ausnahme: Öl mit Doppelbezeichnung, z. B. API SG/CC oder API SH/CD. Hier gilt für uns nur die Benziner-Spezifikation SG bzw. SH der Doppelbezeichnung.

Zähflüssigkeit des Öls

Einbereichs- oder Mehrbereichsöl?

Damit der Anlasser den kalten Motor durchdrehen kann, darf das Öl keinen großen Widerstand dagegensetzen. Außerdem soll es schnellstmöglich an die Schmierstellen gelangen; dazu muß es dünnflüssig sein. Bei hohen Temperaturen und Drehzahlen muß der Schmiersaft dagegen ausreichend zäh sein, damit der Schmierfilm nicht abreißt. Das Mineralöl ist leider umgekehrt veranlagt: Bei Kälte ist es dickflüssig, mit zunehmender Erwärmung fließt es leicht. Das Öl und die vorherrschenden Betriebstemperaturen des Motors müssen daher genau aufeinander abgestimmt werden.
Das Fließverhalten, also die Dick- oder Dünnflüssigkeit, wird durch die Viskositätsklasse angegeben. Die entsprechenden Klassen wurden von der amerikanischen **S**ociety of **A**utomotive **E**ngineers (SAE) festgelegt. Die Viskositätsklassen reichen von den Winterölen SAE 5 W, 10 W über die Übergangsstufe SAE 20 W/20 zu den Sommerölen SAE 30, 40 und 50.
○ Das billigste Motoröl war früher **Einbereichsöl**. Für einwandfreie Motorschmierung muß entsprechend der Jahreszeit dick- oder dünnflüssiges Einbereichsöl im Motor sein. Einbereichsöl ist heute kaum noch an der Tankstelle oder im Supermarkt erhältlich, findet aber in Fuhrparks noch häufig Verwendung.

○ Aufwendiger in der Herstellung und deshalb auch teurer als Einbereichsöl ist das gebräuchliche **Mehrbereichsöl**. Es besitzt Viskositätsindex-(VI-)Verbesserer – lange Molekülketten, die beim Erhitzen quellen und beim Abkühlen wieder schrumpfen. Das Öl kann sich damit den Temperaturen elastisch anpassen und mehrere Viskositätsklassen überspannen. Ein Öl SAE 15 W-50 entspricht bei einer Temperatur von -15°C der Zähflüssigkeitsklasse 15 W und bei 100°C der Klasse 50.
Problematisch ist bei Mehrbereichsölen auf Mineralölbasis, daß die Molekülketten ihrer Viskositäts-Verbesserer mit der Zeit abgeschert werden können. Dann ist die obere Zähflüssigkeitsklasse nicht mehr voll erhalten, das Öl also nicht mehr so hochtemperaturbeständig.

Die richtige Ölviskosität

Bei welchen Temperaturen der Omega-Motor welche Öl-Zähigkeit verlangt, zeigt die **Grafik auf der gegenüberliegenden Seite**. Der Blick in die Tabelle zeigt, daß Opel ausdrücklich auch Einbereichsöl freigibt. Das kann eine gewisse Sparmöglichkeit sein, wenn Sie Ihren Wagen nicht dauernd bis zur Leistungsgrenze beanspruchen. Einbereichsöle sind nicht schlechter als Mehrbereichsöle, aber sie können nur geringere Temperaturspannen überbrücken. In der kalten Jahreszeit mit ihren starken Temperaturdifferenzen erscheint uns Mehrbereichsöl auf jeden Fall günstiger.
Bei Hochleistungsölen tritt das Temperaturproblem nicht mehr in Erscheinung (siehe nachfolgenden Abschnitt).

Hochleistungsöle

○ Die in kaltem Zustand sehr dünnflüssigen **Leichtlauf-Schmierstoffe** verringern vor allem in der Warmlaufphase und im Kurzstreckenverkehr die innere Reibung im Motor, setzen ihm also weniger Widerstand entgegen. Man kann realistisch mit einer Benzinverbrauchs-Einsparung von rund 3% rechnen. Diese Ersparnis macht sich bei einem »ölfressenden« Motor natürlich nicht mehr bezahlt.
○ **Teil- und vollsynthetische Öle** zählen zu den teuersten überhaupt. Sie bestehen (z. T.) aus künstlichen chemischen Verbindungen von Kohlenstoff, Wasserstoff und Sauerstoff. Dabei wurden nur solche Moleküle ausgewählt, welche die geforderten Schmieraufgaben optimal erfüllen können. In der Praxis bedeutet das, daß diese Öle im Gegensatz zu Mineralölen bedeutend langsamer altern. Sie verdampfen auch weniger schnell und besitzen eine hohe, gleichbleibende Scherstabilität, d. h. sie behalten ihre ursprüngliche oberste Viskositätsklasse auf Dauer bei.

Das richtige Motoröl für den Omega

Hier die Zusammenfassung der beiden entscheidenden Kriterien für den Kauf des richtigen Motoröls. Das Öl muß haben:
○ Die richtige **Ölspezifikation**; Etikettenschwindel auf der Packung ist da äußerst selten, denn die Ölfirmen überwachen sich gegenseitig.
○ Die richtige **Ölviskosität** (Zähflüssigkeit). Sie hängt von der überwiegenden Außentemperatur ab und kann aus der Tabelle auf der gegenüberliegenden Seite entnommen werden.
Andere Faktoren, wie Ölpreis oder Herkunft, sagen nichts über die Verwendbarkeit aus!

Zusätze zum Motoröl

»Das Verwenden von Zusatzmitteln – gleich welcher Art – in Schmierölen verstößt gegen unsere Betriebsanleitung und kann im Garantie- bzw. Kulanzfall zu Auseinandersetzungen führen«. Das ist die Meinung von Opel zu Ölzusatzmitteln. Ob die Mehrkosten für Ölzusätze eine entsprechende Lebensverlängerung des Motors bewirken, bleibt – vor allem bei Verwendung von Hochleistungsölen – fraglich.

Alles über den Ölwechsel

Wo Öl wechseln?

○ In den Werkstätten kostet der Ölwechsel nach unseren Erfahrungen das meiste Geld, weil nur sehr teure Ölsorten vorrätig sind. Außerdem ist der Motor oft schon wieder kalt, bis das alte Öl abgelassen wird, so daß nicht aller Schmutz herausgeschwemmt wird. Manche Werkstätten berechnen die Arbeit für den Ölfilterwechsel zusätzlich zum Ölpreis.
○ An Tankstellen kommt der Wagen dagegen meist sofort dran. Sie können auch ein billigeres Öl aus dem Tankstellenverkaufsprogramm auswählen, und im Ölpreis ist die Arbeit des Tankwarts inbegriffen.
○ Gegen den SB-Ölwechsel mit Absauggerät an der Tankstelle bestehen keine Bedenken, vorausgesetzt der Ölfilter wird ebenfalls ausgetauscht.
○ Ölwechsel zu Hause lohnt sich, wenn Sie das Öl preisgünstig einkaufen (Zubehörhandel, Großmarkt, Warenhaus oder Mitnahme-Öl an der Tankstelle).

Wie oft Öl wechseln?

Die Werksvorschrift fordert für den Omega einmal jährlich einen Ölwechsel. Oder alle 15 000 km, sofern die Jahres-Fahrleistung wesentlich darüber liegt. Auch wer ausschließlich Langstrecken fährt, sollte das 15 000-km-Intervall als Obergrenze ansehen, obwohl durch den Nachfüllbedarf des Motors immer wieder neues Öl dazukommt. Oder man rückt das Jahresintervall etwas nach vorn.

Läuft der Omega ausschließlich im Kurzstreckenbetrieb, empfiehlt sich der halbjährliche Ölwechsel. Termin ist dann Frühjahr und Herbst, denn das winters verstärkt auftretende Kraftstoffkondensat sollte vor der warmen Jahreszeit mit dem Öl abgelassen werden.
Ungeachtet dessen sind noch kürzere Intervalle empfehlenswert, wenn der Ölstand winters durch Kraftstoffkondensat steigt.

Was wird gebraucht?

Folgende »Zutaten« benötigen Sie zum Ölwechsel:
○ Motoröl nach den entsprechenden Spezifikationen (preisgünstig im 3-, 4- oder 5-Liter-Kanister).
○ Einen Ölfilter passend für den Opel Omega.
○ Einen neuen Dichtring für die Ölablaßschraube.
○ Auffanggefäß für das Altöl. Ein alter Ölkanister mit herausgeschnittener Seitenwand oder eine ausgediente Spülschüssel leisten hier gute Dienste.
○ Ein Altölkanister dient zum Wegschaffen des Altöls.
○ Mit einer Ölkanne erleichtert man sich das Einfüllen des frischen Motoröls.
○ Ein Spannbandschlüssel ermöglicht das Lösen des Filters.

Wohin mit dem Altöl?

In Zeiten zunehmenden Umweltbewußtseins dürften die Folgen von Altöl im Grundwasser mittlerweile jedem bekannt sein. Die ordnungsgemäße Beseitigung des beim Ölwechsel abgelassenen Altöls ist dank der Abfall-Gesetzgebung ganz einfach: Man kann es kostenlos dort abgeben, wo man Motoröl gekauft hat. Der Handel ist zur Rücknahme verpflichtet, als Kaufbeweis müssen Sie nur die entsprechende Quittung vorlegen. Noch einfacher haben Sie es, wenn Sie die Ölabsaugstation an der Tankstelle benutzen, dann brauchen Sie mit dem Altöl gar nicht herumzuhantieren, es gelangt sicher in den Altöltank.

Fingerzeig: Das Altöl wird von spezialisierten Firmen bei Tankstellen, Werkstätten usw. eingesammelt und der Wiederverarbeitung zugeführt. Dazu darf das verbrauchte Öl nicht mit anderen Flüssigkeiten vermischt sein.

Motoröl und Ölfilter wechseln

Wartung Nr. 9

● Öl nur bei betriebswarmem Motor wechseln ! Deshalb den Wagen evtl. warmfahren.
● Fahrzeug möglichst waagrecht aufbocken (abstützen !) oder über eine Rampe fahren.
● Geeignetes Gefäß (siehe Bild unten) unter die Ölwanne stellen.
● Ablaßschraube mit Ringschlüssel öffnen, Öl auslaufen lassen. Vorsicht, es ist heiß !
● Haben Sie den Wagen nur vorn aufgebockt, sollten Sie ihn zum völligen Auslaufenlassen des Altöls nochmals ablassen. Aufpassen, daß dabei das Auffanggefäß nicht beschädigt oder umgekippt wird.
● Auffanggefäß unter den Ölfilter stellen.
● Ölfilter mit dem rechts unten gezeigten Bandschlüssel lösen. Bei sehr festsitzendem Filter einen scharfen Schraubendreher durch das Blechgehäuse des Filters treiben (Vorsicht, heißes Öl läuft aus) und Filter mit dem Schraubendreher losdrehen.
● Dichtring am neuen Ölfilter mit etwas Fett einreiben.
● Kein Öl nehmen, das bei der Sichtkontrolle zum Schluß oft fälschlicherweise für austretendes Öl gehalten wird.
● Filter ohne irgendwelches Werkzeug von Hand festdrehen.
● Ölablaßschraube sauberreiben und mit neuem

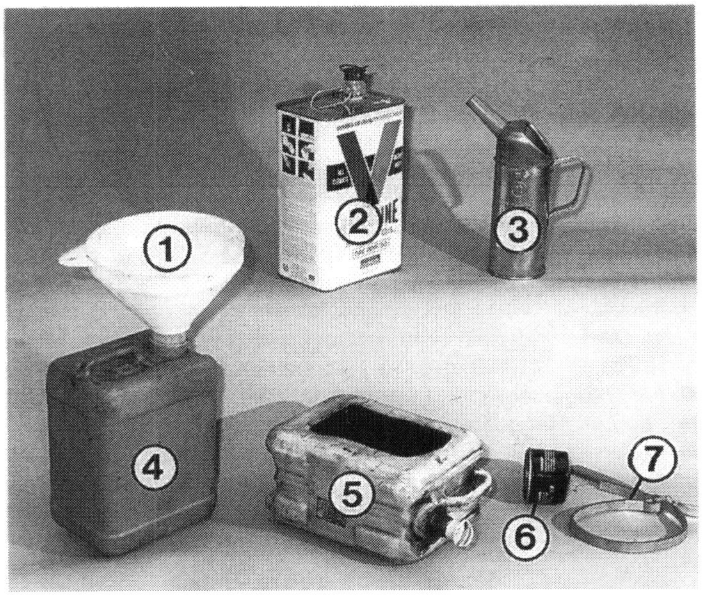

Die richtige Ausstattung für den Heimwerker-Ölwechsel:
1 – Trichter zum Umfüllen des Altöls;
2 – Motoröl in ausreichender Menge;
3 – Öleinfüllkanne;
4 – Altölkanister;
5 – Ölkanister mit herausgeschnittener Seitenwand zum Auffangen des Ablaßöls;
6 – Ölfilter;
7 – Spannbandschlüssel zum Lösen des Ölfilters

Links: Am tiefsten Punkt der Ölwanne sitzt die Ölablaßschraube. Die Schraube nicht mit einem Gabelschlüssel, sondern mit einem Ringschlüssel oder mit Stecknuß und Hebel herausdrehen.
Rechts: Zum Wechseln des Ölfilters (1) eignet sich am besten der hier gezeigte Spannbandschlüssel (2).

Dichtring eindrehen; nicht anknallen, sonst wird das Führungsgewinde beschädigt.

- Öl einfüllen.
- Motor laufen lassen, Öldichtheit kontrollieren.

Die Ölfüllmenge

Wieviel Motoröl gebraucht wird, hängt davon ab, ob auch der Ölfilter gewechselt wird. Folgende Füllmengen gelten:

○ **Ohne Filterwechsel 4,0 Liter**
○ **Mit Filterwechsel 4,5 Liter**

Ölstand im Schaltgetriebe prüfen

Wartung Nr. 12

Im Getriebe wird das Schmiermittel nicht wie im Motor verbraucht, sondern kann allenfalls durch undichte Stellen ins Freie gelangen. Zeigt das Getriebegehäuse von außen keine öldurchtränkte Schmutzkruste, ist dieser Wartungspunkt schon erledigt. Andernfalls muß der Ölstand überprüft werden. Die Kontroll- und Einfüllschraube sitzt in Fahrtrichtung rechts in halber Höhe im Getriebegehäuse.

- Fahrzeug waagrecht aufbocken.
- Kontroll- und Einfüllschraube herausdrehen.
- Läuft nun bereits etwas Getriebeöl heraus, stimmt der Ölstand.
- Ansonsten kleinen Finger bzw. rechtwinklig gebogenes Drahtstück in Gewindebohrung stecken und prüfen, ob die Schmierflüssigkeit bis ca. 9 mm unterhalb der Öffnung heranreicht: Ausreichender Ölstand.
- Bei größerem Ölmangel an der Tankstelle oder in der Werkstatt die vorgeschriebene Getriebeölsorte einfüllen lassen.

Fingerzeig: Das eigenhändige Einfüllen des sehr zähflüssigen Getriebeöls durch die seitliche Getriebeöffnung ist mit Heimwerkermitteln eine gehörige Geduldsprobe. Geeignet ist ein Trichter mit abgewinkeltem Auslauf oder eine Flasche aus Weichplastik mit gebogenem Mundstück, mit der man das vorher erwärmte Öl durch Zusammendrücken der Flasche einpumpen kann.

Die richtige Getriebeölsorte

Die Dauerfüllung im Schaltgetriebe wird nur nach einer Getriebereparatur erneuert. Die Ölfüllmenge beträgt **1,2 Liter**. Da das Getriebeöl hohen Drücken ausgesetzt wird, schreibt Opel Öle der Zähflüssigkeitsklasse SAE 80 vor. Sie sollen folgender Spezifikation entsprechen:

○ API GL 4
○ GM-4753 M
○ MIL-L-2105 (A)

Bei Opel wird das Öl unter der Nummer 1940 704 (90 509 856) geführt.

ATF-Stand im automatischen Getriebe kontrollieren

Wartung Nr. 11

Das Automatikgetriebe des Omega ist wartungsfrei. Eine ATF-Stand-Kontrolle findet nur bei Undichtigkeiten statt (siehe auch unter »Ölstand im Schaltgetriebe prüfen«). Die Getriebeautomatik ist mit einer synthetischen Flüssigkeit namens **A**utomatic **T**ransmission **F**luid gefüllt. ATF dient als Schmiermittel und zur Steuerung des hydraulischen Drucks im Getriebe. Wegen dieser besonderen Aufgaben darf nur das Spezialöl mit der Bezeichnung Dexron® II (mit einer nachfolgenden Kontrollzahl) verwendet werden, bei Opel unter der Nummer 1940 763 (90 510 269) geführt. Falsche Flüssigkeit bewirkt schwere Schäden im Getriebe !

- Fahrzeug ausreichend warmfahren (min. 20 km).
- Alle Zusatzaggregate abschalten.
- Wählhebel auf Position »P« stellen und Handbremse anziehen.
- Fahrzeug mit laufendem Motor waagrecht anheben.
- Kontrollschraube rechts unten am Getriebe herausdrehen (Schraube **nicht** bei abgestelltem Motor

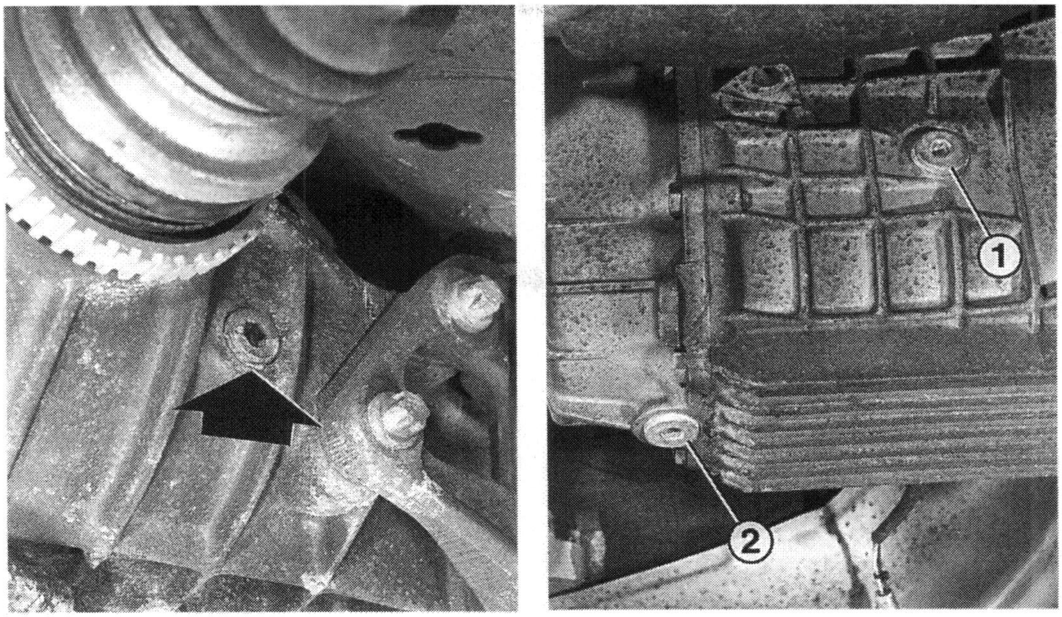

Links: Das Bild zeigt die gut zugängliche Öleinfüllschraube des Hinterachsgetriebes. **Rechts:** Die Ölkontroll- und Einfüllschraube (1) für das Schaltgetriebe sitzt in Fahrtrichtung rechts in halber Höhe des Getriebegehäuses. Die Ölablaßschraube (2) sitzt hinten am Getriebe.

ausdrehen). Läuft nun bereits etwas ATF heraus, stimmt der Ölstand.

- Bei zu niedrigem Flüssigkeitsstand sollte nicht einfach ATF nachgefüllt werden, sondern das Getriebe auf Undichtigkeit hin kontrolliert werden. Notwendige Abdichtarbeiten sollten Sie der Werkstatt überlassen.
- ATF durch einen sauberen Trichter nachfüllen.
- Auch zu hoher Ölstand kann einen Getriebeschaden verursachen.

ATF wechseln

Bei normalem Fahrbetrieb sieht das Opel-Inspektionssystem keinen ATF-Wechsel vor. Wird der Omega vorwiegend im Kurzstreckenbetrieb, häufig mit Anhänger oder im Gebirge gefahren, soll jedoch nach 105 000 km ein Flüssigkeitswechsel erfolgen. Da zu dieser Arbeit die Getriebeölwanne abmontiert und das Ölsieb gewechselt werden muß, ist diese Arbeit dem Opel-Service zu überlassen.

Ölstand im Hinterachsgetriebe kontrollieren

Wartung Nr. 13

Sind am Hinterachsgetriebe keine Ölspuren zu sehen, kann davon ausgegangen werden, daß der Ölstand stimmt. Genaueren Aufschluß gibt die Prüfung:

- Öleinfüllschraube des Hinterachsgetriebes (Bild oben links) bei genau waagrecht stehendem Wagen herausdrehen. Bei Fahrzeugen mit Sperrdifferential zuvor den Kunststoffstopfen entfernen.
- Läuft etwas Öl heraus oder reicht der Flüssigkeitsspiegel genau bis zur Unterkante der Kontrollöffnung, ist alles in Ordnung.
- Ist der Ölstand beträchtlich gesunken, ist mit einer Undichtigkeit zu rechnen (ölverschmiertes Gehäuse?).
- Hinterachsgetriebe abdichten und Ölstand ergänzen lassen.

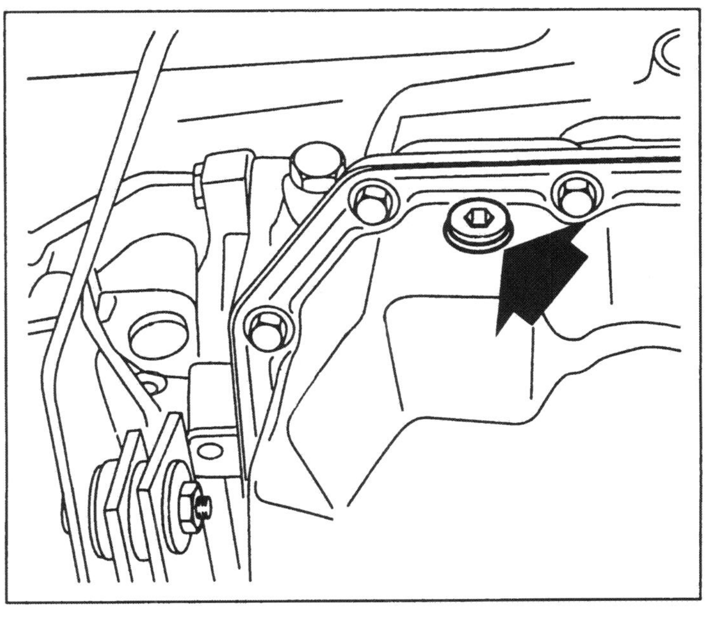

Die Abbildung zeigt die ATF-Kontrollschraube des automatischen Getriebes. Die Kontrollschraube befindet sich in Fahrtrichtung rechts hinten an der ATF-Wanne.

Auch der Flüssigkeitsstand der Servopumpe sollte ab und an kontrolliert werden. Bei betriebswarmem Motor soll der ATF-Stand maximal bis an die obere Markierung reichen. Bei kaltem Motor darf die ATF nicht unter die untere Markierung absinken.

Öl für das Hinterachsgetriebe

Für das Hinterachsgetriebe schreibt Opel ein Hypoidöl der Zähflüssigkeitsklasse SAE 90 vor. Bei Opel wird das Getriebeöl unter der Nummer 1942 382 (9 293 688) geführt. Bei Fahrzeugen mit Sperrdifferential zuvor Ölzusatz mit der Nummer 1970 452 (9 000 4033) einfüllen. Folgende Füllmengen gelten:

○ **mit Sperre** 0,25 Liter Ölzusatz + 0,75 Liter Hypoidöl ○ **ohne Sperre** 1,0 Liter Hypoidöl

Flüssigkeitsstand der Servolenkung prüfen

Ständige Kontrolle

Der Vorratsbehälter für die Flüssigkeit der Servolenkung sitzt links im Motorraum. Zu Ihrer eigenen Sicherheit sollten Sie regelmäßig, etwa bei jeder zweiten Kontrolle des Motorölstands, den Flüssigkeitsstand in diesem Behälter kontrollieren. Eingefüllt ist die gleiche Flüssigkeit wie in der Getriebeautomatik.

- Prüfung bei stehendem Motor vornehmen.
- Verschlußdeckel vom Behälter abschrauben. Der mit dem Deckel verbundene Peilstab besitzt zwei Markierungen.
- Bei betriebswarmem Motor soll der Ölstand maximal bis an die obere Markierung reichen.
- Bei kaltem Motor darf der Ölstand nicht unter die untere Markierung absinken.
- Fehlende Menge nachfüllen.
- Generell deutet Flüssigkeitsverlust auf eine Leckstelle im Hydrauliksystem. Also in diesem Fall nicht einfach ATF nachkippen, sondern erst die Leckstelle ermitteln.
- Achten Sie darauf, daß bei geöffnetem Vorratsbehälter kein Schmutz hineinfällt. Das könnte Funktionsstörungen zur Folge haben.

Gasgestänge schmieren

Wartung Nr. 7

- Von einem Helfer bei stehendem Motor das Gaspedal durchtreten lassen.
- An allen sich dabei bewegenden Gelenken und Lagerstellen Schmutz abreiben.
- An diesen Stellen Öl ansprühen oder Fett anbringen, während der Helfer das Gaspedal bewegt.
- Dem Gaszug kann es nicht schaden, wenn etwas Öl von vorn in seine Hülle gespritzt wird.

Türscharniere ölen

Wartung Nr. 8

- Staubkappe auf den Türscharnieren abhebeln und Öl in das Scharnier tropfen lassen. Tür mehrmals hin- und herschwenken, ablaufendes Schmiermittel abwischen.
- Türbremse fetten.
- Die Heckklappenscharniere mit etwas Öl besprühen. Vorsicht, daß dabei die Innenverkleidung nichts abbekommt.

Was sonst noch zu schmieren ist

Der Inspektionsplan von Opel sieht keine weiteren Schmierarbeiten am Omega vor. Aber die Erfahrung hat

Die Scharnierhülse ist mit einem Stopfen (Pfeil) verschlossen. Um das Scharnier zu ölen, muß diese Staubkappe mit einem Schraubendreher herausgehebelt werden. Die Kappe nicht verlieren, nach dem Ölen wird sie wieder in ihren Sitz gedrückt.

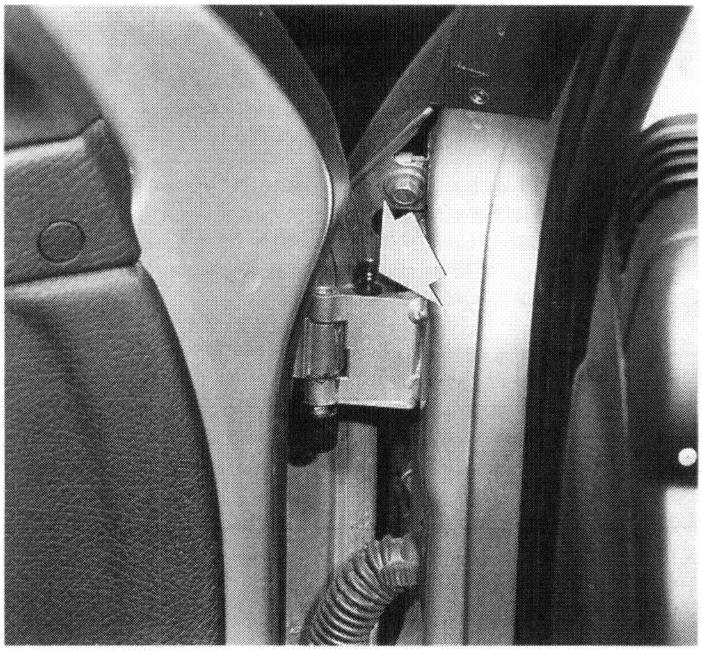

gelehrt, daß manches mit einer gelegentlichen Schmierration gängig gehalten wird und somit weder quietscht noch klemmt oder reißt. Dabei gilt folgende Regel: An Scharnieren oder Gelenken mit engen Durchgängen, in die kein Fett eindringen kann, ist Öl oder Schmierspray günstiger. Gegeneinander reibende Flächen werden besser gefettet oder mit einer Schmierpaste behandelt, da diese Gleitstoffe besser haften.

Schließzylinder

● Sprühen Sie spätestens zu Beginn der kalten Jahreszeit etwas Rostlöser-Isolierspray in den Schlüsselschlitz.

● Es schmiert, verdrängt Feuchtigkeit und schützt vor Rost sowie Einfrieren im Winter.

Motorhaube

● Kühlergrill ausbauen, siehe Karosserie-Kapitel.
● Entriegelungszug der Motorhaube von einem Helfer im Wageninnern ziehen lassen.
● An der Stelle, wo der Seilzug aus der Umhüllung kommt, etwas Fett anstreichen und durch mehrmalige Hebelbewegung in die Zugumhüllung ziehen.

● Motorhaubenschloß und Schließzapfen mit etwas Fett bestreichen oder Schmierspray auftragen.
● Die Motorhaubenscharniere erhalten etwas Öl oder Schmierspray.

Schiebedach

● Die Gleitschienen des Schiebedaches sauberreiben.

● Schienen mit Silikonpaste oder -spray fetten.

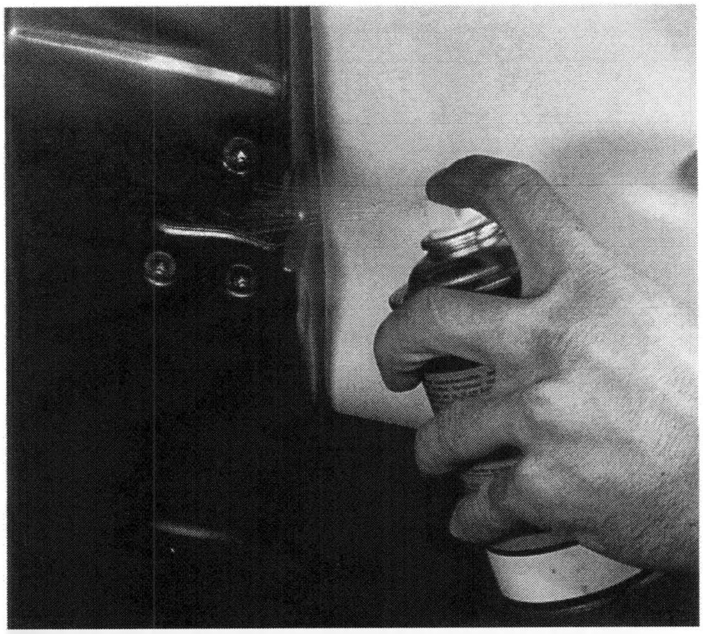

Wenn Sie die Schloßfalle am Türschloß mit einem Schmierspray behandeln, sollten Sie die Türverkleidung vor dem schmierigen Sprühnebel schützen.

Herz im Viertakt

Nicht zu Unrecht wird der Motor im Auto bisweilen als das Herz des Wagens bezeichnet. Denn ohne solche künstliche Kraftquelle wäre unser Opel kein Selbstbeweger (Verdeutschung von »Automobil«).
Das folgende Kapitel beschreibt neben der Arbeitsweise des Motors wichtige Einzelteile, gibt Anleitung für erforderliche Wartungsarbeiten und mögliche Reparaturen. Damit dürfte es Ihnen gelingen, die Kraftquelle in Ihrem Omega möglichst lange aktiv zu erhalten.

Blick in den Motorraum

Beim Omega haben wir zum einen die herkömmlichen Motoren mit zwei Ventilen pro Zylinder. Diesen Motor nennen wir nach der Anzahl der Ventile Achtventiler.
Zum anderen gibt es das leistungsstärkere Triebwerk mit vier Ventilen je Brennraum – den Sechzehnventiler oder kurz 16V.
Blättern Sie zurück zu den Motorraum-Abbildungen weiter vorn im Buch. Dann sehen Sie auf Anhieb die typischen Merkmale der beiden Motorversionen.
Zur genauen Bestimmung des Motorentyps dient die in den Motorblock in Fahrtrichtung links hinten am Getriebeflansch eingeschlagene Motornummer, der jeweils die Typenbezeichnung vorangesetzt ist. In der folgenden Tabelle finden Sie die wichtigsten technischen Daten der im Omega eingebauten Motoren.

Motortyp	Hubraum cm³	Leistung kW	bei Drehzahl 1/min	Drehmoment bei Drehzahl Nm bei 1/min	Verdichtung	Gemischaufbereitung
X 20 SE	1998	85	5400	178 / 2800	10,0 : 1	Motronic-Vierpunkteinspritzung
X 20 XEV	1998	100	5600	185 / 4000	10,8 : 1	Simtec-Vierpunkteinspritzung

Die Einzelteile

Wer sich für die Funktion des Motors interessiert, findet im folgenden die wichtigsten Teile herausgegriffen und beschrieben, bevor wir zu den Wartungs- und Reparaturarbeiten kommen.

Kolben und Zylinder

Die aus Leichtmetall gegossenen Kolben (Achtventiler) bzw. geschmiedeten Flachkolben (16V) besitzen eine Stahleinlage, welche die Wärmedehnung verringert. Im oberen Drittel jedes Kolbens sind drei Kolbenringe elastisch in entsprechende Nuten im Kolben eingebettet. Sie drücken federnd gegen die Zylinderwand. Die beiden oberen Kolbenringe verwehren dem Gasgemisch den Weg aus dem Verbrennungsraum nach unten ins Kurbelgehäuse, während der untere Ölabstreifring verhindert, daß allzuviel Schmiersaft vom Kurbelgehäuse in den Brennraum gelangt. Im Kolbenboden sind Vertiefungen vorhanden. Diese ermöglichen den Ventilen genügend Bewegungsfreiheit.
Die Zylinder, in denen die Kolben auf und ab laufen, sind in das Graugußmaterial des Motorblocks eingearbei-

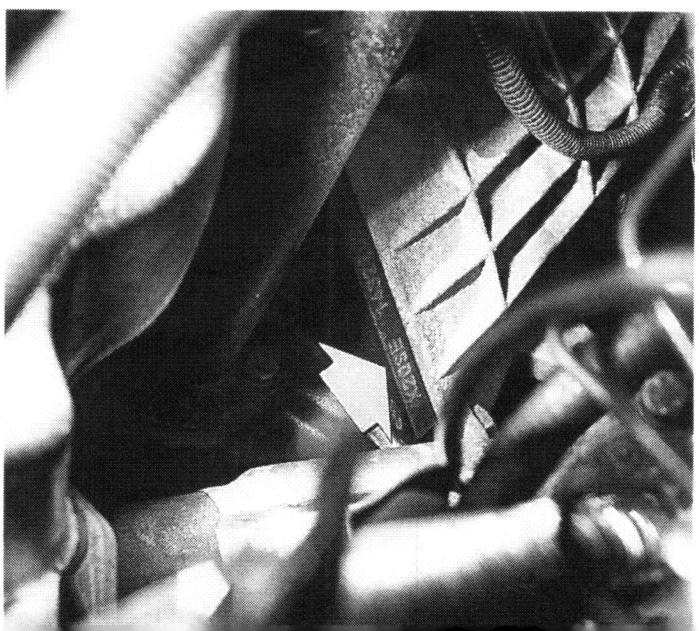

Die Abbildung zeigt die links hinten am Motorblock eingeschlagene Motor-Typbezeichnung mit der nachfolgenden Motornummer eines Achtventilmotors.

Diese Ansicht des Achtventilmotors zeigt folgende Bauteile:
1 – Lichtmaschine;
2 – Schwungscheibe;
3 – Anlasser;
4 – Drosselklappenstutzen mit Ansaugrohr;
5 – Zylinderkopfdeckel;
6 – vordere Zahnriemenabdeckung;
7 – Servopumpe;
8 – Keilrippenriemen-Spannrolle;
9 – Keilrippenriemen-Antriebsrad.

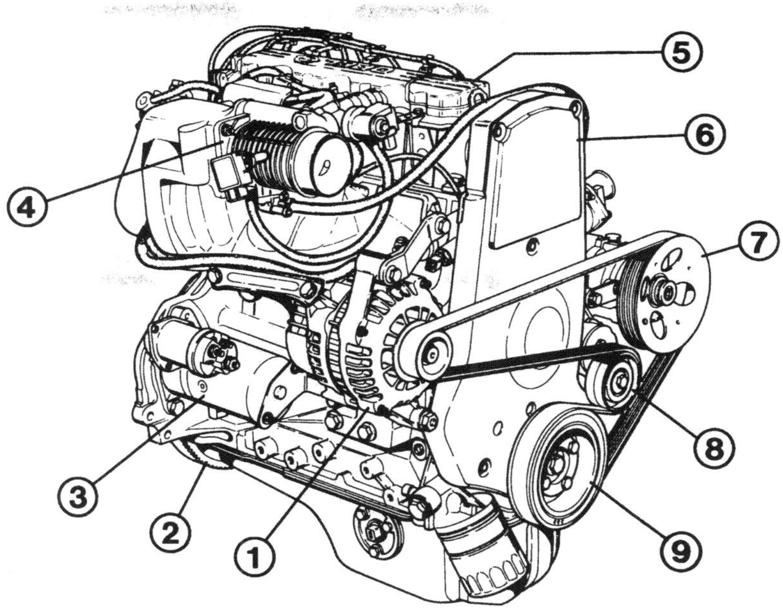

tet. Die Zylinderbohrungen sind im sogenannten Kreuzschliff gehont (geschliffen). Die Wandungen dürfen nicht völlig glatt sein, weil sonst das zur Schmierung notwendige Öl nicht daran haften kann. Die Bohrungen der Zylinder sind um 0,02–0,04 mm weiter als die zugehörigen Kolben. Bei Motorüberholungen können die Zylinderlaufbahnen – je nach Grad des Verschleißes – um mehrere hundertstel Millimeter ausgeschliffen werden. Für jedes Schleifmaß gibt es passende Kolben.

Die Kurbelwelle

Aufgabe der Kurbelwelle ist es, die geradlinige Bewegung der in den Zylindern auf und ab laufenden Kolben in eine Drehbewegung umzusetzen. Zur Verbindung der Kolben mit der Kurbelwelle dienen an beiden Enden drehbar gelagerte Pleuelstangen.
Die einzelnen Kröpfungen der Kurbelwelle sind um 180° zueinander versetzt, wobei die Kurbeln für den 1. und 4. Zylinder sowie für den 2. und 3. Zylinder gleich ausgerichtet sind. Für vibrationsarmen Lauf sitzen in Gegenrichtung der Kurbelzapfen unwuchtausgleichende Gegengewichte.
Um ein Durchbiegen der Kurbelwelle im Betrieb zu vermeiden, ist sie an fünf Stellen im Motorblock gelagert. Jede Kurbel, auf der eine Pleuelstange sitzt, ist demnach auf beiden Seiten durch ein Kurbelwellenlager gestützt.
Auch die Lagerzapfen der Kurbelwelle und deren Pleuellagerzapfen können nachgeschliffen werden, und zwar im Durchmesser wie in der Breite. Den geänderten Maßen entsprechend stehen passende Lagerschalen als Ersatzteil zur Verfügung.
Am hinteren Ende der Kurbelwelle sitzt eine Scheibe mit dem Zahnkranz für das Ritzel des Anlassers. Das ist entweder die Schwungscheibe, auf welche die Kupplung und damit die Verbindung zum Getriebe montiert ist, oder die Antriebsscheibe, an die der Drehmomentwandler der Getriebeautomatik geschraubt ist. Am vorderen Ende der Kurbelwelle sind das Geberrad für den Impulsgeber und Antriebsrad für den Zahnriemen sowie die Keilrippenriemenscheibe angeschraubt. Außerdem sitzt vorn auf der Kurbelwelle noch die Ölpumpe.

Die Pleuel

Die vier Pleuel sind zusammen mit je zwei Lagerschalenhälften auf ihren Zapfen der Kurbelwelle montiert. Die

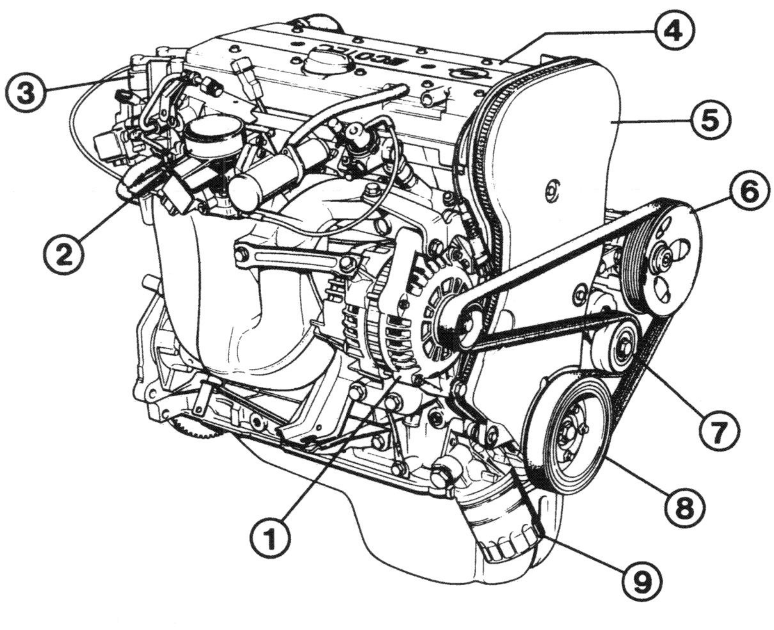

Ansicht des 16V-Motors von vorn rechts. Bezeichnet sind:
1 – Lichtmaschine;
2 – Drosselklappenstutzen mit Ansaugrohr;
3 – DIS-Zündmodul;
4 – Zylinderkopfdeckel;
5 – vordere Zahnriemenabdeckung;
6 – Servopumpe;
7 – Keilrippenriemen-Spannrolle;
8 – Keilrippenriemen-Antriebsrad;
9 – Ölfilter.

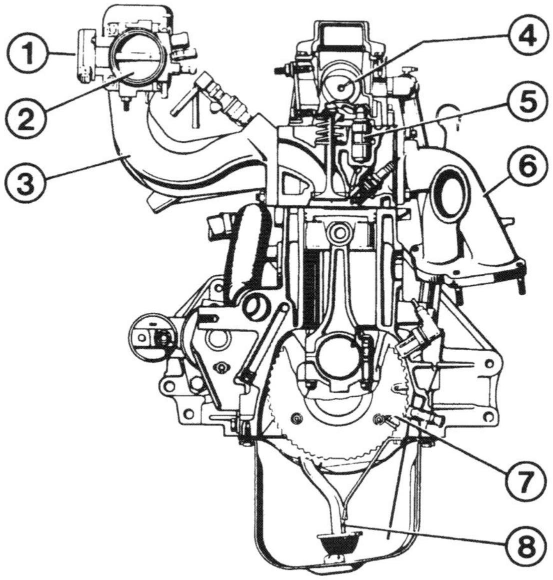

Querschnitt durch den Achtventilmotor:
1 – Drosselklappen-Potentiometer;
2 – Drosselklappe;
3 – Ansaugrohr;
4 – Nockenwelle;
5 – Hydrostößel;
6 – Auspuffkrümmer;
7 – Zahnscheibe für induktiven Impulsgeber;
8 – Ölansaugschnorchel.

Verbindung zwischen Pleuel und Kolben besteht aus einem Kolbenbolzen. Dieser wird beim Achtventiler bei erhitzter Pleuelstange in das Pleuelauge und zugleich in das Kolbenbolzenauge eingesetzt. Dadurch sitzt er im Pleuel fest und im Kolben drehbar.
Beim 16V ist in das Pleuelauge eine Bronzebuchse eingepreßt, in der der Kolbenbolzen »schwimmend« gelagert ist. Darunter ist zu verstehen, daß sich Kolben und Kolbenbolzen auf dem Pleuel etwas zur Seite bewegen können.
Pleuel gibt es in sechs Gewichtsgruppen. Der Gewichtsunterschied der vier Pleuel darf maximal 8 g betragen.

Die Achtventiler

Zylinderkopf und Nockenwelle

Wegen besserer Wärmeleitfähigkeit und aus Gewichtsgründen besteht der Zylinderkopf aus Leichtmetall. Die Ventilsitze sind bei erhitztem Zylinderkopf eingesetzt und dadurch nach dem Abkühlen fest eingeschrumpft. Die Zündkerzen sind jeweils direkt in eingeschnittene Gewinde im Zylinderkopf eingeschraubt. Dieses Gewinde kann beschädigt werden, wenn eine Zündkerze zu fest angezogen oder schräg angesetzt und mit Gewalt eingedreht wird.
Oben längs im Zylinderkopf sitzt die Nockenwelle. Sie ist fünffach gelagert. Mit ihren eiförmigen Nocken bewirkt sie, daß die Ventile bei bestimmten Kolbenstellungen öffnen und schließen. Form und Anordnung der Nocken bestimmen die Ventilsteuerzeiten. Den Antrieb der Nockenwelle besorgt die Kurbelwelle über einen Zahnriemen.

Die Ventilsteuerung

Die »hängenden« Ventile werden auf kurzem Übertragungsweg gesteuert: Die Nocken drücken auf die Schwinghebel – eine Art Zwischenlager – und über diese gegen die Kraft der Ventilfedern auf die Ventile. So wird ein Spalt zwischen Ventilteller und Ventilsitz frei, das Ventil öffnet. Beim Weiterdrehen des Nockens drückt die Ventilfeder das Ventil wieder in Schließstellung.
Die Einlaß- und Auslaßventile sind im Zylinderkopf zueinander versetzt angeordnet, und jeweils ihnen gegen-

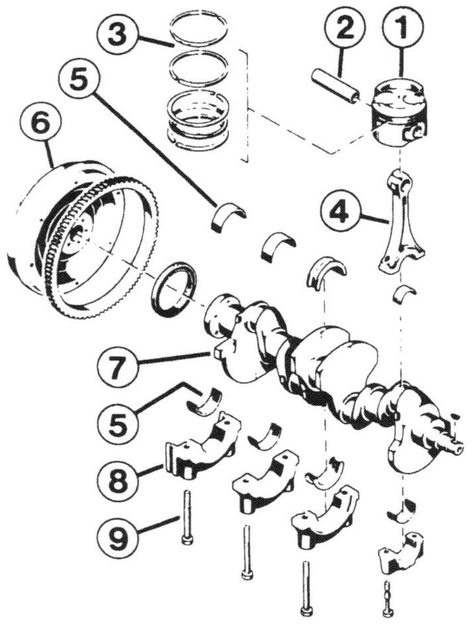

Zum Kurbeltrieb einschließlich der Kolben gehören die folgenden Teile:
1 – Kolben;
2 – Kolbenbolzen;
3 – Kolbenringe;
4 – Pleuel;
5 – Lagerschale;
6 – Schwungscheibe mit Zahnkranz für den Anlasser;
7 – Kurbelwelle;
8 – Lagerbock;
9 – Schraube für Lagerbock.

Hier ist der Aufbau des Achtventiler-Zylinderkopfes dargestellt. Bezeichnet sind:
1 – Zylinderkopfdeckel;
2 – Dichtung;
3 – Nockenwellengehäuse;
4 – Nockenwelle;
5 – Ventilfeder;
6 – Zylinderkopf;
7 – Ventil;
8 – Zahnriemen.

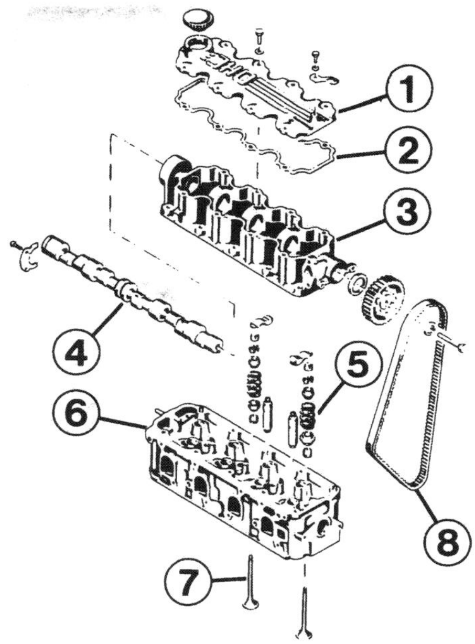

über sind Hydrostößel (hydraulische Ventilspielausgleicher) eingesetzt. Diese Hydrostößel gleichen Längenänderungen der Ventile aus, die durch Temperatureinflüsse und Verschleiß auftreten. Die Wirkung des Hydrostößels überträgt sich auf das Ventil über den Schwinghebel. Somit ist eine spielfreie Arbeit des ganzen Ventiltriebs gesichert, und es entfällt das sonst notwendige Nachstellen des Ventilspiels.
Der Gemischeinlaß befindet sich in Fahrtrichtung hinten, die Auslaßkanäle sind auf der vorderen Seite. Entsprechend diesem Querstromprinzip haben auch die Einlaß- und Auslaßventile ihre Position.
Die Ventile werden in legierten Graugußführungen bewegt, welche im Zylinderkopf eingepreßt sind. Oberhalb jeder Führung ist eine Ventilschaftabdichtung aufgesetzt. Alle Auslaßventile verfügen über »Roto Caps« (Ventildrehvorrichtungen). Sie drehen das Ventil bei jedem Hub um einige Grad, womit das Einschlagen der Sitzfläche und dadurch Kompressionsverlust hinausgezögert wird.

Die Steuerzeiten

Bekanntlich haben wir im Omega einen Viertaktmotor, der das Gemisch aus Kraftstoff und Luft **1. ansaugt, 2. verdichtet, 3. zündet** und die verbrannten Gase **4.** wieder **ausstößt**. Fürs Ansaugen der Frischgase und das Ausschieben der Altgase bleibt dem ventilgesteuerten Verbrennungsmotor nur wenig Zeit. Weder kann die Nockenwelle die Ventile schlagartig öffnen noch vermögen sie die Ventilfedern derartig schnell zu schließen. Deshalb sind die Nocken so geformt, daß das Einlaßventil bereits gegen Ende des Auslaßtakts öffnet und erst dann schließt, wenn der Kolben nach Beendigung des Ansaughubs wieder verdichtend aufwärtsstrebt. Das Auslaßventil öffnet schon vor Abschluß des Arbeitstakts und schließt erst, wenn der Kolben bereits wieder Frischgas ansaugt. Beide Ventile sind deshalb einen Sekundenbruchteil gleichzeitig geöffnet, wenn der Kolben im Oberen Totpunkt (OT) vom Ausstoßen zum Ansaugen umkehrt. Diese Zeitspanne wird mit Ventilüberschneidung bezeichnet.

Hydrostößel

Die Omega-Motoren besitzen hydraulische Ventilspielausgleicher, sogenannte Hydrostößel. Diese Einrichtung ermöglicht, daß die Kontrolle des Ventilspiels entfallen kann: Der Ventiltrieb arbeitet spielfrei, aber dennoch ist dafür gesorgt, daß die geschlossenen Ventile fest auf dem Sitz aufliegen und einwandfrei abdichten.

Die Schnittzeichnung durch den Achtventiler-Zylinderkopf zeigt folgende Bauteile:
1 – Nockenwelle;
2 – Schwinghebel;
3 – hydraulischer Ventilspielausgleicher (Hydrostößel);
4 – Ventil.

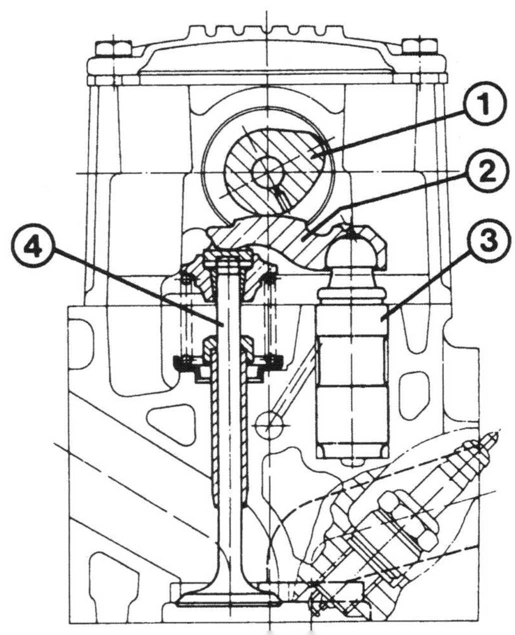

Fingerzeige: Lagerschadenähnliche Klappergeräusche kann ein Motor mit Hydrostößeln nach längeren Standzeiten kurz nach dem ersten Motorstart verursachen. Dieser Effekt tritt auf, wenn alles Öl aus den Hydrostößeln ausgelaufen und dadurch wieder Spiel im Ventiltrieb entstanden ist. Kein Grund zur Besorgnis: Das Geräusch verschwindet nach kurzer Zeit, und der Ventiltrieb arbeitet wieder geräuschfrei. Klappert ein einzelner Hydrostößel längere Zeit oder sogar noch bei warmem Motor, muß er ersetzt werden.

Funktion der Hydrostößel

Bei geschlossenem Ventil gelangt Öl aus dem Schmierkreislauf des Motors über eine Bohrung in das Ölreservoir des Hydrostößels. Nach Passieren des Rückschlagventils im Stößel fließt der Schmierstoff in die momentan noch völlig drucklose Druckkammer und füllt diese ganz aus.

Parallel zu diesem Vorgang drückt die Expansionsfeder den Kolben spielfrei an den Schwinghebel, der seinerseits spielfrei an einem Nocken der Nockenwelle wie auch am Ventilschaftende anliegt.

Dreht sich nun die Nockenwelle und drückt ihr exzentrischer Nocken gegen den Kolben des Hydrostößels, so steigt der Druck in der Druckkammer. Das Rückschlagventil verschließt die Zulaufbohrung und sorgt dafür, daß kein Öl mehr entweichen kann. Da sich das Öl nicht komprimieren (in sich zusammendrücken) läßt, ist damit eine starre Verbindung zwischen Hydrostößel, Schwinghebel, Nockenwelle und Ventilschaftende hergestellt. Das Ventil kann also durch die Kraft des Nockens niedergedrückt werden.

Nach dem Schließen des Ventils entsteht durch Leckölverlust ein geringfügiges Ventilspiel, das aber durch die Expansionsfeder – sie drückt den Kolben nach oben – sofort wieder ausgeglichen wird. In das vergrößerte Volumen der Druckkammer strömt nun bei geöffnetem Rückschlagventil wieder Öl nach. Damit ist der Hydrostößel bereit zur nächsten Ventilbetätigung.

Der Zahnriemen

Für die obenliegende Nockenwelle dient der von der Kurbelwelle in Bewegung gesetzte Zahnriemen als geräuscharmes Antriebselement. Der gezähnte Gummiriemen mit Stahldrahteinlage arbeitet verschleißfrei, zumal die Gummimischung des Zahnriemens auch für eine Trockenschmierung des Riementriebs sorgt.

Außerdem treibt der Zahnriemen die Wasserpumpe an. Neben der Wasserpumpe befindet sich eine automatische Spannrolle, die den Zahnriemen auf stets gleicher Spannung hält.

Die Zylinderkopfdichtung

Die Dichtung zwischen Motorblock und Zylinderkopf muß dafür sorgen, daß die Verbrennungsräume und die Kanäle für das Kühlmittel voneinander getrennt bleiben, wobei sie auch kein Schmieröl hindurchlassen darf. Sie muß hohen Temperatur- und Druckschwankungen widerstehen.

Bei den Omega-Motoren wird eine »setzarme« Zylinderkopfdichtung verwendet. Deshalb müssen bei der Montage des Zylinderkopfes die Kopfschrauben unter Einhaltung besonderer Arbeitsfolgen angezogen werden.

Der Sechzehnventiler

Die Kurzbezeichnung eines Sechzehnventilmotors lautet »DOHC 16 V«. Das steht für die englische Bezeichnung »**D**ouble **O**ver **H**ead **C**amshaft 16 Valves« oder auf Deutsch »zwei obenliegenden Nockenwellen und 16 Ventile«. Solch ein Sechzehnventiler gilt als typischer Hochleistungsmotor.

Warum Vierventil-Technik ?

Eines der Grundprobleme des Viertaktmotors ist es, die Zylinder während des Ansaugtakts mit der ausreichenden Menge Kraftstoff/Luft-Gemisch zu füllen. Das Problem vergrößert sich mit steigender Drehzahl, weil ja die Ventil-Öffnungszeiten dadurch immer kürzer werden. Der Techniker spricht von Füllungsverlusten. Dem zu

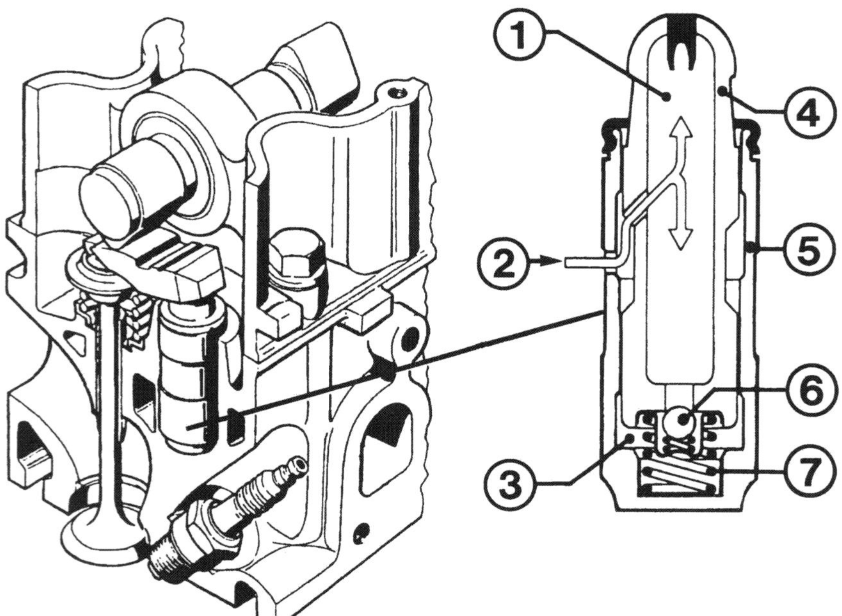

Hier ist der Aufbau des hydraulischen Ventilspielausgleichers (Hydrostößel) beim Achtventiler-Motor gezeigt:
1 – Ölreservoir;
2 – Ölzufuhr;
3 – Druckkammer;
4 – Kolben (beweglich);
5 – Druckzylinder (feststehend);
6 – Rückschlagventil;
7 – Expansionsfeder.

Querschnitt durch das 16V-Aggregat. Bezeichnet sind:
1 – Ölansaugschnorchel;
2 – Kurbelwelle;
3 – Einlaßventil;
4 – Einlaßnockenwelle;
5 – Zündkerze mit Kerzenstecker;
6 – Auslaßnockenwelle;
7 – Auslaßventil;
8 – Kolben;
9 – Pleuel;
10 – Ölpeilstab.

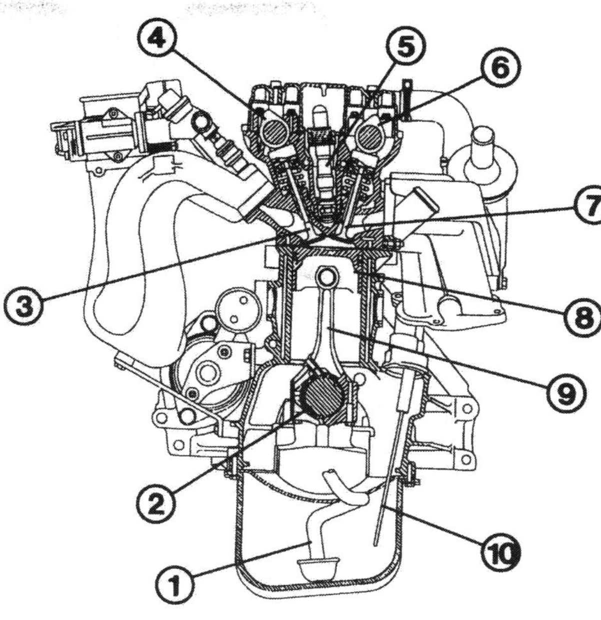

begegnen, wählt man den Ventildurchmesser so groß als möglich. Denn nur so kann mehr Gemisch einströmen. Diesem Bestreben setzt jedoch der Brennraumdurchmesser Grenzen. Hier fußt nun der Grundgedanke der Vierventil-Technik: Vier Ventilteller addieren sich zu einer insgesamt größeren Öffnungsfläche als zwei noch so große – jeweils auf dieselbe Brennraumgröße bezogen.

Vorteile der Vierventil-Technik

Kaum ein Automobilhersteller entschließt sich zu teuren Mehraufwendungen an seinen Fahrzeugmodellen, wenn sich nicht gleichzeitig mehrere Vorteile daraus ergeben. Und die sind bei der Vierventil-Technik tatsächlich gegeben:

○ Vier Ventile ermöglichen größere Durchlaßquerschnitte für Frisch- und Abgas. Das freiere »Atmen« kommt der Motorleistung und damit auch dem Kraftstoffverbrauch zugute. So hat ein Vierventiler einen ca. 8% geringeren spezifischen Kraftstoffverbrauch im Vergleich zum Zweiventiler.
○ Vierventiler besitzen kleinere Ventile und dadurch geringere bewegte Massen, was schnelleres Reagieren des Ventiltriebs zur Folge hat. Angenehmer Nebeneffekt: Man benötigt weniger straffe Ventilfedern zum Schließen der Ventile.
○ Die kleineren Ventile kühlen sich während der Schließzeiten über die Ventilsitze besser ab als große Ventile. Daher geringere thermische Probleme.
○ Vierventilermotoren sind auf Grund der Brennraumverhältnisse unempfindlicher gegenüber klopfender Verbrennung. Sie vertragen ein um 1–5 Punkte höheres Verdichtungsverhältnis.
○ Die Zündkerze kann beim Vierventiler optimal in Brennraummitte plaziert werden.

Im folgenden sind wir lediglich auf die Unterschiede zum Motor mit acht Ventilen eingegangen.

Der Zylinderkopf

Die Verdoppelung der Ventilzahl bedingte eine völlige Neukonstruktion des aus Aluminium gegossenen Zylinderkopfes. In den Brennräumen hängen die Ein- und Auslaßventile leicht geneigt zur Zylinderachse. In der Mitte sitzt die Zündkerze. Das ermöglicht nach allen Seiten gleich lange Verbrennungswege. Damit ist die Voraussetzung geschaffen für eine schnelle und saubere Gemischverbrennung.

<u>Links:</u> Frontansicht des Achtventilmotors:
1 – Zahnriemen-Spannrolle;
2 – Wasserpumpe;
3 – Zahnriemen;
4 – Nockenwellenrad;
5 – Zahnriemen-Antriebsrad;
<u>Rechts:</u> Stirnseite des 16V-Aggregats:
1 – Zahnriemen-Spannrolle;
2 – Wasserpumpe;
3 – rechte Umlenkrolle;
4 – Zahnriemen;
5 – Einlaßnockenwelle;
6 – Auslaßnockenwelle;
7 – linke Umlenkrolle;
8 – Zahnriemen-Antriebsrad.

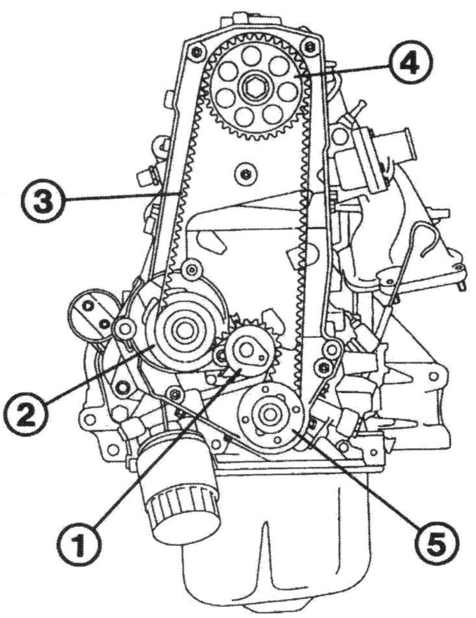

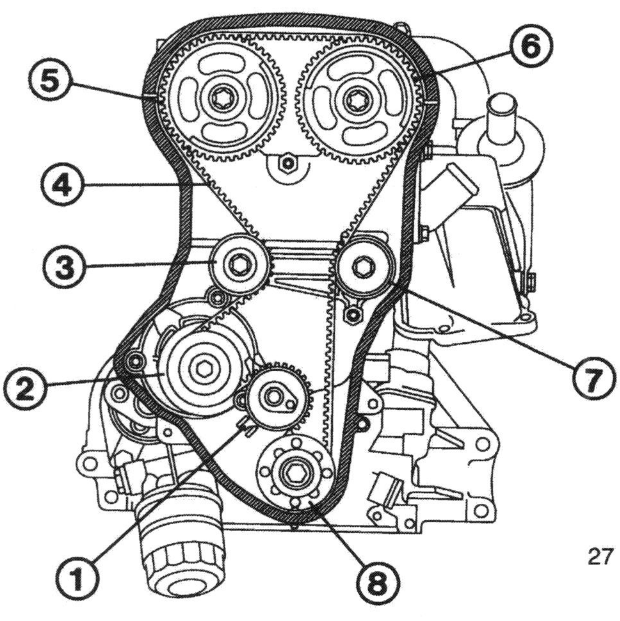

Die Reihe der Einlaßventile findet sich in Fahrtrichtung links am Motor. Bei den rechts liegenden Auslaßventilen wurde hoher Aufwand getrieben, denn ihre hohlen Schäfte sind mit Natrium gefüllt. Dieses flüssige Metall wird im Betrieb hin- und hergeschleudert. Es kann am Ventilteller Wärme aufnehmen und leitet sie am Schaft über die Ventilführung an den Zylinderkopf ab.

Die Nockenwellen

Zum Betätigen der beiden Ventilreihen werden zwei Nockenwellen gebraucht. Sie rotieren in Gleitlagern – sechs Lager an der Nockenwelle der Auslaßventile, fünf an der Einlaß-Nockenwelle. Zur Gewichtsersparnis sind beide Wellen hohlgebohrt.
Von der Kurbelwelle werden beide Nockenwellen über einen Zahnriemen in Drehung versetzt. Die links angeordnete Nockenwelle betätigt die Auslaßventile, die rechte die Einlaßventile. Beide Wellen drehen sich in derselben Richtung.

Die Ventilbetätigung

Die Ventile werden von den Nockenwellen – anders als beim Achtventiler – ohne zwischengelagerte Schwinghebel auf kürzestem Übertragungsweg gesteuert. Die hydraulischen Tassenstößel sind – wie eine auf den Kopf gestellte Tasse – über den Ventilschaft und die beiden Ventilfedern gestülpt, wie in der Zeichnung unten dargestellt.
Bemerkenswert ist eine minimale Wölbung der Stößelböden, eine dem Auge nicht erkennbare Schräge der Nockenlauffläche und ein Versatz von 2 mm zwischen Nocken und Stößel. Dadurch erhalten die Stößel bei laufendem Motor einen Drehimpuls, der sich auf die Ventile überträgt. Hierdurch wird Verschleiß an Stößel und Ventilsitzen vermieden und eine optimale Dichtheit zwischen Ventil und Sitz erreicht.

Der Zahnriemen

Er treibt, wie eben erwähnt, beide Nockenwellen direkt an. Der gezähnte Gummiriemen mit Stahldrahteinlage arbeitet verschleißfrei und geräuscharm. Zusätzlich ist der Zahnriemen wartungsfrei, da eine automatische Spannrolle für stets gleichbleibende Zahnriemenspannung sorgt.

Das Schmiersystem

Im Motor verlangen eine ganze Reihe von Lagerstellen und Reibpartnern nach Schmierung. Das Motoröl muß dorthin unter Druck gepumpt werden – von der Ölpumpe. Sie saugt den Schmiersaft durch einen mit einem Sieb versehenen Schnorchel an und drückt ihn in den Ölfilter.
Ist das Filterpapier von Schmutz zugesetzt, weil der Filter nicht rechtzeitig gewechselt wurde, tritt ein Sicherheitsventil in Aktion. Es öffnet, der Filter wird umgangen, die Ölversorgung ist sichergestellt. Allerdings bewirkt ungefiltertes Motorenöl höheren Verschleiß an den Lagerstellen. Vom Filter aus gelangt das schmierfähige Naß über Bohrungen im Zylinderblock zu den Schmierstellen der Kurbelwelle und außerdem in den Zylinderkopf und zum Ventiltrieb.
Durch andere Bohrungen fließt das Öl zurück in die Ölwanne und kann für einen erneuten Durchlauf von der Ölpumpe angesaugt werden.

Die Ölpumpe

Hinter der Keilrippenriemenscheibe sitzt wohl das wichtigste Zusatzaggregat des Motors, die Ölpumpe. Direkt angetrieben von der Kurbelwelle läuft ein exzentrisch angeordnetes Außenzahnrad in einem etwas größeren Zahnrad mit Innenverzahnung. Dadurch entsteht ein dauernd umlaufender sichelförmiger Freiraum, der dieser Pumpe den Namen Sichelpumpe gab. Eine derartige Pumpe erbringt bereits bei niedriger Drehzahl gute För-

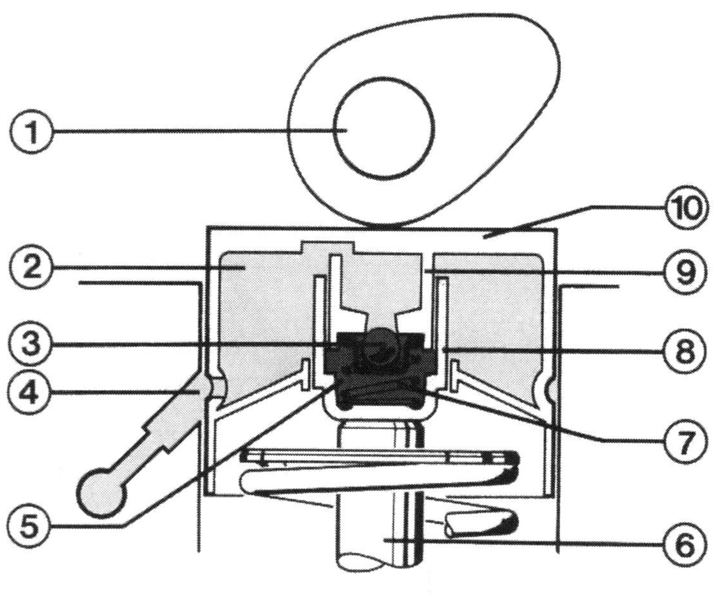

Die Ventilbetätigung mit Hydrostößel beim 16V: Das unter Hochdruck gesetzte Öl ist rot dargestellt. Hellrot abgesetzt ist die zur Ventilbetätigung nicht benötigte Ölmenge.
Die Zahlen bezeichnen folgende Teile:
1 – Nocken der Nockenwelle;
2 – Ölvorratsraum;
3 – Rückschlagventil;
4 – Ölzulauf;
5 – Hochdruckraum;
6 – Ventilschaft;
7 – Druckfeder;
8 – Zylinder;
9 – Kolben;
10 – Hydrostößel.

Im System der Motorschmierung bedeuten (am Achtventiler gezeigt):
1 – Ölpumpe;
2 – Ölfilter;
3 – Druckregelventil;
4 – Öldruckschalter;
5 – Nockenwelle und Ventilspielausgleicher.

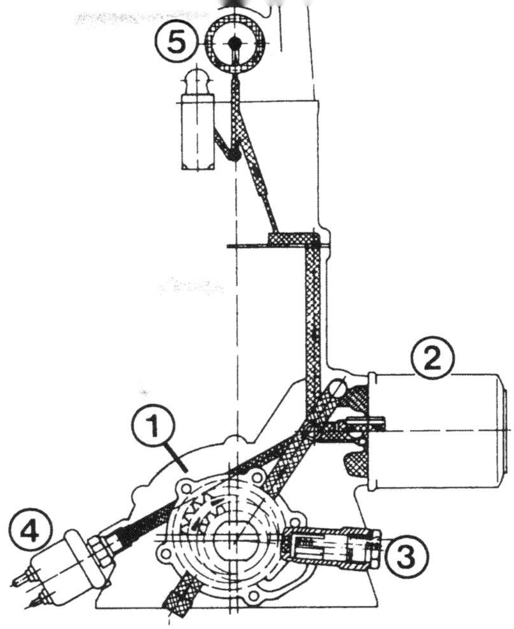

derleistung. Bei Vollgas bzw. Höchstdrehzahl fördert die Pumpe ca. 30 Liter in der Minute. Dieser fette Überstrom sorgt jedoch nicht nur für die Schmierung, sondern trägt auch einen großen Teil zur Motorkühlung bei.

Öltemperatur

Ausschlaggebend für das Wohlbefinden des Motors ist die Öltemperatur. Allerdings besitzen die Omega-Modelle serienmäßig kein Ölthermometer, an dem sich ablesen läßt, wie es um den Wärmehaushalt des Motors bestellt ist. Normalerweise wird die Temperatur am Ölfilterflansch oder in der Ölwanne gemessen; dort ist das Öl am kühlsten. Dagegen können an den Kolbenringen Temperaturen bis 300° C auftreten. Falls Sie nachträglich ein Ölthermometer eingebaut haben: Gemäß Opel darf die Temperatur bei extremen Bedingungen 150° C betragen, gemessen in der Ölwanne, 1 cm über deren Boden. Dabei ist allerdings die Verwendung eines tatsächlich hochwertigen Motoröls Voraussetzung, das dann noch ausreichende Schmierwirkung besitzt.
Schädlich für den Motor ist auch eine zu niedrige Öltemperatur. Bei weniger als 60° C sind die Öl-Additive nicht voll wirkungsfähig, was erheblich höheren Verschleiß zur Folge hat. Deshalb sollten Sie nach Möglichkeit den Motor nach dem Kaltstart nicht über 3500/min drehen lassen, bis das Öl etwa 60° C erreicht hat. Für unsere Modelle ohne Ölthermometer gilt als Anhaltspunkt, daß das Motoröl gegenüber dem Kühlmittel etwa doppelt so lange braucht, bevor es seine Betriebstemperatur erreicht hat.

Der Öldruck

Der Öldruck soll bei einer Öltemperatur von 80° C folgende Werte erreichen:
○ bei **2000/min** des Motors **mindestens 2,0 bar** ○ im **Leerlauf mindestens 0,3 bar**
Das läßt sich freilich nur kontrollieren, wenn Sie nachträglich ein entsprechendes Meßinstrument eingebaut haben. Serienmäßig gibt es nur eine annähernde Kontrollmöglichkeit über den Öldruckschalter, der im Betrieb die Warnleuchte in der Instrumententafel bei ungenügendem Druck aufleuchten läßt. Dieser Öldruckschalter sitzt beim Omega rechts am Motor am Ölfilterflansch.
Zu hoch darf jedoch der Öldruck auch nicht sein. Das Druckregelventil erweitert den Weg zur Saugseite, wenn der Druck durch kaltes oder sehr zähflüssiges Öl zu hoch ansteigt. Zur Öldruckkontrolle ist im Instrumenten-Kapitel noch mehr gesagt.

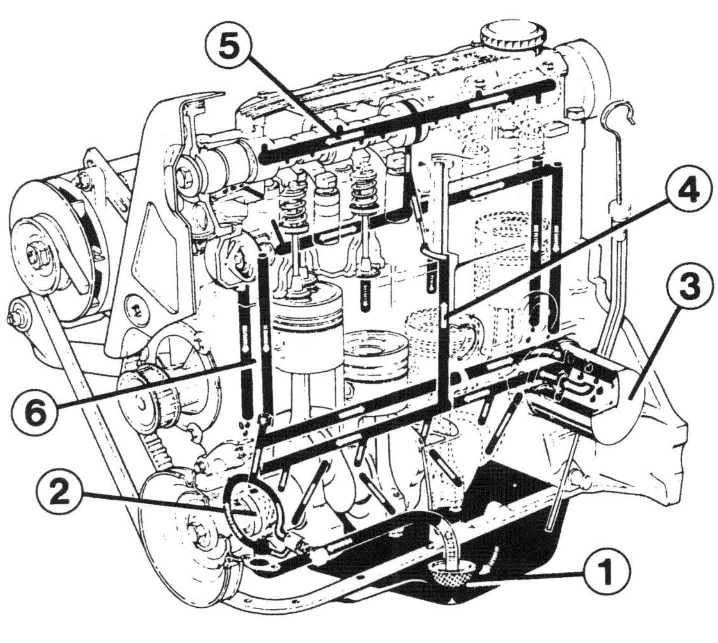

Kreislauf des Öls im Achtventiler-Motor.
Es durchläuft folgende Bauteile:
1 – Ölwanne mit Ölsieb;
2 – Ölpumpe (auf Kurbelwelle);
3 – Ölwechselfilter;
4 – Steigleitung;
5 – Nockenwelle;
6 – Leitungen für ablaufendes Öl.

Übrigens: Wenn Sie den Öldruck Ihres Motors ganz genau messen wollen, muß der Öldruckschalter herausgeschraubt und stattdessen ein exakt anzeigender Manometer angeschlossen werden.

Druckregelventil prüfen

Wie schon erwähnt, sorgt das Druckregelventil dafür, daß bei kaltem Öl der Öldruck im Motor nicht zu hoch ansteigt. Leuchtet oder flackert bei warmem Motor die Ölkontrolleuchte auf, weist das auf zu geringen Öldruck hin. In diesem Fall muß das Druckregelventil geprüft werden.

- Sechskantschraube seitlich hinter der Kurbelwellen-Riemenscheibe herausdrehen.
- Druckfeder und Regelkolben aus der Bohrung herausnehmen. Einbaulage beachten!
- Teile reinigen. Der Regelkolben darf am Umfang keine Riefen aufweisen bzw. durch Schmutzteilchen verkrustet sein. Die Druckfeder darf keine Scheuerstellen aufweisen.
- Schadhafte Teile ersetzen.
- Beim Einbau neuen Kupferdichtring verwenden.
- Schraube mit 30 Nm anziehen.

Die Motor-Entlüftung

Auch ein gesunder Motor bläst in der Minute mehr als 50 Liter Verbrennungsgase an den Kolbenringen vorbei ins Kurbelgehäuse. Damit die Dichtungen des Motors nicht zu stark beansprucht werden oder gar Teile des Motors reißen, muß der Druck aus dem Motor entweichen können. Das geschieht über die Motor-Entlüftung. Die giftigen Gase aus dem Motorinnern werden zum Schutz der Umwelt zum Ansaugrohr zurückgeleitet. Von dort werden die Gase zur vollständigen Verbrennung nochmals vom Motor angesaugt.
Der Entlüftungsschlauch ist oben am Zylinderkopfdeckel befestigt. Gelegentlich können Sie kontrollieren, ob sich in diesem Schlauch Ölrückstände gebildet haben. Man kann sie mit Benzin auswaschen.

Fingerzeig: Je größer der Druckverlust bei der Verbrennung ist – sprich: je stärker der Verschleiß von Kolben, Kolbenringen und Zylinderlaufbahnen fortgeschritten ist –, desto stärker bläst der laufende Motor aus der Motor-Entlüftung. Bei geöffnetem Öl-Einfüllstutzen läßt sich der Druckverlust ebenfalls gut erkennen. Profis können an der ausgestoßenen Luftmenge beurteilen, wie stark der Motor verschlissen ist.

Sichtprüfung des Motors

Wartung Nr. 30

- Betrachten Sie den Motor von oben und unten.
- Geringfügig ölfeuchte Stellen sind nicht bedenklich, alle Motoren »schwitzen« gelegentlich etwas Schmiermittel aus.
- Ölflecken unter dem geparkten Wagen und deutlichem Ölnässen sollten Sie aber auf den Grund gehen.
- Motor mit Motorreiniger und Dampfstrahlgerät säubern.
- Nach einer Probefahrt von wenigen Kilometern kontrollieren, wo Öl austritt.

Mögliche Leckstellen

An welchen Stellen beim Omega-Motor Öl austreten kann, haben wir hier zusammengestellt:

- ○ Abdichtung von Kurbelwelle und Nockenwelle(n)
- ○ Dichtungen am Zylinderkopfdeckel
- ○ Nockenwellen-Gehäusedichtung (Achtventiler)
- ○ Zylinderkopfdichtung
- ○ Trennstelle DIS-Zündmodul
- ○ Öldruckschalter
- ○ Druckregelventil
- ○ Ölfilterdichtung
- ○ Dichtung der Ölwanne
- ○ Wellendichtung der Kurbelwelle (Öl tritt an der Trennfuge Motor/Getriebegehäuse aus)

Fingerzeig: Manche Tankstellen und Reinigungsparks haben Dampfstrahlgeräte mit Münzeinwurf zur Selbstbedienung. Wer den Motorreiniger selbst mitbringt, kommt so zu einer preiswerten Motorwäsche. Unbedingt Arbeitskleidung mitnehmen.

Einfahren des neuen Motors

Zylinderwände wie auch Kolben und Kolbenringe weisen im Neuzustand an den Oberflächen eine mikroskopische Rauhigkeit auf. Erst der Einlaufvorgang kann diese kleinen Unebenheiten beseitigen, so daß die Teile gut gegeneinander abdichten. Zu flottes Hochdrehen des neuen oder überholten Motors kann zu winzigen Freßstellen am Metall führen, die unter Umständen einen fatalen Kolbenfresser nach sich ziehen.
Im Hinblick auf die Motorlebensdauer tun Sie also gut daran, die Hinweise von Opel für die erste Betriebszeit zu beachten. Während der ersten 1000 km gelten als höchste Drehzahl **4000/min**. Faustregel für alle Gänge: **Gaspedal maximal drei Viertel durchtreten**.

Links: Der Öldruckschalter (rechts unten am Motor) signalisiert über die Öldruck-Warnleuchte in der Instrumententafel, ob an den Motorlagern ausreichender Öldruck vorhanden ist.
Rechts: Links unten am Motor sitzt das Druckregelventil (Pfeil). Es sorgt dafür, daß bei kaltem und noch zähflüssigem Motoröl der Öldruck nicht zu hoch ansteigt.

Während der Einlaufzeit fühlt sich der Motor auf Landstraßen am wohlsten. Dort fährt man mit wechselnden Geschwindigkeiten und kann fleißig schalten. So wird man auch bei Beachten der anfänglich empfohlenen Höchstgeschwindigkeiten nicht zum Verkehrshindernis. Ab 1500 km darf der Motor auch ruhig einmal hochgedreht werden. Dazu eignen sich besonders Autobahngefälle: Bergab mit relativ hohen Motordrehzahlen, ohne den Motor gleichzeitig stark zu belasten. Allerdings muß die Maschine dazu richtig durchgewärmt sein, wie auch später nur bei erreichter Betriebstemperatur herzhaft beschleunigt werden sollte.
Bis der Motor richtig eingefahren ist, vergehen wenigstens 3000 km. Bei überwiegendem Stadtverkehr dauert es bestimmt viel länger.

Fingerzeig: Was hier für den neuen Motor gesagt wurde, gilt erst recht für ein überholtes Triebwerk, das erfahrungsgemäß empfindlicher auf falsche Einfahrweise reagiert.

Die Motor-Lebensdauer

Gleich ob Acht- oder Sechzehnventiler, in der Regel werden mit diesen Aggregaten 150 000–180 000 km erreicht. Diese Kilometerleistung stellt nur einen Anhaltspunkt dar. Je nach Fahrweise und Pflege werden Sie den unteren oder oberen Wert erreichen.
Der Fahrer entscheidet durch seinen Umgang mit der Maschine, ob der Exitus schon früh erfolgt oder 180 000 km oder mehr auf den ersten Motor kommen. Von entscheidender Bedeutung ist hierbei die Motoröltemperatur. Während die Kühlmittel-Temperaturanzeige schon relativ früh Betriebstemperatur signalisiert, ist das Motoröl frühestens nach etwa 10 Minuten Fahrt völlig einwandfrei schmierfähig.
Nach wochenlangem Kurzstreckenverkehr ist es ebenfalls nicht ratsam, gleich voll aufs Gaspedal zu treten. Bei den langen Leerlaufminuten in der Stadt bilden sich in den Brennräumen und an den Ventilen Ablagerungen, die bei voller Betriebstemperatur und zügiger, aber nicht scharfer Fahrt langsam abgebrannt werden sollen: Das entspricht 4000–5000/min.

Nenn- und Höchstdrehzahl

Ein Verbrennungsmotor gibt seine höchste Leistung bei einer bestimmten Drehzahl ab. Das ist die sogenannte Nenndrehzahl. Über diese hinauszudrehen bringt keine Mehrleistung. Unsere Motoren sind durchaus drehzahlfest. Die Ventile werden über die Schwinghebel bzw. direkt von der/den obenliegenden Nockenwelle(n) betätigt. Dabei werden nur geringe Massen in Bewegung gesetzt, was hohe Drehzahlen ohne Gefahr für den Ventiltrieb gestattet.
Die Höchstdrehzahl beträgt beim Achtventiler 6400/min und beim 16V 6600/min. Damit Sie über die Motordrehzahlen informiert sind, besitzt der Omega serienmäßig einen Drehzahlmesser. Ein solches Instrument hat allerdings eine gewisse Voreilung – im oberen Skalenbereich bis zu 5%. 6000/min auf dem Tourenzähler sind demzufolge oft lediglich echte 5700/min.

Drehzahl-Begrenzung

Oberhalb der Höchstdrehzahl, die für die einzelnen Motoren verschieden angegeben ist, geraten die Ventilfedern so stark ins Schwingen, daß ein einwandfreies Öffnen und Schließen der Ventile nicht mehr gewährleistet ist. Die Ventilfedern können brechen, was zur Folge hat, daß das betreffende Ventil auf dem Kolben aufschlägt

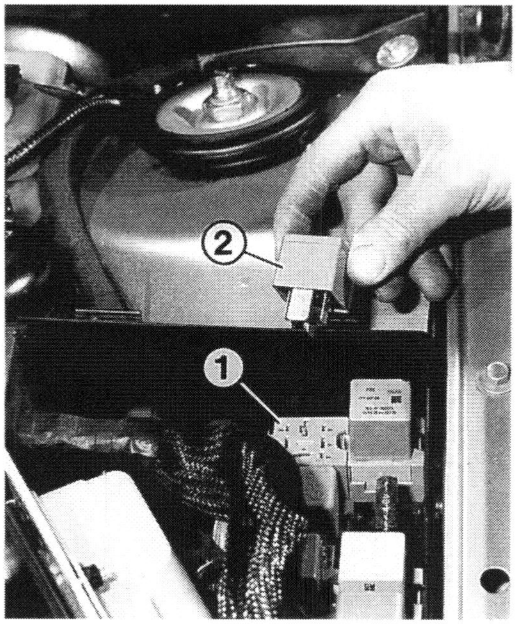

Links: Beim Messen des Kompressionsdrucks muß das Prüfgerät absolut dicht mit dem Zündkerzenloch abschließen.
Rechts: Bevor der Kompressionsdruck gemessen werden kann, muß das Kraftstoffpumpenrelais (2) vom Sockel (1) im Relaiskasten abgezogen werden.

und gewaltige Zerstörungen anrichtet. Damit es erst gar nicht so weit kommen kann, sperrt das Steuergerät der Zündung/Einspritzung bei Überdrehzahlen die Kraftstoffzufuhr – die Drehzahl fällt wieder ab.

Kompressionsdruck messen

Die Messung des Kompressionsdrucks in den Motorzylindern gibt Aufschluß darüber, ob Ventile und Kolbenringe noch gut abdichten. Leistung, Kaltstartverhalten sowie Öl- und Kraftstoffverbrauch des Motors hängen davon ab.

- Motor warmfahren. Die Kolbenringe dichten bei warmem Öl besser ab.
- Im Motoraum im Relaiskasten das Kraftstoffpumpenrelais abziehen. Andernfalls wird der Motor bei der Druckprüfung mit Kraftstoff überflutet, was auch dem Katalysator schaden kann.
- Beim 16V Zündkabelabdeckung vom Ventildeckel losschrauben.
- Kabelstecker vom DIS-Zündmodul abziehen, siehe auch unter »Zündung lahmlegen« im Kapitel »Die Zündanlage«.
- Handbremse anziehen, Schalthebel in Leerlauf drücken.
- Alle Zündkerzen herausschrauben.
- Gummikonus des Druckprüfers in das Kerzenloch des 1. Zylinders (in Fahrtrichtung der vordere) pressen bzw. Anschlußleitung ins Zündkerzengewinde schrauben.
- Von Helfer Gaspedal voll durchtreten lassen. So erhalten die Zylinder ihre größte Füllung.
- Mit dem Anlasser den Motor so lange durchdrehen lassen, bis der Druckwert nicht mehr ansteigt (mindestens 4 Sekunden).
- Meßwert ablesen und notieren. Bei einem Druckschreiber mit Meßkärtchen weiterschalten für den nächsten Zylinder.

Störungsbeistand

Zu niedrige Druckwerte

Kompressionsdruckwerte zwischen **11,0 und 13,0 bar beim Achtventiler** bzw. zwischen **14,0 und 15,0 bar beim 16V** signalisieren einen guten Motorzustand. Liegen die Werte unter 9,0 bar (Achtventiler) bzw. 12,0 bar (16V), ist der Motor überholungsbedürftig. In Opel-Werkstätten wird als Maßgabe 1 bar Unterschied von Zylinder zu Zylinder erlaubt. Gleichmäßig niedriger Kompressionsdruck ist nicht unbedingt ein Alarmzeichen; Ursache können Meßtoleranzen zwischen verschiedenen Prüfgeräten sein. Bedenklich ist es dagegen, wenn zwischen den vier Meßwerten für die Zylinder Unterschiede von mehr als 3 bar bestehen. Das kann bedeuten:

- ○ Kolben- und Kolbenringverschleiß
- ○ Festsitzende Kolbenringe durch Rückstandsbildung
- ○ Unrunde Zylinder als Folgeerscheinung von Kolbenklemmern
- ○ Ablagerungen an den Ventilschäften oder -sitzen durch Verbrennungs- bzw. Schmierölrückstände
- ○ Eingeschlagene Ventile
- ○ Verbrannte Ventile

Fingerzeig: In den meisten Fällen sind undichte Ventile die Ursache für mangelhaften Kompressionsdruck und damit geringere Motorleistung. Abhilfe bringt entweder Einschleifen der Ventile oder die Überholung des Zylinderkopfes.

Fehlersuche

Um bei zu niedrigem Kompressionsdruck den Fehler lokalisieren zu können, wendet man folgenden Trick an: Ins Zündkerzenloch etwas zähflüssiges Öl träufeln und Kompressionsdruck nochmals messen.

○ Sind die Werte weiterhin schlecht, liegt es an den Ventilen.
○ Erhalten Sie höhere Druckwerte, liegt es an den Kolbenringen und vielleicht auch an den Zylindern. Das eingefüllte Öl hat kurzfristig zwischen Kolben und Zylinderwänden besser abgedichtet, so daß das komprimierte Gas kaum noch entweichen konnte.

<u>Fingerzeig:</u> Der Kompressionsdruck ist nicht zu verwechseln mit dem Verdichtungsverhältnis. Das Verdichtungsverhältnis ist bei der Konstruktion festgelegt durch den Kolbenhub, die Ausformung des Kolbenbodens und das Volumen des Verbrennungsraumes. Dagegen variiert der Kompressions- oder Verdichtungsdruck je nach Motorzustand.

Der Druckverlusttest

Genauere Erkenntnisse liefert der Druckverlusttest, den manche Werkstätten durchführen können. Das Testgerät besteht aus zwei Kammern, wobei in einer ein gleichbleibender Druck herrscht. Die zweite Kammer ist über einen Schlauch zur Zündkerzenbohrung mit dem Verbrennungsraum, durch eine Düse mit der ersten Kammer und außerdem mit einer Anzeigeskala verbunden. Verliert der geprüfte Brennraum Druck, wird dies auf der Skala angezeigt. Eine größere Leckstelle läßt sich durch Abhorchen erkennen:
○ Blasgeräusche am Auspuff lassen auf ein undichtes Auslaßventil schließen.
○ Strömt Druckluft aus dem Luftfiltergehäuse, ist das Einlaßventil defekt.
○ Bei einer defekten Zylinderkopfdichtung oder einem Riß im Zylinderkopf gelangt Druckluft durch das benachbarte Zündkerzenloch oder aus dem geöffneten Kühlmittel-Ausgleichsbehälter ins Freie.
○ Verschlissene Zylinderwände, Kolbenlaufbahnen oder Kolbenringe lassen Druck ins Kurbelgehäuse strömen und am geöffneten Öleinfüllstutzen oder am Rohr für den Ölpeilstab austreten.

Motor durchdrehen

Zu manchen Arbeiten muß man den Motor entweder in eine bestimmte Stellung bringen oder durchdrehen. Hierzu gibt es verschiedene Möglichkeiten:
● Falls genügend ebene Fläche zur Verfügung steht, den Wagen bei eingelegtem fünftem Gang entsprechend vorschieben.
● Oder den Omega wie zu einem Radwechsel einseitig vorn aufbocken, fünften Gang einlegen und das freihängende Hinterrad durchdrehen, wodurch der Motor bewegt wird.
● Oder Zündkerzen herausschrauben (der Motor läßt sich dann leichter durchdrehen).
● Mit einem an der Kurbelwellen-Riemenscheibe angesetzten gekröpften Ringschlüssel oder Sechskantnuß Motor im Uhrzeigersinn drehen.
● **Niemals** bei abgenommener Zahnriemenabdeckung den Motor an der Befestigungsschraube des Nockenwellen-Zahnriemenrads durchdrehen! Der Zahnriemen könnte sonst überspringen – Motorschaden.

Zylinder 1 auf Zündzeitpunkt stellen

Beim Viertaktmotor kommt der Kolben während der vier Arbeitstakte zweimal in den Oberen Totpunkt (OT): Einmal beim Zünden des angesaugten Gemisches und zum zweiten Mal nach dem Ausstoßen der Altgase mit anschließend beginnendem Wiederansaugen von Kraftstoff/Luft-Gemisch. Üblicherweise wird bei verschiedenen Einstellarbeiten die Stellung gebraucht, bei der der Zündfunke in Zylinder 1 (der in Fahrtrichtung rechts stehende) überspringt.

Zum Durchdrehen der Kurbelwelle von Hand wird an der Zentralschraube der Kurbelwellen-Riemenscheibe in Pfeilrichtung gedreht. Als Werkzeug benötigen Sie einen gekröpften Ringschlüssel oder eine Stecknuß mit Rätsche.

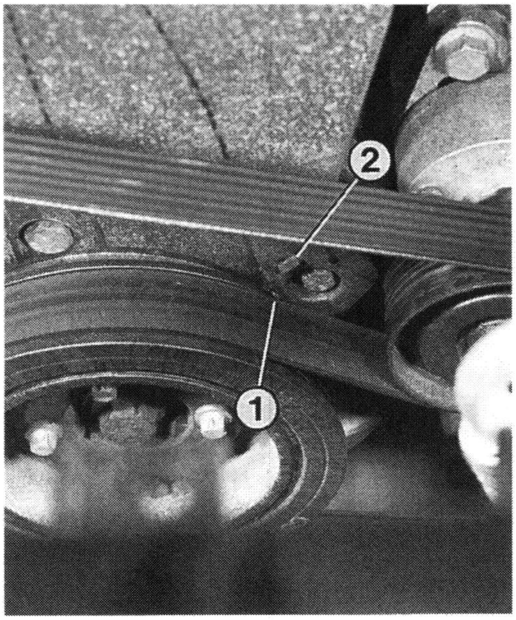

<u>Links:</u> Der OT ist gefunden, wenn die Kerbe auf der Kurbelwellen-Riemenscheibe (1) dem Zeiger am an der hinteren Zahnriemen-Abdeckung (2) gegenübersteht. <u>Rechts:</u> Bei abgenommener Zahnriemenabdeckung muß zusätzlich die Kerbe an der Nockenwellen-Riemenscheibe (3) mit der Kerbe an der hinteren Zahnriemenabdeckung (4) fluchten. Dies gilt beim 16V sinngemäß für beide Nockenwellenräder.

● Vodere Zahnriemenabdeckung ausbauen.
● Kurbelwelle solange durchdrehen, bis die Kerbe an der Vorderseite des Nockenwellenrades in Höhe der Markierung an der hinteren Zahnriemenabdeckung steht.
● Beim 16 V-Motor gilt dies sinngemäß für beide Nockenwellenräder.
● Nun muß auch die Kerbe auf der Kurbelwellen-Riemenscheibe gegenüber dem Zeiger stehen.
● Ist die Kurbelwellen-Riemenscheibe abgenommen zeigt die Markierung am Zahnriemen-Antriebsrad senkrecht nach unten auf die entsprechende Einkerbung.

Arbeiten am Zahnriemen

Die Ventilsteuerung erfolgt bei unseren Motoren, wie bereits angesprochen, über einen Zahnriemen. Dieser versetzt die Nockenwelle(n) in die halbe Umdrehungszahl der Kurbelwelle. Ferner wird die Wasserpumpe vom Zahnriemen angetrieben.
Dem gezähnten Gummiriemen kommt bei unseren Opel-Motoren hohe Bedeutung zu. Die kleinen Brennräume des Motors lassen es nämlich nicht zu, daß eines der Ventile geöffnet hat und somit in den Verbrennungsraum ragt, während sich der betreffende Kolben nach oben – seiner höchsten Stellung – bewegt. Dieser Fall kann eintreten, wenn der Zahnriemen reißt oder mehrere Zähne auf den Riemenscheiben überspringt. Dann schlägt das Ventil auf den Kolbenboden auf, und im Handumdrehen gibt es Motorschaden. Deshalb wird der Zahnriemen alle vier Jahre oder bei einer Kilometerleistung von 60 000 km ausgetauscht. Eine Kontrolle der Zahnriemenspannung im Rahmen der Inspektion findet nicht statt. Ebenso wird ein gelaufener Zahnriemen, der bei Montagearbeiten abgenommen werden muß, grundsätzlich durch einen neuen Riemen ersetzt.

Vordere Zahnriemen-abdeckung ausbauen

● Massekabel der Batterie abklemmen.
● Befestigungsschraube unterhalb des Kabelkanals herausdrehen.
● Kabelkanal nach oben aushängen und von der vorderen Zahnriemenabdeckung abnehmen.
● Laufrichtung des Keilrippenriemens kennzeichnen. Riemen entspannen und von den Riemenrädern abnehmen, siehe Kapitel »Die Lichtmaschine«.
● Keilrippen-Riemenrad vom Zahnriemen-Antriebsrad losschrauben. Ggf. an der Zentralschraube gegenhalt.
● Befestigungsschrauben herausdrehen und vordere Zahnriemenabdeckung nach oben aus dem Motorraum heben.
● Beim Einbau Keilrippen-Riemenrad mit 20 Nm anschrauben. Zahnriemenabdeckung mit 4 Nm befestigen.

Hintere Zahnriemen-abdeckung ausbauen
Achtventiler

● Vordere Zahnriemenabdeckung abmontieren.
● Motor auf Zündzeitpunkt Zylinder 1 stellen.
● Befestigungsschrauben des Zylinderkopfdeckels lösen und Deckel abnehmen.
● Nockenwellenrad losschrauben, dabei die Nokkenwelle zwischen Einlaßnocken des 3. Zylinders und Lagerstelle mit einem Gabelschlüssel gegenhalten.
● Zahnriemen abnehmen.
● Zahnriemen-Spannrolle von der Ölpumpe losschrauben.
● Zahnriemen-Antriebsrad ausbauen. Hierzu mit KM-662-B gegenhalten und Antriebsrad losschrauben.
● Kabel des Impulsgebers von der hinteren Zahnriemenabdeckung abnehmen. Auf Kabelverlegung achten !
● Befestigungsschrauben der hinteren Zahnriemenabdeckung lösen, und Abdeckung nach oben aus dem Motorraum nehmen.
● Beim Zusammenbau Einbaulage des Zahnriemen-Antriebsrades beachten.

Die Pfeile deuten auf die Befestigungsschrauben der vorderen Zahnriemen-Abdeckung. Links ist die Zahnriemen-Abdeckung des Achtventilers gezeigt. Rechts ist die Abdeckung des 16V abgebildet.

● Anzugsdrehmomente: Hintere Zahnriemenabdeckung an Ölpumpe und Nockenwellengehäuse 6 Nm, Nockenwellenrad an Nockenwelle 45 Nm, Zahnriemen-Antriebsrad an Kurbelwelle 130 Nm + 40° bis 50° (neue Schraube verwenden!), Zahnriemen-Spannrolle an Ölpumpe 25 Nm.

● Zahnriemen auflegen, Steuerzeiten beachten. Einstellung der Zahnriemen-Spannrolle und der Wasserpumpe kontrollieren.

Hintere Zahnriemen-abdeckung ausbauen
16 V

● Zahnriemen abnehmen.
● Zylinderkopfdeckel ausbauen.
● Beide Nockenwellenräder losschrauben.
● Zahnriemen-Spannrolle und Umlenkrolle(n) vom Motorblock losschrauben.
● Umlenkrollenhalter vom Motorblock abschrauben.
● Zahnriemenantriebsrad abziehen. Antriebsrad mit KM 662-B gegenhalten und losschrauben.
● Hintere Zahnriemenabdeckung vom Zylinderkopf und von der Ölpumpe abschrauben.
● Einbau: Zahnriemenabdeckung mit 6 Nm anschrauben.
● Zahnriemenantriebsrad mit neuer Schraube befestigen (250 Nm + 40° bis 50°).
● Nockenwellenräder montieren, siehe weiter hinten in diesem Kapitel.
● Zahnriemen-Spannrolle an Ölpumpe 25 Nm, Umlenkrollenhalter an Motorblock 25 Nm, Umlenkrollen an Halter 25 Nm.
● Zahnriemen auflegen, Steuerzeiten beachten. Einstellung der Zahnriemenspannrolle und der Wasserpumpe kontrollieren.

Zahnriemenzustand prüfen

● Vordere Zahnriemenabdeckung abnehmen.
● Der gezähnte Riemen darf nicht verölt oder rissig sein.
● Die Flanken der Verzahnung müssen intakt sein und dürfen keine Abnutzungserscheinungen zeigen.
● Damit Sie den Riemen auf seiner gesamten Länge begutachten können, den Motor durchdrehen.
● Beschädigten Zahnriemen sofort ersetzen!

Zahnriemen auswechseln

Wartung Nr. 45

● Zahnriemen nur bei kaltem Motor ausbauen.
● Massekabel an der Batterie abklemmen.
● Vordere Zahnriemenabdeckung ausbauen.
● Motor auf Zünd-OT Zylinder 1 stellen.
● Befestigungsschraube der Spannrolle lösen und Einstellexenter im Uhrzeigersinn drehen, bis der Zeiger an der Spannrolle am linken Anschlag anliegt.
● Entspannten Zahnriemen von den Riemenrädern abnehmen.
● Neuen Riemen so auflegen, daß die Zugseite (zwischen Nockenwellenrad und Kurbelwellenrad) gestrafft ist. Wurde die Stellung von Kurbelwellen- und Nockenwellenrad nicht verändert, stimmen die Ventilsteuerzeiten evtl. noch.
● Sicherheitshalber sollte man dies jedoch vor dem endgültigen Zusammenbau kontrollieren.
● War der Zylinderkopf abgenommen, müssen die Steuerzeiten in jedem Fall eingestellt werden.
● Zahnriemen-Spannrolle über den Einstellexzenter so weit entgegen dem Uhrzeigersinn verdrehen, bis die maximale Spannung erreicht ist. Der Zeiger der Spannrolle steht rechts neben der Kerbmarkierung.
● Spannrolle in dieser Stellung festschrauben.
● Kurbelwelle von Hand zwei Umdrehungen in Motordrehrichtung durchdrehen und anschließend wieder auf Zünd-OT stellen. Stimmen die Steuerzeiten?
● Grundeinstellung der Zahnriemenspannrolle kontrollieren.

Die Bilder zeigen den Verlauf des Zahnriemens, links beim Achtventiler-Motor, rechts beim 16V. Für die richtige Zahnriemenspannung sorgt bei beiden Motoren eine automatische Spannrolle zwischen Wasserpumpe und Kurbelwelle. Der Pfeil bezeichnet jeweils die Zugseite des Zahnriemens.

Grundeinstellung der Zahnriemen-Spannrolle

Nach allen Arbeiten am Zahnriemenantrieb muß die Grundeinstellung der Zahnriemen-Spannrolle kontrolliert und ggf. eingestellt werden.

- Die vordere Zahnriemenabdeckung ist abgenommen.
- Motor auf Zünd-OT Zylinder 1 stellen.
- Einbaulage der Wasserpumpe kontrollieren.
- Die Markierungen links am Wasserpumpenflansch und am Motorblock müssen fluchten. Wenn nicht, Wasserpumpe lösen und entsprechend verdrehen.
- Grundeinstellung kontrollieren: Wurde die Wasserpumpe verdreht, Motor nochmals in Motordrehrichtung durchdrehen und auf Zünd-OT Zylinder 1 stellen.
- Der Zeiger oben an der Spannrolle muß mit der Kerbe auf der Spannrollen-Grundplatte fluchten. Wenn nicht, muß eingestellt werden.
- Grundeinstellung korrigieren: Befestigungsschrauben der Spannrolle etwas lösen.
- Spannrolle über dem Einstellexzenter so weit entgegen dem Uhrzeigersinn verdrehen, bis die maximale Riemenspannung erreicht ist. Der Zeiger der Spannrolle steht rechts neben der Kerbmarkierung.
- Spannrolle in dieser Stellung festziehen.
- Kurbelwelle zwei Umdrehungen in Motordrehrichtung drehen und auf OT-Stellung bringen.
- Innensechskantschlüssel in den Einstellexzenter einsetzen und Spannrolle vorsichtig so weit lösen, bis der Zeiger der Spannrolle mit der Kerbmarkierung fluchtet.
- Spannrolle in dieser Stellung mit 25 Nm festziehen.
- Zum Einstellen der Zahnriemenspannung muß die Zugseite des Riemens gestrafft sein – sonst ist keine korrekte Einstellung möglich.

Ventilsteuerzeiten einstellen

Nur bei richtig eingestellten Steuerzeiten klappt das Zusammenspiel von Ventilsteuerung und Kurbeltrieb. Falsche Steuerzeiten ergeben schlechte Motorleistung und können im Extremfall sogar schwerste Motorschäden verursachen, wenn der Kolbenboden auf die nicht rechtzeitig geschlossenen Ventile aufschlägt.

- Der Zahnriemen ist abgenommen.
- Beim **Achtventiler** die Nockenwelle so drehen, daß die Kerbe an der Vorderseite des Rades in Höhe der Markierung an der hinteren Zahnriemenabdeckung steht.
- Achten Sie darauf, daß beim Drehen der Nocken-

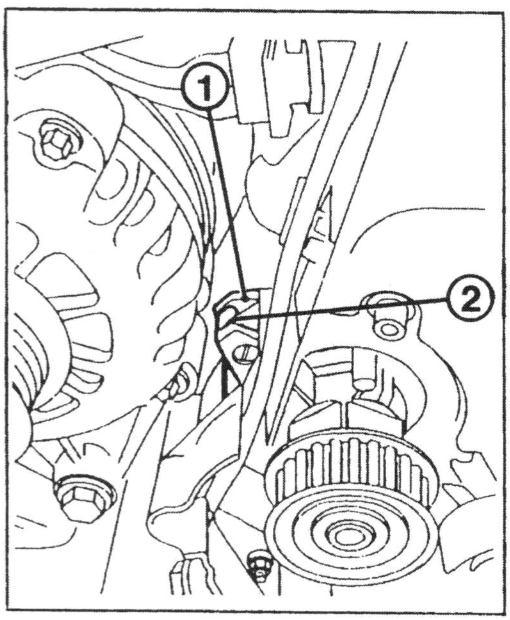

<u>Links:</u> Grundeinstellung der Zahnriemen-Spannrolle: Die Markierungen am Wasserpumpenflansch (2) und am Motorblock (1) müssen fluchten. Ggf. Wasserpumpe lösen und entsprechend verdrehen. Anschließend Einstellung der Spannrolle kontrollieren.
<u>Rechts:</u> Das Bild zeigt die beiden Umlenkrollen (1 und 2) und den Umlenkrollenhalter (3) des 16V-Motors

Grundeinstellung der Zahnriemen-Spannrolle.
Links: Einbaulage der Wasserpumpe kontrollieren. Anschließend Grundeinstellung korrigieren: Spannrolle lösen und über den Einstellexenter so weit verdrehen, bis der Zeiger (1) rechts neben der Kerbmarkierung (2) steht. Spannrolle festschrauben und Kurbelwelle zweimal durchdrehen. Weitere Vorgehensweise siehe Text auf der gegenüberliegenden Seite.
Rechts: Wenn der Zeiger (1) an der Spannrolle mit der Kerbe auf der Grundplattte (2) fluchtet, stimmt die Grundeinstellung.

welle kein Kolben in OT-Stellung steht, sonst können Ventile oder Kolbenböden beschädigt werden.

● Beim **16V** Nockenwellenräder so drehen, daß die Kerben an den Vorderseiten der Räder in Höhe der Markierungen in Höhe der Markierung an der hinteren Zahnriemenabdeckung stehen.

● Auch hier darf kein Kolben im OT stehen.

● **Alle:** Über die Befestigungsschraube des Zahnriemen-Antriebsrades Kurbelwelle drehen, bis die Strichmarkierung am Zahnriemen-Antriebsrad mit der Mitte der Einfräsung am Ölpumpengehäuse fluchtet (Achtventiler) bzw. mit der Markierung auf der hinteren Zahnriemenabdeckung übereinstimmt.

● Neuen Zahnriemen auflegen (Zugseite gestrafft). Stellung von Nockenwelle(n) und Kurbelwelle nicht mehr verändern.

● Grundeinstellung der Zahnriemen-Spannrolle und der Wasserpumpe kontrollieren.

Fingerzeig: Um Irrtümern vorzubeugen: Die Steuerzeiten verändern sich nicht durch Verschleiß. Eingestellt wird nur einmal, wenn zuvor der Zahnriemen abgenommen wurde.

Arbeiten am Zylinderkopf

Arbeiten am Zylinderkopf – beginnend mit dem Ausbau – setzen bessere Kenntnis der Materie voraus, als dies bei den bisher beschriebenen Reparatur- und Pflegearbeiten nötig war. Außerdem ist ein Drehmomentschlüssel als wichtigstes Werkzeug jetzt unerläßlich.

Zylinderkopfdeckel abnehmen
Achtventiler

Der Zylinderkopfdeckel – oft Ventildeckel genannt – wird bei unserem Motor folgendermaßen abgebaut:

● Kabelkanal vom Ventildeckel losschrauben und zur Seite legen.

● Schlauchschellen der Motor-Entlüftungsschläuche mit einer Zange von den Stutzen abnehmen und Schläuche abziehen. Ebenso den dünnen Schlauch am Zylinderkopfdeckel abziehen.

Links: Die Ventilsteuerzeiten sind in Ordnung, wenn die Kerbe (1) auf der Kurbelwellen-Riemenscheibe dem Zeiger (2) am Motorblock gegenübersteht.
Rechts: Gleichzeitig müssen die Kerben (3) an den Nockenwellenrädern mit den Kerben (4) an der hinteren Zahnriemenabdeckung fluchten. Die Abbildungen zeigen den 16 V-Motor.

- Befestigungsschrauben des Zylinderkopfdeckels herausdrehen.
- Zylinderkopfdeckel vorsichtig vom Nockenwellengehäuse abheben, damit die Dichtung nicht beschädigt wird.
- Eine beschädigte Dichtung ersetzen.
- Beim Einbau Befestigungsschrauben an der Deckelmitte beginnend über Kreuz mit 8 Nm anziehen.

Zylinderkopfdeckel abnehmen
16V

- Zündkabelabdeckung vom Zylinderkopf losschrauben und abnehmen.
- Schellen sämtlicher Schläuche am Zylinderkopfdeckel lösen und Schläuche abziehen.
- Alle Zündkerzenstecker mit dem beiliegenden Abziehwerkzeug von den Zündkerzen abziehen.
- Befestigungsschrauben des Zylinderkopfdeckels spiralförmig von außen nach innen lösen und herausdrehen.
- Zylinderkopfdeckel vorsichtig vom Zylinderkopf abnehmen, damit die Dichtungen nicht beschädigt werden.
- Beschädigte oder poröse Dichtungen ersetzen.
- Zum Einbau Dichtringe mit etwas Vaseline in den Zylinderkopfdeckel einsetzen, damit sie beim Aufsetzen des Zylinderkopfdeckels nicht in den Zylinderkopf fallen.
- Befestigungsschrauben des Zylinderkopfdeckels in der Deckelmitte beginnend über Kreuz mit 8 Nm anziehen.

Nockenwelle ausbauen
Achtventiler

Der Ausbau der Nockenwelle ist mit Heimwerkermitteln nicht möglich, da zu dieser Arbeit die Ventile mit Ventil-Niederhaltern zusammengedrückt werden müssen. Ventil-Niederhalter sind im Fachhandel erhältlich. Ferner wird ein neuer Nockenwellen-Dichtring benötigt.

- Batterie-Massekabel abklemmen.
- Vordere Zahnriemenabdeckung abmontieren.
- Motor-Entlüftungsschlauch abziehen und Zylinderkopfdeckel losschrauben.
- Kurbelwelle auf Zündzeitpunkt Zylinder 1 stellen und dann ¼ Umdrehung zurückdrehen. So sind alle Kolben in Mittelstellung, und die Nockenwelle drückt nicht auf die Schwinghebel.
- Zahnriemen entspannen und abnehmen.
- Nockenwellenrad losschrauben. Dabei die Nockenwelle am vorgesehenen Anguß zwischen 1. und 2. Zylinder mit Gabelschlüssel gegenhalten.
- DIS-Zündmodul ausbauen (Kapitel »Die Zündung«). Deckel der Druckplatte losschrauben.
- Darunterliegende Druckplatte ausbauen.
- Ventile mit handelsüblichen Ventil-Niederhaltern gleichmäßig niederdrücken.
- Nockenwelle aus dem Gehäuse herausziehen.
- Alten Nockenwellen-Dichtring ausbauen. Hierzu Blechschraube in den Dichtring eindrehen und mit einer Zange herausziehen.
- Beim Einbau Gleitflächen der Nockenwelle, Druckstücke und Schwinghebel mit MoS_2-Fett bestreichen. Teile nicht vertauschen.
- Neuen Wellendichtring etwas einölen und mit passendem Dorn in das Nockenwellengehäuse eintreiben.
- Beim Auflegen des Zahnriemens unbedingt die Steuerzeiten beachten.
- Anzugsdrehmomente: Druckplatte an Nockenwellengehäuse 8 Nm, Deckel der Druckplatte an Nockenwellengehäuse 8 Nm (neue Dichtung verwenden), Nockenwellenrad an Nockenwelle 45 Nm.
- Nach dem Einbau der Nockenwelle darf der Motor erst nach einer Wartezeit von 30 Minuten gestartet werden, siehe Fingerzeig Seite 40.

Lagerdeckel der Nockenwellen ausbauen am 16V-Motor: Die Pfeile zeigen, wo sich die Zahlen am Lagerdeckel und am Zylinderkopf befinden. Die Lagerdeckel nur in bestimmter Reihenfolge ausbauen, siehe Text auf der gegenüberliegenden Seite.

Beim 16V-Motor müssen zum Ausbau der Nockenwellen die Lagerdeckel abgeschraubt werden. Die Lagerdeckel sind von »1« bis »10« gekennzeichnet. Beim Einbau müssen sie wieder an derselben Stelle montiert werden.

Nockenwellen ausbauen
16V

- Motor 60° vor Zündzeitpunkt Zylinder 1 stellen.
- Zylinderkopfdeckel abbauen.
- Zahnriemen entspannen und abnehmen.
- Nockenwellenräder losschrauben. Hierzu betreffende Nockenwelle mit einem Gabelschlüssel am Zweikant vor der ersten Nocke gegenhalten.
- Zuerst Nockenwellen-Lagerdeckel 1, 3 und 5 (Einlaß-Nockenwelle) bzw. 6, 8 und 10 (Auslaß-Nockenwelle) $^1/_2$ Umdrehung und anschließend eine Umdrehung lösen und ausbauen.
- Nun Lagerdeckel 2 und 4 (Einlaß-Nockenwelle) bzw. 7 und 9 (Auslaß-Nockenwelle) abwechselnd über Kreuz lösen und abnehmen. Die Nockenwelle muß sich gleichmäßig aus den Lagersitzen lösen.
- Dichtringe von den Nockenwellen abziehen.
- Zum Einbau Gleitflächen der Ventilstößel und Nockenwelle mit MoS_2-Paste bestreichen.
- Auf die Dichtfläche der äußeren Nockenwellen-Lagerdeckel (1 und 6) Dichtungsmittel 90 350 544 auftragen.
- Nockenwellen so einsetzen, daß die beiden Fixierstifte an den Stirnseiten der Nockenwellen etwas nach außen hin zeigen zum Ansaug- bzw. Auspuffkrümmer.
- Lagerdeckel auflegen. Dabei stehen sich jeweils die gleichen Kennzahlen auf Deckel und Lagersitz gegenüber.
- Lagerdeckel der betreffenden Nockenwelle von innen nach außen anschrauben.
- Muttern stufenweise bis auf 8 Nm anziehen.
- Neue Nockenwellendichtringe einfetten und mit passendem Dorn eintreiben.
- Nockenwellenräder so montieren, daß der Führungsstift der Einlaß-Nockenwelle in die Bohrung »IN« im Nockenwellenrad greift. Der Führungsstift der Auslaß-Nockenwelle hingegen greift in die Bohrung »EX« im Nockenwellenrad.
- Nockenwellenräder mit neuen Schrauben montieren (Anzugsdrehmoment 50 Nm + 60° + 15°).
- Zahnriemen auflegen. Steuerzeiten kontrollieren, Grundeinstellung der Zahnriemen-Spannrolle vornehmen und Zahnriemen spannen.
- Nach dem Einbau der Nockenwellen darf der Motor erst nach einer Wartezeit von 30 Minuten gestartet werden, siehe Fingerzeig auf der folgenden Seite.

Die Hydrostößel

Ventilgeräusche

Allgemein deuten Klappergeräusche aus dem Bereich Zylinderkopf auf einen oder mehrere defekte Hydrostößel hin. Der betreffende Stößel wird dann nicht repariert, sondern ausgetauscht.
Ventilgeräusche können jedoch auch bei intakten Hydrostößeln auftreten, wenn
- ○ kurz nach dem Starten die Ölversorgung der Stößel noch nicht gewährleistet ist;
- ○ der Wagen zuvor bei hohen Außentemperaturen voll belastet wurde;
- ○ der Wagen lange Zeit nicht gefahren wurde. Das Ventilgeräusch muß dann spätestens bei betriebswarmem Motor verstummen;
- ○ bei extrem niedrigem Ölstand die Ölpumpe manchmal Luft ansaugt.

Fingerzeig: Klappergeräusche der Hydrostößel können auch an einer schadhaften Zylinderkopfdichtung liegen – dann gelangen Verbrennungsgase in den Ölkanal.

Störungsbeistand

Hydrostößel

Erkennungsmerkmal	Ursache
A Hartes Klopfgeräusch	»Verharzung, Verkohlung, Verklemmung durch Schmutz- oder Metallabriebteile im Öl
B Mäßiges Klopfgeräusch	Undichter Sitz des Kugelventils
C Zeitweilige Klickgeräusche	Kurzzeitig klemmt kleinstes Schmutzteilchen zwischen Kugel und Kugelsitz, Kugel ist unrund
D Drehzahl-Leistungsverlust	Zu schneller Ölabfluß im Stößel, Kolben preßt im Gehäuse, Kugelventil undicht, Verschmutzung

Hydrostößel auswechseln

Beim Achtventiler kann ein einzelner Hydrostößel ohne Ausbau der Nockenwelle ausgebaut werden. Hierzu ist ein Ventil-Niederhalter erforderlich (siehe auch »Nockenwelle ausbauen«), mit dem das entsprechende Ventil gedrückt und dann der betreffende Hydrostößel herausgenommen werden kann.

- Nockenwelle(n) ausbauen, wie weiter vorn beschrieben.
- Beim Achtventiler betreffenden Schwinghebel abnehmen.
- Alten Hydrostößel aus dem Zylinderkopf herausziehen. Am 16 V geht dies am besten mit einem kleinen Saugnapf.
- Soll der Hydrostößel wieder eingebaut werden, muß er an gleicher Stelle eingesetzt werden.
- Hydrostößel in Einbaulage ablegen, damit das Öl im Stößel nicht ausläuft.
- Zum Einbau Laufbahn des neuen Stößels etwas einölen.
- Stößel einsetzen und Nockenwelle(n) wieder einbauen.
- Beim Auflegen des Zahnriemens unbedingt die Steuerzeiten beachten.
- Grundeinstellung der Zahnriemen-Spannrolle durchführen.

<u>Fingerzeig:</u> Innerhalb der nächsten 30 Minuten darf der Motor nicht gestartet werden. Die entlasteten Hydrostößel wurden von ihren Druckfedern in die größte Ausdehnungsstellung gedrückt. Die Ventile werden dadurch bei den ersten Nockenwellenumdrehungen so weit geöffnet, daß sie mit den Kolben zusammenstoßen. Erst nach einer halben Stunde Wartezeit ist der Druck in den Hydrostößeln abgebaut. Zur Sicherheit dann den Motor zweimal von Hand durchdrehen, um sicherzustellen, daß kein Kolben mit einem Ventil kollidieren kann.

Störungsbeistand

Zylinderkopfdichtung

Erkennungsmerkmal	Ursache/Besonderheiten
A Kühlflüssigkeitsstand nimmt stetig langsam ab	Kühlmittel gelangt in sehr geringer Menge in die Brennräume. Diese Erscheinung kann sich ohne weitere Merkmale über längere Zeit hinziehen. Andere Möglichkeit: Kühlanlage undicht
B Der Wagen zieht bei Betriebstemperatur einen weißen Abgasschleier hinter sich her, großer Wasserverlust	Kühlmittel dringt in großer Menge in einen Verbrennungsraum, verdampft dort und entweicht als weiße Fahne durch den Auspuff
C Aus dem geöffneten Ausgleichsbehälter steigen bei laufendem Motor Luftblasen auf bzw. beim Öffnen des Verschlußdeckels sprudelt eine größere Menge Kühlmittel heraus	Verbrennungsgase werden ins Kühlsystem gedrückt. Aus der Öffnung des Ausgleichsbehälters riecht es nach Abgasen
D In Regenbogenfarben schillernde oder schwarze Verfärbung an der Oberfläche des Kühlmittels	Öl aus dem Schmierkreislauf gelangt ins Kühlsystem
E Grau oder braun aussehende Emulsion am herausgezogenen Ölpeilstab oder Öl von Wasserbläschen durchsetzt	Kühlflüssigkeit ist in den Schmierkreislauf geraten. Achtung: Wasser im Motoröl kann einen Lagerschaden verursachen. Zylinderkopfdichtung sofort wechseln (lassen). Motor nicht mehr starten; Wagen zur Reparatur abschleppen

<u>Fingerzeige:</u> Ist nach einem Schaden an der Zylinderkopfdichtung Öl ins Kühlsystem gelangt, muß der Kühler gespült werden. Dazu 2 Liter Kühlerreinigungsmittel (z. B. Solvethane) in die ausgebauten Teile einfüllen und kräftig schütteln. Gebrauchtes Kühlerreinigungsmittel zum Sondermüll geben. Kühlsystem anschließend durch mehrmaliges Neubefüllen mit heißem Wasser komplett durchspülen.
Ähnliche Symptome wie bei einer defekten Zylinderkopfdichtung entstehen auch durch kleine Risse im Zylinderkopf. Wenn also trotz offensichtlichen Defekts die Dichtung nach Demontage keine Schäden zeigt, muß ein Motor-Instandsetzungsbetrieb den Zylinderkopf unter Druck prüfen.

Ausbau Achtventiler

Der Zylinderkopf darf nur bei kaltem Motor abgebaut werden, denn ein warmer Zylinderkopf kann sich nach dem Abbau verziehen. Zum Wiedereinbau des Zylinderkopfes benötigen Sie eine neue Zylinderkopfdichtung sowie neue Zylinderkopfschrauben. Zum Lösen der Zylinderkopfschrauben ist ein TORX-Schlüssel (T55) vonnöten.

- Minuskabel der Batterie abklemmen.
- Alle elektrischen Leitungen am Zylinderkopf, Ansaugrohr und an der Einspritzanlage kennzeichnen und abziehen.
- Genauso ist mit den Schlauchleitungen zu verfahren.
- Kühlflüssigkeit ablassen und auffangen.
- Oberen Kühlmittelschläuche vom Thermostatgehäuse lösen und abziehen. Ebenso oberen Kühlmittelschlauch vom Wasserauslaßstutzen abnehmen.
- Kabelstecker am Thermostatgehäuse abziehen.
- Keilrippenriemen entspannen und abnehmen. Lichtmaschine lösen und zur Seite schwenken, siehe Kapitel »Die Lichtmaschine«.
- Vordere Zahnriemenabdeckung abbauen.
- Kurbelwelle auf 60° vor OT-Zündzeitpunkt Zylinder 1 stellen.
- Zahnriemen entspannen und abnehmen.
- Befestigungsschrauben des Zylinderkopfdeckels losschrauben und Deckel abnehmen.
- Nockenwellenrad abbauen, siehe unter »Nockenwelle ausbauen«.
- Obere Befestigungsschrauben der hinteren Zahnriemenabdeckung herausdrehen.
- Motorhaltelasche rechts am Motor losschrauben.
- Vorderes Auspuffrohr vom Auspuffkrümmer abschrauben.
- Gaszug aushängen und vom Widerlager trennen.
- Kraftstoff-Vor- und -Rücklaufleitung markieren und abbauen. Vorsicht, die Kraftstoffanlage steht unter Druck. Restdruck über den Prüfanschluß abbauen.
- Zylinderkopfschrauben in umgekehrter Reihenfolge wie gezeigt lösen. Zuerst 1/4 Umdrehung, im nächsten Arbeitsgang 1/2 Umdrehung lockern, danach vollständig herausdrehen.
- Zuerst das Nockenwellengehäuse abnehmen.
- Schwinghebel, Druckstücke und Hydrostößel vom Zylinderkopf abnehmen. Zuordnung beachten.
- Zylinderkopf mit Ansaugrohr und DIS-Zündmodul abheben. Löst er sich nicht gleich, helfen leichte Schläge mit einem Kunststoffhammer.

Ausbau 16 V-Motor

Der Ausbau des Zylinderkopfes beim 16 V-Motor ist sinngemäß gleich zu behandeln wie beim Achtventiler. Zu beachten gilt:

- Zusätzlich hintere Zahnriemenabdeckung ausbauen.
- Beide Nockenwellen ausbauen, um an die Zylinderkopfschrauben zu gelangen.

Ausgebauten Zylinderkopf kontrollieren

- Alte Kopfdichtung abnehmen.
- Die Dichtflächen am Zylinderkopf und Motorblock müssen sauber und frei von Dichtungsresten sein.
- Verwenden Sie ggf. einen chemischen Dichtungsentferner.
- Nicht mit hartem Werkzeug auf der weichen Zylinderkopf-Dichtfläche kratzen. Riefen können den nächsten Kopfdichtungsschaden verursachen.
- Zylinderkopf auf Verzug prüfen, besonders dann, wenn der Kopfdichtungsschaden durch Überhitzung entstanden ist.
- Langes Metall-Lineal oder garantiert geraden Metallwinkel längs über die gereinigte Dichtfläche des Zylinderkopfes legen.
- Mit einer Fühlerlehre prüfen, ob der Durchhang an irgendeiner Stelle größer als 0,05 mm ist. Dann muß der Zylinderkopf vor der Montage plangeschliffen werden.

Die Abbildung zeigt die Anordnung der Einlaßventile (E) und der Auslaßventile (A) im Zylinderkopf eines Achtventiler-Motors.

● Der Zylinderkopf darf nur in Grenzen nachgearbeitet werden. Beim Achtventiler muß die Mindesthöhe – gemessen von der oberen zur unteren Dichtfläche – von 96,00 ± 0,25 mm eingehalten werden.
● Beim 16V-Motor hingegen beträgt die Mindesthöhe 135,63 ± 0,05 mm.
● Auch Risse können nach Überhitzung im Zylinderkopf auftreten. Das sollten Sie bei einem Motor-Instandsetzer am ausgebauten Kopf prüfen lassen.

Einbau

Der Wiedereinbau des Zylinderkopfes geht sinngemäß umgekehrt vonstatten wie der Ausbau. Doch auf einige Punkte gilt es besonders zu achten.

● Die Gewinde in den Schraubenlöchern des Motorblocks müssen sauber und ohne Beschädigungen sein, sonst stimmt das Drehmoment beim Anziehen nicht.
● In den Schraubenlöchern im Motorblock darf kein Öl oder Wasser stehen, sonst kann das Gußmaterial im Bereich der Gewindelöcher reißen.
● Die Kurbelwelle so drehen, daß kein Kolben im OT steht, sonst könnte ein geöffnetes Ventil beim Aufsetzen des Zylinderkopfes mit einem Kolben zusammenstoßen.
● Zylinderkopfdichtung so auf den Motorblock auflegen, daß die Kennzeichnung »OBEN/TOP« nach oben und zur Zahnriemenseite des Motors zeigt.
● Zylinderkopf mit gereinigten Dichtflächen aufsetzen. Kein Dichtmittel verwenden.
● Sämtliche Lagerstellen leicht einölen.
● Beim Achtventiler Dichtfläche des Zylinderkopfes zum Nockenwellengehäuse gleichmäßig mit Opel-Dichtmittel Nr. 1 503 166 bestreichen und Nockenwellengehäuse aufsetzen.
● Neue Zylinderkopfschrauben bis zum Anliegen eindrehen.
● Zylinderkopfschrauben in der unten bzw. unten auf der gegenüberliegenden Seite gezeigten Reihenfolge festziehen.
● **1. Durchgang** mit **25 Nm**.
● Im **2. Durchgang** die Schrauben in gleicher Reihenfolge um **90° weiterdrehen**, dazu starren Schlüssel mit Gradeinteilung benutzen. Als Hilfsmittel kann auch ein Schweißdraht verwendet werden, der am Schlüssel in einem Winkel von 90° angebracht wird.
● Im **3. Durchgang** die Schrauben nochmals um **90° weiterdrehen**.
● Im **4. Durchgang** werden die Schrauben ein letztes Mal um **90°** angezogen.
● Damit sind die Schrauben endgültig festgezogen, sie dürfen keinesfalls nochmals nachgezogen werden.
● Beachten Sie beim weiteren Zusammenbau die Einstellung des Gaszugs, den richtigen Kühlmittel- und Ölstand sowie den richtigen Sitz aller Masseverbindungen.

Lagerschaden

Klopfgeräusche aus dem Motorraum, die mit wärmer werdendem Öl lauter werden, sind Anzeichen für einen Lagerschaden. Als Ursachen kommen in Frage:

○ Mangelnde Schmierung durch zu niedrigen Ölstand
○ Wasser im Motoröl als Folge einer defekten Zylinderkopfdichtung
○ Zu hohe Drehzahlen bei kaltem Motor und daher zähflüssigem Öl
○ Abgerissener Schmierfilm bei hohen Öltemperaturen, evtl. durch falsche Ölviskosität

Das Bild zeigt die Zylinderkopfschrauben eines Achtventilers. Damit sich bei der Montage der Zylinderkopf nicht verziehen kann, kommt es sehr genau darauf an, in welcher Reihenfolge die Zylinderkopfschrauben angezogen werden. Das endgültige Anzugsdrehmoment wird dabei in mehreren Stufen erreicht, siehe obenstehenden Text.

Die Querschnittzeichnung zeigt das Innenleben des Achtventilmotors. Bezeichnet sind:
1 – Kurbelwelle;
2 – Pleuel;
3 – Kolben;
4 – Ventil;
5 – Ventilfeder;
6 – Nockenwelle;
7 – Schwungscheibe.

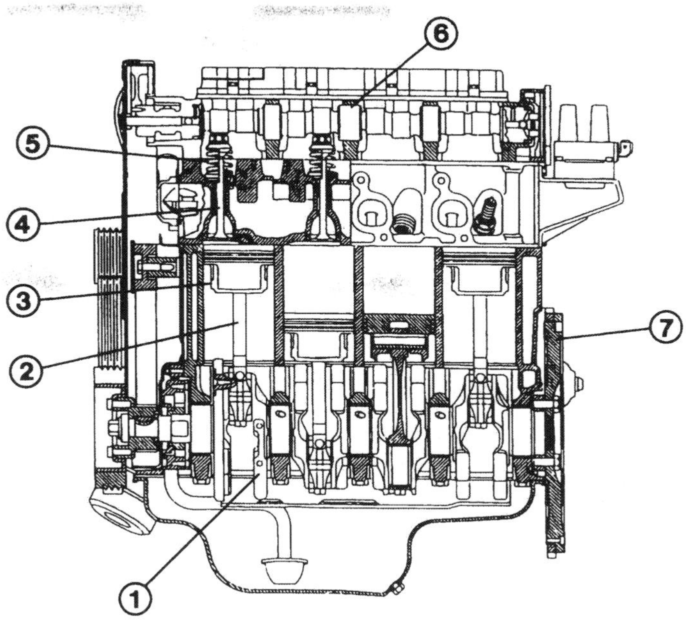

Maßnahmen bei einem Lagerschaden

Fast immer sind die Gleitlager der Pleuel defekt. Ganz selten liegt der Schaden an den Hauptlagern der Kurbelwelle. Normalerweise bedeutet ein Lagerschaden eine umfangreiche Motorreparatur. Wenn Sie ein defektes Pleuellager aber bereits im Frühstadium erkennen, kann der Austausch der Lagerschalen genügen. Deshalb:
○ Bei harten Klopfgeräuschen aus dem Motorraum den Motor sofort abstellen. Oft leuchtet zusätzlich die Ölkontrollampe auf.
○ Motor nicht mehr starten, Wagen jetzt in die Werkstatt schleppen lassen.
○ Ist der Motor noch jünger als 100 000 km, kann sich eine Teilreparatur lohnen.
○ Ölwanne ausbauen und Lagerdeckel aller Pleuellager abschrauben lassen.
○ Sind nur einzelne Lagerschalen beschädigt, die Zapfen der Kurbelwelle aber noch glatt, reicht Austauschen der Lagerschalen.
○ Eventuell muß anhaftendes Lagermetall vom Kurbelwellenzapfen entfernt werden.
○ In jedem Fall die Pleuelbohrung am defekten Lager vermessen lassen. Meist muß die Pleuelbohrung nachgebohrt werden – ein Fall für den Motoren-Instandsetzer.

Motorschaden

Ein Schaden am Motor muß die Haushaltskasse nicht gleich plündern. Unsere Liste soll Ihnen helfen, die wirtschaftlichste Methode herauszufinden, wie Sie Ihrem Omega wieder auf die Sprünge helfen können:
○ Der Motor wird selbst repariert. Das lohnt sich z. B. bei einer defekten Zylinderkopfdichtung. Die Reparaturen, die Sie dabei mit etwas Geschick und Geduld selbst ausführen können, sind hier im Buch beschrieben. Nicht sinnvoll ist der Einbau neuer Lager an einer Kurbelwelle mit Riefen oder der Wechsel von Kolben bzw. Kolbenringen bei Zylindern mit Laufspuren. Das sind Arbeiten für eine Motor-Instandsetzungsfirma.
○ Der Motor wird selbst teilweise zerlegt und dann zu einem Motor-Reparateur gebracht, der den eigentlichen Schaden behebt. Beispiel: Der Motor wird selbst ausgebaut, der Zylinderkopf abgenommen, und die Werkstatt lagert die Kurbelwelle neu. Wichtig ist hier allerdings ein Kostenvergleich.

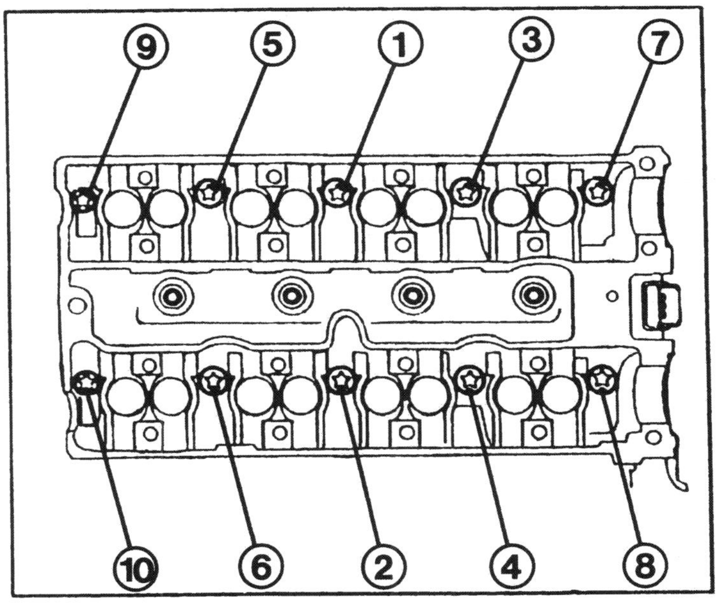

Die Zeichnung zeigt, in welcher Reihenfolge die Zylinderkopfschrauben des 16V angezogen werden. Das endgültige Anzugsdrehmoment wird in mehreren Stufen erreicht, siehe Text auf der gegenüberliegenden Seite.

○ Komplett- oder Teilüberholung des Motors durch eine Instandsetzungsfirma. Zahlreiche solche Betriebe haben sich zu einer Gütegemeinschaft zusammengeschlossen: Verband der Motoren-Instandsetzungsbetriebe e. V., Kölner Straße 89, 50859 Köln. Sie garantieren Reparaturen nach bestimmten Qualitätsrichtlinien.
○ Kauf eines Teile-Motors bei einer Opel-Werkstatt oder Instandsetzungsfirma. Der Teile-Motor besteht aus Motorblock mit Kolben, Pleuelstangen, Kurbel- und Nockenwelle mit sämtlichen Lagern, Kurbel- und Nockenwellenrad, Ölpumpe und einem Satz Dichtungen. Zylinderkopf, Ölwanne, Einspritzanlage, ggf. Zündverteiler und Nebenaggregate werden vom alten Motor übernommen. Letzterer wird zurückgegeben. Die Montagearbeiten sind umfangreich, deshalb rechtzeitig prüfen und kalkulieren, ob nicht besser die Werkstatt in Anspruch genommen wird.
○ Kauf eines kompletten Austauschmotors bei einem Opel-Dienst, der dort möglicherweise angeboten wird. Er lohnt sich aber bei einem älteren oder schlecht erhaltenen Fahrzeug nicht mehr.
○ Ein gebrauchter Motor von der Autoverwertung. Achten Sie dann aber genau auf die Kenndaten des Motors, damit Sie kein falsches Triebwerk einbauen. Angegebene Laufleistungen sind mit einer gewissen Skepsis zu betrachten. Günstig ist es, wenn Sie den Motor noch im eingebauten Zustand laufen hören können. Seriöse Firmen geben eine Garantie auf die Motoren oder legen ein (hoffentlich echtes) Kompressionsdiagramm vor.

Motor aus- und einbauen

Vorbereitungen

Der Motor wird ohne Getriebe nach oben ausgebaut. Wichtigstes Werkzeug dabei ist ein sicher in der Garagendecke verankerter Flaschenzug, in dessen Haken eine stabile Quertraverse gehängt wird, die wiederum mit ihren Enden über kräftige Ketten in den Aufhängeösen am Motor eingehängt wird.
Studieren Sie vor der Arbeit die Motorraumbilder vorn im Buch, damit Sie wissen, wo die hier angesprochenen Teile im Motorraum sitzen. Da im Omega eine ganze Anzahl elektrischer Anschlüsse und Unterdruckleitungen eingebaut sind, sollten Sie als erstes alle Anschlüsse und Leitungen so kennzeichnen, daß sie beim Einbau des Motors wieder an die richtige Stelle zu sitzen kommen.

- Massekabel und Plus-Kabel der Batterie abklemmen.
- Motorhaube und linken Teil des Wasserabweisers ausbauen.
- Kühlmittel ablassen und auffangen.
- Steuergerät im Relaiskasten lösen und ein Stück weit aus dem Kasten ziehen. Kabelstecker vom Steuergerät abziehen.
- Beide hinteren Relais im Relaiskasten zusammen mit dem Sockel ausbauen.
- Kabelsatz mit Tülle vom Relaiskasten abnehmen.
- Beide Motorkabelstecker neben der Batterie trennen. Kabelstrang auf dem Motor ablegen.
- Beim Achtventiler Kabelstecker vom Kühlmittel-Temperaturgeber abziehen.
- Oberen Kühlmittelschlauch vom Thermostatgehäuse und vom Kühler abziehen.
- Beim 16V Luftführungsschlauch vom Sekundärluft-Rückschlagventil abziehen.
- Kabelstecker abziehen und Lüftergehäuse zusammen mit dem Lüftermotor vom Kühler losschrauben.
- Keilrippenriemen entspannen und abnehmen.
- Servopumpe vom Motor abbauen. Die Leitungen bleiben angeschlossen.
- Über den Prüfanschluß Kraftstoffdruck in den Leitungen abbauen.
- Kraftstoffleitungen vom Verteilerrohr losschrauben.
- Gaszug aushängen und vom Widerlager trennen.
- Kühlmittelschläuche vom Drosselklappenstutzen abziehen.
- Unterdruckschlauch zum Verdampfungskontrollventil am Drosselklappenstutzen abziehen.

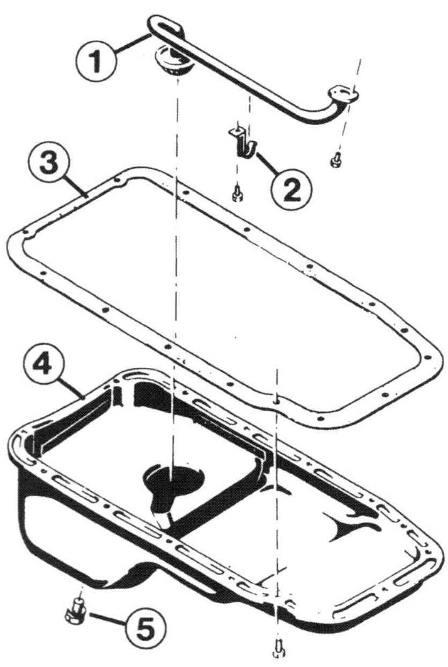

Zur Ölwanne des Motors gehören die folgenden Teile:
1 – Ölsieb mit Ansaugschnorchel;
2 – Halter für Ansaugrohr;
3 – Dichtung;
4 – Ölwanne;
5 – Ölablaßschraube.

Das Bild zeigt die Aufhängung des Motors vorn rechts: Der Motorträger (2) stützt sich über ein elastisches Gummilager (3) auf den Rahmenträger (1).

- Beim 16V Drosselklappenstutzen vom Ansaugrohr losschrauben.
- Unterdruckleitung zum Bremskraftverstärker vom Ansaugrohr abschrauben.
- Kabelstecker der Lambdasonde trennen.
- Auspuffrohrhalter losschrauben. Vorderes Auspuffrohr zusammen mit dem Katalysator vom Mittelschalldämpfer trennen.
- Vorderes Auspuffrohr vom Auspuffkrümmer abschrauben.
- Getriebe ausbauen.
- Kühlmittelschlauch hinten am DIS-Zündmodul abbauen. Ebenso oberen Kühlmittelschlauch vom Wärmetauscher abbauen.
- Beim Achtventiler alle Zündkerzenstecker abziehen und aus den Halterungen nehmen. Anschließend DIS-Zündmodul ausbauen.
- Motorhalter vom den Motordämpfungsblöcken losschrauben.
- Halteseile an den Motorhaltelaschen anbringen.
- Nochmals prüfen, ob alle Verschraubungen, Schläuche und Kabelverbindungen gelöst sind.
- Motor mit geeignetem Hebewerkzeug vorsichtig nach oben aus dem Motorraum heben.

Einbau

- Sinngemäß wird in umgekehrter Reihenfolge des Ausbaus vorgegangen.
- Generell alle selbstsichernden Muttern durch neue ersetzen.
- Achten Sie beim Einbau des Motors darauf, daß keine Kabel, Leitungen oder Schläuche eingeklemmt werden.
- Anzugsdrehmomente der Schrauben beachten.
- Ist das Getriebe vom Motor getrennt, wird das Ausrücklager auf Verschleiß geprüft; wenn es rauh läuft, ersetzen (Kapitel »Die Kupplung«).
- Ausrücklager und Verzahnung der Antriebswelle mit MoS_2-Fett schmieren.
- Verschleiß der Kupplungs-Mitnehmerscheibe prüfen.
- Motoraufhängung zwecks spannungsfreiem Einbau noch nicht endgültig festziehen.
- Motor erst mit noch losen Schrauben kräftig hin- und herrütteln. Dann die Schrauben festziehen.
- Auspuff spannungsfrei einbauen.
- Hydraulische Kupplungsbetätigung entlüften.
- Kühlsystem befüllen und entlüften.
- Motoröl- und Getriebeölstand kontrollieren (Kapitel »Schmieren aller Teile«).
- Zuletzt noch folgende Punkte vor, während bzw. nach der Probefahrt kontrollieren: Funktionieren Instrumente und Anzeigen? Arbeitet die Lenkanlage richtig? Tritt auch nirgends Öl, Kraftstoff oder Kühlmittel aus?

Anzugsdrehmomente

Bauteile		Nm
Motorhalter an Motordämpfungsblock		**40**
Unterdruckleitung Bremskraftverstärker an Ansaugrohr		**20**
Abgasrohr vorn an Auspuffkrümmer		**25**
Halter an Auspuffrohr		**20**
Servopumpe an Halter	**vorn**	**20**
	hinten	**25**
Drosselklappenstutzen an Ansaugkrümmer		**9**
Kraftstoffleitungen an Verteilerrohr		**15**

Freier Abzug

Unangenehmes muß schnell verschwinden – doch auf saubere Weise und ohne allzuviel Aufhebens zu verursachen. Das ist kein Politiker-Grundsatz, sondern die Aufgabe der Auspuffanlage. Sie leitet die Abgase nach hinten, wandelt sie im Katalysator in ungiftige Stoffe um und dämpft das Verbrennungsgeräusch.

Die Auspuff-Lebensdauer

Bei der Verbrennung von Benzin entsteht u. a. Wasser, das die Zerrostung der Auspuffanlage von innen heraus fördert. Die Auspuffkorrosion nimmt mit sinkender Abgastemperatur zu. Langstreckenbetrieb mit voll durchgewärmtem Motor und heißen Abgasen setzt der Auspuffanlage kaum zu. Anders dagegen andauernde Stadtfahrten mit meist unterkühltem Triebwerk. Am geringsten betroffen ist das Abgasrohr vorn, wo die Verbrennungsgase noch zwischen 800 und 1000° C heiß einströmen. Nach der Reaktion im Katalysator kühlen sie zunehmend ab und sind am Auspuff-Endrohr noch 200 –350° C warm. Das bewirkt, daß im Nachschalldämpfer das meiste Kondenswasser auftritt. Es vermischt sich mit Verbrennungsrückständen zu aggressiven Säuren und läßt das Auspuffblech von innen nach außen durchrosten.
Die vorderen Teile der Auspuffanlage sind bei Langstreckenfahrten durch Temperaturspannungen gefährdet, wenn bei Regen das heiße Blech ständig kalten Duschen ausgesetzt ist. Dann kann das Material reißen oder brechen.
Unabhängig von der Fahrweise fördern Spritz- und Salzwasser den Rostfraß von außen. Steinschlag oder Aufsetzer auf hartem Untergrund wirken ebenso lebensverkürzend wie Schwingungen durch defekte oder fehlende Aufhängungen bzw. eine schadhafte Motorlagerung.

Die Teile der Auspuffanlage

Beim Omega besteht die Auspuffanlage aus folgenden Bauteilen:
- ○ Am Zylinderkopf ist der gußeiserne **Auspuffkrümmer** befestigt.
- ○ Es folgt das **Abgasrohr vorn**, das als Doppelrohr ausgeführt ist und sich unter dem Wagen zu einem Einfachrohr verjüngt.
- ○ Die nächste Abgasstation ist der **Katalysator**.
- ○ **Mittel- und Nachschalldämpfer** schließen sich an. Miteinander verbunden sind sie durch ein langes Rohrstück, das am Mittelschalldämpfer angeschweißt ist.

Aufhängung und Zustand der Auspuffanlage kontrollieren

Wartung Nr. 18

Die Auspuffanlage ist starr mit dem Auspuffkrümmer und zusätzlich noch durch zwei Halter mit dem Getriebe bzw. Getriebe-Querträger verbunden. Am Fahrzeugboden hängt die Auspuffanlage frei schwingend in Gummischlaufen.

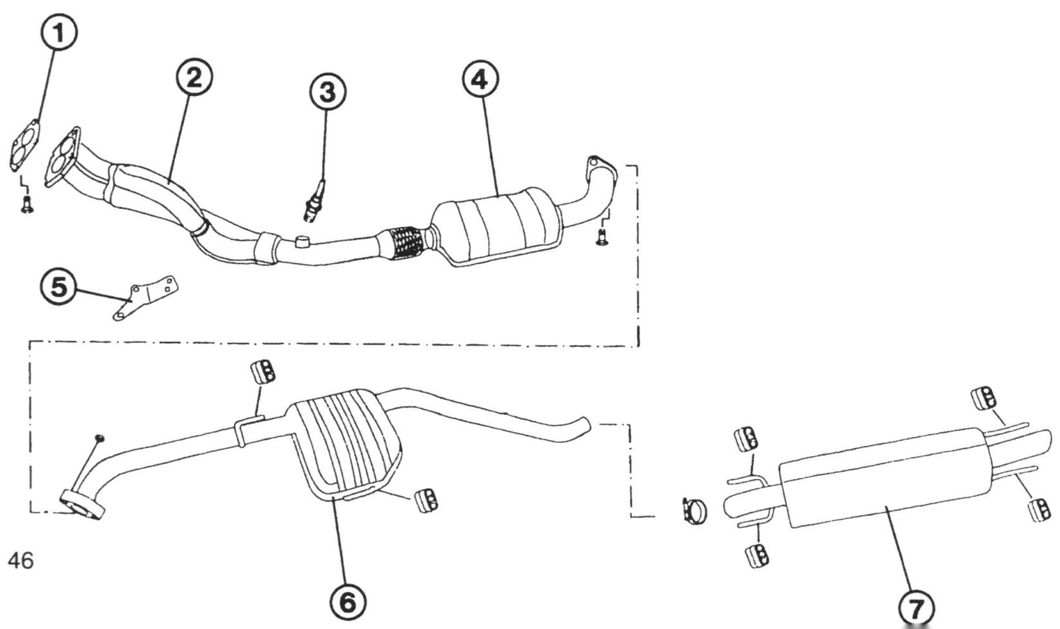

**Hier sind die Einzelteile der Auspuffanlage gezeigt. Es bedeuten:
1 – Flanschdichtung;
2 – Abgasrohr vorn;
3 – Lambdasonde;
4 – Katalysator;
5 – Auspuffhalter;
6 – Mittelschalldämpfer;
7 – Nachschalldämpfer.**

Links: Die Pfeile zeigen auf zwei der drei Befestigungsschrauben, mit denen das vordere Abgasrohr am Auspuffkrümmer befestigt ist. Rechts: Unten am Wagenboden ist das vordere Abgasrohr mit einer Flanschverbindung am Mittelschalldämpfer befestigt.

● Haltegummis auf Brüchigkeit, Einrisse oder sonstige Schäden überprüfen, ggf. ersetzen.
● Verschraubungen am Auspuff, Auspuffkrümmer und an den Halterungen auf festen Sitz kontrollieren, aber nicht mit Gewalt »anknallen«.
● Mit einem Lappen in der Hand bei laufendem Motor das Auspuff-Endrohr zuhalten.
● Der Motor muß nach kurzer Zeit stehenbleiben.
● Hören Sie zischende Geräusche und läuft der Motor ungestört weiter, ist die Anlage an der Geräuschstelle undicht.
● Ein dumpferer Auspuffton als gewöhnlich und Knallen im Schiebebetrieb weist auf einen durchgerosteten Auspuff hin.
● An den Nahtstellen sind die Schalldämpfer zuerst rostgefährdet. Sollen sie noch einige Zeit halten, muß dieser Bereich auch einer Klopfprobe mit dem Schraubendreher standhalten.

Auspuffanlage erneuern

Reparaturen an einer durchgerosteten Auspuffanlage sind heute selten geworden. Verwendung von Edelstahl und verzinktem Blech macht's möglich. Wenn dann trotzdem eines der Teile der Abgasanlage zu Bruch geht, sollte man keine Reparaturversuche machen, sondern an Ersatz denken, denn einer Reparatur ist meist nur kurzer Erfolg beschieden: Auf rostgeschwächtem Blech kann nicht mehr geschweißt werden. Auspuffkitt und Bandagen sind zwar recht dauerhaft, aber das Blech bricht bald neben der Reparaturstelle aus. Das ist also nur ein Behelf für unterwegs.
Selten sind beide Schalldämpfer gleichzeitig austauschreif. Doch es liegt die Überlegung nahe, daß der momentan noch ganz gute Auspufftopf schon binnen kurzem ebenfalls den Geist aufgeben wird. Damit man dieselbe Arbeit nicht in kurzen Abständen mehrmals machen muß, kann es sich also empfehlen, Mittel- und Nachschalldämpfer gleichzeitig auszuwechseln. Der Katalysator ist in nichtrostendem Stahl eingebettet, so daß dieser Teil der Auspuffanlage zumindest nicht durch Korrosion verschleißen wird.
Um das Ausmaß des Schadens an der Auspuffanlage feststellen zu können, müssen beide Schalldämpfer – auch der scheinbar intakte – vor dem Wiedereinbau gründlich geprüft werden.

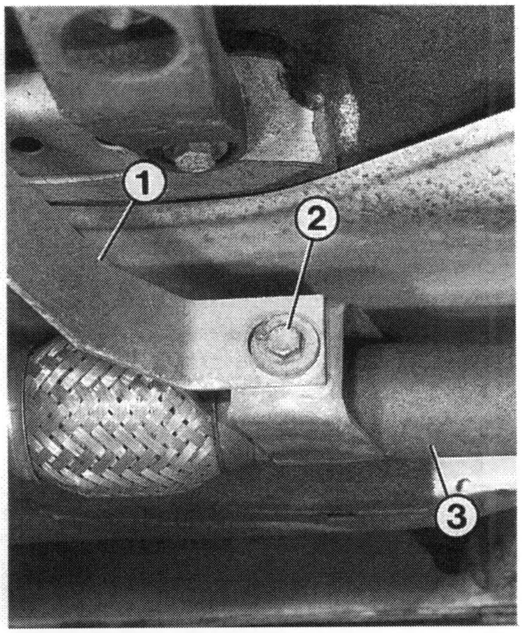

Das vordere Abgasrohr ist zusätzlich mit zwei Haltern befestigt. Die Abbildung links zeigt den Halter am Getriebe. Das Bild rechts zeigt den Halter (1) am Getriebe-Querträger. Weiterhin bezeichnet sind:
2 – Befestigungsschraube;
3 – Abgasrohr vorn.

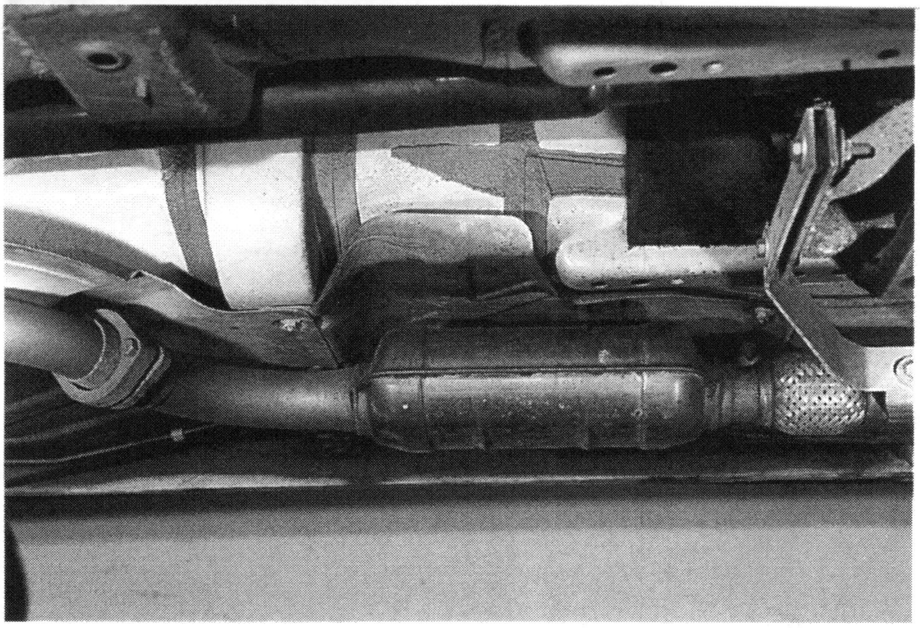

Die Abbildung zeigt den Katalysator, der direkt vor dem Mittelschalldämpfer seinen Dienst verrichtet. Wissenwertes zum Thema Katalysator finden Sie im Kapitel »Die Abgas-Entgiftung«.

- Klopfen Sie den ausgebauten, noch intakten Schalldämpfer mit einem Hammer rundum gründlich ab, auch an den Stirnseiten. Dabei nicht zu zaghaft hämmern.
- Klingt es bei jedem Schlag hell, ist das Blech noch gesund.
- Wird das Klopfgeräusch an manchen Stellen dumpfer, ist die Außenhaut bereits geschwächt und wird bald durchbrechen; besonders wenn die streusalzhaltige kalte Jahreszeit herrscht.
- Für den Ersatzteilkauf gilt, daß Dichtung(en), Schrauben und Muttern ersetzt werden müssen.

Auspuffanlage ausbauen

- Zu allen Arbeiten an der Auspuffanlage muß der Wagen absolut rüttelsicher aufgebockt sein, daß er nicht kippen kann – auch bei heftigem Drehen oder Zerren an den Rohren.
- Wenn sich beim Demontieren der Auspufftöpfe die Verschraubung von der Verbindungsmuffe nicht lösen, sollten Sie diese durch Überdrehen abreißen. Beim Einbau werden grundsätzlich neue Schrauben, Muttern und Dichtungen verwendet.
- Haltegummis ebenfalls austauschen.
- Einzelteile der Auspuffanlage von hinten beginnend ausbauen. Dazu stets nur die angrenzenden Befestigungsteile lösen.
- Zum Abnehmen der Haltegummis – wo nötig – Blechzungen der Aufhängung mit einer Zange umbiegen bzw. Sicherungsklammer vom Haltebügel abziehen.
- Steckverbindungen der Rohrstutzen lassen sich am besten im erhitzten Zustand trennen. Die Werkstatt verwendet hierzu einen Schweißbrenner. Auch ein Heißluftfön kann genügen.
- Kalt geht es allenfalls unter Zuhilfenahme von Rostlösemittel.
- Ineinandergesteckte Rohre werden durch kräftige Drehbewegungen oder Hammerschläge getrennt. Hilft das nicht, wird die Rohrverbindung des defekten Schalldämpfers abgesägt.
- Den verbleibenden Rohrrest mit der Metallsäge in Längsrichtung aufsägen und mit einem kräftigen Schraubendreher aufhebeln.

Auspuffanlage einbauen

- Die Verschraubungen der Auspuffanlage lassen sich beim nächsten Mal leichter lösen, wenn die Gewinde beim Einbau mit Kupferfett bestrichen wurden.

Unten am Wagenboden ist die Auspuffanlage frei schwingend aufgehängt. »1« kennzeichnet den Mittelschalldämpfer, mit »2« ist ein Aufhängungsgummi bezeichnet.

Ausbau des Nachschalldämpfers (4): Verschraubung der Rohrschelle (1) lösen. Haltespange (2) mit einem Schraubendreher abdrücken und Aufhängungsgummis (3) aushängen. Weiteren Ausbau siehe Bild unten.

● Auch zwischen die Rohrverbindungen können Sie solches hitzebeständiges Fett streichen, damit sie sich später wieder leichter trennen lassen.
● Beim Einbau ist auf spannungsfreie Ausrichtung der Anlage zu achten.
● Teile provisorisch zusammenstecken, Halteschellen aber gleich über die Rohre streifen und ausrichten. Flanschverbindungen noch nicht festziehen.
● Auspuffanlage mit ihren Haltegummis am Wagenboden aufhängen.
● Die Gummiringe sollen unter gleichmäßigem Zug stehen.
● Die Auspuffanlage muß auch genügend Abstand zur Karosserie haben. Durch Drehen bzw. Verschieben Rohre und Dämpfer in Längsrichtung auf gleichmäßigen Abstand zur Karosserie bringen.
● Verschraubungen festziehen, siehe Tabelle. Ggf. Blechzungen an der hinteren Gummiaufhängung wieder umbiegen.
● Stellt sich bei einer anschließenden Probefahrt heraus, daß die Auspuffanlage doch irgendwo anschlägt, Klemmschellen nochmals lösen (Vorsicht an den heißen Rohren!) und Auspuffanlage erneut ausrichten.

Fingerzeige: Eine verspannt eingebaute Auspuffanlage macht sich durch Brumm- oder Dröhngeräusche bemerkbar. Außerdem können die inneren Spannungen Risse verursachen.
Geringe Undichtigkeiten an einer der Steckverbindungen des neuen Auspuffs können mit Auspuffdichtmasse behoben werden.

Anzugsdrehmomente

Bauteil	Nm
Abgasrohr an Auspuffkrümmer	25
Abgasrohr vorn an Halter	20
Flanschverschraubungen	25
Klemmschellen	18

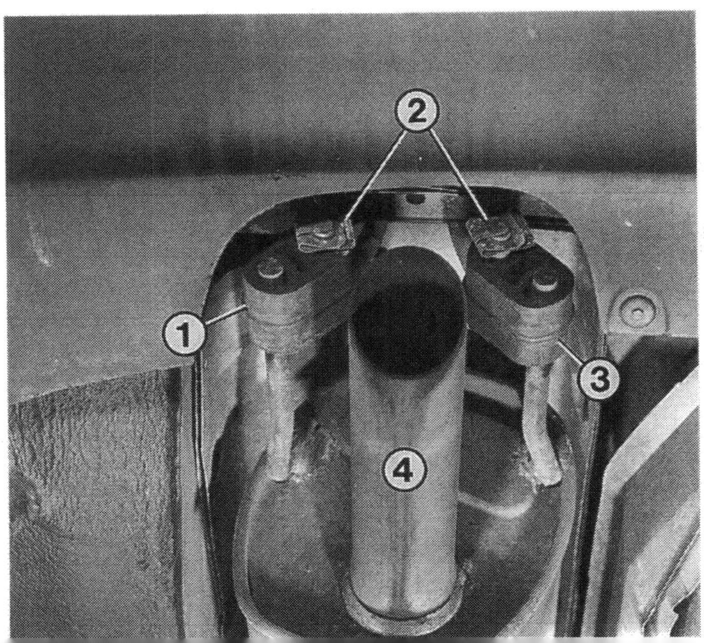

Hinten am Nachschalldämpfer (4) beide Haltespangen (2) mit einem Schraubendreher abdrücken und Aufhängungsgummis (1 und 3) aushängen. Nachschalldämpfer durch Hin- und Herdrehen vom Rohrstück des Mittelschalldämpfers abziehen.

Reinigungs-Trupp

Benzin besteht im wesentlichen aus den Elementen Kohlenstoff und Wasserstoff. Wenn das Benzin im Motor verbrannt wird, verbindet sich der Kohlenstoff mit dem Luftsauerstoff zu Kohlendioxid (chemische Kurzformel CO_2), und der Wasserstoff vereinigt sich mit Sauerstoff zu Wasser (H_2O). Aus einem Liter Benzin entstehen rund 0,9 Liter Wasser, das Sie aber gewöhnlich nicht sehen, da es durch die Verbrennungswärme unsichtbar-dampfförmig dem Auspuff entweicht. Nur bei kaltem Motor, zumal in der kalten Jahreszeit sehen Sie weiße Auspuffwolken von kondensierendem Wasser.
Diese Verbrennungsprodukte bilden sich, wenn Luft und Kraftstoff im optimalen Verhältnis (14,7 : 1) gemischt sind. Das ist leider fast nie der Fall. Deshalb entstehen auch Schadstoffe.

Was stößt der Motor aus?

○ Kohlenmonoxid (CO) ist wohl die bekannteste Verbindung, denn der CO-Gehalt im Abgas wird bei der Abgas-Untersuchung gemessen. Es entsteht um so mehr, je fetter, also kraftstoffreicher das Benzin/Luft-Gemisch ist. Mageres Gemisch, genaue Zündung und gleichmäßige Gemischverteilung im Verbrennungsraum ermöglichen einen niedrigen CO-Anteil.
○ Unverbrannte Kohlenwasserstoffe (HC) entstehen, wenn die von der Zündkerze entzündete Flammenfront an kalten Wandungen und engen Winkeln im Brennraum erlöscht. Der HC-Anteil ist z. T. bereits durch die Motorkonstruktion bestimmt, er kann später nur gering beeinflußt werden.
○ Stickoxide (NO_x) bilden sich vor allem durch den zu über ¾ in der Verbrennungsluft enthaltenen Stickstoff. Ihr Anteil ist besonders hoch bei einer Auslegung des Motors für geringen Kraftstoffverbrauch und geringen CO- sowie HC-Ausstoß: Hohe Verbrennungstemperaturen und mageres Kraftstoff/Luft-Gemisch.
○ Schwefeldioxid (SO_2) bildet sich nur bei Dieselmotoren durch die im Dieselkraftstoff enthaltenen Schwefelanteile.

Was ist wie gefährlich?

○ Kohlenmonoxid ist giftig und kann beim Einatmen in geschlossenen Räumen zum Tod führen. In der Luft verbindet sich das Kohlenmonoxid relativ schnell mit Sauerstoff zu Kohlendioxid (CO_2). Es ist zwar ungiftig, aber auch an der Entstehung des »Treibhauseffekts« wesentlich beteiligt.
○ Die Kohlenwasserstoff-Verbindungen sind der Übersichtlichkeit wegen zusammengefaßt, wobei die Bandbreite von harmlos bis möglicherweise krebserregend reicht. In der Luft sind die Kohlenwasserstoffe mit den Stickoxiden für Bildung von Smog (schwer auflösbare Abgasnebelwolken) verantwortlich.
○ Stickoxide können bei entsprechender Konzentration zu Reizungen der Atmungsorgane führen.

»Saurer Regen«

Der Anteil der in der Atmosphäre vorhandenen Schadstoffe, die auch für die Bildung von saurem Niederschlag verantwortlich sind, ist wie folgt (auf ganze Zahlen gerundet):
○ Schwefelverbindungen (SO_2): 35% natürlicher Ursprung, 65% menschliche Aktivität – davon 97% Kraftwerke, Industrie und Heizung, 3 % Verkehr (Dieselfahrzeuge).
○ Stickoxide (NO_x): 95% natürlicher Ursprung, 5% menschliche Aktivitäten (knapp die Hälfte Verkehr).

<u>Fingerzeig:</u> Weltweit sorgen immer mehr Feuerstellen dafür, daß zunehmend Kohlendioxid freigesetzt wird. Der eher abnehmende Baum- und Pflanzenbestand schafft es nicht mehr, alles Kohlendioxid in Sauerstoff umzuwandeln. Der Rest verteilt sich in der Atmosphäre. Er verstärkt dort zusammen mit anderen Stoffen eine für reflektierendes Sonnenlicht undurchlässige Schicht, Fachleute erkennen eine Klimaveränderung (Treibhaus-Effekt).

Abgas-Entgiftung

Funktion des Katalysators

Ein Katalysator ist in der Chemie ein Stoff, der eine chemische Reaktion einleitet oder beschleunigt. Dabei bleibt der Katalysator in seiner Zusammensetzung unverändert. Im Auto ist dies ein Bauteil der Auspuffanlage.
Der Omeaga verfügt über einen Keramik-Kat. Es handelt sich um einen mit den Edelmetallen Platin und Rhodium beschichteten Keramikkörper samt Umhüllung. Das auf Drahtgeflecht gelagerte Keramik-Bauteil ist von mehreren tausend parallel verlaufenden Kanälen durchzogen. Auf die Wandungen der Kanäle ist eine Zwischenschicht zur Oberflächenvergrößerung (der sogenannte wash-coat) aufgetragen. Er vergrößert die aktive Katalysatorfläche etwa auf die Größe eines Fußballfeldes.
Die katalytisch wirkenden Substanzen sind bei beiden Bauarten Platin und Rhodium. Von diesen Edelmetallen

enthält der Katalysator 2–3 Gramm, wobei das Platin die Oxidation und das Rhodium die Stickoxid-Reduktion unterstützt.
Mit dem Katalysator rückt man den Schadstoffen Kohlenmonoxid, Kohlenwasserstoff und den Stickoxiden zu Leibe (daher der Name Dreiwege-Katalysator):
○ Es werden Kohlenmonoxid und Kohlenwasserstoffe durch Oxidation mit Sauerstoff zu Kohlendioxid (CO_2) umgewandelt.
○ Zum Abbau der Stickoxide wird ein Mittel gebraucht, welches den Sauerstoff entzieht. Das kann der Schadstoff Kohlenmonoxid sein. Dabei entsteht Stickstoff (N_2) und wieder CO_2. Beides ungefährlich.

<u>Fingerzeig:</u> Im einzelnen beträgt die Verringerung der Schadstoffe beim geregelten Katalysator: Kohlenmonoxid 85%, Kohlenwasserstoffe 80%, Stickoxide 70%. Dabei ist berücksichtigt, daß der Katalysator mit zunehmender Laufleistung einen Teil seiner Wirkung einbüßt.

Arbeitsbereich

Der Katalysator arbeitet nur in einem schmalen Bereich bei »stöchiometrischem« Kraftstoff/Luft-Verhältnis ($\lambda = 1$) mit hohem Wirkungsgrad. Die größte Schwierigkeit bei der Katalysatortechnik ist es, dieses Verhältnis in jedem Betriebszustand des Motors durch die Lambda-Regelung einzuhalten. Schon eine Abweichung von 1 % beeinflußt den Wirkungsgrad des Katalysators erheblich.
Ehe der Katalysator arbeiten kann, muß er eine »Anspringtemperatur« von etwa 300°C erreichen. Die sind bereits nach 25 – 80 Sekunden erreicht; im Stadtverkehr können aber auch drei Minuten vergehen, ehe die notwendige Temperatur erreicht ist. Der Keramik-Katalysator ist allerdings überhitzungsempfindlich. Steigen die Temperaturen im Kat über 900°C, setzt eine verstärkte Alterung ein. Ab 1200°C wird seine Wirksamkeit auf Dauer zerstört.
Für den Katalysator ist bleifreier Kraftstoff unbedingt erforderlich. Blei würde die große Oberfläche im Katalysator schnell verstopfen, und die Abgase könnten die katalytisch wirkenden Substanzen nicht mehr erreichen. Versuche haben gezeigt, daß bereits nach einer bleihaltigen Tankfüllung Kohlenmonoxid kaum noch abgebaut wird. Nach 2–3 Tankfüllungen werden auch die restlichen Schadstoffe nicht mehr abgebaut. Der Katalysator ist vergiftet.

Funktion der Lambdasonde

Die Lambdasonde (auch Sauerstoff-Sonde bzw. O_2-Sonde genannt) ist vor dem Katalysator in das Auspuffrohr eingeschraubt. Die Sonderkeramik der Sonde ist außen dem Abgas ausgesetzt und steht an ihrer Innenseite mit der Umgebungsluft in Verbindung.
○ Durch den unterschiedlichen Sauerstoffgehalt in Abgas und Außenluft erzeugt die Sonde eine Spannung, die bei einem bestimmten Rest-Sauerstoffgehalt im Abgas steil ansteigt. Dieser Spannungssprung findet genau bei einem Kraftstoff/Luft-Verhältnis von $\lambda = 1$ statt. Bei Sauerstoffmangel (λ kleiner als 1), also bei fettem Gemisch, beträgt die Spannung 0,9–1,1 Volt. Bei magerem Gemisch (λ größer 1) werden um 0,1 Volt erreicht.
○ Die Lambda-Signale werden zum Steuergerät der Einspritzung geleitet. Von dort aus wird die Gemischaufbereitung beeinflußt, um das Kraftstoff/Luft-Verhältnis möglichst nahe an $\lambda = 1$ zu halten.
○ Die Lambdasonde reagiert auf Sauerstoffschwankungen betriebstemperaturabhängig unterschiedlich schnell: Bei 300°C hat sie ca. 1 Sekunde, bei 600°C hat sie weniger als 50 Millisekunden Reaktionszeit.
○ Durch eine eingebaute Heizung wird die günstigste Betriebstemperatur von ca. 600°C schneller erreicht.

Die Funktion des Katalysators ist hier schematisch dargestellt. Vom Motor kommen die Schadstoffe NO_x (Stickoxide), CO (Kohlenmonoxid) und HC (Kohlenwasserstoffe). Nach der Reaktion im Katalysator entweichen N_2 (Stickstoff), CO_2 (Kohlendioxid) und H_2O (Wasser).

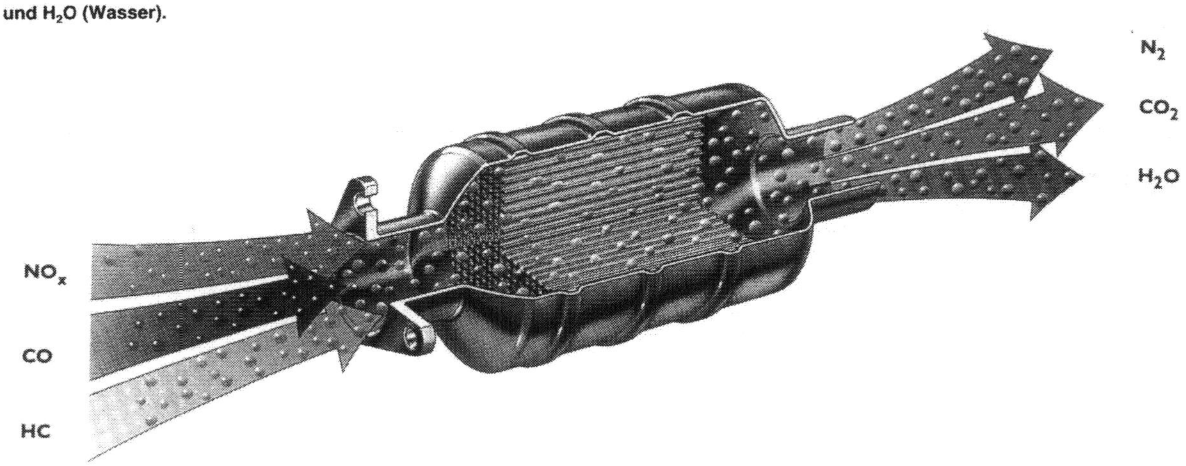

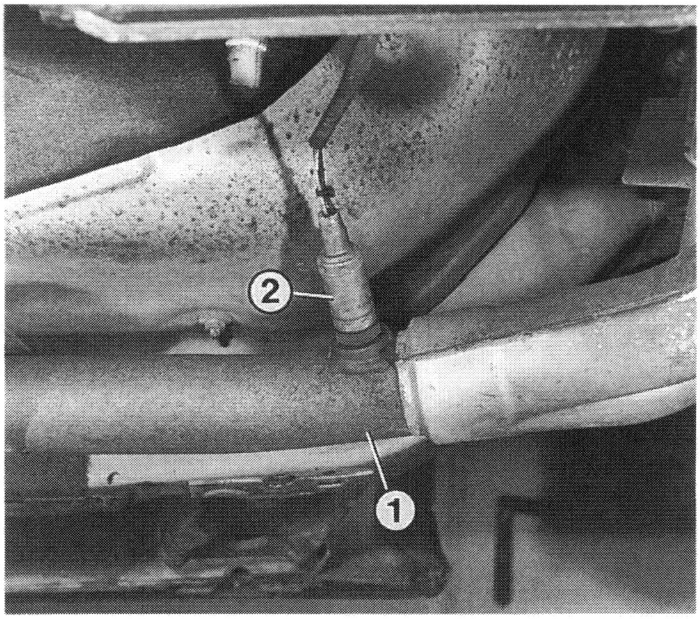

Beim Omega sitzt die Lambdasonde (2) im Abgasrohr vorn (1). Der Ausbau der Lambdasonde ist im Einspritz-Kapitel behandelt.

Fahren mit Katalysator-Fahrzeugen

In der Betriebsanleitung sind zahlreiche Hinweise für Katalysator-Fahrzeuge aufgeführt. Besonders gefährlich ist unverbranntes Gemisch, das sich im heißen Katalysator entzündet und so die Temperaturen in gefährliche Höhen ansteigen läßt. Folge: Der Keramik-Katalysator kann teilweise schmelzen und wird dadurch funktionsunfähig. Deshalb:

○ Das Anrollenlassen, Anschieben oder Anschleppen des Wagens ist problemlos, wenn der Anlasser wegen einer leeren Batterie den Motor nicht zum Laufen brachte.

○ Anschleppen über lange Distanzen – was z. B. bei defekter Zündung der Fall sein könnte – ist nicht zulässig. Denn so gerät eine große Menge unverbrannter Kraftstoff in die Abgasanlage, was besonders bei noch betriebswarmem Kat schädliche Folgen hat.

○ Lassen Zündaussetzer oder Fehlzündungen auf einen Defekt an der Zündanlage schließen, diese sofort überprüfen (lassen). Auf der Weiterfahrt hohe Drehzahlen vermeiden.

○ Zu einem Überhitzen des Kat kann es auch bei Dauervollgas nicht kommen, denn der höhere Gasdurchsatz wirkt gewissermaßen kühlend auf den Katalysator. Dieser ist nämlich durch die »Nachverbrennung« in seinem Innern stets viel heißer als die vom Motor kommenden Abgase.

Außerdem:

○ Im Hochsommer nach wochenlanger Trockenheit beim Parken den Wagen nicht über trockenem Laub, Heu o. ä. abstellen. Unter besonders ungünstigen Umständen könnte es zu einer Entzündung unter dem Wagen kommen.

○ Kontrollieren Sie gelegentlich bei aufgebocktem Fahrzeug, ob die Hitzeschutzbleche beschädigt sind.

Was sonst noch wissenswert ist:

○ Additive in Kraftstoffen und Motorölen schädigen den Kat nicht. Ganz sicher ist das, wenn die Betriebsstoffe von Opel freigegeben sind.

○ Defekte an Kat oder Lambdasonde lassen sich bei der Abgas-Untersuchung nachweisen. Ein thermisch beschädigter Keramik-Katalysator ist an Klappergeräuschen zu erkennen. Der Keramik-Träger des Kat schrumpft durch das teilweise Schmelzen, was zur Folge hat, daß er sich lose im Blechmantel bewegt.

Abgas-Rückführung (AGR)

Bei hohen Brennraumtemperaturen im Motor steigt unweigerlich der Anteil der Stickoxide im Abgas. Eine Möglichkeit zum Absenken der Temperaturen in den Brennräumen ist die Einleitung von Abgasen. Aus dem Abgasstrom des Motors wird durch ein ventilgeregeltes System ein Teil abgezweigt. Die Menge wird je nach Motorbelastung dosiert und ins Ansaugrohr zurückgeleitet. Da das Abgas kaum noch verbrennungsfähige Anteile enthält, kann es nicht nochmals verbrannt werden. Es verringert aber den Zustrom frischen Kraftstoff/Luft-Gemisches und bewirkt so eine Absenkung der Temperaturen im Verbrennungsraum und damit eine Verringerung des Stickoxidanteils.«Da die Abgas-Rückführung nur bei Teillast erforderlich ist, besitzt das Steuergerät der Zünd-Einspritz-Steuerung ein spezielles Programm für die Abgas-Rückführung. Folgende Bauteile, die z. T. ausführlich im Kapitel »Die Vierpunkteinspritzung« beschrieben werden, sind beteiligt:

○ Leerlaufschalterkontakt im Drosselklappen-Potentiometer, er stellt sicher, daß im Leerlauf und im Schiebebetrieb kein Abgas rückgeführt wird.

○ Geber für Kühlmitteltemperatur: Beim kaltem Motor ist die Rückführung nicht erforderlich. In der Warmlaufphase wird eine verringerte Abgasmenge rückgeführt.

Die Lambdasonde komplett und als Schnittmodell. Es bedeuten:
1 – Anschlüsse der Sondenheizung;
2 – Heizstab;
3 – Sonderkeramik;
4 – Schutzrohr;
5 – Stützkeramik.

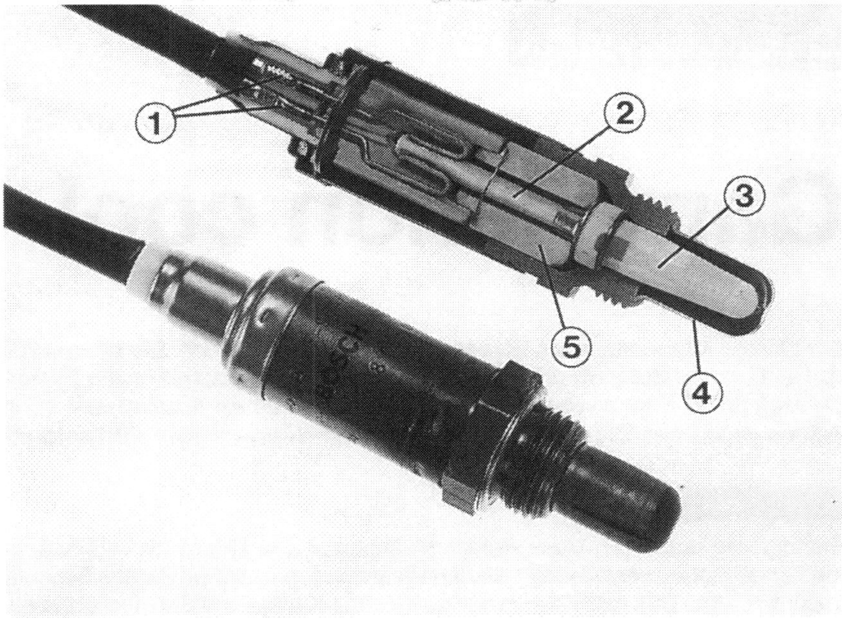

○ für das Drehzahlsignal zur Abschaltung der Abgas-Rückführung bei Drehzahlen über 300/min.
○ Abgas-Rückführungsventil mit Impulsgeber, es gibt den Weg für das rückgeführte Abgas ins Ansaugrohr frei, wobei die augenblickliche Ventilstellung ans Zünd-Einspritz-Steuergerät gemeldet wird.
○ Zünd-Einspritz-Steuergerät, es gibt je nach Bedarf über ein Magnetventil den Schaltbefehl an das AGR-Ventil (unter Beachtung der genannten Eingangsinformationen).

Sekundärlufteinblasung

Die Sekundärlufteinblasung hat die Aufgabe in der Warmlaufphase eine Nachoxidation des Abgases zu bewirken und die Startzeit des Katalysators zu verkürzen. nur 16 V

Die eingeblasene Luft dient dazu, die im Abgas noch befindlichen unverbrannten Bestandteile nachzuverbrennen. Hierzu drückt eine elektrisch angetriebene Sekundärluftpumpe (im Radhaus vorn links eingebaut) in Abhängigkeit vom Betriebszustand des Motors, gereinigte Luft in die Auslaßkanäle des Motors.

Auf dem Weg zum Katalysator erfolgt somit eine Nachoxidation des Abgases, wodurch die Emissionswerte von Kohlenwasserstoffen und Kohlenmonoxid reduziert werden; die Temperatur der Abgase erhöht sich. Der Katalysator und die Lambda-Sonde werden dadurch schneller auf Betriebstemperatur gebracht; die Lambda-Regelung arbeitet früher.

Die Sekundärlufteinblasung wird nach dem Start aktiviert. Sie hat kein eigenes Steuergerät, sondern wird vom Zünd/Einspritz-Steuergerät mitgesteuert. Die Abschaltung der Sekundärlufteinblasung erfolgt mit Aktivierung der Lambda-Regelung. Der Luftstrom wird über ein Absperrventil gesteuert, das von einem elektrischen Umschaltventil mit Saugrohrunterrdruck geöffnet und geschlossen wird. Ein motornahes Rückschlagventil verhindert, daß Druckstöße im Rohrleitungssystem bis auf die Sekundärluftpumpe durchschlagen. Das Ein- und Ausschalten der Sekundärluftpumpe übernimmt das Zünd/Einspritz-Steuergerät.

Wegen der hohen Stromaufnahme der Pumpe ist ein Relais zwischengeschaltet, das seinen Platz im Relaiskasten (im Motorraum) hat.

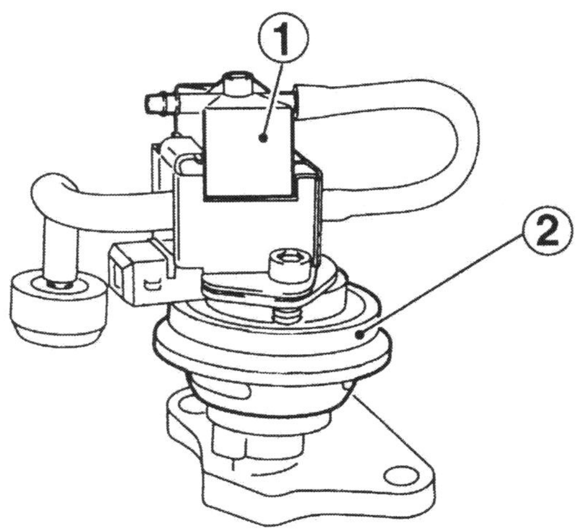

Links: Die Abgasrückführung besteht aus einem mechanischem Abgasrückführungsventil (2) und einem Magnetventil (1). Die Ansteuerung übernimmt das Steuergerät der Zünd/Einspritz-Steuerung.
Rechts: Vorn links im Radkasten befindet sich die Sekundärluftpumpe des 16V-Motors.

Ganz schön cool

Der Omega-Motor muß auch bei voller Belastung cool bleiben. Die notwendige Abkühlung darf auf keinen Fall fehlen, denn mit der Verbrennung des Kraftstoff/Luft-Gemisches in den Zylinders des Motors entsteht nicht nur die Kraft für die Fortbewegung. Zu einem ganz erheblichen Ausmaß wird Wärme freigesetzt: $^1/_4$ Kraft stehen $^3/_4$ Wärme gegenüber. Diese Wärme muß durch den Wasserumlauf »abtransportiert« werden.

So wird gekühlt

Ständig wird durch den Motor Kühlmittel gepumpt. Die Zirkulation veranlaßt die Wasserpumpe. Vom Zahnriemen angetrieben, beschleunigt sie den Wasserstrom durch ein kleines Schaufelrad an ihrer Rückseite. Auf welchem Weg das Kühlmittel durch die zahlreichen Kanäle und Schläuche strömt, hängt von seiner momentanen Temperatur ab:

○ Bei noch nicht betriebswarmem Motor fließt das Kühlmittel im »kleinen Kreislauf«, der durch den Motor und durch den Heizungs-Wärmetauscher führt.

○ Über ca. 92°C öffnet der Thermostat den »großen Kühlwasserkreis«, der den Kühler mit einbezieht. Dort wird das Kühlmittel durch den Fahrtwind und durch den vom ggf. zugeschalteten Kühlerventilator erzeugten Luftstrom abgekühlt.

Überdruck-Kühlsystem

Die Kühlanlage faßt je nach Motor und Getriebe unterschiedliche Flüssigkeitsmengen:

○ **Achtventiler mit Schaltgetriebe: 9,0 Liter**

○ **Achtventiler mit Automatikgetriebe: 8,8 Liter**

○ **16V mit Schaltgetriebe: 8,8 Liter**

○ **16V mit Automatikgetriebe: 8,6 Liter**

Diese doch recht geringe Wassermenge würde bei einer scharfen Autobahnfahrt oder einem Paßaufstieg im Hochgebirge nicht ausreichen, wäre das Kühlsystem nicht unter Druck gesetzt. In der Kühlanlage herrscht bei Betriebstemperatur ein Überdruck von **1,2 –1,5 bar**. Das erhöht den Wasser-Siedepunkt von 100° C auf etwa **125° C**. Somit ist eine gewisse Reserve geschaffen. Der Motor kann also Betriebstemperaturen von über 100° C erreichen, ohne daß »Kochgefahr« im Kühlsystem besteht.

Verantwortlich für ein gutes »Arbeitsklima« des Motors sind:

○ Der Verschlußdeckel auf dem Ausgleichbehälter, der den Druck reguliert.

○ Der Thermostat, der nach dem Kaltstart die Kühlflüssigkeit nicht gleich durch den Kühler strömen läßt, sondern erst mit steigender Temperatur.

Stand der Kühlflüssigkeit prüfen

Ständige Kontrolle

Auch bei Fahrzeugen mit Check-Control, die zu niedrigen Kühlmittelstand im Display anzeigt, sollte in regelmäßigen Abständen der Flüssigkeitsstand im Ausgleichbehälter im Motorraum kontrolliert werden.

○ Nur bei stehendem Motor läßt sich der Kühlmittelstand exakt kontrollieren.

○ Der Flüssigkeitsstand ist im durchscheinenden Ausgleichsbehälter auch bei geschlossenem Deckel leicht von außen zu sehen. Er muß bei kaltem Motor etwas über der »Kalt«-Markierung stehen.

○ Bei betriebswarmem Motor steigt der Kühlmittelspiegel und sinkt beim Abkühlen des Motors wieder ab.

Kühlmittel nachfüllen

Merklicher Kühlmittelverlust ist ein Zeichen für eine Störung oder einen Defekt. Die Kühlflüssigkeit wird nicht verbraucht und kann im geschlossenen Kühlsystem auch nicht verdampfen. Lediglich bei Überhitzung des Motors kann etwas Kühlmittel zum Verschlußdeckel herausdrücken. Was bei Kühlmittelverlust zu tun ist, steht weiter hinten in diesem Kapitel.

● Wird der Verschlußdeckel des Ausgleichsbehälters bei heißem Motor geöffnet, besteht Verbrühungsgefahr – deshalb äußerste Vorsicht walten lassen:

● Deckel mit Handschuh oder Lappen langsam zunächst eine Umdrehung öffnen und den Überdruck aus dem Kühlsystem entweichen lassen. Erst dann den Deckel vollends abschrauben.

● Wird nur Wasser nachgefüllt, verdünnen Sie den Frostschutz allmählich, daher evtl. gleich etwas Frostschutzmittel einfüllen.

● Nicht über die Marke (siehe vorigen Abschnitt) nachfüllen; das Kühlmittel dehnt sich bei Erwärmung aus, und die Mehrmenge entweicht aus dem System.

● Kleinere Flüssigkeitsmengen können Sie sowohl bei warmem wie kaltem Motor in den Nachfüllbehälter eingießen.

● Bei erheblichem Wasserverlust und heißer Maschine kein kaltes Wasser in den Ausgleichsbehälter nachfüllen. Durch den »Kälteschock« kann sich der Zylinderkopf verziehen oder der Motorblock reißen.

Der Verschlußdeckel (1) des Kühlmittel-Ausgleichsbehälters (2) enthält das Überdruck- und das Unterdruckventil. Vorn am Behälter ist die Füllstandsmarke (3) angebracht, auf die der Pfeil mit der Schrift »KALT/COLD« deutet.

<u>Fingerzeig:</u> **Mit völlig kalkfreiem Wasser, Regenwasser, destilliertem (kondensiertem) oder entsalztem (ionengetauschtem) Wasser tun Sie Ihrer Kühlanlage keinen Gefallen. Diese Wasserarten wirken korrosiver als normales, kalkarmes Trinkwasser, da ihnen die natürlichen neutralisierenden Stoffe fehlen.**

Frostschutzmittel

Im Kühlsystem sorgt eine Mischung von Frost- und Korrosionsschutzmittel sowie Wasser für die notwendige Abkühlung des Motors. Man spricht daher auch besser von Kühlflüssigkeit oder Kühlmittel. Das Mischungsverhältnis beträgt für europäische Verhältnisse 2:3, in nordischen Ländern dagegen 1 : 1.
Da die Füllmengen bei unseren Modellen nur geringfügig voneinander abweichen, nehmen Sie für Frostfestigkeit **bis -25° C 3 Liter Frostschutzmittel** und füllen **ca. 6 Liter Wasser** nach. Bei einer gewünschten Frostfestigkeit **bis -35° C** verwenden Sie **4,5 Liter Frostschutzmittel** und gießen mit Wasser vollends auf.
Als Frostschutzmittel dient gewöhnlich Äthylenglykol – eine Flüssigkeit auf Alkoholbasis, die nicht verdampft oder verdunstet. Genauso wichtig wie der Gefrierschutz ist im Kühlmittel auch der Korrosionsschutz, der verhindert, daß sich im Kühlsystem Kesselstein, Rost und andere Korrosionsprodukte bilden, die als schlechte Wärmeleiter die Kühlung vermindern – der Motor könnte überhitzt werden. Das werksseitig eingefüllte Frostschutzmittel mit Korrosionsschutz soll deshalb auch nicht im Frühjahr abgelassen und durch klares Wasser ersetzt werden. Zwar verschlechtert das Frostschutzmittel die Wärmeabführung, aber andererseits erhöht es den Siedepunkt um etwa 5° C.
Jeder Metzger lobt seine Wurst, deshalb empfiehlt Opel das eigene Frostschutzmittel mit der General-Motors-Spezifikation GMEL 6368. Wir sind in diesem Punkt nicht so markengläubig und würden jedes Frostschutzmittel nehmen, das auch eine Korrosionsschutzbeimischung enthält. Die Produkte verschiedener Hersteller lassen sich ohnehin gefahrlos untereinander mischen. Lesen Sie aber sicherheitshalber die entsprechende Mischungstabelle des jeweiligen Herstellers durch.

Frostschutz-Konzentration prüfen

Wartung Nr. 2

Zum Nachprüfen der Kühlmittel-Frostfestigkeit brauchen Sie einen Hebe-Messer (Spindel, Aerometer). Damit wird das spezifische Gewicht der Flüssigkeit gemessen. Durch unterschiedliche Zugabe von Korrosionsschutzmitteln sind die spezifischen Gewichte der einzelnen Frostschutzprodukte nicht gleich. Für eine absolut genaue Messung brauchen Sie eine auf das eingefüllte Frostschutzmittel abgestimmte Spindel. Im Zweifelsfall ziehen Sie vom ermittelten Wert eine Meßtoleranz von 2 – 3° C ab.

- Etwas Kühlmittel aus dem Ausgleichsbehälter ansaugen, die Spindel muß frei in der Flüssigkeit schwimmen können.
- Je nach spezifischem Gewicht der Flüssigkeit taucht die Spindel mehr oder minder tief ein.
- An der Skala ablesen, wie weit der Gefrierschutz reicht.
- Manche Frostschutzprüfer haben Zeiger, an denen die Frostfestigkeit abgelesen werden kann.

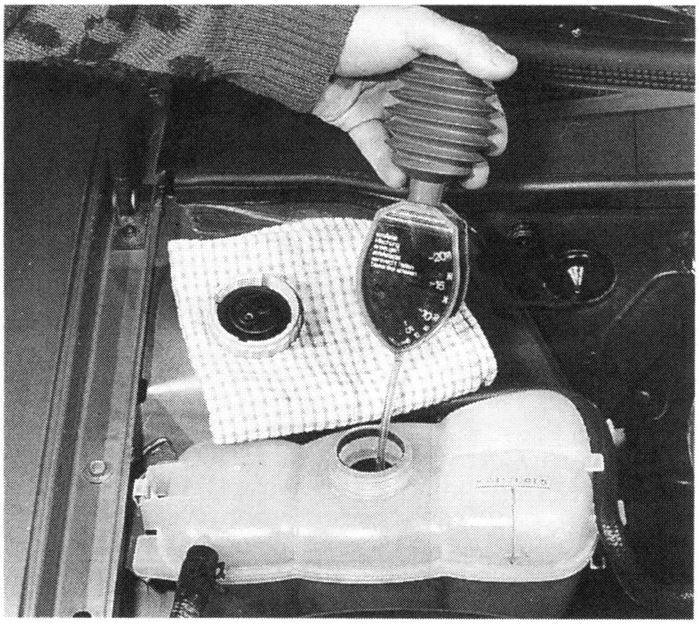

Bei diesem Frostschutzprüfer wird die Gefrierschutzmittel-Konzentration nicht durch eine in die Flüssigkeit eintauchende Spindel angezeigt, sondern durch zwei bewegliche Zeiger.

Frostschutzkonzentration einstellen

Meist stellt sich heraus, daß die Frostschutzkonzentration nicht mehr ausreicht. Dann muß Frostschutzmittel nachgefüllt werden. In der folgenden Tabelle haben wir die jeweilige Nachfüllmenge aufgeführt:

gemessene Frostfestigkeit	gewünschte Frostfestigkeit	Frostschutzmittel zufügen	gewünschte Frostfestigkeit	Frostschutzmittel zufügen
-5° C	-25° C	1,50 l	-35° C	2,25 l
-10° C	-25° C	1,25 l	-35° C	2,00 l
-15° C	-25° C	1,00 l	-35° C	1,75 l
-20° C	-25° C	0,75 l	-35° C	1,50 l
-25° C	-35° C	1,00 l	-35° C	0,75 l

● Wanne unterstellen und die in der Tabelle angegebene Menge Kühlmittel über die Ablaßschraube ablassen.

● Ggf. umliegenden Bereich erst säubern, damit kein Schmutz in die ablaufende Kühlflüssigkeit gerät, denn die Flüssigkeit soll wieder verwendet werden.

● Entsprechende Menge unverdünntes Frostschutzmittel eingießen.

● Zuletzt mit der aufgefangenen Kühlflüssigkeit vollfüllen.

Fingerzeige: Angebrochenes Frostschutzmittel altert, wenn es offen herumsteht. Deshalb in ein verschließbares Gefäß umfüllen, dieses beschriften und vor Kinderhänden gesichert aufbewahren.
Kühlerfrostschutzmittel ist giftig, es darf deshalb nicht einfach in die Kanalisation geschüttet werden. Stattdessen in ein gesondertes Gefäß füllen und zum Sondermüll geben (Annahmestelle bei der Gemeindeverwaltung erfragen).
Das Äthylenglykol im Frostschutzmittel ist enorm kriechfähig. Das kann zur Folge haben, daß nach der Neubefüllung mit Frostschutzmittel undichte Stellen zutage treten, die bislang noch von Kalk- und Korrosionsansatz abgedichtet waren.

Kühlsystem auf Dichtheit prüfen

Wartung Nr. 3

Undichte Stellen an der Kühlanlage ermittelt man am leichtesten, wenn der Motor heiß ist und demnach Betriebsdruck in der Kühlanlage herrscht. Dann zum Prüfen der Wasserschläuche Arbeitshandschuhe tragen, um Verbrennungen zu vermeiden.

● Schläuche am Kühler und Motor dicht, auch die dünneren zur Heizanlage und zum Drosselklappenstutzen?

● Schläuche rissig? Durch Kneten feststellen, ob die Wasserschläuche hart und spröde sind – dann umgehend austauschen.

● Durch Kneten der Schläuche lassen sich auch Undichtigkeiten feststellen, die durch Marderbisse verursacht wurden.

● Sitzen die Schlauchenden nicht zu knapp auf ihren Stutzen?

● Sitzen die Federband-Schlauchschellen einwandfrei.

● Sind, wo vorhanden, die Spannschrauben der Schlauchschellen festgezogen?

● Verrostete Schlauchschellen können unvermutet und bei vollem Betriebsdruck im Kühlsystem nachgeben. Deshalb umgehend auswechseln!

● Die Werkstatt kontrolliert die Dichtheit der Kühlanlage mit einer speziellen Handluftpumpe mit Druckmesser.

● Dieses Gerät wird auf die Ausgleichsbehälteröffnung gesetzt und ein Druck von 1 bar aufgepumpt.

● Fällt der Skalenzeiger nicht innerhalb von ein bis zwei Minuten, ist das Kühlsystem dicht.

Der Kühler besitzt sogenannte Wasserkästen aus Kunststoff. Diese sitzen rechts und links am Kühler. Von diesen Sammelkästen aus strömt das Kühlmittel durch die Leichtmetallröhren des Kühlers, die zur Vergrößerung ihrer Oberfläche (und damit der Kühlfläche) mit Kühlrippen versehen sind. Über die Kühlrippen kann das Kühlmittel Wärme an die Umgebung abgeben.
Bei Verdacht auf einen undichten Kühler sollten Sie in der Werkstatt die beschriebene Druckprüfung durchführen lassen. Bei einem offenkundigen Defekt können Sie den Kühler auch gleich selbst ausbauen und zur Reparatur bringen. Es gibt spezielle Kühlerwerkstätten (Branchentelefonbuch !), die solche Reparaturen durchführen.

Kühlmittel ablassen

- Motor abkühlen lassen, sonst Verbrühungsgefahr!
- Verschlußdeckel am Ausgleichsbehälter öffnen.
- Breite Wanne zum Auffangen des Kühlmittels bereitstellen.
- Wasserablaßschraube links unten am Kühler öffnen.
- Oder Schlauch am unteren Stutzen des Kühlers lösen und abziehen.
- Soll das Kühlmittel vollständig abgelassen werden, zusätzlich noch den Kühlmittelschlauch zur Heizung von der Spritzwand abnehmen.

Kühler ausbauen

- Abdeckung über dem Kühler abbauen.
- Kühlmittel ablassen und auffangen.
- Fahrzeuge mit Automatikgetriebe: Ölleitungen vom Kühler abschrauben. Vorsicht, ATF läuft aus! Öffnungen verschließen.
- Kühlmittelschläuche links und rechts vom Kühler abziehen.
- Ebenfalls den dünnen Kühlmittelschlauch zum Ausgleichsbehälter vom Kühler abbauen.
- Kabelsteckverbindung des Kühlerventilators und des Thermoschalters trennen. Kabelstrang vom Luftfangtrichter abnehmen.
- Oben am Kühler die seitlichen Sicherungsbügel mit einem Schraubendreher vom Frontblech abnehmen.
- Kühler zusammen mit dem Kühlerventilator aus den unteren Gummipuffern ziehen und nach oben aus dem Motorraum herausnehmen.
- Nach dem Einbau des Kühlers Kühlsystem befüllen. Funktionskontrolle des Kühlerventilators durchführen.
- Bei Fahrzeugen mit Automatikgetriebe nach dem Zusammenbau ATF-Stand kontrollieren.

Kühlsystem neu befüllen

Da eine gewisse Restmenge von Kühlflüssigkeit im Motor zurückbleibt, kann möglicherweise nicht die gesamte in der Tabelle auf Seite 54 genannte Flüssigkeitsmenge eingefüllt werden.

- Ablaßschraube unten am Kühler sanft festdrehen.
- Zuerst Frostschutzmittel, dann möglichst kalkarmes Wasser einfüllen.
- Der Flüssigkeitspegel soll bis über die »Kalt«-Markierung stehen.
- Verschlußdeckel auf den Ausgleichsbehälter aufsetzen und festdrehen.
- Motor warmfahren, bis der Thermostat geöffnet hat. Dieser ist ganz sicher offen, wenn bei Motorleerlauf der elektrische Kühlerventilator anläuft.
- Motor abkühlen lassen, ggf. etwas Wasser nachgießen.

Kühlmittelschläuche ausbauen

Besorgen Sie sich als Ersatz Originalschläuche in der richtigen Bogenform und grundsätzlich neue Schlauchschellen.

Das Bild zeigt die Ablaßschraube (2) links unten am Kühler (1). Zum Ablassen der Kühlflüssigkeit Auffangbehälter unterstellen und Ausgleichsbehälterdeckel öffnen, damit das Kühlmittel schneller ausläuft. Nach dem Ablassen der Flüssigkeit Ablaßschraube mit Gefühl wieder anziehen.

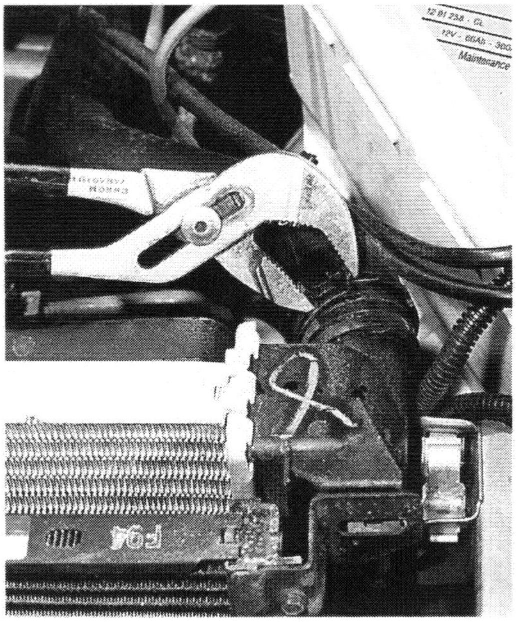

Links: Klemmschellen der Kühlmittelschläuche lassen sich ohne Schwierigkeiten mit einer Rohrzange lösen.
Rechts: Ausbau des Kühlers. Sicherungsbügel links und rechts am Kühler mit einem breiten Schraubendreher vom Frontblech abdrücken.

- Kühlmittel ablassen und auffangen.
- Schraubbare Schlauchschellen mit einem Schraubendreher lösen, Schläuche abziehen.
- Federband-Schlauchschellen an den beiden »Ohren« mit einer Zange bis zum Anschlag zusammendrücken. Schläuche abziehen.
- Festsitzende Schlauchenden mit einem Schraubendreher lockern, den man vorsichtig zwischen Schlauch und Stutzen schiebt und dann vorsichtig hebelt.
- Neue Schläuche weit genug auf die Stutzen schieben, damit sie nicht wieder abrutschen können.
- Schraubschellen nicht mit Gewalt anziehen, sonst wird das Gewinde überdreht.

Der Kühlsystem-Verschlußdeckel

Im Überdruck-Kreislauf spielt der Kühlsystem-Verschlußdeckel auf dem Ausgleichsbehälter eine wichtige Rolle:
○ Die Dichtfläche wird bei aufgeschraubtem Deckel fest auf den Rand der Ausgleichsbehälteröffnung gedrückt. Es kann kein Druck entweichen.
○ Wenn bei Erwärmung der Druck im Kühlsystem 1,2 – 1,5 bar übersteigt, öffnet das Überdruckventil. Jetzt kann zum Druckausgleich etwas Wasserdampf entweichen.
○ Beim Abkühlen des Motors zieht sich die Kühlflüssigkeit wieder zusammen. Dadurch entsteht im Kühlsystem ein gewisser Unterdruck. Für den Ausgleich dieses Unterdrucks sitzt im Deckel ein zweites Ventil, so daß Außenluft ins System strömen kann.

Überdruckventil prüfen

Wer sich die Mühe der Kontrolle nicht machen will, wechselt den relativ preisgünstigen Verschlußdeckel im Verdachtsfall einfach aus. Die Werkstatt prüft den Verschlußdeckel mit einem Druckprüfgerät:

- Druck aufpumpen.
- Zwischen 1,2 – 1,5 bar muß das Ventil öffnen.

Ob das Unterdruckventil richtig arbeitet, läßt sich nur behelfsmäßig feststellen:

Unterdruckventil behelfsmäßig prüfen

- Bei abgenommenem Verschlußdeckel einen dicken Wasserschlauch fest zusammendrücken.
- Deckel aufsetzen und festdrehen.
- Schlauch loslassen.
- Rundet sich der zusammengepreßte Schlauch wieder, dürfte das Ventil intakt sein.
- Sind die Kühlmittelschläuche morgens vor dem ersten Start plattgedrückt, streikt sicher das Unterdruckventil.

Der Thermostat

Bislang haben wir nur von »Kühlung« gesprochen, aber zu kalt darf das umspülende Wasser auch nicht sein. Wir sagten schon, daß die richtige Betriebstemperatur im Überdrucksystem über 100° C liegt.
Vereinfacht gesagt, bestimmt der Thermostat darüber, ob das Kühlmittel im Kühler abgekühlt werden soll oder nicht. Er hat also das Sagen darüber, ob das Kühlmittel im »kleinen« oder im »großen Kühlmittelkreislauf« zirkuliert.
Welchen Kreislauf er dabei schaltet, hängt ausschließlich von der Kühlmitteltemperatur ab. So bleibt die Betriebstemperatur annähernd konstant.

Fingerzeig: Unterwegs kann man einen gerissenen Wasserschlauch selten ersetzen. Hier hilft das »Pannenband« von Weyer, Düsseldorf oder Holts »Hoseweld Bandage«. Beide kleben auf gesäuberten und

trockenen Gummischläuchen recht gut. Bei einem großen Leck kann es vorteilhaft sein, den Verschlußdeckel des Ausgleichsbehälters eine Umdrehung zu öffnen, damit sich im Kühlsystem kein Druck aufbauen kann, dem die Bandage dann nicht mehr standhält. Jetzt nur noch sehr schonend bis zur Werkstatt weiterfahren. Temperaturanzeige und Kühlmittelstand im Auge behalten!

Funktion des Thermostats

○ Das »Umschalten« des Thermostats bewirkt eine mit Spezialwachs gefüllte Büchse und der daran befestigte Ventilteller. Bei Erwärmung des Kühlmittels verflüssigt sich das Wachs und dehnt sich dabei aus. Zwangsläufig öffnet es durch sein größeres Volumen jetzt den Ventilteller.
○ Solange die Kühlmitteltemperatur steigt, wird vom Thermostat der Zufluß zum Kühler zunehmend geöffnet und gleichzeitig der »kleine« Kreislauf geschlossen.
○ Sinkt während der Fahrt die Kühlmitteltemperatur wieder unter die gewünschte Betriebstemperatur, drückt eine Feder am Thermostat den Ventilteller wieder in Richtung »Zu« und sperrt den Kühlerdurchfluß so lange, bis das Kühlmittel wieder genügend warm ist.

<u>Fingerzeig:</u> Wenn der Motor unterwegs wegen defektem Thermostat ins Kochen kommt, hilft nur noch Abschleppen oder der komplette Ausbau des Thermostats an Ort und Stelle. Sollten Sie sich für den Ausbau entscheiden, müssen Sie erst abwarten, bis die Kühlmitteltemperatur abgesunken ist.

Störungsbeistand

Thermostat

Erkennungsmerkmal	Ursache/Auswirkungen
A Temperaturanzeige steigt langsam, Betriebstemperatur wird später erreicht, Heizwirkung ungenügend	Thermostat-Ventilteller ist in »Offen«-Stellung blockiert (etwa durch Ablagerungen); der Zufluß zum Kühler bleibt ständig offen. Motor bleibt zu lange im Kaltlaufbetrieb. Es kommt jedoch kurzfristig zu keinen Schäden. Trotzdem Thermostat in Bälde wechseln
B Temperaturanzeige steht trotz richtigem Kühlmittelstand im roten Bereich. Kühler und unterer Schlauch zum Kühler sind kalt	Thermostat-Ventilteller ist in »Geschlossen«-Stellung blockiert (etwa durch eine defekte oder undichte Thermostatbüchse). Auf keinen Fall weiterfahren, sonst entstehen schwere Hitzeschäden am Motor! Thermostat sofort auswechseln

Thermostat ausbauen

Der Thermostat sitzt links am Motor oberhalb der Servopumpe. Der Ausbau ist unproblematisch.

- Kühlmittel ablassen und auffangen.
- Kühlmittelschlauch vom Wasserauslaßstutzen lösen und abziehen.
- Auslaßstutzen vom Zylinderkopf abschrauben und zusammen mit dem Thermostat abnehmen.
- Federteller des Thermostats kräftig niederdrücken, Thermostat drehen und vom Auslaßstutzen abnehmen.
- Ein defekter Thermostat wird zusammen mit dem Wasserauslaßstutzen ersetzt.
- Beim Einbau neuen Dichtring verwenden. Schrauben beim Achtventiler mit 8 Nm und beim 16V mit 15 Nm anziehen.
- Nach dem Einbau Kühlsystem auffüllen.

Im Kühlsystem-Verschlußdeckel (1) ist das Überdruckventil (2) und das Unterdruckventil (3) eingesetzt. Die behelfsmäßige Prüfung der Ventile finden Sie im Text auf der gegenüberliegenden Seite.

Der Thermostat (1) ist im Auslaßstutzen (2) eingehängt (Pfeil). Zum Aushängen den Federteller des Thermostats kräftig niederdrücken, Thermostat drehen und vom Stutzen abnehmen. Das Bild zeigt den Thermostat eines Achtventiler-Motors.

Thermostat prüfen

Mit einem Einmachthermometer können Sie selbst kontrollieren, ob der Kühlmittelregler bei der vorgeschriebenen Temperatur öffnet:

- Thermostat ausbauen.
- Thermostat in einen Topf mit Wasser hängen und Wasser erhitzen.
- Kontrollieren Sie, ob der Ventilteller sich vom Sitz abhebt bzw. voll öffnet.
- Folgende Werte gelten für die Omega-Motoren:
- Öffnungsbeginn 92° C, Öffnungsende 107° C.

Die Wasserpumpe

Die Kühlflüssigkeit wird von der Wasserpumpe beschleunigt, damit sie im Kühlsystem zirkulieren kann. Die Pumpe sitzt beim Omega an der Stirnseite des Motors und wird vom Zahnriemen angetrieben.
Die Wasserpumpe ist auf Lebenszeit wartungsfrei. Wird sie undicht oder produziert mahlende Geräusche, muß sie ausgetauscht werden – eine Reparatur ist nicht möglich.

Fingerzeig: Die Wasserpumpe kann durch Undichtigkeiten ausfallen. Anfangs tropft es nur gelegentlich aus dem Gehäuse, aber innerhalb kürzester Zeit geht das Kühlmittel in erheblichen Mengen verloren. Deshalb beim Erkennen einer undichten Wasserpumpe sofort für den Austausch sorgen.

Wasserpumpe ausbauen

- Batterie-Massekabel abklemmmen.
- Kühlmittel ablassen und auffangen.
- Keilrippenriemen der Lichtmaschine abnehmen, siehe Kapitel »Die Lichtmaschine«.
- Motor auf Zündzeitpunkt Zylinder 1 stellen, siehe Motor-Kapitel.
- Vordere Zahnriemenabdeckung ausbauen und Zahnriemen abnehmen.
- Zahnriemen-Spannrolle von der Ölpumpe losschrauben, siehe Motorkapitel.
- Halteschrauben der Wasserpumpe lösen und Wasserpumpe von der Stirnseite des Motors abnehmen.
- Dichtfläche am Motor reinigen.
- An der Wasserpumpe Dichtfläche und neuen Dichtring mit etwas Silikonfett bestreichen.
- Wasserpumpe einbauen. Einbaulage beachten: Der Anguß an der Pumpe muß mit dem entsprechendem Gegenstück am Motorblock fluchten siehe Motorkapitel.
- Beim Auflegen des Zahnriemens unbedingt Steuerzeiten beachten.
- Zahnriemen spannen. Grundeinstellung der Zahnriemen-Spannrolle kontrollieren.
- Anzugsdrehmoment der Wasserpumpe 25 Nm.
- Nach dem Einbau Kühlsystem auffüllen.

Der Kühlerventilator

Der Omega besitzt einen elektrisch angetriebenen Kühlerventilator, der sich nur im Bedarfsfall zuschaltet. Dadurch wird Motorleistung und in der Folge Kraftstoff gespart. Links am Kühler (in Fahrtrichtung gesehen) ist deshalb ein temperaturempfindlicher Schalter eingeschraubt. Wenn er »spürt«, daß die an ihm vorbeirauschende Flüssigkeit noch zu heiß ist, schaltet er den Ventilator ein. Ebenso schaltet er den Elektrolüfter wieder aus, wenn die Temperatur unten im Kühler auf einen bestimmten Wert abgesunken ist.

Fingerzeig: Wegen der elektrischen Verschaltung über Klemme 30 kann der Lüfter auch bei stehendem Motor plötzlich losbrausen. Vorsicht beim Hantieren im Motorraum!

Der Thermoschalter (Pfeil) für den Kühlerventilator ist beim Omega links am Kühler eingeschraubt. Der Thermoschalter schaltet abhängig von der Kühlmitteltemperatur den Kühlerventilator ein bzw. aus.

Thermoschalter für den Kühlerventilator

Bei unserem Omega ist der elektrische Kühlerventilator zweistufig geschaltet. Bei der entsprechenden Einschalttemperatur schließt der erste Kontakt im Thermoschalter den Stromkreis des Kühlerventilators. In diesem Stromkreis befindet sich ein Vorwiderstand, der die Spannung reduziert und den Ventilator nur mit der halben Drehgeschwindigkeit laufen läßt. Steigt die Kühlmitteltemperatur weiter an, schließt der Thermoschalter einen weiteren Stromkreis. Der Strom umgeht den Widerstand, der Elektromotor erhält unverminderte Spannung, und sein Lüfterrad dreht im vollen Tempo.

Störungen am Kühlerventilator

Ein ausgefallener Kühlerventilator kann zu hohe Kühlmitteltemperatur verursachen, allerdings nur bei längerem Leerlauf, etwa im stockenden Feierabendverkehr oder in einer Autobahnstauung. Ein ausgefallener Ventilator muß aber nicht das Ende der Fahrt bedeuten:

○ Nachdem der Motor einigermaßen abgekühlt ist, kann man mit mittleren Drehzahlen und einigermaßen zügigem Tempo die nächste Werkstatt anlaufen. Dabei die Temperaturanzeige im Auge behalten.

○ Leerlauf und Schleichfahrt dagegen sind für den Motor gefährlich. Da strömt kaum ein kühlender Lufthauch durch die Kühlerlamellen. Muß verkehrsbedingt mit niedriger Geschwindigkeit weitergefahren werden, sollten Sie sofort nach der Störungsursache forschen und gegebenenfalls den Thermoschalter überbrücken.

Störungssuche Kühlerventilator

● Kontrollieren Sie zuerst die zuständigen **Sicherungen**.

● Waren diese in Ordnung, ziehen Sie am **Thermoschalter** den Stecker ab.

● Überbrücken Sie die beiden Kontakte im Kabelstecker mit einem Stück Draht.

● Bei zweistufigem Thermoschalter alle drei Steckerzungen überbrücken.

● Wenn jetzt der Ventilator bei eingeschalteter Zündung losbraust, ist der (hier versuchsweise) aus dem Stromkreislauf herausgenommene Thermoschalter defekt – ein häufiger Fehler.

● Zur Weiterfahrt die Drahtbrücke im Stecker gut festklemmen und kurzschlußsicher mit Klebeband oder Heftpflaster isolieren.

● Half die Überbrückung des Thermoschalters nicht weiter, kontrollieren Sie das bzw. die **Lüfter-Relais** (siehe Kapitel »Instrumente und Geräte«): Wenn die

Nach Abnehmen der vorderen Zahnriemenabdeckung kommt die Wasserpumpe zum Vorschein. Die Pumpe selbst ist mit ingesamt drei Halteschrauben (Pfeile) an der Stirnseite des Motors befestigt.

beiden Anschlußkabel des Thermoschalters überbrückt werden, müssen die Schaltkontakte im Relais bei eingeschalteter Zündung hörbar schließen.

- Ist das nicht der Fall, wird das Relais behelfsmäßig überbrückt. Dazu die Relaissteckerzungen der Klemmen 30 und 87 mit einem Drahtstück (Büroklammer) verbinden und das Relais einstecken.
- Der Kühlerventilator muß nun auch bei ausgeschalteter Zündung loslaufen. Tut er das jetzt, ist das Relais defekt.
- Die Drahtbrücke kann als Notbehelf für unterwegs eingesetzt bleiben. Nach der Fahrt muß sie entfernt werden.
- War auch so kein Erfolg zu erzielen, prüfen Sie nun den **Lüftermotor:**
- Kabelstecker zum Ventilatormotor abziehen und statt dessen am Kontakt der rot/schwarzen Leitung Hilfskabel zum Batterie-Pluspol legen. Die Steckverbindung für das braune Kabel wird direkt mit dem Minuspol verbunden.
- Dreht sich der Propeller immer noch nicht, ist der Ventilatormotor defekt – austauschen.
- Läuft der Ventilator jedoch, müssen das Relais (siehe Kapitel »Instrumente und Geräte«), die Kabelstecker sowie sämtliche Kabelverbindungen von Thermoschalter und Elektrolüfter überprüft werden.
- Auch mit direkt von der Batterie gespeistem Kühlerventilator können Sie unbesorgt weiterfahren. Hilfskabel kurzschlußsicher verlegen.

Kühlerventilator ausbauen

- Massekabel von der Batterie abklemmen.
- Kabelsteckverbindung des Ventilators trennen.
- Luftfangtrichter mit Kühlerventilator vom Kühler abschrauben, links aus der Halterung herausziehen und nach oben aus dem Motorraum herausnehmen.
- Wenn nötig, Lüfterrad vom Ventilator abbauen. Hierzu Halteclips mit einem Schraubendreher von der Motorwelle abdrücken.
- Drei Schrauben lösen und Ventilator vom Luftfangtrichter abnehmen.

Störungsbeistand

Kühlsystem

Die Störung	– ihre Ursache	– ihre Abhilfe
A Temperatur-Anzeigenadel steht im roten Bereich	1 Zu wenig Flüssigkeit im Kühlsystem	Auffüllen
	2 Kabel zur Temperaturanzeige hat Massekontakt	Kabel am Temperaturgeber abziehen, Zeiger muß zurückgehen, sonst Masseschluß; Kabelverlauf kontrollieren
	3 Thermostat öffnet den Kaltwasserzufluß aus dem Kühler nicht (Kühler kalt)	Thermostat ausbauen und ohne ihn weiterfahren oder Wagen abschleppen lassen
	4 Kühlerventilator schaltet nicht ein	Siehe vorangegangene Seite
	5 Überdruckventil im Verschlußdeckel defekt	Ventil prüfen (lassen), ggf. austauschen
	6 Anzeige-Instrument defekt	Überprüfen, siehe Kapitel »Instrumente und Geräte«
	7 Temperaturgeber hat Kurzschluß	Austauschen
	8 Kühlerlamellen zugesetzt	Kühler reinigen
B Temperaturanzeige spricht sehr langsam an, schwache Heizleistung	Thermostat schließt nicht völlig, aufgeheiztes Kühlmittel strömt zu früh durch den Kühler	Thermostat säubern, ggf. ersetzen
C Temperaturanzeige bleibt im unteren Bereich, gute Heizleistung	1 Siehe A 6	
	2 Geber der Temperaturanzeige defekt	Austauschen

Gegen den Durst

Kraftstoff und Verbrauch werden viel diskutiert. Um mitreden zu können, brauchen Sie möglicherweise noch einige Informationen aus diesem Kapitel.

Normal- oder Superbezin?

Die Bezeichnungen »Normal« und »Super« stimmen eigentlich nicht, denn die Kraftstoffarten sind von durchaus gleicher Qualität. Weder im Reinheitsgrad noch im Verdampfungsverhalten (das für die Entzündbarkeit sehr wichtig ist) noch in der Energieentfaltung (Heizwert bezogen je Kilogramm Kraftstoff) zeigen sich Differenzen. Das wesentliche Unterschiedsmerkmal ist die Klopffestigkeit. Sie wird durch die Oktanzahl gekennzeichnet und liegt bei Super höher als bei Normalbenzin. Superkraftstoff kann höhere Kompressionsdrücke aushalten, ohne sich selbst zu entzünden, was sonst zu Motorklopfen führt. Beim Verdichten erwärmt sich jedes Gas, auch das Kraftstoff/Luft-Gemisch. Sie kennen das vielleicht von der Fahrrad-Luftpumpe beim Aufpumpen eines Reifens. Mit höherem Kompressionsverhältnis kann es also um so leichter zu Selbstentzündungen im Verbrennungsraum kommen, wenn der Kraftstoff nicht klopffest genug ist.
Unsere Omega-Modelle werden mit Superkraftstoff betrieben. In Ausnahmefällen kann aber auch Kraftstoff mit einer niedrigeren Oktanzahl getankt werden. Die Zündung wird abhängig von der getankten Kraftstoffsorte (Oktanzahl) automatisch angepaßt, siehe auch im Zündkapitel »Die Klopfregelung«.

Die Klopffestigkeit

Zur Kennzeichnung der Klopffestigkeit dient die Oktanzahl. Das ist eine Vergleichsgröße, die in einem speziellen Prüfmotor mit bestimmten Meßkraftstoffen ermittelt wird. Häufig genannt ist die »**R**esearch-**O**ktan-**Z**ahl«, kurz ROZ. Seltener findet man dagegen die aussagekräftigere »**M**otor-**O**ktan-**Z**ahl« oder MOZ. Die geforderten Mindest-Oktanwerte für Kraftstoff wurden früher vom **D**eutschen **I**nstitut für **N**ormung in der DIN-Norm 51 607 festgelegt. Heute gilt die **E**uro-**N**orm EN 228:

Normal bleifrei		Euro Super bleifrei		Super Plus bleifrei	
ROZ 91	MOZ 82,5	ROZ 95	MOZ 85	ROZ 98	MOZ 88

Hohe Klopffestigkeit erreichte man früher durch die Zumischung des hochgiftigen Blei-Tetraäthyls. Bleihaltiger Kraftstoff darf im Opel Omega mit Katalysator nicht verwendet werden, da sonst der Katalysator »vergiftet« wird, siehe Kapitel »Abgas-Entgiftung«. Im bleifreien Kraftstoff werden nur ungefährliche Zusätze verwendet.
Auch in europäischen Ländern mit geringem Anteil an Katalysatorfahrzeugen ist bleifreier Kraftstoff an allen Durchgangsstraßen erhältlich. Schwierigkeiten kann es allenfalls noch im Landesinnern und in touristisch wenig erschlossenen Gegenden geben. Bei ausgesprochenen Fernreisen sollte man sich bei einem Autoclub oder Fremdenverkehrsbüro eine Bleifrei-Landkarte besorgen und einen Reservekanister mitnehmen.

Klingeln und Klopfen

Bei unzureichender Kraftstoffqualität kann sich Motorklingeln oder -klopfen bemwerkbar machen. Normalerweise entflammt das Kraftstoff/Luft-Gemisch im Zylinder auf »Befehl« des Zündkerzenfunkens wellenförmig – wie wenn man einen Stein ins ruhige Wasser wirft: Die Wellen breiten sich kreisförmig aus. Ist diese Ausdehnung zu stark, kann ein noch unverbrannter Gasrest an die Wand gedrückt werden. Diese Drucksteigerung bewirkt eine Wärmezunahme des Gasrestes, so daß er sich von selbst entzünden kann. Dabei knallt er der von der

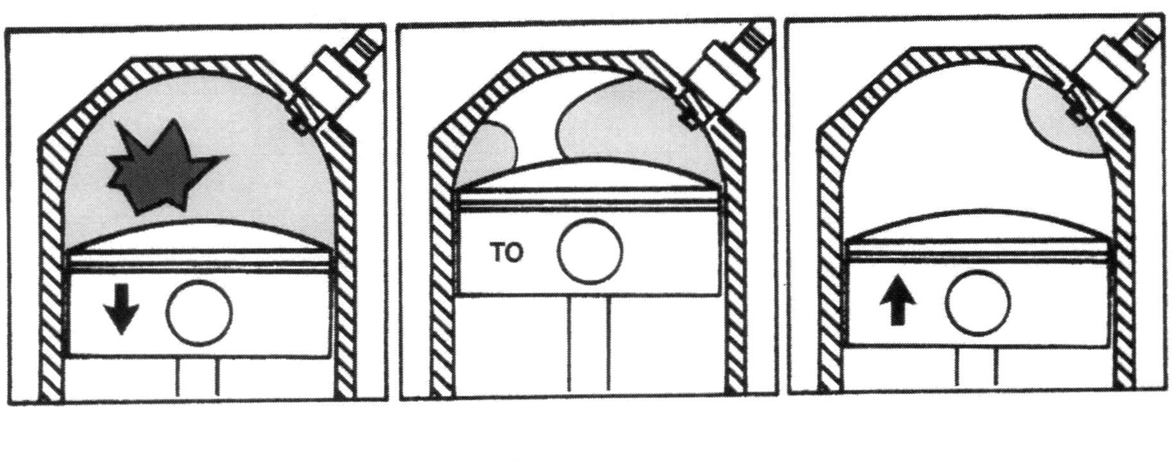

Motorklopfen: Die Verbrennung beginnt wie gewünscht, doch im entscheidenden Augenblick (Abwärtsbewegung des Kolbens) entsteht eine unkontrollierte Detonation.

Zündkerze auf ihn zueilenden Flammenfront entgegen. Das gibt einen gewaltigen Druckanstieg im Zylinder. Der Kolben erhält einen Schlag auf den Boden und leitet ihn über sein Pleuel an die Lager der Kurbelwelle weiter. Tritt dieser Effekt bei hohen Motordrehzahlen auf, werden die harten Verbrennungsgeräusche von den Fahrgeräuschen übertönt. Das ist für den Motor ausgesprochen gefährlich. Dieses Hochdrehzahlklopfen bewirkt eine erhebliche Motorüberhitzung. Bis aber die Kühlmittelanzeige anspricht, ist es meist zu spät, und ein oder mehrere Kolbenböden sind bereits geschmolzen.
Bekannter, weil besser zu hören, ist das Beschleunigungsklingeln. Es macht sich bemerkbar, wenn Sie mit nicht genügend klopffestem Kraftstoff aus niedrigen Drehzahlen heraus voll beschleunigen. Diese Klingelerscheinungen schaden dem Motor jedoch kaum.

Der Kraftstoffverbrauch

Normverbrauch

Wenn die Rede auf den Kraftstoffverbrauch kommt, fällt vielfach die Bezeichnung »Normverbrauch«. Dieser wird nach den den Prüfbedingungen 80/1268/EWG ermittelt:
Die Verbrauchswerte werden unter drei unterschiedlichen Fahrbedingungen gemessen. Im Stadtverkehr ist ein sogenannter Fahrzyklus vorgeschrieben, der aus 25 Einzelvorgängen besteht – u. a. Leerlauf, Beschleunigen, Schalten, Bremsen und verschiedene Geschwindigkeiten von 10, 15, 32, 35 und 50 km/h. Dann kommt noch eine Fahrt mit konstant 90 Stundenkilometer und eine weitere mit 120 km/h.

Verbrauchsmessung mit Fahrtenbuch

Für die laufenden Verbrauchsbeobachtungen eignet sich am besten ein ordentlich geführtes Fahrtenbuch (kostenlos bei der Tankstelle erhältlich). Die Verbrauchsmessung geht dann so:

- Jeweils getankte Kraftstoffmenge eintragen, alle paar tausend Kilometer zusätzlich nach dem Volltanken den genauen Kilometerstand eintragen.
- Alle Nachfüllmengen zwischen zwei Kilometereintragungen addieren.
- Gesamtverbrauch durch die gefahrenen Kilometer (mindestens 1000 km) teilen und mit 100 multiplizieren – das ergibt den Liter-Verbrauch auf 100 km.

Verbrauch in Theorie und Praxis

Wie hoch der Normverbauch Ihres Omega ist, ersehen Sie aus Ihrer Betriebsanleitung. Mit den tatsächlich erzielten Verbrauchswerten müssen diese Angaben jedoch keineswegs übereinstimmen. Während der Normverbrauch lediglich eine Vergleichsgröße darstellt, resultiert der von Ihnen erzielte Verbrauch aus vielen Faktoren. So spielt Ihr persönlicher Fahrstil eine ebenso große Rolle wie die Straßenbeschaffenheit oder der Zustand des Motors.

So fahren Sie sparsam

○ Wirklich günstig ist der Verbrauch bei niedriger Drehzahl und hoher Motorbelastung. Eine derartige Fahrweise war lange als »Motorquälerei« verpönt. Doch alle namhaften Automobilhersteller vertreten heutzutage die Ansicht, daß ihre Motoren selbst dann noch optimal geschmiert werden, wann unsinnigerweise aus Leerlaufdrehzahl im höchsten Gang herausbeschleunigt wird. Sie können sich also beruhigt folgende Fahrweise aneignen: Zügig beschleunigen, jedoch möglichst früh in den nächsthöheren Gang schalten.
Wenn die gewünschte Geschwindigkeit erreicht ist, wählen Sie den höchstmöglichen Gang und lassen den Wagen mit wenig Gas rollen. Hochdrehen soll der Motor eigentlich nur, wenn es die Verkehrssituation erfordert, also beim Überholen oder beim Einspuren in den fließenden Verkehr.
○ Die Opel-Motoren sind bei rund 1500/min hinreichend durchzugskräftig. Lassen Sie deshalb den Motor möglichst nur so weit drehen, daß Sie im nächsthöheren Gang aus ca. 1500/min weiterbeschleunigen können.
○ Bleifußfahren kostet unnötig Kraftstoff, denn die Vollanreicherung wirkt hierbei. Außerdem ist die Lambda-Regelung für den Katalysator außer Betrieb. Selbst bei zügiger Autobahnfahrt braucht das Gaspedal nicht voll durchgetreten zu werden. Leichtes Anheben des Gasfußes bewirkt keine oder nur eine geringe Geschwindigkeitsverminderung, aber der Verbrauch sinkt um einiges. Probieren Sie selbst aus, ab welcher Gaspedalstellung das Tempo nachläßt. Auch an Steigungen ist nicht immer Vollgas nötig.
○ Warmlaufenlassen frißt den Kraftstoff ohne Nutzen. Der unbelastete Motor wird nur sehr langsam warm, das bedeutet zusätzlichen Verschleiß.

Förderungs-Verein

Im folgenden Kapitel verfolgen wir, welchen Weg der Kraftstoff durch den Omega nimmt. Zwar sind hierbei Unterbrechungen und Störungen recht selten, doch andererseits schadet es nicht, über die Kraftstoffanlage Bescheid zu wissen. Mögliche Pannen sind leicht zu beheben.

Der Tank

Der Kraftstofftank des Omega faßt 75 Liter und ist aus Kunststoff gefertigt. Der Benzinspeicher im Auto muß hohen Sicherheitsanforderungen genügen, denn er darf bei einem Unfall weder reißen noch platzen, und sein Inhalt darf nicht davonfließen. Deshalb sitzt er an der sichersten Stelle – zwischen den Hinterrädern. Er ist aus hochmolekularem Polyäthylen großer Dichte (HDPE) gefertigt. Somit gibt es keine Korrosiongefahr innen oder außen, und er ist leicht.

Fingerzeig: Bevor Sie irgendwelche Arbeiten an der Kraftstoffanlage in Angriff nehmen, sollten Sie unbedingt das Batterie-Massekabel abnehmen. Unbeabsichtigte elektrische Verbindungen können zu gefährlicher Funkenbildung führen und Benzindämpfe explodierend entzünden. Wegen der austretenden Benzindäpfe dürfen Arbeiten an der Kraftstoffanlage nur im Freien oder einem gut durchlüfteten Raum durchgeführt werden.

Wozu Tank-Entlüftung?

Wichtig für den einwandfreien Kraftstoffnachschub ist die Belüftung des Tanks: In dem Maß wie Kraftstoff verbraucht wird, muß Luft nachströmen können, sonst würde sich im Tank ein Unterdruck bilden, und der Kraftstofffluß würde stocken. Ferner muß der Tank belüftet werden, um dem Inhalt Gelegenheit zum Ausdehnen bei Erwärmung zu geben. Auch muß beim Betanken genug Luft aus dem Tank austreten können, damit der hineingeschüttete Kraftstoff nicht wieder zum Einfüllstutzen heraussprudelt.

Die Tankentlüftung am Omega

An der Tankoberseite sind mehrere Schlauchleitungen angeschlossen. Sie führen zum Tankeinfüllstutzen. Durch diese Leitungen entweicht Luft, wenn der Tank mit Benzin gefüllt wird. Das ist die sogenannte Schnellentlüftung. Zwischen den Leitungen sitzt bei der Omega-Limousine noch ein Ausdehnungsbehälter, der für einwandfreien Abzug der verdrängten Luft erforderlich ist.
Oben am Einfüllstutzen sitzt eine weitere Be- und Entlüftungsleitung. Über diese Leitung werden die sich ständig bildenden Kraftstoffdämpfe abgeleitet. Außerdem strömt während der Fahrt durch diese Leitung entsprechend der verbrauchten Kraftstoffmenge Luft in den Tank hinein, so daß sich kein Unterdruck bilden kann.

Aktivkohlebehälter-System

Bei unseren Fahrzeugen mit Kat führt die Be- und Entlüftungsleitung nicht einfach ins Freie, sondern mündet in einen Aktivkohlebehälter vorn im rechten Radkasten. Zweck der Sache ist es, die durch diese Leitung austre-

<u>Links:</u> Der Aktivkohlebehälter liegt geschützt hinter der rechten vorderen Radhausschale.
Es bedeuten:
1 – Aktivkohlebehälter;
2 – Entlüftungsleitung vom Kraftstofftank;
3 – Spülleitung zum Entlüftungsventil;
4 – Belüftungsleitung.
<u>Rechts:</u> Bei laufendem Motor werden die Kraftstoffdämpfe aus dem Aktivkohlebehälter abgesaugt. Das geschieht über ein elektromagnetisch betätigtes Entlüftungsventil.

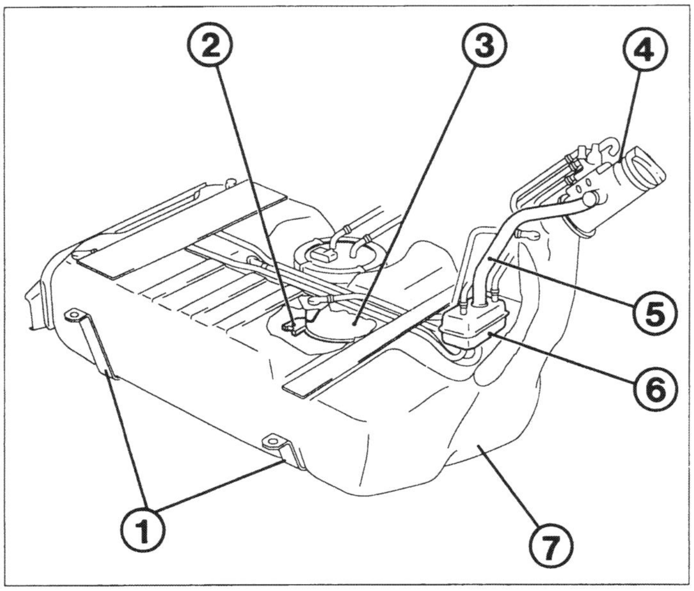

Der Kraftstofftank der Omega-Limousine ist hier mit folgenden Bauteilen dargestellt:
1 – Haltebänder;
2 – Tankgeber;
3 – Kraftstoffpumpe;
4 – Kraftstoff-Einfüllstutzen;
5 – Be- und Entlüftungsschlauch;
6 – Be- und Entlüftungsbehälter.

tenden umweltschädlichen Kraftstoffdämpfe (entstanden durch Erwärmung des Tankinhalts) aufzufangen. Bei laufendem Motor werden die Gase bei bestimmter Motorlast wieder aus dem Aktivkohlebehälter herausgesaugt. Wann das geschehen muß, bestimmt ein elektromagnetisch betätigtes Tankentlüftungsventil, angesteuert vom Zünd-Einspritz-Steuergerät.

Auslaufsicherung

Im Einfüllstutzen befindet sich eine Auslaufsicherung. Ein sogenanntes Schwerkraftventil verschließt die Leitung, sobald der Wagen sich mehr als 45° zur Seite neigt. Bei Unfällen soll so ein Austreten von Kraftstoff über die Be- und Entlüftungsleitung vermieden werden. Die Auslaufsicherung wird folgendermaßen geprüft:

- Anschluß zum Tank von der Auslaufsicherung abziehen, passenden Hilfsschlauch aufschieben.
- Wenn Sie jetzt bei waagrecht stehendem Wagen durch den Schlauch blasen, muß das leicht gehen.

Kraftstoff ablassen

Muß zu Arbeiten an der Kraftstoffanlage das Benzin abgelassen werden, sollten Sie zuvor den Tank möglichst weit leerfahren. Der Rest im Tank kann dann wie folgt abgesaugt werden:

- Genügend großen Behälter für den auslaufenden Kraftstoff bereithalten.
- Durch den Einfüllstutzen einen Schlauch möglichst tief in den Tank schieben.
- Obere Schlauchöffnung mit dem Finger dicht verschließen. Schlauch wieder ein Stück herausziehen und so tief wie möglich in das Gefäß halten.
- Wenn der Schlauch weit genug ins Benzin reichte, fließt das Benzin jetzt durch das Gefälle heraus.
- Niemals Benzin mit dem Mund ansaugen !

Tank ausbauen

- Zuerst die Wagenunterseite gründlich sauberspritzen, damit bei der Montage kein Schmutz in die Kraftstoffanlage gelangen kann.
- Massekabel der Batterie abklemmen.
- Kraftstoff ablassen.
- Über den Prüfanschluß am Verteilerrohr Kraftstoffdruck in den Leitungen abbauen.
- Tankklappe öffnen. Dichtring am Tankdeckel abnehmen.
- Wagen aufbocken und rechtes Rad abbauen.
- **Limousine:** Unten am Tank Kabelstecker für Tankgeber und Kraftstoffpumpe trennen.
- Nahe dem Kraftstoffilter Entlüftungsschlauch vom Anschluß abziehen.
- **Caravan:** Im Laderaum Abdeckung ausbauen.
- Montageöffnung vom Laderaumboden losschrauben.
- Kabelstecker von der Kraftstoffpumpe abziehen.
- Hinten am Kraftstoffbehälter Entlüftungsschlauch vom Tank abziehen.
- Entlüftungsschlauch vom T-Stück abziehen und abnehmen.
- Weiteren Entlüftungsschlauch vom Anschluß der Entlüftungsleitung abziehen.
- **Alle:** Am Kraftstoffilter die Schnellverschlüsse der Kraftstoffvor- und rücklaufleitung entriegeln und trennen.
- Kraftstoffleitungen und Filter mit Verschlußstopfen verschließen.
- Tank mit Wagenheber und Brettern unterbauen oder von Hilfsperson halten lassen.
- Schrauben und Muttern der beiden Haltebänder lösen. Auf das Verstärkungsblech achten.
- Tank vorsichtig ablassen.
- Bei Ersatz des Tanks neuen Speichertopf verwenden. Hitzeschutzblech, Schläuche, Kraftstoffpumpe, Tankgeber und Dämpfungsringe auf den neuen Tank umbauen.
- Beim Wiedereinbau Schrauben und Muttern der Haltebänder mit 30 Nm anziehen.

Geber für die Tankanzeige

Der Tankgeber ist in der Mitte des Kraftstoffbehälters links neben der Kraftstoffpumpe eingesetzt. Er meldet die

Oben im Einfüllstutzen (1) sitzt beim Omega die auf der gegenüberliegenden Seite beschriebene Auslaufsicherung (2).

Flüssigkeitsmenge im Vorratsbehälter an das Anzeige-Instrument. Die Tankanzeige wird nur selten ganz exakt den Kraftstoffstand angeben. Einen falsch anzeigenden Tankgeber durch Nachbiegen des Schwimmerarms korrigieren.

Tankgeber ausbauen

- Die Vorarbeiten sind unter »Kraftstoffpumpe ausbauen« beschrieben (weiter hinten in diesem Kapitel).
- Kabelstecker des Tankgebers am Verschlußdeckel entriegeln und abziehen.
- Ausziehhaken des Tankgebers nach außen drücken, gleichzeitig Geber aus dem Pumpengehäuse herausziehen.
- Zum Einbau Tankgeber bis zum hörbaren Einrasten in das Pumpengehäuse eindrücken.

Die Kraftstoffleitungen

Die Kraftstoffanlage unserer Einspritzmotoren muß einem Betriebsdruck von bis zu 3 bar widerstehen können. Die Schläuche sind deshalb aus besonders druckfestem Material gefertigt. Zudem sind sie an den Verbindungsstellen mit Klemmschellen, stabilen Verschraubungen bzw. mit Schnellverschlüssen (sogenannte Quick-Fittings) gesichert.

Kraftstoffleitungen und -schläuche ausbauen

- Sauberkeit ist oberstes Gebot bei Arbeiten an der Kraftstoffanlage. Zumindest den Bereich, in dem gearbeitet wird, vorher reinigen, damit kein Schmutz in die offenen Leitungen gelangen kann.
- Zum Lösen der **Klemmschellen** mit einer Zange die Blechschlaufe an ihrem Umfang plattdrücken. Dadurch weitet sich die Klemmschelle.
- Andere Möglichkeit: Blechschlaufe mit einem schmalen Schraubendreher weiten.
- Kraftstoffschlauch unter Drehen abziehen. Ist dies nicht möglich, kleinen Gabelschlüssel am Schlauchende ansetzen und damit abdrücken.
- Beim Einbau sollten Sie statt der Klemmschellen solche zum Schrauben verwenden.

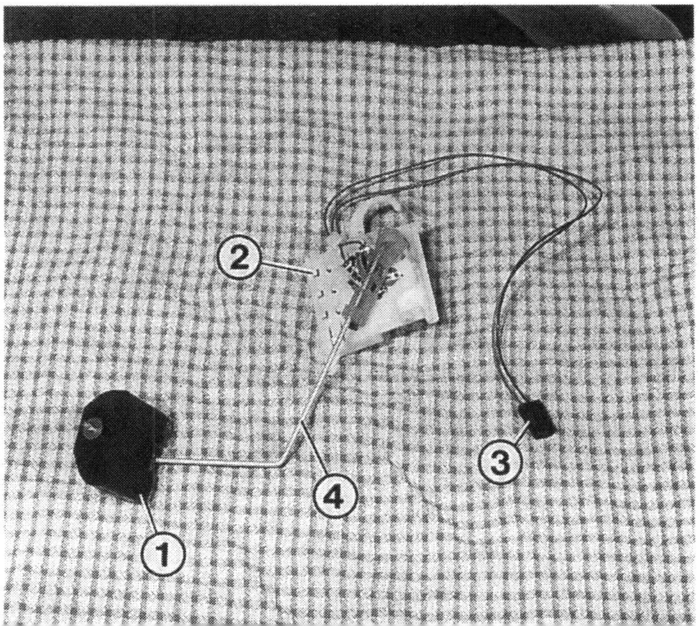

Das Bild zeigt den ausgebauten Tankgeber. Bezeichnet sind:
1 – Schwimmer;
2 – veränderlicher Widerstand;
3 – Anschlußstecker;
4 – Verbindungsstange.

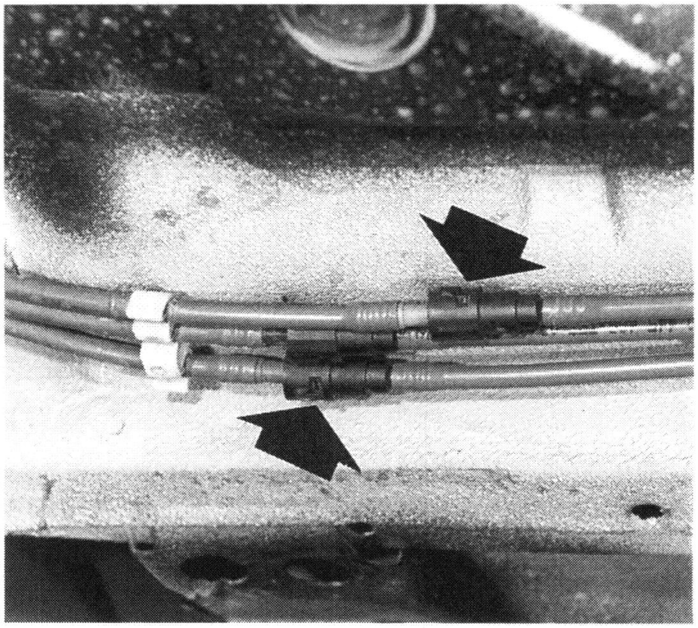

Die beiden Pfeile deuten auf die sogenannten Quick Fittings (Schnellverschlüsse), mit denen die Kraftstoffleitungen am Wagenboden miteinander verbunden sind. Wie diese Verschlüsse auch ohne Spezialwerkzeug getrennt werden können, lesen Sie unter »Kraftstoffleitungen und -schläuche ausbauen« weiter vorn in diesem Kapitel.

- **Schraubschellen** (Schlauchbänder) können wiederverwendet werden. Beim Anziehen nicht zu viel Kraft anwenden, sonst rutscht die Verzahnung durch, und die Schraubschelle wird unbrauchbar.
- Geschraubte Leitungsanschlüsse mit Hohlschrauben nicht mit aller Gewalt anziehen. Dichtringe prüfen und evtl. erneuern.
- **Schnellverschlüsse:** Sie können auch ohne Spezialwerkzeug gelöst werden.
- Mit einem Schraubendreher nacheinander die Haltezungen in den beiden Aussparungen im Schnellverschluß niederdrücken.
- Gleichzeitig Schnellverschluß auseinanderziehen.
- Zum Zusammenbau beide Leitungsenden bis zum hörbaren Einrasten gegeneinanderdrücken.
- Bei unseren Fahrzeugen mit Einspritzmotor ist zu beachten, daß das Kraftstoffsystem auch längere Zeit nach dem Abschalten des Motors noch unter Druck steht.
- Beim Losschrauben einer Benzinleitung einen Lappen bereithalten, damit kein Kraftstoff in die Augen spritzen kann bzw. am Kraftstoffverteilerrohr den Kraftstoffdruck über den Prüfanschluß ablassen (austretenden Kraftstoff auffangen).

Kraftstoffanlage auf Dichtheit prüfen

Wartung Nr. 10

Riecht es am Abstellplatz des Wagens nach Benzin, tritt dies irgendwo aus einer Leitung oder einem Bauteil der Kraftstoffanlage aus.

Zur Suche einer Undichtigkeit sollte der Wagen über Nacht an einem trockenen, sauberen Platz gestanden haben.

- Flecken unter dem Wagenboden?
- Wenn nicht, Motor starten und einige Minuten laufen lassen.
- Nach dem Abstellen erneute Kontrolle auf dem Boden.
- Falls immer noch nichts sichtbar ist, sämtliche Leitungen und Teile der Kraftstoffanlage verfolgen und auf den charakteristischen Benzingeruch achten.

Die elektrische Benzinpumpe

Im Omega tut eine sogenannte Zweiturbinenpumpe ihren Dienst. Sie ist direkt im Tank eingesetzt. Die Pumpe besteht aus einem Elektromotor und zwei Turbinenrädern, die sich in einem gemeinsamen Gehäuse befinden. Vom umgebenden Benzin wird die Pumpe gekühlt; so können sich auch bei hohen Betriebstemperaturen keine Dampfblasen bilden, die Motor-Aussetzer verursachen würden.

Geschaltet wird die Pumpe vom Steuergerät über das Kraftstoffpumpenrelais. Mit Betätigen des Anlassers baut die Pumpe einen Kraftstoffdruck von ca. 3 bar auf.

Eine Sicherheitsschaltung im Zünd/Einspritz-Steuergerät sorgt dafür, daß die Pumpe nur dann läuft, wenn der Motor dreht. Die Sicherheitsschaltung soll Brände durch auslaufendes Benzin nach Unfällen vermeiden.

Der Membrandämpfer

Zwischen Benzinpumpe und Kraftstoffzulaufleitung ist ein Membrandämpfer eingebaut. Der Membrandämpfer soll Pulsationsgeräusche der Kraftstoffpumpe unterdrücken, verursacht durch den Druckwechsel beim Öffnen und Schließen der Ventile.

Ausbau des Verschlußdeckels: Mehrfachsteckverbindung (6) vom Verschlußdeckel (1) abziehen. Vor- und Rücklaufschläuche (3 und 4) vom Verschlußdeckel abziehen. Nun Haltering (2) mit einem Schraubendreher (5) linksdrehend lösen und abnehmen.

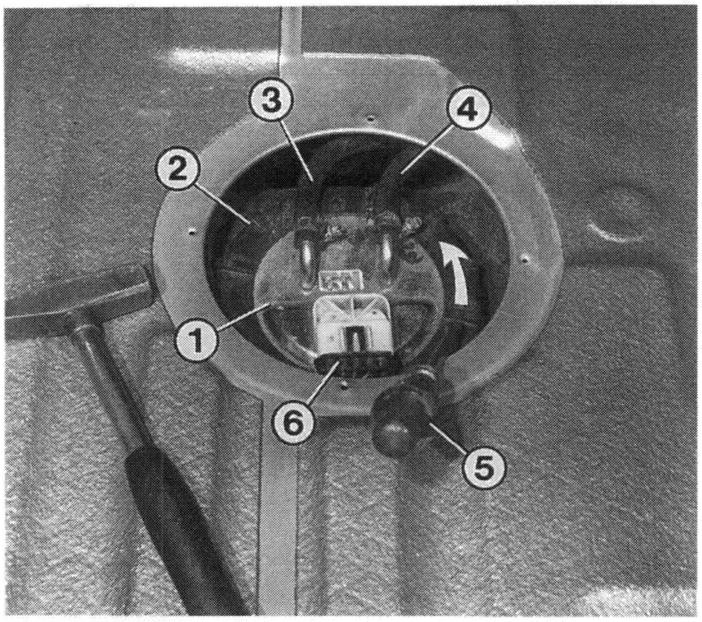

Störungen an der elektrischen Kraftstoffpumpe

- Als erstes die zuständige Sicherung kontrollieren. War diese intakt, geht die Suche weiter.
- Kraftstoffpumpe freilegen.
- Prüfen Sie, ob die Pumpe läuft: Von Helfer Anlasser betätigen lassen und Hand an den Pumpendeckel halten. Wenn die Pumpe arbeitet, sind leichte Vibrationen spürbar.
- Tut sich nichts, muß kontrolliert werden, ob an der Pumpe überhaupt Strom ankommt.
- Mit Voltmeter oder Prüflampe kontrollieren, ob zwischen den beiden Anschlußkontakten der Pumpe (rot/blaues und braunes Kabel) ca. 12 Volt Spannung anliegen. Zur Messung muß der Anlasser von einem Helfer betätigt werden.
- Läuft die Pumpe trotz richtiger Spannung nicht, ist sie defekt – ausbauen und wechseln.
- Fehlt es am Strom, gerät das Pumpenrelais im Relaiskasten (im Motorraum) in Verdacht.
- Prüfung: Fühlen Sie mit der Hand, ob es beim Betätigen des Anlassers klickt. Wenn nicht, ist es defekt.
- An weiteren Fehlerquellen wären zu nennen: Kabelzuleitung zum Relais oder zur Pumpe defekt, Kraftstoffleitung verstopft oder geknickt, Kraftstofffilter verstopft.

Kraftstoffpumpe ausbauen

- Tank möglichst weit leerfahren. Ggf. Kraftstoff ablassen.
- Über den Prüfanschluß am Verteilerrohr Druck in den Kraftstoffleitungen abbauen.
- Kofferraum- bzw. Laderaumabdeckung ausbauen.
- Blechabdeckung von der Montageöffnung im Wagenboden losschrauben.
- Mehrfachstecker vom Verschlußdeckel abziehen.
- Kraftstoffschläuche kennzeichnen und abnehmen.
- Haltering mit Schraubendreher und Hammer losdrehen. Hierzu Schraubendreher an einer Aussparung am Haltering ansetzen und Ring linksdrehend lösen.
- Haltering abnehmen.
- Verschlußdeckel ein Stück weit vom Tank abheben und Schläuche zur Kraftstoffpumpe vom Deckel abziehen. Schläuche kennzeichnen.
- Beide Kabelstecker am Verschlußdeckel entriegeln und abziehen.
- Zum Herausnehmen der Pumpe aus dem Tank drei Haltezungen am Umfang der Pumpe gleichzeitig nach innen drücken.
- Öse rechts an der Pumpe mit einem Haken greifen und Pumpe zusammen mit dem Gehäuse aus dem Tank ziehen.
- Einbau: Pumpe zusammen mit dem Gehäuse in den Tank einsetzen und bis zum hörbaren Einrasten eindrücken.
- Kraftstoffschläuche und Kabelstecker am Verschlußdeckel montieren.
- Dichtring auf den Deckel aufschieben, Deckel auf den Tank auflegen.
- Haltering ansetzen und mit dem Schraubendreher linksdreherd festdrehen, bis die Sperrzungen einrasten.
- Kraftstoffschläuche und Kabelstecker anbringen.

Kraftstoffpumpe zerlegen

- Ausgebaute Pumpe mit Gehäuse auf eine fusselfreie saubere Unterlage legen.
- Einbaulage kennzeichnen und Filtersieb unter leichten Drehbewegungen von der Pumpe abziehen.
- Oben an der Pumpe beide Kabelstecker kennzeichnen und von der Pumpe abziehen. Ebenso die Kraftstoffschläuche kennzeichnen und abziehen.
- Oben an der Pumpe den Kunststoffring abneh-

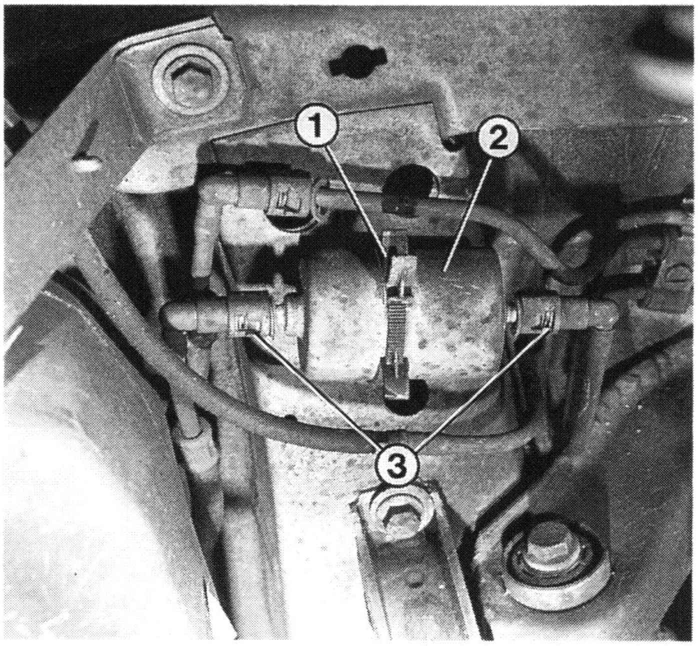

Der Kraftstoffilter des Omega sitzt in Fahrtrichtung rechts direkt neben dem Tank. Es bedeuten:
1 – Halteband;
2 – Kraftstoffilter;
3 – Schnellverschlüsse.

men. Hierzu drei Haltezungen zusammendrücken.
- Haltering vom Pumpengehäuse Stück um Stück abdrücken.
- Pumpe aus dem Gehäuse nehmen.
- Zum Einbau Haltering bis zum vollständigen Einrasten aufdrücken.
- Filtersieb mit Drehbewegungen aufdrücken.

Kraftstoffilter wechseln

Wartung Nr. 41

Die Einspritzanlage reagiert empfindlich auf Verunreinigungen, deshalb durchläuft bei ihr der Kraftstoff einen speziellen Filter. Besonders aus dem gerade befüllten Erdtank einer Zapfstation können aufgewirbelte Schmutzpartikel in den Omega-Tank geraten, also an frisch belieferten Tankstellen möglichst nicht auftanken. Der Kraftstoffilter soll regelmäßig (alle 30 000 km) ausgewechselt werden, reinigen läßt er sich nicht.

- Über den Prüfanschluß am Verteilerrohr Druck in den Kraftstoffleitungen abbauen.
- Wagen hinten aufbocken.
- Am Filter (rechts in Fahrtrichtung) das Band lösen und Filter abnehmen.
- Schnellverschlüsse am Filter lösen. Hierzu Schraubendreher an den beiden Aussparungen ansetzen und Zungen niederdrücken. Gleichzeitig Steckverbindung auseinanderziehen. Verbindungsclipse auf den neuen Filter umbauen.
- Schnellverschlüsse bis zum spürbaren Einrasten auf den Filter aufdrücken. Achten Sie dabei auf die Pfeilmarkierung auf dem Filtergehäuse. Sie kennzeichnet die Durchflußrichtung zum Motor.

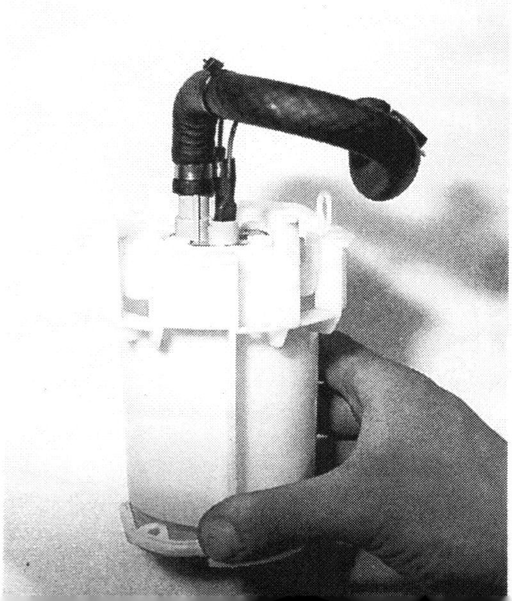

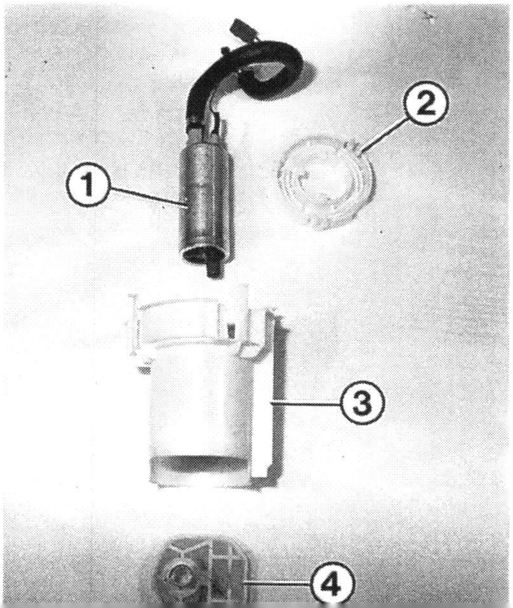

Die Abbildung links zeigt die ausgebaute Kraftstoffpumpe. Im Bild rechts sind die Einzelteile der Kraftstoffpumpe zu sehen. Es bedeuten:
1 – Kraftstoffpumpe;
2 – Haltering;
3 – Kraftstoffpumpen-Gehäuse;
4 – Filtersieb.

Ausgesiebt

Die Ansaugluft des Motors enthält Staub und Schmutzteilchen, die nicht in die Verbrennungsräume gelangen sollen. Sie wirken an den Zylinderwänden wie Schmirgel und würden frühzeitigen Verschleiß von Kolben und Zylinderlaufbahnen verursachen. Der Luftfilter sorgt deshalb für den notwendigen Schutz des Motors. Gleichzeitig dämpft er auch die Ansauggeräusche.

Luftfiltereinsatz ausbauen

- Am Luftansaugschlauch den Kabelstecker des Ansaugluft-Temperaturgebers und wo nötig den des Luftmassenmessers entriegeln und abziehen.
- Schlauchschelle lösen und Luftansaugschlauch vom Luftfilter-Gehäusedeckel abziehen.
- Am Luftfilterdeckel fünf Spannklammern abdrükken.
- Lassen sich die Klammern nicht von Hand lösen, kann auch ein Schraubendreher zu Hilfe genommen werden.
- Schraubendreher an den Spannklammern ansetzen und Klammern vom Luftfilterdeckel abdrücken.
- Luftfilterdeckel vom Gehäuseunterteil abnehmen und Filtereinsatz vom Deckel abnehmen.
- Neuen Filter einsetzen und Deckel montieren.

Luftfiltereinsatz ausblasen

Wartung Nr. 4

Alle 15 000 km bzw. jährlich empfehlen wir die Reinigung des Papierfiltereinsatzes von gröberer Verschmutzung. Bei einer Reise über extrem staubige Straßen kann dieses Intervall bis hin zur täglichen Reinigung verkürzt werden.

- Papierfiltereinsatz ausbauen.
- Filter auf harter Unterlage ausklopfen, damit sich die groben Schmutzteilchen lösen.
- Soll auch der feine Staub entfernt werden, muß mit Preßluft seitlich an den Filterlamellen vorbeigeblasen werden.
- Niemals den Preßluftstrahl direkt auf das Filterpapier richten! Sonst drückt sich ein Teil der Staubkörnchen fest in die Filterporen.
- Filtergehäuse mit sauberem Lappen auswischen.
- Filter wieder einbauen.

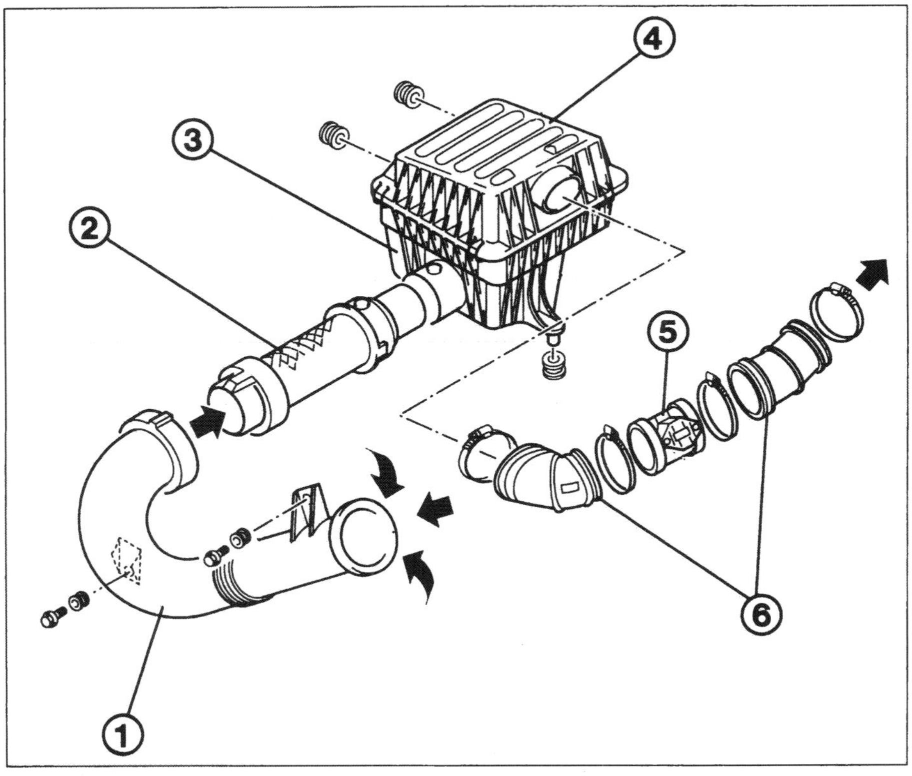

Die Ansaugluft nimmt ihren Weg durch folgende Bauteile:
1 – Luftansaugrohr;
2 – flexibles Ansaugrohr;
3 – Luftfiltergehäuse-Unterteil;
4 – Luftfiltergehäuse-Oberteil;
5 – Heißfilm-Luftmassenmesser;
6 – Luftansaugschläuche.

Die Spannklammern (1) des Luftfiltergehäuses (3) lassen sich von Hand nur schwer abdrücken. Mit einem Schraubendreher (2) geht es wesentlich leichter.

Nach Lösen der Spannklammern (Pfeile) kann der Deckel (2) von seinem Unterteil (1) abgenommen werden. Jetzt ist der Filtereinsatz (3) zugänglich.

Luftfiltereinsatz wechseln

Wartung Nr. 38

Opel ordnet den Wechsel des Filtereinsatzes alle 30 000 km an. Das reicht unter normalen Fahrbedingungen längst aus; zumal der Einsatz zwischendurch gereinigt wird.
Andererseits muß bei Reisen über unbefestigte Straßen trotz häufiger Reinigung des Filters schon wesentlich früher an Ersatz gedacht werden. Aus- und Einbau siehe oben.

Luftfiltergehäuse ausbauen

- Luftfiltereinsatz ausbauen.
- Luftfiltergehäuse links am Motor anheben und zusammen mit dem Gummistopfen aus der Karosserie abheben.
- Einbau: Luftfiltergehäuse einsetzen.
- Stopfen mit Silikonöl bestreichen. Luftfiltergehäuse nach unten drücken, bis die Stopfen in die Bohrungen einrasten.

Drosselklappenstutzen-Beheizung

Zur Verbesserung des Fahr- und Abgasverhaltens wird bei unserem Omega mit Vierpunkteinspritzung der Drosselklappenstutzen vom Kühlmittel aus dem »Kleinen Kreislauf« aufgeheizt, was eine gewisse Anwärmung der Ansaugluft bewirkt. Diese Beheizung des Drosselklappenstutzens ist permanent wirksam.

Luftfiltergehäuse einbauen: Gehäuse mit den Bolzen (2) in die Gummistopfen (1) am Stehblech eindrücken. Gummistopfen ggf. mit Silikonöl bestreichen.

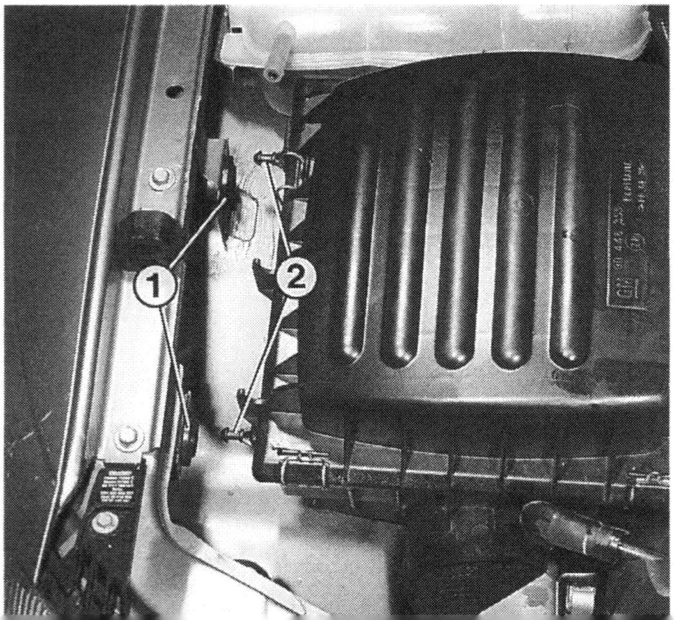

Die Pfeile zeigen auf die Kühlmittelschläuche der Drosselklappenstutzen-Beheizung bei einem Fahrzeug mit Motronic-Einspritzung.

Düsen-Zeitalter

Motoren mit Benzineinspritzung stehen im Ruf, leistungsstark und dennoch sparsam zu sein. Bei gleicher Kraftstoffqualität erlaubt die Einspritzung eine geringe Anhebung der Verdichtung. Außerdem kann der Kraftstoff genauer dosiert werden als bei einem Vergaser. Beides zusammen wirkt sich günstig auf Verbrauch, Leistung und Abgaszusammensetzung aus.

Eine Einspritzung, zwei Hersteller

Jeder Zylinder erhält seine Kraftstoffration direkt zugeteilt. Es handelt sich um eine vollsequentielle Einspritzung. Darunter versteht man, daß jeder Zylinder entsprechend der Zündfolge seine volle Kraftstoffmenge auf einmal in die geöffneten Einlaßventile gespritzt bekommt. Vorteil dieser Einspritzung: Gleichförmigere Gemischbildung in allen Zylindern, bessere Abgaswerte und geringerer spezifischer Verbrauch.
Trotz unterschiedlicher Herstellernamen und Typenbezeichnungen verfügen die Einspritzanlagen über die gleichen Komponenten. Sie unterscheiden sich lediglich im Aussehen. Im Achtventiler-Motor arbeitet die Bosch **Motronic 1.5.4**, das 16V-Triebwerk ist mit der Siemens **Simtec 56.1** ausgestattet.
In beiden Fällen handelt sich um eine elektronisch gesteuerte Anlage mit programmiertem Einspritzkennfeld, kennfeldgesteuerter Zündung, klopfgeregelter Zündverstellung, integrierter Leerlaufstabilisierung und Schubabschaltung. Darüber hinaus besitzen sie Notlauffunktion und einen Fehlerspeicher.

Die Teile der Einspritzung

Zum besseren Verständnis der Gesamtfunktion unserer Einspritzanlage sollen zuerst die wichtigsten Bauteile und Begriffe erklärt werden.

Steuergerät

Zwischen den Eingangsinformationen (durch die verschiedenen Geber) und den Einspritzventilen steht das Steuergerät. Dabei ist es gleichgültig, um welche Einspritzung es sich handelt. Die Funktion des Bereiches »Einspritzung« ist bei der Motronic praktisch gleich wie bei der Simtec.
Abhängig von den verschiedenen Last- und Temperaturbedingungen billigt das Steuergerät dem Motor eine ganz bestimmte Kraftstoffmenge zu. Dazu variiert das Steuergerät die Öffnungsdauer der elektromagnetisch gesteuerten Einspritzventile. Da der Druck im Kraftstoffsystem stets gleich ist, kann die Einspritzmenge nur über die Einspritzzeit variiert werden.

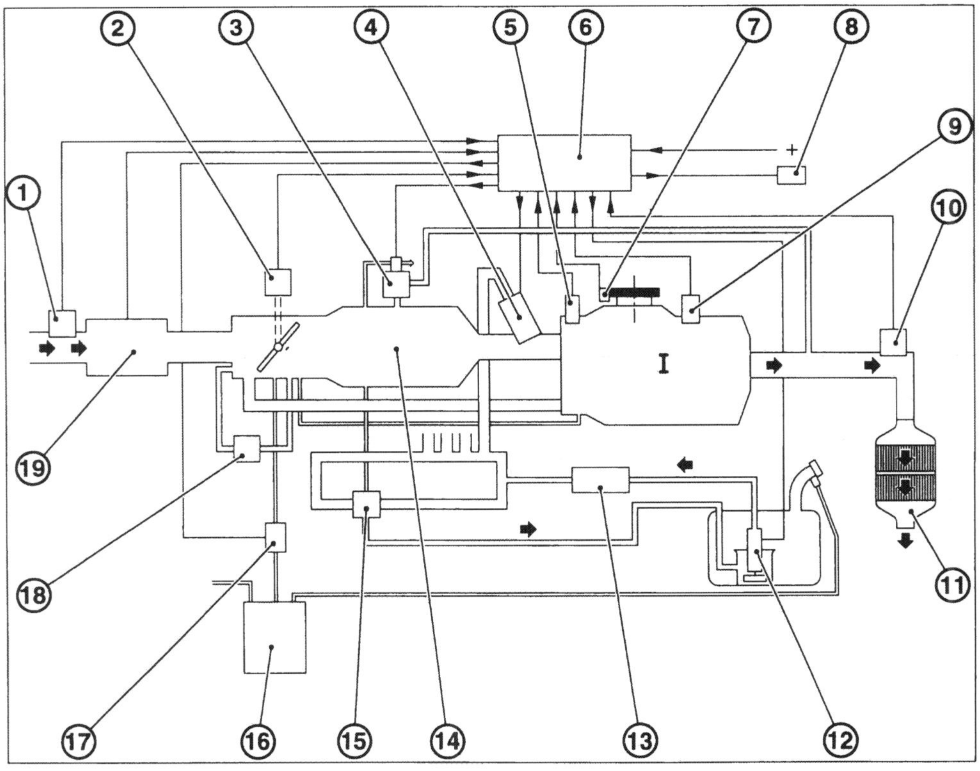

Gezeigt ist hier die schematische Darstellung der Motronic-Einspritzanlage. Es bedeuten:
1 – Temperaturgeber Ansaugluft;
2 – Drosselklappen-Potentiometer;
3 – Abgasrückführventil;
4 – Einspritzventil;
5 – Klopfsensor;
6 – Steuergerät;
7 – Impulsgeber Kurbelwelle;
8 – DIS-Zündmodul;
9 – Temperaturgeber Kühlmittel;
10 – Lambdasonde;
11 – Katalysator;
12 – Kraftstoffpumpe;
13 – Kraftstoffilter;
14 – Ansaugrohr;
15 – Kraftstoff-Druckregler;
16 – Aktivkohlebehälter;
17 – Entüftungsventil Aktivkohlebehälter;
18 – Leerlaufregler;
19 – Heißfilm-Luftmassenmesser.

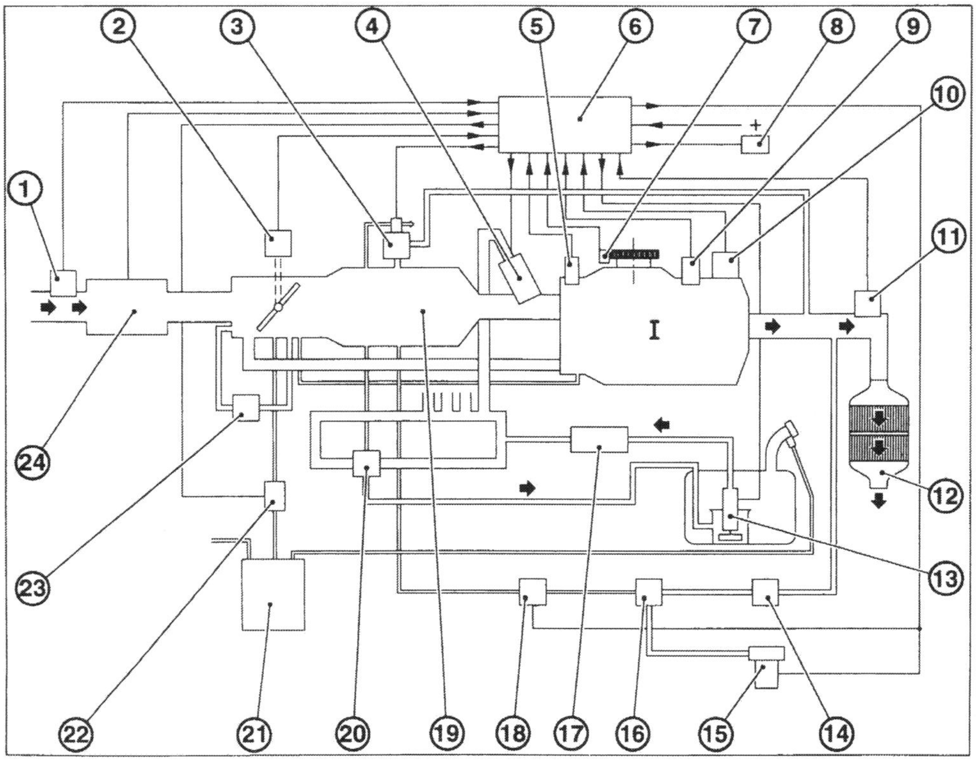

Die Zeichnung zeigt die schematische Darstellung der Simtec-Einspritzung. Es bedeuten:
1 – Temperaturgeber Ansaugluft;
2 – Drosselklappen-Potentiometer;
3 – Abgasrückführventil;
4 – Einspritzventil;
5 – Klopfsensor;
6 – Steuergerät;
7 – Impulsgeber Kurbelwelle;
8 – DIS-Zündmodul;
9 – Temperaturgeber Kühlmittel;
10 – Nockenwellensensor;
11 – Lambdasonde;
12 – Katalysator;
13 – Kraftstoffpumpe;
14 – Rückschlagventil Sekundärluft;
15 – Sekundärluftpumpe;
16 – Absperrventil Sekundärluft;
17 – Kraftstoffilter;
18 – Umschaltventil Sekundärluft;
19 – Ansaugrohr;
20 – Kraftstoff-Druckregler;
21 – Aktivkohlebehälter;
22 – Entlüftungsventil Aktivkohlebehälter;
23 – Leerlaufregler;
24 – Heißfilm-Luftmassenmesser.

Woher bezieht das Steuergerät die Informationen, nach denen es die Einspritzzeit festlegt?
Dafür sind verschiedene Geber zuständig:

○ **Temperaturgeber Ansaugluft** seitlich im Ansaugluftschlauch; er gibt Auskunft über die Temperatur der angesaugten Verbrennungsluft.
○ **Heißfilm-Luftmassenmesser**; er bemißt die einströmende Ansaugluft nach Gewicht.
○ **Temperaturgeber Kühlmittel**; er liefert eine Vergleichsgröße für die Motortemperatur.
○ **Drosselklappen-Potentiometer**; er informiert über die augenblickliche Stellung der Drosselklappe.
○ **Wegstrecken-Frequenzgeber**; er informiert über die gefahrene Geschwindigkeit.
○ **Induktiver Impulsgeber**; er ist in erster Linie für die Zündung zuständig, übermittelt aber auch das Drehzahlsignal für die Einspritzung (siehe Zündungs-Kapitel).
○ **Nockenwellensenor** (nur Simtec); er liefert die Information, wann Zylinder 1 zündet. Dadurch kann das Steuergerät anhand der Zündfolge festlegen, welcher Zylinder als nächstes seine Benzinration bekommt.

Einspritzventile

Im Ansaugkanal eines jeden Motorzylinders sitzt ein Einspritzventil. Es läßt dem jeweiligen Zylinder die momentan benötigte Kraftstoffmenge zukommen und sorgt gleichzeitig für die Feinzerstäubung des Benzins.
Die Ventile werden mittels Elektromagnet betätigt. Dabei wird die Düsennadel ungefähr 0,1 mm von ihrem Sitz abgehoben – der Kraftstoff kann durchfließen. Interessant ist die schnelle Reaktionszeit des Ventils: Anzugs- und Abfallzeit liegen im Bereich von 1,5 – 3,5 Millisekunden.

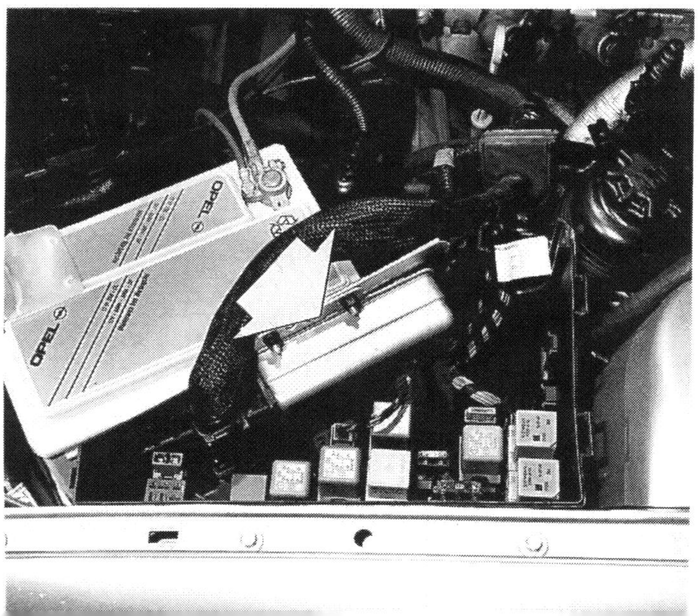

Das Steuergerät (Pfeil) der Zünd/Einspritz-Steuerung ist feuchtigkeitssicher im Relaiskasten vorn links im Motorraum untergebracht.

Der Kraftstoff-Druckregler (2) sorgt für gleichbleibenden Kraftstoffdruck. Bezeichnet sind: 1 – Unterdruckschlauch; 3 – Halteband mit Befestigungsschraube. Die Abbildung links zeigt den Druckregler des Achtventilers, rechts ist der Druckregler des 16V-Motors gezeigt.

Kraftstoff-Verteilerrohr

Es dient dazu, alle Einspritzventile gleichmäßig mit Kraftstoff zu versorgen. Außerdem wirkt das Verteilerrohr als Kraftstoffspeicher und verhindert damit Druckschwankungen.

Druckregler

Er sitzt am Kraftstoff-Verteilerrohr. Der Druckregler sorgt für einen gleichbleibenden Druck im Kraftstoffsystem. Bei steigendem Druck läßt der Regler Kraftstoff in den Tank zurückfließen, bei abfallendem Druck reduziert er die Rücklaufmenge. Durch einen Unterdruck-Anschluß am Ansaugrohr empfängt er zugleich Hinweise über den Lastzustand des Motors und hebt bei Vollast den Druck noch um etwa 0,5 bar an. Dadurch wird die zur vollen Leistung nötige zusätzliche Kraftstoffmenge eingespritzt.

Kraftstoffpumpe und Relais

Mehr über die elektrische Kraftstoffpumpe und das Kraftstoffpumpenrelais erfahren Sie im Kapitel »Vom Tank zur Kraftstoffpumpe«.

Temperaturgeber Ansaugluft

Der Geber für Ansauglufttemperatur ist seitlich im Luftansaugschlauch untergebracht. In Ergänzung zum Heißfilm-Luftmassenmesser dient er dem Steuergerät zum Errechnen der Motorlast. Bei hoher Ansauglufttemperatur (gleichbedeutend mit niedriger Luftdichte) muß z. B. die Einspritzzeit verkürzt und der Zündzeitpunkt etwas mehr in Richtung »spät« gelegt werden.

Heißfilm-Luftmassenmesser

Nach Passieren des Luftfilters gelangt die vom Motor angesaugte Luft in den Luftmassenmesser. Dieser Luftmassenmesser kann die Ansaugluft gewissermaßen elektronisch »abwiegen«. Die elektrisch beheizte Platte liegt im Ansaugkanal direkt im Luftstrom. Im Leerlauf bei geschlossener Drosselklappe gelangt nur ein geringer Luftstrom an der Heizplatte vorbei, das bewirkt nur eine geringe Abkühlung. Mit zunehmendem Tritt aufs Gaspedal und weiterem Öffnungswinkel der Drosselklappe gelangt mehr Luft an der Heizplatte vorbei, die Abkühlung ist jetzt immer stärker.
Durch die Temperaturabsenkung verändert die Platte den elektrischen Widerstand und damit den Heizstrom. Diese Änderung des Stromes dient dem Steuergerät als Informationssignal über die angesaugte Luftmasse,

Nachdem die Ansaugluft im Luftfiltergehäuse gereinigt wurde, muß sie durch den Luftansaugschlauch (2) vorbei am Ansaugluft-Temperaturgeber (1). Er mißt die Temperatur der Luft und anschließend geht's weiter zum Heißfilm-Luftmassenmesser (3) auf die »Waage«.

Die Abbildung zeigt einen 16V-Motor mit Simtec-Einspritzung. Bezeichnet sind:
1 – Luftansaugschlauch;
2 – Heißfilm-Luftmassenmesser;
3 – Temperaturgeber Ansaugluft.

also das Gewicht der Luft. Auf diese Weise können Luftdruck- und Temperaturänderungen ebenfalls erfaßt werden.

Drosselklappe

Weiter hinten im Ansaugluftstrom sitzt die Drosselklappe. Betätigt wird sie vom Gaspedal über den Gaszug. Sie öffnet oder verschließt den Einlaß zum Ansaugrohr und damit zu den Brennräumen des Motors.

Drosselklappen-Potentiometer

Der Drosselklappen-Potentiometer wird von der Drosselklappenwelle betätigt. Der Potentiometer erfaßt die momentane Stellung der Drosselklappe und meldet sie dem Steuergerät. Das Steuergerät benötigt diese Lastinformationen u. a. für folgende Funktionen: Leerlaufregelung, Zündkennfeld-Auswahl und Einspritzzeit-Berechnung.

Leerlaufregler

Er hat seinen Platz am Drosselklappenstutzen.Der Leerlaufregler ist ein kleiner Elektromotor mit einer Gewindespindel. Er sorgt für eine stets konstante Leerlaufdrehzahl – egal ob der Motor kalt oder warm ist oder ob kraftzehrende Verbraucher (Klimaanlage) eingeschaltet sind. Vorn an der Spindel sitzt ein Ventilkegel. Der Schrittmotor regelt eine zusätzliche Luft-Durchflußmenge über eine Bypaß-Bohrung vorbei an der Drosselklappe.
Der Schrittmotor hat 256 Stellmöglichkeiten und ist zuständig für die Leerlaufdrehzahl-Regulierung unter allen Belastungen. Er übernimmt auch Aufgaben während der Warmlaufphase und zur Schubabmagerung bzw. Schubabschaltung.

Temperaturgeber Kühlmittel

Die Temperatur des Kühlmittels wird für die Steuerung mehrerer Funktionen der Einspritzung gebraucht: Kaltstartanreicherung, Nachstartanreicherung (über den gesamten Temperaturbereich), Beschleunigungsanreicherung und Schubabschaltung. Die Kühlmitteltemperatur wird dem Steuergerät ebenfalls als Widerstandswert übermittelt. Es errechnet nun die richtige Einspritzzeit, die bei betriebswarmem Motor zwischen 2 und 8 Millisekunden liegen kann.

Der Drosselklappenstutzen (2) des Achtventiler-Motors bei abgenommenem Luftansaugschlauch. Gut zu erkennen der Drosselklappen-Potentiometer (1) und die Drosselklappe (3).

Der Drosselklappen-Potentiometer (Pfeil) ist direkt am Drosselklappenstutzen befestigt. Das Bild links zeigt den Poti des Achtventilers. Rechts ist der Potentiometer des 16V-Motors abgebildet.

Wegstrecken-Frequenzgeber

Dieser Geber sitzt am Tachowellenschluß der Instrumententafel und erzeugt eine Wechselspannung, deren Frequenz mit der Drehzahl der Tachowelle steigt oder fällt. Diese Signale gelangen ebenfalls an das Steuergerät.

Impulsgeber, Nockenwellen- und Klopfsensor

Der induktive Impulsgeber und der Nockenwellensensor (nur Simtec) sind im Zündungs-Kapitel mit Funktionsbeschreibung und Prüfung behandelt. Gleiches gilt für den Klopfsensor, der nur in den Zündungsteil der Einspritzung eingreift.

Die Funktion

Zusammenspiel der Einzelteile

Bei laufendem Motor saugen die in den Zylindern auf- und abwandernden Kolben Luft an. Treten Sie das Gaspedal voll durch, saugt der Motor die größtmögliche Masse an, denn die Drosselklappe ist dann voll geöffnet. Entsprechend geringer ist die Luftmasse in geschlossener bzw. teilweise offener Stellung der Drosselklappe. Für sauberen Motorlauf muß der Ansaugluft im genau richtigen Verhältnis Kraftstoff beigemischt werden.
Für das richtige Kraftstoff/Luft-Verhältnis wird die Ansauglufttemperatur und die Masse (das Gewicht) der Ansaugluft herangezogen. Die Widerstandsänderungen im Ansaugluft-Temperaturgeber und der Heizplatte im Heißfilm-Luftmassenmesser dienen hierbei dem Steuergerät als Information für die angesaugte Luftmasse.
Dieses Steuergerät ist es auch, das die Impulse zum Öffnen und Schließen der Einspritzventile gibt. Längeres Öffnen ist angesagt, wenn viel Kraftstoff gebraucht wird – kurze Offenzeiten reichen aus, wenn die benötigte Kraftstoffmenge gering ist. Die »Sprühstärke« der Einspritzventile bleibt also konstant. Die Mengenreduzierung erfolgt über die Verringerung der »Sprühzeit«.

Start

Zum Starten des kalten Motors wird ein fetteres – also kraftstoffreicheres – Gemisch benötigt, weil das kalte Motoröl dem Motor noch einen erheblichen Widerstand entgegensetzt. Der höhere Reibungswiderstand muß durch ein kraftstoffreicheres Gemisch ausgeglichen werden. An den kalten Brennraumwandungen kann

Der Leerlaufregler (Pfeil) ist, wie auch der Drosselklappen-Potentiometer, direkt am Drosselklappenstutzen befestigt.
Links ist der Leerlaufregler des Achtventilers gezeigt. Das Bild rechts zeigt den Leerlaufregler des 16V-Motors.

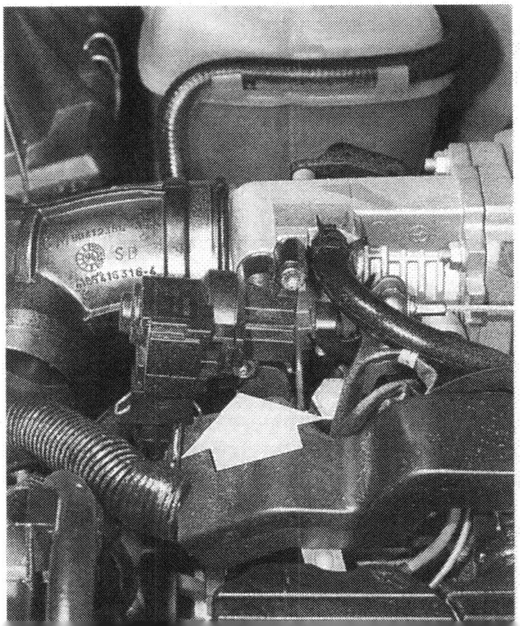

während der Startphase auch ein Teil des eingespritzten Kraftstoffs kondensieren, weshalb zusätzlich »angefettet« werden muß.
Hierfür sorgt ein Kaltstartprogramm, das im Steuergerät gespeichert ist. Während der Kaltstartsteuerung – dies sind eine bestimmte Anzahl an Zündungen – wird die Abspritzdauer der Einspritzventile erhöht. Faktoren, wie Kühlmitteltemperatur und Motordrehzahl, beeinflussen die Abspritzdauer. Nach einer bestimmten Anzahl Motorumdrehungen wird dann die Kaltstart-Kraftstoffmenge langsam reduziert und an die Normalmenge angepaßt.

Warmlauf

Auch nach dem Start braucht der Motor noch eine gewisse Zeit fetteres Gemisch, denn immer noch muß der Widerstand des kalten Motoröls überwunden werden. Dafür gibt es die »Nachstartanhebung«. Es wird – temperaturabhängig – noch für eine gewisse Zeit mehr Kraftstoff zugeführt. Die nötige Information über die Motortemperatur erhält das Steuergerät vom Kühlmittel-Temperaturgeber.

Leerlauf

Bei geschlossener Drosselklappe (losgelassenes Gaspedal) wird eine geringe Menge Luft durch einen Bypass-Kanal um die Drosselklappe herumgeführt. Diese Luft wird vom vom Luftmassenmesser erfaßt und deshalb mit der hierzu nötigen Menge Kraftstoff zum Leerlaufgemisch ergänzt. Übrigens ist das Leerlaufgemisch etwas fetter als das Normalgemisch, damit der Motor schön rund läuft und keine Zündaussetzer bekommt. Wann die Leerlauf-Anreicherung zu erfolgen hat, erfährt das Steuergerät vom Drosselklappen-Potentiometer. Wieviel Luft durch den Bypass fließt (und damit die Höhe der Leerlaufdrehzahl), bestimmt der Leerlaufregler.

Teillast

Bei Teillast erhält der Motor die Normalmengen an Kraftstoff zugeteilt. Dabei wird auf möglichst geringen Verbrauch Wert gelegt.

Beschleunigen

Wird das Gaspedal plötzlich niedergetreten, wird die Beschleunigungsanreicherung ausgelöst, wenn der Zuwachs der angesaugten Luftmasse pro Sekunde einen bestimmten Wert überschreitet. Ebenso liefert der Drosselklappen-Potentiometer ein Beschleunigungssignal. Bei kaltem Motor wird zum Beschleunigen noch mehr Kraftstoff gebraucht. Das Steuergerät wertet deshalb den jeweiligen Impuls des des Luftmassenmessers sowie des Drosselklappen-Potentiometers als Beschleunigungs-Signal aus und steuert zusätzlichen Kraftstoff bei.

Vollast

Der Drosselklappen-Potentiometer zeigt dem Steuergerät an, daß der Fahrer das Gaspedal voll durchgetreten hat. Zum Erreichen der Höchstleistung bekommt der Motor jetzt ein fetteres Gemisch vorgesetzt (Vollastanreicherung).

Schubbetrieb

Bergab mit losgelassenem Gaspedal braucht dem Motor kein Kraftstoff zugeführt zu werden. Der Wagen rollt durch Gewicht oder Schwung von selbst. Anhand der hohen Drehzahl und dem Widerstandswert des Drosselklappen-Potentiometers erkennt das Steuergerät, wann Schubbetrieb vorliegt und kann auf »Kraftstoff sparen« schalten.

Drehzahlbegrenzung

In unserem Omega verhindert die Einspritzanlage zu hohe Drehzahlen. Sie vergleicht die Momentan- mit der Höchstdrehzahl und dreht bei Überschreiten einfach den Kraftstoffhahn zu. Diese Methode ist bei Wagen mit Katalysator ein Muß, denn bei Unterbrechen der Zündung käme unverbrannter Kraftstoff in den Kat. Und das nimmt er übel.

Anti-Ruckel-Funktion

Für einen ruckfreien Fahrbetrieb im Teillastbereich und bei schnellen Lastwechseln sorgt ein elektronischer Filter im Steuergerät. Er erfaßt Drehzahlimpulse in kurzen Zeitabständen und errechnet den Mittelwert. Falls erforderlich, wird aufkommendes Ruckeln durch Verstellen des Zündzeitpunktes verhindert und so auf wirksame Weise unterdrückt.

Lambda-Regelung

Der Katalysator kann nur dann richtig arbeiten, wenn die Luftzahl λ (Lambda) dem Wert 1 möglichst nahekommt, was einem Kraftstoff/Luft-Verhältnis von 14,7 : 1 entspricht. Damit dies der Fall sein kann, ist die Einspritzung mit einer sogenannten Lambda-Regelung versehen. Dabei mißt die Lambdasonde den Sauerstoffgehalt im Abgas – eine Vergleichsgröße für die Zusammensetzung des Kraftstoff/Luft-Gemisches. Weicht die Messung vom Idealwert ab, regelt das Steuergerät nach. Die Regelung arbeitet im Bereich von λ = 0,8 bis λ = 1,2, wobei die Schwankungen durchaus gewollt sind, denn nur dann kann der Katalysator eine fast vollständige Umsetzung der Schadstoffe bewerkstelligen.
Eine herkömmliche Lambdasonde gibt erst bei Temperaturen über 350° C ein verwertbares Signal ab. Damit diese Temperatur schnell erreicht wird, ist die Sonde zusätzlich elektrisch beheizt. Bis zum Erreichen der Arbeitstemperatur bleibt die Anlage ungeregelt und richtet sich nach einem vorgegebenen mittleren λ-Wert.

Hier sind die Bauteile der Motronic-Einspritzanlage bezeichnet:
1 – Luftfiltergehäuse;
2 – Drosselklappen-Potentiometer;
3 – Ansaugrohr;
4 – Kraftstoff-Druckregler;
5 – Kabelkanal;
7 – Heißfilm-Luftmassenmesser;
8 – Temperaturgeber Ansaugluft.

Selbsthilfe

Viele Prüfungen an der Einspritzung sind dem Selbsthelfer in Ermangelung der nötigen Prüfgeräte leider unmöglich gemacht. Dennoch bleibt ein gewisses Betätigungsfeld.

Vorgehensweise

Das Steuergerät kann mit Heimwerkermitteln nicht kontrolliert werden. In der Praxis ist hier auch nur sehr selten mit Fehlern zu rechnen. Geber, Schalter und Kabelverbindungen geben ungleich häufiger Anlaß zu Beanstandungen. Damit bietet sich bei einem Defekt folgende Vorgehensweise an:

● Leuchtet die Motorkontrolleuchte, Fehlerspeicher abrufen. Auf diese Weise die mögliche Fehlerquelle ermitteln und verdächtiges Bauteil nach Prüfanleitung (folgende Seiten) kontrollieren.

● Leuchtet die Motorkontrolleuchte nicht, liegt aber trotzdem ein Defekt vor, dann prüfen Sie, ob die Zündanlage in Ordnung ist.

● Ist die Zündanlage in Ordnung, Kraftstoffversorgung prüfen. War auch hier kein Defekt:

● Sichtprüfung an den Teilen der Einspritzanlage durchführen (siehe folgenden Abschnitt).

Sichtprüfung

● Luftschläuche auf Dichtheit prüfen. Alle Schläuche – vom dicken Ansaugluftschlauch bis zum kleinen Unterdruckschlauch zum Druckregler – müssen geprüft werden.

● Sind die Dichtungen an den Einspritzventilen in Ordnung; ebenso die Flanschdichtungen der Ansaugkanäle?

● Undichtigkeiten lassen **Falschluft** ins Ansaugsystem eindringen – Luft also, die das System nicht erfassen kann und die deshalb die Gemischaufbereitung empfindlich stört. Das Gemisch magert unkontrolliert ab, Motorlaufstörungen – hauptsächlich im Leerlauf – sind die Folge.

● Motor warmfahren und zur Prüfung im Leerlauf drehen lassen, Motorhaube öffnen. Bei abgeschaltetem Motor Steckverbindung zur Lambdasonde trennen. Damit ist die Lambda-Regelung außer Funktion gesetzt.

● Mit einer Startkraftstoff-Spraydose (z. B. »Startpilot«) gezielt die Flanschdichtungen der Ansaugkanäle und andere verdächtige Teile besprühen.

● Verändert sich die Motordrehzahl beim Besprühen einer bestimmten Stelle, liegt dort die Undichtigkeit.

● Sind an den Kraftstoffleitungen Undichtigkeiten zu erkennen?

● Wurden die Kabelstecker mehrfach auseinandergezogen und wieder verbunden? Korrosion oder ungeschicktes Reißen kann mangelnden Kontakt zur Folge haben.

● Sehen Sie sich die Stecker an den einzelnen Bauteilen der Einspritzung genau an. Sie dürfen nur mit Kontaktspray behandelt werden, Nachbiegen kann Störungen verursachen.

Störungen und Eigendiagnose

Wie schon erwähnt, ist das Steuergerät der Zünd-Einspritzung mit einem Fehlerspeicher ausgerüstet. D. h. Fehler, die beim Motorbetrieb auftreten, werden vom Steuergerät erkannt und gespeichert. Gleichzeitig läßt das Steuergerät eine Kontrolleuchte in der Instrumententafel aufleuchten, um den Fahrer auf den Fehler hinzuweisen.

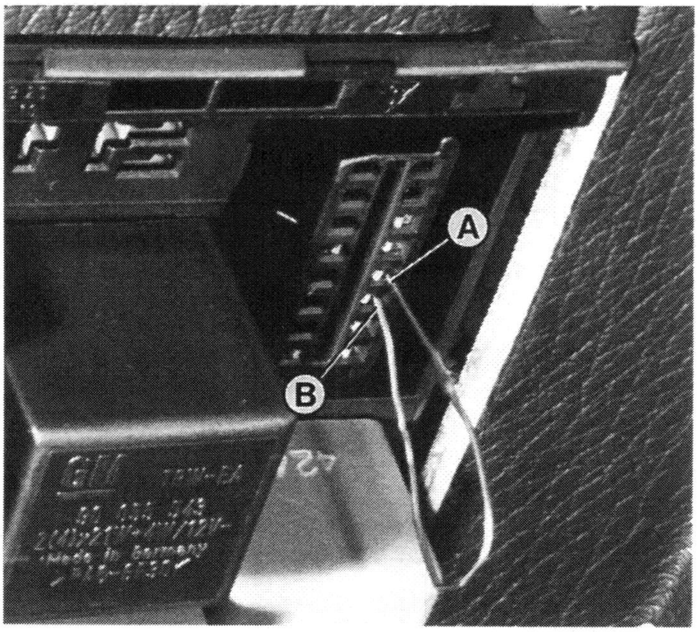

Zum Aktivieren des Fehlerspeichers müssen die Masse- und die Diagnoseleitung (»A« und »B«) miteinander verbunden werden. Hierzu eignet sich am besten eine Büroklammer.

Der Fehler bleibt über 20 Motorstarts hinweg gespeichert. Sollte er in der Zwischenzeit nicht mehr aufgetaucht sein (z. B. bei einem Wackelkontakt), löscht das Steuergerät die Fehlermeldung selbständig.
Zum Abfragen des Fehlerspeichers besitzt die Werkstatt einen Diagnoseschlüssel. Er wird in den Stecker rechts im Relaiskasten (neben dem Sicherungskasten) eingesetzt, wodurch die Diagnosereiz- und die Masseleitung kurzgeschlossen sind.
Auf diese Weise wird die Blinktätigkeit der Kontrolleuchte ausgelöst. Für die einzelnen Fehlermöglichkeiten sind unterschiedliche Blinkintervalle festgelegt. Die Leuchtfolge stellt einen Code dar und gibt Hinweise auf die Fehlerquelle.

Notlauffunktion der Einspritzung

Ein umfangreiches Notlauf-Programm hält die Funktion des Einspritz- und Zündsystems aufrecht, wenn ein Geber ausfällt, eine Kabelverbindung unterbrochen ist oder Massekontakt auftritt. Zugleich wird ein Fehler im elektronischen Speicher registriert.
Der Notlauf wird vom Steuergerät so unterschieden:
Es bleibt die normale Steuerung beibehalten. Anstelle der ausgefallenen Informationen wird ein Ersatzwert zur Berechnung von Zündung und Kraftstoffzumessung herangezogen.
Beispiel: Bei einem Ausfall des Temperaturgebers rechnet das Steuergerät mit einem Ersatzwert von 80°C Kühlmitteltemperatur.

Fehlerspeicher abrufen

Auch ohne Diagnoseschlüssel kann der Fehlerspeicher abgerufen werden. Als einfaches Hilfsmittel dient hierzu eine Büroklammer.

- Zündung einschalten.
- Klappe unterhalb des Lenkrads aufklappen.
- Büroklammer so zurechtbiegen, das sie in die Steckkontakte »A« und »B« paßt (siehe oben).
- Von Helfer Büroklammer einstecken lassen. Kontrolleuchte beobachten.
- Die Lampe blinkt zunächst einmal kurz auf, es folgt eine Pause, dann leuchtet sie wieder zweimal kurz. Dies ist der **Code 12,** der **dreimal wiederholt** wird. Er signalisiert den **Beginn der Fehlercode-Ausgabe.** Ist kein Fehlercode gespeichert, wiederholt sich Code 12 ständig.
- Liegt dagegen ein Fehler im System vor, wird dieser durch den jeweiligen Blinkcode angezeigt.
- Das funktioniert nach der gleichen Methode wie bei Code »12«: Zehnerstelle – Pause – Einerstelle.
- Beispiel Fehlercode 73: siebenmal kurzes Blinken, Pause, dreimal kurzes Blinken. Der Fehlercode wird dreimal wiederholt. Was ein angezeigter Blinkcode bedeutet, zeigt die folgende Tabelle.
- Sind mehrere Fehlercodes gespeichert, werden diese in numerischer Reihenfolge angezeigt.
- Fehlercodes werden so lange wiederholt, bis die Büroklammer aus den Steckkontakten gezogen wird.

Fehlerspeicher löschen

Ist ein Defekt an der Einspritzung beseitigt, muß der Fehler, den das Eigendiagnose-System gespeichert hat, gelöscht werden.

- Zündung ausschalten.
- Batterie-Massekabel für mindestens 10 Sekunden abklemmen.
- Das Eigendiagnose-System löscht einen Fehlercode auch automatisch. Dies geschieht, wenn ein Fehler nach 20 Motorstarts nicht mehr auftrat.

<u>Fingerzeig:</u> Mit dem Abklemmen der Batterie löschen Sie nicht nur den Fehlerspeicher, sondern auch den Anti-Diebstahl-Code Ihres Radios – Code neu einspeichern.

Blinkcode	Die Störung	– ihre Ursache	– ihre Abhilfe
13	Lambdasonde gibt keine oder falsche Signale an das Steuergerät	Leitungsunterbrechung bzw. Kurzschluß zur Masse	Leitungen prüfen
		Lambdasonde defekt	Lambdasonde prüfen, ggf. ersetzen
		Steuergerät defekt	Steuergerät ersetzen
14	Kein Signal vom Temperaturgeber	Leitungsunterbrechung	Leitungen prüfen
		Temperaturgeber defekt	Temperaturgeber prüfen, ggf. ersetzen
15	Signalspannung vom Temperaturgeber zu hoch	Leitungskurzschluß zur Masse	Leitungen prüfen
		Temperaturgeber defekt	Temperaturgeber prüfen, ggf. ersetzen
		Steuergerät defekt	Steuergerät ersetzen
16	Keine Impulse vom Klopfsensor	Leitungsunterbrechung bzw. Kurzschluß zur Masse	Leitungen prüfen
		Klopfsensor defekt	Klopfsensor prüfen, ggf. ersetzen
		Klopfmodul defekt	Klopfmodul prüfen, ggf. ersetzen
		Steuergerät defekt	Steuergerät ersetzen
18	Keine oder fehlerhafte Klopfregelung	Siehe Blinkcode 16	
		Drosselklappen-Potentiometer, Tank-Entlüftungsventil oder Kühlmittel-Temperaturgeber defekt	Bauteile, Leitungen und Schläuche prüfen, ggf. ersetzen
		Abgas-Rückführungssystem schadhaft	Abgas-Rückführungssystem prüfen
		Falsche Zündkerzen	Wärmewert prüfen
		Zündkerzen mit Ölkohle-Ablagerungen	Zündkerzen reinigen bzw. ersetzen
		Zündkerzenstecker bzw. -kabel defekt	Zündkerzenstecker bzw. -kabel ersetzen
19	Falsches Drehzahlsignal	Leitungsunterbrechung bzw. Kurzschluß zur Masse am induktiven Impulsgeber	Leitungen prüfen
		Induktiver Impulsgeber defekt bzw. Abstand zur Zahnscheibe nicht korrekt	Induktiven Impulsgeber prüfen, einstellen bzw. ersetzen
		Wackelkontakt im Drosselklappen-Potentiometer	Potentiometer prüfen, ggf. ersetzen
		Drosselklappenwelle ausgeschlagen bzw. Drosselklappenspalt nicht korrekt	Drosselklappenwelle bzw. -klappenspalt prüfen
		Tank-Entlüftungsventil blockiert	Ventil prüfen, ggf. ersetzen
		Motor zieht »Falschluft«	Ansaugbereich prüfen
		Zündkerzen defekt	Zündkerzen prüfen, ggf. ersetzen
21	Signalspannung vom Drosselklappen-Potentiometer zu hoch	Leitungskurzschluß zur Masse	Leitungen prüfen
		Drosselklappen-Potentiometer defekt	Drosselklappen-Potentiometer prüfen, ggf. ersetzen
		Steuergerät defekt	Steuergerät ersetzen
22	Signalspannung vom Drosselklappen-Potentiometer zu niedrig	Leitungsunterbrechung	Leitungen prüfen
		Drosselklappen-Potentiometer defekt	Drosselklappen-Potentiometer prüfen, ggf. ersetzen
		Steuergerät defekt	Steuergerät ersetzen

Blinkcode	Die Störung	– ihre Ursache	– ihre Abhilfe
23	Keine Impulse vom Klopfsensor	Siehe Blinkcode 16	
24	Keine Impulse vom Wegstrecke-Frequenzgeber	Sicherung defekt	Sicherung prüfen, ggf. ersetzen
		Leitungsunterbrechung	Leitungen prüfen
		Wegstrecken-Frequenzgeber defekt	Wegstrecken-Frequenzgeber prüfen
		Steuergerät defekt	Steuergerät ersetzen
25, 26 27, 28	Versorgungsspannung zu einem Einspritzventil zu niedrig bzw. zu hoch	Leitungskurzschluß zur Masse bzw. Batterie+	Leitungen prüfen
		Einspritzventil defekt	Ventil prüfen, ggf. ersetzen
		Steuergerät defekt	Steuergerät ersetzen
29	Versorgungsspannung zum Kraftstoffpumpenrelais zu niedrig	Sicherung defekt	Sicherung prüfen, ggf. ersetzen
		Leitungsunterbrechung	Leitungen prüfen
		Kraftstoffpumpenrelais defekt	Relais prüfen, ggf. ersetzen
		Defekt in der Diebstahl-Warnanlage	Diebstahl-Warnanlage prüfen
		Steuergerät defekt	Steuergerät ersetzen
31	Falsches Drehzahlsignal	Siehe Blinkcode 19	
32	Versorgungsspannung zum Kraftstoffpumpenrelais zu hoch	Leitungskurzschluß zur Masse	Leitungen prüfen
		Kraftstoffpumpenrelais defekt	Relais prüfen, ggf. ersetzen
		Defekt in der Diebstahl-Warnanlage	Diebstahl-Warnanlage prüfen
		Steuergerät defekt	Steuergerät ersetzen
33	Abgas-Rückführungssystem arbeitet nicht oder fehlerhaft	Leitungsunterbechung bzw. Kurzschluß zur Masse	Leitungen prüfen
		Abgas-Rückführungsmodul defekt	Modul prüfen, ggf. ersetzen
		Abgas-Rückführungsventil defekt	Ventil prüfen, ggf. ersetzen
		Steuergerät defekt	Steuergerät ersetzen
34	Abgas-Rückführungssystem arbeitet nicht oder fehlerhaft	Sicherung defekt	Sicherung prüfen, ggf. ersetzen
		Leitungskurzschluß zur Masse bzw. Batterie+	Leitungen prüfen
		Relais Sekundärlufteinblasung defekt	Relais prüfen, ggf. ersetzen
		Magnetventil Sekundärlufteinblasung defekt	Ventil prüfen, ggf. ersetzen
		Motor Sekundärluftpumpe defekt	Motor prüfen, ggf. ersetzen
35	Keine oder schlechte Leerlaufdrehzahl-Regulierung	Motor zieht Nebenluft an	Dichtheitsprüfung an sämtlichen Unterdruckanschlüssen, Ansaugrohr, Drosselklappengehäuse
		Leitungsunterbechung bzw. Kurzschluß zur Masse	Leitungen prüfen
		Leerlaufregler defekt	Leerlaufregler prüfen, ggf. ersetzen
37	Endstufe der Motorkontrollleuchte arbeitet nicht oder gibt falsche Signale	Leitungskurzschluß zur Masse bzw. Batterie+	Leitungen prüfen
		Steuergerät defekt	Steuergerät ersetzen
38	Regelkreisspannung der Lambdasonde zu niedrig	Leitungsunterbrechung zur Lambdasonde	Leitungen prüfen
		Lambdasonde defekt	Lambdasonde prüfen, ggf. ersetzen

Blinkcode	Die Störung	– ihre Ursache	– ihre Abhilfe
39	Regelkreisspannung der Lambdasonde zu hoch	Leitungskurzschluß zur Masse	Leitungen prüfen
		Lambdasonde defekt	Lambdasonde prüfen, ggf. ersetzen
41	Zündspulensignal von Zylinder 2 und 3 zu hoch	Leitungsunterbrechung oder Leitungskurzschluß zu Batterie+ oder Masse	Leitungen prüfen
		DIS-Zündmodul defekt	DIS-Zündmodul prüfen
		Siehe Blinkcode 16 und 18	
42	Zündspulensignal von Zylinder 1 und 4 zu hoch	Siehe Blinkcode 41	
44	Kraftstoffgemisch zu mager	Kraftstoffpumpendruck zu niedrig	Kraftstoffpumpendruck prüfen
		Masseschluß zur Lambdasonde	Leitungen kontrollieren
		Lambdasonde defekt	Lambdasonde ersetzen
		Temperaturgeber defekt	Temperaturgeber prüfen, ggf. ersetzen
45	Kraftstoffgemisch zu fett	Kraftstoffdruck zu hoch	Kraftstoffdruck prüfen
		Undichtes Einspritzventil	Ventil prüfen, ggf. ersetzen
		Schlauchleitungen zum Aktivkohlefilter schadhaft	Schlauchleitungen kontrollieren, ggf. ersetzen
		Temperaturgeber defekt	Temperaturgeber prüfen, ggf. ersetzen
		Drosselklappen-Potentiometer defekt	Drosselklappen-Potentiometer prüfen, ggf. ersetzen
47	Abgas-Rückführungs-system arbeitet nicht oder fehlerhaft	Siehe Blinkcode 33 bzw. 34	
48	Batteriespannung zu niedrig	Batterie entladen	Batterie laden
		Batteriekontakte korrodiert	Kontakte reinigen
		Lichtmaschine defekt	Lima prüfen, ggf. ersetzen
		Lichtmaschinenregler defekt	Regler prüfen, ggf. ersetzen
		Steuergerät defekt	Steuergerät ersetzen
49	Batteriespannung zu hoch	Lichtmaschine defekt	Lima prüfen, ggf. ersetzen
		Lichtmaschinenregler defekt	Regler prüfen, ggf. ersetzen
		Steuergerät defekt	Steuergerät ersetzen
51	Steuergerät erhält keine verwertbaren Daten aus dem Programmspeicher	Steckverbindung zwischen Steuergerät und Programmspeicher schadhaft	Reinigen bzw. Kontakt nachbiegen
		Bauteil im Programmspeicher defekt	Programmspeicher ersetzen
		Bauteil im Steuergerät defekt	Steuergerät ersetzen
52	Endstufe der Motorkontrolleuchte arbeitet nicht oder gibt falsche Signale	Leitungskurzschluß zur Batteriespannung	Leitungen prüfen
		Steuergerät defekt	Steuergerät ersetzen
53	Endstufe der Kraftstoffpumpe arbeitet nicht oder gibt falsche Signale	Leitungskurzschluß zur Masse	Leitungen prüfen
		Steuergerät defekt	Steuergerät ersetzen
54	Endstufe der Kraftstoffpumpe arbeitet nicht oder gibt falsche Signale	Leitungskurzschluß zur Batteriespannung	Leitungen prüfen
		Steuergerät defekt	Steuergerät ersetzen

Blinkcode	Die Störung	– ihre Ursache	– ihre Abhilfe
55	Störung im Steuergerät	Bauteil im Steuergerät defekt	Steuergerät ersetzen
56	Endstufe des Leerlaufreglers arbeitet nicht oder gibt falsche Signale	Leitungskurzschluß zur Masse	Leitungen prüfen
		Steuergerät defekt	Steuergerät ersetzen
57	Endstufe des Leerlaufreglers arbeitet nicht oder gibt falsche Signale	Leitungsunterbrechung	Leitungen prüfen
		Steuergerät defekt	Steuergerät ersetzen
61	Endstufe des Tank-Entlüftungsventils arbeitet nicht oder gibt falsche Signale	Leitungskurzschluß zur Masse	Leitungen prüfen
		Steuergerät defekt	Steuergerät ersetzen
62	Endstufe des Tank-Entlüftungsventils arbeitet nicht oder gibt falsche Signale	Leitungskurzschluß zur Batteriespannung	Leitungen prüfen
		Steuergerät defekt	Steuergerät ersetzen
63	Zündspulensignal von Zylinder 2 und 3 zu niedrig	Siehe Blinkcode 41	
64	Zündspulensignal von Zylinder 1 und 4 zu niedrig	Siehe Blinkcode 41	
69	Signalspannung vom Ansaugluft-Temperaturgeber zu niedrig	Leitungsunterbrechung zum Temperaturgeber	Leitungen prüfen
		Temperaturgeber defekt	Geber prüfen, ggf. ersetzen
		Steuergerät defekt	Steuergerät ersetzen
71	Signalspannung vom Ansaugluft-Temperaturgeber zu hoch	Leitungskurzschluß zur Masse	Leitungen prüfen
		Temperaturgeber defekt	Geber prüfen, ggf. ersetzen
		Steuergerät defekt	Steuergerät ersetzen
73	Signalspannung vom Luftmassenmesser zu niedrig	Leitungsunterbrechung	Leitungen prüfen
		Luftmassenmesser defekt	Luftmassenmesser prüfen, ggf. ersetzen
		Steuergerät defekt	Steuergerät ersetzen
74	Signalspannung vom Luftmassenmesser zu hoch	Leitungskurzschluß zur Masse	Leitungen prüfen
		Luftmassenmesser defekt	Luftmassenmesser prüfen, ggf. ersetzen
		Steuergerät defekt	Steuergerät ersetzen
75	Signalspannung der Drehmomentkontrolle zu niedrig (nur bei Automatikgetriebe)	Leitungsunterbrechung vom Zünd/Einspritz-Steuergerät zum Getriebe-Steuergerät	Leitungen prüfen
		Zünd/Einspritz-Steuergerät defekt	Steuergerät ersetzen
		Getriebe-Steuergerät defekt	Steuergerät ersetzen
76	Signalspannung der Drehmomentkontrolle zu hoch (nur bei Automatikgetriebe)	Leitungskurzschluß vom Zünd/Einspritz-Steuergerät zum Getriebe-Steuergerät	Leitungen prüfen
		Zünd/Einspritz-Steuergerät defekt	Steuergerät ersetzen
		Getriebe-Steuergerät defekt	Steuergerät ersetzen
81, 82 83, 84	Versorgungsspannung zu einem Einspritzventil zu bzw. zu hoch	Leitungsunterbechung bzw. Kurzschluß zu Batterie	Leitungen prüfen
		Einspritzventil defekt	Ventil prüfen, ggf. ersetzen
		Steuergerät defekt	Steuergerät ersetzen

Blinkcode	Die Störung	– ihre Ursache	– ihre Abhilfe
91	Lambdasonde gibt keine oder falsche Signale bzw. fehlerhafte Leerlaufregelung	Siehe Blinkcode 13 bzw. 35	
92	Kein Signal vom Nockenwellensensor	Leitungsunterbrechung	Leitungen prüfen
		Nockenwellensensor defekt	Sensor prüfen, ggf. ersetzen
93	Vierfach-Treiberfehler	Siehe Blinkcode 19, 75 und 76	
		Leitungsunterbrechung oder Kurzschluß zur Masse bzw. Batterie-+ an Abgas-Rückführungsventil, Tank-Entlüftungsventil oder Motorkontrolleuchte	Leitungen prüfen bzw. Bauteile prüfen
98	Lambdasonde gibt keine oder falsche Signale bzw. fehlerhafte Leerlaufregelung	Siehe Blinkcode 13 bzw. 35	

Prüfen der Bauteile

Die folgenden Abschnitte beschreiben Prüfungen an den Komponenten der Einspritzanlage, soweit sie mit Heimwerkermitteln möglich sind. Haben Sie durch die Fehlerspeicherabfrage ein bestimmtes Bauteil im Verdacht, können Sie hier die Prüfanleitung nachlesen.

Kraftstoffdruck prüfen

Der Kraftstoffdruck kann in der Werkstatt mit einer Meßvorrichtung genau geprüft werden.

- Prüfgerät am Prüfanschluß des Kraftstoff-Verteilerrohrs anschließen.
- Unterdruckschlauch am Kraftstoff-Druckregler abziehen und mit einem passenden Stopfen verschließen.
- Motor starten und Prüfgerät entlüften.
- Meßwert am Prüfgerät ablesen.
- Sollwert 3,0 ± 0,2 bar.

Einspritzventile prüfen

Besteht der Verdacht, daß eines der Einspritzventile nicht funktioniert, können Sie zunächst versuchen, das brachliegende Ventil durch Fühlen mit der Hand ausfindig zu machen. Das nicht funktionierende Ventil vibriert nicht – im Gegensatz zu den anderen. Diese Prüfung ist allerdings mangels Zugänglichkeit bei der Simtec-Einspritzung nicht möglich.
Weitergehende Kontrollen erfordern einen Spannungsprüfer mit Leuchtdioden und einen genauen Ohmmeter:

- **Spannungsprüfung:** Anschlußkabel zu den Einspritzventilen freilegen, siehe unter »Einspritzventile ausbauen«.
- Wo vorhanden, Kabelkasten über den Einspritzventilen öffnen.
- Zwei dünne Nadeln in die Anschlußkabel des zu prüfenden Ventils stechen. LED-Spannungsprüfer (keine Prüflampe!) an die Nadeln anschließen.
- Motor starten: Die Leuchtdioden im Spannungsprüfer müssen flackern, sonst ist keine Spannungs-

**Kraftstoffdruck prüfen: Am hier abgebildeten Prüfanschluß (links Achtventiler, rechts 16V-Motor) kontrolliert die Werkstatt mittels einer Meßeinrichtung den Kraftstoffdruck.
Muß am Kraftstoffsystem gearbeitet werden, kann über dieses Ventil der Druck in den Leitungen abgebaut werden. Hierzu Ventilstößel mit Schraubendreher niederdrücken – Lappen bereit halten!**

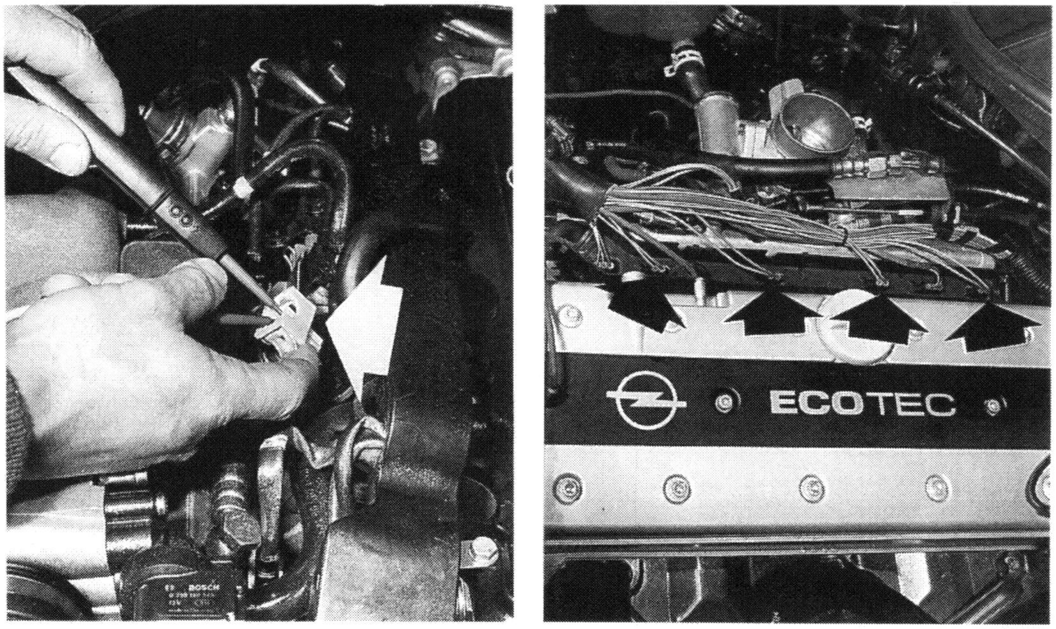

Nach Abziehen der Kabelstecker (Bild links am Achtventiler) bzw. nach Öffnen des Kabelkanals (Bild rechts am 16V-Motor) kann die Spannungsversorgung der Einspritzventile mit einem LED-Spannungsprüfer kontrolliert werden.

versorgung da oder das masseschaltende Steuergerät ist defekt. Mit einem Meßgerät klappt diese Kontrolle nicht.

● **Widerstandsprüfung:** Einspritzventile freilegen, siehe unter »Einspritzventile ausbauen«.

● Halteklammern an den Einspritzventilen lösen und, wo vorhanden, Kabelkasten von den Ventilen abziehen.

● Ohmmeter an den beiden Kontakten des Ventils anschließen. Bei kaltem Motor (Prüftemperatur ca. 20°C) muß das Meßgerät zwischen 15 und 17 Ω anzeigen.

● Liegt der Wert außerhalb der Toleranz, Ventil ersetzen.

● **Dichtheit prüfen:** Kraftstoff-Verteilerrohr samt Einspritzventilen ausbauen, die Kraftstoffleitungen bleiben angeschlossen.

● Zündung lahmlegen, siehe Kapitel »Die Zündanlage«.

● Von Helfer Anlasser kurz betätigen lassen, damit die Kraftstoffpumpe anläuft und Kraftstoffdruck aufbaut.

● Einspritzventile beobachten: Jedes einzelne darf höchstens zwei Kraftstofftropfen in der Minute verlieren. Sonst Ventil auswechseln.

● Unabhängig hiervon kann der Spritzstrahl und die Dichtheit des Ventils geprüft werden, falls es Motorlaufstörungen erforderlich machen.

● **Spritzstrahl prüfen:** Kraftstoffverteilerrohr samt Einspritzventilen ausbauen, die Kraftstoffleitungen angeschlossen lassen.

● Wo vorhanden, Kabelkasten wieder auf die Einspritzventile aufstecken.

● Ventilbohrungen im Ansaugkrümmer fest verschließen.

● Sauberen Lappen unter die Einspritzventile legen.

● Motor von Helfer mit dem Anlasser durchdrehen lassen.

● Jedes einzelne Ventil muß gleichmäßig kegelförmig abspritzen.

Drosselklappen-Potentiometer prüfen

Den Drosselklappen-Potentiometer können Sie folgendermaßen selbst prüfen:

● Stecker am Poti abziehen.

● Ohmmeter an Kontakt »1« und »3« anschließen (Polbezeichnung ist am Poti aufgedruckt).

● In Leerlaufstellung der Drosselklappe müssen 1,1 kΩ abzulesen sein (siehe Tabelle).

● Drosselklappe langsam öffnen: Der Widerstandswert steigt mit zunehmender Öffnung auf bis zu 2 kΩ an. Kurz vor vollem Öffnungswinkel wird ∞ Ω angezeigt.

● Übrige Kontakte durchmessen, siehe Tabelle.

● Werden die genannten Werte nicht erreicht, Poti auswechseln.

Kontaktklemme	Leerlauf-Stellung	Teillast-Stellung	Vollast-Stellung
1 und 3	ca. 1,1 kΩ	1,1– 2,0 kΩ	∞ Ω
1 und 2	∞ Ω	∞ Ω	∞ Ω
2 und 3	∞ Ω	1,1– 2,0 kΩ	ca. 1,2 kΩ

Leerlaufregler prüfen

● **Funktionsprüfung:** Bei betriebswarmem Motor müssen die Arbeitsschwingungen am Gehäuse des Leerlaufreglers spürbar sein, sonst ist der Leerlaufregler, die Spannungsversorgung oder das Steuergerät defekt.

● **Weitere Prüfung:** Stecker am Leerlaufregler abziehen.

● Batterieladegerät auf **6 Volt** umstellen und abwechselnd an die beiden Klemmen am Regler anschließen.

● Der Stößel muß aus- bzw. einfahren.

● Ist das der Fall, ist der Leerlaufregler in Ordnung. Wenn nicht Regler ersetzen.

Links: Hier sind die Kontaktklemmen des Drosselklappen-Potentiometers bezeichnet. Die Abbildung zeigt den Potentiometer des Achtventilers.
Rechts: Der Temperaturgeber informiert das Steuergerät der Zünd/Einspritz-Steuerung über die momentane Kühlmitteltemperatur. Das Bild zeigt den Temperaturgeber des Achtventilers.

Kühlmittel-Temperaturgeber prüfen

Mit einem Einmachthermometer können Sie selbst kontrollieren, ob der Temperaturgeber richtig funktioniert. Der Geber sitzt beim Achtventiler rechts am Motor neben der Lichtmaschine. Beim 16V befindet sich der Geber hinten am DIS-Zündmodul.

Kühlmitteltemperatur	10° C	30° C	80° C	100° C
Widerstand	3300 Ω	1500 Ω	350 Ω	200 Ω

- Kabelstecker vom Temperaturgeber abziehen und Geber losschrauben. Auslaufendes Kühlmittel auffangen.
- Geber in einen Topf mit Wasser hängen, Wasser erhitzen und Ohmmeter an den Steckkontakten anschließen.
- Kontrollieren Sie bei den oben genannten Temperaturen die entsprechenden Widerstandswerte.
- Stimmen die Werte überein, ist der Temperaturgeber in Ordnung.

Ansaugluft-Temperaturgeber prüfen

Der Geber für die Ansauglufttemperatur wird auf dieselbe Weise geprüft wie der Kühlmittel-Temperaturgeber.

- Zum Prüfen Geber ausbauen. Hierzu Kabelstecker am Temperaturgeber abziehen.
- Temperaturgeber aus dem Luftansaugschlauch herausziehen.
- Zum Einbau Geber bis zum Anschlag in den Ansaugluftschlauch eindrücken bzw. Geber einschrauben.

Motronic Simtec						
Temperatur Widerstand	15° C 3300 Ω	30° C 1500 Ω	80° C 200 Ω	15° C 4000 Ω	30° C 2000 Ω	80° C 300 Ω

Leerlaufregler (1) prüfen: Kabelstecker (2) am Leerlaufregler abziehen und Ladegerät mit 6 Volt abwechselnd an den Klemmen »3« und »4« anschließen. Der Stößel muß aus- bzw. einfahren. Das Bild links zeigt den Leerlaufregler des 16V-Motors. In der Abbildung rechts sehen Sie den Regler des Achtventilers.

Links: Temperaturgeber Ansaugluft (1) prüfen: Stecker (3) vom Temperaturgeber abziehen und Geber vom Luftansaugschlauch (2) ausbauen. Ohmmeter am Geber anschließen und anhand der Tabelle auf der Vorseite durchprüfen.
Rechts: Hier haben wir die Kontaktklemmen am Mehrfachstecker des Heißfilm-Luftmassenmessers gekennzeichnet.

Heißfilm-Luftmassenmesser prüfen

● Der Luftmassenmesser hat vier Anschlußklemmen (Kabelfarben siehe Stromlaufplan): »3« ist die Spannungszufuhr, »1« ist der Masseanschluß und »2« und »4« sind die Signalleitungen.

● Vernünftig gemessen werden kann eigentlich nur die Spannungsversorgung zwischen Klemme »1« und »3«. Dort muß bei eingeschalteter Zündung Batteriespannung anliegen. Wenn nicht, ist die Zufuhr unterbrochen. **Stecker zum Messen nicht abziehen**, sondern mit Meßnadeln die Kabel »anzapfen«.

● Zur Funktionsprüfung muß sich bei laufendem Motor bei unterschiedlichen Drehzahlen an Klemme »2« und »4« ein Spannungswert unterschiedlicher Höhe einstellen, wofür Opel aber keine Angaben macht.

● Bei Leerlauf (Motor betriebswarm) soll der Wert 0,8 – 1,1 V (Motronic) bzw. 0,25 – 0,67 V (Simtec) betragen.

Lambda-Regelung prüfen

Gebraucht wird ein Voltmeter mit geeignetem niedrigem Meßbereich, wie es Elektronik-Bastler besitzen.

● **Spannungsversorgung der Lambdasonde prüfen:** Kabelstecker der Lambdasonde am Getriebeflansch trennen. Spannungsmeßgerät zwischen Signalleitung (braun/blaues Kabel) und Masse anschließen.

● Zündung einschalten. Das Meßgerät muß 0,4 – 0,5 Volt anzeigen. Zeigt das Gerät nichts an, Kabelverlauf zum Steuergerät prüfen.

● **Lambdasonde prüfen:** Kabelstecker wieder aufstecken.

● Motor warmfahren.

● In die Signalleitung der Sonde eine Nadel stecken. Meßgerät zwischen Nadel und Masse anschließen. Achten Sie darauf, daß die Nadel nicht an Masse gerät (Kurzschlußgefahr).

● Motor mit ca. 1500/min laufen lassen.

● Das Meßgerät muß kurze regelmäßige Spannungsschwankungen zwischen 0,1 und 0,9 V anzeigen.

● Sind nur langsame Spannungsschwankungen zu beobachten, ist die Beheizung der Lambdasonde defekt oder deren Stromzuleitung.

● Keine Spannungsschwankungen: Lambdasonde defekt (auswechseln), Gemisch ständig zu mager oder zu fett (Einspritzung kontrollieren lassen) oder das Steuergerät ist schadhaft (prüfen lassen).

● **Sondenheizung prüfen:** Kabelstecker der Lambdasonde abziehen. Spannungsmeßgerät zwischen Spannungsversorgung (rot/blaues Kabel) und Masse (braunes Kabel) der Sondenheizung anschließen.

● Motor laufen lassen. Das Meßgerät muß 12 V anzeigen. Ist die Spannungsversorgung bzw. die Masseverbindung in Ordnung und können trotzdem nur langsame Spannungsschwankungen (siehe Vortext) beobachtet werden, bleibt als Defektmöglichkeit nur die Heizung der Sonde selbst.

● Keine Spannungsversorgung der Heizung: Stromversorgung ab Klemme 87 bzw. 87 B (Motronic) des Kraftstoffpumpenrelais prüfen.

Fingerzeig: Grundvoraussetzung für eine funktionierende Lambda-Regelung ist die richtige Leerlauf-Grundeinstellung, d. h. der CO-Gehalt muß stimmen, sonst liegt die Regelung stets an einem Ende des Regelbereichs. Gleiche Bedingungen bestehen, wenn das Gemisch durch Nebenluft stark abgemagert ist.

Einzelteile ausbauen

Einspritzventile ausbauen Allgemeines

● Massekabel der Batterie abklemmen.

● Über den Prüfanschluß am Kraftstoff-Verteilerrohr Druck abbauen. Austretenden Kraftstoff auffangen.

● Bei ausgebauten Ventilen Öffnungen im Ansaugrohr gegen Verschmutzung verschließen.

● Gummi-Dichtring am Einspritzventil prüfen. Einen beschädigten oder gealterten Ring ersetzen.

● Zum leichteren und beschädigungsfreien Einsetzen der Ventile die Dichtringe mit Vaseline oder Getriebeöl bestreichen. Nichts anderes verwenden!

- Die Einspritzventile müssen in einer bestimmten Einbaulage am Verteilerrohr eingesetzt werden. Ein mögliches Verdrehen um die Längsachse führt zur Verschlechterung der Abgaswerte. Um die Ventile in die richtige Lage zu bringen, sind am Verteilerrohr in Höhe jedes Ventils Blechzungen angebracht, die nur eine mögliche Einbaustellung zulassen.
- Beim Einbau Massekabel nicht vergessen.
- Nach dem Einbau Kraftstoffanlage auf Dichtheit prüfen.

Motronic

- Kraftstoff-Vor- und -Rücklaufleitung vom Verteilerrohr losschrauben. Auf Dichtringe achten!
- Gaszug am Drosselklappenstutzen aushängen.
- Gaszughalter vom Ansaugrohr losschrauben und zur Seite legen.
- Unterdruckschlauch oben vom Kraftstoff-Druckregler abbauen.
- Vorn am Verteilerrohr einen Befestigungsbolzen herausdrehen.
- Kabelstecker von allen Einspritzventilen abziehen.
- Hinten am Verteilerrohr Massekabel vom Befestigungsbolzen losschrauben.
- Befestigungsbolzen des Verteilerrohrs herausdrehen.
- Verteilerrohr zusammen mit den Einspritzventilen vorsichtig nach oben aus dem Ansaugrohr herausziehen. Vorsicht, Kraftstoff tritt aus. Lappen bereithalten.
- Sicherungsklammer zwischen Einspritzventil und Verteilerrohr mit einem kleinen Schraubendreher abdrücken und Ventil aus dem Verteilerrohr ziehen.

Simtec

- Kabelstecker vom Ansaugluft-Temperaturgeber, Heißfilm-Luftmassenmesser und vom Drosselklappen-Potentiometer abziehen.
- Dicken Schlauch der Kurbelgehäuse-Entlüftung vom Ventildeckel abziehen.
- Luftansaugschlauch komplett ausbauen.
- Dünnen Schlauch der Kurbelgehäuse-Entlüftung vom Ventildeckel abziehen.
- Am Druckregler Masseband vom Verteilerrohr losschrauben.
- Unterdruckschlauch vom Druckregler abziehen.
- Kraftstoffrücklaufleitung vom Verteilerrohr losschrauben.
- Kraftstoffvorlaufleitung vom Verteilerrohr-Adapter abnehmen, dabei Adapter gegenhalten.
- Gaszug vom Drosselklappenstutzen abbauen.
- Kabelstecker vom Leerlaufregler abziehen.
- Unterhalb des Kabelkastens Sicherungsklammern der Einspritzventile mit einem schmalen Schraubendreher zur Motorseite hin abdrücken.
- Sicherungsklammern mit einem Stabmagnet auffangen.
- Kabelkanal abheben.
- Vordere Befestigungsbolzen des Verteilerrrohrs herausdrehen.
- Kraftstoffverteilerrohr zusammen mit den Einspritzventilen vorsichtig nach oben aus dem Ansaugrohr herausziehen. Vorsicht, Kraftstoff tritt aus. Lappen bereithalten.
- Sicherungsklammer zwischen Einspritzventil und Verteilerrohr mit einem schmalen Schraubendrher abdrücken und Ventil aus dem Verteilerrohr ziehen.

Drosselklappen-Potentiometer ausbauen

- Der Drosselklappen-Potentiometer ist leicht zugänglich und lediglich mit zwei Schrauben am Drosselklappengehäuse befestigt.
- Kabelstecker abziehen und Poti losschrauben.
- Zum Einbau Schrauben mit Sicherungsmasse einschrauben.

Leerlaufregler ausbauen

- **Achtventiler:** Kabelstecker am Leerlaufregler abziehen.
- Leerlaufregler vom Drosselklappenstutzen losschrauben. Beim Abnehmen des Reglers auf Dichtung achten.
- Öffnungen gegen Verschmutzung verschließen.
- Beim Einbau neue Dichtung verwenden. Einbaulage beachten.
- Schrauben mit Sicherungsmasse eindrehen.
- **16V:** Kabelstecker vom Ansaugluft-Temperaturgeber, Heißfilm-Luftmassenmesser und vom Drosselklappenpotentiomter abziehen.
- Kurbelgehäuse-Entlüftungsschlauch vom Ventildeckel abziehen.
- Luftansaugschlauch komplett mit Luftmassenmesser von den Stutzen abziehen und zur Seite legen.
- Kabelstecker vom Leerlaufregler abziehen.
- Befestigungsschrauben losdrehen und Leerlaufregler vom Drosselklappenstutzen abnehmen.
- Öffnungen gegen Verschmutzung verschließen.
- Dichtflächen am Leerlaufregler und am Drosselklapppenstutzen reinigen.
- Leerlaufregler mit neuer Dichtung einbauen.
- Schrauben mit Sicherungmasse eindrehen.

Kraftstoff-Druckregler ausbauen

- Über den Prüfanschluß am Verteilerrohr Druck in den Kraftstoffleitungen abbauen. Austretenden Kraftstoff auffangen.
- Unterdruckschlauch oben am Druckregler abziehen.
- Befestigungsschelle des Druckreglers lösen und Regler vorsichtig vom Verteilerrohr abnehmen. Einbaulage beachten.
- Öffnungen gegen Verschmutzung verschließen.
- Beschädigte Dichtringe ersetzen.
- Vor dem Einbau des Druckreglers Dichtringe etwas einölen.

Bauteile der Simtec-Einspritzanlage. Es bedeuten:
1 – Temperaturgeber Ansaugluft;
2 – Luftfiltergehäuse;
3 – Heißfilm-Luftmassenmesser;
4 – Luftansaugschlauch;
5 – Kraftstoff-Vorlaufleitung;
6 – Kabelkanal;
7 – Leerlaufregler;
8 – Kraftstoff-Druckregler.

Drosselklappenstutzen ausbauen

● Kabelstecker vom Drosselklappenpotentiometer und vom Leerlaufregler abziehen.
● Ebenso Kabelstecker vom Ansaugluft-Temperaturgeber und vom Luftmassenmesser abnehmen.
● Luftansaugschlauch ausbauen.
● Beim Achtventiler Schlauch der Kurbelgehäuse-Entlüftung vom Drosselklappenstutzen abbauen.
● Beim 16V über den Prüfanschluß am Verteilerrohr Druck in den Kraftstoffleitungen abbauen. Austretenden Kraftstoff auffangen.
● Befestigungsschelle des Verteilerrohr-Adapters vom Gaszughalter abnehmen.
● Kraftstoffvorlaufleitung vom Verteilerrohr losschrauben.
● Alle: Am Drosselklappenstutzen beide Kühlmittelschläuche von den Stutzen abziehen. Auslaufendes Kühlmittel auffangen.
● Gaszug vom Drosselklappenstutzen aushängen.
● Wo nötig, Gaszughalter vom Ansaugrohr losschrauben. Rückzugsfeder vom Halter abnehmen.
● Vier Befestigungsmuttern lösen und Drosselklappenstutzen vom Ansaugrohr abnehmen. Öffnungen gegen Verschmutzung verschließen.
● Unterdruckschlauch unten am Drosselklappenstutzen abziehen.
● Dichtung entfernen und Dichtflächen reinigen.
● Beim Einbau neue Dichtung verwenden.
● Nach dem Einbau Kühlmittelstand kontrollieren.

Heißfilm-Luftmassenmesser ausbauen

● Beide Schlauchschellen links und rechts am Luftmassenmesser lösen und abnehmen.
● Wo vorhanden, Kabelbinder am Luftmassenmesser abnehmen.
● Kabelstecker vom Luftmassenmesser abziehen. Beim 16V zusätzlich Kabelstecker vom Ansaugluft-Temperaturgeber abziehen.
● Luftmassenmesser von den Schläuchen abnehmen.
● Bei äußeren Beschädigungen des Luftmassenmessers, z. B. Deformierung des Gitters, Luftmassenmesser ersetzen.
● Luftmassenmesser so einbauen, daß der Pfeil auf dem Gehäuse zum Ansaugrohr hin zeigt.
● Auf einwandfreien Sitz der Schläuche achten.

Die Lambdasonde (2) ist direkt in das vordere Abgasrohr (1) geschraubt. Was es beim Wiedereinbau der Lambdasonde zu beachten gilt, steht im Text auf der gegenüberliegenden Seite.

Bauteile der Simtec-Einspritzanlage. Es bedeuten:
1 – Temperaturgeber Ansaugluft;
2 – Luftfiltergehäuse;
3 – Heißfilm-Luftmassenmesser;
4 – Luftansaugschlauch;
5 – Kraftstoff-Vorlaufleitung;
6 – Kabelkanal;
7 – Leerlaufregler;
8 – Kraftstoff-Druckregler.

Lambdasonde ersetzen

Das Gewinde der Sonde ist mit einem Spezialfett gegen Festfressen bestrichen. Es besteht aus flüssigem Graphit, das beim Betrieb wegbrennt, und Glasperlen. Eine neue Sonde ist mit diesem Fett versehen, das Gewinde der alten Sonde muß damit (Opel-Nr. 19 48 602) bestrichen werden.

- Omega warmfahren. Die Lambdasonde soll nur bei betriebswarmem Motor ausgebaut werden.
- Kabelstecker der Lambdasonde trennen. Der Stecker befindet am Getriebeflansch.
- Lambdasonde aus dem vorderen Auspuffrohr herausschrauben.
- Hände gegen Verbrennungen schützen (Arbeitshandschuhe, Lappen).
- Beim Einbau die Sonde mit 30 Nm festziehen.

Der Gaszug

Gaszug ausbauen

Der Gaszug verbindet Gaspedal und Drosselklappe der Einspritzanlage. Sein größter Nachteil: Er ist sehr knickempfindlich, worauf wir beim Einbau besonders achten müssen.

- Abdeckung links unter dem Armaturenbrett abbauen.
- Kunststoffnippel des Gaszugs am oberen Ende des Gaspedals herausziehen und Gaszug nach oben aushängen.
- Motorhaube öffnen. Kunststoff-Durchführung hinter dem Bremskraftverstärker von der Stirnwand abnehmen und Gaszug vollends herausziehen.
- Spange am Kugelkopf des vorderen Gaszugendes abdrücken und herausziehen.
- Gaszug vom Gasgestänge abhebeln und vom Widerlager abziehen.
- Beim Einbau des neuen Zuges Kugelkopf etwas fetten.

Gaszug einstellen

Grundsätzlich muß der Gaszug spannungsfrei – also mit etwas Spiel – eingebaut sein.

- Von Helfer das Gaspedal voll durchtreten lassen.
- Klammer am Einstellstück herausziehen.

Die Lambdasonde (2) ist direkt in das vordere Abgasrohr (1) geschraubt. Was es beim Wiedereinbau der Lambdasonde zu beachten gilt, steht im Text oben.

● Drosselklappe durch Straffziehen der Gaszughülle in Vollgasstellung bringen.
● Sicherungsklammer in die entsprechende Kerbe im Rastsegment am Ende der Gaszughülle stecken.
● **Kontrolle:** In Leerlaufstellung soll der Gaszug Spiel haben. Bei voll getretenem Gaspedal muß an der Einspritzanlage Vollgasstellung erreicht sein.
● Sollte der Gaspedalweg nicht ausreichen, kann er an der Schraube oben am Gaspedal entsprechend eingestellt werden.

Abgas-Untersuchung

Wartung Nr. 44

Für Fahrzeuge mit geregeltem Katalysator ist in der Bundesrepublik erstmals drei Jahre nach Erstzulassungsdatum und darauf alle zwei Jahre eine Abgas-Untersuchung vorgeschrieben, bei der auch die Zündanlage und die Wirksamkeit des Katalysators geprüft wird. Wenn für den Omega eine »Fahrzeug-Hauptuntersuchung« beim DEKRA oder TÜV ansteht, muß zuerst die Abgas-Untersuchung erfolgen. Das geht nach unseren Erfahrungen am schnellsten in der Marken-Werkstatt. Zur Zeitersparnis kommt noch hinzu, daß in der Opel-Werkstatt immer die allerneuesten Einstelldaten vorliegen, die andere Werkstätten bzw. DEKRA oder TÜV erst mit einer gewissen Verzögerung erhalten.
Bei der AU muß die Auspuffanlage intakt sein, und am Ansaugrohr darf keine »Falschluft« eintreten können. Stellen Sie außerdem sicher, daß der Luftfilter sauber ist und der Zündkerzen-Elektrodenabstand stimmt. Nach monatelangem Kurzstreckenbetrieb ist außerdem ein Ölwechsel ratsam. Das ins Motoröl gelangte Kraftstoffkondensat verschlechtert nämlich die Abgaswerte.
Für die Prüfung wird der Wagen an einen aufwendigen Werkstattester angeschlossen, dessen Drucker die erzielten Meßwerte zu einer Prüfbestätigung zusammenfaßt. Werden einzelne Vorgaben nicht erreicht, gibt's auch keine Prüfbestätigung. Bevor Sie bei nicht bestandener Abgas-Untersuchung ein teures Bauteil auswechseln (lassen), sollten Sie die Prüfung bei einer anderen Werkstatt wiederholen. Trotz aufwendiger Meßtechnik kommt es bei den Ergebnissen zu Streuungen. Manchmal genügt auch eine ausgedehnte Probefahrt, wobei Motor und Katalysator auf volle Betriebstemperatur kommen.

Fingerzeig: Wenn Sie die Wartung des Omega immer in der Werkstatt durchführen lassen, gehört die Abgas-Untersuchung grundsätzlich zum Umfang des Service dazu. Wer die Instandhaltung seines Wagens selbst überwacht, muß selber drandenken – deshalb die Erwähnung dieses Wartungspunkts.

Leerlauf einstellen?

Einstellarbeiten erübrigen sich bei unserem Omega mit geregeltem Katalysator, denn hier gibt es nichts mehr einzustellen. Die Lambdasonde bzw. das Zünd-Einspritzsteuergerät übernehmen diese Aufgabe. Nur in Zweifelsfällen wird die Leerlaufdrehzahl (Achtventiler 670 – 930/min, 16V 700 –1000/min) bzw. der CO-Gehalt (alle Modelle max. 0,3 Vol.% bei 2800 – 3200/min ohne Last) nachgeprüft. Bei Nichterreichen der Sollwerte Luftschläuche, Unterdruckschläuche, Abgas-Rückführung, Aktivkohlbehälter-System prüfen und Fehlerspeicher abfragen.

Fingerzeig: Das Abklemmen der Batterie löscht bei unseren Fahrzeugen mit Vierpunkteinspritzung den Drehzahl-Korrekturfaktor. Das System muß sich erst wieder langsam an den richtigen Drehzahlwert herantasten, was einige Minuten dauern kann. Also nicht gleich in Panik verfallen, wenn nach Austausch der Batterie der Wagen plötzlich nicht mehr richtig läuft, sondern erst einige Zeit fahren, bis die Einregulierung abgeschlossen ist.

Scheiben-Weise

Schon in der Fahrschule lernen wir es: Die Kupplung in einem Wagen mit Schaltgetriebe wird für zweierlei gebraucht. Zum einen muß sich mit ihr die Verbindung Motor/Getriebe beim Schalten trennen lassen, denn nur ein nicht belastetes Getriebe läßt den Gangwechsel zu. Zum zweiten kann die Kupplung beim Anfahren den laufenden Motor sanft, wenn auch schleifend, mit den noch stehenden Teilen des Antriebs verbinden.

Funktion der Kupplung

Die Kraftübertragung zwischen Motor und Getriebe erfolgt durch die Kupplung. Die arbeitet ausschließlich mit Reibung, und das kann man sich so vorstellen: Zwei Anlageflächen nehmen eine dritte in die Zange und halten sie so stark fest, daß sie sich mit den beiden anderen mitdrehen muß. Trick der Sache ist der, daß diese Verbindung jederzeit gelöst werden kann, denn sonst könnten beide Teile genauso gut miteinander verschraubt werden. Um die Teile beim Namen zu nennen: Fest mit dem Motor verbunden sind die **Schwungscheibe** und die federbelastete **Druckplatte.** Dazwischen eingeklemmt ist **die Mitnehmerscheibe,** die mit der Getriebewelle fest verzahnt ist.

Eine weitere wichtige Funktion hat das **Ausrücklager** zu erfüllen: Beim Niedertreten des Kupplungspedals wird es mittels des Kupplungsseilzugs gegen die Druckplatte gepreßt und übernimmt nun gewissermaßen die Federkraft der Druckplatte. Die Mitnehmerscheibe ist dadurch aus ihrer Zwangslage befreit und kann sich zwischen Druckplatte und Schwungscheibe frei drehen. Motor und Getriebe sind kraftmäßig getrennt.

Wird das Kupplungspedal wieder losgelassen, quetscht die Tellerfeder die Mitnehmerscheibe wieder an die Schwungscheibe und aus ist's mit der Freiheit. Alle drei Teile stellen wieder eine feste, kraftschlüssige Verbindung dar. Die Motorkraft kann auf den Antrieb übertragen werden.

Die Kupplungsbetätigung

Die Kraft, die wir beim Niedertreten des Kupplungspedals aufwenden, muß zum Ausrücklager übertragen werden. Das erfolgt im Omega hydraulisch – wie bei der Bremse. Während Sie das Kupplungspedal niedertreten, verdrängt der Kolben im Geberzylinder (am Kupplungspedal) eine gewisse Flüssigkeitsmenge und drückt sie zur Zentralausrückeinheit mit integrietem Nehmerzylinder (im Getriebe). Dort tritt der Kolben ein Stück aus der Ausrückeinheit heraus und bewegt so direkt das Ausrücklager.

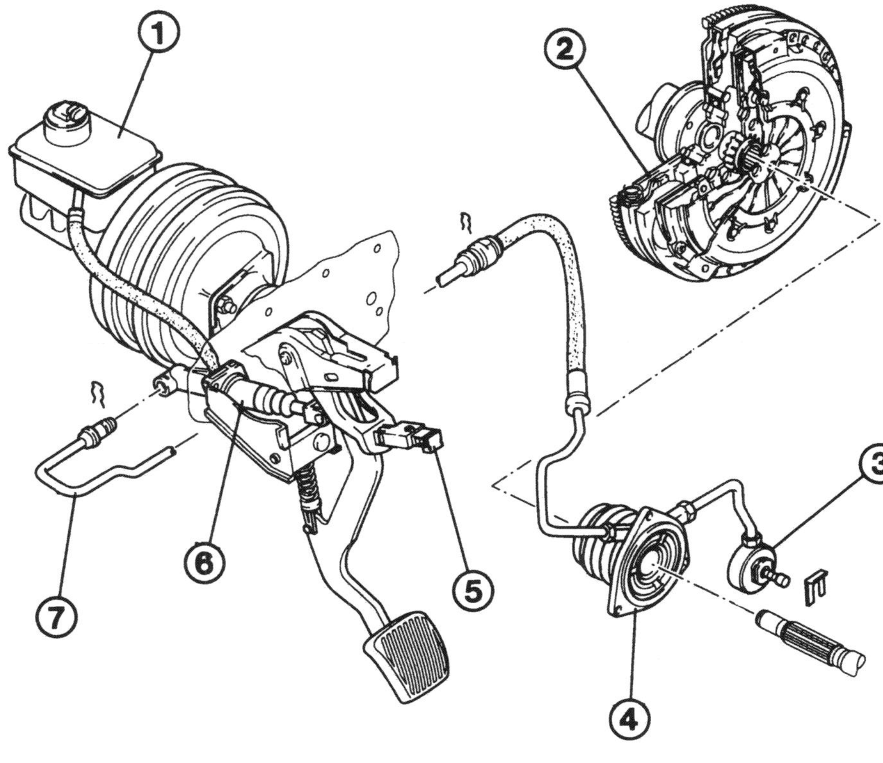

Zur Kupplung gehören die hier gezeigten Teile:
1 – Bremsflüssigkeitsbehälter;
2 – Schwungscheibe mit Mitnehmerscheibe und Druckplatte;
3 – Entlüftungseinheit;
4 – Zentralausrückeinheit mit Ausrücklager;
5 – Kupplungs-Kontrollschalter;
6 – Kupplungs-Geberzylinder;
7 – Druckleitung zur Zentralausrückeinheit.

Auskuppeln beim Halt an der Kreuzung?

Recht verbreitet ist die Angewohnheit, mit eingelegtem 1. Gang und durchgetretener Kupplung an der roten Ampel zu warten. Mancher fürchtet, den Gang nicht gleich einlegen zu können, wenn das grüne Licht den Weg freigibt. Wenn auch kein direkter oder sofort meßbarer Schaden entsteht, so beansprucht das Auskuppeln doch das Ausrücklager und bewirkt so wieder Verschleiß. Je öfter und länger das vor den vielen Ampeln geschieht, desto früher ist dieses Lager abgenutzt.

Kupplung prüfen

Schleift die Kupplung?

Der Sinn der vorbeugenden Kupplungsprüfung bleibt fraglich, denn die Mitnehmerscheibe wird wohl kaum vor dem endgültigen Verschleiß gewechselt werden.

Das erste Anzeichen für einen Defekt ist, wenn die Kupplung durchrutscht. Eine schleifende Kupplung bemerken Sie beim Fahren zuerst im höchsten Gang unter Last. Der Motor dreht hoch, ohne daß die Fahrgeschwindigkeit in gleichem Maß zunimmt. Einen gewissen Aufschluß kann folgende Methode geben, die Sie aber nur gelegentlich anwenden sollten:

- Handbremse anziehen, Motor starten.
- 3. Gang einlegen, langsam einkuppeln und Gas geben.
- Bei einwandfreier Handbremse müßte der Motor abgewürgt werden.
- Dreht er durch, wird ein Kupplungstausch fällig.

Trennt die Kupplung richtig?

Läßt sich das Getriebe auch bei warmen Motor nur schwer durchschalten oder wird der Schaltvorgang sogar von kratzenden oder krachenden Geräuschen »untermalt«, trennt wahrscheinlich die Kupplung nicht mehr richtig. Nur selten ist dieser Effekt auf ein schadhaftes Getriebe zurückzuführen. Um sicherzugehen, machen wir die Probe mit dem 1. oder dem Rückwärtsgang:

- Motor im Leerlauf drehen lassen.
- Kupplungpedal voll durchtreten, etwa drei Sekunden warten, dann den Rückwärtsgang einlegen.
- Läßt sich der Gang nur sehr schwer einlegen, oder ist sogar ein Kratzen hörbar, trennt die Kupplung nicht mehr sauber. Die Mitnehmerscheibe läuft also nicht ganz frei.
- Kupplungshydraulik kontrollieren und entlüften.
- Prüfung nochmals durchführen. Kratzt es immer noch, sollten Sie unseren Störungsbeistand am Ende des Kapitels zu Hilfe nehmen.

Kupplungshydraulik prüfen

Wartung Nr. 24

Wenn die Kupplung richtig trennt ist in jedem Fall auch die Kupplungshydraulik in Ordnung.

○ Trennt sie dagegen schlecht oder fällt das Pedal ohne Widerstand durch, ist sicher Luft in die hydraulische Anlage geraten. Nur Entlüften hilft nicht – die Leckstelle muß ausfindig gemacht und repariert werden. Jetzt können Sie entlüften.

○ Andere Ursachen für nicht trennende Kupplung finden Sie im Störungsbeistand am Ende des Kapitels.

○ Wer eine vorbeugende Untersuchung der Kupplungshydraulik vornehmen will, sucht nach Spuren von Bremsflüssigkeit am Geberzylinder (oben am Kupplungspedal) und an der Zentralausrückeinheit (im Getriebe). Zur Kontrolle Abdeckblech der Kupplung ausbauen.

○ Ölfeuchte Kupplungszylinder sind undicht und müssen ausgetauscht werden.

Fingerzeig: Die Kupplungshydraulik bezieht ihre Flüssigkeit zwar auch aus dem Bremsflüssigkeitsbehälter, doch droht bei einem Leck in diesem Bereich der Bremsanlage keine Gefahr. Der Entnahmestutzen zur Kupplungshydraulik ist relativ hoch am Behälter angebracht, so daß immer ein ausreichender Flüssigkeitsrest für die Bremse zurückbleibt.

Fahren mit defekter Kupplungshydraulik

Sollte dies unterwegs plötzlich eintreten, muß das noch nicht das Ende der Fahrt bedeuten. Zumindest ein nahes Ziel oder die nächste Werkstatt kann man auch ohne Kupplungsbetätigung erreichen. Bei feinfühligem Umgang mit Gaspedal und Schalthebel können Sie sogar hoch- bzw. herunterschalten.

Gang herausnehmen: Gas wegnehmen und Schalthebel in Richtung Leerlauf drücken. Bei schiebendem Wagen evtl. ein klein wenig Gas geben, falls der Gang »klemmt«.

Anfahren: Motor ausschalten, 1. Gang einlegen und Anlasser betätigen. Der Omega ruckelt los und setzt sich mit anspringendem Motor in Bewegung. Wer während der Fahrt nicht schalten will, fährt auf diese Weise in der Ebene im 2. Gang an.

Hochschalten: Im 1. Gang mit dem Anlasser anfahren. 1. Gang nur knapp über Leerlaufdrehzahl hinausdrehen (ca. 1000/min). Gas etwas zurücknehmen, Schalthebel in Leerlaufstellung ziehen. Gaspedal loslassen und den Schalthebel mit leichter Hand in Richtung des 2. Gangs drücken. Bei richtiger Motor- und Getriebedrehzahl rutscht der Gang fast von selbst hinein. Wenn Sie zu lange gewartet haben, müssen Sie ein klein wenig Gas geben, damit sich die Fahrstufe ohne Zähneknirschen einlegen läßt. Hat es nicht geklappt, halten Sie nochmals an und versuchen das Ganze von neuem. In die weiteren Gänge wird auf die gleiche Weise hochgeschaltet. Am leichtesten geht es in sehr niedrigen Geschwindigkeiten: In den 2. Gang bei höchstens 20 km/h, in den 3. bei 25 km/h, in den 4. bei 35 km/h und in den 5. bei 45 km/h.

Herunterschalten: Hierbei muß die Motordrehzahl angehoben werden, damit sich der nächstniedrige Gang einlegen läßt. Fuß leicht vom Gas, Gang herausnehmen, behutsam Gas zugeben und gleichzeitig den Schalthebel in Richtung des neuen Gangs drücken. Bei richtiger Motordrehzahl rutscht der Gang fast ohne Nachdruck hinein. Auch das Herunterschalten geschieht wieder am besten bei niedrigen Drehzahlen und Geschwindigkeiten.

Kupplungsgeberzylinder ausbauen

● Wasserabweiser im Motorraum ausbauen, siehe Kapitel »Instrumente und Geräte« unter »Scheibenwischermotor ausbauen«.
● Am Federbeindom Kabelbaum vom Bolzen abclipsen und zur Seite legen.
● Im Bremsflüssigkeitsbehälter möglichst viel Flüssigkeit absaugen (evtl. mit einer alten Injektionsspritze vom Hausarzt).
● Schlauchschelle lösen und Zulaufleitung zum Geberzylinder vom Bremsflüssigkeitbehälter abziehen. Lappen bereitlegen und austretende Bremsflüssigkeit auffangen.
● Am Geberzylinder (neben dem Bremskraftverstärker) Sicherungsklammer mit kleinem Schraubendreher vom Anschlußstutzen abhebeln. Leitung abnehmen. Bremsflüssigkeit auffangen.
● Verkleidung unter dem Armaturenbrett ausbauen.
● Darunterliegende Fußraumluftdüse losschrauben und abnehmen.
● Sicherungsspange des Gelenkbolzens (Verbindung Pedal/Geberzylinder) abdrücken.
● Bolzen aus Gabelstück und Pedal herausdrücken.
● Alten Lappen unter den Geberzylinder legen um austretende Bremsflüssigkeit aufzufangen.
● Beide Befestigungsmuttern losdrehen und Geberzylinder von der Stirnwand abnehmen.
● Dichtung am Geberzylinder prüfen, ggf. ersetzen.
● Zum Einbau Geberzylinder mit 18 Nm festschrauben.
● Kupplungshydraulik entlüften.

Kupplung ausbauen

An speziellen Werkzeugen wird für diese Arbeit ein Zentrierdorn für die Mitnehmerscheibe gebraucht (KM – 237). Dieser Dorn ist nichts anderes als das Ende einer Getriebe-Antriebswelle. Zur Not läßt sich die Kupplungsscheibe jedoch auch mit einem anderen passenden Dorn (Stahlbolzen, runder Holzstab etc.) behelfsmäßig zentrieren.

● Getriebe ausbauen.
● 6 TORX-Schrauben der Druckplatte zunächst nur eine Umdrehung lösen, damit sich die Druckplatte entspannt.
● Dreht sich die Schwungscheibe beim Lösen der Schraube mit, Schraubendreher als Arretierung in die Verzahnung der Schwungscheibe stecken.
● Schrauben vollends herausdrehen, Druckplatte und Mitnehmerscheibe abnehmen.
● Schwungscheibe mit einem benzingetränkten Lappen abwischen.
● Verschleiß an der Mitnehmerscheibe beurteilen:
● Ist noch genug Belagmaterial vorhanden oder stehen die Messingnieten (meist zuerst an der Druckplatten-Seite) schon bedrohlich weit vor? Opel gibt kein exaktes Verschleißmaß an, man muß sich also aufs Gefühl verlassen.
● Einseitige Abnutzung dürfen die Beläge ebensowenig aufweisen wie Risse.
● Ferner den festen Sitz der Schraubenfedern und der Belagnieten prüfen.
● Verschleiß der Druckplatte beurteilen:
● Zeigen die Spitzen der Tellerfeder Einlaufspuren tiefer als 0,3 mm?
● Stehen die Tellerfederspitzen alle schön parallel zur übrigen Druckplatte oder bilden sie an einer Stelle ein Tal?
● Sind alle Nieten noch fest?
● Sind die Blattfedern unter dem Anlagering in Ordnung?
● Ist der Anlagering selbst frei von Rissen und Riefen?
● Außerdem darf der Ring zur Mitte hin nicht stärker als 0,3 mm durchgebogen sein (Metallineal auflegen). Sonst Druckplatte auswechseln.
● Kleines Nadellager hinten in der Mitte der Kurbelwelle und das Ausrücklager auf Leichtgängigkeit prüfen.

Kupplung einbauen

Der Ausbau der Kupplung ist eine aufwendige Arbeit. Jedes der verschleißempfindlichen Teile, wie Mitnehmerscheibe, Druckplatte und Ausrücklager, sollte deshalb schon beim kleinsten Zweifel an seiner Funktionstüchtigkeit ausgetauscht werden. Sonst besteht die Gefahr, daß dieselbe Arbeit bald wieder ins Haus steht. Noch besser: Kompletten Kupplungssatz einbauen, wie ihn auch der Zubehörhandel anbietet.

Auch austretendes Motor- oder Getriebeöl kann die neue Kupplung schon bald wieder lahmlegen. Deshalb auf Ölspuren im Kupplungsbereich achten, und die Dichtringe der Kurbelwelle bzw. Getriebe-Eingangswelle gegebenenfalls gleich ersetzen.

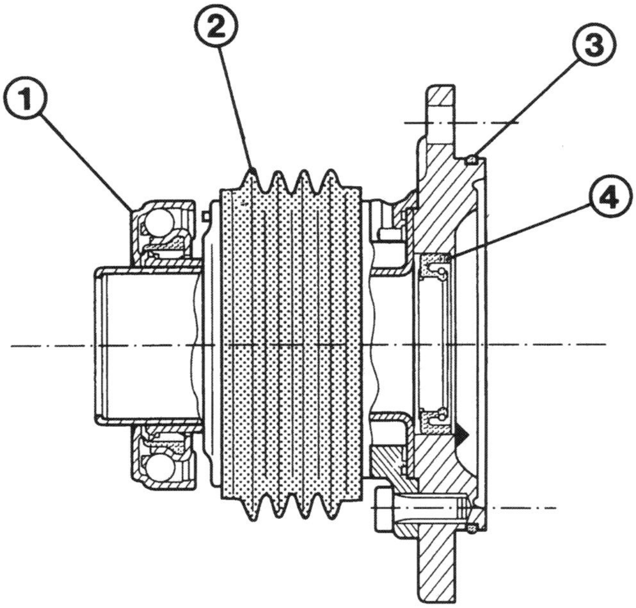

Schnittdarstellung der Zentralausrückeinheit:
1 – Ausrücklager;
2 – Faltenbalg mit integriertem Nehmerzylinder;
3 – Dichtring (O-Ring);
4 – Wellendichtring.

● Getriebe-Eingangswelle mit Molykote Longterm 2 im Bereich der Verzahnung einfetten.
● An der neuen Druckplatte das Korrosionsschutzwachs vollständig entfernen.
● Mitnehmerscheibe so auf die Schwungscheibe auflegen, daß die Aufschrift »Getriebeseite« sichtbar ist.
● Druckplatte auf die Schwungscheibe setzen und Schrauben lose eindrehen.
● Halteschrauben handfest eindrehen und Mitnehmerscheibe zentrieren. Sie muß genau mittig auf der Schwungscheibe sitzen, damit anschließend die Getriebewelle eingeführt werden kann. Dazu den Zentrierdorn oder Behelfswerkzeug verwenden.
● Schrauben – in mindestens zwei Durchgängen – nacheinander anziehen. M7-Schrauben mit 15 Nm festschrauben, M8-Schrauben mit 28 Nm.

Fingerzeig: Neue Kupplungsbeläge liegen wegen ihrer rauhen Oberfläche nicht gleich auf der gesamten Reibfläche an. Sie müssen deshalb eingefahren werden, um sich ihren Gegenreibflächen anzupassen. Das soll durch sanftes und nicht etwa hartes Einkuppeln oder gar Schleifenlassen geschehen.

Das Ausrücklager

Das Ausrücklager wird beim Durchdrücken des Kupplungspedals von der Zentralausrückeinheit auf die Tellerfederspitzen der Kupplungs-Druckplatte gepreßt. Die Kupplung wird dadurch entlastet. Dieses Drucklager ist wartungsfrei. Ist es defekt, macht es sich durch Mahlgeräusche bei getretener Kupplung bemerkbar. Deswegen muß es nicht sofort ersetzt werden. Man kann die Arbeit bis zum nächsten Kupplungswechsel aufschieben.

Zentralausrückeinheit und Ausrücklager ausbauen

● Getriebe ausbauen.
● Ausrücklager von der Zentralausrückeinheit abnehmen.
● Druckleitung von der Ausrückeinheit abschrauben.
● Wo nötig, Manschette aus dem Getriebegehäuse drücken und Druckleitung aus dem Getriebe nehmen.
● Sicherungsblech der Entlüftungsleitung abziehen und Leitung an der Ausrückeinheit lösen.
● Zentralausrückeinheit vom Getriebegehäuse losschrauben und Ausrückeinheit zusammen mit der Entlüftungsleitung abnehmen.
● Radialwellendichtring und O-Ring von der Ausrückeinheit abhebeln.
● Neuen O-Ring in die Nut einsetzen. Neuen Wellendichtring mit passendem Dorn bis zum Anschlag eintreiben.
● Ausrücklager an der Stirnseite mit Molykote Longtherm 2 fetten und auf die Ausrückeinheit setzen.
● Ausrückeinheit mit 22 Nm anschrauben.
● Druck- und Entlüftungsleitung mit 14 Nm festschrauben. Sicherungsblech nicht vergessen.

Kupplungshydraulik entlüften

● Bremsflüssigkeits-Vorratsbehälter ganz mit frischer Bremsflüssigkeit auffüllen.
● Während des Entlüftens darauf achten, daß rechtzeitig vor Absinken des Spiegels frische Flüssigkeit nachgefüllt wird. Andernfalls wird wieder Luft angesaugt, und die Arbeit war umsonst.
● Staubkappe vom Entlüftungsventil am Getriebe abnehmen und einen passenden durchsichtigen Schlauch über das saubergeriebene Ventil schieben.
● Das freie Schlauchende in ein teilweise mit Bremsflüssigkeit gefülltes Gefäß stecken.
● Entlüftungsventil $^1/_2$ bis 1 Umdrehung öffnen.
● Von Helfer das Kupplungspedal so lange langsam niedertreten und wieder zurückkommenlassen, bis im Schlauch keine Luftbläschen mehr sichtbar sind.
● Kommen keine Luftbläschen mehr, muß der Helfer das Kupplungspedal in der tiefsten Stellung halten, während Sie das Entlüftungsventil schließen. Mit Gefühl anziehen (9 Nm), sonst reißt das Ventil ab!

Die Abbildung zeigt das rechts am Schaltgetriebe sitzende Entlüftungsventil der Kupplungshydraulik. Wie entlüftet werden muß, steht im Text auf der gegenüberliegenden Seite.

Die Störung	– ihre Ursache	– ihre Abhilfe
A Kupplung rutscht	1 Kupplungsbeläge abgenutzt	Mitnehmerscheibe ersetzen
	2 Anpreßdruck der Kupplung zu gering	Kupplungsdruckplatte ersetzen
	3 Belag verölt	Mitnehmerscheibe und defekte Getriebe- oder Kurbelwellendichtung ersetzen
	4 Kupplung wurde überhitzt	Defekte Teile ersetzen
B Kupplung trennt nicht	1 Luft in der Kupplungshydraulik	Defektes Teil ersetzen, entlüften
	2 Mitnehmerscheibe hat Schlag	Mitnehmerscheibe ersetzen
	3 Mitnehmerscheibe verzogen oder Belag gebrochen	Mitnehmerscheibe ersetzen
	4 Mitnehmerscheibe klemmt auf Getriebewelle	Getriebe ausbauen. Kerbverzahnung mit Drahtbürste gründlich reinigen. Anschließend mit Moly-Paste oder -Spray schmieren
	5 Belag nach sehr langer Standzeit an Schwungscheibe festgerostet	Mit eingelegtem 1. Gang starten. Kupplung dauernd durchtreten. Gaspedal ruckartig durchtreten und loslassen, um die Kupplung loszubrechen. Andernfalls ausbauen
	6 Tangential-Blattfeder der Druckplatte gebrochen	Druckplatte ersetzen
C Kupplung trennt nicht und rutscht gleichzeitig durch	Kupplungsdruckplatte defekt	Druckplatte auswechseln
D Kupplung rupft	1 Siehe A 2	
	2 Falsche Beläge	Mitnehmerscheibe ersetzen
	3 Druckplatte drückt schief	Kupplungsdruckplatte ersetzen
	4 Motor oder Getriebeaufhängung defekt	Motor- oder Getriebelager ersetzen
E Kupplungsgeräusche	1 Unwucht der Kupplungsdruckplatte bzw. Mitnehmerscheibe	Kupplungsdruckplatte bzw. Mitnehmerscheibe ersetzen
	2 Torsions-Dämpferfeder defekt	Mitnehmerscheibe ersetzen
	3 Ausrücklager defekt	Ausrücklager ersetzen
	4 Nietverbindungen in der Kupplung locker	Kupplungsdruckplatte ersetzen
	5 Nadellager hinten in der Kurbelwelle defekt	Nadellager ersetzen

Direktübertragung

Der Motor liefert nur in einem bestimmten Drehzahlbereich seine beste Leistung. Das Schaltgetriebe macht es möglich, diese Drehzahl einzuhalten, auch wenn sich die Fahrgeschwindigkeit oder die Belastung ändern. Dazu müssen bei einem Fahrzeug mit Schaltgetriebe vier oder wie beim Omega fünf Vorwärtsgänge von Hand sortiert werden. Auf Wunsch kann im Omega aber auch ein Automat die Schaltbarkeit verrichten.

Funktion des Schaltgetriebes

Die Motorleistung wird über die Kupplung auf die Eingangswelle des Schaltgetriebes geleitet. Auf dieser Eingangs- oder Antriebswelle sitzen 6 Zahnräder (einschließlich Rückwärtsgang), die mit 6 dazu passenden Zahnrädern auf der sogenannten Antriebswelle ständig im Eingriff stehen. Diese Zahnräder können frei umlaufen, bis eines von ihnen beim Schalten eines bestimmten Gangs mit seinem entsprechenden Gegenrad auf der Antriebswelle gekuppelt wird.

Das Verhältnis der Zähnezahlen des jeweiligen Zahnradpaars ergibt die betreffende Übersetzungsstufe. Alle Gänge – auch der Rückwärtsgang – sind bei unserem Omega »vollsynchronisiert«. Die Zahnräder auf der Antriebs- und Abtriebswelle sind auf »Nadeln« (stiftartige Rollen) gelagert. Es besteht also keine starre Verbindung zwischen Wellen und Rädern. Die Zahnräder bleiben, wie schon erwähnt, immer im Eingriff.

Beim Gangwechsel wird nicht etwa eine Verbindung zwischen den Zahnrädern, sondern zwischen Zahnrad und Welle hergestellt. Um die Drehzahlen von Welle und Zahnrad einander anzugleichen, läßt man einen Teil der Welle gegen einen Teil der anderen Welle über Reibelemente schleifen. Durch die Reibung wird die schnellere Welle abgebremst, bis bei Gleichlauf eine kraftübertragene Verbindung hergestellt werden kann. Da die Synchronisation für diese Drehzahlanpassung einen Sekundenbruchteil braucht, soll man besonders bei kaltem Motor und noch steifem Getriebeöl den Schalthebel nicht gewaltsam »durchreißen«.

Schaltung prüfen

- Motor im Stand laufen lassen.
- Kupplung durchtreten und alle Gänge nacheinander einlegen.
- Spüren Sie beim Betätigen des Schalthebels eine Schwergängigkeit oder einen Widerstand (»Hakeln«), dann muß die Schalteinstellung überprüft werden.

Schaltung einstellen

Zum Einstellen der Schaltung besitzt die Opel-Werkstatt das Spezialwerkzeug KM 631. Mit diesem Werkzeug wird der Schalthebel während des Einstellvorgangs in der Leerlaufstellung fixiert. Mit einem Helfer kann die Schaltung behelfsmäßig eingestellt werden.

- Kunstlederbalg des Schalthebels etwas zusammendrücken, von der Mittelkonsole abclipsen und nach oben schieben.
- Inneren Faltenbalg vom Getriebetunnel abziehen und nach oben umschlagen.
- Einstellehre in Leerlaufstellung von oben in das Schalthebelgehäuse einsetzen. Oder Schalthebel von Helfer in Leerlaufstellung nach rechts drücken lassen. Schalthebel in dieser Stellung halten.
- Fahrzeug aufbocken und sichern.
- Faltenbalg des Schaltgestänges vom Ausleger abmontieren. Hierzu 4 Halteclipse herausziehen und Faltenbalg nach vorn klappen.
- Nahe dem Schalthebel an der Wagenunterseite

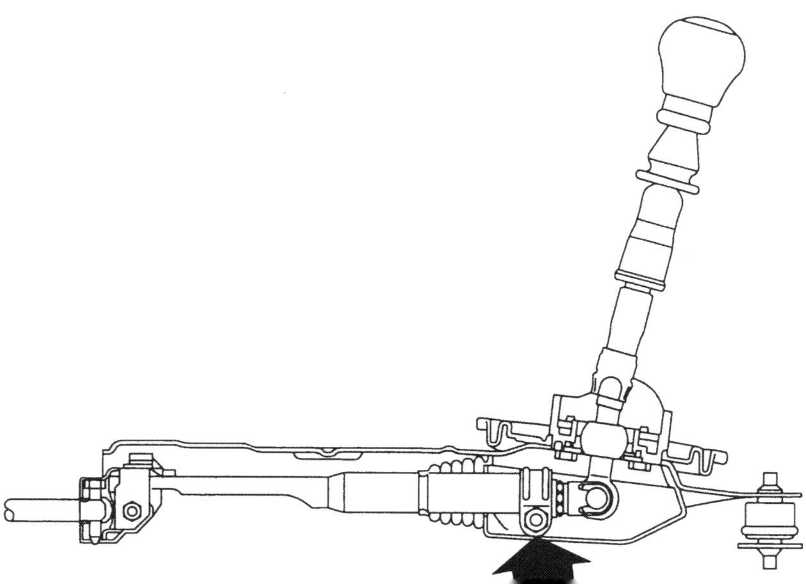

Die Zeichnung verdeutlicht, wo sich die Klemmschelle (Pfeil) der Schaltstange befindet.

Das Bild zeigt den Getriebe-Querträger. Zum Ausbau des Schaltgetriebes Querträger vom Wagenboden losschrauben (Pfeile).

Klemmschraube der Schaltstange lösen.
- Schaltstange von Hand oder mit einem Gabelschlüssel im Uhrzeigersinn (in Fahrtrichtung gesehen) bis zum Anschlag verdrehen.
- Klemmschraube festziehen.
- Wo vorhanden, Einstellehre aus dem Schalthebelgehäuse herausnehmen.
- Gänge bei laufenden Motor durchschalten. Bei Schwergängigkeit Einstellung wiederholen.
- Faltenbälge einbauen.
- Nach dem Zusammenbau Probefahrt durchführen und nochmals Leichtgängigkeit der Schaltung prüfen.

Störungsbeistand

Schaltgetriebe

Undichtigkeiten: Undichte Stellen am Getriebe lassen sich lokalisieren, nachdem es z. B. mit Motorreiniger gesäubert wurde. An folgenden Bauteilen kann im Laufe der Zeit die Abdichtung durchlässig werden:
- Trennstelle zwischen Motorblock und Getriebe
- Dichtung zwischen Getreibegehäuse und Getriebedeckel
- Dichtung Kardanwellenflansch
- Getriebeöl-Einfüll- und Ablaßschraube

Getriebegeräusche: Im Lauf der Zeit kann das Getriebe durch Geräusche auf sich aufmerksam machen.
- Zuerst sollten Sie nach dem Ölstand im Getriebe sehen.
- Tritt ein heulendes Geräusch in einem Gang auf und verändert sich der Ton beim Gasgeben und Gas wegnehmen, dürfte die Verzahnung des betreffenden Gangradpaares verschlissen sein.
- Bei Geräuschen in allen Gängen liegt es am Achsantrieb oder an den Getriebe-Wellenlagern.
- Rauhe, mahlende Geräusche, die erst bei warmem Getriebe hörbar werden, weisen auf schlagende Synchronringe hin. Bei dünnflüssiger werdendem Öl wird dieses immer an derselben Stelle vom Synchronring weggedrückt.

Schaltgetriebe ausbauen

- Batterie-Massekabel abklemmen.
- Druckleitung der Kupplungsbetätigung trennen. Hierzu an der Stirnwand Halteband des Kupplungsstücks öffnen. Mit einem kleinen Schraubendreher Sicherungsklammer aus dem Kupplungsstück hebeln und Leitung trennen.
- Austretende Bremsflüssigkeit auffangen.
- Omega aufbocken.
- Beim Achtventiler von der Wagenunterseite her Kabelstecker vom DIS-Zündmodul abziehen. Befestigungsschraube am DIS-Zündmodul herausdrehen und Kabelstrang vom Halter abclipsen.
- Motorhaltelasche hinten am DIS-Zündmodul losschrauben.
- DIS-Zündmodul ausbauen.
- Alle: Kabelstecker der Lambdasonde aus dem Halter am Getriebe ausrasten, Sicherungsbügel anheben und Kabelstecker trennen.
- Katalysator vom Mittelschalldämpfer losschrauben.
- Auspuffhalter vom Getriebe abschrauben und am Abgasrohr lösen.
- Druckleitung der Kupplungsbetätigung nach unten freilegen.
- Kardanwelle vom Getriebeflansch losschrauben. Hierzu je nach Ausführung MKM-604-18 oder TORX JE 12-Schlüssel verwenden.
- Kardanwelle zusammenschieben und seitlich nach rechts aufhängen.
- Abdeckung über dem Schaltgestänge ausbauen. Hierzu 4 Clips herausziehen und Abdeckung nach vorn schieben.
- Sicherungsklammer vom Bolzen abnehmen und Bolzen aus der Schaltstange herausziehen.
- Schaltausleger durch Einklemmen eines Montierhebels sichern.

- Beide Motorstützen rechts und links am Getriebe ausbauen.
- Abdeckblech für die Kupplung vom Getriebe abschrauben.
- Beide vorderen Getriebe-Befestigungsschrauben vom Motorblock herausdrehen.
- Getriebe mit Hydraulikwagenheber sicher abstützen.
- Getriebe-Querträger vom Wagenunterboden losschrauben.
- Getriebe mit dem Hydraulikwagenheber soweit ablassen, daß es am Schaltausleger vorbei geführt werden kann.
- 4 Getriebe-Befestigungsschrauben vom Motorblock herausdrehen.
- Getriebe vom Motorblock abdrücken und auf den Boden absenken. Dabei Lambdasonde nicht beschädigen.

Schaltgetriebe einbauen

Beim Wiedereinbau des Getriebes sollten Sie folgende Punkte beachten:

- Vor dem Einbau Kupplung prüfen.
- Getriebe-Antriebswelle vor der Montage reinigen und dünn mit Gleitfett Molykote Longterm 2 bestreichen.
- Beliebigen Gang einlegen.
- Getriebe anheben und waagrecht in die Kupplung einschieben.
- Falls beim Einschieben die Getriebe-Antriebswelle nicht in die Verzahnung der Kupplungsscheibe einrastet, Antriebswelle hinten hin- und herdrehen.
- Getriebe anschrauben. Dabei auf die Führungshülsen achten.
- Kardanwelle anflanschen. Schwingungstilger ausrichten.
- Bei der Version mit TORX-Schrauben unbedingt Unterlegscheiben unter den Schrauben verwenden.
- Nach dem Zusammenbau Kupplungshydraulik entlüften.
- Getriebeölstand kontrollieren, siehe Schmier-Kapitel.
- Wo nötig, Schaltung einstellen.
- Batterie anklemmen.

Anzugs-Drehmomente

Bauteile		Nm
Getriebe an Motorblock		**60**
Motorstütze an Getriebe		**22**
Motorstütze an Motorblock		**40**
Getriebe-Querträger an Unterbau		**45**
Abdeckblech für Kupplung		**22**
Kardanwelle an Getriebeflansch	**TORX-Schrauben**	**50 + 75° bis 90°**
	Sechskantschrauben M 12 × 1,5	**95**
Auspuffhalter an Auspuffrohr		**20**
Schaltausleger an Getriebe		**22**

Automatisches Getriebe

Kernstück aller Automatikgetriebe sind sogenannte Planetensätze. Die bestehen aus einem Zahnrad, um das drei weitere Zahnräder umlaufen. Über diese Anordnung ist ein Ringrad mit Innenverzahnung gestülpt. Jeweils zwei dieser Baugruppen sind zu einem Radsatz zusammengefaßt und bilden ein eigenes kleines Zweiganggetriebe.

Das Geniale an diesen Getrieben ist die Art, sie zu schalten. Dazu werden nämlich keine Zahnräder getrennt und zugeschaltet, sondern die Übersetzungsänderung erfolgt lediglich durch Festhalten oder Loslassen von Teilen des Planetensatzes. Das Schalten geschieht also ohne Unterbrechen des Kraftflusses. Das Halten und Lösen besorgen in der Praxis hydraulisch gesteuerte Bremsen bzw. Kupplungen.

Wann das Schalten zu erfolgen hat, bestimmt die elektronische Getriebesteuerung. Die elektronische Steuereinheit hat ihren Platz links im Fahrerfußraum. Sie erhält von Schaltern und Gebern Informationen über Getriebeöltemperatur, Schalterstellungen, Getriebedrehzahlen und durch das Motor-Steuergerät Hinweise über den Lastzustand des Motors.

Um ein vierstufiges Getriebe mit Rückwärtsgang zu erhalten, werden drei Planetensätze hintereinandergeschaltet. Die Koordination der Radsätze erledigt die Getriebesteuerung.

Nach Bedarf kann der Fahrer drei verschiedene Programme abrufen:

Sportliches oder energiesparendes Fahren sowie die Anfahrhilfe zum Anfahren auf schnee- oder eisbedeckten Fahrbahnen. Wird die Anfahrhilfe aktiviert, fährt das Fahrzeug im dritten Gang an. Dieses Programm schaltet sich bei Geschwindigkeiten über 80 km/h automatisch ab, sofern das manuelle Abschalten vergessen wurde.

Einspritzsystem und die elektronische Getriebesteuerung korrespondieren übrigens wechselseitig: Zum Beispiel wird nach Schaltvorgängen das Drehmoment des Motors durch automatisches Verstellen des Zündzeitpunkts kurzzeitig reduziert. Der Gangwechsel erfolgt dadurch ruckfrei und komfortabel.

Notlaufeigenschaften und Eigendiagnose wurden nicht vergessen. Bei gestörter Elektronik bleibt der Wagen

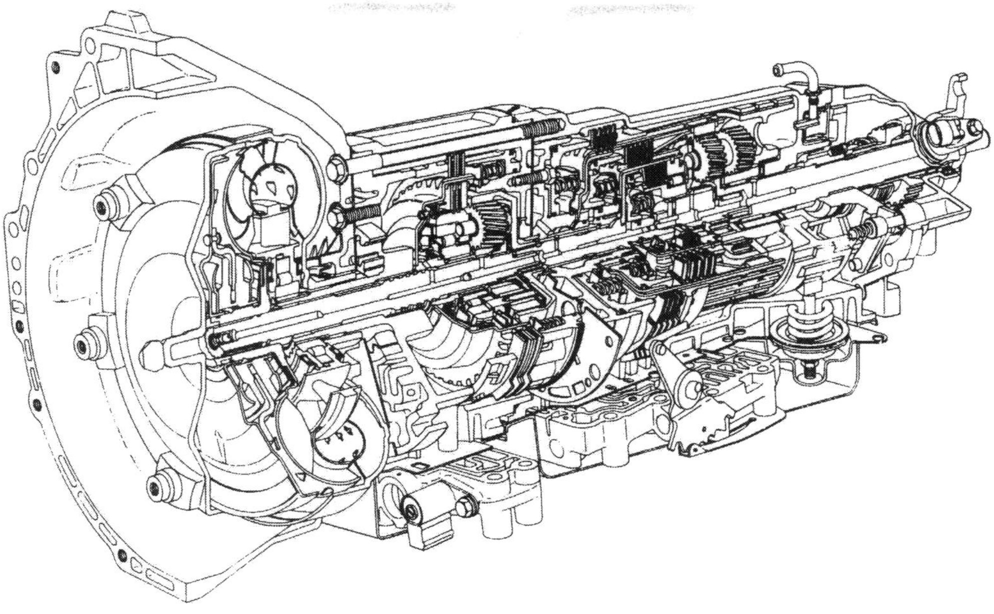

Die Schnittzeichnung vermittelt einen Eindruck vom komplizierten Aufbau eines Automatikgetriebes.

fahrfähig. Das Eigendiagnosesystem speichert den Fehler, gleichzeitig zeigt es dem Fahrer durch Aufblinken der »Sport«-Kontrolleuchte in der Instrumententafel an, daß ein Defekt vorliegt. Die Werkstatt verfügt über einen Diagnoseschlüssel, der in den Stecker rechts im Relaiskasten (neben dem Sicherungkasten) eingesteckt wird. Auf diese Weise wird der gespeicherte Fehler über einen Blinkcode angezeigt.

Der Drehmomentwandler

Zwischen Motor und Automatikgetriebe sitzt keine herkömmliche Reibkupplung, wie wir sie vom Schaltgetriebe her kennen. Vielmehr wurde ein hydraulischer Drehmomentwandler verwendet, in dem das Drehmoment des Motors auf Schaufelräder übertragen wird. Bei laufendem Motor versetzt das mit ihm gekuppelte Pumpenrad die Wandlerflüssigkeit (ATF) in eine Drehbewegung und schleudert sie nach außen gegen das Wandlergehäuse. Dabei trifft die Flüssigkeit auf das sogenannte Leitrad, das den ATF-Strom in die vorgesehene Richtung lenkt. So wird auch das mit dem Getriebe verbundene Turbinenrad in Drehung versetzt. Weil die Zahnräder des Planetengetriebes dauernd im Eingriff stehen und die Wandlerflüssigkeit bei laufendem Motor immer versucht – durch den Motor in Drehung versetzt – das Getriebe und damit auch die Antriebsräder zu bewegen, »kriecht« der Omega im Leerlauf, muß also mit der Fuß- oder Handbremse gehalten werden.
Zur Vermeidung von Schlupf (was Verlust bedeutet) besitzt der Drehmomentwandler eine Überbrückungskupplung, die im 3. und 4. Gang bei höheren Geschwindigkeiten wirksam wird. Getriebe und Motor sind dann starr miteinander verbunden.

Fingerzeig: Sollte der Automatik-Omega einmal nicht anspringen, hilft Anschieben oder Abschleppen nicht. Der hydraulische Drehmomentwandler kann bei stehendem Motor keine Verbindung zwischen Triebwerk und Getriebe herstellen. Es geht nur mit Starthilfekabeln.

Automatikgetriebe prüfen

Für den Selbsthelfer bietet das Automatikgetriebe kaum Möglichkeiten zur Eigeninitiative. Gezielte Prüfungen helfen jedoch, den Fehler einzukreisen, was nicht zuletzt beim Gebrauchtwagenkauf von Interesse sein kann:
○ Der ATF-Stand im Getriebe ist bei Störungen als erstes zu prüfen (siehe Schmierkapitel).

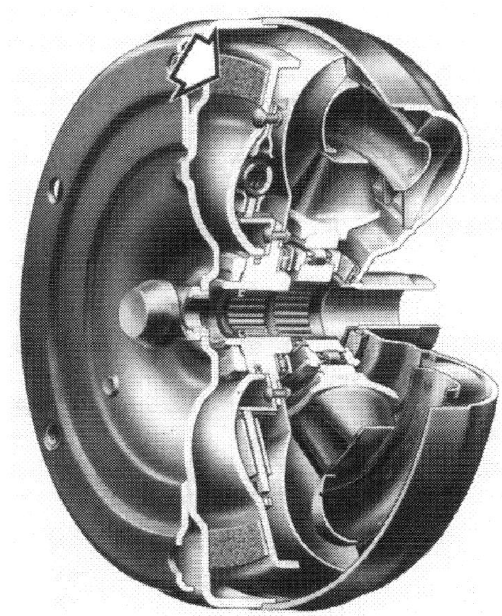

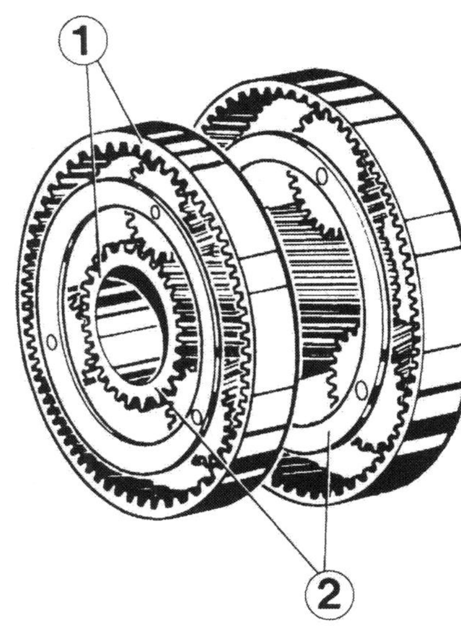

Links: ImSchnitt des Drehmomentwandlers sind die Schaufeln des Pumpenrades und des Leitrades zu sehen. Der Pfeil deutet auf den Reibbelag der Wandlerkupplung, die im 3. und 4. Gang auf starren Durchtrieb schaltet.
Rechts: Bei einem Planetengetriebe sind alle Zahnräder ständig im Eingriff. Die Übersetzungsstufen werden ohne Zugkraftunterbrechung durch Antreiben oder Festhalten des Sonnenrades, der Planetenräder oder des Ringrades erreicht.
1 – angetriebene Teile;
2 – festgehaltene Teile.

○ Riecht ATF verbrannt, liegt ein schwerer Getriebeschaden vor. Die Bremsbänder bzw. Kupplungslamellen sind dann defekt.
○ Auf einer Probefahrt können die Schaltpunkte überprüft werden.
○ Beurteilen der Schaltvorgänge gehört dazu.

Beurteilen der Schaltvorgänge

○ **Hochschalten:** Bei Teilgas ist der Gangwechsel kaum wahrnehmbar; bei Vollgas oder Kickdown werden die Übergänge zwar etwas deutlicher, doch stets muß der höhere Gang geschmeidig fassen. Kurzes Hochdrehen beim Gangwechsel deutet auf Fehler hin, die genauer untersucht werden müssen.
○ **Herunterschalten:** Ohne Gas (beim Ausrollenlassen) kaum spürbar bei sehr niederen Geschwindigkeiten. Ein Stoß ist beim Rückschalten mit Teil- oder Vollgas normal. Das Zurückschalten ohne Gas mit dem Wählhebel dauert 1 bis 2 Sekunden. Wird beim zwangsweisen Zurückschalten mit dem Wählhebel Gas gegeben, erfolgt der Gangwechsel ohne Verzögerung.

Störungsbeistand

Automatikgetriebe

Hier finden Sie nur Störungen beschrieben, die Sie selbst beheben können.

Die Beanstandung	– ihre Ursache
A Ruckartige Schaltübergänge beim Einlegen der Fahrstufen »D« oder »R« aus der Leerlaufstellung »N« heraus	1 ATF-Stand zu niedrig 2 Leerlaufdrehzahl zu hoch
B Starkes Kriechen im Leerlauf bei eingelegtem Fahrbereich	Siehe A 2
C Fahrzeug setzt sich bei eingelegtem Fahrbereich nicht in Bewegung, kein Antrieb in allen Fahrstufen	Siehe A 1
D Langgezogene, schleifende Schaltübergänge	Siehe A 1
E Verzögerter Antrieb nach längerer Standzeit	Siehe A 1
F Unregelmäßiger Antrieb in allen Fahrstufen	Siehe A 1
G Kickdown arbeitet nicht	Kickdownschalter defekt
H Getriebe schaltet bei mittleren Geschwindigkeiten zu spät hoch	Siehe G
J Schlechte Beschleunigung, Höchstgeschwindigkeit wird nicht erreicht	1 Siehe A 1 2 Schlechte Motorleistung durch falsche Einstellung oder Verschleiß

Fingerzeig: Fahrzeuge mit Automatikgetriebe dürfen nicht weiter als 80–100 km geschleppt werden, sonst reicht die Getriebeschmierung nicht aus. Aus dem gleichen Grund gilt eine Höchstgeschwindigkeit von 50 km/h. Im Zweifelsfall den bequemeren Weg wählen und den Wagen verladen lassen.

Die Kardanwelle

Die Kardan- oder Gelenkwelle überträgt die Motorkraft vom Getriebe zur Hinterachse – genauer gesagt zum Hinterachsgetriebe. Die Welle verläuft in Fahrzeugmitte im sogenannten Kardantunnel. Sie ist zweiteilig und besitzt an der Verbindung beider Hälften eine zusätzliche Lagerung, das Mittellager. Vorn und hinten ist die Welle über eine Gelenkscheibe aus Gummi mit dem Getriebe bzw. dem Hinterachsgetriebe verbunden. In der Mitte der Kardanwelle finden wir ein Kreuzgelenk.
Als Besonderheit besitzt die Kardanwelle am vorderen Gelenkwellenrohr eine Schiebeverzahnung. Wird sie gelöst, kann das vordere Gelenkwellenrohr nach hinten geschoben werden. Somit erspart man sich zum Aus- und Einbau des Getriebes den zusätzlichen Ausbau der Kardanwelle.

Störungssuche

Kardanwelle

○ Vibrationen und Brummgeräusche deuten auf Störungen im Rundlauf der Welle: Fehlende Wuchtbleche lassen darauf schließen, daß die Wuchtung nicht mehr stimmt.
Beide Wellenhälften werden zusammen gewuchtet. Trennen der Teile ohne Kennzeichnung der Einbaulage der Teile zueinander macht die Wuchtung unwirksam.
Weitere Möglichkeiten für Brummgeräusche: Defektes Gummigelenk, ausgeschlagenes Mittellager, verschlis-

senes Kreuzgelenk. Bei diesen Defekten betreffende Teile ersetzen bzw. gleich eine neue Kardanwelle einbauen.

○ Pfeifgeräusche können von einem defekten Mittellager herrühren.

○ Rassel- und Schabgeräusche haben meist ihre Ursache in zu großem Spiel am Schiebestück (Verbindung der Wellenhälften).

Kardanwelle ausbauen

- Wagen stabil aufbocken, damit an der Unterseite gearbeitet werden kann.
- Hitzeschutzbleche vom Unterbau losschrauben und abnehmen.
- Kardanwelle zusammen mit dem Einscheibengelenk vom Getriebewellenflansch abschrauben.
- Kardanwelle hinten ohne Einscheibengelenk vom Hinterachsgetriebe losschrauben.
- Bei Fahrzeugen mit TORX-Schrauben hierzu TORX-Schlüsseleinsatz JE 12 verwenden.
- Bei Ersatz der Kardanwelle Einscheibengelenk vom Flansch des Hinterachsgetriebes abschrauben und umrüsten.
- Vorderes Gelenkwellenrohr am Schiebestück so weit zurückdrücken, bis die Welle zur Seite gelegt werden kann. Kardanwelle ggf. mit einem Montiereisen zurückschieben.
- Halter des Kardanwellen-Mittellagers vom Fahrzeug-Unterbau losschrauben.
- Gelenkwelle aus dem Kardantunnel herausnehmen und ablegen.
- Die beiden Wellenhälften nicht voneinander trennen (siehe folgenden Fingerzeig).

<u>Fingerzeig:</u> Sollen hinteres und vorderes Teil der Kardanwelle getrennt werden, muß die Stellung der Teile zueinander zuvor mit Körner oder Farbpunkten markiert sein. Sonst stimmt beim anschließenden Zusammenbau die Wuchtung nicht mehr.

Neue Kardanwelle einbauen

- Halter der Befestigung von der alten Kardanwelle abschrauben, dabei auf die Ausgleichsscheiben achten.
- Generell neue Schrauben und Muttern verwenden.
- Halter mit den vorher abgenommenen Ausgleichsscheiben montieren und mit 22 Nm anziehen.
- Gummi-Gelenkscheiben vorn und hinten an der Kardanwelle auf die Zapfen von Getriebe- und Hinterachsgetriebeflansch aufsetzen und Schrauben lose eindrehen.
- Mittellager mit 20 Nm anschrauben.
- Schrauben der Gummi-Gelenkscheiben am Getriebeflansch bzw. am Hinterachsgetriebeflansch anziehen. TORX-Schrauben mit 50 Nm + 75° bis 90°; Sechskantschrauben M 12 × 1,5 mit 95 Nm.
- Hitzeschutzbleche montieren.

Das Hinterachsgetriebe

Das Hinterachsgetriebe lenkt die Antriebskraft über Kegel- und Tellerzahnrad gewissermaßen rechtwinklig um die Ecke und über zwei Antriebswellen zu den Hinterrädern. Es paßt durch seine Übersetzung die Drehzahl der Kardanwelle der erforderlichen Raddrehzahl an und gleicht bei Kurvenfahrt die unterschiedlichen Radwege des inneren und äußeren Rads durch sein Kegelradgetriebe (Differential) aus.

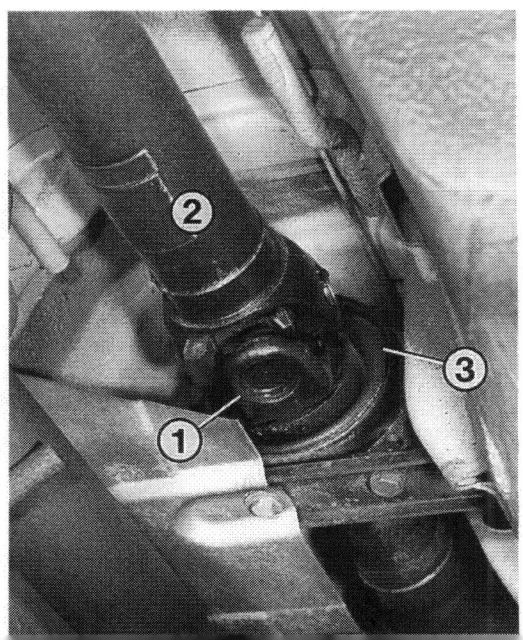

<u>Links:</u> Hier sehen Sie den Kardanwellenflansch am Getriebe. Bezeichnet sind:
1 – Kardanwelle;
2 – Einscheibengelenk;
3 – Befestigungsschraube für Einscheibengelenk;
4 – Befestigungsmutter für Kardanwelle.
<u>Rechts:</u> Das Bild zeigt das Kreuzgelenk (1) und das Mittellager (3) der Kardanwelle (2).

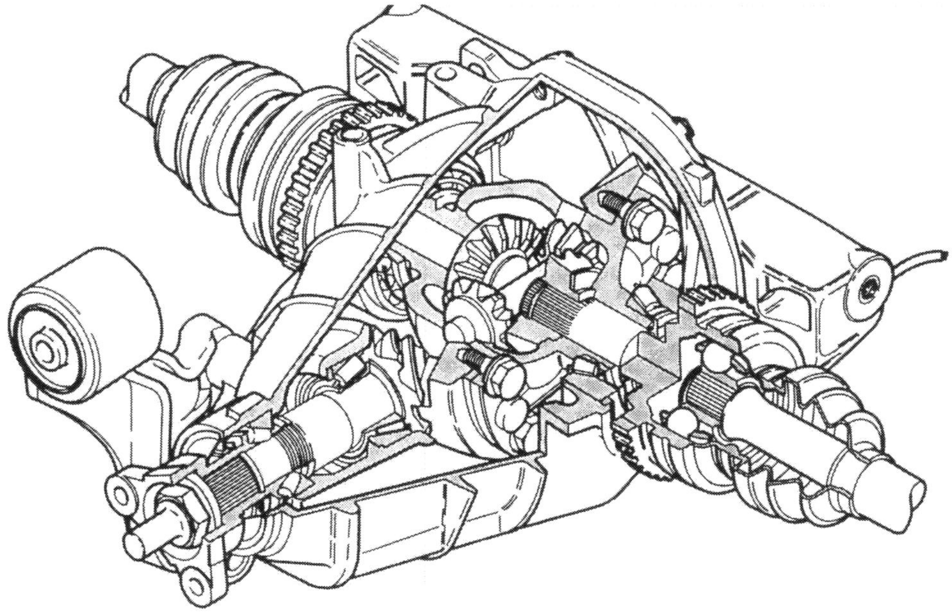

Die Schnittdarstellung verdeutlicht den Aufbau eines herkömmlichen Hinterachsgetriebes.

Das Sperrdifferential

Es kann auf Wunsch anstelle des herkömmlichen Hinterachsgetriebes eingebaut werden.Besitzt Ihr Omega ein Sperrdifferential, so arbeitet dieses vollkommen selbstständig und paßt sich den jeweils wechselnden Betriebsbedingungen an. Im normalen Fahrbetrieb werden Wegstreckenunterschiede zwischen dem kurvenäußeren und kurveninneren Rad wievon einem herkömmlichen Differential ausgeglichen. Will jedoch in schwierigem Gelände oder auf Eis und Schnee eines der hinteren Räder durchdrehen, so wird es durch die Reibung der Lamellen im Sperrdifferential gebremst. Dabei verlagert sich das Antriebsmoment zum größten Teil auf das Rad, das den höheren Reibungswiderstand findet, bis beide Antriebsräder wieder gleiche Haftung am Boden haben.

Die Antriebswellen

Zum Hinterachsantrieb gehören die Antriebswellen. Sie übertragen die Antriebskraft auf die Räder. Die Gelenke dieser Welle müssen dazu in der Lage sein, die Kraft bei allen Hinterachs-Federbewegungen gleichmäßig zu übertragen.

Diese Anforderung erfüllen sogenannte homokinetische Gelenke (Gleichlaufgelenke). Ihre Funktion beruht auf sechs Kugeln, die in speziell geschliffenen Laufbahnen beim Knicken des Gelenks hin und her laufen. So wird bei jedem im Fahrzeug möglichen Beugewinkel der Antriebswelle absolut gleichmäßige Kraftübertragung gewährleistet.

Manschetten der Antriebswellen prüfen

Wartung Nr. 17

Die Gelenke der Antriebswellen sind durch Gummimanschetten vor Feuchtigkeit und Schmutz geschützt. Deshalb sollten Sie diese Manschetten regelmäßig unter die Lupe nehmen, ob sie nicht durch Risse undicht geworden sind.

● Jeweils ein Antriebsrad hochbocken, Wagen absichern.

● Betreffende Achswelle langsam durchdrehen und beide Manschetten der Welle auf feine Risse und spröde Stellen kontrollieren.

● Sitzen die Haltebänder für die Manschetten fest?

● Fettspuren an der Manschette sind ein Alarmsignal, denn fehlendes Schmiermittel oder eindringender Schmutz bzw. Feuchtigkeit zerstören die Gelenkoberflächen sehr schnell.

● Beschädigte Staubmanschetten sofort ersetzen. Dazu muß die Achswelle ausgebaut und zerlegt werden.

Störungssuche

Antriebswellen

Gewöhnlich gibt es mit den Antriebswellen keine Probleme. Ihre Lebensdauer hängt natürlich von der Fahrweise ab. So führen z. B. häufige Vollgasstarts mit durchdrehenden Antriebsrädern zu frühzeitigem Defekt.

○ Die Gelenke der Antriebswellen zeigen meist schlagartig Ausfallerscheinungen, die aber zwischendurch wieder völlig verschwinden können. Die »ruhige Phase« kann sich über mehrere Tage und Kilometer erstrecken.

○ Charakteristisch sind rhythmische Schlag- oder Knack-Knack-Geräusche beim Gasgeben und im Schiebebetrieb.

○ Einfachste, aber teuerste Reparaturmöglichkeit ist der Einbau kompletter Austausch-Antriebswellen (evtl. vom Zubehörhandel).
○ Billigere Methode: ein einzelnes Gelenk auswechseln. Schwierig ist allerdings, das defekte Gelenk zu lokalisieren. Am besten erkennen Sie den Übeltäter durch konzentriertes Horchen während der Fahrt.
○ Bei ausgebauter Welle sind schadhafte Gelenke leichter zu erkennen: Sie lassen sich nur schwer und ruckartig durchdrehen. Nach dem Zerlegen und Auswaschen der Gelenke zeigen sich die Schäden an den Kugel-Laufflächen am Außenring.

Antriebswelle ausbauen

● Handbremse anziehen.
● Wagen aufbocken und sichern.
● 6 Innensechskantschrauben lösen und Achswelle vom Radzapfenflansch abdrücken. Wo nötig, Montiereisen zum Abdrücken benützen.
● Antriebswelle nach oben legen.
● Antriebswelle mit dem Opel-Werkzeug KM 617 oder zwei Flachmeißeln aus dem Sitz im Hinterachsgetriebe heraustreiben.
● Auf korrektes Ansetzen des Werkzeugs achten, damit das Geberrad für den ABS-Drehzahlgeber beim Austreiben nicht verschoben wird.
● Achswelle abnehmen.
● Beim Einbau Sicherungsring am Achswellengelenk erneuern.
● Antriebswellenverzahnung mit Öl fetten.
● Auf korrekten Sitz der Antriebswelle gegenüber dem ABS-Drehzahlgeber achten.
● Antriebswelle in das Hinterachsgetriebe einsetzen und so weit einschieben, bis der Sicherungsring einrastet.Ggf. Welle mit passendem Dorn eintreiben.
● Antriebswelle am Radzapfenflansch mit 50 Nm anschrauben. Anschließend Schrauben 60° bis 75° weiter anziehen.

Antriebswelle zerlegen

Opel bietet als Ersatzteil nur das Antriebswellen-Außengelenk nebst einem Reparatursatz für die Gummimanschette. Das Innengelenk gibt es nur komplett mit der Welle.
Dementsprechend ist die einzige Zerlegarbeit der Ausbau des Außengelenks; eine Arbeit, die auch zum Austauschen der Gummimanschetten nötig wird.
● Antriebswelle ausbauen.
● Blech-Schutzkappe mit Durchschlag und Hammer vorsichtig vom Außengelenk herunterklopfen. Dabei den Durchschlag an mehreren Stellen rund um das Gelenk ansetzen.
● Spannband der Gummimanschette mit einem Seitenschneider aufschneiden.
● Am Außengelenk den Sicherungsring, der das Gelenk auf der Antriebswelle hält, mit zwei schmalen Schraubendrehern und etwas Geduld aus der Nut »popeln« und abnehmen. Wenn Seegerring verbaut, Seegerringzange benutzen.
● Außengelenk jetzt von der Welle abziehen; notfalls mit dem Hammer etwas nachhelfen.
● Will sich das Gelenk nicht lösen, muß es in der Werkstatt unter einer Reparaturpresse von der Welle gedrückt werden.
● Sollen die Gummimanschetten gewechselt werden, Spannbänder der alten Manschetten mit Seitenschneider durchschneiden.
● Manschetten von der Welle abziehen.
● Neue Manschetten montieren und mit MoS_2-Schmierfett füllen.
● Gereinigte Gelenke ebenfalls mit Fett bestreichen.
● Außengelenk bis zum Anschlag auf die Welle schieben und Sicherungsring einsetzen.
● Blech-Schutzkappe montieren und Antriebswelle einbauen.

Links: Die Manschetten (Pfeil) an den Enden der Antriebswellen schützen die Gelenke vor Feuchtigkeit und Schmutz. Eine regelmäßige Kontrolle der Manschetten und ihrer Schlauchbinder ist dringend anzuraten, denn eindringender Schmutz und Feuchtigkeit lassen ein Gelenk schnell ausschlagen.
Rechts: Hier sind drei der insgesamt sechs Halteschrauben gezeigt, mit denen die Antriebswelle am Radzapfen befestigt ist.

Vierfüßler

Die Karosserie steht mit der nachgiebigen Radaufhängung sozusagen auf allen Vieren. Dazu gehört auch die Lenkung. Alles zusammen bildet das sogenannte Fahrwerk, von dem der oberflächliche Betrachter nichts sieht. Dabei gibt es über die Beine des Autos allerlei Interessantes zu berichten.

Die Vorderradaufhängung

Eine Vorderachse im landläufigen Sinn gibt es im modernen Automobilbau schon längst nicht mehr. Vielmehr sind die beiden Vorderräder – jedes für sich – »einzeln« an der Karosserie und am stabilen **Vorderachsträger** aufgehängt.
Kern der Vorderradaufhängung ist das sogenannte **Federbein**, an dem das Rad direkt befestigt ist und das sich gleichzeitig für Federung und Stoßdämpfung zuständig fühlt. Ein elastisch aufgehängtes Lager verbindet das Federbein an der Oberkante mit der Karosserie. Unten ist es über den sogenannten **Querlenker** gelenkig mit dem Vorderachsträger verbunden. Mit der Lenkung haben die Querlenker übrigens nichts zu schaffen – ihren Namen bekamen sie vielmehr, weil an ihnen die Federbeine angelenkt (sprich: gelenkig aufgehängt) sind und weil sie quer zur Fahrtrichtung stehen.
An den Federbeinen ist ferner noch ein mehrfach gebogener Rundstab aus Federstahl befestigt – der sogenannte **Stabilisator.** Der bewirkt folgendes: Wenn bei Kurvenfahrten das kurveninnere Rad ausfedert, wird der Stabilisator in sich verwunden. Mit der so entstehenden Federkraft wird nun die kurvenäußere Radaufhängung unterstützt und somit deren Feder gewissermaßen verstärkt. Erfolg: Der Wagen neigt sich beim Kurvenfahren wesentlich schwächer. Federt der Wagen – etwa beim Bremsen – vorn gleichmäßig ein, bleibt der Stabilisator wirkungslos.

Der negative Lenkrollradius

Erwähnt sei noch eine konstruktive Besonderheit der Vorderradaufhängung: Die richtungsstabilisierende Lenkkinematik. Sie bringt beispielsweise Sicherheit beim Bremsen auf unterschiedlicher Straßenoberfläche zwischen rechtem und linkem Vorderrad.
Erreicht wird das durch den sogenannten Lenkrollradius, der beim Omega »negativ« ist. Das kann man sich so vorstellen: Wir verbinden den oberen und den unteren Lagerpunkt des Federbeins mit einer gedachten Linie und schauen, wo diese (verlängert nach unten) auf den Boden auftrifft. Beim Omega ist der Auftreffpunkt außerhalb der Reifenmitte.
Damit wird eine Umkehr der Kräfte erzielt, die auf das Fahrwerk wirken. Ist beispielsweise die Bremse am linken Vorderrad defekt, würde der Wagen beim Bremsen nach rechts ziehen. Nicht so beim Omega. Die am Rad ansetzende Kraft wirkt gewissermaßen entgegengesetzt auf das Fahrwerk, und die Tendenz zum Ausbrechen des Wagens wird ausgeglichen.

Die Radeinstellung

Die Vorderräder müssen für ein sicheres Fahrverhalten in Längs- und Seitenrichtung in bestimmten Winkelstellungen stehen. Damit Sie sich unter der Bezeichnung »Lenkgeometrie« etwas vorstellen können, haben wir hier die Begriffe mit einer entsprechenden Erläuterung zusammengestellt:
○ **Vorspur:** Bei Geradeausfahrt stehen die Räder vorn geringfügig enger zusammen als hinten. Sie rollen gewissermaßen aufeinander zu. Man sagt, die Spur ist »positiv« oder der Wagen hat »Vorspur«. Genau parallelstehende Räder haben nämlich das Bestreben, auseinanderzulaufen. Die Reibung zwischen Rad und Straße möchte das linke Rad nach links weg und das rechte Rad nach rechts drücken. Das führt zum Radieren der Rei-

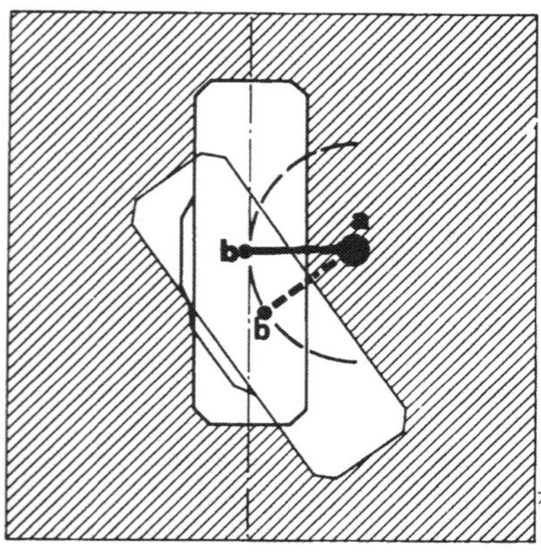

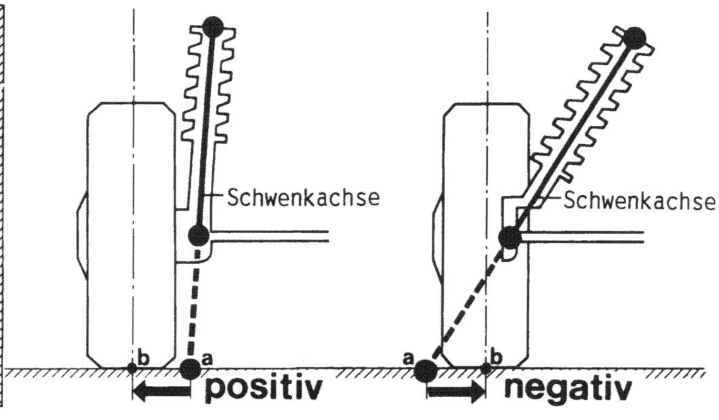

Trifft die (gedachte) Verlängerung der Schwenkachse außerhalb der Radmitte auf dem Boden auf, ist der Lenkrollradius negativ. Trifft sie innerhalb auf, ist er positiv. Unter der Schwenkachse versteht man die Linie, um die das Rad beim Lenken schwenkt.

Damit Sie sich die Begriffe auf diesen Seiten besser vorstellen können, haben wir sie hier zeichnerisch deutlich gemacht.

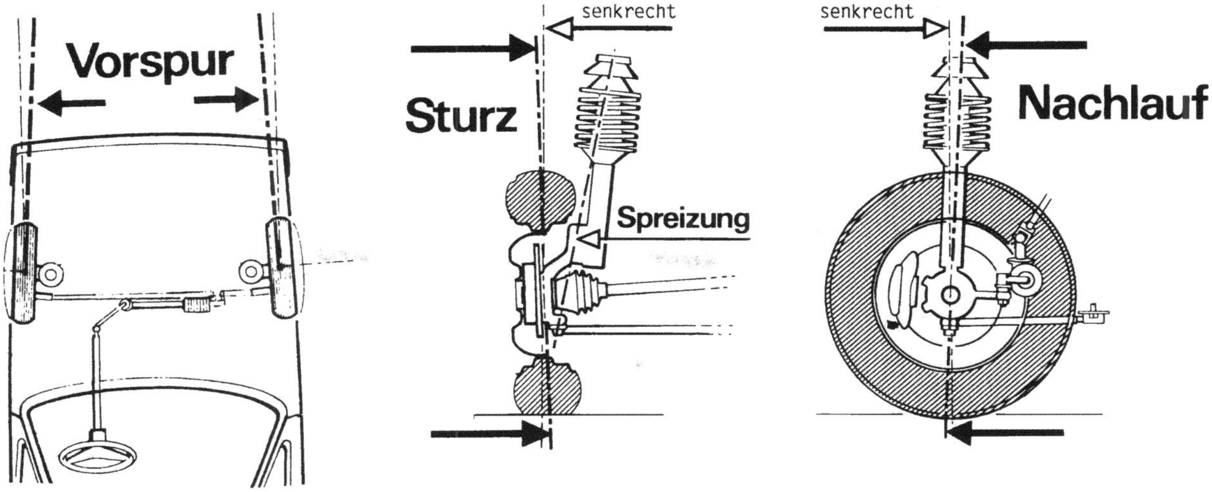

fen und Räderflattern. Durch die Vorspur laufen die Räder wunschgemäß parallel, ohne seitlich wegzuziehen. Beim Hineinlenken des Wagens in die Kurve geht die Vorspur durch die trapezförmige Anordnung des Lenkgestänges in »Nachspur« über. Das kurveninnere Rad schwenkt stärker herum als das kurvenäußere. Dies ist auch notwendig, weil ja in einer Kurve die inneren Räder einen engeren Kreis fahren müssen als die äußeren. Das ergibt automatisch eine Unterstützung der Lenkbewegung und der Lenkkräfte.

○ **Sturz:** So nennt man die leichte Auswärtsneigung der Vorderräder – oben im Radkasten haben sie beim Omega einen engeren Abstand voneinander als unten am Boden. Das heißt in der Fachsprache »negativer« Sturz. Das Rad stemmt sich gewissermaßen gegen die Kurvenaußenseite.

○ **Spreizung:** Sie gehört zum Sturz. Spreizung ist die geringfügige Neigung der Schwenkachse, um die beim Lenken die ganze Geschichte schwenkt. Beide Schwenkachsen haben oben einen kleineren Abstand voneinander als unten. Sturz und Spreizung verhindern zusätzlich das Flattern der Räder. Ferner erleichtern sie das Einschlagen der Räder.

○ **Nachlauf**: Darunter versteht man die Schrägstellung der Schwenkachse in Fahrzeuglängsrichtung, wobei die Räder sozusagen gezogen werden. Das hilft, den Geradeauslauf zu stabilisieren und Flattern der Vorderräder zu verhindern. Außerdem bewirkt er eine Rückstellung der Lenkung nach Kurven.

Die Federbeine

Unter dem Begriff Federbein versteht man die Zusammenfassung von Feder und Stoßdämpfer in einer Einheit. Der Dämpfer ist in die Schraubenfeder hineingesteckt. Feder und Stoßdämpfer arbeiten genau in derselben Bewegungsrichtung, was gleichmäßige, für die Fahrzeuginsassen angenehme Federbewegungen ergibt. Solche Federbeine hat der Omega an der Vorderachse. Für die Vorderradfederung wurde ein Patent des Amerikaners Earl S. McPherson verwendet. Das nach ihm benannte Federbein stellt eine komplette Radaufhängung dar.
Der obere Befestigungspunkt an der Karosserie ist drehbar gelagert, so daß Lenkbewegungen überhaupt möglich sind. Das untere Ende der Federungseinheit steht auf dem Achsschenkel, durch den der Radzapfen für das Vorderrad läuft.

Die Stoßdämpfer

Die Stöße der Fahrbahn schlucken Reifen und Federn. Die Stoßdämpfer indessen sollen die Schwingungen der

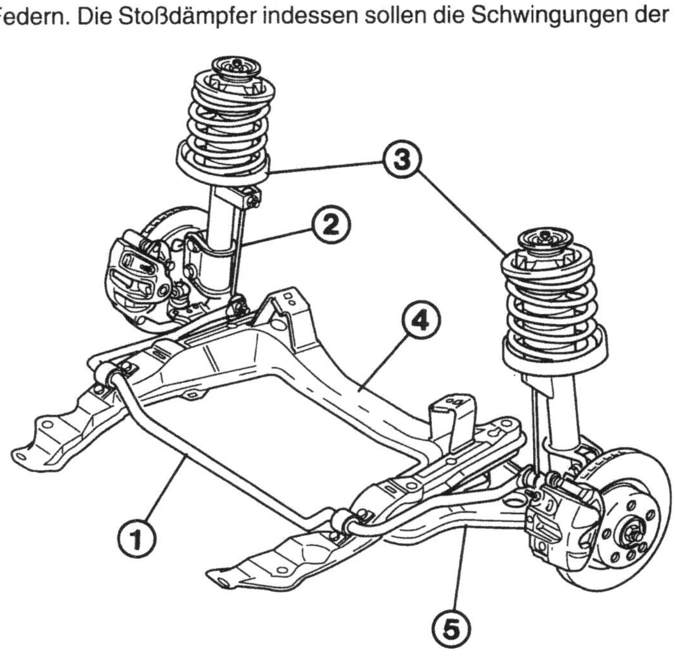

Die Vorderradaufhändung des Omega. Bezeichnet sind:
1 – Stabilisator;
2 – Stabilisator-Verbindungsstange;
3 – Federbeine;
4 – Vorderachsträger;
5 – Querlenker.

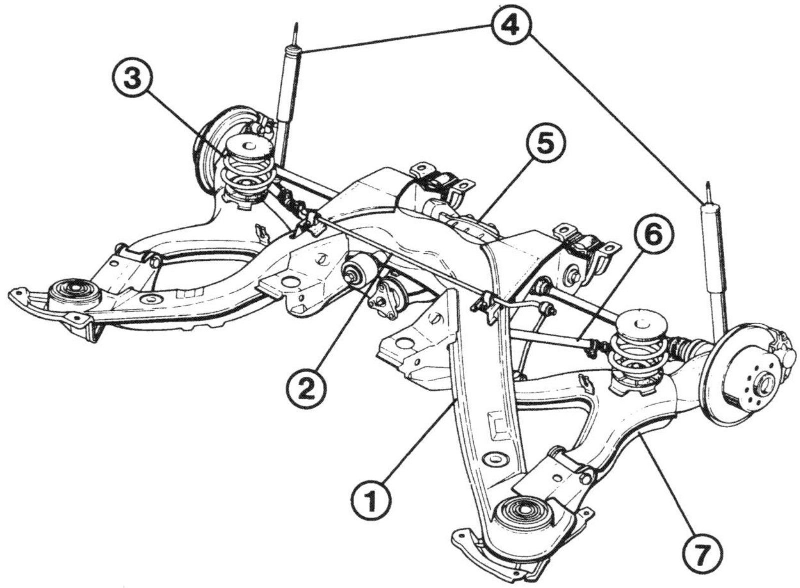

Die Zeichnung zeigt die Schräglenker-Hinterachse des Omega. Es bedeuten:
1 – Hinterachsträger;
2 – Stabilisator;
3 – Miniblockfeder;
4 – Stoßdämpfer;
5 – Hinterachsgetriebe;
6 – Zusatzlenker;
7 – Schräglenker.

Achsen und der Karosserie unterdrücken bzw. zum Abklingen bringen. Richtiger wäre daher die Bezeichnung »Schwingungsdämpfer«.

Serienmäßig sind sogenannte Zweirohrdämpfer eingebaut. Sie bestehen aus einem Arbeitszylinder, in dem ein mit einer Kolbenstange verbundener Arbeitskolben auf und ab gleiten kann. Der Arbeitszylinder ist von einem zweiten Zylinder umgeben, der als Vorratsbehälter für das Stoßdämpfer-Hydrauliköl dient. Bei Federbewegungen eines Rades verschiebt sich der Kolben im Zylinder. Das in Bewegung versetzte Spezialöl wird durch Ventile hindurchgepreßt, was die Kolbenbewegung verlangsamt und damit die Schwingungen des jeweiligen Rades dämpft.

Die Hinterachse

Die Schräglenker-Hinterachse ist für ein fahraktives Auto wie den Omega wie geschaffen. Die Hinterräder werden sehr exakt geführt und erhalten – was die Seitenführung in den Kurven verbessert – beim Einfedern einen stärkeren negativen Sturz. Beim Ausfedern verändert sich der Sturz dagegen nur geringfügig. Die beiden Schräglenker der Achse – also die eigentliche Radaufhängung – sind gelenkig mit dem quer zur Fahrtrichtung eingebauten Achsträger verbunden.

Außerdem besitzt die Hinterachse an jeder Seite einen kleinen Zusatzlenker, der dem Schräglenker beim Ein- und Ausfedern zusätzliche Querbewegung verleiht. Dieses unscheinbare Bauteil bewirkt dabei eine geringere Spurweitenänderung bei Federbewegungen, geringere Sturzänderung, geringen Beladungs-Einfluß sowie geringere Neigung zum Einfedern beim Anfahren.

Im Gegensatz zur Vorderachse finden wir hinten Federn und Stoßdämpfer getrennt eingebaut. Als Feder wurde eine sogenannte Miniblock- oder Tonnenfeder verwendet, die bei geringer Bauhöhe einen großen Federweg erlaubt (die einzelnen Federwindungen legen sich beim Einfedern schneckenförmig ineinander).Ferner besitzt die Hinterachse des Omega einen Stabilisator. Er hemmt die Seitenneigung des Hecks bei Kurvenfahrten.

Die Lenkung

Der Omega ist mit einer sogenannten Kugelmutter-Hydrolenkung ausgestattet. Hinter diesem Doppelbegriff verbirgt sich folgendes:

Das Lenkgetriebe besteht im wesentlichen aus einer Spindel (verbunden mit dem Lenkrad) und einer darauf aufgeschraubten Mutter (verbunden mit dem Lenkgestänge). Durch diese Anordnung läßt sich eine Drehbewegung am Lenkrad in eine Hin- und Herbewegung an den Rädern umsetzen.

Durch das Gleiten der Mutter auf der Spindel würden diese Teile trotz Ölfüllung schnell verschleißen. Also muß eine Möglichkeit gefunden werden, die Reibung zu vermindern, und das geschieht mit Kugellager-Kugeln. Diese werden in den ausreichend bemessenen Zwischenraum in die Gewindegänge zwischen Mutter und Spindel eingefüllt. Erfolg: Jetzt haben wir an dieser Stelle statt Gleit-Reibung verschleißmindernde Roll-Reibung.

Damit nun das Lenken zur Spielerei wird, besitzt der Omega hydraulische Lenkkraftunterstützung – daher Hydrolenkung. Die unterstützende Hilfkraft ist dabei das unter hohem Druck stehende Hydrauliköl, das auf Arbeitszylinder geleitet wird, die sich ebenfalls im Lenkungsgehäuse befinden. In welche Richtung dabei das Öl gepumpt werden soll, bestimmen Sie beim Drehen des Lenkrads. Diese Drehung wird auf ein Ventilsystem (ebenfalls im Lenkungsgehäuse) übertragen, das Richtung und Menge des Flüssigkeitsstroms regelt. Den Druck im hydraulischem System erzeugt eine Flügelpumpe, die der Motor über einen Keilrippenriemen antreibt.

Zur Lenkung des Omega gehören:
1 – linke Spurstange;
2 – mittlere Spurstange;
3 – rechte Spurstange;
4 – Lenkzwischenhebel;
5 – Lenkgetriebe;
6 – Zündschloß;
7 – Airbag;
8 – Lenkrad;
9 – Lenksäule;
10 – Gelenk;
11 – Lenkhebel.

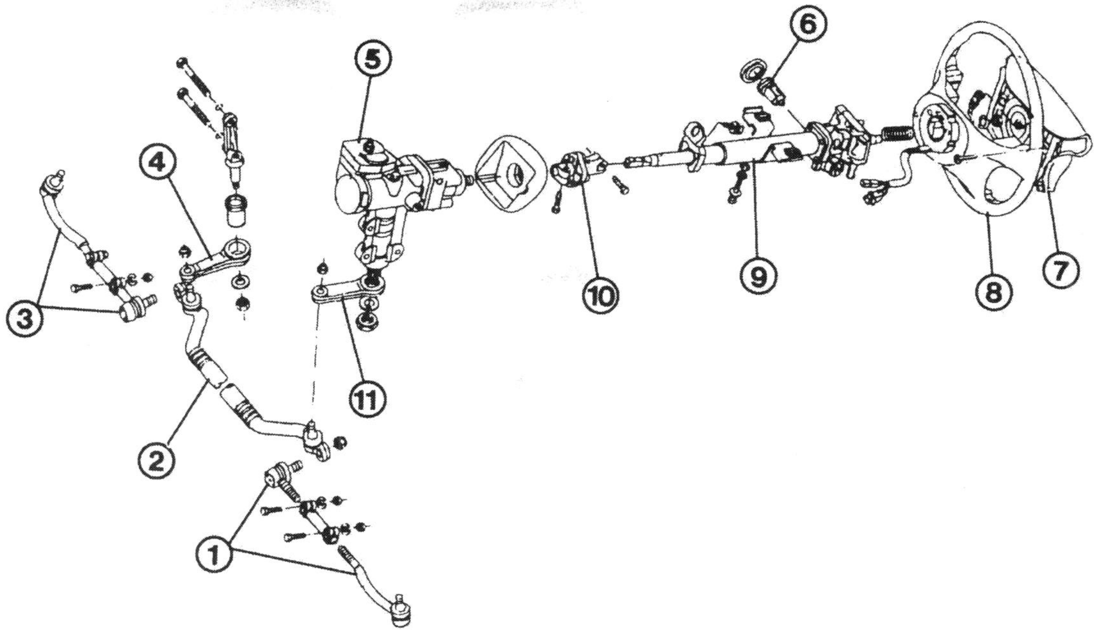

Servolenkung auf Dichtheit prüfen

Wartung Nr. 40

Im Lenkgetriebe der Servolenkung befindet sich als Hydraulikflüssigkeit die vom Automatikgetriebe her bekannte ATF (siehe auch Schmierkapitel). Die Flüssigkeit wird von der Flügelpumpe unter hohen Druck gesetzt, weshalb schon bei kleinen Undichtigkeiten mit viel Flüssigkeitsverlust zu rechnen ist. Aus Sicherheitsgründen – schließlich wird die Lenkung ohne Servounterstützung schlagartig extrem schwergängig – sollte daher die Dichtheit des Systems geprüft werden. Um es nochmals zu sagen: Der Wagen läßt sich auch ohne Lenkkraft-Unterstützung steuern – allerdings bedeutend schwerer. Hier die Kontrolle:

- Die Überprüfung findet gewissermaßen mit der Kontrolle des Flüssigkeitsstands im Vorratsbehälter statt. Denn fehlt keine Flüssigkeit, kann sie auch nirgends ausgetreten sein. Wenn doch:
- Lenkrad bei laufenden Motor einmal nach rechts und nach links zum Anschlag drehen. So baut sich der größtmögliche Leitungsdruck in der Servolenkung auf, und Undichtigkeiten werden am ehesten sichtbar.
- Lenkrad kurz an einem Anschlag festhalten und an folgenden Stellen nach Undichtigkeiten suchen:
- Am Drehkolbenventil: Es sitzt etwa dort, wo die Lenksäule ins Lenkgetriebe mündet.
- An den Abdichtungen der Lenkhebelwelle unten am Lenkgetriebe.
- An der Flügelpumpe der Servolenkung: Zum Feststellen von Undichtigkeiten muß evtl. vorher eine Motorwäsche durchgeführt werden.
- An den Leitungsanschlüssen: Alle Anschlüsse einzeln prüfen und evtl. nachziehen (28 Nm).

Staubkappen und Spiel der Spurstangenköpfe prüfen

Wartung Nr. 15

Die gelenkigen Spurstangenköpfe am äußeren Ende der Spurstangen bestehen aus Stahl-Kugelköpfen, die mit etwas Fett wartungsfrei in eine Kunststoffschale eingebettet sind. Schutz vor Staub und Feuchtigkeit erhalten die Gelenke durch Gummimanschetten, deren Zustand öfters kontrolliert werden soll.

In regelmäßigen Abständen sollen die Staubschutzmanschetten (Pfeile) der Spurstangenköpfe auf Schäden kontrolliert werden.

● Kontrollieren Sie die Staubschutzmanschetten rundum auf Risse.

● Spurstangenköpfe mit gerissenen Manschetten sind generell als defekt anzusehen – austauschen.

● Ob die Gelenke Spiel aufweisen, können Sie bei aufgebocktem Wagen durch Hin- und Herschwenken des Rades um seine Vertikalachse oder durch Rütteln an der Spurstange feststellen.

● Andere Möglichkeit: Von Helfer das Lenkrad hin- und herdrehen lassen und bei auf dem Boden stehendem Wagen mit der Hand am Gelenk fühlen, ob Spiel vorhanden ist!

● Spurstangenköpfe mit Spiel sofort ersetzen!

● Auf die gleiche Weise wird geprüft, ob die Spurstangengelenke am Lenkgetriebe und am Lenkzwischenhebel spielfrei sind.

● Unter dem Wagen liegend wird gleich geprüft, ob sich Verschraubungen am Lenkgetriebe oder an der Lenksäule gelockert haben.

Staubkappen der Achsgelenke kontrollieren

Wartung Nr. 16

Die Gelenke an der Vorderachse zwischen Querlenker und Achsschenkel sind wartungsfrei. Die stählernen Kugelköpfe der Achsgelenke sitzen in einer Fett-Dauerfüllung und zusätzlich in Kunststoffschalen.

Als Schutz vor Nässe und Schmutz dienen Staubkappen aus Gummi. Eindringender Schmutz wirkt wie Schmirgelsand im Gelenk; Feuchtigkeit läßt es mit der Zeit festrosten.

● Lenkung nach einer Seite voll einschlagen.

● Kappen der Achsgelenke rechts und links auf Beschädigungen kontrollieren.

● Eine beschädigte Staubkappe kann nicht einzeln ersetzt werden; man muß das komplette Gelenk austauschen. Was auch sinnvoll ist, denn sicher ist bereits Schmutz und Wasser durch den Riß eingedrungen.

● Damit gilt das Gelenk als defekt, noch bevor sich Spiel oder Quietschgeräusche bemerkbar machen.

● Gelenk austauschen.

● Bei dieser Gelegenheit empfiehlt sich auch die Kontrolle der Gummi-Metall-Lager, mit denen die Querlenker am Achsträger befestigt sind.

● Die Lagerung des Querlenkers muß spielfrei sein.

● Ungleichmäßig herausgedrücktes Gummimaterial deutet aus – schlechteres Fahrverhalten.

● Verschlissene Gummi/Metall-Lager austauschen lassen.

Staubkappen der vorderen Stabigelenke und der hinteren Zusatzlenker prüfen

Wartung Nr. 14

Opel sieht im Rahmen der Inspektion keine spezielle Prüfung der vorderen Stabigelenke und der Gelenke der hinteren Zusatzlenker vor. Wir meinen, daß die regelmäßige Kontrolle der Staubkappen nicht schaden kann. Die Gelenke am vorderen Stabilisator und an den Zusatzlenkern sind mit den Spurstangenköpfen der Lenkung identisch. Wie geprüft wird, steht sinngemäß in den vorangegangen Abschnitten. Bei dieser Gelegenheit können auch gleich die Lagergummi des hinteren Stabilisators geprüft werden. Poröse oder gerissene Gummilager ersetzen.

Radeinstellung messen

Nur nach einer harten Bordsteinberührung, einem Unfall, bestimmten Reparaturarbeiten an der Vorderachsauf-

Links: Wenn die Staubkappe eines Achsgelenks beschädigt ist, muß das Achsgelenk ersetzt werden. Das Gelenk ist mit dem Querlenker vernietet und muß zum Ausbau vom Querlenker abgebohrt werden.
Rechts: Auch die Staubkappen der Stabilisator-Verbindungsstangengelenke bedürfen ab und an einer Kontrolle.

Die Abbildung links zeigt Lagergummis des hinteren Stabilisators. Der Pfeil im Bild rechts deutet auf die Staubkappe des hinteren Zusatzlenkergelenks.

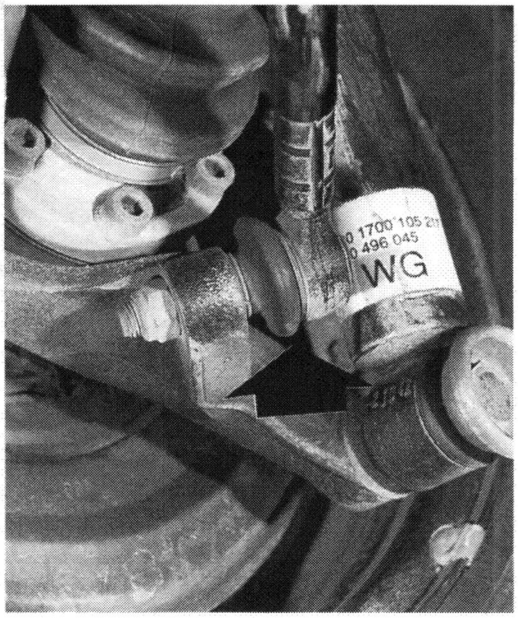

hängung oder ganz einfach im Verdachtsfall wird die Radeinstellung vermessen. Das geht jedoch nur auf einem optischen Achsmeßstand.
Zur Messung dürfen die Teile der Radaufhängung und Lenkung kein zu großes Spiel aufweisen. Ferner beachten:

- ○ Reifendruck so einstellen, wie er für das Fahrzeug mit voller Belastung vorgeschrieben ist.
- ○ Schräg abgefahrene Reifen vor der Messung austauschen.
- ○ Felgen und Felgenhorn in einwandfreiem Zustand.
- ○ Belastet heißt: Beide Vordersitze mit 70 kg belastet, der Tank ist halb gefüllt.
- ○ Fahrzeug vor der Messung einige Male kräftig durchfedern.

Werte für Fahrzeugvermessung	**Vorderachse**	
	Limousine	**Caravan**
Radsturz **Abweichung vom linken zum rechten Rad**	**-1°45´ bis -0°15´** **max. 1°**	**-1°45´ bis -0°15´** **max. 1°**
Nachlauf (nicht einstellbar) **Abweichung vom linken zum rechten Rad**	**+4°40´ bis +6°40´** **max. 1°**	**+4° bis +6°** **max. 1°**
Nachspur (bezogen auf beide Räder)	**0° bis 0°20´ = 0,5 bis 2,5 mm**	**0° bis 0°20´ = 0,5 bis 2,5 mm**
Spurdifferenzwinkel bei 20° Innenradeinschlagwinkel (Vorspur 0) **Abweichung vom linken zum rechten Rad**	**-0°55´ bis +2°25´** **max. 40´**	**-0°55´ bis +2°25´** **max. 40´**
	Hinterachse	
Radsturz **Abweichung vom linken zum rechten Rad**	**-1°10´ bis -2°30´** **max. 1°**	**-1°45´ bis -0°15´** **max. 1°**
Nach- bzw. Vorspur (bezogen auf beide Räder) **Abweichung vom linken zum rechten Rad**	**0°05´ Nachspur bis 0°45´ Vorspur** **= 0,5 mm Nachspur bis 4,5 mm Vorspur** **max. 25´**	**0°10´ Nachspur bis 0°30´ Vorspur** **= 1,0 mm Nachspur bis 3 mm Vorspur** **max. 25´**

Erkennungsmerkmale für falsche Radeinstellung

Wenn Sie fehlerhafter Lenkgeometrie beim Fahren auf die Schliche kommen wollen, müssen Sie zuerst sicherstellen, daß beide Vorderreifen dieselbe Reifensorte, Profiltiefe und den vorgeschriebenen Luftdruck aufweisen.

- ○ **Stehen die Lenkradspeichen bei Geradeausfahrt symmetrisch?** Ein schiefsitzendes Lenkrad ist oft das Zeichen für falsche Spureinstellung.
- ○ **Unruhiger Geradeauslauf**; er ist besonders gut auf schnee- oder eisglattem Untergrund zu erkennen. Überbreite Reifen können den Geradeauslauf trotz richtiger Radeinstellung ebenfalls verschlechtern.
- ○ **Zieht der Omega zur Seite** auf völlig ebener Fahrbahn und bei losgelassenem Lenkrad?
- ○ **Stellt sich die Lenkung** nach Kurven **wieder von selbst in Geradeausstellung?**
- ○ Schauen Sie sich die **Vorderräder** aus fünf bis zehn Meter Entfernung an – **stehen** sie **in Geradeausstellung symmetrisch zueinander?**

○ **Ist das Reifenprofil einseitig abgenutzt?** Bei scharfer Fahrweise ist es allerdings nicht ungewöhnlich, daß an beiden Vorderreifen die Außenkanten stärkere Verschleißspuren zeigen als innen.
○ Eine **verbeulte Felge** deutet auf eine harte Bordsteinberührung, wodurch die Geometrie der Federbein-Vorderradaufhängung leicht aus dem Winkel gerät.
○ Weitere Ursachen für fehlerhafte Stellung der Räder können verschlissene Gelenke bzw. Gummilager sein oder unsachgemäße Unfallreparaturen.

Lenkungsspiel prüfen

Wartung Nr. 30

● Geprüft wird bei abgestelltem Motor.
● Linkes Seitenfenster herunterkurbeln oder -fahren. Stellen Sie sich neben den Wagen.
● Durchs Fenster greifen und Lenkrad kurz hin und her drehen.
● Bewegt sich das linke Vorderrad aus der Geradeausstellung sofort mit? Achten Sie auf die Felge, denn der elastische Reifen kann einen Teil des Einschlags »schlucken«, ehe er sich bewegt.
● Zeigt sich Spiel, sind die Spurstangengelenke zu kontrollieren. Ausgeschlagene Gelenke ersetzen.
● Sind die Spurstangengelenke in Ordnung, müssen Sie wegen des Lenkgetriebes in die Werkstatt fahren, denn es läßt sich nicht ohne weiteres nachstellen.

Ursachen für Lenkungsspiel

○ Ausgeschlagene Spurstangengelenke; vor allem bei der mittleren Spurstange
○ Ausgeschlagene Lenkzwischenhebel (rechts anstelle des Lenkgetriebes angebracht)
○ Defektes Kreuzgelenk der Lenksäule
○ Verschlissene Gummi-Gelenkscheibe in der Lenksäule
○ Verschleiß im Lenkgetriebe

Funktion der Servolenkung kontrollieren

Wartung Nr. 31

Auch bei ausgefallener Servounterstützung bleibt der Omega lenkfähig. Die Lenkung ist dann eben erheblich schwerer zu bedienen. Das eigentliche Gefahrenmoment ist jedoch der Schreck, wenn die Lenkunterstützung während der Fahrt plötzlich ausfällt.
● Die Servounterstützung funktioniert einwandfrei, wenn sich das Lenkrad bei laufendem Motor erheblich leichter drehen läßt als bei stehendem.
● Außerdem muß sich das Lenkrad von Anschlag zu Anschlag ruckfrei durchdrehen lassen.
● Und es muß sich nach Kurvenfahrten selbsttätig wieder in Mittelstellung drehen.

Der Keilrippenriemen

Wie schon erwähnt, wird die Pumpe der Servolenkung über einen Keilrippenmriemen vom Motor angetrieben. Mehr über den Keilrippenriemen der Servolenkungspumpe erfahren Sie im Lichtmaschinen-Kapitel.

Flüssigkeitsstand prüfen

Was zum Prüfen des Ölstands im Vorratsbehälter der Servolenkung zu sagen ist, finden Sie im Schmier-Kapitel beschrieben.

Radlagerspiel prüfen

Wartung Nr. 25

Die Räder laufen vorn und hinten auf zweireihigen Kugellagern, die – mit Dauerfett montiert – für weitaus mehr als 100 000 km gut sind. Defekte Lager machen durch Laufgeräusche auf sich aufmerksam: Wird das Geräusch in Rechtskurven lauter, ist meist eines der linken Radlager defekt. Auch Radlagerspiel ist eine Verschleißerscheinung. Das prüft man so:
● Fassen Sie nacheinander die fest am Boden stehenden Räder oben und versuchen Sie, diese quer zum Wagen zu bewegen.
● Bei einwandfreien Lagern darf praktisch keine »Luft« vorhanden sein.
● Ist Spiel spürbar, von Helfer kräftig die Fußbremse treten lassen und nochmals am Rad rütteln: Ist kein Spiel mehr vorhanden, lag es nur am Radlager. Trotzdem noch Spiel: Die Radaufhängung muß kontrolliert werden.
● Bei hochgebocktem Wagen können Sie noch prüfen, ob sich die Räder leicht drehen lassen (keine Schleif- oder Mahlgeräusche ?).
● Defekte Radlager müssen ausgetauscht werden. Eine Nachstellmöglichkeit der Lager gibt es nicht.

Stoßdämpfer prüfen

Stoßdämpfer fallen gewöhnlich nicht schlagartig aus, sondern ihre Wirkung läßt allmählich nach, woran man sich unbemerkt gewöhnt. Faustregel: Nach zwei verschlissenen Reifensätzen besitzen die Stoßdämpfer nur noch 50 % ihrer ursprünglichen Wirkung und sind somit zur Erneuerung reif.
Keine genaue Diagnose erhält man durch die bekannte »Schaukelmethode« im Stand, bei der man den Wagen am betreffenden Kotflügel anschaukelt und plözlich losläßt. Die Federbewegung müßte sofort gedämpft werden. So läßt sich aber nur ein total ausgefallener Stoßdämpfer feststellen.
Ein genaueres Bild über den Stoßdämpferzustand liefert ein spezieller Prüfstand. Anhand des Diagramms hat man einen Anhaltspunkt über die Funktionsfähigkeit der Stoßdämpfer. Solche Prüfstände haben Autoclubs im »Wandereinsatz« sowie manche Werkstätten und TÜV-Stellen.

Störungsbeistand

Stoßdämpfer

Es gibt einige untrügliche Anzeichen für nachlassende Stoßdämpferwirkung:
○ **Flatternde Lenkung**, weil die Räder keinen ständigen Fahrbahnkontakt haben.
○ **Nach Unebenheiten schwingt die Karosserie nach**.
○ **»Schwammiges« Fahrverhalten in Kurven**, wobei die kurveninneren Räder nicht stark genug auf den Boden gedrückt und die äußeren nicht genügend entlastet werden.
○ **Vielfach unterbrochene Bremsspur** bei Vollbremsung (nicht bei ABS).
○ **Ungleichmäßige Abnutzung der Reifen** und erhöhter Reifenverschleiß.
○ **Erhebliche Ölspuren außen am Stoßdämpfer** bis unter den Federteller des Federbeins. Geringe Leckverluste sind dagegen normal.

Eigenarbeiten an Fahrwerk und Lenkung

Vorsichtsmaßnahmen

Fahrwerk und Lenkung sind für die Verkehrssicherheit von entscheidender Bedeutung. Eigenarbeiten an diesen Teilen sollte wirklich nur derjenige vornehmen, der sich seiner Sache völlig sicher ist. Andere sind mit derartigen Instandsetzungsarbeiten in einer Fachwerkstatt am besten aufgehoben.
Wer jedoch unbedingt an diesen Teilen schrauben will, sollte wenigstens nicht blindlings drauflosschlossern, sondern nach fachkundiger Anleitung arbeiten. So sind auch die Arbeitsbeschreibungen dieses Kapitels zu verstehen.

Vorderradaufhängung zerlegen

Beschädigte Teile der Radaufhängung dürfen nicht gerichtet oder gar geschweißt, sondern müssen grundsätzlich erneuert werden.

Vorderen Stabilisator ausbauen

● Fahrzeug aufbocken und sichern.
● Rechts und links beide Gelenkstangen vom Stabilisatorende losschrauben. Dazu Kugelbolzen der Gelenkstange mit einem Gabelschlüssel gegenhalten.
● Vorderachsträger absenken, wie unter »Vorderachsträger ausbauen« beschrieben, bis die Befestigungsschrauben des Stabilisators zugänglich sind.
● Stabilisator-Lagerbügel beiderseits vom Vorderachsträger abschrauben.
● Stabilisator vom Vorderachsträger abnehmen.
● Wo nötig, Gelenkstangen von den Federbeinen losschrauben.
● Verschlissene Stabilisator-Gummilager ersetzen. Neue Gummilager mit Silikonspray einsprühen und aufschieben.
● Zum Einbau neue Schrauben und Muttern verwenden.
● Stabilisator an Vorderachsträger 20 Nm + 30° bis 45°.
● Vorderachsträger anheben und festschrauben.

Federbein vorn komplett ausbauen

● Vorderrad abbauen.
● Bremssattel abschrauben und mit angeschlossenem Schlauch an der Karosserie aufhängen.
● Gelenkstange vom Stabilisator und vom Federbein abbauen. Dabei Gelenk-Kugelbolzen mit einem Gabelschlüssel gegenhalten.
● Verschraubung des Federbeins lösen und Schrauben aus dem Achsschenkel herausziehen.
● Federbein nach außen klappen und abstützen, damit es nach Lösen der oberen Befestigung nicht herunterfallen kann.
● Am Federbeindom im Motorraum Befestigungsmutter abschrauben. Dabei Kolbenstange gegenhalten.
● Federbein nach unten herausnehmen.
● Zum Einbau Federbein von unten in den Federbeindom einsetzen.
● Federbein oben festschrauben (55 Nm).
● Federbein unten anschrauben. Hierzu die alten Schrauben von vorn nach hinten (in Fahrtrichtung gesehen) einsetzen und mit 100 Nm anziehen.
● Gelenkstange am Stabilisator und am Federbein

<u>Links:</u> Hier ist die Befestigungsmutter zu sehen, mit der das Federbein am Federbeindom befestigt wird.
<u>Rechts:</u> Die Pfeile deuten auf die beiden Befestigungsmuttern, mit denen der Stoßdämpfer am Achsschenkel angeschraubt ist.

mit neuen selbstsichernden Muttern auf 65 Nm anziehen.
- Bremssattel einbauen.
- Nach dem Einbau Radeinstellung sofort kontrollieren lassen. Hierbei die alten Schrauben und Muttern zur Sturzeinstellung durch neue ersetzen. Anzugsdrehmoment: 90 Nm + 45° bis 60°.

Stoßdämpfer vorn ausbauen

Zu dieser Arbeit ist eine Federspannvorrichtung unbedingt erforderlich. Zwei Federspanner werden mindestens gebraucht; besser sind drei. Ohne Verwendung der Federspannvorrichtung darf die Befestigungsmutter oben an der Stoßdämpfer-Kolbenstange nicht gelöst werden, denn die Feder steht unter hoher Vorspannung. Die Federbeinteile würden explosionsartig auseinanderfliegen – Unfallgefahr! Außerdem läßt sich die entspannte Feder so nicht mehr einbauen. Federspanner führt der Zubehörhandel.

- Federbein ausbauen.
- Federbein ganz unten dort wo der Achsschenkel befestigt wird in einen Schraubstock einspannen.
- Federspanner an den Federwindungen ansetzen und Feder zusammenspannen.
- Damit die Federspanner nicht abrutschen, die betreffenden Federwindungen evtl. mit Klebeband umkleben.
- Mutter oben am Federbein mit einem gekröpften Ringschlüssel lösen. Dabei Stoßdämpfer-Kolbenstange gegenhalten.
- Stützlager mit beiden Anschlagscheiben von der Kolbenstange abnehmen.
- Federteller mit Anschlagpuffer, Schutzbalg und Dämpfungsring von der Feder abnehmen.
- Feder zusammen mit den Spannern abnehmen.
- Unteren Dämpfungsring abnehmen.
- Als Ersatzteil wird der Stoßdämpfer nur zusammen mit dem Stützrohr geliefert.
- Einbau: Unteren Dämpfungsring auf das Federbein legen. Einbaulage beachten.
- Feder mit dem kleineren Durchmesser Richtung Federteller auf das Federbein aufsetzen.
- Dämpfungsringe so an die Feder anlegen, daß die Aussparungen an den Ringen an den Federenden anliegen.
- Alten Anschlagpuffer aus dem oberen Federteller herausdrücken. Neuen Anschlagpuffer mit Seifenwasser anfeuchten und samt Schutzbalg in den Federteller einpressen.

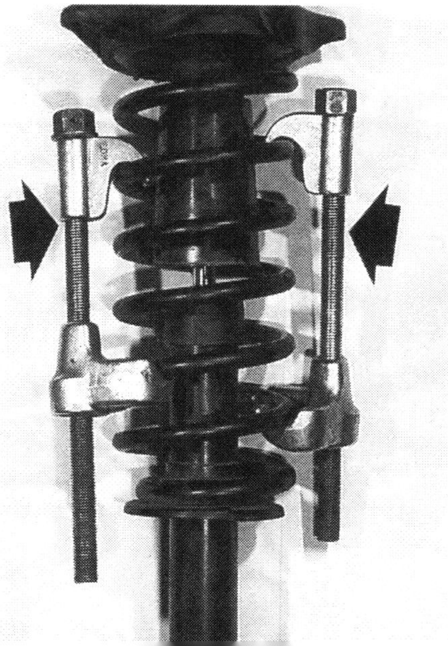

Federspannklammern (schwarze Pfeile) werden gebraucht, um bei ausgebautem Federbein die Feder vom Stoßdämpfer zu trennen.

Das vordere Federbein besteht aus folgenden Einzelteilen:
1 – Stoßdämpfer;
2 – unterer Dämpfungsring;
3 – Spiralfeder;
4 – selbstsichernde Mutter;
5 – Anschlag oben;
6 – Sechskantmutter;
7 – Anschlag unten;
8 – Stütze;
9 – Federsitz;
10 – oberer Dämpfungsring;
11 – Anschlagpuffer;
12 – Faltenbalg.

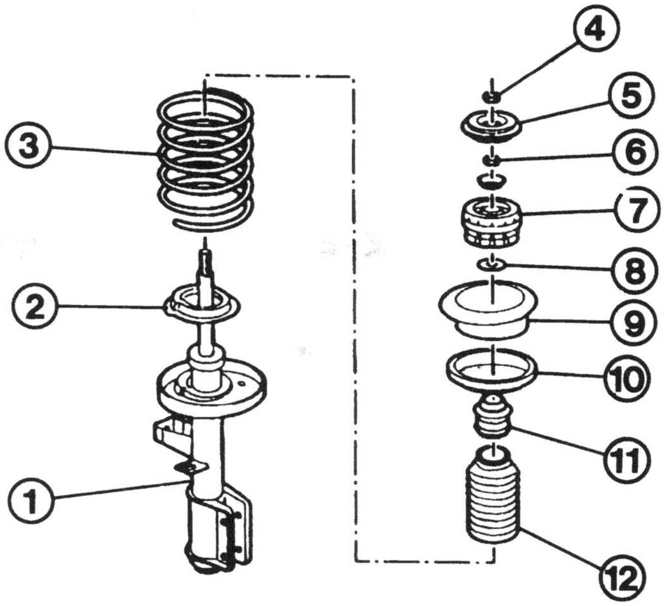

● Federteller so auf den Dämpfungsring auflegen, daß das Stanzloch gegenüber der unteren Federbeinbefestigung steht.
● Stützlager zusammen mit den Anschlagscheiben auf die Kolbenstange schieben.
● Neue selbstsichernde Mutter für die Stützlagerbefestigung mit 70 Nm anziehen.
● Feder entspannen und Federbein einbauen.
● Nach dem Einbau Radeinstellung sofort kontrollieren lassen. Hierbei die alten Befestigungsschrauben und -muttern zur Sturzeinstellung durch neue ersetzen.

<u>Fingerzeig:</u> Stoßdämpfer sollten immer senkrecht stehend gelagert werden. Bei liegender Lagerung fließt das Dämpferöl in den oberen Dämpferbereich, und der Stoßdämpfer kann im Betrieb Klappergeräusche verursachen. Zurückfließen des Öls erreicht man nur, indem man den Stoßdämpfer 24 Stunden lang mit voll ausgezogener Kolbenstange bei Zimmertemperatur senkrecht stellt.

Querlenker ausbauen

● Fahrzeug aufbocken und Vorderrad abmontieren.
● Federbein ausbauen.
● Bremssattel ausbauen und mit Draht hochbinden.
● Kabelstecker des ABS-Drehzahlfühlers aus dem Halter nehmen und trennen.
● Spurstangengelenk vom Achsschenkel abbauen.
● Gelenkstange vom Stabilisator abmontieren. Hierbei Gelenk-Kugelbolzen mit einem Gabelschlüssel gegenhalten.
● Kugelgelenk vom Achsschenkel abschrauben und Achsschenkel mit Bremsscheibe vom Querlenker abnehmen.
● Vordere und hintere Befestigungsschrauben des Querlenkers lösen.
● Vordere Befestigungsschraube herausziehen und Querlenker aus der Aufnahme am Vorderachskörper schwenken. Hierzu Querlenker etwas nach unten drücken.
● Hintere Befestigungsschraube herausziehen und Querlenker vom Vorderachsträger abnehmen.
● Zum Einbau neue Schrauben und Muttern verwenden.
● Die vordere längere Befestigungsschraube von hinten nach vorn einsetzen.

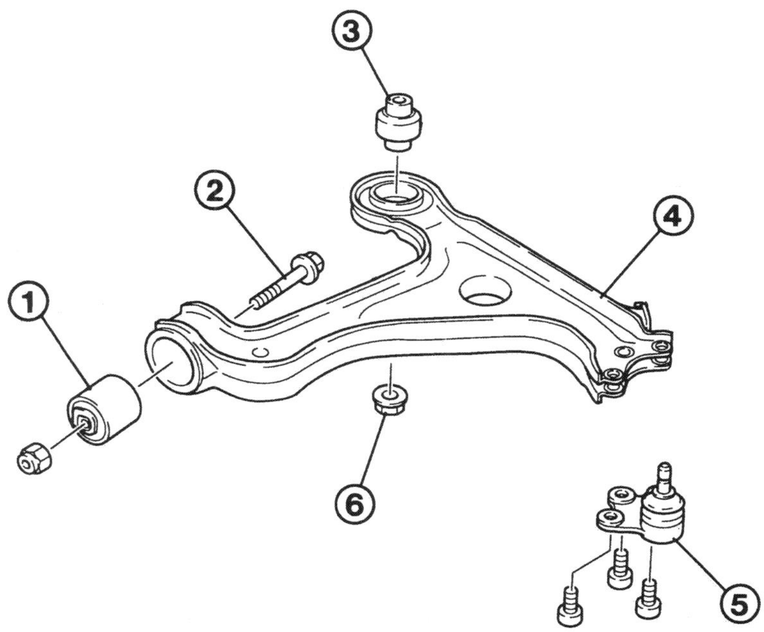

Einzelteile des Querlenkers. Es sind bezeichnet:
1 – Hydro-Dämpfungslager;
2 – Befestigungsschraube;
3 – Hartgummibüchse;
4 – Querlenker;
5 – Achsgelenk;
6 – Befestigungsmutter.

● Die hintere kürzere Befestigungsschraube von oben nach unten einsetzen.
● Vor dem Anziehen der Schraubverbindungen Querlenker bis zur Waagrechten anheben.
● Anzugsdrehmomente: Querlenker an Vorderachsträger 140 Nm, Kugelgelenk an Achsschenkel 100 Nm.
● Federbein und Bremssattel einbauen.
● Nach dem Einbau Sturz einstellen lassen. Hierzu Schraube von hinten nach vorn (in Fahrtrichtung gesehen) einsetzen und mit neuer selbstsichernder Mutter festschrauben (100 Nm).

Achsgelenk ausbauen

● Querlenker ausbauen.
● Das Achsgelenk ist mit dem Querlenker vernietet. Mit einem 12-mm-Bohrer die Nietköpfe abbohren.
● Nietreste mit einem Durchschlag austreiben.
● Zum Einbau des neuen Achsgelenks Spezialschrauben und -muttern von Opel verwenden. Schrauben von der Querlenker-Oberseite her durchstecken und Muttern von der Lenker-Unterseite heraufschrauben. Anzugsdrehmoment: 35 Nm.
● Querlenker einbauen.

Radlager vorn ausbauen

● Vorderrad abbauen.
● Staubkappe aus der Radnabe heraushebeln.
● Sechskantmutter der Radlagerbefestigung vom Achsschenkelzapfen losschrauben. Achtung, hohes Anzugsdrehmoment!
● Bremsscheibe ausbauen.
● Radlager mit Radnabe vom Achsschenkelzapfen abziehen. Bei Festsitz des inneren Lagerrings Radnabe mit Montierhebel oder Abzieher vom Achsschenkelzapfen abdrücken.
● Zum Einbau der Radnabe Montagehülse auf den Achsschenkelzapfen schieben.
● Neues Radlager mit Nabe auf den Achsschenkelzapfen schieben und mit passendem Dorn auftreiben. Montagehülse vom Achsschenkelzapfen abnehmen.
● Neue Befestigungsmutter mit 320 Nm anziehen.
● Neue Staupkappe montieren.
● Bremsscheibe und Bremssattel einbauen.

Vorderachsträger ausbauen

Zum Ausbau des Vorderachsträgers benötigen Sie einen Flaschenzug und einen handelsüblichen Klauenabzieher zum Abdrücken der Achsgelenke.
● Fahrzeug vorn anheben.
● Drahtseile an den Halteösen links und rechts am Zylinderkopf einhängen und mit dem Haken des Flaschenzugs verbinden.
● Motor etwas anheben, bis die Motorlager entlastet sind.
● Bremssättel abbauen und mit Drähten aufhängen.
● Spurstangengelenke von den Achsschenkel abbauen.
● Beide Gelenkstangen des Stabilisators ausbauen.
● Schraubverbindungen Motordämpfungsblöcke und Motor, Schwingungsdämpfer und Vorderachsträger lösen.
● Vorderachsträger stabil mit einem Hydraulikwagenheber abstützen.
● Befestigungsschrauben des Vorderachsträgers herausdrehen. Vorsicht, die Schrauben sind mit einem hohen Drehmoment angeschraubt. Deshalb auf sichere Abstützung des aufgebockten Fahrzeugs achten.
● Hydraulikwagenheber mit Vorderachsträger ablassen.
● Anbauteile des Vorderachsträgers umrüsten. Dazu Träger fest einspannen.
● Zum Einbau neue Schrauben und Muttern verwenden.
● Beim Einsetzen des Vorderachsträgers auf die Führungsstifte des Kühlers achten.
● Anzugsdrehmomente: Vorderachsträger an Vorderrahmen 200 Nm, Vorderachsträger an Frontträger

Das Achsgelenk ist fest mit dem Querlenker vernietet. Soll das Gelenk ausgetauscht werden, müssen die Nietköpfe (Pfeile) abgebohrt werden. Zum Einbau des neuen Achsgelenks nur Spezialschrauben und -muttern von Opel verwenden, siehe Text oben.

Radlager vorn ausbauen.
Links: Staubkappe (1), wie hier gezeigt, mit einem Flachmeißel (2) aus der Radnabe heraustreiben.
Rechts: Anschließend Sechskantmutter (3) der Radlagerbefestigung losschrauben. Achtung, die Mutter ist mit einem Drehmoment von 320 Nm angezogen.

85 Nm + 30 Nm bis 45 Nm, Gelenkstange an Stabilisator 65 Nm, Kugelgelenk an Achsschenkel 100 Nm, Spurstangengelenk an Achsschenkel 60 Nm, Motordämpfungsblock an Vorderachsträger 55 Nm, Schwingungsdämpfer an Vorderachsträger 40 Nm.

- Nach dem Einbau Mittelstellung des Lenkrades prüfen und Radeinstellung kontrollieren lassen.

Arbeiten an der Lenkung

Spurstangen auswechseln

Gebraucht wird ein Spurstangenabzieher bzw. ein kleiner Klauenabzieher. Denn der Spurstangenkopf kann nach Lösen der Mutter nicht einfach aus dem entsprechenden Gegenstück – also dem Lenkhebel oder der mittleren Spurstange – herausgezogen werden; er ist mit einem sogenannten Haftkegel eingesetzt. Die kegeligen Ausformungen an Spurstangenkopf und Lenkhebel passen »saugend« ineinander und können dann nicht mehr ohne Hilfsmittel getrennt werden.
Für jedes Spurstangengelenk benötigen Sie ferner eine neue selbstsichernde Mutter. Mit einem Abzieher (der sich schon beim ersten Einsatz armortisiert) geht die Arbeit am Beispiel einer äußeren Spurstange so:

- Rad abnehmen.
- Selbstsichernde Mutter am Spurstangenkopf losdrehen.
- Spurstangenkopf mit dem Abzieher nach unten aus dem Lenkhebel am Achsschenkel herausdrücken.
- Gleichen Vorgang am inneren Spurstangengelenk wiederholen; Spurstange abnehmen.
- Einbau: Kugelbolzen des Spurstangenkopfes in den Lenkhebel hineindrücken, ggf. vorsichtig hineinklopfen. Beide Teile müssen frei von Fett sein.
- Neue selbstsichernde Mutter mit 60 Nm anziehen.
- Wurde eine neue Spurstange eingebaut oder die Einstellung der alten verändert, Vorspur neu einstellen lassen.

Fingerzeig: In ähnlicher Weise, wie hier für die äußeren Spurstangen beschrieben, wird auch die mittlere eingebaut. Leider sind die Spurstangengelenke etwas schlechter zugänglich.

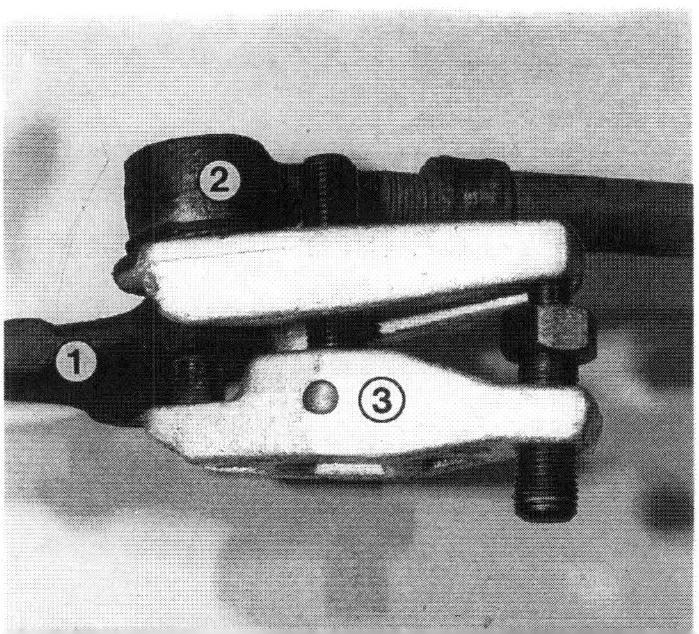

Mit einem Klauenabzieher (3) läßt sich ein Spurstangenkopf (2) leicht vom Lenkhebel (1) trennen.

Da das linke Gelenk der mittleren Spurstange Lenkkräfte zu den beiden Rädern übertragen muß, ist es oft schneller verschlissen als die anderen Gelenke.

Spurstangenkopf einzeln auswechseln

- Entsprechenden Spurstangenkopf aus dem Konus drücken, siehe vorangegangenen Abschnitt.
- Verschraubung an der Klemmschelle lösen.
- Lage der Spurstangenverschraubung am Einstellbolzen kennzeichnen, dann stimmt die Spur nach dem Zusammenbau wieder einigermaßen.
- Spurstangenkopf abschrauben.
- Markierung auf den neuen Spurstangenkopf übertragen und neuen wieder bis zur Markierung eindrehen.
- Verschraubung an der Klemmschelle mit 10 Nm anziehen.
- Spur kontrollieren lassen.

Pumpe der Servolenkung ausbauen

Soll die Pumpe lediglich wegen Montagearbeiten im Motorraum ausgebaut werden, bleiben ihre Schlauchleitungen angeschlossen, damit kein Schmutz in die Hydraulik gelangt. Falls die Schläuche an der Pumpe abgenommen werden müssen, ist äußerste Sorgfalt vonnöten. Selbst kleinste Schmutzpartikel in der Hydraulikflüssigkeit können Funktionsstörungen verursachen.

- Keilrippenriemen entspannen und abnehmen, siehe Lichtmaschinenkapitel.
- Ggf. Druckleitung von der Pumpe losschrauben bzw. Schelle lösen und Rücklaufschlauch von der Servopumpe abziehen. Vorsicht Öl läuft aus ! Öffnungen verschließen.
- Beide hinteren und vorderen Befestigungsschrauben der Pumpe herausdrehen.
Befestigungsschraube der Haltelasche etwas lockern und nach oben schwenken.
- Servopumpe nach oben aus dem Motorraum heben.
- Beim Einbau Pumpe mit 25 Nm an den hinteren Haltebock anschrauben.
- Haltelasche mit 20 Nm anschrauben.
- Druckleitung mit 28 Nm festschrauben.
- Keilrippenriemen auflegen.
- Anlage ggf. befüllen und entlüften.

Servolenkung befüllen und entlüften

Befüllt und entlüftet werden muß das Lenksystem, wenn Einzelteile des Hydrauliksystems ausgetauscht wurden und deshalb die Hydraulikflüssigkeit abgelassen werden mußte. Die einmal abgelassene Flüssigkeit darf nicht mehr verwendet werden. Eingefüllt wird ATF, siehe Schmier-Kapitel.

- ATF bei stehendem Motor bis zum Behälterrand einfüllen.
- Motor mehrmals kurz anlassen und sofort wieder abstellen. Nach jedem Abstellen sofort ATF bis zur unteren Meßstabmarkierung nachfüllen. Die Hydraulikpumpe darf nicht trockenlaufen.
- Nun bei laufendem Motor Lenkrad zwei- bis dreimal langsam um 45° nach beiden Seiten drehen, anschließend zweimal von Anschlag zu Anschlag. Lenkrad nicht länger als 10 Sekunden am Anschlag halten.
- Flüssigkeitsstand nochmals korrigieren.
- Richtiger Flüssigkeitsstand siehe Schmier-Kapitel.

Hier ist die linke Spurstange abgebildet. Zu sehen sind:
1 – äußere Spurstange mit Gelenk;
2 – Klemmschellen des Einstellbolzens;
3 – inneres Spurstangengelenk.

Störungsbeistand

Die Störung	– ihre Ursache	– ihre Abhilfe
A ATF-Stand im Behälter zu niedrig	1 Eingeschlossene Luft im Hydrauliksystem hat sich selbst ausgeschieden	ATF bis »MAX«-Marke auffüllen
	2 Undichtigkeiten im Hydrauliksystem	Leitungsanschlüsse nachziehen; neue Dichtungen einsetzen. Hydraulikpumpe bzw. Lenkgetriebe ausbauen und abdichten lassen
B Lenkung ist schwergängig	1 Förderdruck der Pumpe ist zu gering	Druck prüfen lassen. Ggf. Überdruckventil der Pumpe oder komplette Pumpe ersetzen
	2 Lenkgetriebe defekt	Ersetzen lassen
C Lenkgeräusche	1 Flüssigkeit mit Luftbläschen durchsetzt	ATF auffüllen, Lenkgetriebe entlüften
	2 Saugseitige Verschraubung der Pumpe undicht	Dichtungen ersetzen, Verschraubungen nachziehen
	3 Keilrippenriemen lose	Spannrolle kontrollieren

Airbag

Unter der großen Prallplatte in Lenkrad-Mitte bzw. oberhalb des Handschuhfachs befindet sich je ein Luftsack, der bei Unfällen von einer kleinen Menge Fest-Treibstoff gezündet wird. Die Zündung erfolgt bei Aufprall mit mindestens 30 km/h auf ein starres Hindernis bzw. vergleichbar höherer Geschwindigkeit bei Kollision zweier Fahrzeuge. Wie stark der Aufprall ist, erfaßt das Auslösegerät, das seinen Platz hinten unterhalb der Mittelkonsole hat. Das Auslösegerät ist es auch, das dann ggf. die »Zündpille« im Lenkrad auslöst.
Schutz bietet der Airbag übrigens nur in Verbindung mit Sicherheitsgurten – er kann sie nicht ersetzen. Er bewahrt nur vor Kopfverletzungen, hervorgerufen durch den Lenkradkranz, Armaturenbrett und Scheibe.

Sicherheitsvorschriften

Der Gasgenerator des Airbags unterliegt den Bestimmungen des Sprengstoffgesetzes. Der Umgang damit ist nur Fachkräften gestattet, denen die umfangreichen Sicherheitsbestimmungen bekannt sind.
Besonders wichtig aus dem Katalog der Vorsichtsmaßnahmen sind die folgenden:

- ○ Zu Arbeiten am Airbag Batterie abklemmen und Minuspol zusätzlich abdecken.
- ○ Beim Schweißen zusätzlich die orangefarbene Steckverbindung rechts unter der Lenksäulenverkleidung trennen.
- ○ Vor Beginn der Arbeit 1 Minute warten, bis sich der Kondensator entladen hat.
- ○ Bei Arbeitsunterbrechung Airbag nie unbeaufsichtigt lassen.
- ○ Airbag-Einheit nur mit Prallplatte (Polsterplatte) nach oben ablegen.
- ○ Zu Schweißarbeiten am Wagen Batterie abklemmen.
- ○ Keinerfalls mit Prüflampe, Volt- oder Ohmmeter an der Airbag-Einheit messen. Der Prüfstrom kann zu hoch sein und eine ungewollte Auslösung auslösen.
- ○ Nach einem Unfall alle Komponenten des Systems ersetzen.
- ○ Fahrzeug-Verschrottung nur nach Vorschrift !

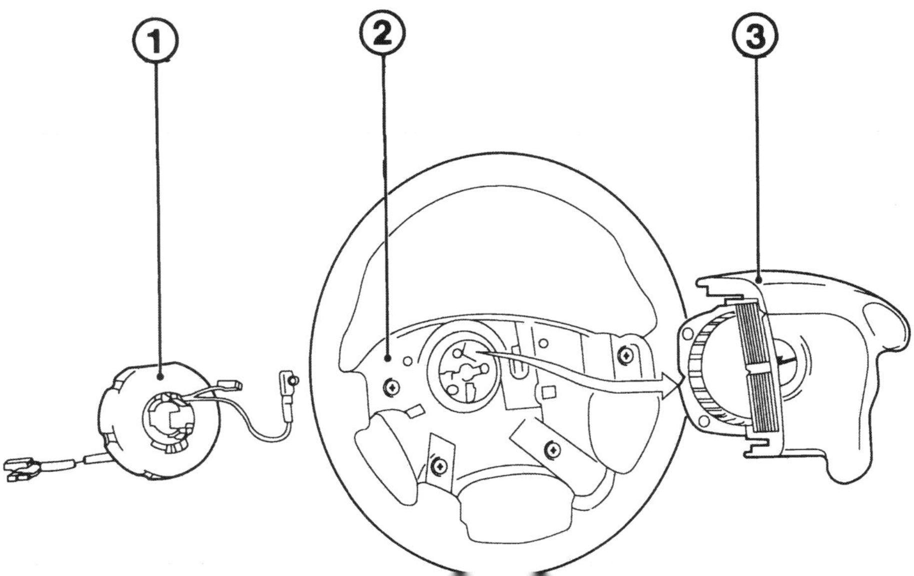

Im Umgang mit dem Airbag gelten strenge Sicherheitsvorschriften, die es zu beachten gilt, siehe Text oben. Die Zeichnung zeigt zur Verdeutlichung: 1 – Kontakteinheit; 2 – Lenkrad; 3 – Prallplatte.

Links: Das Bild zeigt die vom Lenkrad losgeschraubte Prallplatte (2) mit angeschlossenem Kabelstecker (1).
Rechts: Zum Ausbau des Lenkrads Sicherungsblech (1) zurückbiegen und Befestigungsmutter (2) losschrauben. Weiteren Ausbau, siehe Text unten.

Lenkrad ausbauen

Der Ausbau des Lenkrades mit Airbag kann nur einem geübten Selbsthelfer empfohlen werden. Wer unsicher ist, sollte die Werkstatt mit dieser Arbeit betrauen.

- Sicherheitsvorschriften (siehe Vortext) unbedingt beachten.
- Massekabel an der Batterie abklemmen.
- Vor Arbeiten am Airbag eine Minute warten, bis sich der Kondensator im Auslösegerät entladen hat.
- Vorderräder in Geradeausstellung bringen, so daß die Lenkradspeichen symmetrisch stehen.
- Einbaustellung des Lenkrades zur Lenksäulenverkleidung mit Farb- oder Kreidestrich kennzeichnen.
- Lenksäulenverkleidung ausbauen.
- Lenkrad aus der Geradeausstellung 90° nach rechts drehen. An der Rückseite des Lenkrades Befestigungsschraube der Airbag-Einheit losdrehen.
- Lenkrad eine halbe Umdrehung zurückdrehen und die zweite Schraube an der Lenkradrückseite herausdrehen.
- Lenkrad wieder in Geradeausstellung bringen.
- Airbag-Einheit vorsichtig anheben, Kabelstecker hinten am Gasgenerator abziehen.
- Airbag-Einheit abheben.
- Airbag-Einheit mit der Prallplatte (Polsterplatte) nach oben ablegen.
- Falls noch nicht geschehen, orangefarbenen Kabelstecker der hinter dem Lenkrad befestigten Kontakteinheit aus der Halterung an der Lenksäule herausziehen und trennen. Auf Kabelverlegung achten.
- Sicherungsblech der Lenksäulenmutter zurückbiegen und Mutter abschrauben.
- Lenkrad mit ruckelnden Bewegungen von der Verzahnung der Lenksäule abziehen.
- Löst es sich nicht, ziehen Sie kräftig am Lenkrad, während ein Helfer der Lenksäule mit einem Bolzen einen »trockenen« Hammerschlag versetzt. Beachten Sie, daß weitere Versuche die Lenksäule beschädigen können.
- Wenn das Lenkrad sehr fest auf der Verzahnung der Lenksäule sitzt, verwendet die Opel-Werkstatt das Spezialwerkzeug KM-210-A. Mit diesem Abzieher wird das Lenkrad von der Lenksäule abgedrückt.
- Vor dem Einbau Schleiffläche des Hupkontaktfingers etwas einfetten.
- Unbedingt sicherstellen, daß sich die Kontakteinheit hinter am Lenkrad in Mittelstellung befindet.
- Mittelstellung kontrollieren: Mitnehmer in der Kontakteinheit bis zum spürbar höheren Widerstand nach rechts drehen. Anschließend 2,5 – 2,7 Umdrehungen zurückdrehen, bis die beiden Markierungspfeile miteinander fluchten, siehe Zeichnung rechts oben.
- In Geradeausstellung der Räder Lenkrad zusammen mit dem Kontaktteil auf die Lenksäule aufstecken. Dabei muß der Führungsdorn der Hebelschalter in die Führung im Kontaktteil eingreifen.
- Auf die symmetrische Ausrichtung der Speichen achten, die zuvor angebrachten Markierungen müssen übereinstimmen.
- Lenkrad anschrauben (25 Nm), Mutter durch Umschlagen des Sicherungsbleches sichern.
- Kabelstecker des Hupkontakts verbinden und in der Aussparung am Lenkrad befestigen.
- Kabelstecker für Kontakteinheit und Hupkontakt verbinden und in den Halter an der Lenksäule einsetzen.
- Airbag-Einheit entsprechend dem Ausbau einbauen.

Arbeiten an der Hinterachse

Stoßdämpfer ausbauen

Wegen der Achskonstruktion können die Stoßdämpfer nur nacheinander aus- und eingebaut werden. Zum Ersatz der Dämpfergummis brauchen Sie die Stoßdämpfer nur oben zu lösen.

- Wagen hinten aufbocken.
- Schräglenker (Radaufhängung) unterbauen und Wagen einige Zentimeter ablassen.
- **Limousine:** Im Kofferraum die Schutzkappe vom Stoßdämpferdom abnehmen.
- **Caravan:** Laderaum-Abdeckung hochheben. Vier

Links: Mittelstellung der Kontakteinheit ermitteln. Mitnehmer (3) in der Kontakteinheit (2) bis zum spürbar höheren Widerstand gegen den Uhrzeigersinn drehen. Anschließend 2½ Umdrehungen nach rechts drehen, bis die Markierungspfeile (1) miteinander fluchten.
Rechts: Bezeichnet sind hier:
1 – Lenkrad;
2 – orangefarbener Stecker;
3 – Kontakteinheit.

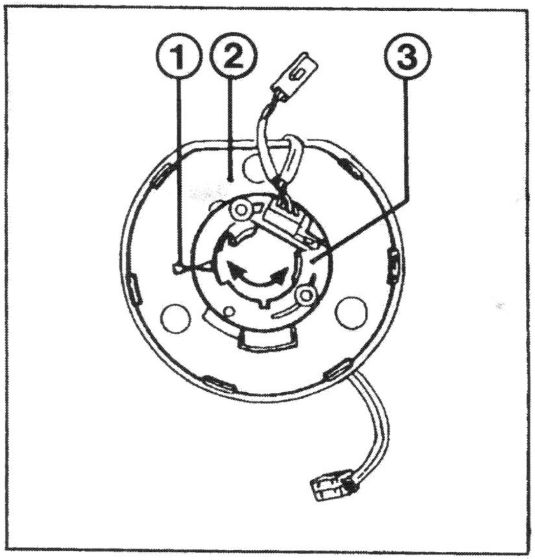

Befestigungsschrauben vom Verschlußdeckel am Radhaus abschrauben und Deckel abnehmen.
- Befestigungsmutter des Dämpfers losdrehen.
- Teller und Gummipuffer abnehmen.
- **Niveauregulierung:** Haltefeder der Druckleitung zusammendrücken und Leitung vom Stoßdämpfer abziehen.
- Stoßdämpfer vom Schräglenker losschrauben und abnehmen.
- Neuen Stoßdämpfer am Schräglenker lose montieren. Bei Fahrzeugen mit Niveauregulierung Dämpfer zuvor etwas aufblasen. Druckleitung montieren.
- Stoßdämpfer oben einsetzen.
- Dämpfer am Schräglenker auf 110 Nm festziehen.
- Fahrzeug ablassen. Gummipuffer und Teller montieren.
- Neue Sechskantmutter mit 20 Nm festschrauben.
- Nach dem Einbau Niveauregulierung prüfen.

Schraubenfedern ausbauen

- Wagen hinten aufbocken.
- An den Schräglenkern die Sicherungsbleche der Bremsschläuche abnehmen.
- Bremsschläuche aus den Halteblechen nehmen.
- Bei Fahrzeugen mit Niveauregulierung Verbindungsstange für den Geber vom Schräglenker abnehmen.
- Schräglenker unterbauen und Wagen einige Zentimeter ablassen.
- Stoßdämpfer vom Schräglenker abschrauben.
- Wagen wieder anheben.
- Auspuffanlage am Fahrzeug-Unterbau aushängen. Sicherungen der Auspuffgummis entfernen und Gummis selbst von der Halterung abnehmen.
- Hintere Auspuffbefestigung aushängen und Auspuff ca. 30 cm ablassen. Ggf. Auspuff mit Draht am Unterbau befestigen.
- Kabelsteckverbindung des ABS-Drehzahlgebers oberhalb des Hinterachsgetriebes trennen.
- Hinterachsgetriebe mit dem Wagenheber abstützen und Dämpfungsblöcke vom Unterbau abschrauben.
- Hinterachsgetriebe so weit ablassen, bis die Hinterfedern und die Dämpfungsgummis herausgenommen werden können.
- Beim Einbau darauf achten, daß der Dämpfungsgummi mit der längeren Führungsnase oben auf die Feder aufgesetzt wird.

Links: Der obere Befestigungspunkt des rechten Stoßdämpfers. Es bedeuten:
1 – Gummipuffer;
2 – Befestigungsmutter;
3 – Kolbenstange;
4 – Tellerscheibe.
Rechts: Unten ist der Stoßdämpfer am Schräglenker der Hinterachse befestigt.

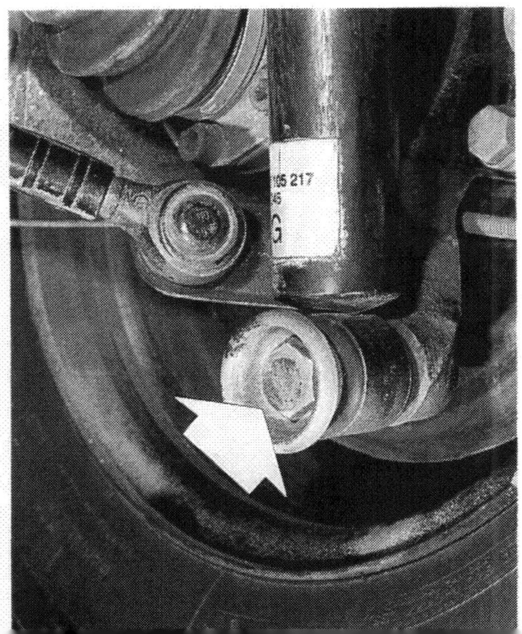

● Schräglenker etwas nach unten drücken und Feder zusammen mit den Dämpfergummis einsetzen.

● Hinterachsgetriebe anheben und mit 65 Nm anschrauben.

● Stoßdämpfer mit 110 Nm festschrauben.

Hinteren Stabilisator ausbauen

● Fahrzeug hinten aufbocken.

● Hinterachse mit einem Wagenheber abstützen.

● Beide Dämpfungsblöcke des Hinterachsgetriebes vom Unterbau abschrauben.

● Hinterachse soweit ablassen, bis die Befestigungsschraube des Stabilisators auf der Oberseite des Hinterachskörpers zugänglich wird.

● Beide Stabihalter von den Schräglenkern losschrauben.

● Bei Fahrzeugen mit Niveauregulierung Stellung der Verbindungsstange an der Stabilisatoraufnahme kennzeichnen.

● Befestigungslasche des Stabilisators vom Hinterachskörper abmontieren.

● Stabilisator über den Hinterachskörper hinweg abnehmen.

● Anzugsdrehmomente: Stabi-Befestigungslasche an Hinterachskörper 22 Nm, Stabihalter an Schräglenker 20 Nm, Dämpfungsblock an Unterbau 65 Nm.

Zusatzlenker ausbauen

Zu dieser Arbeit wird ein Klauenabzieher benötigt. Siehe hierzu auch unter »Spurstangen auswechseln« weiter vorn in diesem Kapitel.

● Selbstsichernde Mutter vom Führungsgelenk losdrehen.

● Gelenk mit dem Abzieher aus dem Schräglenker drücken.

● Zusatzlenker vom Hinterachskörper losschrauben und abnehmen.

● Falls der Zusatzlenker zerlegt werden soll, voher Länge des Lenkers messen.

● Zusatzlenker zusammenbauen, auf die vorher gemessene Länge einstellen.

● Gewindebolzen in beide Lenkerhälften gleich weit eindrehen.

● Klemmschraube erst bei eingebautem Lenker und belastetem Fahrzeug festziehen.

● Zusatzlenker mit neuer Sicherungsmutter am Hinterachskörper und am Schräglenker anschrauben.

● Befestigungmutter an Hinterachskörper 90 Nm, Führungsgelenk an Schräglenker 60 Nm, Klemmschraube an Zusatzlenker 15 Nm.

● Nach dem Einbau Spur und Sturz kontrollieren lassen.

Niveauregulierung

Wer häufig schwere Gegenstände im Koffer- oder Laderaum transportieren muß, kennt das Problem: Das Wagenheck sinkt ab, die Vorderachse wird entlastet und das Fahrverhalten verschlechtert sich deutlich. Beim Omega gibt es als Mehrausstattung eine pneumatische (mit Luft funktionierende) Niveauregulierung. Folgende Bauteile gehören zur Niveauregulierung:

○ Luftkompressor im geräuschdämpfendem Gehäuse vorn rechts im Radkasten.
○ Luftfederelemente die jeweils mit einem hydraulischem Zweirohr-Gasdruckdämpfer eine Einheit bilden.
○ Geber am Hinterachsgetriebe zur Ermittlung des Einfederungszustands.
○ Magnetventil zum Ablassen der Luft bei entladenem Fahrzeug.

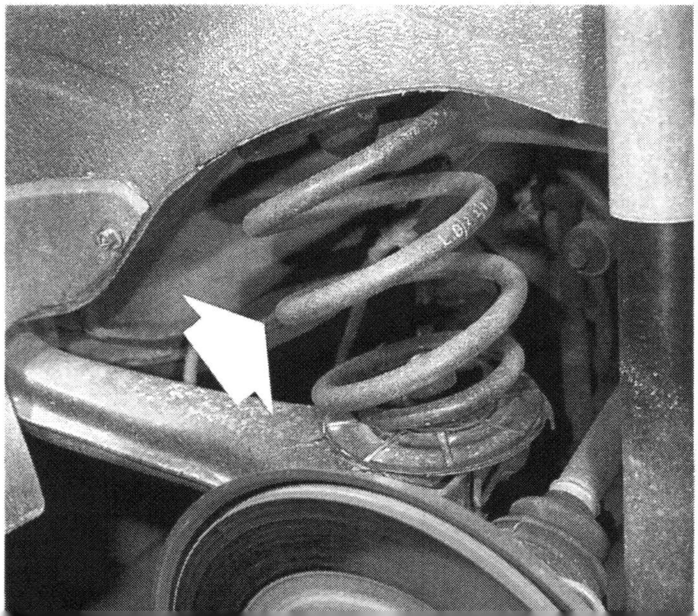

Nach Abschrauben des Stoßdämpfers und Ablassen der Hinterachse kann die Schraubenfeder (Pfeil) aus ihrem Sitz herausgehoben werden.

Das Bild zeigt, wo der Zusatzlenker am Hinterachskörper befestigt ist. Außen ist der Zusatzlenker am Schräglenker angeschraubt.

Funktion

○ Bei beladenem Fahrzeug und eingeschalteter Zündung erkennt der Geber das Absinken des Omega-Hecks. Der Geber gibt dem Kompressor innerhalb von 20 Sekunden den Schaltbefehl zum Aufpumpen, bis das Heck Normalhöhe erreicht hat. Dann wird der Kompressor abgeschaltet. Beim Entladen bzw. Aussteigen von Fahrgästen meldet der Geber zu hohes Fahrzeugniveau, das Magnetventil wird so lange geöffnet, bis wieder die richtige Höhe erreicht ist.

Niveauregulierung prüfen

Wartung Nr. 28

- An einem markanten Karosseriepunkt am Fahrzeugheck, z. B. Stoßfängermitte, mit einem Meterstab die Höhe des unbeladenen Omegas messen und Wert notieren. Die Messung sollte auf ebenen Untergrund stattfinden.
- Zündung einschalten.
- Nach Beladen des Fahrzeugs muß die Niveauregulierung das Wagenheck, nach einer Ansprechzeit von ca. 20 Sekunden, auf den zuvor gemessenen Wert anheben.
- Bei Undichtigkeiten die entsprechenden Bauteile mit handelsüblichem Lecksuchspray übersprühen.
- Nach Einfedern des Fahrzeugs hebt sich die Karosserie, die Niveauregulierung muß nach einer kurzen Ansprechzeit das Fahrzeugheck auf den zu Anfang gemessenen Wert absenken.

Geringe Korrekturen in der Radeinstellung der Hinterachse können hier am Zusatzlenker vorgenommen werden. Es bedeuten:
1 – innerer Zusatzlenker;
2 – Befestigungsschraube der inneren Klemmschelle;
3 – Befestigungsschraube der äußeren Klemmschelle;
4 – äußerer Zusatzlenker;
5 – Einstellbolzen.

Zum Halten gebracht

Beim Bremsen wird die Bewegungsenergie des fahrenden Opel Omega nur scheinbar vernichtet – tatsächlich wird sie durch Reibung in den Bremsen in Wärme umgesetzt. Reibung ist aber gleichbedeutend mit Verschleiß, deshalb müssen die Bremsen regelmäßig kontrolliert werden. Grund genug, sich mit dem Notanker im Auto intensiv zu befassen.

Eigenarbeiten an der Bremse

Bei einer so wichtigen Einrichtung wie den Bremsen kann keine Kontrolle zu viel sein! Wenn Sie also in diesem Bereich zwischendurch mal nach dem Rechten sehen, haben Sie Ihre Wartungsaufgaben sicher besser erfüllt als derjenige, der seinen Wagen nur in den vorgeschriebenen Intervallen zur Wartung bringt. Denn gerade vor einer Urlaubsfahrt oder bei schon älteren Fahrzeugen sind verstärkte Kontrollen ratsam.
Andererseits erfordern Reparaturen im Bereich Bremsen ein erhöhtes Verantwortungsbewußtsein. Mit unserem Bremsenkapitel haben wir dem Selbstpfleger die Möglichkeit gegeben, z. B. auch Arbeiten an der Bremshydraulik durchzuführen. In solchen Fällen muß jeder Bastler für sich entscheiden, ob sein Kenntnisstand für eine verantwortungsvolle Ausführung dieser Arbeiten ausreicht.

So funktioniert die Bremse

○ Wenn Sie auf das Bremspedal treten, preßt eine mit dem Pedal verbundene Druckstange zwei hintereinanderliegende Kolben in den Hauptbremszylinder (hinten links im Motorraum).
○ Die Kolben verdrängen die im Zylinder eingeschlossene Bremsflüssigkeit. Der so entstandene hydraulische Druck in der Bremsanlage wird über Rohr- und Schlauchleitungen zu den Bremssätteln an alle vier Räder weitergeleitet.
○ In den Sätteln drücken Kolben die Bremsklötze gegen die Bremsscheiben. Alle Omega-Modelle besitzen vorn und hinten Scheibenbremsen.
○ Den Flüssigkeitsdruck übertragen zwei voneinander unabhängige Leitungssysteme (Bremskreise), und zwar für je ein Vorderrad und die gegenüberliegende Hinterrad (diagonal aufgeteilte Zweikreisbremse).
○ Falls ein Bremskreis ausfallen sollte, bleiben so ein Vorderrad und das Hinterrad auf der anderen Seite bremsfähig. Mit dem ungebremsten Vorderrad bleibt die Lenkfähigkeit erhalten, und das ungebremste Hinterrad hält das Heck in der Spur. Dies gilt allgemein für Fahrzeuge ohne Antiblockiersystem. Beim Omega mit ABS bleibt die Lenkfähigkeit ohnehin erhalten, wie im folgenden Kapitel beschrieben.

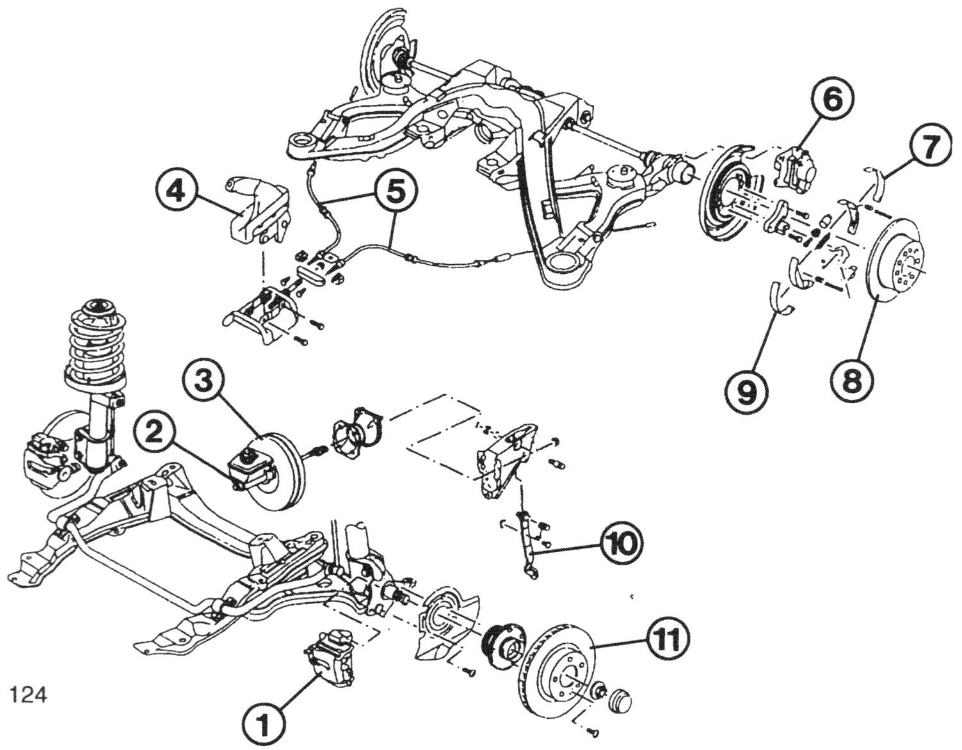

Die gesamte Bremsanlage ist hier auf einen Blick zu übersehen. Bezeichnet sind:
1 – Bremssattel vorn;
2 – Hauptbremszylinder;
3 – Bremskraftverstärker;
4 – Handbremshebel;
5 – Handbremsseile;
6 – Bremssattel hinten;
7 – hinterer Bremsbelag für Handbremse;
8 – Bremsscheibe hinten;
9 – hinterer Bremsbelag für Handbremse;
10 – Bremspedal;
11 – Bremsscheibe vorn.

Erkennbar ist der Ausfall eines Bremskreises am deutlich längeren Bremspedalweg, und Sie müssen wesentlich stärker aufs Bremspedal treten.

○ Die Handbremse wirkt über Seilzüge auf die Hinterräder. Hierzu sind in die hinteren Bremsscheiben kleine Trommelbremsen eingearbeitet. Mit Anziehen der Handbremse werden die Bremsbacken gegen die Bremsfläche der Trommel gepreßt.

Automatische Nachstellung

Konstruktionsbedingt sind die Scheibenbremsen im Kraftfahrzeug immer selbstnachstellend: Der Bremskolben wandert mit dem verschleißenden Bremsbelag einfach weiter aus dem Bremssattelgehäuse heraus und sorgt dafür, daß die Beläge stets knapp an der Bremsscheibe stehen. Durch die nachfließende Bremsflüssigkeit kann ohnehin kein »Spiel« entstehen.

Bremsen prüfen

Ständige Kontrolle

- Zuerst eine Vollbremsung bei Schrittgeschwindigkeit.
- Am Gummiabrieb auf der Straße sehen Sie bei gleich langen Spuren, daß die Bremsen gleichmäßig ziehen. Das gilt auch für Wagen mit Antiblockiersystem, denn ABS regelt unter ca. 5 km/h nicht.
- Gleiche Prüfung mit der Handbremse.
- Für die Bremsenprüfung bei höheren Geschwindigkeiten brauchen Sie eine ebene Strecke.
- Nun aus etwa 50 km/h bei losgelassenem Lenkrad, aber mit griffbereiten Händen zuerst sanft und dann scharf bis zum Stillstand abbremsen.
- Bei vollem Pedaldruck spüren Sie die Regelschwingungen des ABS-Systems – das ist normal.
- Zieht der Wagen beim Bremsen nach links, ist eine der rechten Radbremsen nicht in Ordnung. Das Auto zieht in Richtung des stärker gebremsten Rades. Ursachen siehe »Störungsbeistand« am Kapitelende.
- Lassen Sie den Omega ein schwaches Gefälle hinunterrollen, um festzustellen, ob die Räder leichtgängig sind.
- Nach der Probefahrt machen Sie Handprobe:
- Ist eine Felge auf der einen Wagenseite wärmer als auf der anderen Seite ?
- Ursachen können sein ein verklemmter Bremssattel oder schwergängige Feststellbremsen.
- Bei aufgebocktem Wagen prüfen, welches Rad schwergängig ist.

Die Bremsflüssigkeit

Die Flüssigkeit in den Bremsleitungen und Bremszylindern ist eine Mischung aus Glykol, Polyglykoläther und ein paar weiteren Bestandteilen. Diese gelbliche – übrigens giftige und gegen Autolack aggressive – Flüssigkeit greift die Metall- und Gummiteile nicht an. Sie bleibt selbst bei -40° C noch ausreichend dünnflüssig, und sie hat trotz ihrer Dünnflüssigkeit den extremen hohen Siedepunkt von ca. 260° C.

Aber die Bremsflüssigkeit hat auch eine sehr unangenehme Eigenschaft: Sie nimmt gern Wasser auf, sie ist »hygroskopisch«. Und das Wasser kann tatsächlich – z. B. über die Luftfeuchtigkeit – in die Bremsflüssigkeit gelangen: Über den Vorratsbehälter sowie durch mikroskopische Undichtigkeiten an den Bremsschläuchen und Gummimanschetten. Solche Wasseraufnahme führt nicht nur zu Korrosion an den Metallteilen der Anlage, sondern bewirkt ein rapides Absinken des Siedepunkts. Bei nur 2,5% Wassergehalt liegt der Siedepunkt nur noch bei 150° C. Das ist bei starker Belastung der Bremsen gefährlich, weil sie sich dann sehr stark aufheizen. In der Nähe der erhitzten Bremsen können sich Dampfblasen in der Hydraulikflüssigkeit bilden. Die lassen sich zusammenpressen – das Bremspedal kann tief durchgetreten werden; manchmal tritt man sogar ins Leere! In diesem Fall kann bisweilen noch schnelles Pumpen mit dem Bremspedal helfen.

Besonders gefährlich ist dieser Effekt nach dem Abstellen des Wagens nach starker Bremsbeanspruchung. Mangels Fahrtwind heizt sich die Bremsenumgebung noch stärker auf; die höchste Temperatur herrscht nach etwa 15 Minuten Standzeit. Erst nach etwa einer halben Stunde ist wieder die normale Bremsflüssigkeitstemperatur erreicht. Vorbeugend schreibt der Wartungsplan daher den Wechsel der Bremsflüssigkeit jährlich vor.

Bremsflüssigkeit muß der US-Sicherheitsnorm FMVSS § 571.116 **DOT 4** sowie der SAE-Spezifikation J 1703 entsprechen. Alle so bezeichneten Flüssigkeiten können gefahrlos gemischt werden.

Bremsflüssigkeitsstand prüfen

Ständige Kontrolle

- Links hinten im Motorraum direkt auf dem Hauptbremszylinder sitzt der Bremsflüssigkeitsbehälter.
- Im weißlich durchscheinenden Behälter soll die Bremsflüssigkeit zwischen den Markierungen »MIN« und »MAX« stehen.
- Ist der Flüssigkeitsstand auffallend gesunken – was beim Omega zusätzlich durch eine Warnleuchte in der Instrumententafel angezeigt wird –, muß die Bremsanlage auf undichte Stellen kontrolliert werden.

Bremsflüssigkeitsstand zu niedrig

Sind die Scheibenbremsbeläge schon etwas abgenutzt, tendiert der Flüssigkeitsspiegel eher zur unteren Markierung; sind sie neu, steht er weiter oben. Das ist völlig normal, denn die bei abgenutzten Belägen schon etwas weiter herausgetretenen Kolben der Scheibenbremse hinterlassen in den Zylindern der Bremssättel ein größeres Volumen, das sich mit Bremsflüssigkeit füllt. Kritisch wird dagegen, wenn die Bremsflüssigkeit in einem Behälterteil unter »MIN« abgesunken ist. Da sie nicht verdunstet oder verbraucht wird, muß sie durch ein Leck ausgetreten sein. Also schleunigst nach der Ursache suchen (siehe folgenden Text), bevor Sie irgendwann ins Leere treten. Nachfüllen ist Augenwischerei!

Fingerzeig: Obwohl nur ein Bremsflüssigkeitsbehälter vorhanden ist, kann bei einem undichten Bremskreis nicht die gesamte Bremsflüssigkeit auslaufen, denn der Behälter ist durch eine Zwischenwand in zwei Kammern geteilt.

Bremsanlage auf Undichtigkeiten und Beschädigungen kontrollieren

Wartung Nr. 21

Zur Kontrolle muß die Wagenunterseite trocken sein, damit Sie undichte Stellen erkennen können. Bremsflüssigkeit kriecht auch unter Schmutz. Feuchtdunkle Stellen oder schwarzer Schmutz lassen eine Undichtigkeit vermuten.

- Kontrollieren Sie sämtliche Anschluß- und Verbindungsstellen; auch die Bremssättel.
- Die Bremsschläuche dürfen weder feucht noch aufgequollen oder angescheuert sein. Sonst auswechseln.
- Die Bremsleitungen sind zum Schutz gegen Rost mit einer Kunststoffschicht überzogen. Wird diese Schutzschicht beschädigt, kann es zu Rostansatz kommen. Deshalb die Leitungen nie mit Schraubendreher, Schmirgelleinen oder Drahtbürste säubern, sondern Kaltreiniger nehmen.
- Ist die Schutzschicht beschädigt, soll Rostschutzgrundierung dünn aufgestrichen werden.
- Leitungen mit Rostnarben und solche, die plattgedrückt sind, müssen ersetzt werden.
- Sind Schutzkappen auf allen Entlüftungsventilen an den Bremssätteln?
- Die Bremsdruckprobe können Sie provisorisch selbst machen:
- Treten Sie mit voller Kraft aufs Bremspedal.
- Es darf auch nach einigen Minuten der vollen Belastung nicht nachgeben, sonst ist eine Manschette im Hauptbremszylinder defekt.
- Durch die undichte Manschette sinkt der Flüssigkeitsstand im Behälter nicht, sondern die unter Druck gesetzte Flüssigkeit mogelt sich an einem Kolben des Hauptbremszylinders vorbei auf die drucklose Seite.
- Undichte Stellen an den Kolbenmanschetten der Bremssättel erkennen Sie an dunklen Flecken rund um die Manschetten.
- Im Zweifelsfall Werkstatt aufsuchen.

Bremsflüssigkeit wechseln

Wartung Nr. 43

Nicht nur die Gefahr von Dampfblasen macht den Bremsflüssigkeitswechsel erforderlich, sondern auch die vom aufgenommenen Wasser verursachte Korrosionsgefahr in den Bremszylindern und -leitungen. Beim Flüssigkeitswechsel geht man wie beim Entlüften vor. Gebraucht werden 2 Liter frische Bremsflüssigkeit.

- Wenn möglich, Vorratsbehälter der Bremsflüssigkeit mit einer alten Injektionsspritze entleeren und gleich neu befüllen.
- So lange Bremsflüssigkeit durchpumpen, bis frische Flüssigkeit am Entlüftungsventil austritt.
- Dazu durch jedes Entlüftungsventil 500 cm^3 Bremsflüssigkeit pumpen. Dann ist garantiert jeder Tropfen ausgewechselt.
- Vorgeschriebene Reihenfolge: Hinten rechts, hinten links, vorn rechts und zuletzt vorn links.

Fingerzeig: Bremsflüssigkeit ist giftig. Deshalb gebrauchte Flüssigkeit nicht in die Kanalisation schütten. Sie darf auch nicht in den Altölkanister gefüllt werden, denn Altöl, vermischt mit Bremsflüssigkeit kann nicht wieder verarbeitet werden. Man gibt sie in einem entsprechend beschrifteten Behälter zur Sondermüll-Beseitigung (Adresse der Sammelstelle bei der Gemeindeverwaltung erfragen).

Die Scheibenbremsen

Zusammen mit dem Rad dreht sich eine Stahlscheibe frei im Luftstrom. Sogenannte Bremssättel umfassen sattelförmig die Scheiben. Beim Tritt auf das Bremspedal drücken die Kolben die Bremsbeläge gegen die Scheiben – es wird gebremst.

Durch den Fahrtwind werden die Scheibenbremsen ständig gekühlt. Zusätzlich sind die vorderen Bremsscheiben innenbelüftet: Im Umfang der Bremsscheibe sitzen große Aussparungen, die Luft wegschaufeln und so die Kühlung noch verbessern. Belagabrieb wird gleich weggeblasen, und ohne besondere Mechanik stellen sich die Scheibenbremsen selbst nach.

Der Stand der Bremsflüssigkeit muß sich immer zwischen den beiden Markierungen (1) am Bremsflüssigkeitsbehälter (2) abzeichnen. Zu hohe Befüllung ist falsch, da der Behälter bei rückströmender Bremsflüssigkeit (bei heißen Bremsen möglich) überläuft.

Schwimmsattelbremse

Bei den Scheibenbremsen handelt es sich um sogenannte Schwimmsattelbremsen. Die Bezeichnung Schwimmsattel sagt aus, daß er sattelförmig um die Bremsscheibe greift und beweglich (»schwimmend«) gelagert ist. Der Bremskolben im Zylindergehäuse drückt den inneren Belag gegen die Bremsscheibe, wodurch das Zylindergehäuse in seiner Führung herübergezogen und der Bremsklotz auf der anderen Seite ebenfalls gegen die Scheibe gepreßt wird. Es wird also nur ein Bremskolben pro Radbremse benötigt.

Die Scheibenbremse bei Nässe

Bei Dauerregen wird die offen liegende Bremsscheibe kräftig geduscht, weshalb die Bremswirkung einen Sekundenbruchteil verspätet einsetzt. Die Feuchtigkeit zwischen Bremsscheiben und -klötzen muß erst zum Verdampfen gebracht werden. In streusalzreichen Wintern tritt diese Erscheinung verstärkt auf, wenn die auf Bremsbelägen und -scheiben sitzende Salzschicht beim Bremsen erst abgeschliffen werden muß.
Nach Fahrten im Regen oder bei winterlicher Streusalznässe sollten Sie vor mehrtägigem Abstellen des Wagens die Bremsen trockenfahren, um starken Rostansatz auf den Bremsscheiben bzw. das Festkleben der Beläge zu vermeiden. Es genügt, die letzten hundert Meter Wegstrecke mit dauernd getretenem Bremspedal zu fahren.

Bremspedalweg prüfen

Wartung Nr. 35

Wird der Pedalweg mit der Zeit länger, ist ein Fehler an der Bremsanlage zu vermuten:
- Drücken Sie bei laufendem Motor das Bremspedal von Hand nieder.
- Der Leerweg soll **höchstens** $^1/_3$ des insgesamt möglichen **Pedalwegs** betragen.
- Wenn nicht, können die Scheibenbremsbeläge sind auf das Mindestmaß abgefahren sein.
- Zu langer Pedalweg kann auch durch verklemmte Bremsbeläge oder einen festgerosteten Bremssattel verursacht werden.
- Eventuell ist Luft in die Bremsanlage gelangt.

Scheibenbremsbeläge messen

Wartung Nr. 22

Den verschleißenden Bremsbelag schiebt der Kolben jeweils so weit nach, daß er nur Bruchteile von Millimetern von der Bremsscheibe entfernt ist. Der Bremspedalweg ist deshalb keine Richtschnur für die Abnutzung der vorderen Bremsbeläge. Auch bei Fahrzeugen mit Check-Control, die die Bremsbelagstärke überwacht, sollten Sie die zusätzlich Sichtprüfung nicht vergessen und das nicht nur, wenn eine Urlaubsreise ansteht.
- Die Mindestbelagstärke beträgt **8 mm einschließlich Trägerplatte**. Die Trägerplatte selbst – also das Metallstück, auf das der Belag geklebt ist – hat eine Stärke von ca. 5 mm.
- Kontrolliert wird bei abgenommenen Rädern.
- Meterstab am Belag anlegen und messen, wie auf der folgenden Seite gezeigt. Zur Kontrolle des äußeren Belags Bremssattel mit einem großen Schraubendreher nach außen drücken.

Zustand der Bremsscheiben kontrollieren

Wartung Nr. 23

Wenn die Räder zur Belagkontrolle abgenommen sind, prüft man auch den Zustand der Bremsscheiben.
- Die Scheiben dürfen keine tiefen Rillen (durch Schmutz oder zu stark abgefahrene Beläge) aufweisen. Die Riefen graben sich in neue Bremsbeläge tief ein, was deren Lebensdauer wesentlich verkürzt und überdies die Bremswirkung herabsetzt.
- Riefige Bremsscheiben können auf einer Drehma-

Links: Zur Kontrolle der Bremsbelagstärke Meterstab am Bremsbelag anlegen und Belagstärke (mindestens 8 mm) einschließlich Trägerplatte messen. **Rechts:** Zur Kontrolle des äußeren Bremsbelags muß der Bremssattel – wie hier im Bild gezeigt – nach außen gedrückt werden.

schine nachgearbeitet werden, wenn sie nicht durch lange Laufzeit auf das zulässige Mindestmaß (siehe Tabelle) »abgemagert« sind.

- Zu dünne Scheiben müssen paarweise ausgetauscht werden.
- Eine bläuliche Verfärbung der Bremsscheibe ist ohne Bedeutung.

Fingerzeig: Wurden die Bremsscheiben auf das zulässige Mindestmaß nachgearbeitet, ist ihre Lebendauer begrenzt. Beim nächsten Belagtausch müssen die Scheiben ausgewechselt werden.

Bremsscheiben-Maße

Bremsscheiben	vorn innenbelüftet	hinten unbelüftet
Stärke neu	24,0 mm	12,0 mm
Stärke nach dem Abdrehen	22,5 mm	11,0 mm
Stärke mindestens	21,0 mm	10,0 mm

Scheibenbremsbeläge vorn erneuern

Grundsätzlich müssen rechts und links beide Beläge ausgetauscht werden. Nur Beläge mit ABE verwenden. Weil die Kolben in den Bremssätteln mit zunehmendem Verschleiß der Beläge weiter herauswandern, müssen sie vor dem Einsetzen neuer, dicker Beläge zurückgedrückt werden. Hierbei wird die Bremsflüssigkeit durch die Leitungen in den Vorratsbehälter gepreßt.
Wurde in der Zwischenzeit unnötigerweise Bremsflüssigkeit nachgefüllt, muß das Zuviel jetzt abgesaugt werden. Andernfalls greift die am Vorratsbehälter austretende Bremsflüssigkeit umliegende lackierte Teile im Motorraum an.
Zum Absaugen nur eine absolut saubere Pipette oder alte Injektionsspritze verwenden – nie mit dem Mund absaugen!

- Wagen vorn aufbocken und sichern.
- Rad abnehmen.
- Lenkung einschlagen, damit die Beläge gut zugänglich sind.
- Kabelstecker der Bremsbelag-Verschleißanzeige mit einem kleinen Schraubendreher vorsichtig aus der Aussparung des inneren Belags hebeln.
- Mit einem Schraubendreher die Haltespange an der Außenseite des Bremssattels abhebeln.
- An der Innenseite des Sattels die Abdeckkappen von den Führungsbolzen abnehmen.
- Innensechskantschlüssel (7 mm) im nun sichtbaren Innensechskant der Führungsbolzen ansetzen und Bolzen lösen.
- Bremssattelgehäuse mit einem Schraubendreher nach außen hebeln.
- Bremssattelgehäuse abnehmen.
- Der innere Bremsbelag ist mit einer Spannklammer am Bremskolben befestigt – Belag abziehen.
- Damit das Bremssattelgehäuse nicht an seinem Bremsschlauch zerrt, wird es mit einer Schnur oder einem Draht aufgehängt. Ggf. Sicherungsspange abhebeln und Bremsschlauch aus dem Halter am Federbein nehmen.
- Bremsbelag-Führungen am Bremssattel mit Spiritus und Lappen reinigen.
- Neue Beläge einsetzen.
- Kolben im Bremssattel mit Schraubzwinge zurückdrücken.
- Bremssattelgehäuse montieren.
- Führungsbolzen mit 30 Nm anziehen und Abdeckkappen wieder aufsetzen.
- Haltespange an der Außenseite des Bremssattels einsetzen. Ggf. Haltespange am Federbein einsetzen.

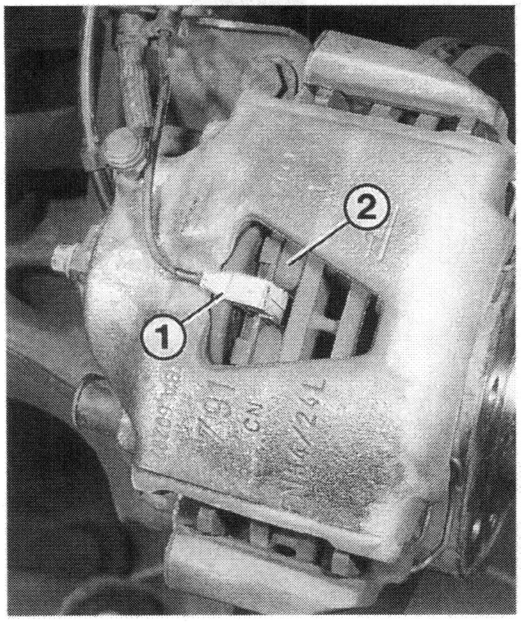

<u>Links:</u> Das Sensorkabel (1) der Check-Control ist lediglich am inneren Bremsbelag (2) eingeclipst.
<u>Rechts:</u> Mit einem Schraubendreher wird die Haltespange vom Bremssattel abgehebelt.

- Kabel der Bremsbelag-Verschleißanzeige in die Aussparung des inneren Belags eindrücken.
- Nach dem Zusammenbau das **Bremspedal mehrmals durchtreten**, bis die Beläge an der Bremsscheibe anliegen. Sonst ist keine Bremswirkung vorhanden!
- Mit neuen Bremsbelägen – wenn möglich – die ersten 200 km nur behutsam bremsen.

<u>Fingerzeig:</u> Falls gelaufene Bremsbeläge weiterhin benutzt und erneut eingebaut werden, müssen sie wieder an der bisherigen Stelle montiert werden. Der Wechsel von der Außen- zur Innenseite oder umgekehrt oder von einem Rad zum anderen kann ungleichmäßige Bremswirkung zur Folge haben.

Bremssattel vorn ausbauen

- Evtl. Bremsbeläge ausbauen.
- Kabelstecker der Bremsbelag-Verschleißanzeige mit einem kleinen Schraubendreher vorsichtig aus der Aussparung des inneren Belags hebeln.
- Wo vorhanden, Schutzkappen der Bremssattel-Befestigungsschrauben mit Schraubendreher oder Meißel vom Sitz abhebeln.
- Halteschrauben des Bremssattels losdrehen.
- Bremssattel bzw. Bremssattelgehäuse mit angeschraubtem Bremsschlauch so aufhängen, daß der Schlauch nicht unter Spannung steht. Ggf. Sicherungsspange abhebeln und Bremsschlauch aus dem Halter am Federbein nehmen.
- Oder Bremsschlauch abschrauben.
- Bremspedal niederdrücken und halten, um Auslaufen von Bremsflüssigkeit zu verhindern.
- Beim Einbau beide Befestigungsschrauben mit Sicherungsmasse bestreichen und auf 95 Nm anziehen. Anschließend Schrauben 30–45° weiterdrehen.
- Bremsschlauch mit neuem Dichtring festschrauben. Ggf. Haltespange am Federbein montieren.
- Kabelstecker der Bremsbelag-Verschleißverzeige in die Aussparung des inneren Belags eindrücken.
- Bremsanlage entlüften, falls der Bremsschlauch abgeschraubt war.
- **Bremspedal** vor der ersten Fahrt **mehrmals durchtreten**, bis sich normales Pedalspiel einstellt.

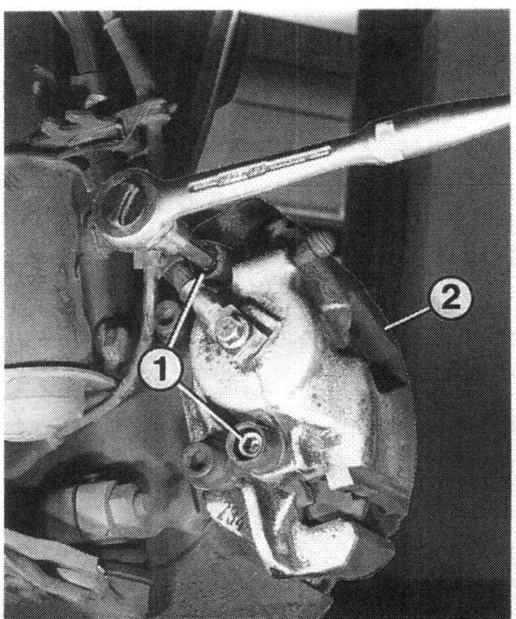

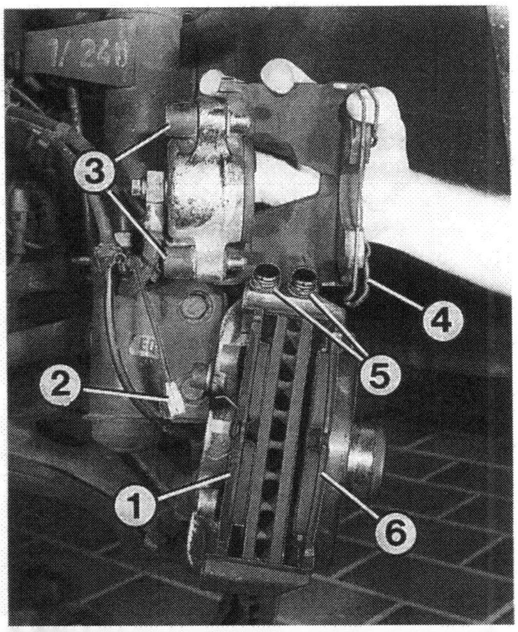

<u>Links:</u> Nach Lösen der Führungsbolzen (1) kann das Bremssattelgehäuse (2) abgenommen werden.
<u>Rechts:</u> Das abgenommene Bremssattelgehäuse. Gekennzeichnet sind:
1 – innerer Bremsbelag;
2 – Sensorkabel für Check-Control;
3 – Führungsbolzen;
4 – Haltespange;
5 – Abdeckkappen;
6 – äußerer Bremsbelag.

Links: Hier wird der Kolben im Bremssattel mit einer Schraubzwinge zurückgedrückt, damit die neuen Bremsbeläge eingebaut werden können. Zum Schutz haben wir den inneren Bremsbelag zwischengelegt.
Rechts: Der Bremssattel (2) kann auch zusammen mit den Bremsbelägen ausgebaut werden. Hierzu Bremssattelgehäuse, wie unter »Scheibenbremsbeläge vorn messen« beschrieben, mit einem Schraubendreher nach außen drücken. Anschließend Befestigungsschrauben (1) losdrehen und Bremssattel vom Achsschenkel abnehmen.

Bremskolbenmanschette vorn wechseln

Wurde die Bremskolbenmanschette im Bremssattel beschädigt, müssen Sie baldigst für Ersatz sorgen, sonst klemmt bald der Bremskolben aufgrund von Schmutz und Korrosion. Die Manschette gibt's leider nur zusammen mit dem Bremskolben-Dichtring (der bei der Reparatur dann übrigbleibt) zu kaufen.

- Bremssattelgehäuse losschrauben.
- Bremskolbenmanschette mit einem flachen Schraubendreher oder Meißel vom Gehäuse abhebeln.
- Zum Einbau der neuen Manschette muß der Bremskolben ein Stück weit über das Bremssattelgehäuse herausragen. Dabei Kolbenstellung nicht verändern.
- Falls erforderlich, hierzu Bremspedal von Helfer ein Stück weit niedertreten lassen, bis der Kolben ca. 10 mm übersteht.
- Neue Manschette in den Nut am Bremskolben einsetzen und über die Wulst am Bremssattel ziehen. Wenn nötig, Staubmanschette mit einem Kunststoffkeil eindrücken.
- Kontrolle: Die Manschette muß jetzt rundum gleichmäßig im Bremssattel sitzen. In der Nut des Bremskolbens muß sie einwandfrei anliegen.

Bremssattel und -kolben gängig machen

Durch Korrosion an den Gleitflächen des Bremssattels kann dieser schwergängig werden. Eine defekte Kolbenmanschette bewirkt, daß der Kolben im Bremssattel durch Schmutz und Korrosion festgeht. Beides ergibt ungleichmäßige Bremswirkung.

- Bremsbeläge ausbauen.
- Kontrollieren Sie, ob sich die Beläge in ihren Führungen leicht bewegen lassen.
- Andernfalls Führungen blank schleifen. Dabei Kolbenmanschette nicht beschädigen.
- Ebenso die Schiebehülse kontrollieren und reinigen.
- Zur Kontrolle, ob der Kolben leichtgängig ist, eine Schraubzwinge mit zwischengelegtem Holzstück als Anschlag für den Kolben ansetzen, damit der Kolben nicht zu weit herausgleiten kann.
- Bremspedal von Helfer vorsichtig treten lassen. Bewegt sich der Kolben?
- Kommt der Kolben nicht heraus, so lange mit dem Bremspedal pumpen, bis sich der Kolben bewegt.
- Kolben zurückdrücken, wie unter »Scheibenbremsbeläge erneuern« beschrieben.
- Dieses Spiel so lange wiederholen, bis sich der Kolben leichtgängig bewegt.
- Seitenflächen des Kolbens mit ATE-Bremspaste bestreichen.

Bremsscheibe vorn ausbauen

Bremsscheiben müssen grundsätzlich beidseitig erneuert werden. Einseitiger Wechsel kann ungleiche Bremswirkung zur Folge haben.

- Bremssattel ausbauen.
- Bremssattelgehäuse mit Draht an der Karosserie befestigen; die Hydraulikleitungen bleiben angeschlossen.
- Bremssattel vom Achsschenkel abschrauben.
- Halteschraube (zwischen den Radschraubenbohrungen) mit einem Innensechskantschlüssel herausdrehen.
- Schraube vorher mit Rostlöser behandeln oder Schlagschrauber verwenden.
- Die Bremsscheibe kann nun von Hand von der Radnabe abgezogen werden. Ist sie festgerostet, mit kräftigen Hammerschlägen nachhelfen – aber nur, wenn die Scheibe ohnehin gewechselt wird.
- Vor dem Ansetzen der neuen Bremsscheibe die Anlagefläche der Radnabe säubern.
- Halteschraube der Bremsscheibe mit 4 Nm anziehen.
- Korrosionsschutzwachs von der neuen Scheibe mit Verdünnung entfernen.

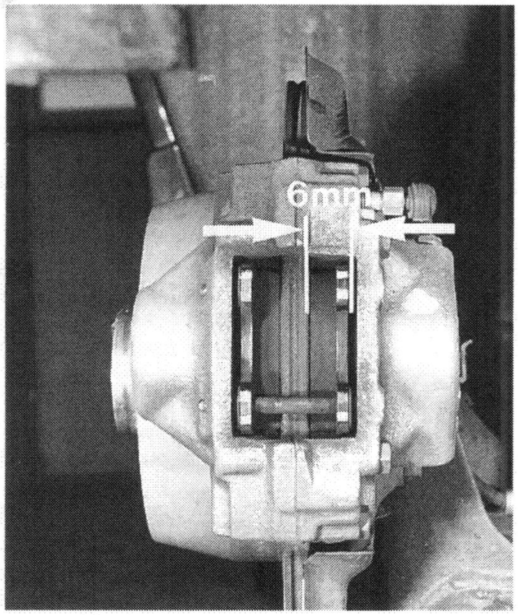

<u>Links:</u> **Das Bild zeigt die Befestigungsschraube der vorderen Bremsscheibe. Nach Lösen der Schraube kann die Bremsscheibe von der Radnabe abgenommen werden.**
<u>Rechts:</u> **Beim Omega gelten 6 mm als Mindestbelagstärke der hinteren Bremsbeläge einschließlich Trägerplatte.**

Scheibenbremsen hinten

Im Gegensatz zu den Vorderrädern, an denen Schwimmsattelbremsen wirken, handelt es sich an den Hinterrädern um Festsattelbremsen.
Der Bremssattel ist feststehend und besitzt kein bewegliches Zylindergehäuse wie die Schwimmsättel. Stattdessen besitzt die Festsattelbremse zwei Bremskolben. Sie drücken beim Tritt auf das Bremspedal von rechts und links auf je einen Bremsklotz.

Scheibenbremsbeläge hinten messen

Wartung Nr. 22

An den hinteren Scheibenbremsen erfolgt die Kontrolle des Belagverschleißes gleich wie an der vorderen Bremsen. Es gelten hier **6 mm** als **Verschleißmaß** – gemessen **mit Belagträgerplatte**.
Gleichzeitig mit der Belagkontrolle wird der Zustand der Bremsscheiben geprüft. Verschleißmaß und Arbeitsreihenfolge beschreibt der Text weiter vorn in diesem Kapitel.

Scheibenbremsbeläge hinten erneuern

Grundsätzlich müssen rechts und links beide Beläge und Spreizklammern ausgetauscht werden. Nur Beläge mit ABE verwenden.

- Haltestifte der Bremsbeläge von außen nach innen mit einem passenden Dorn herausschlagen.
- Freiwerdende Spreizklammer abnehmen.
- Rohrzange zwischen Bremsbelag-Trägerplatte und Bremssattel ansetzen und Klotz zurückdrücken.
- Schraubendreher zwischen Belag und Bremsscheibe schieben und Belag ganz zur Außenkante des Bremssattelschachts drücken.
- Kontrollieren Sie den Bremsflüssigkeitsstand im Vorratsbehälter. Er steigt beim Zurückdrücken der Kolben. Evtl. mit einer Injektionsspritze Bremsflüssigkeit absaugen.
- Auf dieselbe Weise den anderen Belag zurückdrücken.
- Lassen Sie dabei den gegenüberliegenden Belag noch eingesetzt. Sonst könnte beim Zurückdrücken

<u>Links:</u> **Die Haltestifte der hinteren Scheibenbremsbeläge von außen nach innen herausschlagen.**
<u>Rechts:</u> **Inneren und äußeren Bremskolben mit einer Rohrzange zurückdrücken. So lassen sich anschließend die Beläge leichter aus den Schächten herausziehen.**

des Kolbens der andere aus seiner Führung herausgeschoben werden.

● Beide Beläge herausnehmen.

● Sitz der Beläge im Schacht mit Spiritus (keinesfalls Benzin) und Lappen von Belagabrieb säubern.

● Festgebackene Belagkrusten und Rost mit einem flachen Schraubendreher wegkratzen. Vorsicht, daß hierbei die Kolbenmanschetten nicht beschädigt werden.

● Zum Vermeiden von Bremsen-Quietschgeräuschen die Beläge an den Bremskolben-Anpreßstellen mit »Plastilube«-Bremspaste (Zubehörhandel) einfetten.

● Neue Beläge zusammen mit den Zwischenblechen einsetzen.

● Spreizfeder anlegen und Haltestifte von innen nach außen eintreiben.

● **Bremspedal mehrmals treten**, bis die Beläge an den Bremsscheiben anliegen.

● Wurde Bremsflüssigkeit abgesaugt, Flüssigkeitsstand kontrollieren.

Bremssattel hinten ausbauen

● Wagen hochbocken, Hinterrad abnehmen.

● Bremsleitung abbauen, sofern der Bremssattel gewechselt werden soll. dazu Entlüftungsventil öffnen, Bremspedal einmal niedertreten und in dieser Stellung fixieren (siehe »Arbeitstips« weiter hinten in diesem Kapitel).

● Befestigungsschrauben des Bremssattels herausdrehen.

● Bremssattel hin- und herdrücken, damit die Bremskolben etwas zurückgeschoben werden.

● Bremssattel abnehmen.

● Zum Einbau Halteschrauben mit 80 Nm anziehen. Bremsleitung mit 16 Nm anschrauben.

● Bremsanlage entlüften, falls die Bremsleitung abgeschraubt wurde.

● **Bremspedal** vor den ersten Metern Fahrt **mehrmals durchtreten**, bis sich normales Pedalspiel einstellt.

Bremskolbenmanschette hinten wechseln

● Bremsbeläge ausbauen.

● Bremssattel abbauen, die Bremsleitung bleibt angeschlossen.

● Der Bremskolben muß zum Wechseln der Manschette ein Stück weit über das Bremssattelgehäuse herausragen. Ist das nicht der Fall, Bremspedal von Helfer ein Stück niedertreten lassen, bis der Kolben ca. 10 mm übersteht. Einbaulage des Bremskolbens nicht verändern.

● Federring an der Bremskolbenmanschette mit schmalen Schraubendreher abhebeln.

● Alte Manschette abziehen.

● Neue Manschette in die Nut am Bremskolben einsetzen, über die Wulst am Bremssattel ziehen und mit Federring befestigen.

● Kontrolle: Die Manschette muß jetzt rundum gleichmäßig im Bremssattel sitzen. In der Nut des Bremskolbens muß sie einwandfrei anliegen.

Bremsscheibe hinten ausbauen

● Bremssattel hinten ausbauen. Die Bremsleitung bleibt angeschlossen. Bremssattel mit Draht an der Karosserie anbinden.

● Halteschraube vorn an der Bremsscheibe lösen.

● Bremsscheibe jetzt abziehen. Geht das nicht, Nachstellrädchen der Handbremsbeläge etwas zurückdrehen (siehe »Handbremse einstellen« auf der gegenüberliegenden Seite).

● Anlagefläche der Bremsscheibe an der Radnabe reinigen und neue Bremsscheibe montieren. Halteschraube mit 4 Nm anziehen.

● Handbremsbacken einstellen.

Die Handbremse

In den hinteren Bremsscheiben sind kleine Bremstrommeln eingearbeitet, auf deren Beläge die Handbremse wirkt:

Wenn Sie den Handbremshebel ziehen, spannen sich die Bremsseile zu den Hinterrädern. Dort preßt das Spreizschloß, in dem die Seilenden eingehängt sind, die halbrunden Bremsbacken gegen die Trommel – das Rad wird blockiert.

Handbremse prüfen

Wartung Nr. 33

Wird die Feststellbremse nahezu bei jedem Parken kräftig angezogen, längen sich die Bremsseile im Laufe der Zeit. Wer andererseits die Handbremse nur selten benutzt, kann eines Tages mit Überraschung erleben, daß sie einseitig zieht – ein häufig aufretender Mangel bei der Hauptuntersuchung. Deshalb:

● Funktionsprüfung durchführen, wie weiter vorn beschrieben.

● Zieht die Handbremse schief oder ist die Wirkung unzureichend, müssen die Beläge bzw. die Bremstrommel-Reibflächen »eingebremst« werden (siehe folgenden Abschnitt).

● Leerweg des Handbremshebels prüfen: Läßt er sich um **mehr als 6 Rasten** hochziehen, muß die Handbremse eingestellt werden.

Die Abbildung zeigt die Befestigungsschrauben (2), mit denen der hintere Bremssattel (1) am Schräglenker befestigt ist.

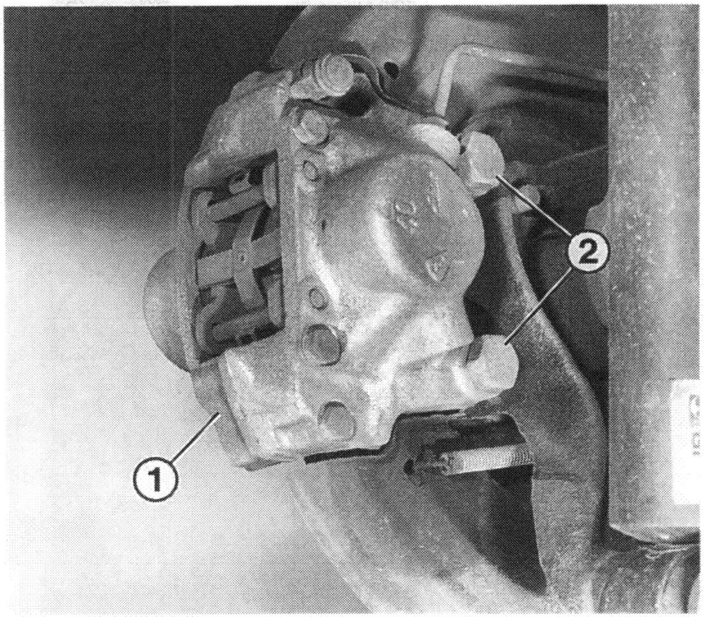

Handbremse »einbremsen«

Bei Wagen mit Scheibenbremsen hinten verschleißen die Beläge der Handbremse so gut wie nicht, denn sie wird ja normalerweise erst bei stehendem Wagen angezogen. Es kommt also fast nie zu der sonst üblichen Reibung zwischen Belägen und Trommeln. Dadurch kann sich der Reibwert der Handbremsbeläge verändern. Die Feststellbremse verliert an Wirkung. Abhilfe: Den Wagen bei leicht angezogener Handbremse etwa 500 Meter weit fahren. »Eingebremst« werden muß auch, wenn neue Handbremsbeläge eingebaut wurden, wenn die Handbremse eingestellt werden soll oder wenn Sie ein Nachlassen der Handbremswirkung spüren.
Von Zeit zu Zeit sollten Sie den Wagen die letzten Meter bis zum Stillstand mit der Handbremse abbremsen. So bleiben die Reibflächen an Trommel und an Bremsbelägen der Handbremse intakt und können keinen Rost ansetzen. Achten Sie darauf, daß kein Wagen hinter Ihnen fährt, denn beim Ziehen der Handbremse leuchten die Bremslichter nicht auf.

Handbremse einstellen

Voraussetzungen: Bevor die Handbremse eingestellt wird, muß sichergestellt sein, daß die Seilzüge der Bremse leichtgängig sind, sonst nützt alles Einstellen nichts. Ebenso müssen Sie zuvor die Bremsbeläge der Handbremse nachstellen – erst dann können die Seilzüge nachgespannt werden (sofern dann noch nötig).

- **Handbremsbacken nachstellen:** Handbremshebel auf die vierte Raste ziehen.
- Wagen hinten aufbocken:
- Hinterräder abschrauben.
- Zwischen den Radschraubenlöchern befindet sich eine Bohrung. Bremsscheibe so drehen, daß die Bohrung oben steht.
- Genau an dieser Stelle befindet sich das Einstellritzel der Handbremsbacken. Zur Kontrolle mit der Taschenlampe durch das Schraubenloch leuchten.
- Schraubendreher durch die Bohrung stecken und Einstellritzel unter hebelnden Bewegungen drehen (siehe unten), bis die Bremsbacken anliegen und sich die Bremsscheibe nicht mehr bewegen läßt. Zum Nachstellen wird der Schraubendreher nach unten gehebelt.
- Einstellritzel so weit zurückdrehen, bis sich die Bremsscheibe gerade eben frei drehen läßt.
- **Bremsseile einstellen:** Wagen hinten aufbocken; beide Hinterräder müssen frei sein.
- Im Wagen den Handbremshebel bis zur vierten Raste anziehen.

Links: Zum Nachstellen der Bremsbacken Schraubendreher durch die Bohrung stecken und unter hebelnden Bewegungen in Pfeilrichtung Einstellritzel verdrehen, bis die Bremsbacken anliegen und die Bremsscheibe sich nicht mehr drehen läßt. Anschließend Einstellritzel so weit zurückdrehen, bis sich die Bremsscheibe gerade eben frei drehen läßt.
Rechts: Bei abgenommener Bremsscheibe erkennt man gut das Einstellritzel (1), mit dem die Bremsbacken (2) eingestellt werden können.

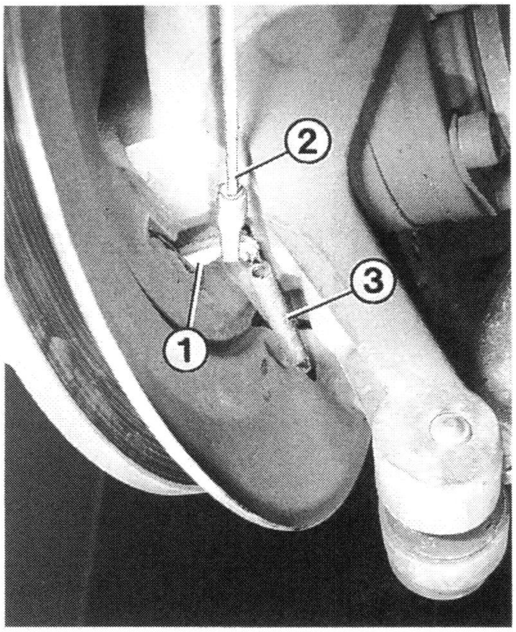

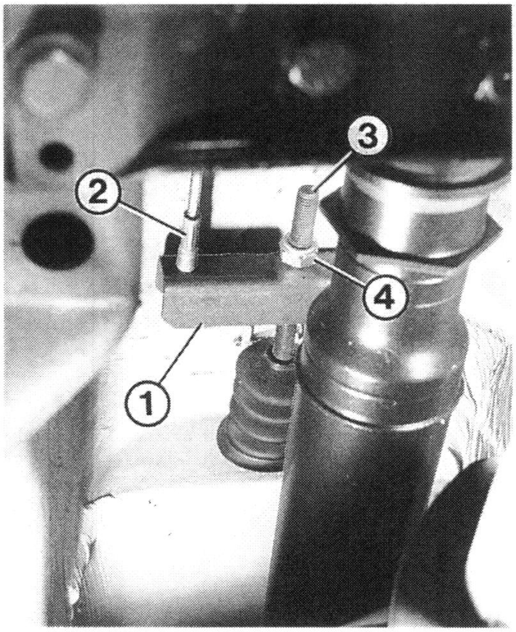

Links: Bevor das Handbremsseil (2) vom Bremsseilhebel (1) abgenommen werden kann, muß die Rückzugfeder (3) ausgehängt werden.
Rechts: Zum Einstellen des Handbremsseils (2) Einstellmutter (4) auf der Zugstange (3) entsprechend verdrehen.
Mit »1« ist das Ausgleichsstück gekennzeichnet.

- In dieser Stellung beide Hinterräder mit der Hand drehen, die Bremswirkung muß gerade einsetzen.
- Wenn die Räder frei drehen, ist die Einstellmutter am Bremsseilausgleich entsprechend weiterzuschrauben.
- Hierzu muß das kleine Hitzschutzblech nach Lösen der Befestigungsschraube abgenommen werden.
- Handbremshebel lösen und kontrollieren, ob sich die Räder ohne Widerstand frei drehen lassen.

Handbremsbeläge kontrollieren

Wartung Nr. 42

Die Beläge der Handbremse sind – außer beim Einbremsen – keinerlei Verschleiß unterworfen, weil sie ja erst bei stehendem Wagen in Aktion treten. Die Kontrolle bei schlechter oder einseitiger Handbremswirkung gilt also mehr der Belag-Oberfläche und der Reibfläche der Bremstrommel.

- Zum Kontrollieren Bremssattel und Bremsscheibe abbauen (weiter vorn im Buch beschrieben).
- Der Belag (ohne Bremsbacken) sollte **mindestens 1,5 mm** dick sein.
- Die Belag-Oberfläche soll glatt, aber nicht »verglast« also verhärtet sein, was vorkommen kann, wenn lange mit angezogener Handbremse gefahren wurde.
- Test: Mit Schraubendreher über die Reibfläche kratzen.
- »Splittert« das Belagmaterial ab, Beläge erneuern.
- Prüfen Sie bei dieser Gelegenheit, ob Spreizschloß und Bremsseilhebel, in dem die Bremsseile eingehängt sind, noch leichtgängig sind.
- Zuletzt die Reibfläche der kleinen Bremstrommel prüfen: Leichter Rostbefall kann durch Einbremsen entfernt werden. Tiefe Rostnarben oder Einlaufspuren erfordern eine neue Bremsscheibe (Opel gibt kein Maß fürs Nacharbeiten an).

Handbremsseil ersetzen

- Fahrzeug aufbocken und sichern.
- Aufhängungsgummis der Auspuffanlage aushängen.
- Auspuffanlage etwas absenken und mit Draht anbinden.
- Hitzeschutzblech losschrauben und seitlich abnehmen.
- Halterung des Kardanwellen-Mittellagers von der Karosserie losschrauben.
- Selbstsichernde Einstellmutter von der Handbrems-Zugstange abschrauben. Handbremsausgleich von der Zugstange abnehmen.
- An beiden Hinterrädern Rückzugfeder am Bremsankerblech mit einer Zange aushängen und abnehmen.
- Handbremsseil von den beiden Bremsseilhebeln aushängen.
- Handbremsseil links und rechts aus den Führungen am Schräglenker ziehen und aus der dahinterliegenden Halterung drücken. Falls nötig, Halterung etwas aufbiegen.
- Handbremsseil aus den Führungen am Unterbau herausziehen und abnehmen.
- Handbremsseil in die Führungen einsetzen und in die beiden Halterungen drücken. Wo nötig, Halterungen wieder zusammendrücken.
- Handbremsseil und Rückzugfedern an beiden Bremsseilhebeln einhängen.
- Handbremsausgleich auf die Zugstange schieben und neue selbstsichernde Mutter anschrauben.
- Handbremsseil im Bereich der Kunststoffführung am Unterbau mit MoS_2-Paste bestreichen.
- Halter des Kardanwellen-Mittellagers mit 20 Nm anschrauben.
- Hitzeschutzblech anschrauben und Auspuffanlage einhängen.
- Nach dem Einbau Handbremse einstellen.

Hydraulik und Betätigung

Nachdem wir und bisher mit der mechanischen Seite der Bremsen beschäftigt haben, wenden wir uns jetzt der Bremsbetätigung mit ihren Hydraulik-Bauteilen und dem Bremskraftverstärker zu.

Arbeiten an der Bremshydraulik

Arbeitstips

○ Bremsflüssigkeit ist giftig. Nicht mit dem Mund in Berührung bringen.
○ Bremsflüssigkeit greift den Fahrzeuglack an. Deshalb keine bremsflüssigkeitsgetränkten Lappen oder -verschmierten Werkzeuge auf die Lackierung legen.
○ Beim Lösen eines Bremsschlauches oder einer Bremsleitung läuft der Bremsflüssigkeits-Vorratsbehälter leer. Das verhindern Sie so: Vor dem Lösen der Verschraubung eine Entlüftungsschraube im betreffenden Bremskreis lösen. Entlüftungsschlauch aufstecken und in ein Gefäß leiten. Nun das Bremspedal ganz durchtreten und mittels einer passenden Holzlatte in dieser Stellung halten. Die Zulaufbohrungen im Hauptbremszylinder sind damit verschlossen – es tritt keine Bremsflüssigkeit mehr aus.
○ Zum Lösen der Bremsleitungen sollten Sie sich einen Bremsleitungsschlüssel besorgen.
○ Nach Arbeiten an der Bremshydraulik muß grundsätzlich entlüftet werden. Oft genügt es, nur den Bremskreis, an dem gearbeitet wurde, zu entlüften.

Der Hauptbremszylinder

Der Hauptbremszylinder ist gewissermaßen das Oberhaupt im Bremssystem. Er sitzt hinten links im Motorraum und gibt den Bremssätteln den Befehl, wann sie zu bremsen haben. Mehr über seine Ausführung und Funktion finden Sie zu Beginn des Kapitels.

Hauptbremszylinder ausbauen

- Deckel vom Bremsflüssigkeitsbehälter losdrehen und Kabelstecker abziehen.
- Bremsflüssigkeit aus dem Vorratsbehälter absaugen.
- Sämtliche Bremsleitungen am Hauptbremszylinder abschrauben. Vorsicht, Bremsflüssigkeit läuft aus!
- Verschraubung der Verbindung Hauptbremszylinder/Bremskraftverstärker losdrehen.
- Hauptbremszylinder vom Bremskraftverstärker abnehmen.
- Vorratsbehälter etwas verkanten und vom Hauptbremszylinder abziehen.
- Hauptbremszylinder mit neuem Dichtring auf die Bolzen am Bremskraftverstärker aufschieben und mit neuen selbstsichernden Muttern festschrauben (22 Nm).
- Bremsleitungen montieren und mit 16 Nm festschrauben.
- Neue Dichtungen mit Bremszylinderpaste 90 295 751/19 70 505 bestreichen und in den Hauptbremszylinder einsetzen.
- Vorratsbehälter auf den Hauptbremszylinder aufdrücken, Kabelstecker auf den Deckel aufstecken.
- Bremsflüssigkeit einfüllen.
- Bremsanlage entlüften, Anschlüsse auf Dichtheit prüfen.

Der Bremskraftverstärker

Scheibenbremsen wirken nicht, wie Trommelbremsen, selbstverstärkend: es ist eine wesentlich höhere Pedalkraft vonnöten. Deshalb besitzt der Omega einen pneumatisch arbeitenden Bremskraftverstärker, der ca. 60% der Bremskraft aufbringt.
Diese Hilfseinrichtung sitzt links im Motorraum hinter dem Hauptbremszylinder. Das Bremspedal ist jedoch trotzdem direkt mit den Bremskolben im Hauptzylinder verbunden, so daß man auch bei ausgefallenem Hilfsgerät noch bremsen kann. Der notwendige Pedaldruck muß dann allerdings vervielfacht werden!
Die Hilfskraft liefert der Unterdruck aus dem Ansaugrohr. Der Bremskraftverstärker ist über einen Schlauch mit dem Saugrohr verbunden. Beim Bremsen verschiebt der Druckunterschied zwischen dem äußeren Luftdruck und dem Unterdruck im Ansaugrohr eine große elastische Membrane und drückt zusätzlich auf die Kolben im Hauptbremszylinder.
Wenn der Motor nicht läuft, liefert der Servo keine (zusätzliche) Bremskraft. Deswegen müssen Sie stärker aufs Pedal treten, wenn z. B. Ihr Omega abgeschleppt wird. Bleibt der Motor unterwegs plötzlich stehen, haben Sie durch den Unterdruckspeicher noch eine Reserve für einige kurze Bremsungen – erst dann werden die Wadenmuskeln voll beansprucht.

Bremskraftverstärker prüfen

Wartung Nr. 34

- Der Motor muß abgestellt sein.
- Bremspedal **10 Mal** durchtreten.
- Pedal jetzt voll durchgetreten halten und Motor starten.

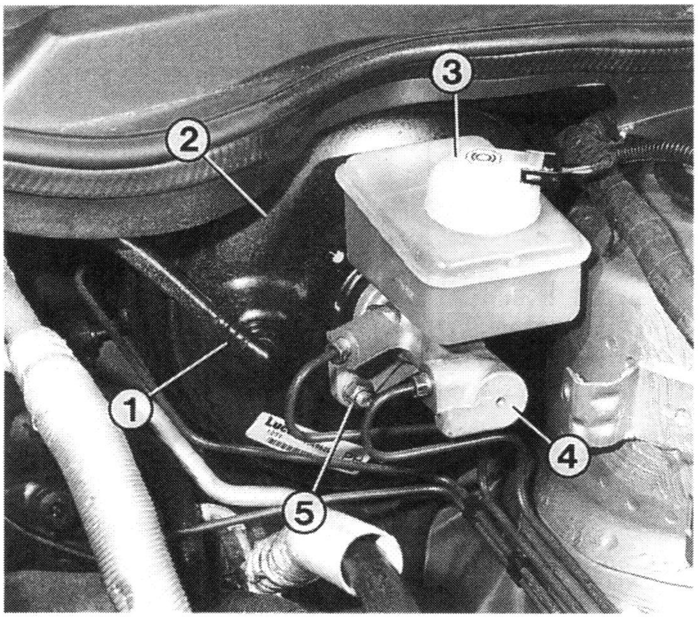

Zu sehen sind:
1 – Unterdruckschlauch zum Ansaugrohr;
2 – Bremskraftverstärker;
3 – Bremsflüssigkeits-Vorratsbehälter;
4 – Hauptbremszylinder;
5 – Befestigungsmutter des Hauptbremszylinders.

- Bei intaktem Bremskraftverstärker muß das Pedal jetzt ein Stück nachgeben. Senkt sich das Pedal nicht, ist die Bremskraftverstärkung defekt.
- Ein Fehler im Unterdrucksystem ist am wahrscheinlichsten: Unterdruckschlauch vom Ansaugrohr zum Bremskraftverstärker undicht, Rückschlagventil im Unterdruckschlauch, Gummiring zwischen Hauptbremszylinder und Servogerät oder Membrane des Bremskraftverstärkers defekt.
- Zur Kontrolle des Rückschlagventils den Unterdruckschlauch zum Bremsservo am Verteilerstück beim Ansaugrohr abnehmen – Durchblasen darf nicht, Ansaugen muß möglich sein.
- Beim Einbau eines neuen Ventils muß der Pfeil auf dessen Gehäuse in Richtung Ansaugrohr zeigen.
- Zum Austausch eines schadhaften Gummirings zwischen Hauptbremszylinder und Verstärker muß der Zylinder abgebaut werden.
- Bleibt zuletzt noch der Defekt des Bremskraftverstärkers selbst. Eine Reparatur ist hier nicht möglich – austauschen.

Bremskraftverstärker ausbauen

- Wischerarme und Wasserabweiser abbauen, siehe Instrumenten-Kapitel unter »Scheibenwischermotor ausbauen«.
- Unterdruckschlauch vom Bremskraftverstärker abziehen.
- Kabelstecker vom Deckel des Bremsflüssigkeitsbehälter abziehen.
- Hauptbremszylinder vom Bremskraftverstärker losschrauben und mit den angeschlossenen Bremsleitungen vorsichtig nach vorn ziehen.
- Im Fahrerfußraum Verkleidung unter dem Armaturenbrett ausbauen.
- Rückzugfeder für das Bremspedal aushängen.
- Sicherungsklammer vom Bolzen der Kolbenstange abnehmen und Bolzen herausziehen.
- Drei Befestigungsmuttern des Bremskraftverstärkers losdrehen.
- Bremskraftverstärker im Motorraum etwas verkanten und zusammen mit dem Haltebock nach oben herausziehen.
- Wird ein neuer Bremskraftverstärker eingebaut, Haltebock, Kontermutter und Gabelstück vom alten abmontieren.
- Sechskantmutter und Gabelstück lose auf die Kolbenstange des neuen Bremskraftverstärkers schrauben.
- Kolbenstangenlänge einstellen: Der Abstand zwischen Bohrungsmitte Gabelstück bis zur Anlagefläche mit den vier Stehbolzen muß 106,0+0,5 mm betragen. Sechskantmutter kontern (18 Nm).
- Haltebock mit neuer Dichtung anschrauben (18 Nm).
- Bremskraftverstärker vom Motorraum aus in die Stirnwand einsetzen. Befestigungsmuttern mit 20 Nm anziehen.
- Gelenkbolzen vor dem Einbau leicht einfetten.
- Neuen Dichtring zwischen Bremskraftverstärker und Hauptbremszylinder einbauen.
- Nach dem Einbau Funktion des Bremskraftverstärkers prüfen.

Bremsleitungen ersetzen

- Überwurfmutter der Bremsleitung losdrehen. Hierzu Gegenverschraubung – z. B. an einem Bremsschlauch – festhalten.
- Ist die Mutter auf der Leitung angerostet, wodurch sich diese mitdreht, muß die Leitung in jedem Fall erneuert werden. Die dünnwandigen Rohre knicken schnell ab.
- Zum Lösen der Leitungsanschlüsse kann folgender Trick weiterhelfen, wenn das betreffende Leitungsstück ohnehin ausgewechselt werden soll:
- Bremsleitung nahe der Verschraubung absägen, Überwurfmutter mit einer Sechskantnuß losdrehen.
- Muß eine neue Leitung noch etwas zurechtgebogen werden, darf dies nur in einem großen Radius geschehen. Andernfalls knickt das dünne Rohr ab.
- Innenseite des Bogens beim Biegen mit dem Dau-

Die Abbildung zeigt das Rückschlagventil (2) am Achtventilmotor. Position »1« bezeichnet den Unterdruckschlauch zum Ansaugrohr, »3« zeigt die Leitung zum Bremskraftverstärker, und Position »4« deutet auf die Unterdruckleitung zum Entlüftungsventil des Aktivkohlebehälters.

men unterstützen. So können Sie sich langsam dem Radius entlang arbeiten.

- Evtl. vorhandene Schutzschläuche der Leitungen nicht vergessen.
- Bremsleitungen in ihren Abstandshaltern verlegen.
- Auszugsdrehmoment 16 Nm.

Bremsschläuche ausbauen

- **Bremsschlauch vorn:** Halteklammer des Bremsbelag-Verschleißanzeigekabel vom Bremsschlauch abziehen.
- Überwurfmutter der betreffenden Bremsleitung losdrehen, dabei das Anschlußstück gegenhalten.
- Sicherungsbleche mit einer Zange von den Haltern abziehen.
- Hohlschraube aus dem Bremssattel herausdrehen. Bremsschlauch abnehmen. Beim Einbau neue Dichtungen verwenden.
- **Bremsschlauch hinten:** Beide Überwurfmuttern der Bremsleitungen losschrauben, Anschlußstück gegenhalten.
- Sicherungsbleche mit einer Zange abziehen.
- Bremsschlauch aus den Haltern nehmen.
- Einbau: Bremsschläuche nicht in sich verdreht einbauen. Zur Kontrolle dienen die Längsstreifen entlang der Schläuche.
- Anzugsdrehmomente: Bremsschlauch an Bremssattel 40 Nm, Bremsschlauch an Bremsleitung 16 Nm.
- Bremsanlage entlüften.
- Sofort nach der Reparatur kontrollieren, ob die Schläuche irgendwo scheuern können.
- Die Kontrolle nach einer längeren Fahrt wiederholen.

Mit einer Überwurfmutter (3) wird die Bremsleitung (1) am Bremsschlauch (2) befestigt. Der Bremsschlauch wiederum ist mit einer Sicherungsklammer (4) an der Bremsschlauchhalterung befestigt.

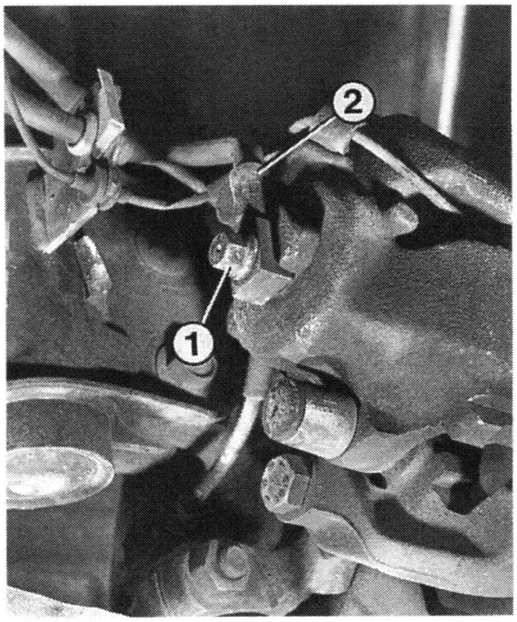

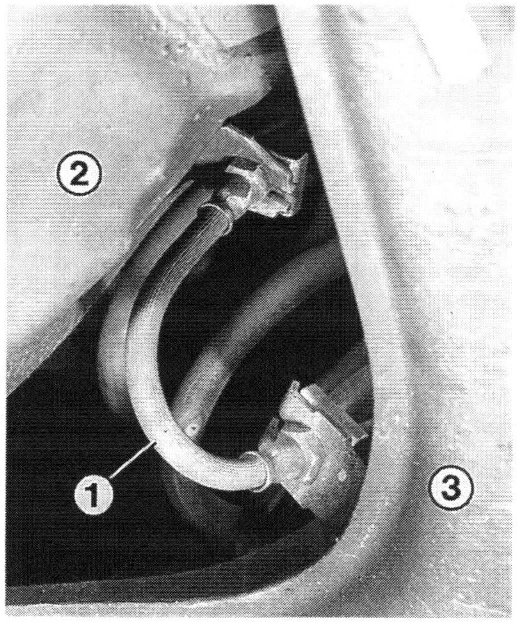

Links: Vorn ist der Bremsschlauch (2) mit einer Hohlschraube (1) am Bremssattel befestigt. Die Hohlschraube darf nur mit 40 Nm angezogen werden.
Rechts: Im Bild ist die Verlegung eines Bremsschlauches (1) zwischen den beiden Haltern am Hinterachsträger (2) bzw. Schräglenker (3) zu sehen. In den Haltern ist der Bremsschlauch mit Blechspangen gesichert.

Fingerzeig: Bei älteren (ca. 10 Jahre) oder fehlerhaften Bremsschläuchen kann es vorkommen, daß diese quellen und so den Leitungsquerschnitt im Innern verkleinern oder ganz verschließen. Äußerlich ist diesen Schläuchen nichts anzusehen. Sie bemerken besagte Querschnittsverengung, wenn eine Radbremse erst mit Verzögerung anspricht (Bremsen ziehen erst schief, dann aber völlig gerade). Bisweilen löst die betreffende Bremse dann auch erst mit einer kleinen Verspätung, weil sich der Bremsdruck durch die verengte Leitung nicht sofort wieder abbauen kann. Bremsschlauch (am besten alle) auswechseln.

Bremsanlage entlüften

Entlüftet werden muß nach Reparaturen an der Bremshydraulik, wenn Luft in Bremszylinder und -leitungen eingedrungen ist:

- Bremsflüssigkeits-Vorratsbehälter ganz mit frischer Bremsflüssigkeit auffüllen und auch während des Entlüftens immer dafür sorgen, daß er rechtzeitig vor Absinken des Spiegels mit frischer Flüssigkeit aufgefüllt wird. Sonst wird wieder Luft angesaugt.
- Staubkappe vom Entlüftungsventil nehmen (Arbeitsreihenfolge: hinten rechts; hinten links; vorn rechts; vorn links) und das Entlüftungsventil (SW 8) um ½ bis 1 Umdrehung öffnen.
- Durchsichtigen Schlauch über das saubergeriebene Ventil schieben und das freie Schlauchende in ein teilweise mit Bremsflüssigkeit gefülltes Gefäß stekken.
- Von Helfer das Bremspedal so lange langsam niedertreten und wieder zurückkommen lassen, bis im Schlauch keine Luftbläschen mehr sichtbar sind. (Bei stark entleerter Hydraulik zwei Entlüftungsdurchgänge machen.) So wird Bremsflüssigkeit – und natürlich auch Luft – durch das Ventil gepumpt.
- Kommen keine Luftbläschen mehr, muß der Helfer das Bremspedal in der tiefsten Stellung halten, während Sie das Entlüftungsventil schließen. Mit Gefühl anziehen, sonst reißt das Ventil ab (9 Nm).
- An den übrigen Radbremsen auf gleiche Weise entlüften.

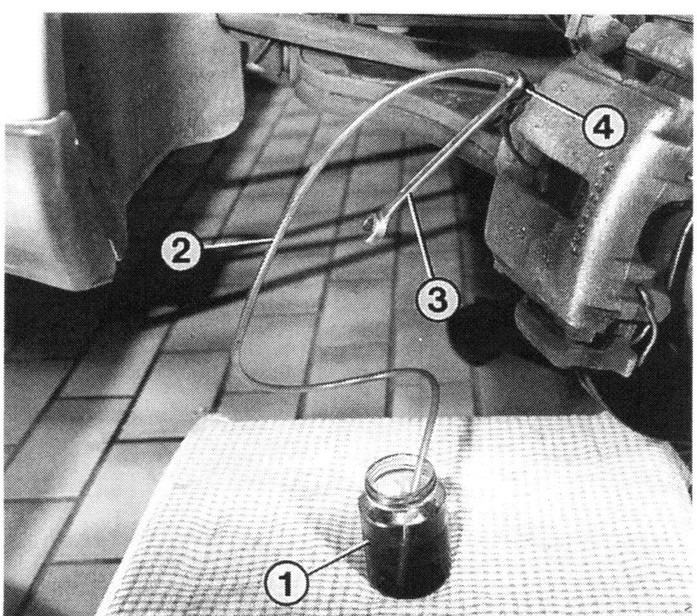

Bremsen entlüften: Das Entlüftungsventil (4) wird mit einem Schlüssel SW 8 (3) geöffnet. Der Kunststoffschlauch (2) ist auf das Ventil gesteckt und leitet die herausgepumpte Flüssigkeit in das vorbereitete Gefäß (1).

Die Störung	– ihre Ursache	– ihre Abhilfe
A Bremsen ziehen einseitig	1 Reifendruck ungleichmäßig	Korrigieren bei kalten Reifen
	2 Reifenprofil ungleich abgefahren	Reifen so untereinander auswechseln, daß auf jede Achse gleichmäßig abgenutzte Reifen kommen
	3 Beläge verschmiert, verglast oder ungleichmäßig abgenutzt	Beläge erneuern
	4 Schächte im Bremssattel verschmutzt oder verrostet	Reinigen
	5 Führungsbolzen im Bremssattel verschmutzt oder verrostet	Reinigen
	6 Kolben im Bremssattel festgerostet	Gängig machen oder erneuern
	7 Bremsscheiben stark riefig oder zu dünn	Bremsscheiben ersetzen
	8 Bremsschläuche gequollen	Schläuche ersetzen
B Bremsen quietschen oder rattern	1 Staub und Schmutz an den Bremsen	Beläge ausbauen, Staub und Schmutz mit Druckluft abblasen
	2 Falsche Beläge	Original-Beläge einbauen
	3 Bremsscheibe hat Schlag	Erneuern
	4 Neue Bremsbeläge liegen nicht plan an	Außenkanten der Beläge mit einer Feile brechen
	5 Siehe A 4–7	
C Bremsen rattern und blockieren	1 Siehe A 6 und 8	
	2 Siehe B 3	
	3 Bremsscheibe stark riefig	Erneuern
D Eine oder alle Radbremsen werden sehr heiß	1 Ausgleichsbohrung im Hauptbremszylinder verstopft	Säubern lassen
	2 Kein Spiel zwischen Bremspedal (Druckstange) und Hauptbremszylinderkolben	Einstellen
	3 Gummiteile gequollen durch Verwendung falscher Bremsflüssigkeit	Bremsflüssigkeit wechseln und schadhafte Teile erneuern
	4 Belüftungslöcher im Deckel des Vorratsbehälters verstopft	Reinigen
	5 Verrostete Bremssättel	Überholen lassen bzw. austauschen
	6 Handbremse löst nicht vollständig	Bremsseile und Hinterradbremse kontrollieren
E Pedalweg zu groß, Pedal läßt sich weich und federnd durchtreten	1 Luft im Bremssystem	Bremsanlage entlüften
	2 Bremssystem undicht	Dichtheitsprüfung durchführen
	3 Hauptbremszylinder defekt	Austauschen
	4 Bei starker Bremsbelastung Dampfblasenbildung in zu alter Bremsflüssigkeit	Bremsflüssigkeit austauschen
	5 Siehe A 5	
F Schlechte Bremswirkung bei hohem Pedaldruck	1 Pedalweg normal: Beläge verölt oder verglast	Erneuern
	2 Pedalweg kurz: Bremskraftverstärker defekt	Kontrollieren, siehe unter »Bremskraftverstärker prüfen«
	3 Pedalweg lang: Ein Bremskreis ausgefallen durch Undichtigkeit	Kontrollieren, schadhafte Teile auswechseln
G Handbremse wirkt einseitig oder nur schwach	1 Korrosion in den Handbrems-Bremstrommeln	Gängig machen
	2 Bremsseil eingerostet	Erneuern
	3 Beläge verschmiert oder verglast	Beläge abschmirgeln oder erneuern

Stotterbremse

Die ersten Patentanmeldungen zu Antiblockiersystemen stammen aus den zwanziger Jahren. Versuche mit mechanischen Systemen wurden dann später durchgeführt – sie scheiterten jedoch daran, daß die Signalübertragung zu langsam und zu ungenau war, um die Erfordernisse einer Bremsregelung zu erfüllen.
Heutige Systeme hingegen arbeiten dank der Mikroelektronik zuverlässig, exakt und schnell und leisten somit einen bedeutenden Beitrag zur Fahrsicherheit.

ABS kann nicht alles!

ABS kann keine Bremswunder vollbringen, wie häufig angenommen wird; der Bremsweg wird sich also nicht unter allen Bedingungen wesentlich verkürzen.
Vielmehr hilft ABS, die Lenkfähigkeit des Wagens während einer starken Bremsung zu erhalten. Doch bedarf es dazu eines weit größeren Lenkeinschlags als normal. Das ist nur einer der Punkte, die anders sind als bei einer normalen Bremsanlage:

- Üben Sie deshalb auf einem abgelegenen Parkplatz Vollbremsungen unter Lenkeinschlag.
- Treten Sie dabei voll aufs Bremspedal. Das Dosieren der Bremskraft übernimmt das ABS für Sie.
- Das gilt für Bremsungen bei Geradeausfahrt wie auch bei eingeschlagener Lenkung.
- Wundern Sie sich nicht über das pulsierende Bremspedal. Wenn das ABS regelt, sind diese Pedalschwingungen normal.
- In Extremfällen werden Sie auch bei ABS das Bremspedal loslassen müssen, um heikle Situationen in der Kurve noch zu retten.

Was ABS macht

ABS sorgt immer für eine optimale »Stotterbremsung«, so daß eine reine Blockierbremsung nicht mehr möglich ist.
Die Räder drehen sich selbst bei einer Vollbremsung auf Glatteis noch etwas, damit sie das Fahrzeug in der Spur halten können.

Funktion der Einzelteile

Die Hydraulikeinheit

Sie hat ihren Platz links im Motorraum (Abbildung rechts oben): Die Einheit ist zwischen den Bremsleitungen vom Hauptbremszylinder und den Bremsleitungen zu den Radbremsen eingebaut. Entsprechend den Befehlen vom elektronischen Steuergerät wird der Druck zu den Radbremsen entweder konstant gehalten, verringert oder wieder aufgebaut. Höher als der Druck, den Sie über das Bremspedal im Hauptbremszylinder erzeugen, kann der Druck aber nicht werden. Für die Druckregelung sind vier schnell schaltende Magnetventile zuständig – also je eines pro Rad.

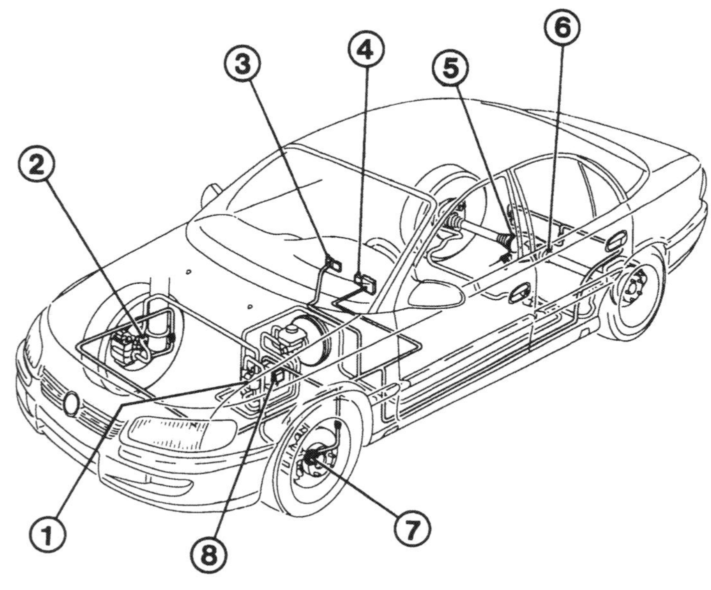

Die Zeichnung zeigt die Anordnung der ABS-Bauteile sowie den Kabelsatz und die Bremsleitungsverlegung:
1 – Hydraulikeinheit;
2 – Drehzahlgeber vorn rechts;
3 – ABS-Kontrolleuchte;
4 – Diagnosestecker;
5 – Drehzahlgeber hinten rechts;
6 – Drehzahlgeber hinten links;
7 – Drehzahlgeber vorn links;
8 – Steuergerät.

Die Hydraulikeinheit (2) des Antiblockiersystems hat ihren Platz links im Motorraum. Position »1« kennzeichnet die Abdeckung mit den darunterliegenden Relais und dem Steuergerät.

Sind die Magnetventile stromlos, wird der Druck erhöht. Fließt der Maximalstrom, erfolgt eine Druckreduzierung, und bei mittlerer Stromstärke wird der Druck gehalten. Besonders interessant ist die Druckabbauphase: Weil man die Bremsflüssigkeit, welche vom Hauptbremszylinder herausgedrückt wird, zum Druckabbau nicht einfach irgendwohin entweichen lassen kann (das Bremspedal würde sich als Folge ganz durchtreten lassen), pumpt man die Bremsflüssigkeit mit einer kräftigen Rückförderpumpe zum Hauptbremszylinder zurück. Sie merken dies am Bremspedal, das leicht zu pulsieren beginnt, wenn die Rückförderpumpe läuft, das ABS also in Aktion tritt.
Bei genauem Hinhören vernehmen Sie auch das Pumpgeräusch. Durch Geräuschdämpfer in der Hydraulikeinheit wird das Geräusch etwas unterdrückt.
Oben an der Hydraulikeinheit finden Sie neben der Steckverbindung noch zwei Relais. Das eine Relais schaltet den Strom zur Rückförderpumpe; über das andere Relais werden die Magnetventile angesteuert.

Die Drehzahlgeber

Insgesamt vier Drehzahlgeber erfassen die Drehzahlen jedes einzelnen Rades und leiten diese Information zur Steuerelektronik weiter. Damit kann das Schaltgerät seinerseits die Hydraulikeinheit ansteuern.
Die Drehzahlgeber selbst bestehen aus einem Magnetkern und einer Spule und sind in geringem Abstand zu einer Zahnscheibe – dem Rotor – montiert. Der Rotor – sein Name sagt es schon – dreht sich mit dem Rad und läßt damit die zahnförmigen Erhebungen an seinem Umfang je nach Geschwindigkeit schneller oder langsamer am Geber vorbeilaufen. Jeder Zahn, der unter dem Geber vorbeiwandert, induziert im Geber einen kurzen Spannungsanstieg. Auf diese Weise wird im Geber eine Wechselspannung erzeugt, die entsprechend der Raddrehzahl ihre Frequenz ändert. Das so entstandene Signal wird vom Schaltgerät als Drehzahlinformation verarbeitet. Die Rotoren sitzen beim Omega vorn am Achsschenkel und hinten am Differential.

Das elektronische Steuergerät

Das Steuergerät des Antiblockiersystems ist direkt an der Hydraulikeinheit angebaut. Es verarbeitet die Informationen von den Drehzahlgebern. Gleichzeitig steuert es die Hydraulikeinheit so an, daß die Räder nicht blockieren. Neben der komplizierten Signalaufarbeitung und dem nachfolgenden Logikteil enthält das Steuer-

Die Drehzahlgeber (2) sind links und rechts mit einer Innensechskantschraube (3) an den Achsschenkeln (1) angeschraubt und tasten an den beiden Antriebswellen eine Zahnscheibe ab. Die entstehende Spannung ist die Meßgröße für die Drehzahl.

Hinten befinden sich die Drehzahlgeber (2) des Antiblockiersystems am Hinterachsgetriebe (1). Die Geber, links und rechts am Hinterachsgetriebe angeschraubt, tasten an beiden Antriebswellen eine Zahnscheibe (3) ab. Die entstehende Spannung ist Meßgröße für die Drehzahl.

gerät noch eine Sicherheitsschaltung. Damit kann sich das Gerät selbst überprüfen, Fehler außerhalb erkennen und die Betriebsspannung überwachen. Werden Fehler festgestellt, schaltet sich das ABS aus, und die Kontrollampe im Armaturenbrett leuchtet auf. Des weiteren verfügt das Steuergerät über einen Programmspeicher und ist zur Eigendiagnose fähig. Eine Störung wird zur späteren Fehlersuche gespeichert. Hierfür besitzt die Werkstatt einen Diagnoseschlüssel der in den Stecker im Relaiskasten (neben dem Sicherungskasten) eingesetzt wird, wodurch die Diagnosereiz- und Masseleitung kurzgeschlossen ist. Auf diese Weise wird die Blinktätigkeit der ABS-Kontrolleuchte ausgelöst. Für die einzelnen Fehlermöglichkeiten sind unterschiedliche Blinkintervalle festgelegt. Die Leuchtfolge stellt einen Code dar und gibt Hinweise auf die Fehlerquelle.

Elektronische Bremskraftverteilung

Der Omega kommt ohne einen herkömmlichen Bremsdruckregler für die Hinterräder aus. Anstelle einer mechanischen oder hydraulischen Drucksteuerung wird die ABS-Hydraulikeinheit für die elektronische Bremskraftverteilung herangezogen. Das geschieht mit einer separaten Steuerelektronik im ABS-Steuergerät.
Das Steuergerät überwacht über die Drehzahlgeber an jedem Hinterrad die Radverzögerung und vergleicht die Werte zwischen Vorder- und Hinterachse. Sind die Bremskräfte an der Hinterachse zu hoch, wird der Druck blitzschnell über die Magnetventile in der Hydraulikeinheit reduziert (der optimalen Radverzögerung angepaßt). Somit wird zuverlässig ein Überbremsen der Hinterachse vermieden.

Störungen am ABS-System

Die ABS-Kontrolleuchte in der Instrumententafel leuchtet mit dem Einschalten der Zündung auf. Sie muß verlöschen, wenn der Motor läuft oder spätestens, wenn schneller als 5 km/h gefahren wird.
Leuchtet die Kontrolle ständig, ist das ABS nicht betriebsbereit. Eine entsprechend ausgerüstete Opel-Werkstatt muß nach der Ursache suchen. Nicht jede Werkstatt kann das, denn es ist hierzu zusätzliches Werkzeug und fortlaufende Mitarbeiterschulung erforderlich – also vorher nachfragen.
Als Laie können Sie allenfalls die Steckverbindungen zum Steuergerät oder zu den Drehzahlgebern kontrollieren.
Nachfolgend noch einige Hinweise zu unseren bisherigen Erfahrungen mit ABS-Störungen:

○ Bei hoher Geschwindigkeit (ab ca. 160 km/h) kann es vorkommen, daß die ABS-Kontrolleuchte aufleuchtet. Schuld daran sind verschiedene Raddrehzahlen an Vorder- und Hinterachse, hervorgerufen durch ungünstige Reifenkombinationen. Bei serienmäßiger Bereifung tritt dieser Effekt nicht auf.

○ Drehen z. B. auf Eisglätte die Hinterräder mehr als ca. 20 Sekunden durch, leuchtet die ABS-Kontrolleuchte wegen der Raddrehzahlunterschiede auf.

○ Fällt die Bordspannung unter 10 Volt, leuchtet die Kontrolle ebenfalls. Sie kann weiterhin aufleuchten, wenn ein Rad länger als 20 Sekunden durchdreht. Dann die Zündung wieder ausschalten und erneut starten.

○ Arbeitet das ABS, spürt man dies am pulsierenden Bremspedal. Pulsiert es schon bei leichtem Abbremsen bei guten Straßenverhältnissen (ABS-Kontrolleuchte brennt nicht), deutet dies auf einen Fehler hin.

Fingerzeig: Auch wenn die ABS-Kontrolle ständig leuchtet, das ABS also abgeschaltet oder defekt ist, kann der Wagen ohne Einschränkungen gefahren werden. Die Bremse funktioniert dann eben wie bei einem Wagen ohne ABS.

Auf schwarzen Sohlen

Nur etwa so groß wie eine Handfläche sind die vier Berührungsflächen zur Fahrbahn, die den Omega auf Kurs halten müssen – und dies bei jedem Wetter und bei Straßen aller Art. Zu den Kräften beim Beschleunigen und Bremsen kommen die Zentrifugalkräfte hinzu, wenn Sie eine Kurve durchfahren. Die zerren mächtig an den Reifen und wollen das Auto aus der Kurve ziehen. Dagegen stemmen sich die vier handtellergroßen Aufstandsflächen und bieten Kontra, weil sie zugleich die notwendige Seitenführungskraft aufbauen.

Welche Reifen sind montiert?

Die zugelassenen Reifengrößen für Ihr Fahrzeug sind in den Kfz-Papieren vermerkt. Andere als die dort aufgeführten dürfen nur dann montiert werden, wenn sie vom TÜV begutachtet und anschließend in die Fahrzeugpapiere eingetragen wurden. Folgende Reifengrößen gibt es bei unseren Modellen in Serienausstattung:

- ○ Reifengröße 195/65 R 15 91 H auf Felge 6½ J × 15 ET 33
- ○ Reifengröße 205/65 R 15 94 H auf Felge 7 J × 15 ET 33
- ○ Reifengröße 225/55 R 16 94 H auf Felge 7 J × 15 ET 39

Die Reifenbezeichnungen

Nach international gültigen Vereinbarungen wird die Reifengröße in Millimeter oder, wie in unserem Fall, gemischt in Millimeter und Zoll angegeben. Die Bezeichnungen der Reifen 195/65 R 15 91 H, 205/65 R 15 94 H oder 225/55 R 16 94 H besagen z. B. folgendes:

195, 205, 225: Reifenbreite in unbelastetem Zustand in mm
65, 55: Verhältnis von Reifenhöhe zu Reifenbreite = 65 : 100 bzw. 55 : 100.
R: Kennzeichnung der Bauart als **R**adial- bzw. Gürtelreifen
15, 16: Innendurchmesser des Reifens in Zoll (″)
91, 94: Kennzahl der Mindesttragfähigkeit
Q: zulässige Höchstgeschwindigkeit bis 160 km/h – Geschwindigkeitsklasse für herkömmliche M + S-Reifen
S: bis 180 km/h – bei Sommerprofilen nicht mehr gebräuchlich, nur M + S-Reifen
T: bis 190 km/h – u. a. Hochgeschwindigkeits-Winterreifen
H: bis 210 km/h
V: bis 240 km/h

Die Felgen

Am Omega können Felgen mit folgender Bezeichnung montiert sein: 6½ J × 15 ET 33, 7 J × 15 ET 33 oder 7 J × 16 ET 39. Bisweilen findet sich noch die Zusatzbezeichnung »H 2« auf der Felge. Was die Zahlen und Buchstaben besagen, steht auf der folgenden Seite.

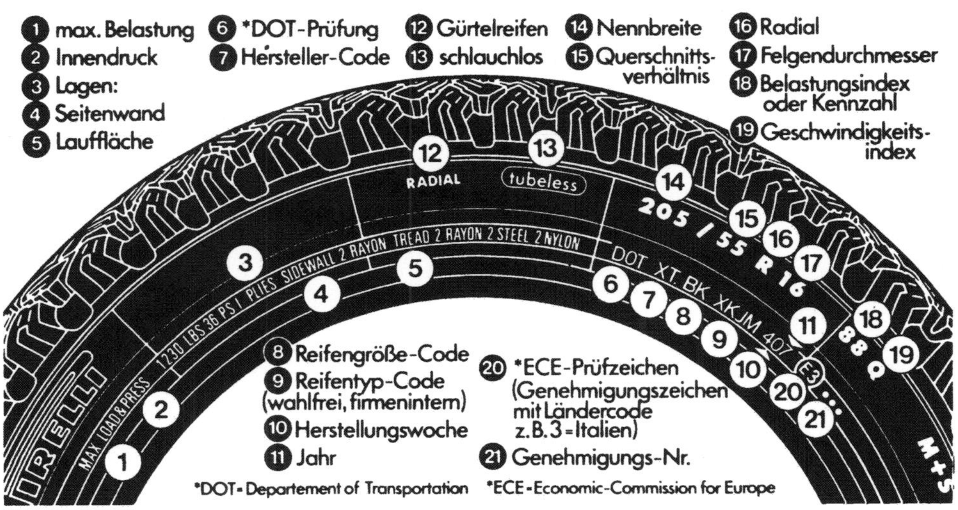

Was die verschiedenen Bezeichnungen auf der Reifenflanke bedeuten, finden Sie hier komplett zusammengestellt.

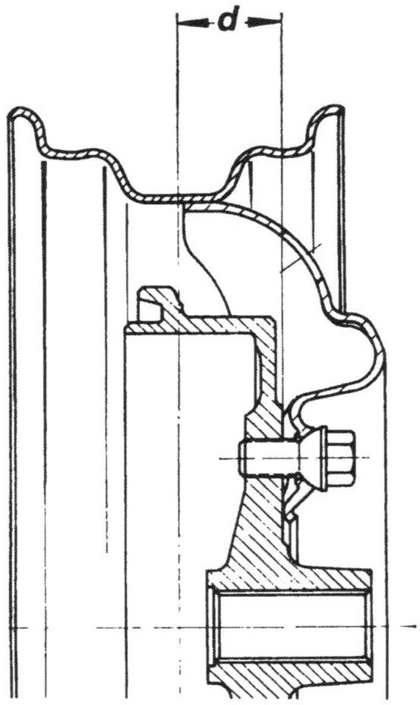

Ein wichtiges Felgenmaß stellt die Einpreßtiefe »d« dar. Damit bezeichnet man den Abstand zwischen der Felgenmitte und der Anlagefläche der Felge an die Radnabe.

6½, 7: Felgenmaulweite in Zoll, an der Felgenhornbasis quer zur Laufrichtung des Rades gemessen
J: Kennzeichnung der Felgenhorn-Höhe
x: Zeichen für Tiefbettfelge
15, 16: Felgendurchmesser in Zoll, von Wulst zu Wulst gemessen
ET 33, 39: Einpreßtiefe 33 bzw. 39 mm. Dieses Maß erläutert die Zeichnung oben näher
H 2: Zeichen für Doppel-Hump-Felge. Zwei höckerartige Erhebungen innen im Felgenbett verhindern, daß die Reifenwülste bei seitlicher Beanspruchung (scharfe Kurvenfahrt mit niedrigem Luftdruck) vom Felgenhorn abgleiten können.
Diese Norm-Bezeichnungen geben nur die Hauptabmessungen der Felgen an, nicht aber die fahrzeugspezifischen Daten, wie Anzahl der Radbefestigungslöcher oder Lochkreisdurchmesser.

Welche Felgen verwenden?

Wie bei den Reifen kann auch bei den Felgen nicht jede beliebige Größe montiert werden. Die für Ihren speziellen Wagen zulässigen Felgenbezeichnungen stehen im vorangegangenen Abschnitt.

Felgenpflege

Leichtmetallfelgen erfordern besondere Pflege, wenn sie ihr glänzendes Aussehen behalten sollen. Der unvermeidliche Bremsbelagabrieb führt zu Korrosion, wenn die Felgen nicht gründlich gereinigt werden. In der Waschanlage bleibt zu viel Schmutz zwischen den Felgenspeichen zurück, deshalb ist Handarbeit angesagt:
Ein nicht zu harter Schwamm, ein Lappen oder eine ausgediente Zahnbürste getränkt mit Kaltreiniger oder alkoholfreier Seifenlauge schafft die besten Ergebnisse, ohne den Felgen-Decklack anzugreifen. Eine anschließende Behandlung mit Hartwachs oder Lack-Politur erleichtert die nächste Reinigung.
Schädlich für die Leichtmetallfelgen sind Hochdruckreiniger und Dampfstrahler, weil durch hohe Temperatur bzw. hohen Wasserdruck der Decklack abplatzen kann. Felgenreiniger sind häufig zu scharf und greifen die Felgenoberfläche an. Scheuerpulver oder Stahlwolle hinterlassen Kratzer, in denen sich Schmutz und Belagabrieb um so stärker festsetzen.

Anbau von Sonderfelgen

Sonderfelgen heißen auf Amtsdeutsch solche Räder, die in Form oder Material nicht der serienmäßigen Ausstattung entsprechen. Da es wegen nachträglich montierten Rädern und Reifen immer wieder Schwierigkeiten bei Polizeikontrollen oder der Hauptuntersuchung bei DEKRA oder TÜV gibt, hier einige Punkte, die Sie beachten müssen.

- Keine Probleme gibt es, wenn die Reifengröße mit den Angaben in den Fahrzeugpapieren übereinstimmt und die Felgen Original-Opel-Teile sind.
- Wenn eine Rad-ABE vorliegt und die Reifengröße mit den Angaben in den Kfz-Papieren übereinstimmt, genügt eine Änderung der Fahrzeugpapiere durch die Zulassungsstelle.
- Ein Gutachten nach § 19 (2) StVZO (Teilgutachten) und die Berichtigung der Kfz-Papiere ist notwendig, wenn die Reifengröße nicht mit den Angaben in den Papieren übereinstimmt und/oder für die Felgen lediglich ein TÜV-Bericht vorliegt.
- Beim Kauf neuer Sonderfelgen muß eine Rad-ABE oder ein TÜV-Bericht beigefügt sein.
- Vor dem Kauf gebrauchter, nicht originaler Felgen ohne entsprechende Papiere sollten Sie anhand der genauen Hersteller- und Typenbezeichnung sowie des Herstellungsdatums (es ist in der Felge eingeschlagen oder eingegossen) aus dem Räderkatalog des TÜV heraussuchen lassen, ob hierfür eine Rad-ABE oder ein TÜV-Bericht vorliegt.
- Räder ohne ABE oder TÜV-Bericht dürfen in der Bundesrepublik nicht montiert werden.

Reifendruck prüfen

Ständige Kontrolle

Unter die genannten Werte (in bar Überdruck) sollte der Reifendruck der Serienbereifung keinesfalls absinken:

Modell	geringe Zuladung		halbe Zuladung		volle Zuladung	
	vorn	hinten	vorn	hinten	vorn	hinten
Limousine	2,0	2,0	2,0	2,0	2,5	2,9
Caravan	2,0	2,2	2,3	3,1	2,6	3,1

Sind Sie bereit, zugunsten feinfühligerer Lenkung, etwas längerer Reifenhaltbarkeit und minimal geringerem Kraftstoffverbrauch einen verminderten Federungskomfort in Kauf zu nehmen, erhöhen Sie die Druckwerte für die Sommerreifen um rund 0,2 bar. Winterreifen sollen generell um 0,2 bar härter aufgepumpt werden, als es hier in der Tabelle für Sommerreifen angegeben ist.

Fingerzeige: Der Luftdruck muß immer bei kalten Reifen gemessen werden. Bereits wenige Kilometer zügiger Fahrt lassen den Reifendruck um 0,2–0,4 bar ansteigen. Diese Druckerhöhung durch Erwärmung ist bei den Luftdruckempfehlungen bereits berücksichtigt worden und darf deshalb nicht abgelassen werden. Am günstigsten ist ein eigener Luftdruckprüfer, womit der Reifendruck vor Antritt der Fahrt bei kalten Reifen gemessen werden kann.
Damit der Reifendruck ohne Abnehmen der Radblende gemessen werden kann, besitzen Wagen mit Stahlfelgen eine Ventilverlängerung.

Reifenzustand kontrollieren

Wartung Nr. 26

Die Kontrolle geht am besten bei aufgebocktem Wagen, etwa beim Ölwechsel an der Tankstelle.

- Drehen Sie jedes Rad einmal komplett durch.
- Fremdkörper, wie kleine Steinchen, bohren Sie mit einem schmalen Schraubendreher aus den Profillamellen, ohne den Reifen dabei zu beschädigen.
- Das Reifenprofil muß laut Gesetzesvorschrift über die gesamte Profilbreite noch **mindestens 1,6 mm** (früher 1,0 mm) tief sein.
- Zur Verschleißkontrolle dienen in regelmäßigen Abständen quer zur Lauffläche verlaufende Erhebungen in den Profilrillen. Sie sind an der Reifenflanke durch die Buchstaben »TWI« (**T**read **W**ear **I**ndicator = Profilabnutzungsanzeiger) gekennzeichnet.
- Wenn diese Erhebungen mit den Profilrippen in gleicher Höhe stehen, ist ein Reifentausch zwingend fällig. Schon bei 3 mm Restprofiltiefe wird das Fahrverhalten auf nasser Fahrbahn problematisch, speziell mit breiten Reifen.
- Aus der Art der Profilabnutzung können Sie einiges herauslesen, wie im übernächsten Abschnitt beschrieben.

Störungsbeistand

Das Reifenlaufbild

○ **An der Außenseite abgefahrene Vorderreifen** deuten auf sehr flotte Fahrweise in Kurven hin Entweder die Reifen auf den Felgen drehen lassen oder die vorderen regelmäßig gegen die Hinterräder austauschen.
○ **Einseitig abgefahrenes Profil** kann auch auf falsche Radeinstellung hinweisen; vor allem dann, wenn lediglich ein Reifen schräg abgelaufen ist.
○ **Starke Abnutzung in der Profilmitte** entsteht, wenn häufig mit hoher Geschwindigkeit gefahren wird, wobei

Der Reifendruck muß regelmäßig überprüft werden. Das geht am besten mit einem eigenen Druckprüfer. Üben Sie das zischfreie Ansetzen, sonst geht Luftdruck verloren. Dann muß schnellstens nachgepumpt werden.

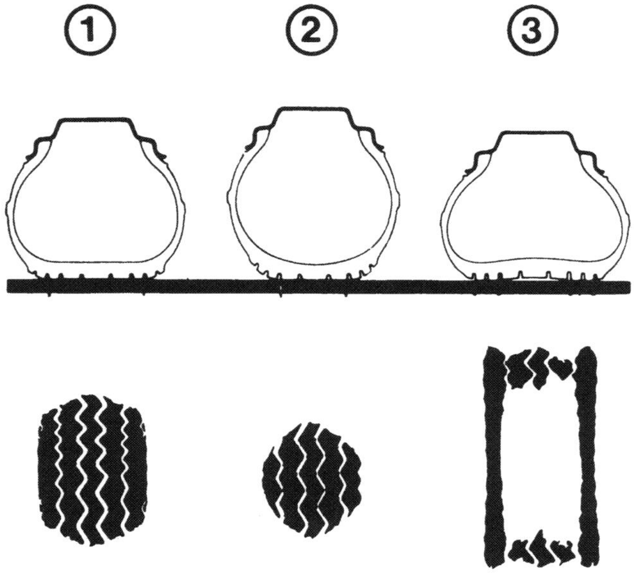

Der Reifendruck bestimmt die Größe der Reifenaufstandsfläche und beeinflußt das Fahrverhalten des Wagens wie auch die Lebensdauer der Reifen.
1 – bei richtigem Luftdruck liegt die gesamte Breite der Reifenlauffläche auf der Fahrbahn auf.
2 – durch zu hohen Luftdruck kommt nur die Mitte der Lauffläche in Kontakt mit der Fahrbahn.
3 – bei zu niedrigem Luftdruck trägt der Reifen vorwiegend auf seinen Schultern.

sich die Lauffläche durch die Fliehkraft ausbaucht. Der Effekt tritt besonders deutlich an den Hinterrädern auf. Es kann auch der Hinweis auf wesentlich zu hohen Luftdruck sein.

○ Sind **beide Außenschultern** eines Reifens **stärker abgefahren als die Profilmitte**, wurde lange Zeit mit zu niedrigem Luftdruck gefahren.

○ **Gleichmäßige Auswaschungen im Profil** deuten auf einen defekten Stoßdämpfer.

○ Tritt die **ungleiche Abnutzung nur an bestimmten Stellen** auf, ist das Rad unwuchtig, oder der Reifen-Unterbau ist beschädigt.

○ Eine **einzelne Stelle im Profil mit starker Abnutzung** stammt von einer Bremsung mit blockiertem Rad – eine sogenannte Bremsplatte (bei einem Fahrzeug ohne Antiblockiersystem).

Räder tauschen

Die Reifen von Vorder- und Hinterachse nutzen sich verschieden schnell ab. Damit Sie bei Ersatz der abgefahrenen Reifen gleich vier einer Marke kaufen können, müssen Sie auf das gleichmäßige Abnutzen des Reifenprofils achten. Tauschen Sie daher die Vorder- gegen die Hinterräder rechtzeitig aus. Die Räder jedoch nicht über Kreuz wechseln, sondern nur von vorn nach hinten. Es ist für die Reifen besser, wenn sie ihre bisherige Drehrichtung beibehalten.

Der Radwechsel

Unterwegs ist der Radwechsel nicht ganz problemlos. Die Radschrauben können festgerostet sein oder sie wurden beim letzten Radwechsel in der Werkstatt mit einem Schlagschrauber »angeknallt« (statt mit den vorgeschriebenen 110 Nm festgezogen). Dann hilft das Bordwerkzeug nicht mehr weiter, sondern nur ein kräftiger Radschraubenschlüssel oder ein Radkreuz mit aufgestecktem Rohrstück zur Verlängerung der Hebelkraft.
Wagen Sie doch einmal einen Radwechsel, auch wenn Sie keine Reifenpanne haben. Dabei prüfen Sie gleichzeitig, ob der Wagenheber noch funktionstüchtig ist und ob es Ihnen gelingt, mit dem Radschlüssel die Radschrauben zu lösen.
Bei einer Reifenpanne halten Sie so schnell wie möglich an. Dabei dürfen Sie nur ganz vorsichtig bremsen, sonst gerät Ihr Fahrzeug u. U. trotz ABS ins Schleudern. Verhalten Sie sich bei einem Radwechsel so, daß Sie die anderen Verkehrsteilnehmer nicht behindern und sich selbst auch nicht gefährden. Sichern Sie Ihr Fahrzeug sofort mit Warnblinkern und Pannendreieck ab.

● Handbremse anziehen und 1. oder Rückwärtsgang bzw. Wählhebelstellung »P« einlegen.
● Unterwegs Warnblinkanlage einschalten und Warndreieck aufstellen.
● Räder der anderen Wagenseite gegen Wegrollen sichern, z. B. mit Steinen oder Holzstücken.
● Bei Stahlfelgen ggf. mit den Fingern in die Löcher der Rad-Vollblende fassen und Blende abziehen.
● Bei Leichtmetallfelgen Schutzkappen vorsichtig mit einem Schraubendreher abhebeln.
● So vorhanden, Radschraubenschloß mit Schlüssel öffnen.
● Radschrauben jeweils knapp eine Umdrehung lockern.
● Kunstoffklappe von Hand abziehen und Bordwagenheber schräg nach außen stehend an der gekennzeichneten Stelle der Karosserie-Unterkante ansetzen, siehe Kapitel »Der Arbeitsplatz«.
● Bei weichem Untergrund Brettchen unterlegen.
● Wagen hochkurbeln.
● Radschrauben vollends herausdrehen.
● Rad abnehmen, Reserverad aufstecken.
● Schrauben über Kreuz gleichmäßig anziehen. Dabei das Rad hin- und herdrehen, damit es sich einwandfrei auf der Radnabe zentriert.
● Wagen ablassen, Schrauben nachziehen (110 Nm).
● Radblende bzw. Schutzkappen aufdrücken. Bei

Zum Radwechsel werksseitig montierter Leichtmetallräder benötigen Sie den hier gezeigten Spezialschlüssel (1), um die Abdeckung (2) losschrauben zu können.

der Radblende auf den Ausschnitt für das Reifenventil achten.

● Festen Sitz der Schrauben nach kurzer Fahrtstrecke prüfen.

Reifen-Reparatur

Die Instandsetzung eines Stahlgürtelreifens ist problematisch. Hat man den Defekt erst nach geraumer Zeit festgestellt, kann der Reifenunterbau durch länger anhaltendes Fahren mit zu geringem Luftdruck inneren Schaden erlitten haben. Ist Feuchtigkeit durch das Einstichloch eingedrungen, kann Rost den stabilisierenden Stahlgürtel zersetzen.
Gefährlich ist, daß man die Schädigung von außen nicht erkennen kann. Wird der reparierte Pneu stark beansprucht (hohes Tempo, volle Zuladung), kann er schlagartig aufgeben. Das Einlegen eines Schlauches ist nur ein wenig tauglicher Notbehelf, denn überstehende Stahldrähte an der Schadensstelle können den Schlauch zerscheuern.

Fingerzeig: Falls Sie einen Stahlgürtelreifen reparieren lassen, muß dies ein Reifendienst durchführen. Evtl. den Pneu als nicht mehr hochgeschwindigkeitstaugliches Ersatzrad kennzeichnen und in die Reserveradwanne legen. Im Zweifelsfall lieber einen neuen Reifen kaufen.

Einbaustellung der Räder

Jedes Rad bildet mit Bremsscheibe und Radnabe insofern eine Einheit, als diese Teile in zusammengebautem Zustand beim Drehen eine gemeinsame Unwucht haben können. Allerdings besitzen Rad und Reifen eine eigene Unwucht.
Um allen Folgen einer Unwucht aus dem Wege zu gehen, ist folgendes zu beachten:
○ Vor Abmontieren eines Rades immer die Einbaustellung des Rades zur Radnabe markieren.
○ Beim Ansetzen des gleichen Rades müssen die Markierungen übereinstimmen, dann erst die Schrauben einsetzen und festdrehen.

Soll ein intaktes, am Wagen gewuchtetes Rad etwa nach Kontrollen an der Bremse wieder montiert werden, muß es in gleicher Stellung wie zuvor an der Radnabe festgeschraubt werden. Dazu die Einbaulage an Felge (1) und Nabe (2) kennzeichnen, wie hier gezeigt.

Festen Sitz der Radschrauben kontrollieren

Wartung Nr. 27

In regelmäßigen Abständen soll kontrolliert werden, ob die Radschrauben richtig angezogen sind. Das muß auch nach jeder Radmontage geschehen, wenn einige Kilometer Fahrtstrecke zurückgelegt worden sind.

- Als Anzugsdrehmoment sind 110 Nm vorgeschrieben, also nicht mit einem zusätzlich verlängerten Radschlüssel die Schrauben »anknallen«.
- Zu starkes oder ungleichmäßiges Festschrauben kann dazu führen, daß sich die Bremsscheiben verziehen. Das ergibt ungleichmäßige Bremswirkung, Bremsenschütteln und punkt- oder flächenförmigen Reifenverschleiß.

Rad-Umwuchten

Unwuchtige Räder spürt man durch Vibrationen im Lenkrad oder Schütteln im Vorderwagen. Beides tritt bei bestimmten Geschwindigkeiten besonders stark auf. Die Ursache ist ungleichmäßige Gewichtsverteilung am Rad.

○ Statische Unwucht zeigt sich bereits, wenn man das Rad am hochgebockten Wagen sich frei auspendeln läßt: Der Schwerpunkt wird sich ganz von selbst nach unten begeben. Ein Rad, das nur eine statische Unwucht hat, hüpft beim Fahren.

○ Eine dynamische Unwucht kommt erst beim Rotieren des Rades zur Wirkung. Das ist der Fall, wenn die übergewichtige Stelle nicht in der Mittelebene des Rades liegt, sondern etwas nach außen bzw. innen. Das Rad hüpft dann nicht nur, sondern es taumelt auch.

Räder auswuchten

Die Räder müssen statisch und dynamisch ausgewuchtet werden. Dazu gibt es zwei Methoden:

○ Das Rad wird am Wagen ab- und an einer Auswuchtmaschine angeschraubt. Dort läuft es zur Probe, Unwuchten werden dabei angezeigt und können durch Anbringen von Bleigewichten ausgeglichen werden.

○ Zum Ausschalten letzter Unwuchten ist Feinwuchten erforderlich. Dabei werden auch Unwuchten von Radnabe und Bremsscheibe ausgeglichen. Die am Wagen anmontierten Räder werden durch einen Elektromotor mit Reibrad (vorn) in die notwendige schnelle Drehung versetzt und die Restunwucht angezeigt. Das gleicht man wieder durch Bleigewichte aus.

Fingerzeig: Feinwuchten ist nur an den Vorderrädern des Omega anzuraten. Dort sind geringe Unwuchten am Lenkrad zu spüren. An den Hinterrädern ist das Auswuchten am Fahrzeug eher gefährlich. Das Differential wird möglicherweise beschädigt. Wenn schon, Hinterräder mit dem Motor antreiben.

Neue Reifen kaufen

Steht die Anschaffung von neuen Reifen an, ist das eine Gelegenheit, auf eine andere Reifendimension zurückzugreifen, die evtl. den eigenen Anforderungen besser als die seitherige entspricht. Deshalb hier in Kürze die Eigenschaften und Besonderheiten der Reifengrößen, die am Omega montiert werden können.
Welche Reifen davon für Ihren Wagen in Frage kommen, entnehmen Sie Ihren Fahrzeugpapieren.

○ Die Seriengröße 195/65 R 15 91 H ist sicher die wirtschaftlichste Bereifung für den Omega. Die Reifen sind relativ günstig in der Anschaffung und im Fahrverhalten völlig ausreichend.

○ Die Größe 205/65 R 15 94 H steht dem Omega gut – nicht zuletzt wegen der Optik. Die breitere Lauffläche dieses Pneus schafft zusätzliche Sicherheit in schnell gefahrenen Kurven und sorgt für etwas längere Reifen-Lebensdauer. Diese Reifen sind aber nicht nur teurer, zusätzlich müssen auch neue 7″ breite Felgen gekauft werden.

○ Noch breitere Reifen, wie z. B. 225/55 R 16 94 H, bestechen in erster Linie durch das Aussehen. Wirklichen Nutzen bringen sie nur den sehr »sportlichen« Fahrern. Der in der Anschaffung erheblich teurere Reifen hat gegenüber der schmäleren Bereifung kaum längere Lebensdauer, da er schon bei 3 mm Profiltiefe gewechselt werden sollte. Die Aquaplaninggefahr auf regennasser Straße würde sonst zu groß. Auch für diese Reifen wird ein Satz neue Felgen notwendig. Zum guten Schluß muß die neue Rad/Reifen-Kombination noch in die Fahrzeugpapiere eingetragen werden.

Winterbereifung

Sommerreifen neigen auf Schnee und Eis schnell zum Durchdrehen. Je nach Einsatzgebiet und bisheriger Sommerbereifung läßt sich die Anschaffung spezieller Winterreifen kaum umgehen.

○ Gleichgültig, welche Reifen Sie fahren, bedenken Sie immer: Bei Temperaturen um den Gefrierpunkt bildet sich auf Glatteis beim Darüberrollen ein Wasserfilm, der die Haftfähigkeit auch der besten Winterreifen gefährlich herabsetzt.

○ Beim Omega haben Sie die Wahl zwischen den herkömmlichen M + S-Reifen, die bis maximal 160 km/h gefahren werden dürfen, und den teureren Hochgeschwindigkeitsreifen für 190 km/h Höchsttempo. Wer mit Q-Winterreifen fährt, muß irgendwo am Armaturenbrett einen Hinweis anbringen, der an die zulässige Höchstgeschwindigkeit von 160 km/h erinnert (gibt's beim Reifenhändler oder in der Werkstatt).

Die statische und dynamische Unwucht in verschiedenen Situationen:
1 – eine rein statische Unwucht;
2 – die statische Unwucht ist ausgeglichen, wenn auf beiden Seiten der Felge je 100 g angebracht sind;
3 – nur auf einer Felgenseite ist ein 200 g-Gewicht angebracht, das ergibt eine dynamische Unwucht;
4 – die Unwucht ist zwar ausgeglichen, aber über Kreuz herrscht kein Gleichgewicht – das Rad taumelt;
5 – während der Radrehung zieht die dynamische Unwucht immer nach der Mittellinie und bringt dadurch das Rad zum Taumeln.

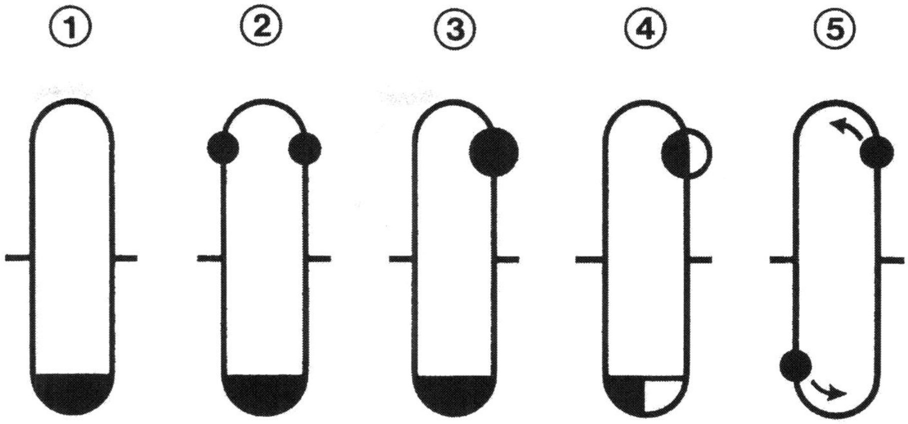

○ In Sachen Reifengröße raten wir bei Winterbereifung zu einer möglichst schmalen Ausführung. Das hat vor allem Kostengründe: Schmälere Reifen sind billiger als breitere. Fürs gesparte Geld werden gleich die passenden Felgen gekauft, denn regelmäßiges Ummontieren im Frühjahr und Herbst kommt auf Dauer viel zu teuer.
○ Ein M + S-Reifen mit weniger als 4 mm Profiltiefe taugt nichts mehr im Winter. Wenn etwa im Gebirge Winterreifen vorgeschrieben sind, werden M + S-Reifen nur dann als solche anerkannt, wenn ihr Profil noch mindestens 4 mm tief ist.

Altreifenbeseitigung

Verschlissene Reifen dürfen nicht einfach auf den Müll geworfen werden; auch die Müllabfuhr nimmt sie nicht mehr mit. Denn je nach Methode werden abgefahrene Reifen entweder zerschnitten, weiterverwertet oder in speziellen Anlagen verbrannt. Aber wie wird man Altreifen nun los?
Da gibt es verschiedene Möglichkeiten: Je nach Gemeinde fungiert der städtische Bauhof oder der Müllplatz als Annahmestelle. In jedem Fall nimmt der Reifenhändler die alten Pneus ab. Eine geringe Gebühr für das Loswerden der Reifen müssen Sie jedoch überall entrichten.

Gleitschutzketten

Wenn auch die griffigsten Winterreifen versagen, helfen gegen Schnee und Eis Gleitschutz- oder Schneeketten. Sie sind eine gute Anschaffung für Gegenden mit entsprechender Winterwetterlage, aber man muß auch einiges Geld dafür berappen.
○ Als höchstzulässige Geschwindigkeit mit aufgelegten Ketten gelten in der Bundesrepublik 50 km/h.
○ Wer das Kettenauflegen vor dem ersten Schnee zu Hause geübt hat, fürchtet sich kaum vor der Montage und dem Abnehmen. Da die Ketten auf freier Strecke wesentlich höherem Verschleiß ausgesetzt sind, sollte man sie nie unnötig lange montiert lassen.
○ Gleitschutzketten sind beim Omega nur an den Antriebsrädern erlaubt.
○ Nur feingliedrige Schneeketten montieren, die auf der Reifenlauffläche und an der Reifeninnenseite nicht mehr als 15 mm überstehen.

<u>Fingerzeig:</u> Schneeketten werden nach dem Gebrauch mit möglichst kräftigem Wasserstrahl abgespritzt, saubergebürstet und anschließend in einem Eimer Wasser mit Waschkonservierer gespült. Dann gibt es keine Rost- und Korrosionsspuren.

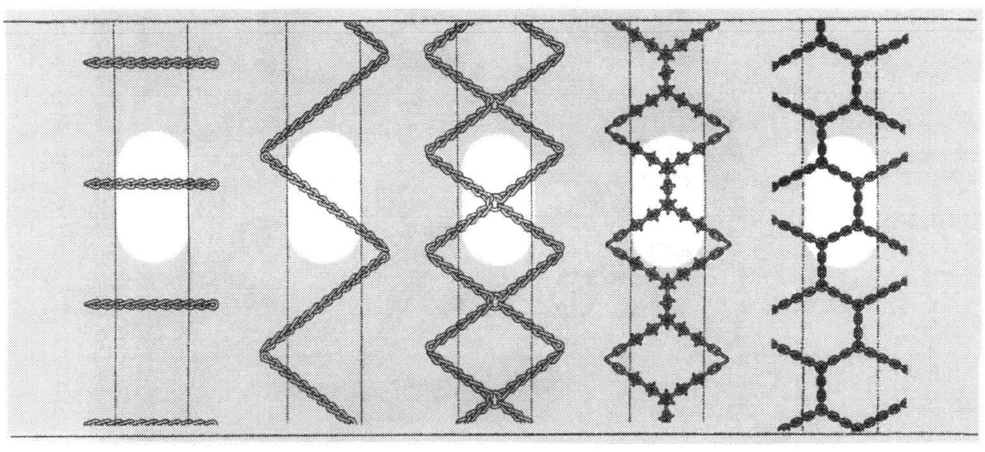

Die weißen Ausschnitte zeigen, wo der Reifen den Boden berührt. Je mehr »Kette« dort auf der Straße liegt, desto besser. Von links nach rechts sehen Sie: Leiterkette, Zickzackkette, Kreuzkette, Spurkreuzkette, Kantenspurkette.

Kräfte im Verborgenen

Elektrizität kann man leider nicht sehen; das erschwert für manchen das Verständnis. Wir wollen es Ihnen anhand eines Beispiels leichter machen. Die Vorgänge um den elektrischen Strom lassen sich am einfachsten mit einer Wasserleitung erklären. Durch eine solche strömt unter einem bestimmten Druck eine gewisse Menge Wasser.

○ Man kann den Wasserdruck vergleichen mit der **Spannung,** gemessen in Volt (Abkürzung: V).

○ Die in einer bestimmten Zeit durchfließende Wassermenge entspricht dem **Strom,** der in Ampere (kurz: A) gemessen wird.

○ Multipliziert man Spannung und Strom miteinander, so erhält man die elektrische **Leistung** mit der Maßeinheit Watt (abgekürzt: W).

○ Einen anderen Wert erhalten man, wenn die Spannung durch den Strom dividiert wird. Das ergibt den **Widerstand,** der in Ohm (Zeichen: Ω) gemessen wird. Das kann man sich als Absperrhahn in der Wasserleitung vorstellen. Bei geöffnetem Wasserhahn ist der Widerstand gleich 0, das Wasser fließt ungehindert. Wird der Hahn zugedreht, erhöht sich der Widerstand bis schließlich zum Wert unendlich (∞) – der Durchfluß versiegt.

Jeder Stromverbraucher stellt einen Widerstand dar, der für seine einwandfreie Funktion mit genügend Strom beliefert werden muß. Deshalb braucht eine kleine Kontrollampe lediglich ein dünnes Kabel, der leistungsstarke Anlasser dagegen eine besonders dicke Leitung.

Elektrische Messungen

Beim Prüfen und Reparieren der Fahrzeugelektrik und -elektronik gibt es verschiedene elektrische Größen zu messen. Damit der Meßwert richtig abgelesen werden kann, bedarf es zunächst eines genauen Meßgeräts. Wie man das Meßgerät richtig anschließt, und was bei den einzelnen Messungen zu beachten ist, finden Sie in den folgenden Abschnitten erklärt.

Spannung messen

Prüflampe: Praktisch ist eine Prüflampe mit Nadelkontakt, mit deren Nadel einfach die Isolierung des zu prüfenden Kabels durchstochen werden kann. Die Klemme am Kabel der Lampe wird irgendwo an blankem Fahrzeugmetall, der sogenannten Masse, angeclipst. Die Lampe gibt in erster Linie Auskunft darüber, ob überhaupt Spannung anliegt. An ihrer Helligkeit kann man in etwa die Höhe der Spannung abschätzen.

Diodenprüfer: An elektronischen Bauteilen darf nicht mit einer herkömmlichen Prüflampe gemessen werden. Sie nimmt zu viel Leistung auf und kann so Bauteile der Elektronik beschädigen. Wer in diesem Bereich Messungen vornehmen will, braucht einen Spannungsprüfer mit Leuchtdioden.

Voltmeter: Exakter ist die Spannungsmessung mit dem Volt-Meßbereich eines Zeiger- oder Digitalmeßgeräts. Durch den sehr geringen Stromverbrauch des Instruments droht auch Elektronikteilen keine Gefahr.

○ Zum Messen der Batteriespannung (als Beispiel) wird das mit »–« gekennzeichnete Meßkabel an den Minuspol der Batterie angeschlossen. Das »+«-Kabel kommt an den Pluspol.

○ Zeigt das Instrument beispielsweise nur 10,4 Volt an, hat eine der Batteriezellen Kurzschluß. Interessant

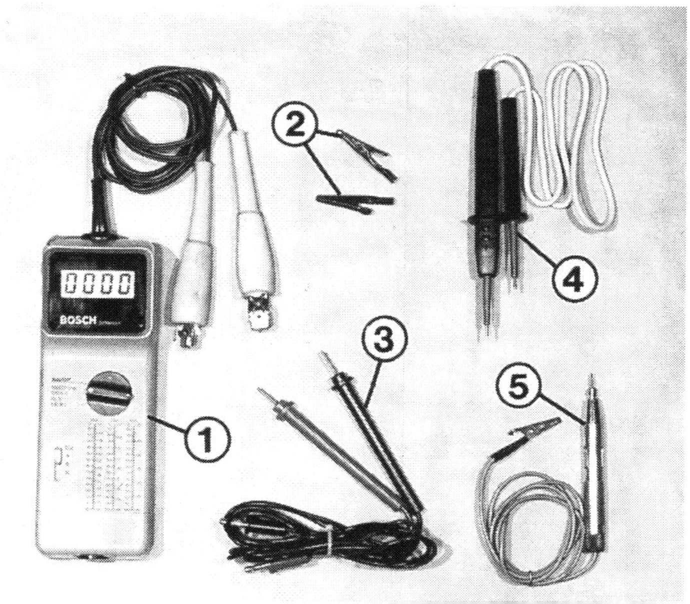

Meßgeräte für die Fahrzeug- und Motorelektrik:
1 – Präzisions-Motortester mit Digitalanzeige, dazu Krokodilklemmen (2) und Meßspitzen (3);
4 – Leuchtdioden-Spannungsprüfer (auch für Elektronik-Bauteile geeignet);
5 – herkömmlicher Spannungsprüfer mit Glühlampe.

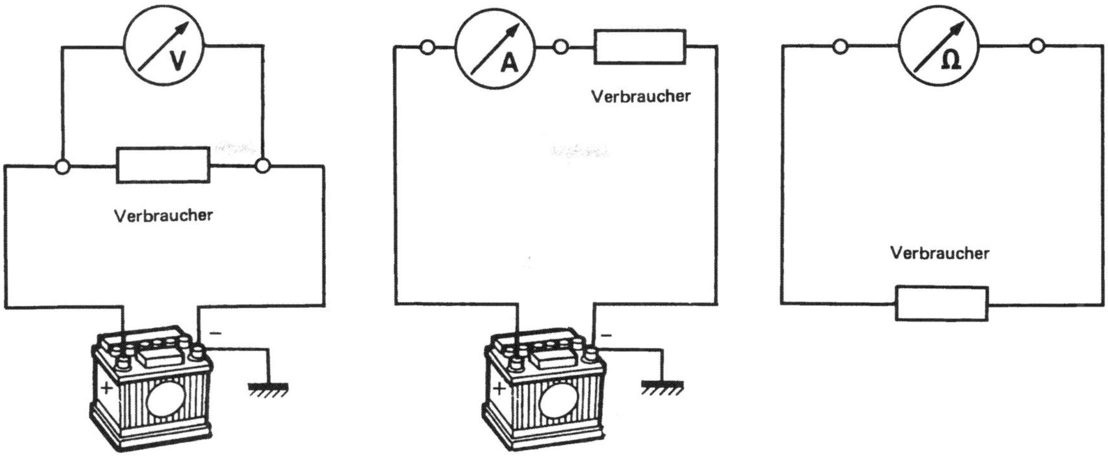

Die Zeichnungen zeigen, wie das betreffende Meßgerät für die elektrischen Größen Spannung (links), Strom (mitte) und Widerstand (rechts) angeschlossen wird. Der Kreis mit Zeiger stellt das jeweilige Meßgerät dar.

kann es auch sein, die Batteriespannung zu messen, während der Anlasser betätigt wird. Sind dann nur noch 6 Volt abzulesen, steht es mit der Batterie sicher nicht zum besten.

○ Messen einer Spannung »gegen Masse«: »+«-Kabel des Meßgeräts an einer Klemme anschließen, an der Spannung anliegt, »-«-Kabel an ein blankes Teil der Karosserie oder des Motors anklemmen. Beide sind durch dicke Kabel mit dem Minuspol der Batterie verbunden, wodurch eine exakte Messung möglich ist.

○ Häufig wird die Spannung zwischen zwei bestimmten Kontakten (etwa an einem Steuergerät) gemessen. Wie das Meßgerät anzuschließen ist und welche Spannung anliegen soll, ist in einem solchen Fall Bestandteil der Prüfvorschriften.

○ Mit dem Volt-Meßbereich kann auch geprüft werden, ob ein Massekabel in Ordnung ist: »+«-Kabel des Meßgeräts am Pluspol der Batterie anschließen, »-«-Kabel des Geräts am Ende des Massekabels anklemmen. Ist die Masseversorgung intakt, muß volle Batteriespannung angezeigt werden.

Strom messen

Ob Strom zu einem Verbraucher hin fließt, wird mit dem Amperemeter bzw. dem entsprechenden Meßbereich des Multitesters gemessen.

○ Dazu muß der Stromkreis aufgetrennt und das Meßgerät zwischen die jetzt freien Pole zwischengeschaltet werden.

○ In der Praxis sieht das so aus: Einen Steckkontakt in der Leitung zu einem Verbraucher abziehen und Meßgerät zwischen Stecker und Kontaktzunge zwischenschalten.

○ Strom wird beispielsweise gemessen, wenn der Verdacht besteht, daß ein heimlicher Stromverbraucher irgendwo im Bordnetz sitzt, der über Nacht die Batterie leersaugt. Um diese Leckstelle festzustellen, nehmen Sie das Batterie-Massekabel ab und klemmen zwischen Batteriepol und -kabel das Amperemeter. Zeigt das Instrument Stromfluß an, wird der Stromkreis ermittelt: Eine Sicherung nach der anderen herausnehmen und statt deren das Amperemeter an den Kontaktzungen im Sicherungshalter anklemmen. So können Sie erkennen, in welchem Stromkreis Verluste entstehen. Anhand der Sicherungstabelle im folgenden Kapitel vergleichen Sie dann, welche Verbraucher in diesen Stromkreis eingeschaltet sind und kontrollieren diese der Reihe nach durch.

Fingerzeig: Auch die Anschlüsse des Amperemeters müssen zum Messen entsprechend gepolt sein. Der Zeiger schlägt sonst in die falsche Richtung aus. Das Meßgerät bzw. dessen Gerätesicherung wird zerstört, wenn der gemessene Strom wesentlich höher ist als der gewählte Meßbereich. Besser zuerst in einen großen Meßbereich schalten und ggf., wenn der Zeigerausschlag zu klein ist, herunterschalten. Das Meßgerät nicht zwischen Batteriepol und Hauptkabel schalten und den Anlasser betätigen. Die auftretenden Ströme (bis zu 150 Ampere) sind für jedes normale Meßgerät viel zu hoch. Wer an dieser Stelle messen muß, braucht einen Meßwiderstand, der zur Messung in die Leitung eingeschaltet wird.

Widerstand messen

Die exakte Widerstandsmessung an einem Bauteil hat nur dann einen Sinn, wenn man ein genau anzeigendes Gerät besitzt. Sonst bleiben letztlich Zweifel an der Messung.

○ Mit dem Widerstandsmeßbereich läßt sich beispielsweise erkennen, welchen Innenwiderstand ein bestimmtes Bauteil hat. Die Angaben finden Sie – wo nötig – hier im Buch.

○ Die Kabel des Meßgeräts (Polung ist dabei gleichgültig) werden dazu an zwei Anschlüssen des Bauteils angeklemmt.

○ Oder es wird der Widerstand »gegen Masse« gemessen: Ein Kabel am Bauteil, das zweite an Motorblock oder Karosserie anklemmen.

○ Ferner läßt sich mit dem Widerstands-Meßbereich des Meßinstruments prüfen, ob eine Leitung oder ein Schalter »Durchgang« hat (der Meßwert ist dann 0 Ω) oder ob der Stromweg irgendwo unterbrochen ist (dann strebt der Meßwert gegen unendlich = ∞ Ω).

Grundbegriffe der Elektronik

Schon dem Wort nach basiert die Elektronik auf den Elektronen – jenen extrem kleinen Bausteinen, aus denen das ohnehin schon kleine Atom zum Teil besteht. Die Elektronen sorgen in allen elektrisch leitenden Werkstoffen (Leiter) dafür, daß Strom überhaupt fließen kann. Die Elektronen wandern dabei im Leiter von Atom zu Atom.
Nichtleitende Werkstoffe besitzen ebenfalls Elektronen, doch sind diese sehr stark an den Atomkern gebunden. Sie können also nicht weiterwandern, und somit fließt auch kein Strom.
Die dritte Werkstoffgruppe stellen die sogenannten Halbleiter dar. Das sind Kristalle (meist Germanium oder Silizium), die so nachbehandelt wurden, daß in ihrem Atomaufbau Elektronen fehlen oder überschüssige Elektronen vorhanden sind. Dadurch ergibt sich der durchaus erwünschte Effekt, daß durch die Kristallplättchen nur unter bestimmten Bedingungen Strom fließen kann. Werden diese Bedingungen nicht erfüllt, baut sich eine Sperrschicht auf, und der Stromfluß wird gehemmt.
Halbleiter-Bauelemente findet man natürlich nicht nur einzeln in der Fahrzeugelektrik verwendet. Meist sind sie in größerer Stückzahl zu kompletten Schaltungen zusammengefaßt, wie zum Beispiel im Steuergerät der Zentralverriegelung.

Halbleiter

Transistor: Er läßt nur dann Strom durchfließen, wenn an seinem dritten Anschluß eine Spannung anliegt. Ist diese Spannung hoch, fließt viel Strom durch; bei geringer Spannung entsprechend weniger. Vergleichbar ist das mit einem Wasserhahn. Je weiter das Ventil aufgedreht wird, desto mehr Wasser fließt durch.
Diode: Sie ist nur in einer Richtung für den elektrischen Strom leitend. Kommt der Strom aus der Gegenrichtung, sperrt sie den Durchgang. Das ist wie beim Reifenventil: Luft kann durchgepumpt werden, aber sie kommt nicht mehr heraus.

Weitere Bauelemente

In nahezu allen elektronischen Schaltungen kommen Bauteile vor, die nicht zur Sparte der Halbleiter gehören, ohne die aber die Elektronik nicht denkbar wäre. Häufigste Vertreter sind:
Widerstand: Seine Aufgabe ist es, den Stromfluß zu hemmen, wie bereits beschrieben.
Kondensator: Er wirkt wie eine kleine Batterie und kann elektrische Energie für eine gewisse Zeit speichern. Er wird zur Glättung von Spannungsschwankungen und zum Dämpfen von Spannungsspitzen verwendet. Wenn eine Zeitverzögerung in einer Schaltung erwünscht ist (z. B. im Blinkrelais), wird ein Kondensator mit einem Widerstand zu einem »Zeitglied« zusammengeschaltet.

Elektronische Schaltungen

Integrierte Schaltkreise (IC): Eine Vielzahl von elektronischen Bauteilen ist im kleinen Gehäuse eines IC untergebracht. Die meist schwarzen »Käfer« mit 14 und mehr Anschlußfüßen gibt es mit allen erdenklichen Funktionen.
Mikroprozessoren: Sie spielen eine wachsende Rolle in der Technik. Es sind weiterentwickelte ICs, aber wesentlich »intelligenter«. Je nach Art des elektrischen Eingangssignals können sie vorher programmierte Schaltungsvorgänge auslösen.
EPROM: Es ist ein elektronischer Baustein zur Speicherung z. B. des Einspritzprogramms sowie der fest vorgegebenen Daten (Kennfelder). Dies ist nur ein Beispiel, wofür ein EPROM eingesetzt werden kann.

Vorsichtsmaßnahmen im Umgang mit elektronischen Bauteilen

Hohe Spannungen und hohe Temperaturen sind für die Bauteile der Elektronik gefährlich. Damit Sie nicht versehentlich ein (teures) Schalt- oder Steuergerät durch Unachtsamkeit zerstören, sollten Sie die nachfolgenden Punkte beachten:
○ Vor Abziehen eines Steckers im Bereich der Fahrzeugelektronik immer die Zündung ausschalten. Noch besser ist das Abklemmen der Batterie. Denn beim Trennen eines Steckkontakts können Spannungsspitzen entstehen, die nahegelegenen empfindlichen Elektronikgeräten nicht gut bekommen.
○ Falls am Omega elektrisch geschweißt wird, muß zum einen die Batterie abgeklemmt und zum anderen an sämtlichen elektronischen Steuergeräten die jeweilige Steckverbindung abgezogen werden.
○ Kommt der Wagen nach einer Blechreparatur in die Lackier-Trockenkammer, so darf die Temperatur dort kurzzeitig 95° C betragen. Über eine längere Zeitdauer (maximal zwei Stunden) sollen 85° C nicht überschritten werden. Der Motor darf erst dann gestartet werden, wenn der Wagen auf normale Temperaturen abgekühlt ist.

Auf Draht

Nur keine Angst vor der Vielzahl an Leitungen, Steckern und Sicherungen im Omega! Unter Zuhilfenahme der Sicherungstabelle in diesem und der verschiedenen Stromlaufpläne im folgenden Kapitel werden Sie sich bald zurechtfinden.
Bekanntlich kann der Strom nur in einem geschlossenen Kreislauf fließen. Wenn Sie zu Hause den Lichtschalter anknipsen, leuchtet das Licht auf. Genauso ist es im Auto, nur daß hier der von Batterie oder Lichtmaschine kommende Strom über den jeweiligen Stromverbraucher zurück zur Batterie oder Lichtmaschine fließt.

Minus an Masse

Die Stromzuführung zum Verbraucher erfolgt im Auto durch ein Kabel, das sich auf mehr oder weniger komplizierte Art immer zur Batterie zurückverfolgen läßt, wie das auch das Kapitel »Die Stromlaufpläne« zeigt. Die Rückleitung besorgen die elektrisch leitenden Metallteile von Karosserie oder Motor. Auf diese Weise wird eine Menge teures Kupferkabel gespart. In manchen Fällen ist jedoch trotzdem ein kurzes Stück Kabel für die Rückleitung unumgänglich – nämlich dann, wenn der Stromverbraucher nicht direkt auf Metall sitzt.
Auch der Minuspol der Batterie ist natürlich mit der Karosserie – der »Masse«, wie der Autoelektriker sagt – verbunden. Da das bei allen anderen elektrischen Einrichtungen im Wagen genauso ist, lautet der Merksatz »**M**inus an **M**asse«.

Orientierungshilfen in der Autoelektrik

Normklemmen-Bezeichnungen

Das bunte Kabelgewirr im Auto ist eigentlich ganz gut geordnet, denn viele Einzelheiten der Kraftfahrzeug-Elektrik sind genormt. Die Zahlen an verschiedenen Bauteilen und Kabelanschlüssen sowie in den Stromlaufplänen haben in allen deutschen und in manchen ausländischen Fahrzeugen dieselbe Bedeutung:
Klemme 15 erhält nur bei eingeschalteter Zündung Strom ab Zündschloß, wobei außer der Zündspule jene Stromverbraucher versorgt werden, die nur bei Betrieb des Wagens Strom erhalten sollen. Die Kabel an den Normklemmen 15 besitzen vielfach eine schwarze Ummantelung, bisweilen auch mit farbigen Zusatzstreifen.
Klemme 30 erhält dauernd Strom vom Pluspol der Batterie bzw. bei laufendem Motor von der Lichtmaschine. Das kann bei unvorsichtigem Umgang mit Werkzeug zu Kurzschlüssen und Funkenregen führen, wenn das Minuskabel der Batterie nicht abgenommen wurde. Diese stets stromführenden Kabel haben meist eine rote Umhüllung, ggf. mit zusätzlichen Farbstreifen.
Klemme 49 ist für die Blink- und Warnblinkanlage zuständig.
Klemme 53 versorgt die Scheibenwischeranlage.
Klemme 56 ist für die Stromzufuhr des Abblendlichts mit gelben sowie des Fernlichts mit weißen Leitungen zuständig.
Klemme 58 gehört zum Standlicht vorn sowie zu den Schluß- und Kennzeichenleuchten. Die Grundfarbe der Kabelumhüllung ist grau, jeweils mit zusätzlichen Farbstreifen.
Klemme 31 ist die Masse-Klemme, mit der ein Stromverbraucher zur Fahrzeugmasse verbunden sein muß, damit der Stromkreis geschlossen ist. Die entsprechenden Kabel sind braun umhüllt.

Die Leitungen

Von den einzelnen, farbigen Kabeln sehen Sie meistens nur die Enden, denn oft laufen sie gebündelt in Isolierschläuchen.
Wichtig bei eventuellen eigenhändigen Einbauten ist, daß der Querschnitt eines Kabels je nach Leistung (Stromanspruch) des betreffenden Verbrauchers ausgewählt wird. Ein Kontrollämpchen kommt mit 0,5 mm^2 Kabelstärke aus, zwischen Batterie und Anlasser dagegen wird eine 16-mm^2-Leitung gebraucht. Ein zu dünnes Kabel heizt sich auf, und die Spannung fällt ab. Dann kommen statt der verlangten 12 Volt am Scheinwerfer nur 10 oder 9,5 Volt an – das Licht ist trübe.

Der Sicherungskasten

Sämtliche Leitungen im Omega sind in verschiedenen Kabelsträngen zusammengefaßt. Eine Vielzahl der Stränge führt zum Sicherungskasten links unterhalb der Lenksäule. Dort ist auch Platz für 34 Sicherungen.

Die Sicherungen

Wenn an einen vorhandenen Stromkreis zusätzliche Verbraucher angeschlossen werden oder durch einen Defekt ein Kurzschluß entsteht (der nichts anderes ist als ein abnorm ansteigender Stromdurchfluß), würde der Stromkreis überlastet. Die Leitung würde warm oder zu glühen beginnen, ebenso die Wicklungen der Lichtmaschine, die Batterieflüssigkeit könnte ins Sieden geraten – wären da nicht die elektrischen Sicherungen zwischengeschaltet. Die sind sehr kurz angebunden: Wenn der Strom ein gewisses, zuträgliches Maß übersteigt, unterbrechen sie ihn einfach.

Damit der Omega bei einem Defekt nicht gleich völlig ohne Strom dasteht, sind die Sicherungen auf verschiedene Stromkreise verteilt. Allerdings sind die Schaltungen zwischen Anlasser, Batterie, Lichtmaschine und Zündschloß nicht von Sicherungen überwacht. Bei einer Störung dieser Teile nützt der Blick in den Sicherungskasten also nichts. Dagegen haben alle übrigen elektrischen Aggregate eine eigene Absicherung.

Im Omega werden sogenannte Flachstecksicherungen verwendet. In ein eingefärbtes Kunststoffteil sind zwei Flachstecker eingebettet, die durch den Schmelzfaden verbunden sind. Mit diesen Sicherungen gibt es keine Korrosionsprobleme mehr, da sie große Kontaktflächen besitzen.

Sicherung auswechseln

- Soll eine der Stecksicherungen ausgewechselt werden, können Sie sich der kleinen Kunstoffspange links unten Sicherungskasten bedienen.
- Brennt die neue Sicherung sofort wieder durch, klären, ob eine zu schwache Sicherung eingesetzt wurde (siehe Sicherungstabelle).
- War das nicht der Fall, anhand der Sicherungstabelle die angeschlossenen Verbraucher ermitteln und einzeln prüfen. Dabei hilft auch der zuständige Stromlaufplan (folgendes Kapitel).
- Im Zweifelsfall alle Verbraucher ausstecken und nacheinander wieder anschließen. Derjenige Verbraucher, bei dem die Sicherung durchbrennt, war defekt.

Die Sicherungsstärke

Zur Unterscheidung der maximal zulässigen Nennstromstärke (Ampere) dienen die Kennfarben des Kunststoffteils: Rot – 10 A; blau – 15 A; gelb – 20 A; weiß – 25 A; grün – 30 A.

Kabelsteckverbindungen

Lange Zeit mußte der ADAC in seiner Pannenstatistik lose Kabelsteckverbindungen als eine der häufigsten Pannenursachen vermerken – und das fast bei allen Autos.

Dem hat Opel im wahrsten Sinne des Wortes einen Riegel vorgeschoben: Nahezu alle Steckverbindungen sind zusätzlich mechanisch gesichert. Klar, daß diese Sicherungen zum Abziehen des Steckers überwunden werden müssen.Hier die am häufigsten vorkommenden Steckersicherungen:

○ Stecker der Einspritzanlage sind durch einen Drahtbügel gesichert, der niedergedrückt werden muß.

○ Viele Mehrfachstecker haben seitlich zwei Sicherungsrasten, die zum Abziehen niedergedrückt bzw. angehoben werden.

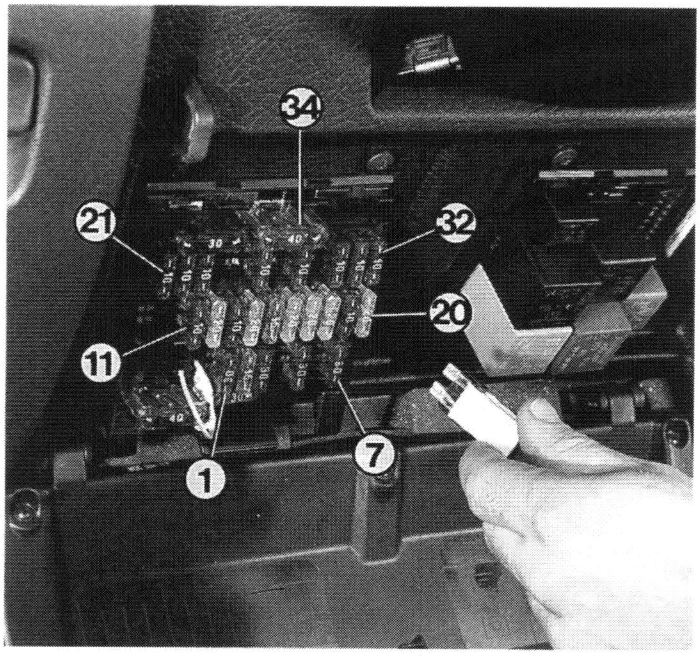

Der Sicherungskasten links unten im Armaturenbrett. Die Zahlen deuten auf die Sicherungen 1, 7, 11, 20, 21, 32, 34. Abgezogen werden die Sicherungen mit einer kleinen Kunststoffspange, die sich ebenfalls im Sicherungskasten befindet.

Nr.	Klemme	angeschlossene Verbraucher	erhält Strom von	A
1	30	Elektrische Fensterheber	Batterie-+	30
2	15	Bremsleuchten, Warnblinkanlage, Mult-Info-Display, Triple-Info-Display	Zündschloß	5
3	15	Scheibenwisch- und -waschanlage für Front- und Heckscheibe	Zündschloß	30
4	30	CD-Wechsler	Batterie-+	10
5	30	Elektrisch verstellbare Vordersitze, Positionsspeicher für Sitz- und Spiegelverstellung	Batterie-+	30
6	30	Radio	Batterie-+	10
7	30	Elektrische Fensterheber hinten	Batterie-+	30
8	–	nicht belegt	–	–
9	15	Automatikgetriebe (Anfahrhilfe und Anzeige in der Konsole)	Zündschloß	10
10	–	nicht belegt	–	–
11	87A	Elektrisch verstellbare Außenspiegel (Spiegelheizung)	Zeitrelais für Außenspiegel und Heckscheibe	10
12	30	Innenraum- und Gepäckraumbeleuchtung, Leseleuchten hinten, Make-up-Spiegelbeleuchtung, Zentralverriegelung (Empfänger Fernbedienung), Warnblinkanlage, Blinkgeber, Positionspeicher für Sitz- und Spiegelverstellung, Multi-Info-Display, Triple-Info-Display, Radio	Batterie-+	20
13	15	Elektrisch verstellbare Außenspiegel	Zündschloß	10
14	15	Sitzheizung, Anzünder, heizbare Waschdüsen, heizbare Heckscheibe, heizbare Außenspiegel, elektrisch betätigtes Sonnenrollo, Umluftschalter	Zünschloß-	20
15	15	Rückfahrleuchten, Warnsummer, Automatikgetriebe, Leseleuchten vorn, Anzünder, Positionsspeicher für Sitz- und Spiegelverstellung, elektrisches Schiebedach, Zentralverriegelung, elektrische Fensterheber, Handschuhfachleuchte, Geschwindigkeitsregler, Klimaanlage, Kontrolleuchten, Tachometer, Gebläse für hintere Seitenscheiben, Kühlergebläse, Radio, Niveauregulierung, Multi-Info-Disply, Triple-Info-Display	Zündschloß	15
16	1	Nebelscheinwerfer	Lichtschalter	20
17	30	Signalhorn	Batterie-+	20
18	87	Kraftstoffpumpe, Diebstahlwarnanlage	Kraftstoffpumpen- bzw. Einspritzrelais	20
19	15	ABS	Zündschloß	10
20	30	Heizbare Rücksitze, Türleuchten, elektrisch betätigtes Sonnenrollo, Zentralverrieglung	Batterie-+	20
21	87	Fernlicht links	Fernlichtrelais	10
22	56	Abblendlicht links, Leuchtweitenregulierung	Lichtschalter über Abblendschalter	10
23	58C	Schluß- und Standlicht links	Lichtschalter	10
24	–	nicht belegt	–	–
25	30	Elektrisches Schiebedach	Batterie-+	20
26	58K	Kennzeichenleuchten, Multi-Info-Display, Triple-Info-Display, Scheinwerferwaschanlage, Automatikgetriebe, Luftdüsenbeleuchtung	Lichtschalter	10
27	30	Niveauregulierung	Batterie-+	20
28	2	Nebelschlußleuchte(n)	Lichtschalter	10
29	30	Klemme 30: Anhängerdauerstrom	Batterie-+	20
30	58R	Schluß- und Standlicht rechts	Lichtschalter	10
31	56	Abblendlicht rechts, Leuchtweitenregulierung	Lichtschalter über Abblendschalter	10
32	87	Fernlicht rechts	Fernlichtrelais	10
33	15	Luftgebläse, Klimaanlage	Zündschloß	30
34	87	Heizbare Heckscheibe, Diebstahlwarnanlage, Antennenverstärker	Zeitrelais Außenspiegel und Heckscheibe	40

Alles geplant

Die Stromlaufpläne auf den folgenden Seiten zeigen die einzelnen Stromkreise der elektrischen Anlage nebeneinander aufgezeichnet, so daß der funktionelle Zusammenhang besser zu erfassen ist. Die Lage der Kabel im Auto kann jedoch aus dieser Darstellung nicht hervorgehen.

Aufbau der Stromlaufpläne

Strompfade: An der Fußleiste unten sind die Stromlaufpläne durchnumeriert. Für jedes Bauteil ist mindestens ein eigener Strompfad vorhanden. In den Stromlaufplan-Erläuterungen sind die Strompfade zum jeweiligen Bauteil angegeben und können so leicht aufgesucht werden. Bei Strompfaden mit sonst unvermeidbaren Kreuzungen ist durch eine viereckig umrahmte Nummer zum betreffenden Strompfad verwiesen.
Schalter: Bei Schaltern, die mehrere Funktionen vereinen (z. B. Lichtschalter), ist der jeweilige Schalterteil getrennt dargestellt. Seine Zugehörigkeit zu einem Schalterzusammenbau ist ebenfalls numerisch gekennzeichnet (z. B. S 2.1, S 2.2 usw.).
Sicherungskasten: Die Sicherungen sind im oberen Teil des Stromlaufplans angeordnet. Bei Anschluß mehrerer Bauteile oder Schaltungseinheiten an einer Sicherung ist jeweils die gleiche Sicherung eingezeichnet.
Masse: Sie ist dargestellt durch die Fußleiste im Stromlaufplan.
Baugruppen: Sie sind nach den Kennbuchstaben der folgenden Tabelle geordnet:

Kenn-buchstabe	Benennung	Beispiel
E	Verschiedenes	Beleuchtungseinrichtungen
F	Schutzeinrichtungen	Sicherungen, Schutzrelais, Sperren
G	Stromversorgung	Generator, Batterie usw.
H	Meldeeinrichtungen	Optische und akustische Meldegeräte
K	Schütze	Relais, Zeitrelais, Blinkrelais
L	Induktivitäten	Zündspule, Drosselspulen
M	Motoren	Wischer, Fensterheber usw.
P	Meßgeräte	Drehzahl, Uhren, Voltmeter usw.
R	Widerstände	Gebläse, Vorwiderstand usw.
S	Schalter	Wischer, Signal, Schlußleuchte usw.
X	Klemmen, Stecker	Steckdose, Zubehörklemme
Y	Elektrisch betätigte mechanische Einrichtungen	Kompressor, Magnetventil, Hubmagnet usw.

Kabelfarben: Sie sind abgekürzt angegeben. Es bedeuten: BL – blau; BR – braun; GE – gelb; GN – grün; GR – grau; HLB – hellblau; LI – lila; RT – rot; SW – schwarz; VI – violett; WS – weiß.
Leitungsquerschnitt: Hinter der Kabelfarbe kennzeichnen die Zahlen in den Leitungen den Kabelquerschnitt in mm^2.
Normklemmen: Ein- bis zweistellige Ziffern, teils mit Zusatzbuchstaben, sowie einige Buchstaben in Großschreibung kennzeichnen genormte Klemmen an elektrischen Bauteilen.

Für welche Modelle?

Der Stromlaufplan ist aus mehreren Teilplänen zusammengesetzt und gilt für die gesamte Omega-Modellreihe. Es sind alle in der Produktion möglicherweise eingebauten Verbraucher und Schaltkreise enthalten. Da im Rahmen der Modellpflege an der Elektrik immer wieder Schaltungsänderungen einsetzen, sind Unterschiede zu Ihrem speziellen Fahrzeug dennoch möglich.

F19	SICHERUNG-ABS	FUSE-ABS	127
G1	BATTERIE	BATTERY	101
G2	GENERATOR	ALTERNATOR	116
K3	RELAIS-ANLASSER.DWA/IMO	RELAY-STARTER.DWA/IMO	112..113
M1	ANLASSER	STARTER	104..106
M57	PUMPE-KUEHLMITTEL	PUMP-COOLANT	120
P17	GEBER-DREHZAHL.VORN LINKS	SENSOR-REVOLUTION.FRONT LEFT	132
S1	SCHALTER-ANLASSER	SWITCH-STARTER	102..107
U4	HYDROAGGREGAT 258-ABS	HYDROAGGREGAT ASM-ABS	
U4.1	RELAIS-MOTOR.PUMPE	RELAY-MOTOR.PUMP	124.125
U4.2	RELAIS-MAGNETVENTILE	RELAY-SOLENOID VALVES	126.127
U4.3	MOTOR-PUMPE	MOTOR-PUMP	124
U4.5	MAGNETVENTIL-VORN.LINKS	SOLENOID VALVE-FRONT.LEFT	131
U4.6	MAGNETVENTIL-VORN.RECHTS	SOLENOID VALVE-FRONT.RIGHT	133
U4.7	MAGNETVENTIL-HINTERACHSE	SOLENOID VALVE-REAR AXLE	135
U4.8	STEUERGERAET-ABS/ABS & TC	CONTROL UNIT-ABS/ABS & TC	128..151
U4.9	STECKER-MAGNETVENTILE 6P	PLUG-SOLENOID VALVES 6P	131..135
X1	INSTRUMENTENTAFEL & KAROSSERIE 107P	INSTRUMENT PANEL & BODY 107P	127..130
X2	INSTRUMENTENTAFEL & MOTOR 15P	INSTRUMENT PANEL & ENGINE 15P	106.116
X3	INSTRUMENTENTAFEL & MOTRONIC.SIMTEC.TD 20P	INSTRUMENT PANEL & MOTRONIC.SIMTEC.TD 20P	106.116
XD	DIAGNOSE 16P	DIAGNOSTIC LINK 16P	130

K61	STEUERGERAET-MOTRONIC (SM)	CONTROL UNIT-MOTRONIC (SM)	156..192
L2	ZUENDSPULE-DIREKTZUENDUNG	IGNITION COIL-DIRECT IGNITION	155..157
P18	GEBER-DREHZAHL.VORN RECHTS	SENSOR-REVOLUTION.FRONT RIGHT	135
P19	GEBER-DREHZAHL.HINTEN LINKS	SENSOR-REVOLUTION.REAR LEFT	138
P20	GEBER-DREHZAHL.HINTEN RECHTS	SENSOR-REVOLUTION.REAR RIGHT	141
P29	TEMPERATURGEBER-ANSAUGLUFT	TEMPERATURE SENSOR-INTAKE AIR	166
P30	TEMPERATURGEBER-KUEHLMITTEL	TEMPERATURE SENSOR-COOLANT	168
S33	SCHALTER-TRACTION CONTROL	SWITCH-TRACTION CONTROL	150.151
X1	INSTRUMENTENTAFEL & KAROSSERIE 107P	INSTRUMENT PANEL & BODY 107P	143..151
X3	INSTRUMENTENTAFEL & MOTRONIC.SIMTEC.TD 20P	INSTRUMENT PANEL & MOTRONIC.SIMTEC.TD 20P	155..163
XD	DIAGNOSE 16P	DIAGNOSTIC LINK 16P	158.159

F18	SICHERUNG-KRAFTSTOFFPUMPE	FUSE-FUEL PUMP	197
K43	RELAIS-EINSPRITZVENTILE	RELAY-INJECTION VALVES	188.189
K44	RELAIS-KRAFTSTOFFPUMPE	RELAY-FUEL PUMP	192.193
M21	PUMPE-KRAFTSTOFF	PUMP-FUEL	197
M33	STELLGLIED-LEERLAUF	ACTUATOR-IDLE SPEED	173.174
P32	LAMBDA SONDE-BEHEIZT	SENSOR-OXYGEN EXHAUST.HEATED	189.190
P34	POTENTIOMETER-DROSSELKLAPPE	POTENTIOMETER-THROTTLE VALVE	170..172
P35	IMPULSGEBER-KURBELWELLE	IMPULSE SENSOR-CRANKSHAFT	181..183
P44	LUFTMASSENMESSER	AIR MASS METER	177..179
P46	GEBER-KLOPFREGELUNG	SENSOR-KNOCKING CONTROL	174.175
Y7	EINSPRITZVENTILE-KRAFTSTOFF	INJECTION VALVES-FUEL	175..182
Y18	MAGNETVENTIL-ABGASRUECKFUERUNG	SOLENOID VALVE-EXHAUST GAS RECIRCULATION	184
Y34	MAGNETVENTIL-TANKENTLUEFTUNG	SOLENOID VALVE-TANK VENTILATION	193
X1	INSTRUMENTENTAFEL & KAROSSERIE 107P	INSTRUMENT PANEL & BODY 107P	197
X3	INSTRUMENTENTAFEL & MOTRONIC.SIMTEC.TD 20P	INSTRUMENT PANEL & MOTRONIC.SIMTEC.TD 20P	197
X26	KAROSSERIE & BEHAELTER-KRAFTSTOFF 6P (NB)	BODY & TANK-FUEL 6P (NOCH BACK)	199

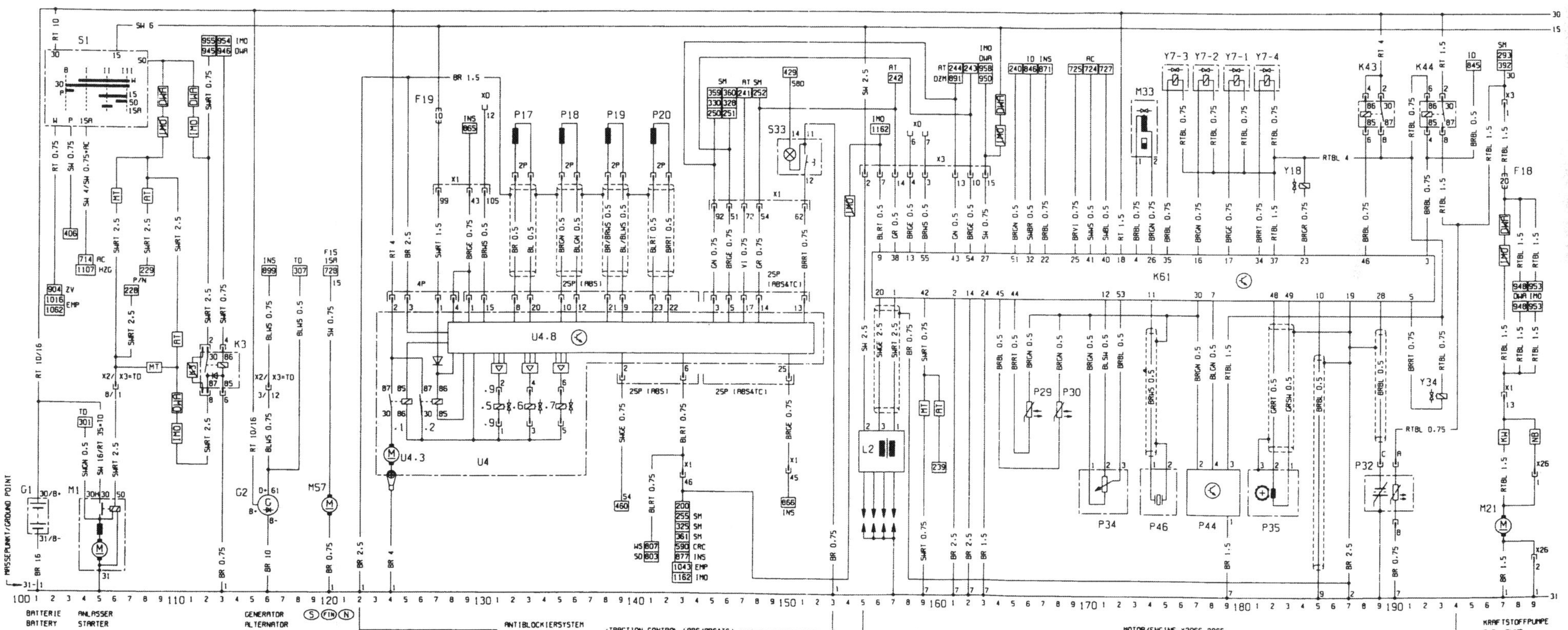

LEITUNGSFARBEN/WIRINGS COLOR

SW=SCHWARZ/BLACK	GE=GELB/YELLOW	BR=BRAUN/BROWN
WS=WEISS/WHITE	GN=GRUEN/GREEN	BL=BLAU/BLUE
RT=ROT/RED	GR=GRAU/GRAY	VI=VIOLETT/VIOLET

LEITUNGSQUERSCHNITTE IN mm^2
WIRE CROSS SECTION

F9	SICHERUNG-AT	FUSE-AT	214
K41	STEUERGERAET-HILFSKRAFTLENKUNG	CONTROL UNIT-POWER STEERING	200..202
K88	STEUERGERAET-TEMPERATUR.KATALYSATOR	CONTROL UNIT-TEMPERATURE.CONVERTER CATALYTIC	204..208
K102	STEUERGERAET-PARK-UND BREMSSCHUTZ	CONTROL UNIT-PARK BRAKE SHIFT LOCK	210..212
P50	TEMPERATURGEBER-KATALYSATOR (J)	TEMPERATURE SENSOR-CONVERTER CATALYTIC (J)	205.206
P48	GEBER-DREHZAHL.GETRIEBEAUSGANG	SENSOR-REVOLUTION.TRANSMISSION OUTPUT	224.225
P64	TEMPERATURGEBER-KATALYSATOR (J)	TEMPERATURE SENSOR-CONVERTER CATALYTIC (J)	207.208
S104	SCHALTER-KICKDOWN	SWITCH-KICKDOWN	222
S105	SCHALTER-ANFAHRHILFE	SWITCH-START UP ASSISTANCE	216..218
S106	SCHALTER-PROGRAMM.NORMAL/SPORTLICH	SWITCH-PROGRAM.ECONOMY/POWER	220
S118	SCHALTER-AUTOMATIKGETRIEBE	SWITCH-AUTOMATIC TRANSMISSION	225..229
U6	ANZEIGE-AT (KONSOLE)	DISPLAY-AT (CONSOLE)	215..222
U13	HAUPTGEHAEUSE-AUTOMATIKGETRIEBE ZSB	MAIN HOUSING-AUTOM.TRANSMISSION ASM	
U13.1	MAGNETVENTIL-2/3 SCHALTUNG	SOLENOID VALVE-2/3 SHIFT	229
U13.2	MAGNETVENTIL-1/2-3/4 SCHALTUNG	SOLENOID VALVE-1/2-3/4 SHIFT	230
U13.3	MAGNETVENTIL-BREMSBAND	SOLENOID VALVE-BRAKE BAND	231
U13.4	TEMPERATURGEBER-GETRIEBEOEL	TEMPERATURE SENSOR-TRANSMISSION OIL	227
Y25	MAGNETVENTIL-HILFSKRAFTLENKUNG	SOLENOID VALVE-POWER STEERING	200
Y47	HUBMAGNET-PARK-UND BREMSSCHUTZ	LIFTING MAGNET-PARK BRAKE SHIFT LOCK	212
X1	INSTRUMENTENTAFEL & KAROSSERIE 107P	INSTRUMENT PANEL & BODY 107P	208..212
X4	INSTRUMENTENTAFEL & MOTRONIC.SIMTEC.TD 20P (AT)	INSTRUMENT PANEL & MOTRONIC.SIMTEC.TD 20P (AT)	221..237
X8	SCHALTER-AT & MOTRONIC.SIMTEC.TD 8P	SWITCH-AT & MOTRONIC.SIMTEC.TD 8P	224..229
X9	HAUPTGEHAEUSE-AT & MOTRONIC.SIMTEC.TD 7P	MAIN HOUSING-AT & MOTRONIC.SIMTEC.TD 7P	227..232
XD	DIAGNOSE 16P	DIAGNOSTIC LINK 16P	202

K85	STEUERGERAET-AUTOMATIKGETRIEBE	CONTROL UNIT-AUTOMATIC TRANSMISSION	217..244
L2	ZUENDSPULE-DIREKTZUENDUNG	IGNITION COIL-DIRECT IGNITION	249..252
P29	TEMPERATURGEBER-ANSAUGLUFT	TEMPERATURE SENSOR-INTAKE AIR	266
P30	TEMPERATURGEBER-KUEHLMITTEL	TEMPERATURE SENSOR-COOLANT	267
P46	GEBER-KLOPFREGELUNG	SENSOR-KNOCKING CONTROL	262
P56	GEBER-KLOPFREGELUNG	SENSOR-KNOCKING CONTROL	264
U10	ZWISCHENGEHAEUSE-AUTOMATIKGETRIEBE ZSB	INTERMEDIA HOUSING-AUTOMATIC TRANSMISSION ASM	
U10.1	MAGNETVENTIL-WANDLERKUPPLUNG	SOLENOID VALVE-CONVERTER CLUTCH	234
U10.2	MAGNETVENTIL-HYDRAULISCHER DRUCKGEBER	SOLENOID VALVE-HYDRAULIC PRESSURE REGULATOR	236
X3	INSTRUMENTENTAFEL & MOTRONIC 20P	INSTRUMENT PANEL & MOTRONIC 20P	249..257
X4	INSTRUMENTENTAFEL & MOTRONIC.SIMTEC 20P (AT)	INSTRUMENT PANEL & MOTRONIC.SIMTEC 20P (AT)	239.240
X10	ZWISCHENGEHAEUSE-AT & MOTRONIC.SIMTEC.TD 4P	INTERMEDIA HOUSING-AT & MOTRONIC.SIMTEC.TD 4P	233..237
XD	DIAGNOSE 16P	DIAGNOSTIC LINK 16P	243..254

F49	SICHERUNG-SEKUNDAERLUFTEIBLASUNG (MAXI)	FUSE-SECONDERY AIR INDUCT (MAXI)	298
K12	RELAIS-SEKUNDAERLUFTEINBLASUNG	RELAY-SECONDERY AIR INDUCT	297..299
K43	RELAIS-EINSPRITZVENTILE	RELAY-INJECTION VALVES	287.288
K44	RELAIS-KRAFTSTOFFPUMPE	RELAY-FUEL PUMP	291.292
K61	STEUERGERAET-MOTRONIC (SM)	CONTROL UNIT-MOTRONIC (SM)	250..291
M27	PUMPE-SEKUNDAERLUFTEINBLASUNG	PUMP-SECONDERY AIR INDUCT	298
M33	STELLGLIED-LEERLAUF	ACTUATOR-IDLE SPEED	280.281
P32	LAMBDA SONDE-BEHEIZT	SENSOR-OXYGEN EXHAUST.HEATED	285.286
P34	POTENTIOMETER-DROSSELKLAPPE	POTENTIOMETER-THROTTLE VALVE	268.269
P35	IMPULSGEBER-KURBELWELLE	IMPULSE SENSOR-CRANKSHAFT	276..278
P36	LAMBDA SONDE-BEHEIZT	SENSOR-OXYGEN EXHAUST.HEATED	288.289
P44	LUFTMASSENMESSER	AIR MASS METER	291.292
P47	SENSOR-NOCKENWELLE	SENSOR-CAMSHAFT	279..281
Y7	EINSPRITZVENTILE-KRAFTSTOFF	INJECTION VALVES-FUEL	266..277
Y15	MAGNETVENTIL-SEKUNDAERLUFTEINBLASUNG	SOLENOID VALVE-SECONDERY AIR INDUCT	295
Y18	MAGNETVENTIL-ABGASRUECKFUERUNG	SOLENOID VALVE-EXHAUST GAS RECIRCULATION	271..274
Y19	MAGNETVENTIL-SAUGROHR	SOLENOID VALVE-INTAKE MANIFOLD	286
Y34	MAGNETVENTIL-TANKENTLUEFTUNG	SOLENOID VALVE-TANK VENTILATION	282
Y46	MAGNETVENTIL-SAUGROHR	SOLENOID VALVE-INTAKE MANIFOLD	284
X24	EINSPRITZVENTILE & MOTRONIC 7P	INJECTION VALVES & MOTRONIC 7P	266..278
X30	ZUSAETZLICH & MOTRONIC 6P (AC)	ADDITIONAL & MOTRONIC 6P (AC)	296.297

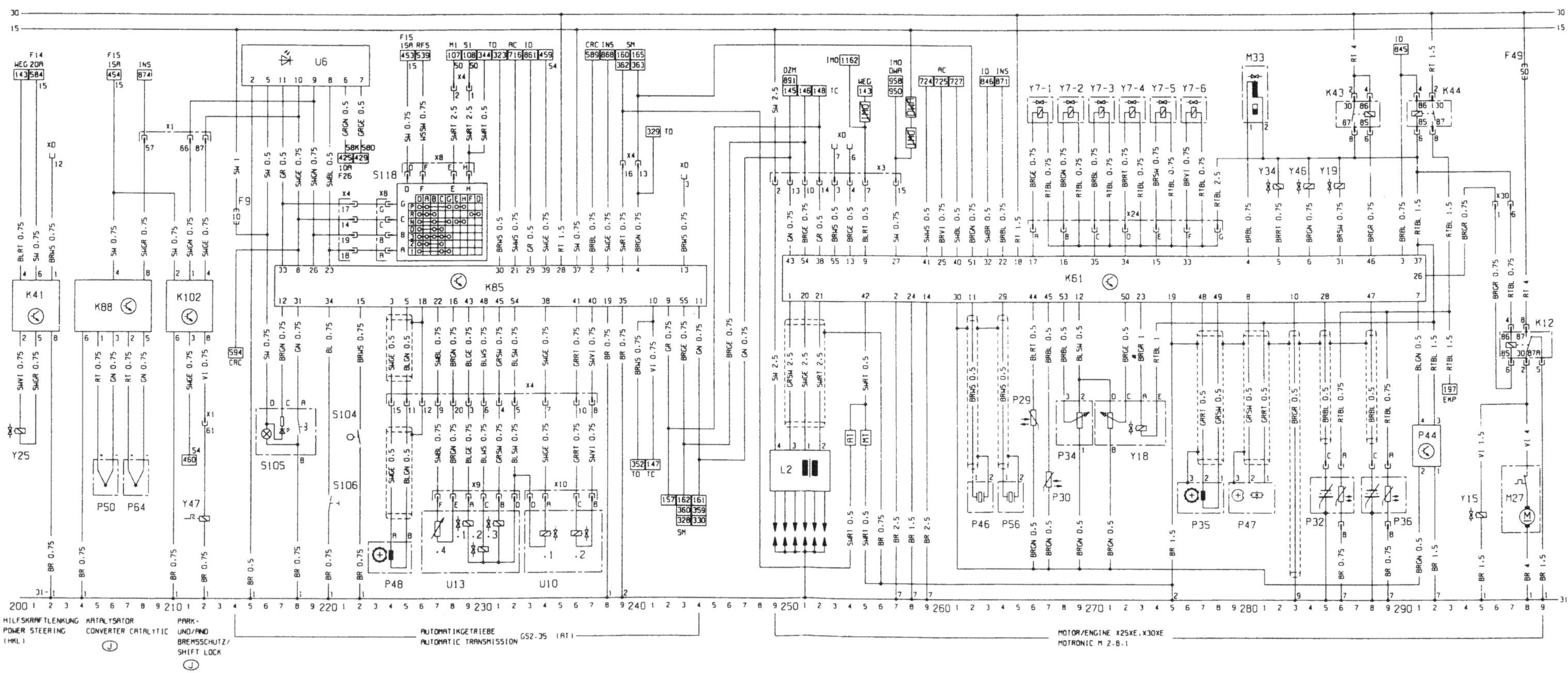

F18	SICHERUNG-KRAFTSTOFFPUMPE	FUSE-FUEL PUMP	306
F36	SICHERUNG-FILTERHEIZUNG	FUSE-FILTER HEATING	302
K16	RELAIS-VORFOERDERPUMPE	RELAY-RECONVEYING PUMP	306..308
K17	RELAIS-VERPOLSCHUTZ	RELAY-POLARY PROTECTION	311.312
K25	RELAIS-GLUEHZEIT	RELAY-GLOW TIME	315..321
K70	STEUERGERAET-TURBODIESEL (SM)	CONTROL UNIT-TURBO DIESEL (SM)	317..351
K80	RELAIS-FILTERHEIZUNG	RELAY-FILTER HEATING	301.302
M21	PUMPE-KRAFTSTOFF	PUMP-FUEL	306
P29	TEMPERATURGEBER-LADELUFT	TEMPERATURE SENSOR-AIR	333
P51	GEBER-DREHZAHL	SENSOR-REVOLUTION	330.331
P65	GEBER-LADEDRUCK	SENSOR-LOAD PRESSURE	323..325
P66	NADEL-BEWEGUNGSFUEHLER (ZYL.4)	NEEDLE MOVEMENT SENSOR (CYL.4)	327.328
P67	GEBER-PEDALSTELLUNG	SENSOR-PEDAL POSITION	316..321
R5	GLUEHSTIFTKERZEN	GLOW PLUGS	315..320
U12	FILTERHEIZUNG ZSB	FILTER HEATING ASM	
U12.1	TEMPERATURSCHALTER	TEMPERTURE SWITCH	301
U12.2	HEIZWIDERSTAND	HEATING RESISTOR	302
X1	INSTRUMENTENTAFEL & KAROSSERIE 107P	INSTRUMENT PANEL & BODY 107P	306
X2	INSTRUMENTENTAFEL & MOTOR 12P (TD)	INSTRUMENT PANEL & ENGINE 12P (TD)	315..330
X3	INSTRUMENTENTAFEL & TURBODIESEL 20P	INSTRUMENT PANEL & TURBO DIESEL 20P	306.311
X26	KAROSSERIE & BEHAELTER-KRAFTSTOFF 6P (NB)	BODY & TANK-FUEL 6P (NB)	305
XD	DIAGNOSE 16P	DIAGNOSTIC LINK 16P	334.335

F49	SICHERUNG-SEKUNDAERLUFTEINBLASUNG	FUSE-SECONDERY AIR INDUCT	354
K12	RELAIS-SEKUNDAERLUFTEINBLASUNG	RELAY-SECONDERY AIR INDUCT	353..355
K13	RELAIS-PARK/NEUTRAL SIGNAL (AT)	RELAY-PARK/NEUTRAL SIGNAL (AT)	341.342
L2	ZUENDSPULE-DIREKTZUENDUNG	IGNITION COIL-DIRECT IGNITION	356..359
M27	PUMPE-SEKUNDAERLUFTEINBLASUNG	PUMP-SECONDERY AIR INDUCT	354
P30	TEMPERATURGEBER-KUEHLMITTEL	TEMPERATURE SENSOR-COOLANT	335
P68	STELLWERK-EINSPRITZPUMPE	ACTUATOR-INJECTION PUMP	336..342
S58	SCHALTER-TEMPERATUR.RELAIS KASTEN	SWITCH-TEMPERATURE.RELAY BOX	348.364
Y5	MAGNET-KRAFTSTOFFABSTELLUNG	SOLENOID-FUEL CUT OFF	346
Y18	MAGNETVENTIL-ABGASRUECKFUERUNG	SOLENOID VALVE-EXHAUST GAS RECIRCULATION	344.345
Y20	MAGNETVENTIL-SPRITZVERSTELLUNG	SOLENOID VALVE-INJECTION REGULATION	344
X3	INSTRUMENTENTAFEL & TURBODIESEL/MOTRONIC 20P	INSTRUMENT PANEL & TURBO DIESEL/MOTRONIC 20P	333..365
XD	DIAGNOSE 16P	DIAGNOSTIC LINK 16P	362.363

K42	RELAIS-VERPOLSCHUTZ	RELAY-POLARY PROTECTION	394.395
K44	RELAIS-KRAFTSTOFFPUMPE	RELAY-FUEL PUMP	397.398
K69	STEUERGERAET-SIMTEC 56 (SM)	CONTROL UNIT-SIMTEC 56 (SM)	358..397
M33	STELLGLIED-LEERLAUF	ACTUATOR-IDLE SPEED	377.378
P29	TEMPERATURGEBER-ANSAUGLUFT	TEMPERATURE SENSOR-INTAKE AIR	368
P30	TEMPERATURGEBER-KUEHLMITTEL	TEMPERATURE SENSOR-COOLANT	369
P32	LAMBDA SONDE-BEHEIZT	SENSOR-OXYGEN.EXHAUST.HEATED	390..393
P34	POTENTIOMETER-DROSSELKLAPPE	POTENTIOMETER-THROTTLE VALVE	372..374
P35	IMPULSGEBER-KURBELWELLE	IMPULSE SENSOR-CRANKSHAFT	380..383
P44	LUFTMASSENMESSER	AIR MASS METER	395..398
P46	GEBER-KLOPFREGELUNG	SENSOR-KNOCKING CONTROL	377.378
P47	SENSOR-NOCKENWELLE	SENSOR-CAMSHAFT	386..388
Y7	EINSPRITZVENTILE-KRAFTSTOFF	INJECTION VALVES-FUEL	384..391
Y15	MAGNETVENTIL-SEKUNDAERLUFTEINBLASUNG	SOLENOID VALVE-SECONDERY AIR INDUCT	375.376
Y18	MAGNETVENTIL-ABGASRUECKFUERUNG	SOLENOID VALVE-EXHAUST GAS RECIRCULATION	379.380
Y34	MAGNETVENTIL-TANKENTLUEFTUNG	SOLENOID VALVE-TANK VENTILATION	381.382
X30	ZUSAETZLICH & SIMTEC 6P	ADDITIONAL & SIMTEC 6P	372.373

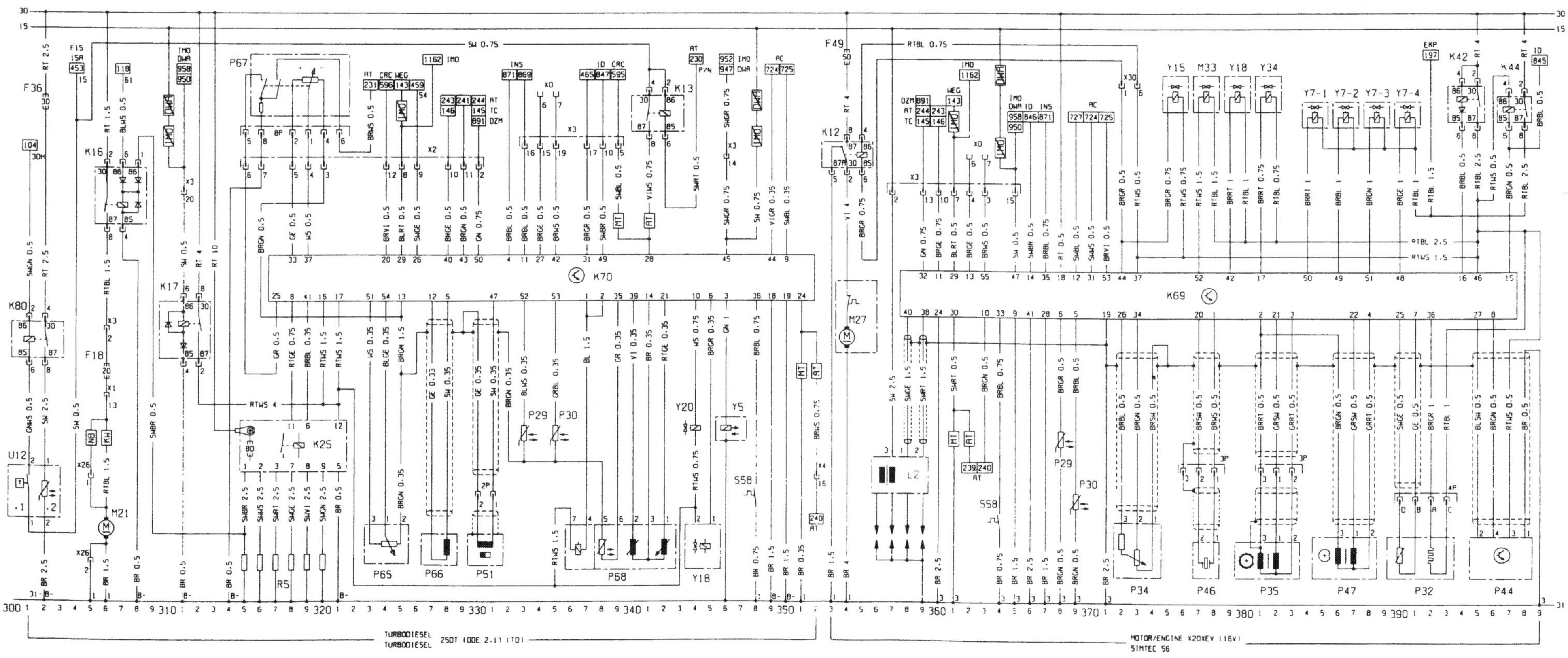

E1	STANDLICHT-LINKS	PARKING LAMP-LEFT	410
E2	SCHLUSSLICHT-LINKS	TAIL LAMP-LEFT	412
E3	LEUCHTE-KENNZEICHEN	LAMP-LICENCE PLATE	419..423
E4	STANDLICHT-RECHTS	PARKING LAMP-RIGHT	416
E5	SCHLUSSLICHT-RECHTS	TAIL LAMP-RIGHT	414
E9	ABBLENDLICHT-LINKS	LOW BEAM-LEFT	428
E10	ABBLENDLICHT-RECHTS	LOW BEAM-RIGHT	436
F8	SICHERUNG-TFL	FUSE-TFL	402
F22/31	SICHERUNG-ABBLENDLICHT	FUSE-LOW BEAM	432/435
F23/30	SICHERUNG-STANDLICHT	FUSE-PARKING LAMPS	410/416
F26	SICHERUNG-BELEUCHTUNG (KL 58K)	FUSE-ILUMINATION (PIN 58K)	421
K59	RELAIS-TAGESFAHRLICHT	RELAY-DAY.RUNNING LIGHT	401..407
M39	MOTOR-LEUCHTWEITENREGULIERUNG.LINKS	MOTOR-HEADLAMPS LEVELLING.LEFT	429..431
M40	MOTOR-LEUCHTWEITENREGULIERUNG.RECHTS	MOTOR-HEADLAMPS LEVELLING.RIGHT	433..435
S2	SCHALTER ZSB-LICHT	SWITCH ASM-LIGHT	
S2.1	SCHALTER-LICHT	SWITCH-LIGHT	415..418
S2.2	SCHALTER-INNENLEUCHTE	SWITCH-LAMP.PASSENGER COMPARTMENT	425.427
S2.3	DIMMER	DIMMER	430
S2.4	WARNSUMMER	WARNING BUZZER	422.423
S2.5	LEUCHTWEITENREGULIERUNG	HEADLAMPS LEVELLING	432
S5	SIGNALSCHALTER ZSB	SIGNAL SWITCH ASM	
S5.4	SCHALTER-PARKLICHT	SWITCH-PARKING LAMP	411..413
X1	INSTRUMENTENTAFEL & KAROSSERIE 107P	INSTRUMENT PANEL & BODY 107P	402..435
X23	KAROSSERIE & KLAPPE-RUECKWAND 9P (KW)	BODY & TAIL GATE 9P (KW)	422
X25	KAROSSERIE & STECKDOSE-ANHAENGER 9P	BODY & SOCKET-TRAILER 9P	411.415
X29	KLAPPE-RUECKWAND & LEUCHTE-KENNZEICHEN 9P (KW)	TAIL GATE & LIGHT-LICENCE PLATE 9P (KW)	422
XA	STECKDOSE-ANHAENGER 13P	SOCKET-TRAILER 13P	411.415
XC	CODIERUNG-LAENDER 6P (LHD)	CODE-COUNTRIES 6P (LHD)	418..421

E7	FERNLICHT-LINKS	HIGH BEAM-LEFT	443
E8	FERNLICHT-RECHTS	HIGH BEAM-RIGHT	445
E20	NEBELSCHEINWERFER-LINKS	FOG LAMP-LEFT	439
E21	NEBELSCHEINWERFER-RECHTS	FOG LAMP-RIGHT	441
E24	NEBELSCHLUSSLEUCHTE-LINKS	FOG LAMP-REAR.LEFT	449
E39	NEBELSCHLUSSLEUCHTE-RECHTS	FOG LAMP-REAR.RIGHT	451
F2	SICHERUNG +15	FUSE +15	462
F12	SICHERUNG +30	FUSE +30	465
F15	SICHERUNG +15	FUSE +15	455
F16	SICHERUNG-NEBELSCHEINWERFER	FUSE-FOG LAMPS	439
F21.F32	SICHERUNG-FERNLICHT	FUSE-HEAD LAMPS	443.445
F28	SICHERUNG-NEBELSCHLUSSLEUCHTE	FUSE-FOG LAMPS REAR	451
F29	SICHERUNG-ANHAENGER (-30)	FUSE-TRAILER (-30)	458
H9	BREMSLICHT-LINKS	STOP LAMP-LEFT	461
H10	BREMSLICHT-RECHTS	STOP LAMP-RIGHT	464
H36	BREMSLICHT-MITTE	STOP LAMP-MIDEL	462
K73	RELAIS-FERNLICHT	RELAY-HEADLAMPS.HIGH BEAM	447.448
S2	SCHALTER ZSB-LICHT	SWITCH ASM-LIGHT	
S2.6	SCHALTER-NEBELSCHEINWERFER	SWITCH-FOG LAMPS	445
S2.7	SCHALTER-NEBELSCHLUSSLEUCHTEN	SWITCH-FOG LAMPS REAR	446
S5	SIGNALSCHALTER ZSB	SIGNAL SWITCH ASM	
S5.2	SCHALTER-ABBLENDLICHT/FERNLICHT	SWITCH-LOW BEAM/HIGH BEAM	447.448
S8	SCHALTER-BREMSLICHT	SWITCH-STOP LAMP	462.463
S59	SCHALTER-ANHAENGERSTECKER.NEBELSCHLUSSLEUCHTEN	SWITCH-TRAILER SOCKET.FOG LAMPS	455.456
X1	INSTRUMENTENTAFEL & KAROSSERIE 107P	INSTRUMENT PANEL & BODY 107P	439..464
X3	INSTRUMENTENTAFEL & MOTRONIC.SIMTEC.TD 20P	INSTRUMENT PANEL & MOTRONIC.SIMTEC.TD 20P	453
X22	KAROSSERIE & DECKEL.HECKRAUM 9P (NB)	BODY & LID-TRUNK 9P (NB)	451
X23	KAROSSERIE & KLAPPE-RUECKWAND 9P (KW & J)	BODY & TAIL GATE 9P (KW & J)	452
X25	KAROSSERIE & STECKDOSE-ANHAENGER 9P	BODY & SOCKET-TRAILER 9P	453..459
XA	STECKDOSE-ANHAENGER 13P	SOCKET-TRAILER 13P	453..459

E13	LEUCHTE-HECKRAUM	LAMP-TRUNK	481
E27	LESELEUCHTE-HINTEN.LINKS	READING LAMP-REAR.LEFT	493.494
E28	LESELEUCHTE-HINTEN.RECHTS	READING LAMP-REAR.RIGHT	496.497
E41	LEUCHTE-INNEN	LAMP-PASSENGER COMPARTMENT	483..487
E50	LEUCHTE-VORDERTUER.LINKS	LAMP-FRONT DOOR.LEFT	498
E51	LEUCHTE-VORDERTUER.RECHTS	LAMP-FRONT DOOR.RIGHT	499
E52	LEUCHTE-HINTERTUER.LINKS	LAMP-REAR DOOR.LEFT	493
E53	LEUCHTE-HINTERTUER.RECHTS	LAMP-REAR DOOR.RIGHT	496
H11	BLINKLICHT-VORN.LINKS	TURN SIGNAL LAMP-FRONT.LEFT	471
H12	BLINKLICHT-HINTEN.LINKS	TURN SIGNAL LAMP-REAR.LEFT	472
H13	BLINKLICHT-VORN.RECHTS	TURN SIGNAL LAMP-FRONT.RIGHT	477
H14	BLINKLICHT-HINTEN.RECHTS	TURN SIGNAL LAMP-REAR.RIGHT	478
H33	ZUSATZBLINKLICHT-LINKS	AUXILIARY TURN SIGNAL LAMP-LEFT	474
H34	ZUSATZBLINKLICHT-RECHTS	AUXILIARY TURN SIGNAL LAMP-RIGHT	475
K10	BLINKGEBER	FLASHER UNIT	466.468
S5	SIGNALSCHALTER ZSB	SIGNAL SWITCH ASM	
S5.3	SCHALTER-BLINKER	SWITCH-TURN SIGNAL	476..478
S15	SCHALTER-LEUCHTE.HECKRAUM	SWITCH-LAMP.TRUNK	481
S17	KONTAKTSCHALTER-BEIFAHRERTUER	CONTACT SWITCH-CODRIVER DOOR	486
S31	KONTAKTSCHALTER-TUER.HINTEN LINKS	CONTACT SWITCH-DOOR.REAR LEFT	485..492
S32	KONTAKTSCHALTER-TUER.HINTEN RECHTS	CONTACT SWITCH-DOOR.REAR RIGHT	487..495
S47	KONTAKTSCHALTER-FAHRERTUER 2P	CONTACT SWITCH-DRIVER DOOR 2P	489.490
S52	SCHALTER-WARNLICHT	SWITCH-HAZARD WARNING	468..472
X1	INSTRUMENTENTAFEL & KAROSSERIE 107P	INSTRUMENT PANEL & BODY 107P	471..489
X11	KAROSSERIE & FAHRERTUER 30P	BODY & DRIVER DOOR 30P	498
X12	KAROSSERIE & BEIFAHRERTUER 30P	BODY & CODRIVER DOOR 30P	499
X13	KAROSSERIE & HINTERTUER.LINKS 15P	BODY & REAR DOOR.LEFT 15P	493
X14	KAROSSERIE & HINTERTUER.RECHTS 15P	BODY & REAR DOOR.RIGHT 15P	496
X18	KAROSSERIE & LESELEUCHTE.LINKS 9P	BODY & READING LAMP.LEFT 9P	492..494
X22	KAROSSERIE & DECKEL.HECKRAUM 9P (NB)	BODY & LID-TRUNK 9P (NB)	481
X23	KAROSSERIE & KLAPPE-RUECKWAND 9P (KW)	BODY & TAIL GATE 9P (KW)	480
X25	KAROSSERIE & STECKDOSE-ANHAENGER 9P	BODY & SOCKET-TRAILER 9P	473.476
X27	KAROSSERIE & LESELEUCHTE.RECHTS 9P	BODY & READING LAMP.RIGHT 9P	495..497
X29	KLAPPE-RUECKWAND & LEUCHTE-KENNZEICHEN 9P (KW)	TAIL GATE & LIGHT-LICENCE PLATE 9P (KW)	480
XA	STECKDOSE-ANHAENGER 13P	SOCKET-TRAILER 13P	473.476
XD	DIAGNOSE 16P	DIAGNOSTIC LINK 16P	479.480

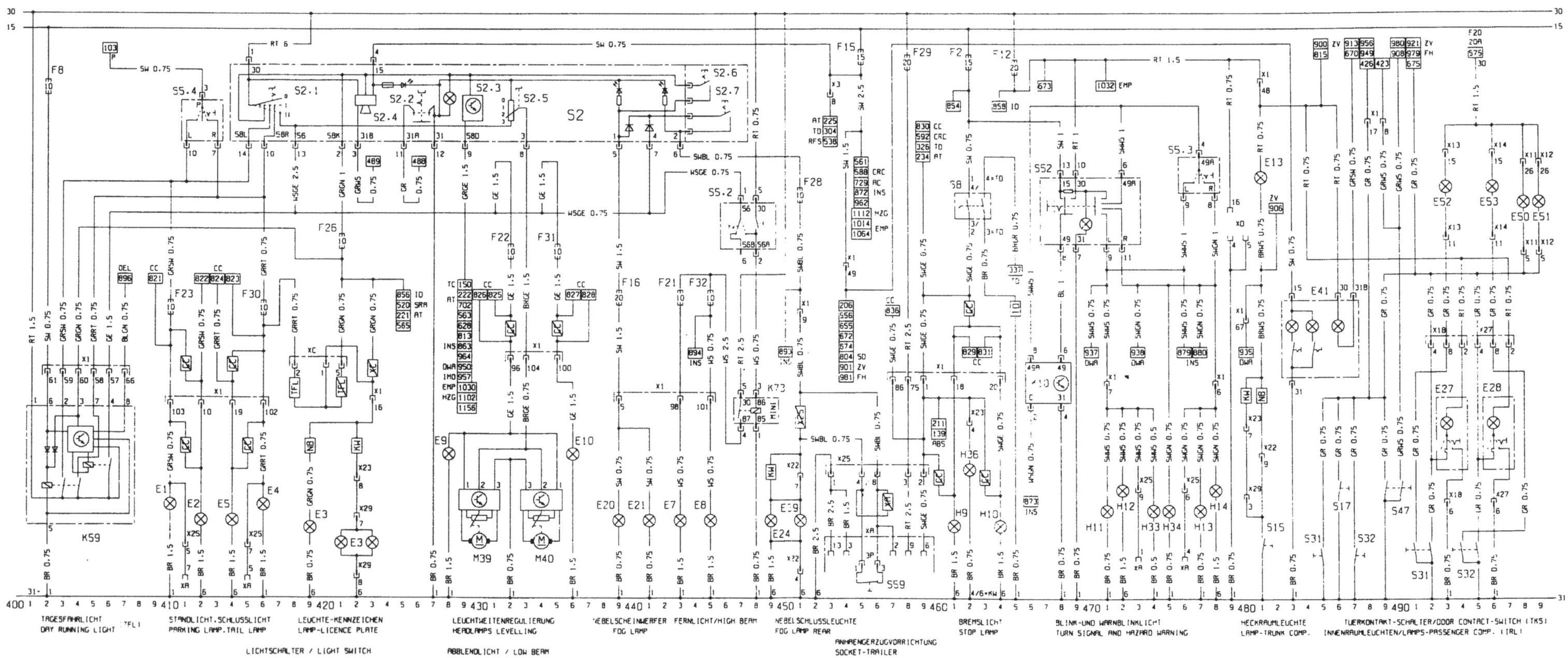

F3	SICHERUNG-WISCHER	FUSE-WIPER	518
F17	SICHERUNG-FANFARE	FUSE-TRUMPET HORN	526
F39	SICHERUNG-SRA	FUSE-SRA	521
H2	SIGNALHORN	SIGNAL HORN	526
H18.H48	FANFARE	TRUMPET HORN	523.524
K8	RELAIS-INTERVALL.WISCHER.FRONTSCHEIBE	RELAY-INTERVAL.WIPER.WINDSHIELD	502..505
K30	RELAIS-INTERVALL.WISCHER.HECKSCHEIBE	RELAY-INTERVAL.WIPER.BACK WINDOW	513..515
K31	STEUERGERAET-AIRBAG	CONTROL UNIT-AIRBAG	530..536
K63	RELAIS-FANFARE	RELAY-TRUMPET HORN	524.525
K97	ZEITRELAIS-WASCHERPUMPE.SCHEINWERFER	RELAY-TIME DELAY.WASHERPUMP.HEADLAMPS	519..521
M2	MOTOR-WISCHER.FRONTSCHEIBE	MOTOR-WIPER.WINDSHIELD	500..503
M8	MOTOR-WISCHER.HECKSCHEIBE (KW)	MOTOR-WIPER.BACK WINDOW (KW)	511..513
M24	PUMPE-WASCHER.SCHEINWERFER	PUMP-WASHER.HEAD LAMP	520
M55	PUMPE-WASCHER.FRONTSCHEIBE UND HECKSCHEIBE	PUMP-WASHER.WINDSHILD AND BACK WINDOW	517
R13	WASCHERDUESE-HEIZBAR.LINKS	WASHERNOZZLE.LEFT	506
R14	WASCHERDUESE-HEIZBAR.RECHTS	WASHERNOZZLE.RIGHT	508
S9	SCHALTER Z58-WISCHERANLAGE	SWITCH A58-WIPER UNIT	
S9.2	SCHALTER-WISCHER.FRONTSCHEIBE.INTERVALL	SWITCH-WIPER.WINDSHIELD.INTERVAL	500..503
S9.5	SCHALTER-WISCHER.HECKSCHEIBE UND WASCHERANLAGE	SWITCH-WIPER.BACK WINDOW AND WASHER UNIT	514..516
S64	SCHALTER-FANFARE	SWITCH-TRUMPET HORN	525.528
U20	KONTAKTEINHEIT Z58	CONTACT UNIT A5M	528..532
U21	AIRBAGEINHEIT Z58-FAHRER	AIRBAG UNIT A5M-DRIVER	
U21.1	ZUENDPILLE-AIRBAG.FAHRER	SQUIB-AIRBAG.DRIVER	530..532
X1	INSTRUMENTENTAFEL & KAROSSERIE 107P	INSTRUMENT PANEL & BODY 107P	512..527
X5	INSTRUMENTENTAFEL & ZUSAETZLICH 6P	INSTRUMENT PANEL & ADDITIONAL 6P	519.520
X6	INSTRUMENTENTAFEL & WASCHERDUESEN 2P	INSTRUMENT PANEL & WASHER NOZZLES 2P	508
X16	KAROSSERIE & PUMPE-WASCHER 6P	BODY & PUMP-WASHER 6P	517..520
X23	KAROSSERIE & KLAPPE.RUECKWAND 9P (KW)	BODY & TAIL GATE 9P (KW)	512.513
X29	KLAPPE-RUECKWAND & LEUCHTE-KENNZEICHEN 9P (KW)	TAIL GATE & LICENCE PLATE 9P (KW)	512.513
X90	INSTRUMENTENTAFEL & STEUERGERAET-AIRBAG 26P	INSTRUMENT PANEL & CONTROL UNIT-AIRBAG 26P	530..536
X91	INSTRUMENTENTAFEL & KONTAKTEINHEIT 8P	INSTRUMENT PANEL & CONTACT UNIT 8P	528..532
X92	KONTAKTEINHEIT & AIRBAGEINHEIT-FAHRER 2P	CONTACT UNIT & AIRBAG UNIT-DRIVER 2P	530.532
X95	KONTAKTEINHEIT & SCHALTER-FANFARE 2P	CONTACT UNIT & SWITCH TRUMPET HORN 2P	528.529
XD	DIAGNOSE 16P	DIAGNOSTIC LINK 16P	534

E15	LEUCHTE-HANDSCHUHFACH	LAMP-GLOVE BOX	561
E16	LEUCHTE-ZIGARETTENANZUENDER	LAMP-CIGARETTE LIGHTER	559
E17	RUECKFAHRSCHEINWERFER-LINKS	BACK UP LAMP-LEFT	538
E18	RUECKFAHRSCHEINWERFER-RECHTS	BACK UP LAMP-RIGHT	539
E33	LEUCHTE-ASCHER	LAMP-ASHTRAY	560
E54	LEUCHTE-ZIGARETTENANZUENDER.HINTEN	LAMP-CIGARETTE LIGHTER.REAR	555
E55	LEUCHTE-BEDIENRAD.DUESE.MITTE	LAMP-OPERATING HANDWHEEL.NOZZLE.CENTER	564
E57	LEUCHTE-DUESE.HEIZUNG.LINKS	LAMP-NOZZLE.HEATING.LEFT	563
E58	LEUCHTE-DUESE.HEIZUNG.RECHTS	LAMP-NOZZLE.HEATING.RIGHT	565
E59	LEUCHTE-DUESE.HEIZUNG.HINTEN	LAMP-NOZZLE.HEATING.REAR	557
F27	SICHERUNG-WAGENHOEHENREGULIERUNG	FUSE-CAR LEVEL CONTROL	548
K19	RELAIS-WAGENHOEHENREGULIERUNG	RELAY-CAR LEVEL CONTROL	544..552
K21	GEBER-WAGENHOEHENREGULIERUNG	SENSOR-CAR LEVEL CONTROL	542..551
M22	KOMPRESSOR-WAGENHOEHENREGULIERUNG	COMPRESSOR-CAR LEVEL CONTROL	545.552
R3	ZIGARETTENANZUENDER	CIGARETTE LIGHTER	558
R17	ZIGARETTENANZUENDER-HINTEN	CIGARETTE LIGHTER-REAR	556
S7	SCHALTER-RUECKFAHRSCHEINWERFER	SWITCH-BACK UP LAMP	538
S18	SCHALTER-LEUCHTE.HANDSCHUHFACH	SWITCH-LAMP.GLOVE BOX	561
U22	AIRBAGEINHEIT Z58-BEIFAHRER	AIRBAG UNIT A5M-CODRIVER	
U22.1	ZUENDPILLE-AIRBAG.BEIFAHRER	SQUIB-AIRBAG.CODRIVER	534.536
Y9	MAGNETVENTIL-WAGENHOEHENREGULIERUNG	SOLENOID VALVE-CAR LEVEL CONTROL	546.553
X1	INSTRUMENTENTAFEL & KAROSSERIE 107P	INSTRUMENT PANEL & BODY 107P	538..555
X3	INSTRUMENTENTAFEL & MOTRONIC/SIMTEC/TD 20P	INSTRUMENT PANEL & MOTRONIC/SIMTEC/TD 20P	538
X20	KAROSSERIE & WAGENHOEHENREGULIERUNG 6P	BODY & CAR LEVEL CONTROL 6P	542..552
X21	WAGENHOEHENREGULIERUNG & HOEHENGEBER 6P	CAR LEVEL CONTROL & HIGHT SENSOR 6P	542..552
X22	KAROSSERIE & DECKEL-HECKRAUM 9P (NB)	BODY & LID-TRUNK 9P (NB)	539
X93	INSTRUMENTENTAFEL & AIRBAGEINHEIT-BEIFAHRER 2P	INSTRUMENT PANEL & AIRBAG UNIT-CODRIVER 2P	534.536

E25	HEIZMATTE-FAHRERSITZ	HEATING MAT-DRIVER SEAT	568
E30	HEIZMATTE-BEIFAHRERSITZ	HEATING MAT-CO DRIVER SEAT	572
E47	HEIZMATTE-RUECKSITZ.LINKS	HEATING MAT-REAR SEAT.LEFT	576
E48	HEIZMATTE-RUECKSITZ.RECHTS	HEATING MAT-REAR SEAT.RIGHT	582
F14	SICHERUNG +15	FUSE +15	584
F20	SICHERUNG-SITZHEIZUNG.HINTEN	FUSE-SEAT HEATING.REAR	576
K14	REGLER-GESCHWINDIGKEIT	CRUISE CONTROL	589..593
K65	RELAIS-HEIZMATTE.RUECKSITZ.LINKS	RELAY-HEATING MAT.REAR SEAT.LEFT	576..578
K66	RELAIS-HEIZMATTE.RUECKSITZ.RECHTS	RELAY-HEATING MAT.REAR SEAT.RIGHT	582..584
S30	SCHALTER-HEIZMATTE.FAHRERSITZ	SWITCH-HEATING MAT.DRIVER SEAT	568.570
S43	SCHALTER-GESCHWINDIGKEITSREGLER	SWITCH-CRUISE CONTROL	589..599
S45	SCHALTER-KUPPLUNG.GESCHWINDIGKEITSREGLER	SWITCH-CLUTCH.CRUISE CONTROL	594
S55	SCHALTER-HEIZMATTE.BEIFAHRERSITZ	SWITCH-HEATING MAT.CODRIVER SEAT	572.574
S96	SCHALTER-HEIZMATTE.RUECKSITZ.LINKS	SWITCH-HEATING MAT.REAR SEAT.LEFT	578..580
S97	SCHALTER-HEIZMATTE.RUECKSITZ.RECHTS	SWITCH-HEATING MAT.REAR SEAT.RIGHT	584..586
X1	INSTRUMENTENTAFEL & KAROSSERIE 107P	INSTRUMENT PANEL & BODY 107P	568..580
X19	KAROSSERIE & SITZHEIZUNG.HINTEN 9P	BODY & SEAT HEATING 9P	576..585
XD	DIAGNOSE 16P	DIAGNOSTIC LINK 16P	591

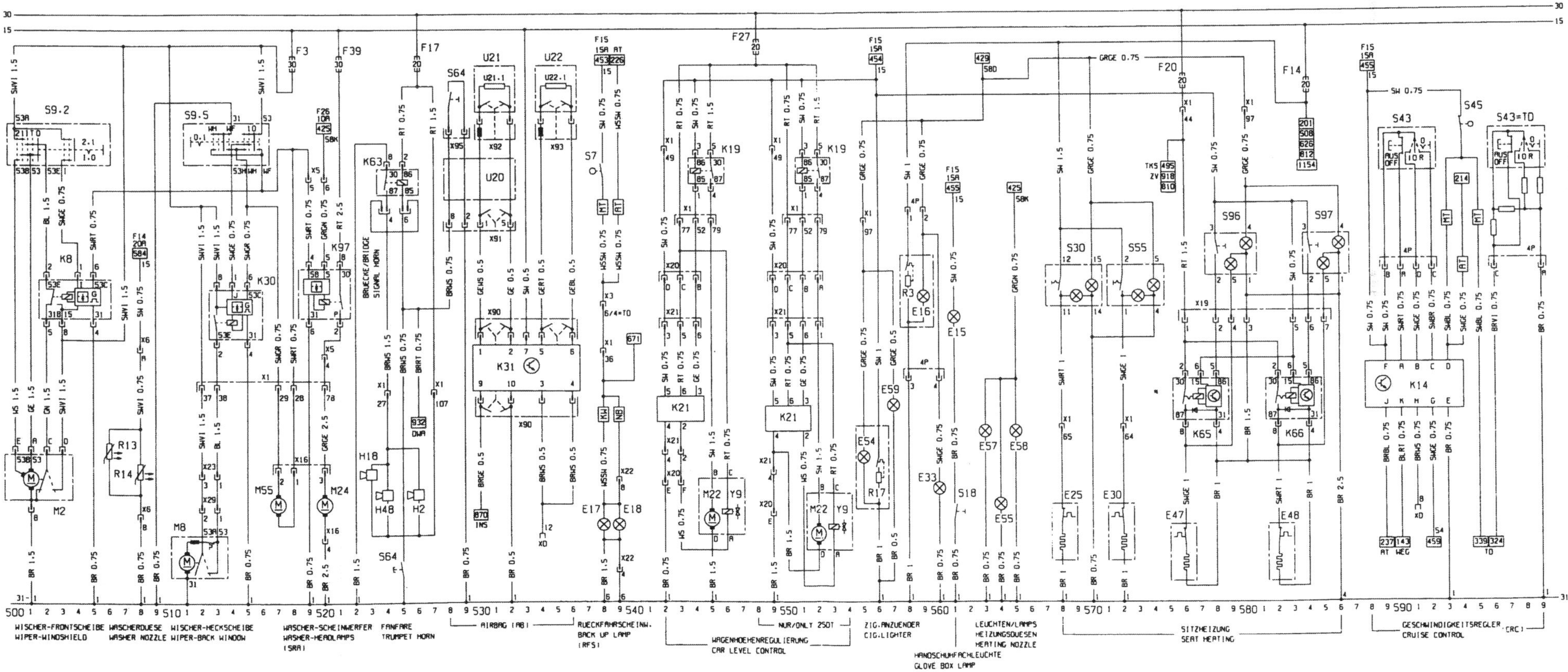

E19	HECKSCHEIBE-HEIZBAR	BACK WINDOW-HEATED	625
F11	SICHERUNG-SPIEGELHEIZUNG	FUSE-MIRROR HEATING	619
F13	SICHERUNG-AUSSENSPIEGEL	FUSE-OUTSIDE MIRROR	603
F34	SICHERUNG-HECKSCHEIBENHEIZUNG (MAXI)	FUSE-BACK WINDOW HEATING (MAXI)	625
H25	KONTROLLEUCHTE-SPIEGELHEIZUNG	TELLTALE-MIRROR HEATING	610
K35	ZEITRELAIS-HECKSCHEIBE & AUSSENSPIEGEL	RELAY-TIME DELAY.BACK WINDOW & OUTSIDE MIRROR	619..622
M30	AUSSENSPIEGEL ZSB-FAHRERSEITE	OUTSIDE MIRROR ASM-DRIVER SIDE	
M30.1	MOTOR-SPIEGELVERSTELLUNG	MOTOR-MIRROR ADJUSTMENT	605..607
M30.2	HEIZUNG-SPIEGEL	HEATING-MIRROR	608
M31	AUSSENSPIEGEL ZSB-BEIFAHRERSEITE	OUTSIDE MIRROR ASM-CODRIVER SIDE	
M31.1	MOTOR-SPIEGELVERSTELLUNG	MOTOR-MIRROR ADJUSTMENT	614..616
M31.2	HEIZUNG-SPIEGEL	HEATING-MIRROR	617
S4	SCHALTER-HECKSCHEIBE & AUSSENSPIEGEL.HEIZBAR	SWITCH-BACK WINDOW & OUTSIDE MIRROR.HEATED	626..628
S68	SCHALTER ZSB-AUSSENSPIEGEL	SWITCH ASM-OUTSIDE MIRROR	
S68.1	SCHALTER-AUSSENSPIEGELEINSTELLUNG	SWITCH-OUTSIDE MIRROR ADJUSTMENT	603..608
S68.3	SCHALTER-AUSSENSPIEGEL.LINKS/RECHTS	SWITCH-OUTSIDE MIRROR.LEFT/RIGHT	604..608
X1	INSTRUMENTENTAFEL & KAROSSERIE 107P	INSTRUMENT PANEL & BODY 107P	603..632
X11	KAROSSERIE & FAHRERTUER 30P	BODY & DRIVER DOOR 30P	601..616
X12	KAROSSERIE & BEIFAHRERTUER 30P	BODY & CODRIVER DOOR 30P	612..617
X23	KAROSSERIE & KLAPPE.RUECKWAND 9P (KW)	BODY & TAIL GATE 9P (KW)	626

F13	SICHERUNG-AUSSENSPIEGEL	FUSE OUTSIDE MIRROR	632
H25	KONTROLLEUCHTE-SPIEGELHEIZUNG	TELL'ALE-MIRROR HEATING	638
K101	RELAIS-AUSSENSPIEGEL.PARKSTELLUNG	RELAY-OUTSIDE MIRROR.PARKING POSITION	653..656
M30	AUSSENSPIEGEL ZSB-FAHRERSEITE (J)	OUTSIDE MIRROR ASM-DRIVER SIDE (J)	
M30.1	MOTOR-SPIEGELVERSTELLUNG	MOTOR-MIRROR ADJUSTMENT	634..636
M30.2	HEIZUNG-SPIEGEL	HEATING-MIRROR	637
M30.3	MOTOR-PARKSTELLUNG (J)	MOTOR-PARKING POSITION (J)	639..641
M31	AUSSENSPIEGEL ZSB-BEIFAHRERSEITE (J)	OUTSIDE MIRROR ASM-CODRIVER SIDE (J)	
M31.1	MOTOR-SPIEGELVERSTELLUNG	MOTOR-MIRROR ADJUSTMENT	648..650
M31.2	HEIZUNG-SPIEGEL	HEATING-MIRROR	651
M31.3	MOTOR-PARKSTELLUNG (J)	MOTOR-PARKING POSITION (J)	653..655
M74	SITZVERSTELLUNG ZSB-BEIFAHRER	SEAT ADJUSTMENT ASM-CODRIVER	
M74.1	MOTOR-SITZHOEHE.VORN	MOTOR-SEAT HIGHT.FRONT	660
M74.2	MOTOR-SITZHOEHE.HINTEN	MOTOR-SEAT HIGHT.REAR	660
M74.3	MOTOR-SITZ.VOR/ZURUECK	MOTOR-SEAT.FORWARD/BACKWARDS	660
M74.4	MOTOR-SITZLEHNE	MOTOR-SEAT.BACK REST	660
S68	SCHALTER ZSB-AUSSENSPIEGEL	SWITCH ASM-OUTSIDE MIRROR	
S68.1	SCHALTER-AUSSENSPIEGELEINSTELLUNG	SWITCH-OUTSIDE MIRROR ADJUSTMENT	632..637
S68.3	SCHALTER-AUSSENSPIEGEL.LINKS/RECHTS	SWITCH-OUTSIDE MIRROR.LEFT/RIGHT	633..637
S68.4	SCHALTER-AUSSENSPIEGEL.PARKSTELLUNG	SWITCH-OUTSIDE MIRROR.PARKING POSITION	638
X11	KAROSSERIE & FAHRERTUER 30P	BODY & DRIVER DOOR 30P	630..650
X12	KAROSSERIE & BEIFAHRERTUER 30P	BODY & CODRIVER DOOR 30P	644..655

F5	SICHERUNG-SITZ.ELEKTRISCH VERSTELLBAR	FUSE-SEAT.ELECTRICALLY OPERATED	670
K103	STEUERGERAET-SITZ & SPIEGEL MEMORY	CONTROL UNIT-SEAT & MIRROR MEMORY	668..699
M29	MOTOR-INNENSPIEGEL	MOTOR-INSIDE MIRROR	569..675
M30	AUSSENSPIEGEL ZSB-FAHRERSEITE	OUTSIDE MIRROR ASM-DRIVER SIDE	
M30.4	POTENTIOMETER-SPIEGEL (MEMORY)	POTENTIOMETER-MIRROR (MEMORY)	677..681
M31	AUSSENSPIEGEL ZSB-BEIFAHRERSEITE	OUTSIDE MIRROR ASM-CODRIVER SIDE	
M31.4	POTENTIOMETER-SPIEGEL (MEMORY)	POTENTIOMETER-MIRROR (MEMORY)	683..687
M72	SITZVERSTELLUNG ZSB-FAHRER (MEMORY)	SEAT ADJUSTMENT ASM-DRIVER (MEMORY)	
M72.1	MOTOR-SITZHOEHE.VORN	MOTOR-SEAT HIGHT.FRONT	677..681
M72.2	MOTOR-SITZHOEHE.HINTEN	MOTOR-SEAT HIGHT.REAR	683..687
M72.3	MOTOR-SITZ.VOR/ZURUECK	MOTOR-SEAT.FORWARD/BACKWARDS	689..693
M72.4	MOTOR-SITZLEHNE	MOTOR-SEAT.BACK REST	695..699
S40	SCHALTER ZSB-SITZVERSTELLUNG (MEMORY)	SWITCH ASM-SEAT ADJUSTMENT (MEMORY)	
S40.1/.2	SITZHOEHE.VORN	SEAT HIGHT.FRONT	691.693
S40.4/.5	SITZHOEHE.HINTEN	SEAT HIGHT.REAR	691.693
S40.7/.8	SITZ VOR/ZURUECK	SEAT FORWARD/BACKWARDS	691.693
S40.10/.11	SITZLEHNE	SEAT BACK REST	691.693
S40.3/.6	MEMORY	MEMORY	695
S40.9/.12	MEMORY	MEMORY	695
X1	INSTRUMENTENTAFEL & KAROSSERIE 107P	INSTRUMENT PANEL & BODY 107P	670..673
X11	KAROSSERIE & FAHRERTUER 30P	BODY & DRIVER DOOR 30P	677..681
X12	KAROSSERIE & BEIFAHRERTUER 30P	BODY & CODRIVER DOOR 30P	683..687
XD	DIAGNOSE 16P	DIAGNOSTIC LINK 15P	671

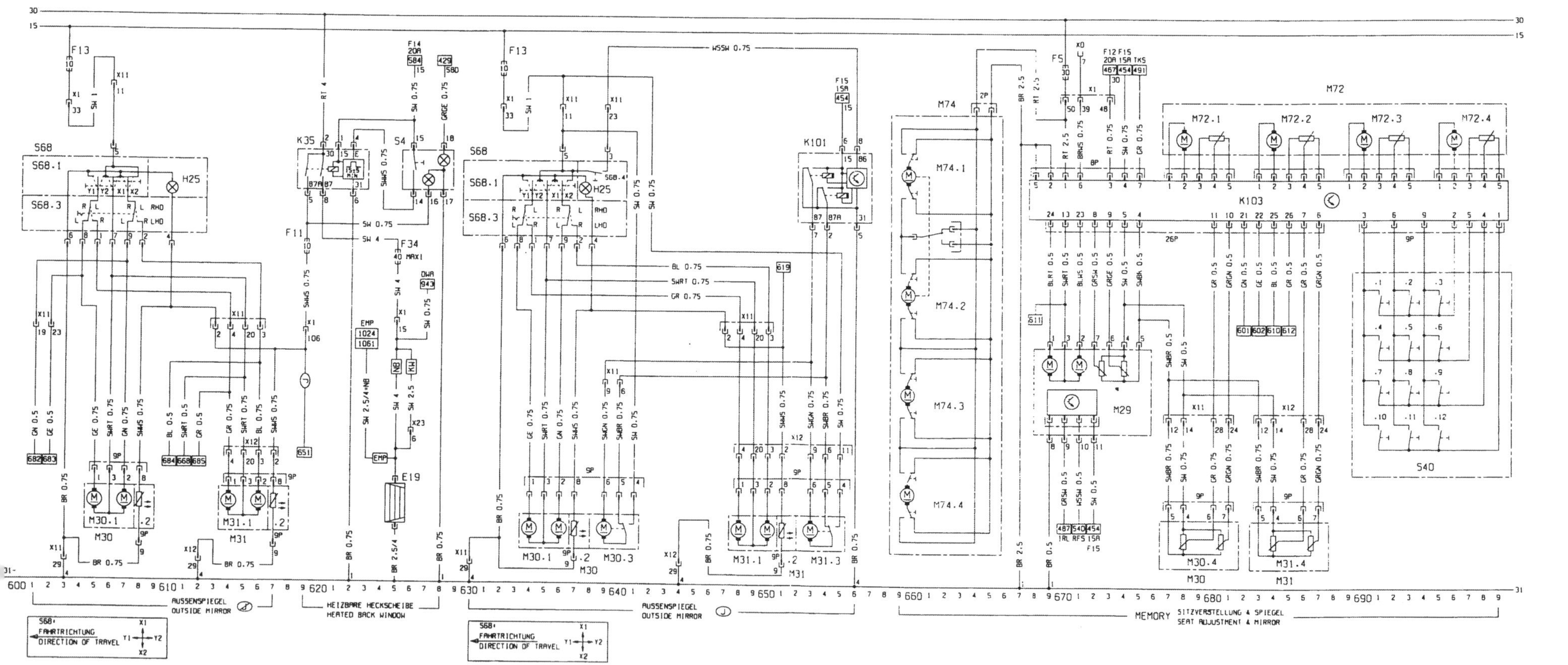

F33	SICHERUNG-GEBLAESE.AC (MAXI)	FUSE-BLOWER.AC (MAXI)	713
F51	SICHERUNG-GEBLAESE.RELAYSKASTEN	FUSE-BLOWER.RELAY BOX	731
K6	RELAIS-KLIMAANLAGE	RELAY-AIR CONDITIONING	713.714
K7	RELAIS-GEBLAESE.4.STUFE	RELAY-BLOWER.4.STAGE	706.707
K49	RELAIS-GEBLAESE.RELAISKASTEN	RELAY-BLOWER.RELAY BOX	731.732
K60	RELAIS-DREHZAHL.KOMPRESSOR.AC	RELAY-REVOLUTION.COMPRESSOR.AC	726.727
K64	RELAIS-GEBLAESE.KLIMAANLAGE 1.STUFE	RELAY-BLOWER.AIR CONDITIONING 1.STAGE	715.716
M10	MOTOR-GEBLAESE.AC	MOTOR-BLOWER.AC	702..705
M28	MOTOR-GEBLAESE.RELAISKASTEN	MOTOR-BLOWER.RELAY BOX	731
S24	SCHALTER-GEBLAESE.AC	SWITCH-BLOWER.AC	700..705
S20	SCHALTER ZSB-DRUCK	SWITCH ASM-PRESSURE	
S20.1	SCHALTER-KOMPRESSOR.NIEDERDRUCK	SWITCH-COMPRESSOR.LOW PRESSURE	722
S20.2	SCHALTER-KOMPRESSOR.HOCHDRUCK	SWITCH-COMPRESSOR.HIGH PRESSURE	722
S101	SCHALTER-KOMPRESSOR.AC	SWITCH-COMPRESSOR.AC	720..722
S109	SCHALTER-DREHZAHLANHEBUNG (MOTRONIC)	SWITCH-REVOLUTION ACCELRETION (MOTRONIC)	727
S119	ENDSCHALTER-TEMPERATURHEBEL	LIMIT SWITCH-TEMPERATURE LOSER	703
V8	DIODE-KOMPRESSOR	DIODE-COMPRESSOR	728
Y1	KUPPLUNG-KOMPRESSOR.KLIMAANLAGE	CLUTCH-COMPRESSOR.AIR CONDITIONING	729
Y14	VENTIL-KUEHLMITTEL.AC	VALVE-COOLANT.AC	709
X5	INSTRUMENTENTAFEL & ZUSAETZLICH 6P	INSTRUMENT PANEL & ADDITIONAL 6P	721..730
X30	MOTRONIC & ZUSAETZLICH 6P	MOTRONIC & ADDITIONAL 6P	724..727

F40	SICHERUNG-GEBLAESE.KUEHLER.AC	FUSE-BLOWER.RADIATOR.AC	764
F42	SICHERUNG-GEBLAESE.KUEHLER (MAXI)	FUSE-BLOWER.RADIATOR (MAXI)	742
F50	SICHERUNG-GEBLAESE.KUEHLER.AC	FUSE-BLOWER.RADIATOR.AC	753
F52	SICHERUNG-GEBLAESE.KUEHLER.AC	FUSE-BLOWER.RADIATOR.AC	736.751
K26	RELAIS-GEBLAESE.KUEHLER.AC	RELAY-BLOWER.RADIATOR.AC	744..755
K28	RELAIS-GEBLAESE.KUEHLER.AC	RELAY-BLOWER.RADIATOR.AC	762..764
K48	RELAIS-GEBLAESE.RELAISKASTEN	RELAY-BLOWER.RELAY BOX	766..768
K52	RELAIS-GEBLAESE.KUEHLER.AC	RELAY-BLOWER.RADIATOR.AC	738..760
K67	RELAIS-GEBLAESE.KUEHLER.AC	RELAY-BLOWER.RADIATOR.AC	741.742
K87	RELAIS-GEBLAESE.KUEHLER.AC	RELAY-BLOWER.RADIATOR.AC	735..751
M4	MOTOR-GEBLAESE.KUEHLER	MOTOR-BLOWER.RADIATOR	742.760
M11	MOTOR-GEBLAESE.KUEHLER	MOTOR-BLOWER.RADIATOR	737.754
M28	MOTOR-GEBLAESE.RELAISKASTEN	MOTOR-BLOWER.RELAY BOX	768
S20	SCHALTER ZSB-DRUCK	SWITCH ASM-PRESSURE	
S20.3	SCHALTER-KOMPRESSOR.HOCHDRUCK (GEBLAESE)	SWITCH-COMPRESSOR.HIGH PRESSURE (BLOWER)	741.762
S29	SCHALTER-TEMPERATUR.KUEHLMITTEL	SWITCH-TEMPERATUR.COOLANT	744
S88	SCHALTER-TEMPERATUR.KUEHLMITTEL.2 STUFIG	SWITCH-TEMPERATUR.COOLANT.2 STAGES	766.767
S128	SCHALTER-TEMP.KUEHLMITTEL	SWITCH-TEMPERATUR.COOLANT	736..758

F42	SICHERUNG-GEBLAESE.KUEHLER	FUSE-BLOWER.RADIATOR	771.790
F50	SICHERUNG-GEBLAESE.KUEHLER.AC	FUSE-BLOWER.RADIATOR.AC	781
F52	SICHERUNG-GEBLAESE.KUEHLER.AC	FUSE-BLOWER.RADIATOR.AC	779
K22	RELAIS-PUMPE.KUEHLMITTEL.NACHLAUF.AC	RELAY-PUMP.FOLLOW UP COOLANT.AC	773..795
K48	RELAIS-GEBLAESE.RELAISKASTEN	RELAY-BLOWER.RELAY BOX	797..799
K51	RELAIS-GEBLAESE.KUEHLER.AC	RELAY-BLOWER.RADIATOR.AC	781.782
K52	RELAIS-GEBLAESE.KUEHLER.AC	RELAY-BLOWER.RADIATOR.AC	785..787
K67	RELAIS-GEBLAESE.KUEHLER.AC	RELAY-BLOWER.RADIATOR.AC	770.771
K87	RELAIS-GEBLAESE.KUEHLER.AC	RELAY-BLOWER.RADIATOR.AC	778.779
K96	RELAIS-GEBLAESE.KUEHLER.AC	RELAY-BLOWER.RADIATOR.AC	789..791
M4	MOTOR-GEBLAESE.KUEHLER	MOTOR-BLOWER.RADIATOR	790
M11	MOTOR-GEBLAESE.KUEHLER	MOTOR-BLOWER.RADIATOR	779
M28	MOTOR-GEBLAESE.RELAISKASTEN	MOTOR-BLOWER.RELAY BOX	799
M35	MOTOR-GEBLAESE.KUEHLER	MOTOR-BLOWER.RADIATOR	771
M54	PUMPE-KUEHLMITTEL.NACHLAUF	PUMP-COOLANT.TIMING CONTROL	774.795
R19	VORWIDERSTAND-GEBLAESE.KUEHLER	PRERESISTOR-BLOWER.RADIATOR	772
S20	SCHALTER ZSB-DRUCK	SWITCH ASM-PRESSURE	
S20.3	SCHALTER-KOMPRESSOR.HOCHDRUCK (GEBLAESE)	SWITCH-COMPRESSOR.HIGH PRESSURE (BLOWER)	787
S29	SCHALTER-TEMPERATUR.KUEHLMITTEL	SWITCH-TEMPERATUR.COOLANT	781
S128	SCHALTER-TEMP.KUEHLMITTEL	SWITCH-TEMPERATUR.COOLANT	784.785

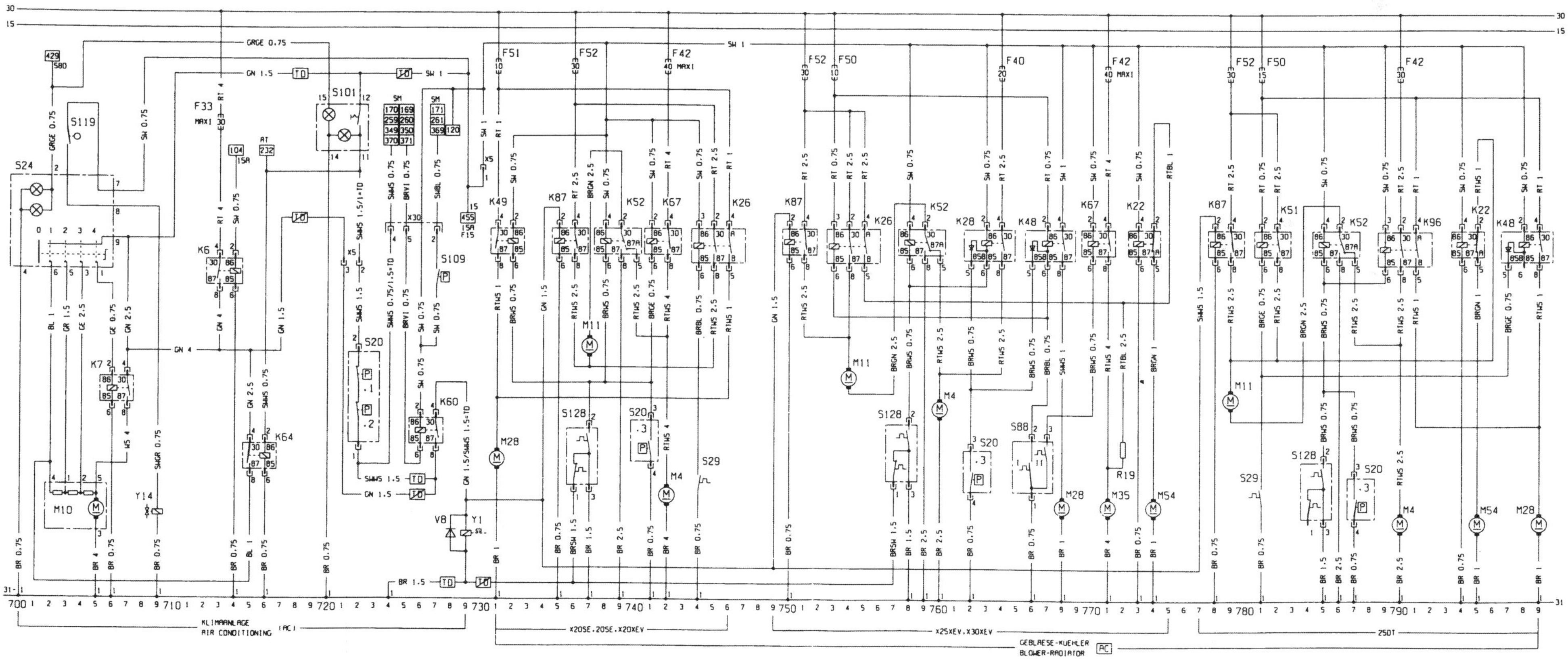

E37	LEUCHTE-MAKE UP SPIEGEL.LINKS	LAMP-MAKE UP MIRROR.LEFT	815.816
E40	LEUCHTE-MAKE UP SPIEGEL.RECHTS	LAMP-MAKE UP MIRROR.RIGHT	816.817
F25	SICHERUNG-SCHIEBEDACH	FUSE-SUN ROOF	801
H27	WARNSUMMER-SICHERHEITSKONTROLLE (SA)	WARNING BUZZER-SAFETY CHECKING (SA)	806..808
M34	MOTOR-SONNENROLLO	MOTOR-SUN SCREEN	810..812
M61	MOTOR-SCHIEBEDACH	MOTOR-SUN ROOF	800..804
P25	GEBER-GLUEHLAMPENKONTROLLE	SENSOR-BULB TEST	820..833
P39	GEBER-GLUEHLAMPENKONTROLLE.ANHAENGER	SENSOR-BULB TEST.TRAILER	834.836
S49	SCHALTER-SONNENROLLO	SWITCH-SUNSCREEN	812.813
S89	SCHALTER-SICHERHEITSGURT (SA/J)	SWITCH-SEAT BELT (SA/J)	808
X1	INSTRUMENTENTAFEL & KAROSSERIE 107P	INSTRUMENT PANEL & BODY 107P	801..812
X28	KAROSSERIE & MAKE UP SPIEGEL 2P	BODY & MAKE UP MIRROR 2P	815
XD	DIAGNOSE 16P	DIAGNOSTIC LINK 16P	804

P13	GEBER-TEMPERATUR.AUSSEN	SENSOR-TEMPERATURE.OUTSIDE	857
P27	GEBER-BREMSBELAG.VORN LINKS	SENSOR-BRAKE LINING.FRONT LEFT	855
P28	GEBER-BREMSBELAG.VORN RECHTS	SENSOR-BRAKE LINING.FRONT RIGHT	855
S63	SCHALTER ZSB-MID	SWITCH ASM-MID	
S63.1	SCHALTER-RESET	SWITCH-RESET	842
S63.2	SCHALTER-FUNKTIONSWAHL	SWITCH-FUNCTION.SELECT	843
S82	KONTROLLSCHALTER-RESTMENGE.WASCHFLUESSIGKEIT	CONTROL SWITCH-MINIMUM CAPACITY.WASHER FLUID	852
S93	KONTROLLSCHALTER-RESTMENGE.KUEHLFLUESSIGKEIT	CONTROL SWITCH-MINIMUM CAPACITY.COOLANT	848
S95	KONTROLLSCHALTER-RESTMENGE.MOTOROEL	CONTROL SWITCH-MINIMUM CAPACITY.ENGINE OIL	850
U15	ANZEIGE-TID	DISPLAY-TID	840..862
U16	ANZEIGE-MID	DISPLAY-MID	840..862
X1	INSTRUMENTENTAFEL & KAROSSERIE 107P	INSTRUMENT PANEL & BODY 107P	852..857
X2	INSTRUMENTENTAFEL & MOTOR 15P/12P=TD	INSTRUMENT PANEL & ENGINE 15P/12P=TD	850
X3	INSTRUMENTENTAFEL & MOTRONIC.SIMTEC.TD 20P	INSTRUMENT PANEL & MOTRONIC.SIMTEC.TD 20P	845..850
X16	KAROSSERIE & PUMPE-WASCHER 6P	BODY & PUMP-WASHER 6P	852
XD	DIAGNOSE 16P	DIAGNOSTIC LINK 16P	852

E11	LEUCHTEN-INSTRUMENT	LAMPS-INSTRUMENT	877
H3	KONTROLLEUCHTE-BLINKLICHT	TELLTALE-TURN SIGNAL LAMP	879.880
H4	KONTROLLEUCHTE-OELDRUCK	TELLTALE-OIL PRESSURE	897
H5	KONTROLLEUCHTE-BREMSSYSTEM	TELLTALE-BRAKE SYSTEM	895
H7	LADEKONTROLLEUCHTE	CHARGING INDICATOR LIGHT	899
H8	KONTROLLEUCHTE-FERNLICHT	TELLTALE-HIGH BEAM	894
H15	KONTROLLEUCHTE-KRAFTSTOFF	TELLTALE-FUEL	887
H16	KONTROLLEUCHTE-GLUEHZEIT	TELLTALE-GLOW TIME	869
H17	KONTROLLEUCHTE-BLINKLICHT.ANHAENGER	TELLTALE-TURN SIGNAL LAMP.TRAILER	873
H22	KONTROLLEUCHTE-NEBELSCHLUSSLICHT	TELLTALE-FOG LAMP.REAR	893
H23	KONTROLLEUCHTE-AIRBAG	TELLTALE-AIRBAG	870
H26	KONTROLLEUCHTE-ABS	TELLTALE-ABS	865
H30	KONTROLLEUCHTE-MOTOR/IMO	TELLTALE-ENGINE/IMO	871
H42	KONTROLLEUCHTE-AUTOMATIKGETRIEBE	TELLTALE-AUTOMATIC TRANSMISSION	868
H46	KONTROLLEUCHTE-TEMPERATUR.KATALYSATOR (JAPAN)	TELLTALE-TEMPERATURE.CONVERTER CATALYTIC (J)	874
H50	KONTROLLEUCHTE-PASSIVES GURTSYSTEM (SA/J)	TELLTALE-PASIVE BELT SYSTEM (SA/J)	867
H51	KONTROLLEUCHTE-TC	TELLTALE-TRACTION CONTROL	866
P1	KRAFTSTOFFANZEIGE	FUEL INDICATOR	884
P2	TEMPERATURANZEIGE-KUEHLMITTEL	TEMPERATURE INDICATOR-COOLANT	882
P4	GEBER-KRAFTSTOFFVORRAT	SENSOR-FUEL	887
P5	TEMPERATURGEBER-KUEHLMITTEL	TEMPERATURE SENSOR-COOLANT	882
P7	DREHZAHLMESSER	TACHOMETER	890.891
P43	TACHOMETER-ELEKTRONISCH	SPEEDOMETER-ELECTRONIC	885..888
S11	KONTROLLSCHALTER-BREMSFLUESSIGKEIT	CONTROL SWITCH-BRAKE FLUID	895
S13	SCHALTER-HANDBREMSE	SWITCH-HANDBRAKE	893
S14	SCHALTER-OELDRUCK	SWITCH-OIL PRESSURE	897
X1	INSTRUMENTENTAFEL & KAROSSERIE 107P	INSTRUMENT PANEL & BODY 107P	887.893
X2	INSTRUMENTENTAFEL & MOTOR 15P/12P=TD	INSTRUMENT PANEL & ENGINE 15P/12P=TD	897
X3	INSTRUMENTENTAFEL & MOTRONIC.SIMTEC.TD 20P	INSTRUMENT PANEL & MOTRONIC.SIMTEC.TD 20P	871..897
X26	KAROSSERIE & BEHAELTER-KRAFTSTOFF 6P (NB)	BODY & TANK-FUEL 6P (NB)	888

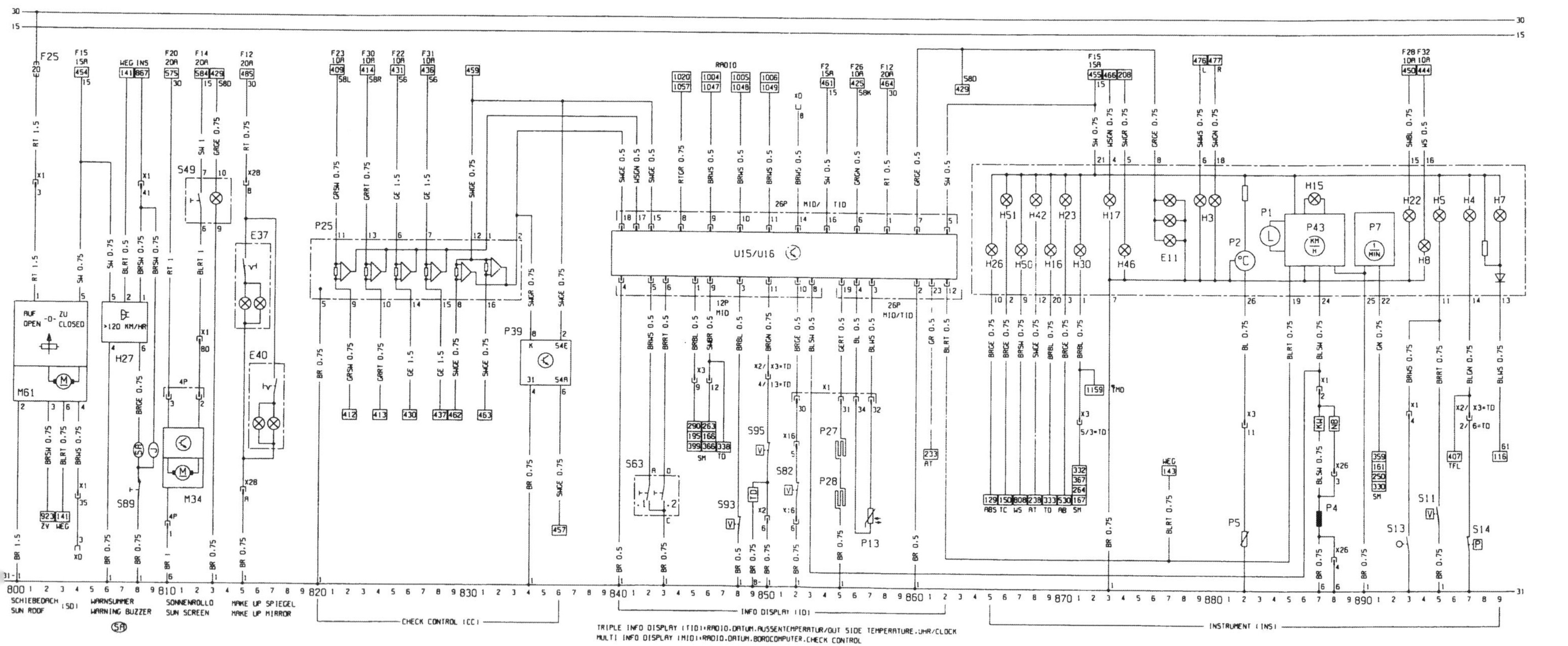

K37	STEUERGERAET-ZENTRALVERRIEGELUNG	CONTROL UNIT-CENTRAL LOCKING	902..926
M18	MOTOR-ZENTRALVERRIEGELUNG.FAHRERTUER	MOTOR-CENTRAL LOCKING.DRIVER DOOR	904..908
M19	MOTOR-ZENTRALVERRIEGELUNG.HINTERTUER LINKS	MOTOR-CENTRAL LOCKING LEFT	919..921
M20	MOTOR-ZENTRALVERRIEGELUNG.HINTERTUER RECHTS	MOTOR-CENTRAL LOCKING RIGHT	923..925
M32	MOTOR-ZENTRALVERRIEGELUNG.BEIFAHRERTUER	MOTOR-CENTRAL LOCKING.CODRIVER DOOR	912..916
M37	MOTOR-ZV.DECKEL.HECKRAUM/KLAPPE-RUECKWAND	MOTOR-CENTRAL LOCKING.LID-TRUNK/TAIL GATE	926
M41	MOTOR-ZENTRALVERRIEGELUNG.TANKKLAPPE	MOTOR-CENTRAL LOCKING.FLAP.FUEL FILLER	921
P63	EMPFAENGER-FERNBEDIENUNG	RECEIVER-REMOTE CONTROL	900..902
S41	SCHALTER-ZENTRALVERRIEGELUNG.FAHRERTUER	SWITCH-CENTRAL LOCKING.DRIVER DOOR	909..911
S42	SCHALTER-ZENTRALVERRIEGELUNG.BEIFAHRERTUER	SWITCH-CENTRAL LOCKING.CODRIVER DOOR	916.917
S92	SCHALTER-HECKRAUMSCHLOSS.DWA	SWITCH-TRUNK.LOCK.DWA	928
S120	SCHALTER-MOTORHAUBE	SWITCH-HOOD.ENGINE COMPARTMENT	930
X1	INSTRUMENTENTAFEL & KAROSSERIE 107P	INSTRUMENT PANEL & BODY 107P	904..928
X11	KAROSSERIE & FAHRERTUER 30P	BODY & DRIVER DOOR 30P	904..911
X12	KAROSSERIE & BEIFAHRERTUER 30P	BODY & CODRIVER DOOR 30P	912..917
X13	KAROSSERIE & HINTERTUER.LINKS 15P	BODY & REAR DOOR.LEFT 15P	919..921
X14	KAROSSERIE & HINTERTUER.RECHTS 15P	BODY & REAR DOOR.RIGHT 15P	923..925
X22	KAROSSERIE & DECKEL.HECKRAUM 9P (NB)	BODY & LID-TRUNK 9P (NB)	925..928
X23	KAROSSERIE & KLAPPE-RUECKWAND 9P (KW)	BODY & TAIL GATE 9P (KW)	923..927
X29	KLAPPE-RUECKWAND & LEUCHTE-KENNZEICHEN 9P (KW)	TAIL GATE & LAMP-LICENCE PLATE 9P (KW)	923..927
XD	DIAGNOSE 16P	DIAGNOSTIC LINK 16P	919

H47	SIGNALHORN-DIEBSTAHLWARNANLAGE	SIGNAL HORN-ANTI THEFT WARNING UNIT	933
H63	KONTROLLEUCHTE-WEGFAHRSPERRE	TELLTALE-IMMOBILISER	956.957
K94	STEUERGERAET-DIEBSTAHLWARNANLAGE	CONTROL UNIT-ANTI THEFT WARNING UNIT	930..950
K117	STEUERGERAET-WEGFAHRSPERRE	CONTROL UNIT-IMMOBILISER	952..958
M67	MOTOR-GEBLAESE.HINTERTUER.LINKS	MOTOR-BLOWER.REAR DOOR.LEFT	960
M68	MOTOR-GEBLAESE.HINTERTUER.RECHTS	MOTOR-BLOWER.REAR DOOR.RIGHT	962
P53	GEBER-DIEBSTAHLWARNANLAGE.LINKS	SENSOR-ANTI THEFT WARNING UNIT.LEFT	933..936
P54	GEBER-DIEBSTAHLWARNANLAGE.RECHTS	SENSOR-ANTI THEFT WARNING UNIT.RIGHT	939..942
P58	GLASBRUCHMELDER-DWA.HINTEN.LINKS (KW)	PANE BREAKAGE SENSOR-A/THF WARN U.REAR LEFT (KW)	943
P59	GLASBRUCHMELDER-DWA.HINTEN.RECHTS (KW)	PANE BREAKAGE SENSOR A/THF WARN U.REAR RIGHT (KW)	940
S56	SCHALTER-GEBLAESE.HINTERTUEREN	SWITCH-BLOWER.REAR DOORS	962..964
S86	SCHALTER-INNENRAUM.DWA	SWITCH-PASSENGER COMPARTMENT.DWA	949.950
X1	INSTRUMENTENTAFEL & KAROSSERIE 107P	INSTRUMENT PANEL & BODY 107P	933..962
X13	KAROSSERIE & HINTERTUER.LINKS 15P	BODY & REAR DOOR.LEFT 15P	960
X14	KAROSSERIE & HINTERTUER.RECHTS 15P	BODY & REAR DOOR.RIGHT 15P	962
X18	KAROSSERIE & LESELEUCHTE.LINKS 9P	BODY & READING LAMP.LEFT 9P	933..937
X27	KAROSSERIE & LESELEUCHTE.RECHTS 9P	BODY & READING LAMP.RIGHT 9P	938..942
XD	DIAGNOSE 16P	DIAGNOSTIC LINK 16P	931

F1	SICHERUNG-FH.VORN	FUSE-FH.FRONT	967
F7	SICHERUNG-FH.HINTEN	FUSE-FH.REAR	995
M47	MOTOR-FENSTERHEBER.VORNE LINKS	MOTOR-WINDOW LIFTER.FRONT LEFT	967..970
M48	MOTOR-FENSTERHEBER.VORNE RECHTS	MOTOR-WINDOW LIFTER.FRONT RIGHT	985..988
M49	MOTOR-FENSTERHEBER.HINTEN LINKS	MOTOR-WINDOW LIFTER.REAR LEFT	973..976
M50	MOTOR-FENSTERHEBER.HINTEN RECHTS	MOTOR-WINDOW LIFTER.REAR RIGHT	991..994
S37	SCHALTER ZSB-FENSTERHEBER	SWITCH ASM-WINDOW LIFTER	
S37.1	SCHALTER-FENSTERHEBER.VORNE LINKS	SWITCH-WINDOW LIFTER.FRONT LEFT	968..970
S37.2	SCHALTER-FENSTERHEBER.VORNE RECHTS	SWITCH-WINDOW LIFTER.FRONT RIGHT	986..988
S37.3	SCHALTER-FENSTERHEBER.HINTEN LINKS	SWITCH-WINDOW LIFTER.REAR LEFT	974..976
S37.4	SCHALTER-FENSTERHEBER.HINTEN RECHTS	SWITCH-WINDOW LIFTER.REAR RIGHT	992..994
S37.5	SICHERHEITSSCHALTER	SAFETY SWITCH	972.973
S37.7	STEUERUNG-FENSTERHEBERAUTOMATIK	CONTROL-WINDOW LIFTER.AUTOMATIC	978..982
S39	SCHALTER-FENSTERHEBER.HINTERTUER LINKS	SWITCH-WINDOW LIFTER.REAR DOOR LEFT	977..979
S40	SCHALTER-FENSTERHEBER.HINTERTUER RECHTS	SWITCH-WINDOW LIFTER.REAR DOOR RIGHT	995..997
X1	INSTRUMENTENTAFEL & KAROSSERIE 107P	INSTRUMENT PANEL & BODY 107P	967.995
X11	KAROSSERIE & FAHRERTUER 30P	BODY & DRIVER DOOR 30P	967..970
X12	KAROSSERIE & BEIFAHRERTUER 30P	BODY & CODRIVER DOOR 30P	985..988
X13	KAROSSERIE & HINTERTUER.LINKS 15P	BODY & REAR DOOR.LEFT 15P	973..979
X14	KAROSSERIE & HINTERTUER.RECHTS 15P	BODY & REAR DOOR.RIGHT 15P	991..997

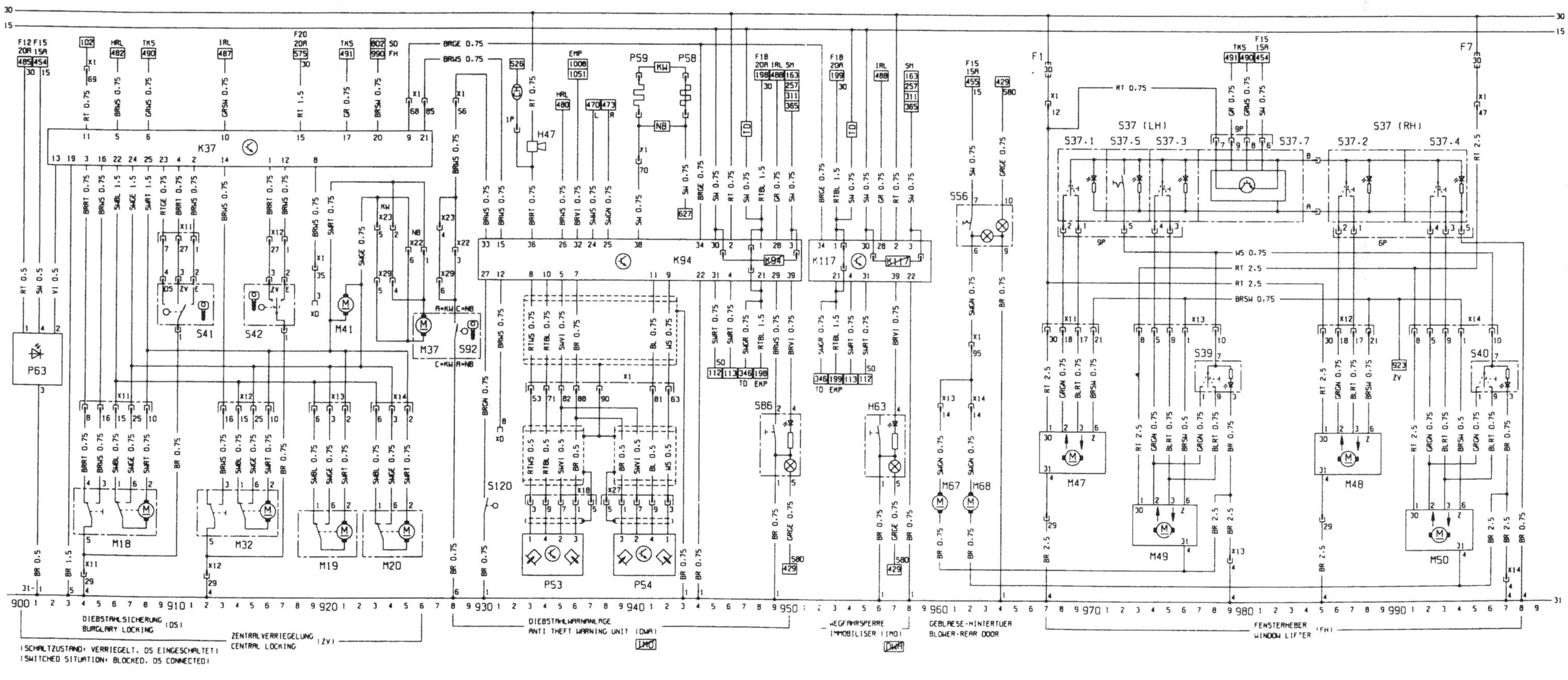

E19	HECKSCHEIBE-HEIZBAR.ANTENNE	BACK WINDOW-HEATED.ANTENNA	1023
H1	RADIO	RADIO	1002..1028
H37	LAUTSPRECHER-VORDERTUER.LINKS	LOUDSPEAKER-FRONT DOOR.LEFT	1002.1003
H38	LAUTSPRECHER-VORDERTUER.RECHTS	LOUDSPEAKER-FRONT DOOR.RIGHT	1007.1008
H39	LAUTSPRECHER-HINTERTUER.LINKS	LOUDSPEAKER-REAR DOOR.LEFT	1011.1012
H40	LAUTSPRECHER-HINTERTUER.RECHTS	LOUDSPEAKER-REAR DOOR.RIGHT	1015.1016
H52	HOCHTOENER-VORDERTUER.LINKS	TWEETER-FRONT DOOR.LEFT	1002.1003
H53	HOCHTOENER-VORDERTUER.RECHTS	TWEETER-FRONT DOOR.RIGHT	1007.1008
H57	HOCHTOENER-HINTERTUER.LINKS	TWEETER-REAR DOOR.LEFT	1011.1012
H58	HOCHTOENER-HINTERTUER.RECHTS	TWEETER-REAR DOOR.RIGHT	1015.1016
U18	VERSTAERKER-ANTENNE.HECKSCHEIBE	AMPLIFIER-ANTENNA.BACK WINDOW	1023..1025
X1	INSTRUMENTENTAFEL & KAROSSERIE 107P	INSTRUMENT PANEL & BODY 107P	1002..1019
X7	INSTRUMENTENTAFEL & RADIO HINTEN 42P	INSTRUMENT PANEL & RADIO REAR 42P	1002..1016
X11	KAROSSERIE & FAHRERTUER 30P	BODY & DRIVER DOOR 30P	1002.1003/1007.1008
X12	KAROSSERIE & BEIFAHRERTUER 30P	BODY & CODRIVER DOOR 30P	1002.1003/1007.1008
X13	KAROSSERIE & HINTERTUER.LINKS 15P	BODY & REAR DOOR.LEFT 15P	1011.1012
X14	KAROSSERIE & HINTERTUER.RECHTS 15P	BODY & REAR DOOR.RIGHT 15P	1015.1016
X23	KAROSSERIE & KLAPPE-RUECKWAND 9P (KW)	BODY & GATE-TAIL 9P (KW)	1019

E19	HECKSCHEIBE-HEIZBAR.ANTENNE	BACK WINDOW-HEATED.ANTENNA	1060
F6	SICHERUNG-SOUND PROCESSOR	FUSE-SOUND PROCESSOR	1034
H1	RADIO	RADIO	1045..1065
H37	LAUTSPRECHER-VORDERTUER.LINKS	LOUDSPEAKER-FRONT DOOR.LEFT	1039.1040
H38	LAUTSPRECHER-VORDERTUER.RECHTS	LOUDSPEAKER-FRONT DOOR.RIGHT	1044.1045
H39	LAUTSPRECHER-HINTERTUER.LINKS	LOUDSPEAKER-REAR DOOR.LEFT	1048.1049
H40	LAUTSPRECHER-HINTERTUER.RECHTS	LOUDSPEAKER-REAR DOOR.RIGHT	1052.1053
H52	HOCHTOENER-VORDERTUER.LINKS	TWEETER-FRONT DOOR.LEFT	1039.1040
H53	HOCHTOENER-VORDERTUER.RECHTS	TWEETER-FRONT DOOR.RIGHT	1044.1045
H57	HOCHTOENER-HINTERTUER.LINKS	TWEETER-REAR DOOR.LEFT	1048.1049
H58	HOCHTOENER-HINTERTUER.RECHTS	TWEETER-REAR DOOR.RIGHT	1052.1053
H61	TIEFTOENER-HINTEN.LINKS	SUB WOOFER-REAR.LEFT	1037.1038
H62	TIEFTOENER-HINTEN.RECHTS	SUB WOOFER-REAR.RIGHT	1040.1041
U18	VERSTAERKER-ANTENNE.HECKSCHEIBE	AMPLIFIER-ANTENNA.BACK WINDOW	1060..1062
U23	SOUND-PROZESSOR	SOUND-PROCESSOR	1034..1053
X1	INSTRUMENTENTAFEL & KAROSSERIE 107P	INSTRUMENT PANEL & BODY 107P	1039..1056
X7	INSTRUMENTENTAFEL & RADIO HINTEN 42P	INSTRUMENT PANEL & RADIO REAR 42P	1034..1053
X11	KAROSSERIE & FAHRERTUER 30P	BODY & DRIVER DOOR 30P	1039.1040/1044.1045
X12	KAROSSERIE & BEIFAHRERTUER 30P	BODY & CODRIVER DOOR 30P	1039.1040/1044.1045
X13	KAROSSERIE & HINTERTUER.LINKS 15P	BODY & REAR DOOR.LEFT 15P	1048.1049
X14	KAROSSERIE & HINTERTUER.RECHTS 15P	BODY & REAR DOOR.RIGHT 15P	1052.1053
X15	RADIO-HINTEN & KLANGPAKET 4P (KW)	RADIO-REAR & SOUND PACKAGE 4P (KW)	1037..1041
X23	KAROSSERIE & KLAPPE-RUECKWAND 9P (KW)	BODY & GATE-TAIL 9P (KW)	1056

F4	SICHERUNG-CD	FUSE-CD	1077
H1	RADIO	RADIO	1071..1075
H54	TELEFON	PHONE	1082..1097
H55	BEDIENHANDHOERER	HANDSET	1085..1094
H56	MIKROFON	MICROPHONE	1096.1097
P37	ANTENNE-TELEFON	ANTENNA-PHONE	1083
U24	CD-WECHSLER	CD-CHANGER	1070..1077
X7	INSTRUMENTENTAFEL & RADIO HINTEN 42P	INSTRUMENT PANEL & RADIO REAR 42P	1070..1093
X12	KAROSSERIE & BEIFAHRERTUER 30P	BODY & CODRIVER DOOR 30P	1095.1097
X17	KAROSSERIE & RADIO-HINTEN 2P	BODY & RADIO-REAR 2P	1095.1097

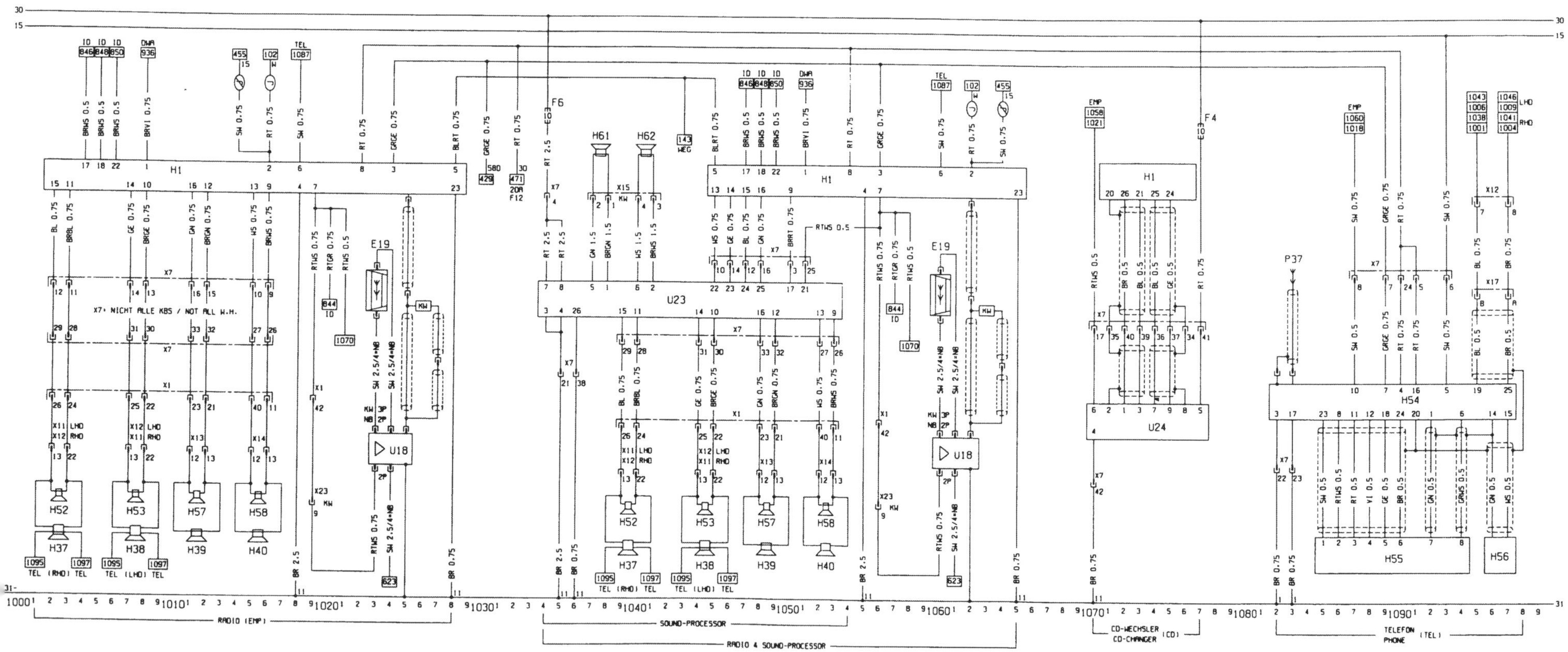

F33	SICHERUNG-GEBLAESE.HZG (MAXI)	FUSE-BLOWER.HEATING (MAXI)	1107
F42	SICHERUNG-GEBLAESE.KUEHLER	FUSE-BLOWER.RADIATOR	1116.1130
F50	SICHERUNG-GEBLAESE.KUEHLER	FUSE-BLOWER.RADIATOR	1120
F52	SICHERUNG-GEBLAESE.KUEHLER	FUSE-BLOWER.RADIATOR	1122
K7	RELAIS-GEBLAESE.4.STUFE	RELAY-BLOWER.4.STAGE	1106.1107
K26	RELAIS-GEBLAESE.KUEHLER	RELAY-BLOWER.RADIATOR	1120..1122
K51	RELAIS-GEBLAESE.KUEHLER	RELAY-BLOWER.RADIATOR	1112.1113
K52	RELAIS-GEBLAESE.KUEHLER	RELAY-BLOWER.RADIATOR	1125..1127
K67	RELAIS-GEBLAESE.KUEHLER	RELAY-BLOWER.RADIATOR	1115..1130
M3	MOTOR-GEBLAESE.HEIZUNG	MOTOR-BLOWER.HEATING	1102..1105
M4	MOTOR-GEBLAESE.KUEHLER	MOTOR-BLOWER.RADIATOR	1116.1130
M11	MOTOR-GEBLAESE.KUEHLER	MOTOR-BLOWER.RADIATOR	1122
M28	MOTOR-GEBLAESE.RELAISKASTEN	MOTOR-BLOWER.RELAY BOX	1111.1124
S3	SCHALTER-GEBLAESE.HEIZUNG	SWITCH-BLOWER.HEATING	1100..1105
S29	SCHALTER-TEMPERATUR.KUEHLMITTEL	SWITCH-TEMPERATUR.COOLANT	1129
S88	SCHALTER-TEMPERATUR.KUEHLMITTEL.2 STUFIG	SWITCH-TEMPERATUR.COOLANT.2 STAGES	1112..1121
R19	VORWIDERSTAND-GEBLAESE.KUEHLER	PRERESISTOR-BLOWER.RADIATOR	1114
X5	INSTRUMENTENTAFEL & ZUSAETZLICH 6P	INSTRUMENT PANEL & ADDITIONAL 6P	1112

F42	SICHERUNG-GEBLAESE.KUEHLER	FUSE-BLOWER.RADIATOR	1149
F50	SICHERUNG-GEBLAESE.KUEHLER	FUSE-BLOWER.RADIATOR	1139
F52	SICHERUNG-GEBLAESE.KUEHLER	FUSE-BLOWER.RADIATOR	1141
K22	RELAIS-PUMPE.KUEHLMITEL.NACHLAUF	RELAY-PUMP.COOLANT.TIMING CONTROL	1136.1137
K26	RELAIS-GEBLAESE.KUEHLER	RELAY-BLOWER.RADIATOR	1139..1141
K52	RELAIS-GEBLAESE.KUEHLER	RELAY-BLOWER.RADIATOR	1144..1146
K67	RELAIS-GEBLAESE.KUEHLER	RELAY-BLOWER.RADIATOR	1148.1149
K118	STEUERGERAET-WEGFAHRSPERRE	CONTROL UNIT-IMMOBILISER	1159.1162
M4	MOTOR-GEBLAESE.KUEHLER	MOTOR-BLOWER.RADIATOR	1149
M11	MOTOR-GEBLAESE.KUEHLER	MOTOR-BLOWER.RADIATOR	1141
M28	MOTOR-GEBLAESE.RELAISKASTEN	MOTOR-BLOWER.RELAY BOX	1143
M54	PUMPE-KUEHLMITEL.NACHLAUF	PUMP-COOLANT.TIMING CONTROL	1137
S88	SCHALTER-TEMPERATUR.KUEHLMITTEL.2 STUFIG	SWITCH-TEMPERATUR.COOLANT.2 STAGES	1139.1140
S102	SCHALTER-UMLUFT	SWITCH-CIRCULATION	1154..1156
Y35	MAGNETVENTIL-UMLUFT	SELENOID VALVE-CIRCULATION	1154
X0	DIAGNOSE 16	DIAGNOSTIC LINK 16P	1160

F5	SICHERUNG-SITZ.ELEKTRISCH VERSTELLBAR	FUSE-SEAT.ELECTRICALLY OPERATED	1189
M73	SITZVERSTELLUNG ZSB-FAHRER	SEAT ADJUSTMENT ASM-DRIVER	
M73.1	MOTOR-SITZHOEHE.VORN	MOTOR-SEAT HIGHT.FRONT	1180
M73.2	MOTOR-SITZHOEHE.HINTEN	MOTOR-SEAT HIGHT.REAR	1180
M73.3	MOTOR-SITZ.VOR/ZURUECK	MOTOR-SEAT.FORWARD/BACKWARDS	1180
M73.4	MOTOR-SITZLEHNE	MOTOR-SEAT.BACK REST	1180
M74	SITZVERSTELLUNG ZSB-BEIFAHRER	SEAT ADJUSTMENT ASM-CODRIVER	
M74.1	MOTOR-SITZHOEHE.VORN	MOTOR-SEAT HIGHT.FRONT	1188
M74.2	MOTOR-SITZHOEHE.HINTEN	MOTOR-SEAT HIGHT.REAR	1188
M74.3	MOTOR-SITZ.VOR/ZURUECK	MOTOR-SEAT.FORWARD/BACKWARDS	1188
M74.4	MOTOR-SITZLEHNE	MOTOR-SEAT.BACK REST	1188
X1	INSTRUMENTENTAFEL & KAROSSERIE 107P	INSTRUMENT PANEL & BODY 107P	1189

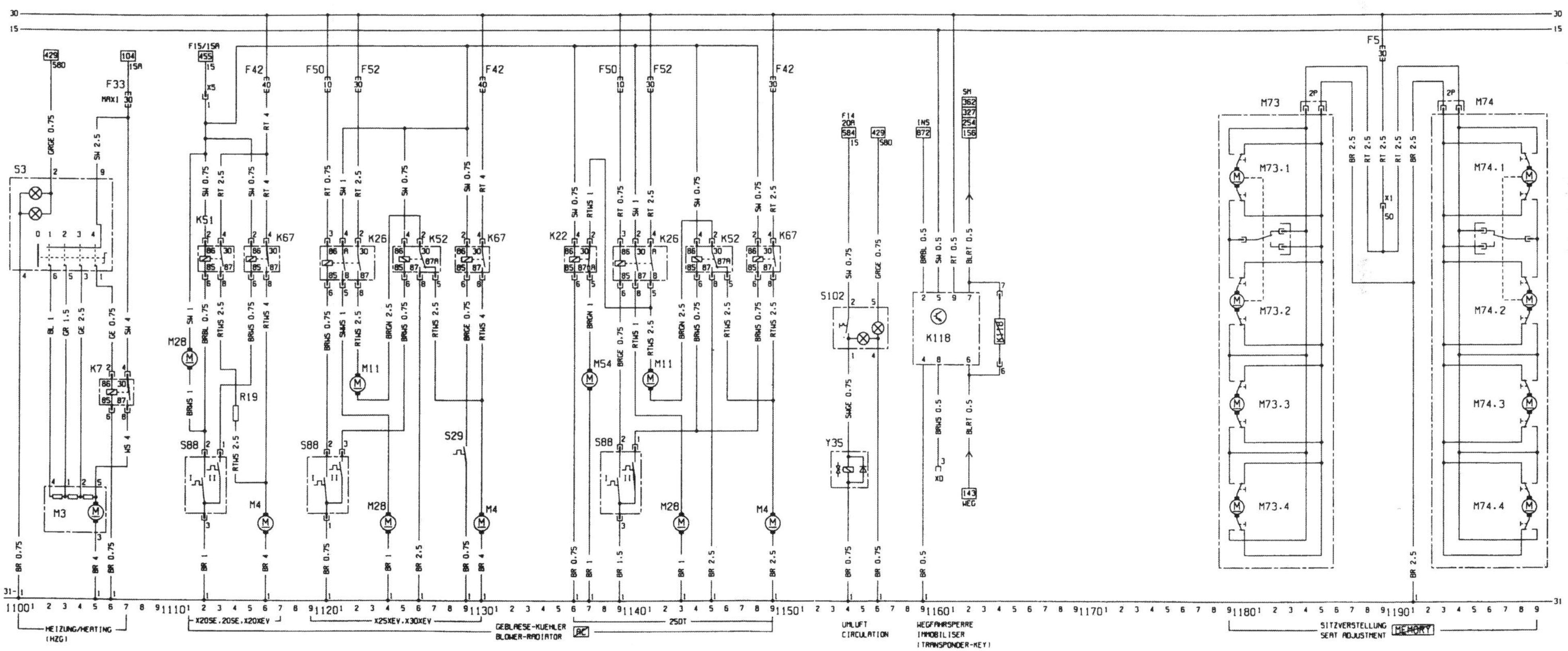

Mit Saft und Kraft

Die Batterie ist der Mittelpunkt der Bordelektrik im Omega. Ihr Energievorrat wird von den verschiedenen Stromverbrauchern in Anspruch genommen – wieder aufgeladen wird sie von der Lichtmaschine, die auch Generator genannt wird.

So funktioniert die Batterie

Eine Bleiplatte als Elektrode, die mit verdünnter Schwefelsäure (dem Elektrolyt) in Verbindung kommt, gibt unter dem Einfluß des Lösungsdrucks positive Ionen, also elektrisch geladene Teilchen an den Elektrolyt ab. Dadurch wird zwischen der Bleiplatte und dem Elektrolyten eine elektrische Spannung aufgebaut.
In der Praxis verläßt man sich jedoch nicht auf diesen freiwilligen Übertritt geladener Teilchen, sondern zwingt der Batterie eine Ladespannung auf. Das hat den Effekt, daß sich das Bleisulfat der Platten einer entladenen Batterie an der positiven Elektrode in Bleidioxid und an der negativen Elektrode in Bleischwamm umwandelt. Gleichzeitig wird im Elektrolyten wieder Schwefelsäure gebildet, und als äußeres Zeichen für den fast abgeschlossenen Ladevorgang steigen Gasbläschen auf.
Beim Entladen dreht sich der Vorgang um. Das Bleidioxid der positiven Platte und der Bleischwamm der negativen werden wieder zu Bleisulfat, wobei sich die Schwefelsäure verbraucht und Wasser gebildet wird. Mit der Entladung sinkt deshalb die Säuredichte ab.

Die richtige Batterie

Unser Omega hat seine Batterie vorn links im Motorraum sitzen. Sie trägt je nach Fahrzeug-Ausstattung die Bezeichnung **12 V/44 Ah, Typ-Nummer 54434** oder **12 V/55 Ah, Typ-Nummer 55530** oder **12 V/66 Ah, Typ-Nummer 56637**.

Batterie-Daten

Spannung und Kapazität: In der Angabe 12 V/44 Ah gibt die vorangestellte 12 V natürlich die Spannung an. Hinter dem Schrägstrich ist die Stromstärke in ihrer »zeitlich lieferbaren Menge« vermerkt – »Ah« steht für Amperestunden. Das ist die Nenn-Batteriekapazität, die nach Normbedingungen gemessen wird. In der Praxis rechnet man allerdings nur mit ²/₃ der angegebenen Kapazität; bei einer älteren Batterie lediglich mit der Hälfte.
Kälteprüfstrom: Die Zahl 210 A bzw. 255 A nennt die Stromstärke, welche die Batterie bei -18° C liefern kann.
Typ-Nummer: Eine fünfstellige Zahl dient bei allen deutschen Batterie-Herstellern zur Kennzeichnung der Batterie. Beim Omega lauten die entsprechenden Kennzahlen 54434, 55530 bzw. 56637. Die erste Zahl (5) steht für die Batteriespannung von 12 Volt. Die darauf folgenden Zahlen geben die Batterie-Kapazität an. Die beiden letzten Ziffern kennzeichnen Konstruktionsmerkmale, wie Bauform, Pollage, Schlauch zur Entgasung und Bodenleiste.

Wie lange reichen die Reserven?

Wie lange ein Stromverbraucher mit dem Stromvorrat aus der Batterie funktionieren kann, errechnen wir aus folgender Formel:
Betriebszeit = Batteriekapazität × Bordnetzspannung : Leistung des Verbrauchers. In der Praxis sollten Sie aber nie mit der vollen Batteriekapazität, sondern nur mit ¹/₂ bis ²/₃ der Nennkapazität rechnen. Es ergeben sich dann beispielsweise die folgenden Betriebszeiten:

Batterie	Parklicht	Standlicht	Warnblinkanlage
44 Ah	ca. 35 Stunden	ca. 12 Stunden	ca. 3¹/₂ Stunden
55 Ah	ca. 44 Stunden	ca. 15 Stunden	ca. 5 Stunden
66 Ah	ca. 52 Stunden	ca. 18 Stunden	ca. 6 Stunden

Am ärgsten wird die Batterie natürlich vom Anlasser gestreßt. Mit einer Leistung von 1400 W setzt er der Batterie vor allem in dem Moment zu, in dem der Motor vom Stillstand in eine Drehbewegung versetzt wird. Der Stromverbrauch steigt dann bis auf ein Vielfaches der normalen Werte an. Auch braucht der Anlasser natürlich weit weniger Strom, um den warmen Motor durchzudrehen als den kalten.

Batterien haben die Eigenart, um so unwilliger auf Kälte zu reagieren, je weniger Strom sie gespeichert haben. Völlig leere Akkus sind so empfindlich, daß sie bei Frost einfrieren und platzen können. Ist die Batterie dagegen randvoll geladen, verträgt sie die Kälte verhältnismäßig gut.

Temperatureinfluß auf die Batterie

Wartungsfreie Batterien

Die Batterieflüssigkeit besteht aus Schwefelsäure, verdünnt mit destilliertem Wasser. Ein Teil dieses Wassers kann verdunsten oder wird beim Ladevorgang in Wasserstoff und Sauerstoff zersetzt. Deshalb muß bei herkömmlichen Autobatterien der Flüssigkeitsstand regelmäßig ergänzt werden.
Die serienmäßig im Omega eingebaute »Freedom«-Batterie ist völlig verschlossen, hat also keine Batteriestopfen. Antimonfreie Batterieplatten und ein Separator im Gehäusedeckel, der die Flüssigkeit sammelt und zurückleitet, verhindern den sonst üblichen Wasserverlust. Die Lebensdauer wird durch einen stabilen Säurespiegel verlängert. Dieser Batterietyp ist völlig wartungsfrei.

Lebensdauer der Batterie

Wenn der Akku im Auto alt werden soll, muß er absolut fest eingebaut sein (Rütteln verursacht Schäden an den Bleiplatten), der Säurestand darf nicht so weit absinken, daß die Platten oben im Trockenen stehen, und die Batterie sollte immer gut geladen sein, aber nicht überladen werden. Als Mittelwert gilt ein Batterieleben von drei bis vier Jahren.

Batteriesäurestand kontrollieren

Nur wenn Sie in Ihren Omega als Ersatz einen Akku mit Verschlußstopfen eingebaut haben, kann nach dem Flüssigkeitsstand gesehen werden.

- Die Batterieflüssigkeit muß mindestens bis zur unteren der beiden am Gehäuse befindlichen Markierungen reichen, zumindest aber die Plattenoberkanten gut bedecken.
- Bei abgesunkenem Flüssigkeitspegel Verschlußstopfen herausdrehen. Manche »Wartungsfreien nach DIN« haben spezielle Stopfen:
- Schraubendreher an der Unterseite des Deckels ansetzen und »Kopf« des Stopfens hochhebeln. Unteren Teil mit einer Zange herausdrehen.
- Bei einer normal geladenen Batterie bis zum oberen Strich (»MAX«) bzw. 15 mm über die Plattenoberkanten destilliertes Wasser auffüllen.
- In eine stark entladene Batterie nur so viel Wasser einfüllen, daß die Platten oben bedeckt sind. Beim Wiederaufladen steigt der Flüssigkeitsstand nämlich erheblich.
- Erst nach dem Laden bis zur oberen Marke nachfüllen.
- Die Wassermenge aus der Einfüllflasche muß gut dosierbar sein, sonst wird der Akku überfüllt.
- Eine überfüllte Batterie »kocht über«, die Säure tritt an den Verschlußstopfen aus und verursacht Korrosion und Säurekristalle an Batterieoberfläche und -standplatz.

In den Akku darf niemals Batteriesäure gefüllt werden, sondern nur entsalztes (ionengetauschtes) Wasser, landläufig destilliertes Wasser genannt. Leitungswasser, Regenwasser und auch abgekochtes Wasser enthält leitfähige Salze und andere mineralische Stoffe, die der Batterie schaden.

Destilliertes Wasser verwenden!

Das Sichtfenster (Pfeil) der wartungsfreien Freedom-Batterie offenbart den Ladezustand:
1 – grüner Punkt im Zentrum des Säuredichteprüfers: Die Kugel liegt im Käfig direkt vor dem Kunststoffstab, die Batterie ist zu mindestens 65% geladen.
2 – dunkles Zentrum: Die Kugel liegt nicht vor dem Kunststoffstab, die Ladung beträgt weniger als 65%.
3 – helles oder hellgelbes Zentrum: Der Batteriesäurespiegel ist unter den Kunststoffstab abgesunken. Bei Startschwierigkeiten Batterie ersetzen.

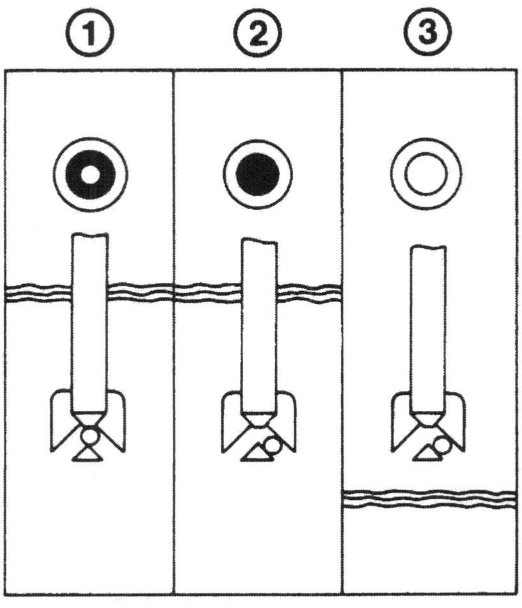

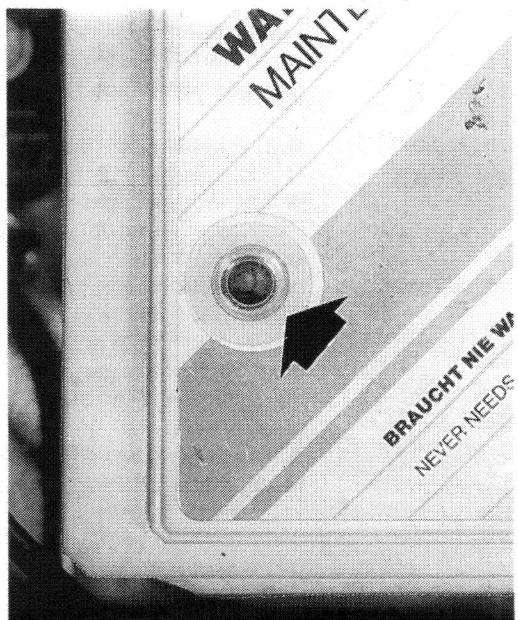

Wenn Sie Batteriewasser nicht kostenlos an Ihrer Stammtankstelle bekommen, kaufen Sie es am billigsten in der Drogerie oder Apotheke. Abgepacktes destilliertes Wasser an der Tankstelle ist meist wesentlich teurer.

Batterie ausbauen

Grundsätzlich muß an der Batterie zuerst das Minuskabel abgenommen werden, damit beim weiteren Hantieren kein Kurzschluß auftreten kann.

- Vorsicht, wenn ein Radio mit Sicherheitscode eingebaut ist. Vergewissern Sie sich, daß der Sicherheitscode vorliegt, damit Sie das Radio nach dem Einbau wieder aktivieren können.
- Die Zündung und ein Radio mit Sicherheitscode müssen ausgeschaltet sein, wenn die Batterie abgeklemmt wird.
- Mutter an der Klemme des Minuskabels lösen, Klemme vom Batteriepol abheben.
- Pluskabel-Klemme lösen und abnehmen.
- Schraube der Halteleiste am Batteriefuß losdrehen, Schraube und Leiste abnehmen.
- Batterie herausheben.
- Beim Einbau zuerst das Pluskabel anschließen, dann die Minusklemme.
- Ein Vertauschen der Kabelklemmen ist nur mit Gewalt möglich, denn der Plus-Polkopf ist dicker als der Minus-Polkopf.
- Bei einem Radio mit Sicherheitscode die Code-Nummer wieder eingeben.

Kontaktpflege an der Batterie

- Ein verschmutztes Batteriegehäuse mit Kaltreiniger, Wasser und einer kräftigen Bürste säubern.
- Oxidkristalle an den Batterieklemmen mit warmem Sodawasser abwaschen oder mit »Neutralon« von Varta behandeln.
- Vorsicht, daß kein Wasser, Schmutz oder Reinigungsmittel durch die Entlüftungsbohrungen der Verschlußstopfen in die Batterieflüssigkeit gelangt.
- An den abgeschraubten Stopfen kontrollieren, ob ihre Entlüftungsbohrungen frei sind, sonst säubern.
- Batteriepolköpfe und Kabelklemmen mit Säureschutzfett (Bosch »Ft 40 v 1«) einstreichen.
- Kein Fett erhalten die Polkopfseiten und die Innenseiten der Klemmen, sonst kann es Kontaktschwierigkeiten geben.

Ladezustand der Batterie prüfen

Erscheint der Akku trotz richtigem Säurestand kraftlos, muß der Ladezustand kontrolliert werden. Auskunft darüber gibt das spezifische Gewicht der Batteriesäure. Bei der Opel-»Freedom«-Batterie genügt ein Blick ins Sichtfenster des Akkus. Bei einem Akku mit Verschlußstopfen brauchen Sie für die Kontrolle einen speziellen Hebe-Säuremesser (Aräometer), den Sie sich bei der Tankstelle ausleihen können.

- Batterie-Verschlußstopfen herausdrehen.
- So viel Batteriesäure ansaugen, daß die Meßspindel frei schwimmt.
- Säuregewicht ablesen. Es bedeuten: 1,28 kg/l = Batterie voll geladen; 1,20 kg/l = halb geladen; 1,12 kg/l = entladen.

Fingerzeig: Bei gleichmäßig niedriger Säuredichte kann Nachladen der Batterie genügen. Ist eine einzelne Zelle entladen, ist die Batterie vermutlich defekt – in einer Autoelektrik-Werkstatt kontrollieren lassen.

Batterie laden

Auch wenn die Batterie nichts zu leisten hat, muß sie gelegentlich geladen werden. Sie hat nämlich die Untugend, sich mit der Zeit selbst zu entladen. Deshalb ausgebaute Batterien und Batterien in vorübergehend stillgelegten Fahrzeugen mindestens einmal im Monat nachladen.

Ladegerät anschließen

- Pluskabel an Batterie-Pluspol, Minuskabel an Minuspol anklemmen.
- Die Batteriekabel brauchen bei einem gewöhnlichen Ladegerät nicht abgenommen zu werden.
- Die Batteriestopfen können eingeschraubt bleiben. Das sich beim Laden bildende Gas kann durch die Entlüftungsbohrungen in den Stopfen entweichen.
- Der Ladestrom soll anfangs etwa 10% der Batteriekapazität betragen (z. B. 4,4 A beim 44-Ah-Akku) und sich während der Ladung automatisch verringern.
- Die Batterie ist voll geladen, wenn ihre Säuredichte innerhalb von zwei Stunden nicht mehr ansteigt.
- Beim Batterieladen wird das destillierte Wasser teilweise zersetzt. Es bilden sich Gasblasen aus Wasserstoff und Sauerstoff – das hochexplosive Knallgas.
- Wenn mit hohem Strom geladen wird, für gute Durchlüftung des Raumes sorgen.
- Beim Laden der Batterie in deren Nähe nicht rauchen und kein offenes Feuer verwenden.
- Auch Funken beim Ab- und Anklemmen des Laders bzw. der Batteriekabel können das Knallgas entzünden.

Die Batterie ist vorn links im Motorraum untergebracht. Ausbau: Massekabel (2) lösen, Pluspol-Abdeckung anheben und Pluskabel (3) abschrauben. Die Batterie selbst ist mit einem Halteblech und einer Sechskantschraube (1) befestigt.

Start mit leerer Batterie

Starthilfekabel

- Hilfsfahrzeug so dicht an den Omega heranfahren lassen, daß sich die Batterien beider Wagen so nahe wie möglich zueinander befinden. Die Fahrzeuge dürfen sich aber nicht berühren.
- Mit dem ersten Kabel die Pluspole beider Batterien verbinden.
- Anderes Starthilfekabel zuerst am Minuspol der geladenen Fremdbatterie und dann im Motorraum des stromlosen Wagens an blanker Masse anschließen (z. B. direkt am Motor).
- Motor des Hilfswagens starten und mit erhöhter Drehzahl laufen lassen, damit die Lichtmaschine kräftig Spannung liefert.
- Falls der Motor nicht gleich anspringt, zwischendurch eine Abkühlungspause für den Anlasser einlegen. Hilfsmotor weiterlaufen lassen, wodurch die leere Batterie bereits etwas nachgeladen wird.
- Beim Abklemmen der Starthilfekabel zuerst die Klemme von Minuspol der geladenen Fremdbatterie abnehmen.

Wagen anschieben

Den Omega mit Schaltgetriebe kann man anschieben. Bei gutem Motorzustand ist das mit zwei Helfern zu schaffen:

- Zündung einschalten.
- 1. Gang einlegen. In höheren Gängen wird die Lichtmaschine für kräftige Stromlieferung zu langsam durchgedreht.
- Kupplung durchtreten, Wagen anschieben lassen, bis er in Schwung ist.
- Kupplung schnell kommen lassen. Der Motor wird abrupt durchgedreht und müßte anspringen.
- Sofort Kupplung treten und Gas geben.

Wagen anschleppen

Suchen Sie sich zum Anschleppen einen schlepperfahrenden Helfer aus, damit nicht durch Ungeschick größerer Schaden entsteht. Und denken Sie daran: Bei stehendem Motor arbeiten weder der Bremskraftverstärker noch die Servolenkung!

- Zündung einschalten, 2. Gang einlegen und Kupplung treten.
- Der Zugwagen muß langsam anfahren.
- Bei etwa 15 km/h die Kupplung langsam kommen lassen, dabei die rechte Hand an den Handbremshebel legen.
- Ist der Motor angesprungen, Kupplung treten und Gas geben.
- Handbremse sanft ziehen, damit Sie dem Vordermann nicht ins Heck rollen.
- Schleppfahrer Hupsignal geben.
- Gang herausnehmen, Kupplung loslassen.
- Mit der Handbremse zusammen mit dem Schleppwagen sanft abbremsen.

<u>Fingerzeig:</u> Bei Fahrzeugen mit Katalysator wird oft vor dem Anrollenlassen, Anschieben oder Anschleppen gewarnt. Falls der Motor lediglich wegen einer leeren Batterie nicht anspringt, ist das aber ungefährlich. Anders bei einem Defekt an der Zündanlage: Da können unverbrannte Gemischanteile nachgezündet werden und die Temperatur im Katalysator auf gefährliche Höhen treiben.

Kraftwerk für unterwegs

Die Reise mit Ihrem Omega wäre nur von kurzer Dauer, wenn die Stromversorgung allein von der Batterie abhinge. Die vielen Stromverbraucher hätten diesen Speicher schnell entleert, und Sie müßten eine frisch geladene Batterie einbauen.
Damit der Batterie nicht ständig der »Saft« ausgeht, wird sie durch den vom Motor angetriebenen Generator aufgeladen.

Der Drehstromgenerator

Zwei Generator-Fabrikate

Opel baut Lichtmaschinen von **Bosch** und von **Delco Remy** ein. Sie unterscheiden sich nur in ihrem Aufbau. Ihre Befestigung am Motor ist gleich.

Leistung

Je nach Ausführung sind im Omega Lichtmaschinen von 70, 90 oder 100 Ampere eingebaut. Um die Leistung der Generatoren zu ermitteln, muß der angegebene Höchststrom mit der Nennspannung von 14 Volt multipliziert werden. Macht 980, 1260 bzw. 1400 Watt.
Sie haben es schon bemerkt: Die Lichtmaschine liefert wirklich 14 Volt im 12-Volt-Bordnetz. Denn nur durch diesen kleinen Spannungsunterschied kann Strom zur Batterie fließen, damit diese aufgeladen wird.
Die Übersetzung von Kurbelwellen-Riemenscheibe zu Lichtmaschinen-Riemenscheibe ist übrigens so gewählt, daß schon bei Leerlaufdrehzahl etwa $^{2}/_{3}$ der Lichtmaschinenleistung erzeugt werden können.

Umgang und Vorsichtsmaßnahmen

Die Drehstrom-Lichtmaschine hat neben ihrer insgesamt recht hohen Leistung einen entscheidenden Vorzug: Sie liefert schon bei Leerlaufdrehzahl des Motors Strom. Ferner halten ihre Schleifkohlen weit über 80 000 km. Getreu ihres Namens erzeugt sie jedoch Drehstrom, den wir im Auto überhaupt nicht gebrauchen können, denn die Batterie kann natürlich nur Gleichstrom speichern. Deshalb sind im Generator drei Gleichrichter-Dioden eingebaut, die den Drehstrom in einen pulsierenden Gleichstrom umwandeln. Diese Dioden sind allerdings gegen hohe Spannungen empfindlich, und deshalb sollten Sie folgende Punkte beachten:

○ Bei laufendem Generator darf kein Kabel zwischen Akku und Lichtmaschine gelöst bzw. angeschlossen werden. Dadurch kann die Spannung schlagartig ansteigen (Spannungsspitzen) und eine Diode »verheizt« werden.

○ Ohne richtig angeschlossene, intakte Batterie darf die Drehstrom-Lichtmaschine nicht laufen. Denn der Akku dient gewissermaßen als Puffer gegen Überspannungen.

○ Sämtliche Kabelanschlüsse zwischen der Drehstrom-Lichtmaschine, der Batterie und dem Karosserieblech oder dem Triebwerkblock (Masse) müssen ganz fest sitzen. Schon ein Wackelkontakt kann zu gefährlichen Spannungsspitzen führen.

○ Beim Schnelladen der Batterie (nicht zum Aufladen mit dem Heimlader) und beim elektrischen Schweißen an der Karosserie müssen beide Kabel vom Akku abgeklemmt werden, damit die Lichtmaschinen-Dioden keinen Schaden erleiden.

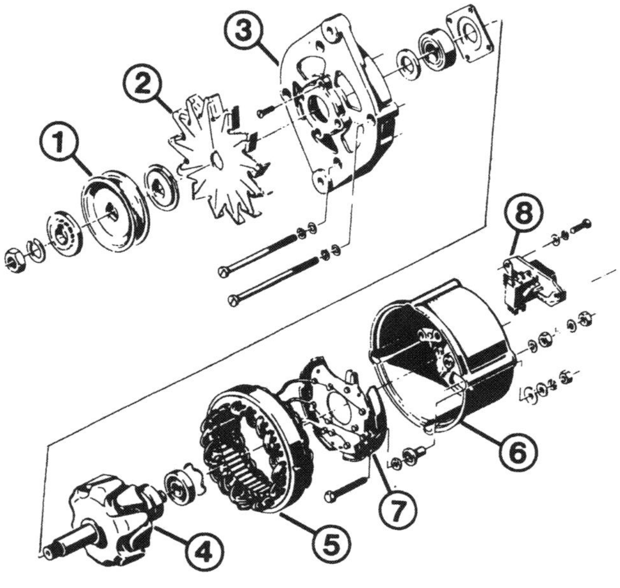

Die wesentlichen Teile der Bosch-Lichtmaschine:
1 – Riemenscheibe;
2 – Lüfter;
3 – Lagerschild;
4 – Klauenpolläufer;
5 – Ständerwicklung;
6 – Gehäuse;
7 – Diodenhalter;
8 – Bürstenhalter.

Bei der Lichtmaschine von Delco Remy sind die Bauteile so angeordnet:
1 – Riemenscheibe;
2 – Lüfter;
3 – Lagerschild;
4 – Klauenpolläufer;
5 – Ständerwicklung;
6 – Gehäuse;
7 – Diodenhalter;
8 – Bürstenhalter;
9 – Regler.

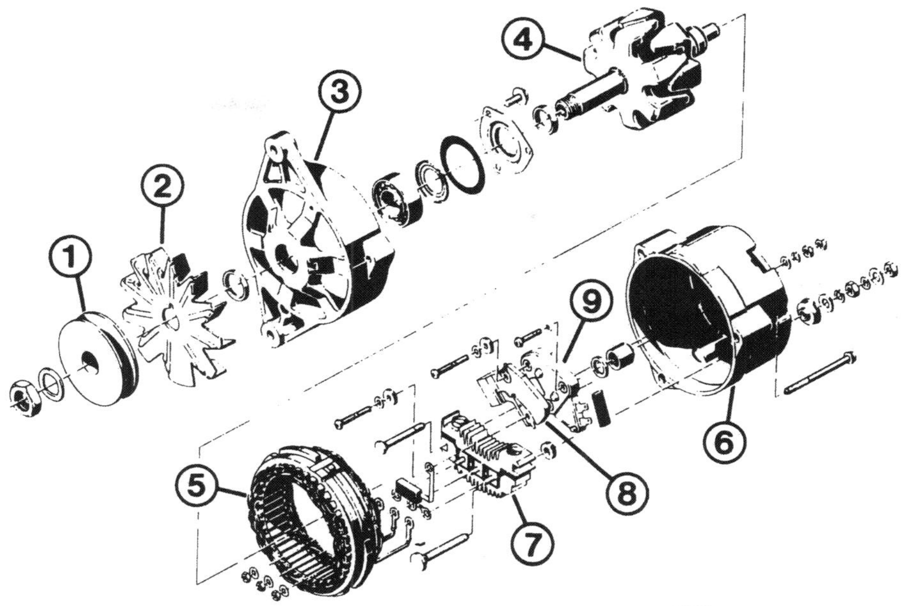

Die Ladekontrolle

○ Die Kontrolleuchte in der Instrumententafel hat zwei Plus-Anschlüsse, und zwar einerseits von der Klemme D+ des Generators (blau/weißes Kabel) und andererseits von Klemme 15 über die Leiterfolie hinten an der Instrumententafel, vom Zündschloß kommend.
○ Mit Einschalten der Zündung führt Klemme 15 Spannung. Die Lichtmaschine steht aber noch, so daß der spannungslose D+-Kontakt als »Minus« wirkt. Die Kontrollampe leuchtet auf, denn zwischen dem von der Batterie versorgten Bordnetz und dem noch stehenden Generator herrscht eine Spannungsdifferenz.
○ Wird der Motor gestartet und hat die Lichtmaschine ihre Ladedrehzahl erreicht, verbindet der Spannungsregler den Stromerzeuger mit der Bordelektrik. Nun kommt Plusstrom von Klemme 15 und zusätzlich von Klemme D+. Damit besteht keine Spannungsdifferenz mehr, die Ladekontrolle verlöscht.
○ Beim Einschalten der Zündung muß die brennende Ladekontrolle die Drehstrom-Lichtmaschine »vorerregen«. Nur so kann diese schon aus niedrigen Drehzahlen heraus Strom liefern. Allerdings ist die Vorerregung nur beim ersten Anlaufen des Generators erforderlich.

Nicht immer wird geladen

Ob die Batterie von der Lichtmaschine geladen wird, beweist das Verlöschen der Kontrollampe nicht. Es besagt nur, daß zwischen Batterie und Generator keine Spannungsdifferenz mehr besteht. Wenn im Motorleerlauf beispielsweise sämtliche Stromverbraucher eingeschaltet sind, leuchtet die Ladekontrolle nicht auf, obwohl mehr Strom der Batterie entnommen wird, als eine der leistungsschwächeren Lichtmaschinen liefern kann: Es besteht dennoch keine Spannungsdifferenz zur Batterie.

Fingerzeig: Vielleicht haben Sie beobachtet, daß manchmal die Ladekontrolle brennen bleibt, wenn Sie den warmgefahrenen Motor ohne Gas starten und er in niedriger Leerlaufdrehzahl weiterläuft. Hierbei ist die Vorerregung der Drehstrom-Lichtmaschine zu schwach, sie liefert noch keinen Strom. Sobald Sie auf das Gaspedal tippen, verlöscht das rote Licht. Das ist normal und deutet keinen Schaden an.

Spannungsregler

Die Lichtmaschine kann man mit einem Fahrraddynamo vergleichen: Je schneller sie dreht, um so höher steigt die Spannung und somit auch der gelieferte Strom. Ein derartiges Auf und Ab würden die Stromverbraucher im Auto nicht lange ertragen, deshalb muß ein besonderer Regler die Lichtmaschinenspannung begrenzen und ein Überladen der Batterie verhindern.
Dieser Regler – ein elektronischer Feldregler – ist bei der Bosch-Lichtmaschine außen angeschraubt. Bei der Delco-Remy-Lichtmaschine befindet sich der Regler im Gehäuseinnern.

Selbsthilfe an Generator und Regler

Wartungsarbeiten an der Drehstrom-Lichtmaschine fallen nicht an, wenn man einmal vom wirklich seltenen Schleifkohlenwechsel absieht. Tiefergehende Schäden sind mit Heimwerkermitteln nicht zu beheben.

Hier ist die Lichtmaschine eines Achtventiler-Omega abgebildet. Beziffert sind:
1 – untere Befestigungsmutter;
2 – Lichtmaschine;
3 – seitliche Befestigungsschraube mit Halter;
4 – obere Befestigungsschraube mit Halter;
5 – Keilrippenriemen.

Ladespannung prüfen

● Voltmeter zwischen dem Anschluß des dicken roten Kabels an der Lichtmaschine und Masse anklemmen.
● Motor mit mittlerer Drehzahl laufen lassen.
● Bei intaktem Regler sind jetzt etwa 14,0–15,0 Volt abzulesen.
● Ist das nicht der Fall, Schleifkohlen kontrollieren bzw. Regler austauschen.
● Ansonsten ist die Lichtmaschine selbst defekt.

Schleifkohlen kontrollieren
Bosch-Lichtmaschine

● Regler von der Lichtmaschine abbauen. Dazu zwei Schlitzschrauben lösen.
● Regler gewissermaßen herausklappen, damit die Kohlebürsten nicht hängen bleiben.
● Überstand der Schleifkohlen messen:
● Neue Schleifkohlen sind **13 mm** lang; Verschleißmaß **5 mm**.

Schleifkohlen auswechseln
Bosch-Lichtmaschine

Zu dieser Arbeit wird ein Lötkolben, Elektrolot und außerdem Kenntnis im Löten gebraucht.
● Regler aus der Lichtmaschine ausbauen, wie vorstehend beschrieben.
● Anschlußlitzen auslöten, Kohlen herausziehen.
● Druckfedern von den alten Kohlen abziehen und auf die neuen stecken.
● Anschlußlitzen anlöten.
● Dabei wenig Lötzinn verwenden und schnell arbeiten, damit sich die Anschlußlitzen nicht mit Zinn vollsaugen. Sonst werden sie starr.

Schleifkohlen kontrollieren
Delco-Remy-Lichtmaschine

● Lichtmaschine ausbauen.
● Drei Gehäuseschrauben am Lagerdeckel herausdrehen.
● Läufer mit Antriebslager und Riemenscheibe aus dem Ständer herausziehen.
● Enden der Ständerwicklung vom Diodenträger abschrauben, Ständer vom Schleifringlager abnehmen.
● Dioden ausbauen (drei Muttern, eine Schraube).

Keilrippenriemen abnehmen: Spannrolle des Keilrippenriemens mit einem Ringschlüssel gegen die Federkraft in Pfeilrichtung verdrehen.

Die Lichtmaschine eines 16 V-Motors.
Es bedeuten:
1 – untere Halteschraube;
2 – Lichtmaschine;
3 – obere Halteschraube;
4 – seitliche Befestigungsschraube;
5 – obere Halteschrauben mit Halter.

● Beide Schrauben des Schleifkohlenhalters herausdrehen, Isolierscheibe abnehmen.
● Anschlußzungen der Schleifkohlen vom Halter abnehmen, Kohlen aus der Führung ziehen und ihre Länge messen.
● Bei einer Gesamtlänge von weniger als 20 mm sind sie zu ersetzen.

Schleifkohlen auswechseln
Delco-Remy-Lichtmaschine

● Die Federn der Schleifkohlen sind durch einen hakenförmigen Draht am Halter gesichert.
● Nach Einsetzen der neuen Kohlen diesen Draht nicht vergessen.
● Beim Zusammenbau der Lichtmaschine wird das lange Drahtende durch die Öffnung im Schleifringlager gesteckt.

Regler wechseln
Delco-Remy-Lichtmaschine

● Lichtmaschine auseinanderbauen, wie unter »Kontrolle der Schleifkohlen« beschrieben.
● Stecker abziehen.
● Halteschraube des Reglers herausdrehen und den Regler abnehmen.

<u>Fingerzeig:</u> Bei ausgebauten Schleifkohlen können Sie die Kupfer-Schleifringe des Lichtmaschinenankers (auf ihnen laufen die Kohlen) gleich mit prüfen. Haben sie schon tiefe Einlaufspuren, kann man sie in der Autoelektrik-Werkstatt überdrehen lassen.

Lichtmaschine ausbauen

● Batterie-Massekabel abklemmen.
● Kabelstecker vom Temperaturgeber im Luftansaugschlauch und vom Luftmassenmesser abziehen.
● Kurbelgehäuse-Entlüftungsschlauch vom Ventildeckel abziehen und Luftansaugschlauch von den Stutzen abbauen.
● Vor dem Abnehmen des Keilrippenriemens dessen Laufrichtung kennzeichnen.
● Spannrolle des Keilrippenriemens mit einem Ringschlüssel so weit gegen die Federkraft verdrehen (im Uhrzeigersinn), bis die Bohrung des Spannrollenflansches und der Spannrolle fluchten.

Keilrippenriemen abnehmen. Die Abbildung zeigt die gesicherte Spannrolle. Hier wurde ein passender Kreuzschlitzschraubendreher in die Bohrungen der Spannrolle und des Spannrollenflansches geschoben.

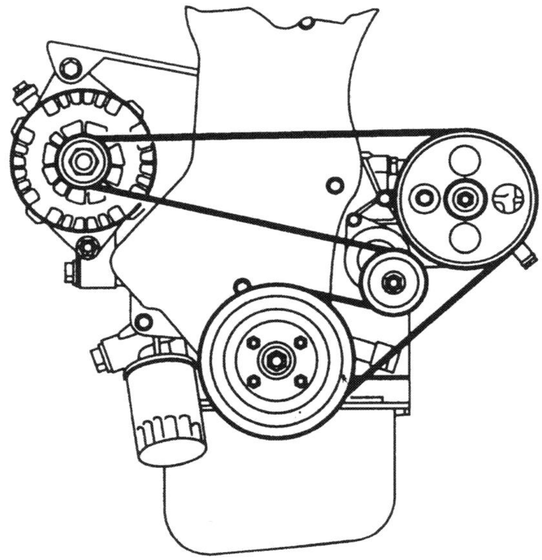

Keilrippenriemenverlauf am 16V-Motor mit Servolenkung.

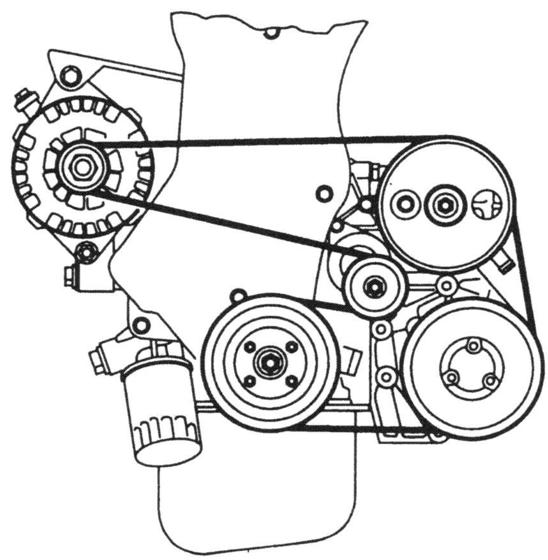

Keilrippenriemenverlauf am 16V-Motor mit Servolenkung und Klimaanlage.

- Spannrolle in dieser Stellung mit passendem Dorn oder Kreuzschlitzschraubendreher sichern und Ringschlüssel vorsichtig abnehmen.
- Keilrippenriemen abnehmen.
- Beide oberen Halter der Lichtmaschine abbauen.
- Unteren Lichtmaschinen-Halter lösen und Lichtmaschine zur Seite schwenken.
- Anschlußkabel hinten an der Lichtmaschine losschrauben.
- Untere Befestigungsschraube herausziehen und Generator aus dem Motorraum herausnehmen.
- Zum Einbau Lichtmaschine zunächst nur lose anschrauben.
- Beim anschließenden Festschrauben gelten folgende Drehmomente: Obere Halter 20 Nm, untere Befestigungsschraube 35 Nm.
- Anschlußkabel festschrauben.
- Keilrippenriemen auflegen, dabei die Laufrichtung beachten.
- Ringschlüssel an der Spannrolle ansetzen. Dorn herausziehen und Spannrolle vorsichtig entspannen.
- Korrekte Auflage des Riemens auf den Riemenscheiben kontrollieren.

Der Keilrippenriemen

Für den Antrieb des Generators entschied man sich bei Opel für einen flachen Riemen, der an der Laufseite zu den Riemenscheiben hin durch mehrere Rippen verstärkt ist. Dieser sogenannte Keilrippenriemen läuft auf Antriebsrädern, die mit einem dazu passenden Profil versehen sind. Der Keilrippenriemen wird durch eine spezielle Spannvorrichtung immer auf der richtigen Spannung gehalten. Dies geschieht durch ein Spannelement, das über eine Spiralfeder eine Spannrolle auf den Rücken des Keilrippenriemens drückt.

Eigentlich müßte dieser stabile Riemen ein ganzes Motorleben halten. Dennoch könnte der Riemen einmal ausfallen. Falls der Keilrippenriemen reißt, dürfen Sie weiterfahren! Denn die Wasserpumpe wird vom Zahnriemen angetrieben. Lediglich die Pumpe der Servolenkung bzw. der Kompressor der Klimaanlage stehen still.

Zustand des Keilrippenriemens prüfen

Wartung Nr. 6

- Drehen Sie zur Kontrolle des Riemens den Motor einige Male ganz durch.
- Nur so können Sie wirklich alle Flächen des Keilrippenriemens sehen. Oft hat der Riemen nämlich nur einen einzigen, aber tiefen Riß, der bei der Kontrolle möglicherweise genau auf einer Riemenscheibe zu liegen kommt.
- Einen schadhaften Riemen umgehend ersetzen.

Fingerzeig: Den Aus- und Einbau des Keilrippenriemens finden Sie im Abschnitt »Lichtmaschine ausbauen« in diesem Kapitel beschrieben.

Die richtige Keilrippenriemenlänge

Beim Opel Omega kommen nur zwei unterschiedliche Keilrippenriemen zum Einsatz, abhängig davon, ob das Fahrzeug ohne oder mit Klimaanlage ausgerüstet ist:

○ Ohne Klimaanlage 21,36 × 1725

○ Mit Klimaanlage 21,36 × 1900

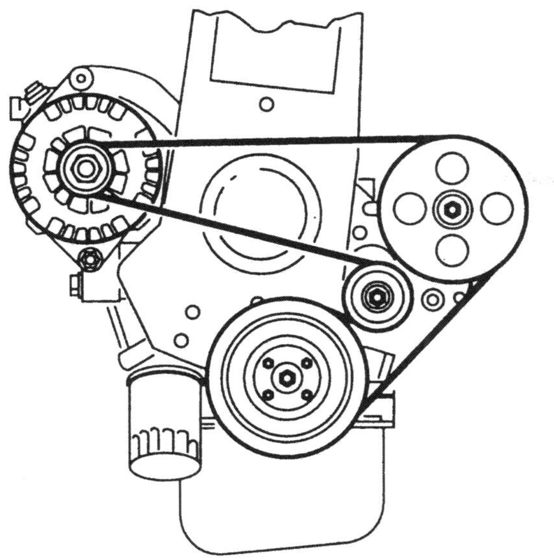

Keilrippenriemenverlauf am Achtventiler-Motor mit Servolenkung.

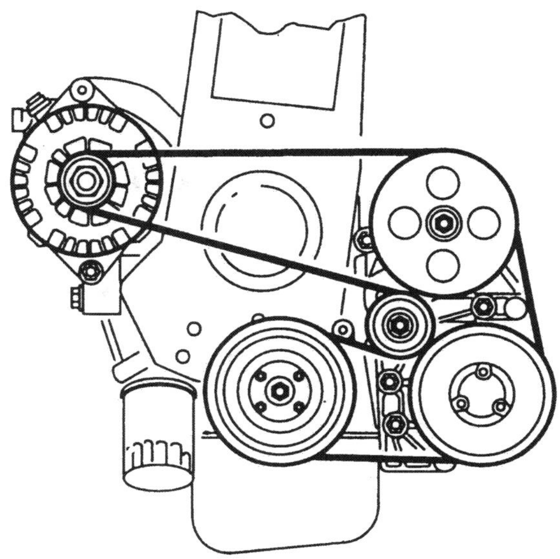

Keilrippenriemenverlauf am Achtventiler-Motor mit Servolenkung und Klimaanlage.

Störungsbeistand

Batterie und Lichtmaschine

Die Störung	– ihre Ursache	– ihre Abhilfe
A Rote Ladekontrolle brennt nicht beim Einschalten der Zündung	1 Batterie leer	Mit Starthilfekabeln starten oder Wagen anschleppen
	2 Batteriekabel gebrochen, Kabelklemmen lose oder oxidiert	Batteriekabel und -klemmen kontrollieren
	3 Kontrollampe defekt	Ersetzen
	4 Kabelweg zwischen Zündschloß, Kontrollampe und Lichtmaschine unterbrochen	Stromweg mit Prüflampe kontrollieren
	5 Massekabel zwischen Lichtmaschine und Motorblock gebrochen	Kabel kontrollieren
	6 Schleifkohlen abgenutzt	Schleifkohlen erneuern
	7 Spannungsregler defekt	Regler austauschen
	8 Lichtmaschine schadhaft	Lichtmaschine instand setzen lassen
	9 Nach zu heftiger Motorwäsche: Eingedrungene Feuchtigkeit hat einen isolierenden Schmierfilm zwischen den Schleifringen und Kohlen gebildet	Lichtmaschine mit Druckluft ausblasen oder Schleifringe und Kohlen sauberreiben
B Ladekontrolle brennt oder glimmt bei laufendem Motor	1 Keilriemenrippen lose	Automatische Spannrolle kontrollieren
	2 Mangelnder Kontakt an Kabelanschlüssen oder unterbrochene Kabel	Kabelanschlüsse und Kabel prüfen
	3 Siehe A 6–8	
C Batterieoberfläche feucht	1 Batterie überfüllt	Zuviel eingefülltes destilliertes Wasser durch Überladen herausgasen. Keine Säure absaugen
	2 Batterieverschlüsse verstopft	Entlüftungslöcher säubern
	3 Siehe A 7	
D Batterie gast stark	Siehe A 7	

Schwerathlet

Wenn Sie einmal ein Fahrzeug zum Anlassen angeschoben haben, wissen Sie ungefähr, was der kleine Elektromotor namens »Anlasser« zu leisten imstande ist.
In Zusammenarbeit mit der Zündanlage und einer gut geladenen Batterie verhilft er dem Motor ohne Mühe zu einem guten Start.

Die Bauart

Möchten Sie mal ein komisches Wort hören? Hier ist es: »Schub-Schraubtrieb-Starter«. Der ist im Omega eingebaut und funktioniert so:
○ Beim Zündschlüsseldreh in Stellung »Start« gelangt Spannung (vom Zündschloß kommend) an die Klemme 50 des oben auf dem Anlasser sitzenden Magnetschalters.
○ Dadurch schiebt ein Einrückhebel das Zahnritzel des Anlassers auf einem Steilgewinde in den Zahnkranz des Motor-Schwungrades.
○ Beim Eingreifen des Ritzels schaltet der Magnetschalter den vollen, von Klemme 30 kommenden Batteriestrom ein, so daß der Anlasser den Motor erst nach dem Einspuren des Ritzels kräftig durchdreht.
○ Ist der Motor angesprungen, wird das Ritzel aus dem Schwungrad wieder ausgespurt.

Die Anlasser-Typen

Im Omega ist entweder ein Anlasser von Bosch oder von Delco-Remy eingebaut. Im Aufbau weichen diese Starter voneinander ab. Beide Anlasser haben übrigens eine Leistung von 1,4 kW.

Anlasser ausbauen

● Massekabel an der Batterie abnehmen, sonst Kurzschlußgefahr.
● Batterie-Pluskabel und Kabel der Klemme 50 vom Magnetschalter abschrauben.
● Obere Befestigungsschraube (lange Schraube) des Anlassers vom Getriebe her losschrauben.
● Falls vorhanden, Anlasserstütze abschrauben.
● Fahrzeug aufbocken und sichern.
● Untere Befestigungsschraube herausdrehen und Anlasser abnehmen.
● Beim Einbau auf unterschiedliche Schraubenlänge achten.
● Befestigungsschrauben des Anlassers mit 60 Nm, Anlasserstütze mit 25 Nm anziehen.

Schleifkohlen auswechseln

Wenn der Anlasser streikt, sind möglicherweise nur die Schleifkohlen abgenutzt. Diese Kohlebürsten können als Ersatzteil in der Opel-Werkstatt oder beim Zubehörhandel gekauft und ausgewechselt werden. Weiterhin nötig: Kenntnisse im Löten, Elektrolot und ein kräftiger Lötkolben von mindestens 150 Watt. Haben Sie keinen Lötkolben, können Sie den Anlasser selbst aus- und einbauen, aber die Kohlen bei einer Autoelektrik-Werkstatt

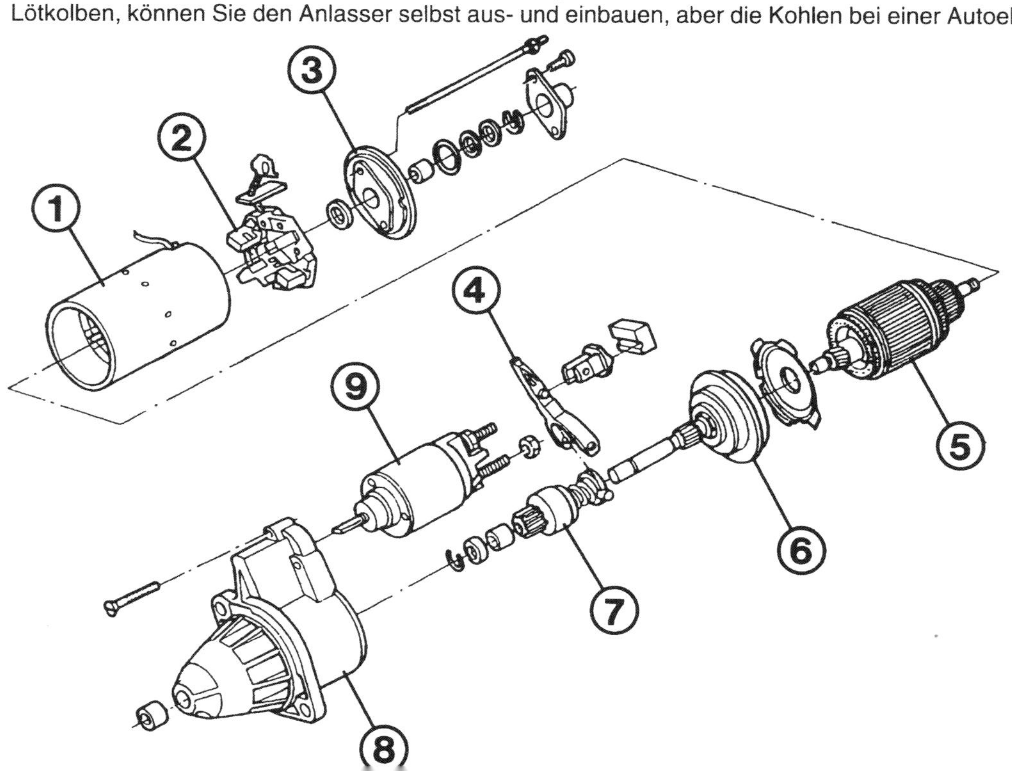

Die Einzelteile des Bosch-Anlassers: 1 – Kollektorgehäuse; 2 – Kohlebürstenhalter; 3 – hinterer Gehäusedeckel; 4 – Einrückhebel; 5 – Kollektor; 6 – Untersetzungsgetriebe; 7 – Freilauf mit Ritzel; 8 – Einrückgehäuse.

Die Abbildung zeigt den rechts hinten am Motor sitzenden Anlasser. Es bedeuten:
1 – Klemme-30-Kabel von der Batterie;
2 – Magnetschalter;
3 – Klemme-50-Kabel vom Zündschloß;
4 – Kabel vom Magnetschalter zum Anlasaser;
5 – Anlasser.

einlöten lassen. Dort kann der Anlasser dann auch auf verschiedene elektrische und mechanische Funktionen durchgeprüft werden.

Bosch-Anlasser-Schleifkohlen auswechseln

- Stütze vom Anlasser losschrauben.
- Lagerkappe vom Kollektorlager abschrauben.
- Ankerhaltescheibe und Ausgleichscheibe(n) von der Ankerwelle abnehmen. Achten Sie dabei auf den Gummiring.
- Beide Polgehäuseschrauben herausdrehen.
- Kollektorlager vom Gehäuse abnehmen.
- Schleifkohlen aus dem Halter ziehen und ihre Länge messen. Die Mindestlänge beträgt **13 mm**.
- Kupferlitze der verbrauchten Kohlebürsten ablöten.
- Beim Anlöten die Litze der neuen Kohle mit einer Flachzange fassen, um Hochsteigen des Lötzinns in die Litze zu verhindern.

Delco-Remy-Anlasser-Schleifkohlen auswechseln

- Stütze hinten am Anlasser losschrauben.
- Befestigungsschrauben des Kollektorlagers lösen.
- Haltemuttern des Polgehäuses herausdrehen. Polgehäuse abnehmen.
- Kupferlitze der alten Kohlebürsten ablöten. Beim Anlöten die Litze der neuen Kohle mit einer Flachzange fassen, um Hochsteigen des Lötzinns zu verhindern.

Der Anlasser (9) von Delco Remy besteht aus folgenden Hauptteilen:
1 – Lagerdeckel der Ritzelseite;
2 – Magnetschalter;
3 – Feldwicklung;
4 – Einrückhebel;
5 – Kollektor;
6 – Gehäuse;
7 – Lagerdeckel der Kollektorseite;
8 – Schleifkohlen mit Halter.

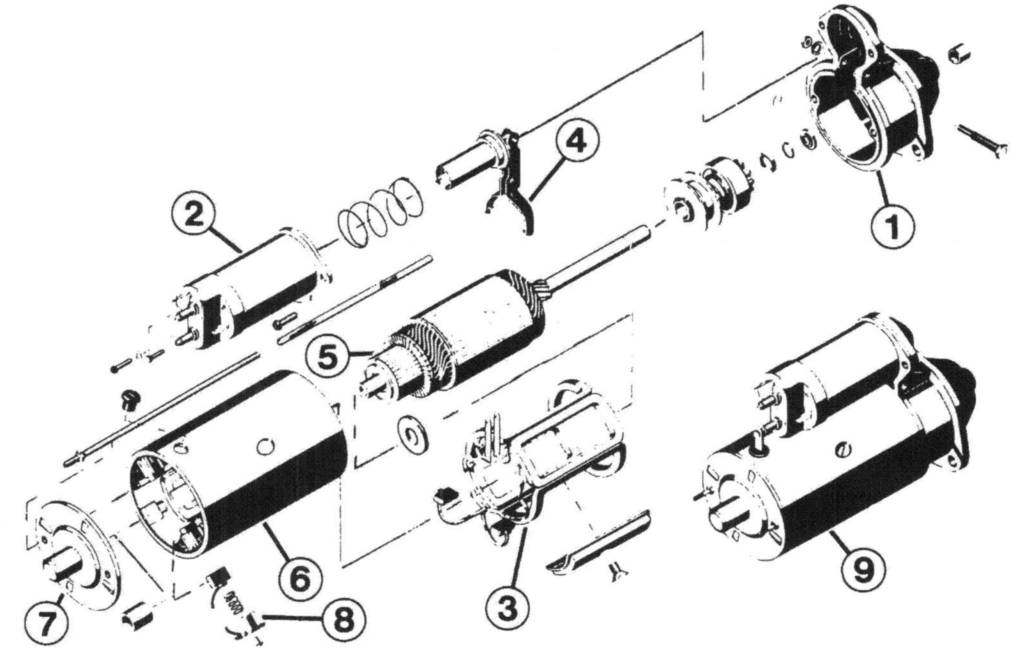

● Bürstenträgerplatte vom Kollektor abziehen. Achten Sie dabei auf die Bürstenfedern.

● Länge der Schleifkohlen messen, Mindestlänge: 4 mm.

Magnetschalter ausbauen

● Anlasser ausbauen.
● Kabel zum Anlasser losschrauben.
● Befestigungsschrauben am Halteflansch des Magnetschalters losschrauben.
● **Bosch-Anlasser:** Magnetschalter ein Stück zurückziehen, und die Öse aus dem Einrückhebel des Anlassers aushängen.
● **Delco-Remy-Anlasser:** Magnetschalter mit einer Drehbewegung zusammen mit der Druckfeder vom Anlasser abnehmen.

Störungsbeistand

Anlasser

Die Störung	– ihre Ursache	– ihre Abhilfe
A Beim Drehen des Zündschlüssels in Startstellung dreht der Anlasser zu langsam oder gar nicht	1 Kontrollampen brennen schwach oder verlöschen	
	a) Batterie entladen	Mit Starthilfekabeln starten
	b) Kabelanschlüsse lose oder oxidiert	Kabelanschlüsse kontrollieren
	c) Anlasser hat Masseschluß	Anlasser überholen lassen
	2 Kontrollampen brennen hell, Klicken aus Richtung Anlasser	Kurz auf den Magnetschalter klopfen. Dreht der Anlasser weiterhin nicht:
	a) Kohlebürsten bzw. deren Anschlüsse im Anlasser gelöst	Kohlebürsten überprüfen
	b) Kontakte im Magnetschalter verschmort	Magnetschalter ersetzen
	c) Anlasserwicklung schadhaft	Anlasser überholen lassen
	3 Kontrollampen brennen hell, keinerlei Geräusche	
	a) Anschluß der Klemme 50 am Magnetschalter lose	Steckanschluß überprüfen
	b) Klemme-50-Leitung vom Zündschloß zum Magnetschalter unterbrochen	Leitung mit Prüflampe kontrollieren
B Anlasser läuft, ohne den Motor durchzudrehen	1 Einrückvorrichtung klemmt	Anlasser überholen lassen
	2 Verzahnung des Ritzels oder der Motor-Schwungscheibe beschädigt	Wagen bei eingelegtem Gang ein Stück vorschieben. Erneut starten. Beschädigte Teile ersetzen lassen
C Magnetschalter schaltet in schneller Folge ein und aus, Anlasser läuft nicht an	Batterie stark entladen, beim Einschalten des Magnetschalters fällt die Spannung ab und er schaltet wieder ab	Batterie laden
D Anlasser läuft weiter, obwohl der Zündschlüssel losgelassen wurde	1 Magnetschalter hängt und schaltet nicht ab	Zündung sofort abschalten, notfalls Batterie abklemmen. Magnetschalter ersetzen
	2 Zünd-/Anlaßschalter defekt	Zünd-/Anlaßschalter ersetzen
E Ritzel spurt nach Anspringen des Motors nicht aus	1 Rückstellfeder des Einrückhebels lahm oder gebrochen	Zündung sofort abschalten. Reparieren lassen
	2 Verzahnung des Ritzels bzw. des Motor-	Reinigen bzw. schadhafte Teile ersetzen lassen

Funkenflug

Ein kräftiger Funke muß in jedem Motorzylinder das Kraftstoff/Luft-Gemisch entzünden. Das muß im richtigen Moment geschehen sowie unter sämtlichen Betriebsbedingungen. Bei dem so entstehenden Verbrennungsablauf wird jeder Kolben mit neuer Kraft nach unten befördert, wodurch der Motor seine Arbeit leisten kann.

Was die Zündung leistet

○ Die Zündanlage sorgt durch gezielt abgefeuerte Zündfunken für den richtigen Verbrennungsablauf im Motor. Und das geht Knall auf Fall, denn bei 3000 Motorumdrehungen fordert jeder Motorzylinder 25 Funken pro Sekunde. Macht bei unserem Vierzylinder 100 in der Sekunde, 6000 in der Minute, 360 000 in der Stunde usw.
○ Damit an der Zündkerze im Verbrennungsraum überhaupt ein Funke überspringen kann, muß zwischen den Zündkerzenelektroden eine Spannung von mindestens 30 000 Volt vorhanden sein. Die Batterie liefert aber nur 12 Volt. Die Batteriespannung muß also gewaltig hochtransformiert werden.
○ Ferner geht es beim Funkenüberschlag nicht etwa um Zehntel- oder Hundertstel-, sondern um Tausendstel-Sekunden. Nur ein Minimales zu spät oder zu früh, und die Zündung und damit die Leistung des Motors ist mangelhaft.

Wann wird gezündet?

Der Funke muß im richtigen Augenblick überspringen. Am wirkungsvollsten ist die Verbrennung, wenn das Kraftstoff/Luft-Gemisch in dem Moment entzündet wird, da dieses auf engstem Raum zusammengepreßt ist. Diese höchste Verdichtung herrscht beim Viertaktmotor in jenem Augenblick, in dem der Kolben bei Beendigung des Kompressionshubs (2. Takt) von der Aufwärtsbewegung in die Abwärtsbewegung des (3.) Arbeitstakts übergehen will. Bevor sich die Bewegungsrichtung des Kolbens umkehrt, steht er einen winzigen Sekundenbruchteil lang im höchsten Punkt in seiner Bewegungsbahn still. Diesen Punkt nennt man den »Oberen Totpunkt« (OT). Das entsprechende Gegenstück dazu – der untere Umkehrpunkt – ist der »Untere Totpunkt« (UT), der uns jedoch hier nicht interessiert.
Zurück zum richtigen Zeitpunkt für den Zündfunken: Idealer Zündzeitpunkt ist also der Moment, in dem der Kolben gerade seine Abwärtsbewegung beginnt. Die Verdichtung ist am höchsten, und der Kolben kann mit Kraft und Schwung zum Motorblock hinuntergedrückt werden. Trotzdem wäre es falsch, den Zündzeitpunkt genau auf OT zu legen. Denn das Kraftstoff/Luft-Gemisch braucht eine gewisse Zeit (rund 1/3000 s), bis es sich entzündet hat und den vollen Verbrennungsdruck entwickelt. Also wird der Zündzeitpunkt vorverlegt. Wir haben »Frühzündung«. Der Startschuß für den Funken erfolgt deshalb noch während der Aufwärtsbewegung des Kolbens, der Verbrennungsdruck setzt jedoch erst knapp nach dem OT ein.

Oberer Totpunkt und Frühzündung

Mit steigender Motordrehzahl muß der Zündfunke immer früher überspringen, denn – wir haben das im letzten Abschnitt schon angesprochen – das Kraftstoff/Luft-Gemisch braucht ja immer die gleiche Zeit zur Entzündung. Nur so erfolgt die Verbrennung wieder genau zur richtigen Zeit, nämlich dann, wenn der Kolben gerade wieder beginnt abwärts zu laufen.
Das Verbrennen des Kraftstoff/Luft-Gemisches hängt aber auch von dessen Zusammensetzung ab. Bei nur gering durchgetretenem Gaspedal (bei »Teillast«) ist das Gemisch in den Brennräumen weniger zündfähig; es verbrennt daher langsamer. Auch hier muß früher gezündet werden.

Zündverstellung in Richtung »spät«

Andere Situationen erfordern es, den Zündzeitpunkt in Richtung »spät« zu verschieben. Die Zündung erfolgt dann erst, wenn der Kolben den OT längst passiert hat. Es wird also fast in den Aufpufftakt hinein gezündet, was die Abgaszusammensetzung verbessert, die Motorleistung aber verschlechtert. Demzufolge ist Spätzündung genau richtig, wenn der Motor ohne Last im Schiebebetrieb (z. B. bergab ohne Gas) läuft.

Das Zündsystem

Die Zündung ist beim Omega Bestandteil eines kompletten Motor-Managements. Darunter versteht man die Zusammenfassung von Zünd- und Einspritz-Steuerung. Das hat den Vorzug, daß die Reaktionen beider Bereiche optimal aufeinander abgestimmt werden können. Außerdem können dieselben Geber für die Gemischbildung und Zündverstellung (wie schon angesprochen) herangezogen werden.

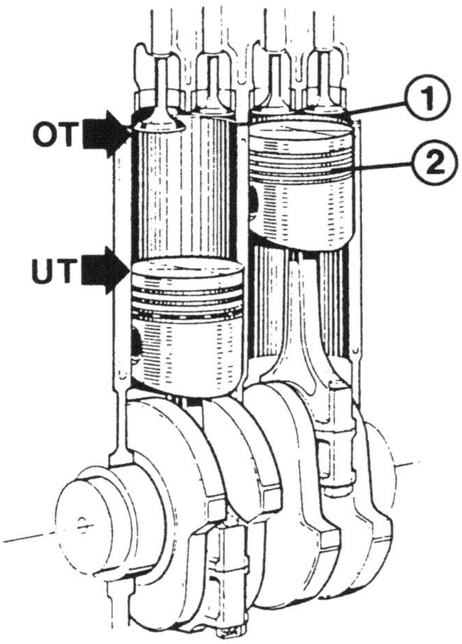

Die Zeichnung verdeutlicht die Begriffe »Oberer« und »Unterer Totpunkt«. Der Raum dazwischen ist der »Hubraum«. Dagegen befindet sich der Verbrennungsraum zwischen höchster Kolbenstellung (2) und Zylinderkopf-Unterkante (1).

○ Bei beiden Motorisierungen handelt es sich um eine verteilerlose Zündung (ruhende Zündverteilung). Je zwei Zylinder besitzen im Prinzip eine für sie zuständige Zündspule, die nur dann einen Funken erzeugt, wenn ihn der jeweilige Zylinder benötigt. Technisch bedingt erhält jedoch jeder Zylinder bei jeder Motorumdrehung noch einen weiteren (unnützen, aber unschädlichen) Funken in den Auspufftakt.
○ »Kopf« der Anlage ist das Steuergerät der Zünd/Einspritzanlage, das die Zündspulen direkt ansteuert.
○ Die Zündverstellung erfolgt bei dieser Zündanlage auf rein elektronischem Weg.

So entsteht der Zündfunke

○ Das Grundprinzip der Zündung besteht darin, daß zunächst der Batteriestrom durch die Primärwicklung der Zündspule fließt. Diese Wicklung besteht aus wenigen Windungen eines dicken Drahtes. Unter der Wirkung des Stromes baut sich um den Eisenkern in der Zündspule ein kräftiges Magnetfeld auf – unsere Zündenergie.
○ Nähert sich der Kolben in seinem Zylinder dem Punkt, da die angesaugte und verdichtete Ladung gezündet werden soll – dem Zündzeitpunkt –, wird der Strom zur Zündspule unterbrochen.
○ Mit dem Ausschalten des Stromes bricht das Magnetfeld in der Zündspule zusammen. Dabei passiert folgendes: In der Sekundärwicklung aus sehr vielen Windungen eines dünnen Drahtes entsteht ein Hochspannungs-Stromstoß von einigen zigtausend Volt.
○ Diese Zündspannung wird direkt derjenigen Zündkerze zugeleitet, die in der Zündfolge des Motors gerade an der Reihe ist. Das Gemisch wird entzündet, der Motor dreht weiter. Der Stromkreis wird wieder geschlossen, und das Spiel läuft von neuem ab.

Zündspulen der verteilerlosen Zündung

Bisweilen werden diese Zündspulen Doppelfunken-Zündspule (oder DIS-Zündmodul) genannt, und das aus folgendem Grund:
Bei jedem Zündimpuls vom Steuergerät liefert die Zündspule zwei Zündfunken. Der eine Funke geht als Zündfunke an den im Arbeitstakt befindlichen Zylinder, der andere geht als funktionsloser »Stützfunke« in den Auspufftakt des um 360° versetzten Zylinders. Dort nützt er nichts, schadet aber auch nichts. Nach einer weiteren Kurbelwellenumdrehung zünden die Kerzen wieder, aber diesmal mit vertauschten Rollen. Wo vorher der Stützfunke war, ist jetzt der Zündfunke (und umgekehrt).
Zur Technik: Die Doppelfunken-Zündspule besteht aus zwei Einzelspulen, von denen jede für zwei Zylinder zuständig ist. Dabei liegt keiner der Zündspulen-Ausgänge auf »Masse«, wie sonst üblich. Die »Masse«-Verbindung holt sich die Spule über den Stützfunken.

Vorteile der verteilerlosen Zündung

Dem Nachteil des funktionslosen Funkens (geringer Energieverlust) stehen zahlreiche Vorteile gegenüber:
○ Einsparung des aufwendigen mechanischen Zündverteilers.
○ Entfall der Störungsmöglichkeiten im Verteiler (Schwitzwasser, Kriechströme, Spannungsüberschläge).
○ Geringere Störungen im Autoradio (kein Verteilerfunke).

Kopf der Anlage

Das Steuergerät

Bei den Omega-Motoren ist die Steuerung der Zündung mit der Steuerung der Einspritzung kombiniert. Also gibt es auch nur ein gemeinsames Steuergerät. Hier ein kleiner Abriß dessen, was so ein Steuergerät leistet:

Hier ist der rechts am Motor sitzende Klopfsensor (Pfeil) gezeigt.

○ Beim Zündsystem des Opel Omega bedarf es keiner zusätzlichen Einrichtung zur Verstellung des Zündzeitpunkts. Dem Steuergerät stehen alle möglichen Motordaten und -kennwerte zur Verfügung. Induktiver Impulsgeber, Kühlmittel-Temperaturgeber, Drosselklappen-Potentiometer etc. machen's möglich. Aus all diesen Daten und Informationen errechnet das Steuergerät den für den jeweiligen Belastungszustand richtigen Zündzeitpunkt. Zeichnet man den Zündwinkel (Zündzeitpunkt) über dem Lastzustand des Motors und der Motordrehzahl auf, erhält man ein sogenanntes Zündkennfeld.
○ Ferner stehen Korrekturprogramme zur Verfügung für Motorstart, Kaltlauf, Schubbetrieb etc.
○ Das Steuergerät genehmigt dem DIS-Zündmodul immer gerade so viel Strom, wie diese im Moment benötigt. Im Extremfall (Zündung eingeschaltet, Motor steht) kann es also bei dieser Zündung auch nach längerer Zeit nicht zu einer Schädigung der Zündspule kommen.
○ Natürlich findet ein Datenaustausch mit der Einspritzung statt. Auch deshalb, weil einige Geber am Motor doppelt genutzt werden.
○ Zuletzt ist noch ein Fehlerspeicher eingebaut, der, wie im Einspritz-Kapitel beschrieben, ausgelesen werden kann.

Klopfregelung

Klopfende Verbrennung durch zu weit in Richtung »früh« gelegten Zündzeitpunkt schadet dem Motor. Die Folgen sind Überhitzung, Lager- und Kolbenschäden.
Andererseits ist die Leistungsausbeute des Motors am höchsten, wenn der Zündzeitpunkt so weit wie möglich in Richtung »früh« gelegt wurde, wenn also hart an der Klopfgrenze gefahren wird.
Zu viele Faktoren (Kraftstoffqualität, Brennraumablagerungen etc.) beeinflussen diese Klopfgrenze, als daß man sie genau festlegen könnte. Man braucht also einen großen »Sicherheitsabstand« bei der herkömmlichen Zündeinstellung. Oder einen »Horchposten«, der ermittelt, ob klopfende Verbrennung vorliegt – eine Klopfregelung.

Funktion der Klopfregelung

Die Verbrennung in den Zylindern wird elektronisch überwacht. Hierzu ist hinten am Motorblock in Höhe der Lichtmaschine zwischen 2. und 3. Zylinder ein sogenannter Klopfsensor festgeschraubt. Der Sensor »spürt« es, wenn die Verbrennung im Zylinder statt der üblichen gleichförmigen Schwingungen ein ungleichmäßiges Schwingungsbild zeigt. Diese Information leitet der Klopfsensor zum Steuergerät weiter.
Dort passiert folgendes: Mit Eingang des Signals »klopfende Verbrennung bei der letzten Zündung« erhalten die nun folgenden Zylinder mit normaler Verbrennung weiterhin ihren errechneten Zündzeitpunkt. Doch an

In der linken Zeichnung ist das Zündkennfeld einer herkömmlichen Zündanlage dargestellt. Rechts erkennen Sie, daß das Kennfeld bei den Motronic- bzw. Simtec-Zündungen wesentlich stärker ausgeformt ist. D. h. der Zündzeitpunkt ist viel genauer auf den jeweiligen Betriebszustand angepaßt.

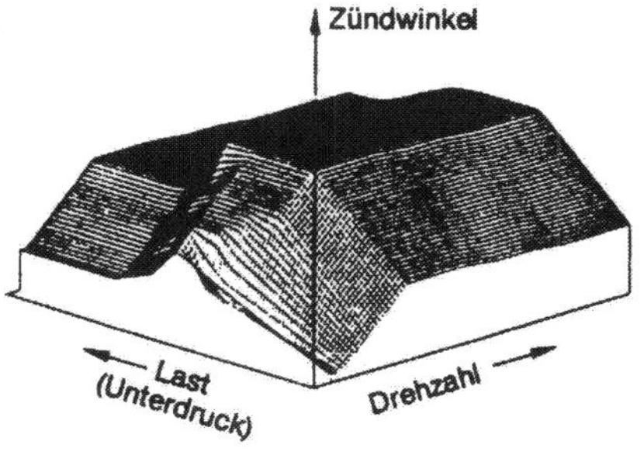

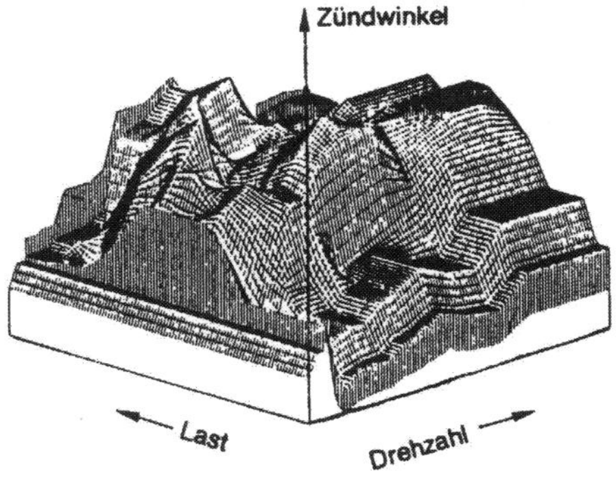

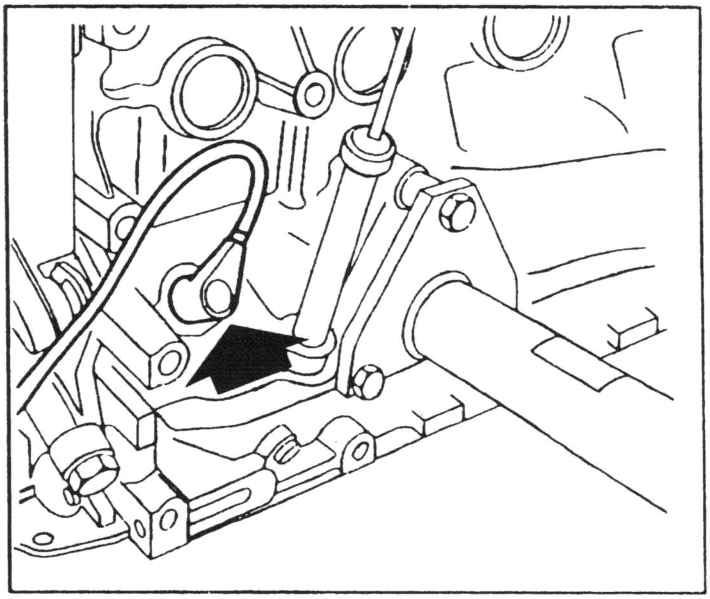

Der induktive Impulsgeber (Pfeil) sitzt vorn links im Motorblock hinter der Kurbelwellen-Riemenscheibe. Der Impulsgeber übermittelt dem Steuergerät Drehzahl und Stellung der Kurbelwelle. Diese Daten sind wichtig zur Bestimmung des Zündzeitpunkts.

demjenigen Zylinder, an dem Klopfen festgestellt wurde, wird der Zündzeitpunkt um ca. 3° zurückgenommen. Das geschieht wohlgemerkt nur bei diesem einen Zylinder. Die anderen behalten den ursprünglich errechneten Zündzeitpunkt. Man nennt dies »selektive« Klopfregelung.
Sollte die klopfende Verbrennung im betreffenden Zylinder anhalten, wird beim nächsten Arbeitstakt der Zündzeitpunkt abermals um 3° zurückgenommen. Das kann bis maximal 15° (vom Soll-Zündzeitpunkt aus gerechnet) geschehen. Wenn nun im entsprechenden Zylinder die Verbrennung wieder normal abläuft, wird der Zündzeitpunkt nach einer kurzen Verweilzeit wieder in Richtung »früh« verstellt. Das geschieht um ca. 0,3°, dann folgt eine Pause über mehrere Arbeitstakte, bevor abermals um 0,3° weiter in Richtung »früh« verstellt wird. Das geht so lange, bis der ursprünglich geplante Zündzeitpunkt erreicht ist oder der Klopfsensor erneut klopfende Verbrennung meldet.

Der Klopfsensor

In diesem Fühler ist ein »Piezokeramik«-Stückchen eingesetzt, ein Werkstoff, den wir als Funkenspender vom Gasfeuerzeug her kennen. Mechanische Kräfte (Zug, Druck), die auf die Piezokeramik wirken, werden von dieser in elektrische Spannung umgesetzt. Ungleichmäßige Schwingungen – erzeugt durch klopfende Verbrennung – genügen, um den Sensor zu aktivieren.

Der induktive Impulsgeber

Der Impulsgeber sitzt in Fahrtrichtung vorn links im Motorblock, gleich hinter der Kurbelwellen-Riemenscheibe. Im Geber ist eine Spule und ein Magnet untergebracht. Das Gegenstück bildet eine mit Metallzähnen besetzte Geberscheibe. Jedesmal, wenn ein Zahn der Scheibe unter dem Impulsgeber vorbeiläuft, ändert sich das Magnetfeld des Dauermagneten, und in der Spule wird Spannung erzeugt. In ähnlicher Weise funktioniert auch ein Fahrraddynamo. Über die Anzahl der Spannungsimpulse errechnet das Steuergerät die Drehzahl der Kurbelwelle.
Zur Bestimmung des Zündzeitpunkts benötigt das Steuergerät die Information über die Stellung der Kurbelwelle. Hierzu wurden am Umfang der Geberscheibe 2 Zähne ausgelassen. Durchläuft die »Zahnlücke« auf der Scheibe den Meßbereich des Impulsgebers, liefert dieser für einen kurzen Moment keine Spannungsimpulse. Mit dem kurzen Ausbleiben der Spannungsimpulse ist das Steuergerät über die Position der Kurbelwelle informiert.

Der Nockenwellengeber

In Verbindung mit der Simtec-Einspritzung kommt ein zusätzlicher Hallgeber für die zuvor beschriebene Klopfregelung hinzu. Er dient zur Erkennung der Zündstellung der einzelnen Zylinder. Diese Information benötigt das Steuergerät für die Klopfregelung.

Vorsicht beim Umgang mit der Zündung

An der Zündanlage des Omega haben wir es mit hohen Spannungen zu tun: Schon in den dünnen Steuerleitungen der Zündanlage können Spannungen bis zu 100 Volt mit hoher Stromstärke auftreten, ganz zu schweigen von der Zündspannung, die mit über 30 000 Volt (aber geringer Stromstärke) gefährlich hoch ist.
Das Berühren blanker Kontakte kann unter ungünstigen Umständen vor allem für Herzkranke und ganz besonders für Träger eines Herzschrittmachers sehr gefährlich werden. Deshalb folgendes beachten:

Das Bild zeigt den Nockenwellengeber des 16V-Motors bei abgenommener Zahnriemen-Abdeckung. Seine Aufgabe ist die Übermittlung der Zündstellung der einzelnen Zylinder an das Steuergerät.

○ Sämtliche elektrische Leitungen – auch Anschlüsse von Prüfgeräten – nur bei ausgeschalteter Zündung berühren oder ab- bzw. anklemmen.
○ Abklemmen der Batterie nur bei ausgeschalteter Zündung.
○ Soll der Motor vom Anlasser lediglich durchgedreht werden ohne anzuspringen, muß die Zündung lahmgelegt werden (siehe folgenden Abschnitt).
○ Zur Motorwäsche muß die Zündung ausgeschaltet sein.
○ Zur Starthilfe bei leerer Batterie mit einem Schnellader darf dieser höchstens eine Minute lang angeschlossen sein und die Spannung nicht mehr als 16,5 V betragen.
○ Bei einem bestehenden oder vermuteten Defekt an der Zündanlage zum Abschleppen des Fahrzeugs Zündung lahmgelegen (siehe folgenden Abschnitt).
○ Auch die dicken Zündkabel und deren Stecker nicht gegen beliebige austauschen.
○ Gleiches gilt für die Kerzenstecker.
○ Zum elektrischen Schweißen am Fahrzeug müssen die Kabel an der Batterie abgeklemmt werden.

Arbeiten an der Zündanlage

Zündung lahmlegen

Das Steuergerät der Zünd/Einspritz-Steuerung erleidet unweigerlich Schaden, wenn der Motor (etwa beim Messen des Kompressionsdrucks) bei einem abgezogenem Zündkabel vom Anlasser durchgedreht wird. Deshalb bei ausgeschalteter Zündung:

● Kabelstecker hinten am DIS-Zündmodul entriegeln und abziehen.

● Beim Achtventiler ist der Stecker von der Wagenunterseite her zugänglich.

Störungssuche an der Zündung

Wer einem Fehler in der Zündung auf die Spur kommen will, muß ganz systematisch vorgehen.

Zündung lahmlegen: Bei ausgeschalteter Zündung Anschlußstecker (Pfeil) hinten am DIS-Zündmodul abziehen.

○ Ob überhaupt ein Zündfunken erzeugt wird, klärt man mit einer einfachen Zündspannungs-Prüfung.
○ Eine genaue Sichtprüfung der Zündanlage deckt die häufigsten Fehlerursachen (Kabel, Stecker, Spannungsüberschläge) auf.
○ Erst jetzt Bauteile der Zündanlage durchprüfen.

Ist Zündspannung vorhanden?

Gleich zu Anfang prüfen wir, ob die Zündanlage überhaupt Zündfunken zustandebringt:

● Zündkabel an einer Zündkerze abziehen, Kerze herausschrauben.

● Zündkabel wieder auf die Kerze stecken und diese so auf dem Motorblock ablegen, daß sie sicheren Massekontakt hat und von der Motorbewegung nicht abgeschüttelt werden kann. Besser noch das Gewindeteil der Kerze mittels Starthilfekabel leitend mit dem Motor verbinden.

● Motor von Helfer mit dem Anlasser durchdrehen lassen.

● Springen kräftige Funken an der Kerzenelektrode über, ist Zündstrom vorhanden und damit die Zündanlage aller Wahrscheinlichkeit nach in Ordnung.

● Dennoch können Fehler vorhanden sein, die auf diese Weise nicht zu erkennen sind: Ein defekter Geber oder falsches Ausrechnen des Zündzeitpunkts durch das Steuergerät.

● Funkt nichts, versuchen Sie es mit der Kerze eines anderen Zylinders. Springen immer noch keine Funken über, muß die Zündanlage komplett geprüft werden.

Sichtprüfung der Zündanlage

○ Sitzen alle Kabelanschlüsse und Steckkontakte am DIS-Zündmodul und am Zünd/Einspritz-Steuergerät fest?
○ Ist in den Mehrfachsteckern am Steuergerät eventuell ein einzelner Steckkontakt zurückgerutscht?
○ Ist am DIS-Zündmodul Vergußmasse herausgedrückt worden? Dann ist das Modul wahrscheinlich defekt.
○ Zeigen sich am DIS-Zündmodul Risse oder Brandspuren von überschlagenden Funken?
○ Kontrollieren Sie zusätzlich die Zündkerzenkabel auf festen Sitz und Schäden an der Isolation. Die modernen Zündanlagen sind durch ihre hohen Zündspannungen besonders empfindlich gegen Funkenüberschläge und Kriechströme.
○ Sind sämtliche Teile der Zündanlage sauber und trocken? Feuchter Schmutz begünstigt Spannungsüberschläge.

<u>Fingerzeig:</u> Beachten Sie bei den folgenden Messungen, daß Meß- und Prüfgeräte nur bei ausgeschalteter Zündung an- und abgeklemmt werden dürfen.

Stromversorgung der Zündanlage in Ordnung?

Neben einem Totalausfall der Zündanlage durch fehlende Spannung kann auch zu geringe Versorgungsspannung erhebliche Störungen bewirken! Deshalb ist hier ein Voltmeter besser zur Prüfung. Prüfvoraussetzung: Batterie geladen.

● Stecker hinten am DIS-Zündmodul abziehen. Beim Achtventiler ist der Stecker von der Wagenunterseite her zugänglich.

● Meßgerät am abgezogenen Stecker anschließen zwischen Kontakt »1« (Plus) und »2« (Masse).

● Zündung einschalten.

● 11,5 Volt müssen dort mindestens abzulesen sein.

● Messen Sie gar keine Spannung oder eine zu geringe, liegt der Fehler im Kabelweg zum Zündschloß.

Fehlerquellen

○ Zündschloß defekt (Kapitel »Instrumente und Geräte«).
○ Unterbrechung in der Zuleitung Zündschloß/DIS-Zündmodul bzw. Steuergerät. Kabelverlauf und Stecker anhand der Stromlaufpläne hier im Buch kontrollieren.

Zündspule prüfen

○ Geprüft wird zunächst, ob die Kerzen funken. Ist das der Fall, ist das DIS-Zündmodul wahrscheinlich in Ordnung.
○ Ist das nicht der Fall, Spannungszufuhr prüfen, wie beschrieben. Spannung da, aber kein Zündfunke: Zündimpulse (vom Steuergerät kommend) prüfen, wie nachstehend beschrieben.
○ Spannung da und Zündimpulse da, aber kein Zündfunke: Dann muß das DIS-Zündmodul defekt sein.

● Die Sichtprüfung am DIS-Zündmodul wurde bereits durchgeführt.

● Zündimpulse prüfen: Stecker hinten am DIS-Zündmodul abziehen. Beim Achtventiler ist der Stecker von der Wagenunterseite her zugänglich.

● Leuchtdioden-Spannungsprüfer am abgezogenen Stecker zwischen den Kontakt »1« und »3« anschließen.

● Von Helfer den Anlasser betätigen lassen: Der Spannungsprüfer muß flackern.

● Gleiche Prüfung zwischen den Kontakten »1« und »4«. Auch hier muß der Spannungsprüfer flackern.

● Flackert die Leuchtdiode, kommen die Zündimpulse am Zündmodul an. Bei nicht funktionierender Zündung kann also nur noch die DIS-Zündmodul defekt sein.

● Kommen keine Impulse an, liegt es am Steuergerät, der Zuleitung oder der Spannungsversorgung des Steuergeräts.

Ist Zündspannung vorhanden? Zündkerze mit aufgestecktem Kerzenstecker so auf den Motor ablegen, daß sie sicheren Massekontakt hat. Motor von Helfer mit dem Anlasser durchdrehen lassen. Springen kräftige Funken an der Kerzenelektrode über, ist Zündstrom vorhanden.

Impulsgeber prüfen

Der Geber befindet sich in Fahrtrichtung links im Motorblock hinter der Kurbelwellen-Riemenscheibe. Seine Kabelsteckverbindung ist rechts zur Seite nach oben geführt, so daß eine Widerstandsmessung nicht unter dem Wagen vorgenommen werden muß.

- Verlegung des Kabels vom Geber zum Kabelbaum verfolgen, Steckverbindungen und Kabel prüfen.
- Wicklungswiderstand im Impulsgeber messen: Kabelstecker im Motorraum trennen.
- Meßgerät am Kabel zum Geber anschließen.
- Das Meßgerät soll zwischen Klemme »2« und »3« 0,4 ± 1 Ω anzeigen. Zwischen Klemme »1« und »2« 12,3 ± 2 Ω und zwischen Klemme »1« und »3« gegen Motormasse größer 22 kΩ.
- Wird der Sollwert nicht erreicht, Impulsgeber ersetzen.
- Ist der Widerstandswert in Ordnung, Impulsgeber vom Motorblock losschrauben.
- Stirnseite des Impulsgebers reinigen. Schmutz oder Fett an dieser Stelle stört die Funktion.
- Luftspalt zwischen Geber/Zahnkranz mit einem Tiefenmaß kontrollieren.
- Der Abstand soll 0,1–1,5 mm betragen.
- Die Werkstatt hat zusätzlich noch die Möglichkeit, den Spannungsverlauf des Gebers an einem Bildschirm zu betrachten.

Steuergerät selbst prüfen?

Untergebracht ist das Zünd/Einspritz-Steuergerät links im Motorraum im Relaiskasten. Beim Prüfen des Steuergeräts endet die Kunst des Selbsthelfers. Die Gefahr, beim Messen am Anschlußstecker durch eine Verwechslung Schaden anzurichten, ist zu groß. Und ein neues Steuergerät ist nicht eben billig.

Die Wahrscheinlichkeit, daß bei Versagen der Zündung das Steuergerät defekt ist, kann ohnehin als gering eingestuft werden.

Meist liegt der Fehler an anderen Teilen der Zündung. Schäden an Kabeln oder lose Stecker lassen sich bei einer Sichtprüfung finden. Bliebe also noch die Kontrolle des DIS-Zündmoduls oder des Hochspannungsteils sowie des Nockenwellengebers (16V) bzw. induktiven Impulsgebers. Läßt sich da nach den beschriebenen Prüfungen nichts finden, ist der Wagen in der Opel- oder Bosch-Werkstatt am besten aufgehoben. Fehler an der Zündanlage werden dort mit geeignetem Werkstattgerät wesentlich schneller gefunden, als es dem Heimwerker möglich ist.

Zündzeitpunkt prüfen

Die Kontrolle des Zündzeitpunkts ist bei einer modernen Zündanlage, wie sie im Omega eingebaut ist, zu einer überflüssigen Wartungsarbeit geworden. An der verteilerlosen Zündanlage des Omega kann sich beim besten Willen nichts verstellen. Der Impuls-geber sitzt rüttelsicher in der Aufnahme am Motor, die Bezugsmarke auf der Geberscheibe kann sich ebenfalls nicht verändern, und einen Verteiler besitzen sie ohnehin nicht.

Hochspannungsteil

Kerzenstecker, Entstörstecker

Zur Hochspannungsseite der Zündanlage gehören neben den dem DIS-Zündmodul – von ihm war bereits die Rede – die Kerzenstecker, Zündkabel und natürlich die Zündkerzen.

○ Im Omega dürfen nicht beliebige Kerzenstecker verwendet werden. Die richtigen Stecker müssen einen Innenwiderstand von 4 – 6 kΩ haben.

○ Ähnliches gilt für die Entstörstecker der Zündkabel an den Anschlüssen des DIS-Zündmoduls. Diese müssen einen Widerstand von 0,6 – 1,4 kΩ besitzen.

Die Zündkabel

Die Verbindungskabel vom DIS-Zündmodul zu den Zündkerzen bereiten normalerweise keine Probleme. Die Kupferkabel, die Opel seit langem verwendet, können als betriebssicher angesehen werden.
Die hohen Zündspannungen der elektronischen Zündanlagen stellen jedoch weit höhere Anforderungen an die Kabelisolation. »Spannungsüberschläge« durch die Isolierschicht – begünstigt durch Feuchtigkeit und Streusalz – sind häufiger geworden. Bei Zündstörungen lohnt es sich durchaus, die Hochspannungskabel mit ihren Steckern kritisch zu beäugen.

Zündkabel prüfen

- Kontrollieren Sie, ob die Kabel fest in den Buchsen im DIS-Zündmodul eingesteckt sind. Sie können sich durch Erwärmung der eingeschlossenen Luft etwas herausheben und so Motorstottern verursachen.
- Die Klemmen dürfen nicht oxidiert sein, und sie müssen guten Kontakt zu den Kerzensteckern haben.
- Wenn der Zündfunke schon vor der Zündkerze zur Masse überspringt, hören Sie das an Knack- oder Knattergeräuschen im Motorraum.
- Nachts sehen Sie die Funken deutlich springen. Ursache kann eine Streusalzschicht auf den Kabeln sein, oder das Kabel ist irgendwo durchgescheuert.
- Zündkabel mit Scheuer- oder Schmorstellen sollten Sie umgehend ersetzen.
- Gelegentlich brechen die Kabel auch – von außen nicht sichtbar – im Bereich oberhalb des Zündkerzensteckers.

Die Zündfolge

Für ausgewogenen Motorlauf werden die Zylinder nicht etwa in der Folge 1–2–3–4 gezündet, sondern gewissermaßen durcheinander.
○ **1–3–4–2** lautet die Zündfolge beim Opel Omega.
○ Bei unseren Fahrzeugen mit verteilerloser Zündung werden die Kabel gemäß der Abbildung unten eingesteckt.

Zündkerzen auswechseln

Wartung Nr. 39 und 46

Der Wartungsplan sieht beim Achtventiler alle 30 000 km und beim 16V alle 60 000 km einen Kerzenwechsel vor. Das erscheint uns ein realistisches Wartungsintervall zu sein, bei dem keine Veranlassung besteht, es kraft besseren Wissens zu verlängern. Gerade bei Fahrzeugen mit Katalysator muß besonders darauf geachtet werden, daß die Zündanlage intakt ist.
Trotzdem lohnt es sich, die ausgebauten Kerzen kritisch zu beäugen: Lesen Sie im nächsten Abschnitt, was das »Kerzengesicht« aussagt.
Übrigens: Falls Sie die Kerzen zwischendurch zur Kontrolle doch einmal ausgebaut haben: Von Hand sollten Sie die Zündkerzen möglichst nicht reinigen. Das schadet der Isolierschicht der Zündkerzen-Mittelelektrode (Speckstein). Aber den Elektrodenabstand können Sie prüfen.

Zündkerzen ausbauen

Zum Zündkerzenwechsel brauchen Sie einen verlängerten, schlanken Zündkerzenschlüssel mit der Schlüsselweite 16 mm. Die Werkstatt benutzt hierzu das Spezialwerkzeug KM–194 B.

- **16V:** Befestigungsschrauben der Zündkabelabdeckung herausdrehen.
- Zündkabelabdeckung abnehmen.
- Abziehwerkzeug für die Zündkerzenstecker ansetzen und Stecker nach oben von den Zündkerzen abziehen. (Das Abziehwerkzeug befindet sich an einem der Zündkerzenstecker.)
- **Achtventiler:** Zündkerzenstecker fassen und von den Stiften der Kerzen ziehen. Nicht an den Zündkabeln zerren.

Zündfolge am Omega: Der Zündfolge nach werden die Zündkabel des DIS-Zündmoduls mit den Zündkerzen verbunden. Die Zahlen zeigen, zu welchem Zylinder das betreffende Kabel geführt werden muß (Zählweise an der Zahnriemenseite beginnend).

Das Bild zeigt das Abziehwerkzeug (2), mit dem der Zündkerzenstecker (1) aus dem Zylinderkopf des 16V-Motors herausgezogen werden kann.

- **Alle:** Zündkerzen mit dem Kerzenschlüssel herausdrehen.
- Kerzen in der Reihenfolge der Zylinder ablegen.
- Sitzen die Kerzen sehr fest, keine Gewalt anwenden, sonst kann das Kerzengewinde im Leichtmetall-Zylinderkopf ausreißen.
- Motor warmfahren und jetzt die Kerzen herausdrehen. Vorsicht, daß Sie sich die Hände nirgends verbrennen.
- Beim Einbau keine kalten Kerzen in den warmen Zylinderkopf eindrehen, sie sitzen später wie eingenietet fest.
- Zündkerzen sollen mit 25 Nm festgezogen werden. Wenn kein Drehmomentschlüssel zur Hand ist: Kerze eindrehen, bis der Dichtring anliegt – sie läßt sich dann von Hand oder mit dem Kerzenschlüssel ohne Kraftanstrengung nicht mehr weiterdrehen.
- Eine neue Kerze jetzt mit dem Kerzenschlüssel eine knappe Viertelumdrehung (= 90°) weiter anziehen, das genügt.
- Eine gebrauchte Kerze, deren Dichtring bereits plattgedrückt ist, darf nur im Winkel von etwa 15° angedreht werden.

Fingerzeige: Zum Gangbarmachen der Zündkerzengewinde können Sie etwas Graphit von einem weichen Bleistift auf die Gewindegänge schaben oder Kupferfett sparsam aufstreichen. Öl oder normales Fett läßt die Zündkerze im Gewinde des Zylinderkopfes festbacken.
Ein defektes Kerzengewinde ist noch längst kein Beinbruch! Die Werkstatt setzt in diesem Fall eine spezielle Gewindebüchse ein. Zu den bekanntesten zählen die Heli-Coil-Einsätze der Firma Böllhoff, Bielefeld.

Das »Zündkerzengesicht«

Die Zündkerzen sind gewissermaßen Augenzeugen der Verbrennung im Motor. Das Aussehen der Kerzenspitze (das »Kerzengesicht«) läßt erkennen, ob der Motor optimal arbeitet. Vorher den Omega auf der Landstraße oder Autobahn gründlich warmfahren. Die Kontrolle nach Kurzstreckenverkehr kann zu Fehlschlüssen führen. Sehen Sie sich die Isolatorspitze mit der Mittelelektrode und die Seitenelektrode an.

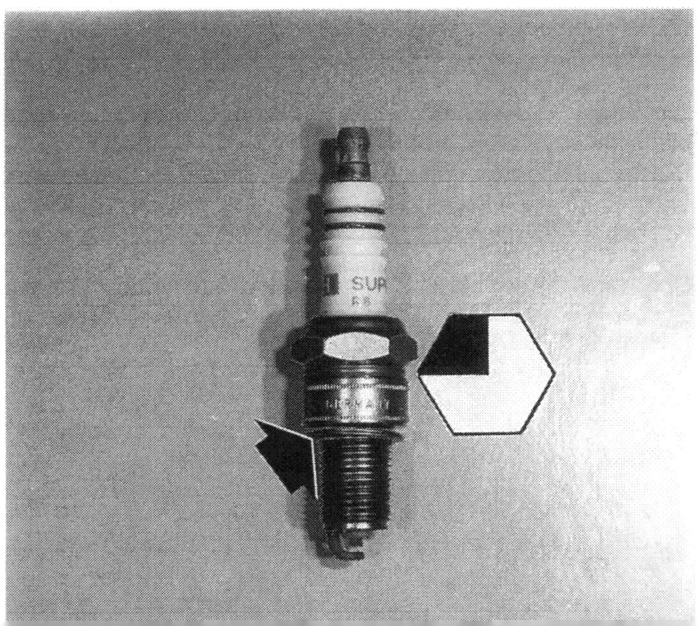

Zündkerzen sollen mit 25 Nm festgezogen werden. Wenn kein Drehmomentschlüssel zur Hand ist: Kerze eindrehen, bis der Dichtring anliegt – sie läßt sich dann von Hand oder mit dem Kerzenschlüssel ohne Kraftanstrengung nicht mehr weiterdrehen. Jetzt mit dem Kerzenschlüssel bei neuen Kerzen eine knappe Vierteldrehung weiter anziehen. Bei gebrauchten Kerzen wird der Kerzenschlüssel nur etwa 15° weitergedreht, das genügt.

○ **Isolatorspitze hellgrau bis bräunlich gefärbt:** Einspritz- und Zündsteuerung in Ordnung, der Motor läuft wirtschaftlich.
○ **Starke Ablagerungen:** Ursache können Zusätze im Motoröl oder Kraftstoff sein oder erhöhter Ölverbrauch. Evtl. Öl- bzw. Kraftstoffmarke wechseln.
○ **Schwarze rußartige Ablagerungen:** Zündkerze erreicht durch häufigen Kurzstreckenverkehr ihre Selbstreinigungs-Temperatur nicht, falscher Wärmewert, CO-Gehalt zu hoch.
○ **Isolatorspitze weißlich gefärbt:** Zündzeitpunkt zu »früh«, Zündzeitpunktverstellung bzw. Klopfsensor funktioniert nicht.
○ **Schmelzerscheinungen an Mittel- und Seitenelektroden:** Glühzündungen durch Ablagerungen im Verbrennungsraum, überhitzte Ventile, defekte Zündzeitpunktverstellung, defekten Klopfsensor oder Hitzestau durch mangelhafte Kühlung.
○ **Bruch der Isolatorspitze, im Anfangsstadium als Haarrisse erkennbar:** Klopfende Verbrennung durch schadhafte Zündzeitpunktverstellung, defekten Klopfsensor, ungenügende Motorkühlung oder Gemischabmagerung durch Nebenluft.
○ **Gelblich glänzende Schicht auf der Isolatorspitze:** Benzin- und Motorölzusätze haben Ablagerungen gebildet, die sich bei abrupter voller Belastung des Motors verflüssigt haben und elektrisch leitfähig wurden – als Folge Zündaussetzer. Nach wochenlangem Kurzstreckenbetrieb sollten Sie den Motor nicht sofort voll belasten.
○ **Ölschicht über Elektroden und Innenraum der Kerze:** Kolbenringe, Ventilführungen oder Ventilschaftabdichtungen schadhaft.
○ Zeigt das Zündkerzengesicht keine Besonderheiten, aber leidet der Motor unter Startunwilligkeit oder Ruckeln, kann es dennoch an den Kerzen liegen. Unsichtbare Risse im Keramikisolator können beim Kaltstart durch kondensierenden Kraftstoff gefüllt werden, wodurch der Zündfunke abgeleitet wird. Auch unter Druck können Kerzen versagen, obwohl der Funke in ausgebautem Zustand überspringt.

Der Elektrodenabstand

Das Kraftstoff/Luft-Gemisch bzw. das verbrannte Altgas wirkt korrosiv auf die metallischen Zündkerzenelektroden. Und die hohe elektrische Spannung beim Funkenüberschlag sprengt kleine Metallpartikel ab, wodurch der Funkenspalt mit zunehmender Laufzeit der Zündkerzen vergrößert wird.
Bei zu großem Abstand wird eine höhere Zündspannung benötigt, und es kann zu Zündaussetzern kommen. Evtl. springt der Motor überhaupt nicht an. Deshalb sollten Sie den Elektrodenabstand rechtzeitig korrigieren.
Zum Messen des Elektrodenabstands wird eine Fühlerblattlehre oder Zündkerzenlehre verwendet. Er soll **0,7– 0,8 mm** betragen. Wenn der Abstand nicht stimmt, biegt oder klopft man vorsichtig die Masse-Elektrode entsprechend zurecht.

Neue Zündkerzen kaufen

Wärmewert

Je nach Verdichtung und Leistungsausbeute entwickeln Benzinmotoren recht unterschiedliche Temperaturen in ihren Verbrennungsräumen. Darauf müssen die Zündkerzen abgestimmt sein. Diese Eigenschaft wird durch den sogenannten Wärmewert angegeben. Eine Kennzahl (z. B. 8) besagt, wieviel Hitze die Zündkerze ertragen, d. h. ableiten kann, ohne selbst zu heiß zu werden. Leitet die Kerze zu viel Wärme ab, erreicht sie nicht ihre Selbstreinigungs-Temperatur. Die besagt, daß sich die heißen Zündkerzenelektroden selbst von Rußansatz freibrennen können.

Elektrodenform

Opel hat sich bei seinen Zündkerzenerprobungen für Kerzen mit »vorgezogener Stirnelektrode« entschieden. Die Mittelelektrode ragt aus dem Zündkerzenkörper heraus und wird außerdem noch von der Außenelektrode nach vorne überdeckt.

Zündkerzengewinde

Das Einschraubgewinde muß **19 mm** lang sein, das ist die größte handelsübliche Gewindelänge. Der Gewindedurchmesser beträgt **14 mm**.
Die Brennräume im Motor sind so geformt, daß die Entzündung des Gemisches auch richtig eingeleitet wird. Sitz und Einschraubtiefe der Zündkerzen spielen dabei eine wichtige Rolle. Deshalb dürfen die Kerzen auch nicht etwa mit zwei Dichtringen eingesetzt werden.

Zündkerzen für den Omega

Opel empfiehlt sowohl für den Achtventiler wie für den 16V-Motor Zündkerzen mit der Katalog-Nr. 12 14 005 bzw. der Teile-Nr. 90 444 723. Die entsprechenden Herstellerbezeichnungen lauten:
○ Beru 14 R - 8 DV
○ Bosch FR 8 CDC

Helle Nächte

Im Auto haben die Glühlampen eine wesentlich kürzere Lebensdauer als etwa im Haushalt. Daran sind nicht nur die ständigen Erschütterungen schuld, sondern auch die hohen Temperaturen in den kleinen Glaskolben. Diese große Hitze läßt das Glühwendelmaterial verdampfen. Der Metallnebel schlägt sich dann bei den herkömmlichen Glühbirnen innen auf dem Glas nieder. Bei Halogenlampen ist das anders: Durch die spezielle Gasfüllung dieser Birne kehren die verdampften Metallteilchen zur Glühwendel zurück und setzen sich in kristalliner Form nieder. Gealterte Halogenglühlampen erkennt man daher an einem gewissen Glitzereffekt am Glühfaden. Die Wendel wird hierdurch spröder und bricht besonders leicht ab, aber sie brennt bis zur letzten Leuchtstunde mit voller Kraft.

Beleuchtung kontrollieren

Ständige Kontrolle

Bei Fahrzeugen mit Check-Control wird das Brems-, Abblend-, und Rücklicht automatisch geprüft. Ein Großteil der Leuchten ist damit ständig überwacht. Trotzdem sollte man sich von Zeit zu Zeit vergewissern, ob auch wirklich die gesamte Außenbeleuchtung intakt ist:

- Zündung einschalten, Leuchten nacheinander einschalten und Funktion kontrollieren:
- Standlicht, Abblendlicht, evtl. eingebaute Nebelscheinwerfer, Fernlicht und Zusatzfernscheinwerfer.
- Blinker vorn rechts und links sowie die seitlichen Blinkleuchten und die Warnblinker.
- Rücklichter und Kennzeichenleuchten und Nebelschlußleuchte.
- Blinker hinten rechts und links, Warnblinker, Rückfahrleuchten.
- Von Helfer Bremspedal treten lassen zur Kontrolle der Bremsleuchten.

Fingerzeige: Aufmerksame Fahrer kontrollieren die Beleuchtungsanlage praktisch bei jeder Nachtfahrt. Eine ausgefallene Scheinwerferglühlampe bemerkt man an dem schmalen »Lichtfinger« vor dem Wagen.
In einer Kolonne reflektiert die Stoßstange oder Lackierung des Vorderwagens oft das Licht der Scheinwerfer und Blinker. Vor einer hellen Wand oder in der Garage können Sie ebenfalls im Sitzen prüfen, ob jeweils zwei Lichtpunkte zu sehen sind und ob es beim Blinken orangefarben aufleuchtet. Zur Kontrolle der hinteren Leuchten beobachten Sie deren Reflexionen in einem anderen Wagen oder wieder an der hellen Wand.

Ersatzlampen

Ein schlecht beleuchtetes Auto kann teuer werden. Dabei brauchen Sie noch nicht einmal gleich an das Schlimmste, einen Unfall, denken. Unzulängliche Beleuchtung allein kann den Fahrer schon ein Verwarnungs- oder Bußgeld kosten. Ein kleiner Vorrat der wichtigsten Ersatzlampen gibt Ihnen unterwegs die Möglichkeit, einen Lampendefekt sofort »ambulant« zu behandeln.

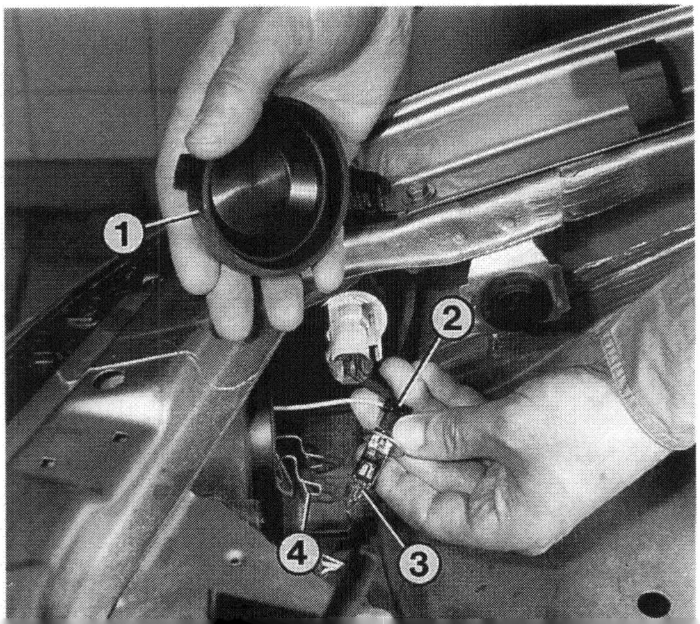

Lampenwechsel am Hauptscheinwerfer; es bedeuten:
1 – Abdeckkappe;
2 – Anschlußstecker;
3 – H1-Lampe;
4 – Federbügel.

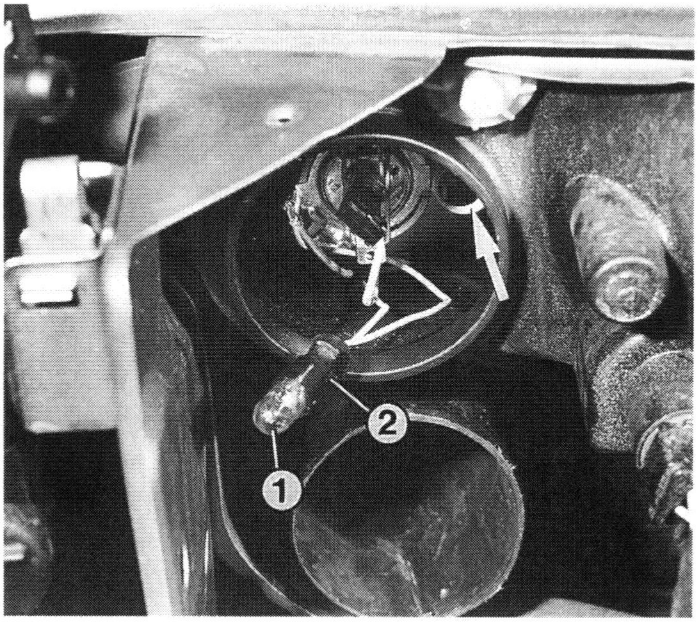

Die Abbildung zeigt die ausgebaute Standlichtlampe (1). Zum Einbau Lämpchen mit Fassung (2) in die Öffnung (Pfeil) am Scheinwerfergehäuse einstecken und Fassung rechtsdrehen.

Folgende Ersatzlampen passen für den Omega:

○ Halogen-Einfadenlampe H 1, 55 Watt (Abblendlicht, Fernlicht, Nebelscheinwerfer)
○ Glassockellampe 5 Watt (seitliche Blinkleuchte, Standlicht)
○ Orangefarbene Einfadenlampe (Tropfenform) 21 Watt (Blinker vorn und hinten)
○ Einfadenlampe (Tropfenform) 21 Watt (Rückfahrleuchte, Nebelschlußleuchte nur für Limousine, Bremsleuchte nur für Caravan)
○ Zweifaden-Kugellampe, 21/5 Watt (Brems- und Schlußlicht nur für Limousine, Nebel- und Schlußlicht nur für Caravan)
○ Einfadenlampe (Kugelform) 5 Watt (Schlußlicht nur für Limousine)
○ Einfadenlampe (Kugelform) 10 Watt (Kennzeichenleuchte nur für Limousine)
○ Soffittenlampe (36 mm lang) 5 Watt (Kennzeichenleuchte nur für Caravan)

Fingerzeig: Bevor Sie eine unwillige Glühbirne in den Mülleimer werfen, sollten Sie sie einmal genau ansehen. Vielleicht ist sie noch in Ordnung, kann aber mangels Stromversorgung (Steckkontakt, Kabel, Sicherung oder Lampenfassung lose oder oxidiert) nicht brennen.

Scheinwerferlampe auswechseln

Abblendlicht, Fernlicht

Die Glühlampen in den Scheinwerfern werden vom Motorraum her ausgebaut. Zum Auswechseln einer Lampe sicherstellen, daß der betreffende Lichtschalter ausgeschaltet ist. Den Glaskolben der Glühbirne nicht mit der bloßen Hand berühren, sondern nur mit einem sauberen Lappen oder einem Papiertaschentuch anfassen. Zum Auswechseln einer Abblendlicht- oder Fernlichtlampe sind gelenkige Hände Voraussetzung. Rechts stört das Luftfiltergehäuse und links die Batterie.

● Betreffende Abdeckkappe von der Rückseite des Scheinwerfergehäuses abziehen.

● Federdrahtbügel der Lampenhalterung zusammendrücken und nach unten abklappen.

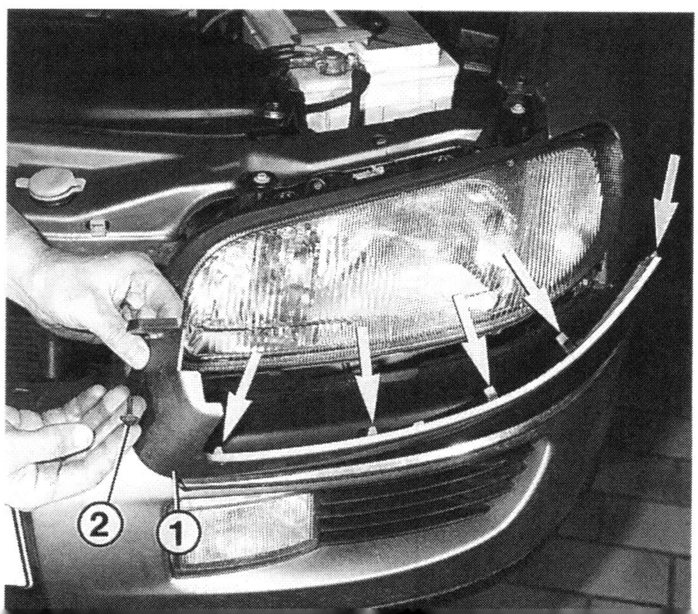

Zum Ausbau des Scheinwerfers muß die Scheinwerfer-Abdeckleiste (1) ausgebaut werden. Hierzu Befestigungsschraube (2) herausdrehen und Abdeckleiste vorsichtig aushaken (Pfeile).

Die Abbildung zeigt die oberen Befestigungsschrauben (1 und 2) des Scheinwerfers. Um an die untere Befestigungsschraube zu gelangen, benötigen Sie eine Sechskantnuß mit Verlängerung (3).

- Glühlampe aus dem Reflektor herausnehmen.
- Kabelstecker von der Lampe abziehen und neue Lampe anschließen.
- Neue Glühlampe so einsetzen, daß der Sockel genau in die Aussparung an der Lampenfassung paßt.
- Federdrahtbügel einhängen und Abdeckkappe montieren.

Standlichtlampe

- Innenliegende Abdeckkappe von der Rückseite des Scheinwerfergehäuses abziehen.
- Fassung der Standlichtlampe – sie sitzt an der Innenseite des Scheinwerfergehäuses – aus dem Reflektor herausnehmen.
- Glassockellampe aus der Fassung herausziehen.
- Neues Lämpchen in die Fassung einsetzen.
- Fassung in den Reflektor einsetzen und Abdeckkappe montieren.

<u>Fingerzeig:</u> Neue oder intakte Glühlampen nicht mit den Fingern am Glaskolben anfassen. Der Abdruck von Handschweiß bleibt unvermeidbar. Dieser verdampft auf der brennenden Birne und trübt den Reflektor. Deshalb beim Einsetzen ein sauberes Tuch verwenden.

Scheinwerfer ausbauen

Wenn das Scheinwerferglas beschädigt oder der Reflektor matt bzw. durch Kondenswasser angerostet ist, muß in jedem Fall der komplette Scheinwerfer ausgetauscht werden. Streuscheibe und Scheinwerferspiegel sind miteinander verklebt und nicht einzeln lieferbar.

- Kühlergrill ausbauen, siehe Karosserie-Kapitel.
- Innenliegende Befestigungsschraube der Scheinwerfer-Abdeckleiste herausdrehen.
- Abdeckleiste vorsichtig aushaken und vom Scheinwerfer abnehmen.
- Hinten am Scheinwerfergehäuse Mehrfachstecker von Blinker, Leuchtweitenregulierung und Scheinwerfer abziehen.
- Oben am Scheinwerfer zwei Befestigungsschrauben herausdrehen.

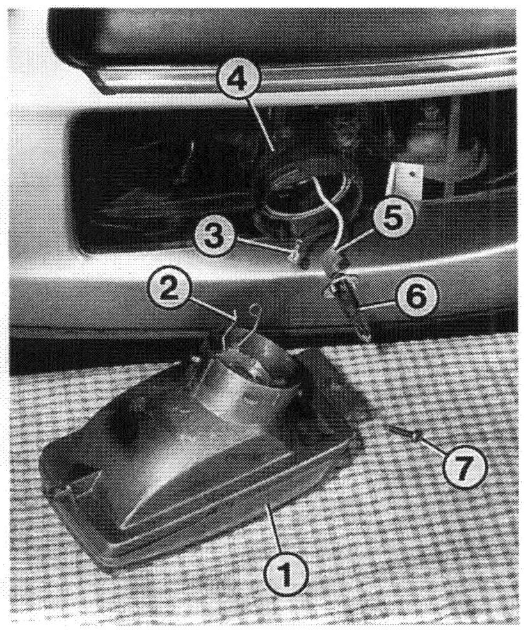

<u>Links:</u> »2« zeigt auf die Einstellschraube des Nebelscheinwerfers (1). »3« deutet auf die Befestigungsschraube des Nebelscheinwerfergehäuses.
<u>Rechts:</u> Einzelteile des Nebelscheinwerfers. Es bedeuten:
1 – Nebelscheinwerfergehäuse;
2 – Federbügel;
3 – Massekabel;
4 – Abdeckkappe;
5 – H 1-Lampe;
6 – Befestigungsschraube.

- Unten am Scheinwerfer eine Befestigungsschraube mit Sechskantnuß und Verlängerung losdrehen.
- Scheinwerfer aus dem Ausschnitt herausheben.
- Nach dem Einbau Scheinwerfer-Einstellung kontrollieren.

Nebelscheinwerfer

Lampenwechsel

- Blende neben dem Nebelscheinwerfer ausbauen. Hierzu zwei Befestigungsschrauben lösen.
- Darunterliegende Befestigungsschraube des Nebelscheinwerfers herausdrehen.
- Nebelscheinwerfer seitlich aushängen und aus dem Ausschnitt nehmen.
- Abdeckkappe vom Gehäuse des Nebelscheinwerfer losschrauben.
- Massekabel und Kabelstecker der Glühlampe abziehen.
- Federdrahtbügel zusammendrücken und umklappen.
- Glühlampe aus dem Reflektor nehmen und neue einsetzen.
- Beim Einsetzen der neuen Glühlampe muß der Lampensockel genau in die Aussparung im Reflektor passen.

Fingerzeig: Die tiefliegenden Nebelscheinwerfer sind relativ stark steinschlaggefährdet. Beschädigungen des Scheinwerferglases verschlechtern die Lichtausbeute.

Scheinwerfereinstellung kontrollieren

Wartung Nr. 36

Von selbst wird sich ein Scheinwerfer kaum verstellen. Wenn jedoch der Reflektor oder gleich der ganze Scheinwerfer ausgewechselt wurde, muß die Einstellung des Scheinwerferstrahls kontrolliert werden. In manchen Fällen kann sogar schon das Auswechseln der Glühlampe die Einstellung durcheinanderbringen. Unbedingt erforderlich ist ein Justieren natürlich auch, wenn bei einem Unfall die Wagenfront in Mitleidenschaft gezogen wurde oder nach dem Einsetzen neuer Federungsteile. Eingestellt wird bei unserem Omega mit Leuchtweitenregulierung in Schalterstellung »0«.

- Wurde ein Scheinwerfer beschädigt oder ausgewechselt, genügt es fürs erste, wenn Sie in einigem Abstand vor eine helle Wand fahren, das Licht einschalten und dann die Höhe des Lichtstrahls am neu bestückten Scheinwerfer dem Strahl des unveränderten Scheinwerfers angleichen.
- Wurden die Scheinwerfer gerade mit einem Werkstattgerät neu eingestellt, können Sie die Höhe der Lichtpunkte beispielsweise an der Garagenwand markieren. Wichtig ist natürlich auch der Abstand, in dem der Omega zur Wand steht. Also anzeichnen. Mit Hilfe dieser Markierung kann dann, wann immer nötig, die Scheinwerfereinstellung am Omega in Eigenregie kontrolliert werden.
- Die genaueste Methode, die Scheinwerfer einzustellen, ist nach wie vor die Justierung mit einem Einstellgerät, wie es Tankstellen, Bosch-Dienste und Werkstätten besitzen.
- Die Einstellung des Fernlichts des Omega stimmt automatisch, wenn das Abblendlicht richtig eingestellt ist.
- Lichtstrahl der Nebelscheinwerfer einstellen:
- Bei fünf Meter Abstand vor der Einstellwand müssen die breit gestreuten Scheinwerferstrahlen 100 mm unterhalb des jeweiligen Scheinwerfermittelpunkts liegen.

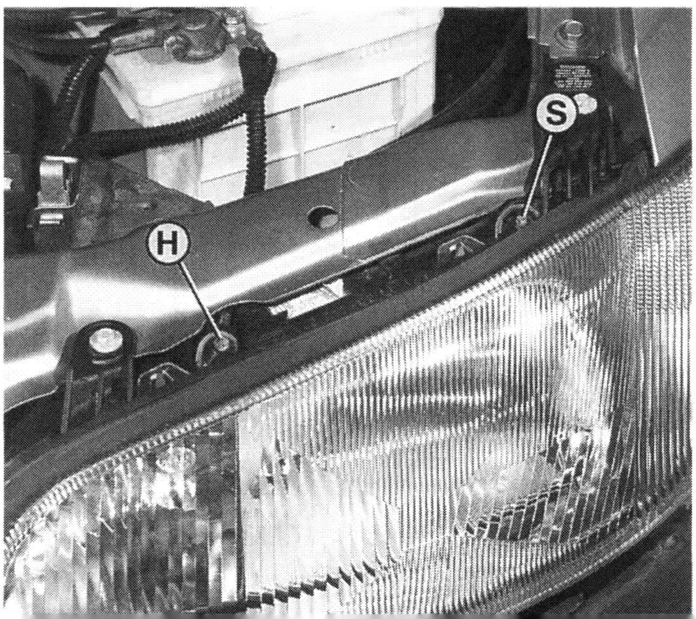

Die Einstellschrauben der Scheinwerfer sind von oben bzw. von der Motorraumseite her zugänglich. Es bedeuten:
S – Seiten-Einstellschraube;
H – Höhen-Einstellschraube.

Zum Glühlampenwechsel des Blinkers Lampenfassung (2) etwas linksdrehen und aus dem Reflektor (4) ziehen. Glühlampe (3) in die Fassung drücken, nach links drehen und herausnehmen. Mit »1« ist der Anschlußstecker bezeichnet.

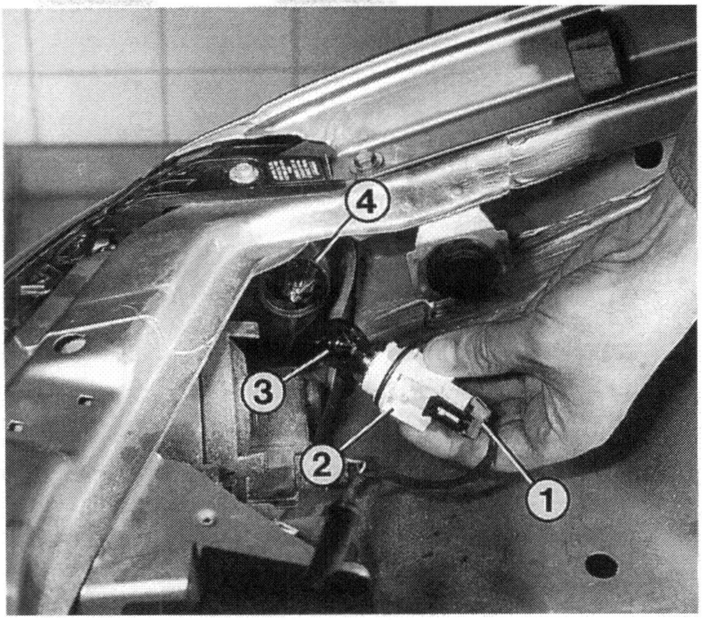

Wo sitzen die Einstellschrauben?

- Bei geöffneter Motorhaube sind die Einstellschrauben für die Höhen- und Seiteneinstellung der Hauptscheinwerfer von oben her zu erreichen.
- Zum Verdrehen der Schrauben benötigen Sie einen Innensechskantschlüssel.
- Zuerst die Höheneinstellung, dann die Seiteneinstellung vornehmen. Anschließend Höheneinstellung nochmals kontrollieren.
- Die werksseitig eingebauten Nebelscheinwerfer sind nur in der Höhe einstellbar.
- Die außenliegende Einstellschraube ist durch die Einbaublende hindurch erreichbar. Zur Einstellung einen Innensechskantschlüssel verwenden.

Leuchtweitenregulierung

Bei der Leuchtweitenregulierung wirkt je ein Elektromotor mittels Gewindestange auf die Höheneinstellschraube der Hauptscheinwerfer. Über ein Rändelrad unterhalb des Lichtschalters kann je nach Beladungszustand diejenige Position gewählt werden, die der Elektromotor anfahren soll, siehe auch Kapitel »Instrumente und Geräte«.

Blinkleuchten vorn

Lampenwechsel

- Motorhaube öffnen.
- Zum Lampenwechsel sind gelenkige Hände Voraussetzung für diese Arbeit. An der linken Fahrzeugseite behindert die Batterie, rechts das Luftfiltergehäuse.
- Lampenfassung der Blinkleuchte etwas linksdrehen und nach hinten aus dem Reflektor herausziehen.
- Glühlampe erst ein wenig in die Fassung hineindrücken, dann nach links drehen und herausnehmen.
- Einbau: Neue Lampe in umgekehrter Reihenfolge einsetzen.
- Fassung in das Blinkergehäuse drücken und bis zum Anschlag rechtsdrehen.

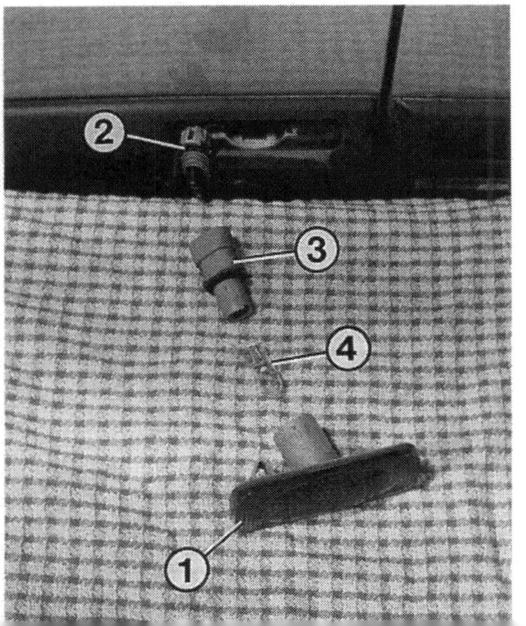

Links: Mit einem Schlitzschraubendreher kann das Blinklichtgehäuse des seitlichen Blinkers aus der Zierleiste herausgehebelt werden.
Rechts: Hier sind die Einzelteile des seitlichen Blinkers gezeigt. Es bedeuten:
1 – Blinkergehäuse;
2 – Anschlußstecker;
3 – Lampenfassung;
4 – Glassockellampe.

Links: Auf dem Lampenträger der Rückleuchte (hier der abgenommene Träger des Caravan) sitzen die Glühbirnen für Schlußlicht/Nebelschlußlicht (1), Rückfahrleuchte (2), Blinkleuchte (3) und Bremslicht (4).
Rechts: Die Pfeile deuten auf die Befestigungsschrauben des Leuchtengehäuses.

Lampengehäuse ausbauen

Beim Omega ist das Blinklichtgehäuse im Scheinwerfer untergebracht. Der Austausch des Blinklichtgehäuses ist nicht möglich, da Streuscheibe und Scheinwerferreflektor miteinander verklebt sind. Wie der Scheinwerfer ausgebaut wird, steht weiter vorn in diesem Kapitel.

Seitliche Blinkleuchten

Lampenwechsel

- Blinklichtgehäuse mit einem schmalen Schraubendreher vorsichtig aus der Zierleiste heraushebeln.
- Kabelstecker entriegeln und abziehen.
- Lampengehäuse mit einer Drehbewegung von der Fassung nehmen.
- Glassockellampe aus der Fassung ziehen und neues Lämpchen einsetzen.
- Lampengehäuse montieren und bis zum Einrasten in die Zierleiste eindrücken.

Heckleuchten

Lampenwechsel

- Wo nötig, Reserverad ausbauen.
- Kunststoffabdeckung von der Rückwandverkleidung abnehmen.
- Haltelasche(n) zur Mitte des Lampenträgers drücken.
- Lampenträger ausrasten und abnehmen.
- Das Auswechseln der Glühlampen geschieht in allen Fällen gleich – Lampe ein wenig in ihre Fassung drücken, nach links drehen und herausziehen.
- Beim Einsetzen der Zweifadenlampe für die Schluß-/Nebelschlußleuchte bzw. Brems-/Schlußleuchte beachten, daß deren seitliche Haltezapfen unterschiedlich hoch angesetzt sind. Dadurch kann die Lampe nur in einer bestimmten Stellung ohne Gewalt eingesetzt werden.

Ausbau

- Lampenträger ausbauen (siehe Lampenwechsel).
- Befestigungsschrauben des Gehäuses vom Kof-

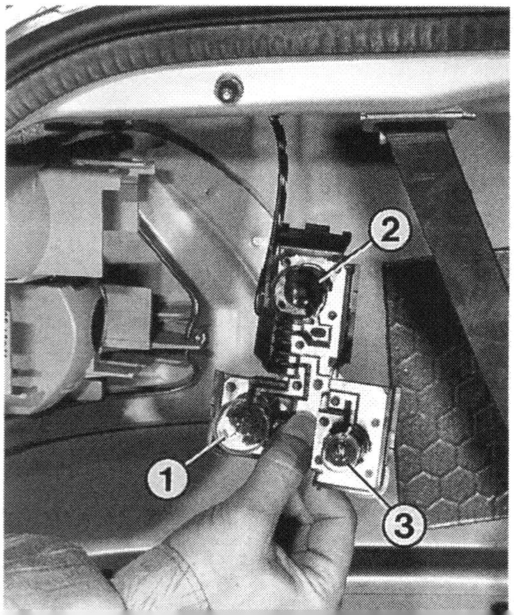

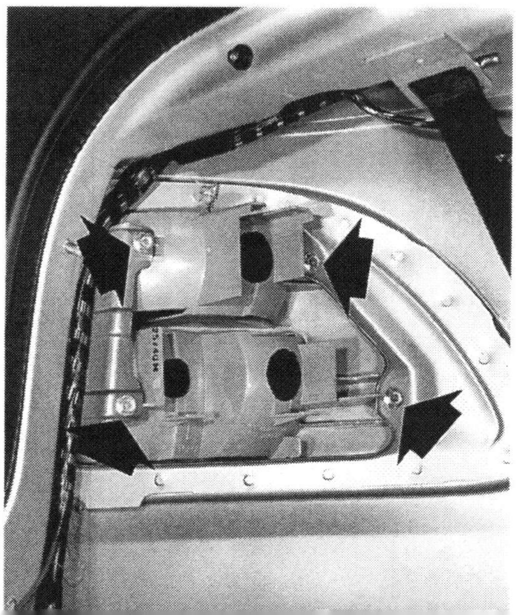

Links: Das Bild zeigt den Lampenträger im Wagenheck der Limousine. Im Träger finden wir die Lampen von:
1 – Bremslicht/Schlußlicht;
2 – Blinkleuchte;
3 – Schlußlicht.
Rechts: Die Pfeile deuten auf die Befestigungsschrauben des Leuchtengehäuses.

Die Rückfahrleuchten werden von einem Schalter (Pfeil) links oben am Getriebe aus- und eingeschaltet.

ferraumdeckel, Koffer- bzw. Laderaum her losdrehen.
- Leuchtengehäuse von außen abziehen.
- Klebt das Gehäuse aufgrund der zwischengelegten Dichtung an der Karosserie, kann es mit einem lappenumwickelten Schraubendreher vorsichtig vom Blech abgehebelt werden.

Rückfahrlichtschalter

Das Aufleuchten der Rückfahrleuchten veranlaßt der Schalter am Getriebe (siehe Abbildung oben), wenn er beim Einlegen des Rückwärtsgangs von der entsprechenden Schaltschiene berührt wird.
- Bleibt es bei eingelegtem Rückwärtsgang hinten dunkel, kontrollieren Sie zuerst die Sicherung 15.
- Ist die intakt, Stecker am Rückfahrlichtschalter abziehen und mit einem Drahtstück überbrücken.
- Leuchtet es jetzt, ist der Schalter defekt.
- Bleibt es jedoch dunkel in den Rückfahrleuchten, ist die Leitung nach hinten unterbrochen (intakte Glühbirnen vorausgesetzt).

Kennzeichenleuchte

Limousine

- Links durch die Öffnung in der Leuchtenabdeckung Schraubendreher einschieben und Haltelasche der Kennzeichenleuchte ausrasten.
- Leuchte abnehmen. Seitliche Haltelasche rechts am Deckglas andrücken und Deckglas von der Fassung abnehmen.
- Glühlampe durch leichten Druck und Linksdrehung abnehmen.
- Neue Lampe einsetzen.

Caravan

- Unter dem Griff der Laderaumklappe beide Kreuzschlitzschrauben des Deckglases herausdrehen.
- Deckglas vorsichtig vom Griff abnehmen, damit die Dichtung nicht beschädigt wird.
- Glühlampe aus der Fassung herausnehmen und neue einsetzen.
- Deckglas wieder anschrauben. Schrauben nicht allzu fest anziehen, sonst reißt der Kunststoff.

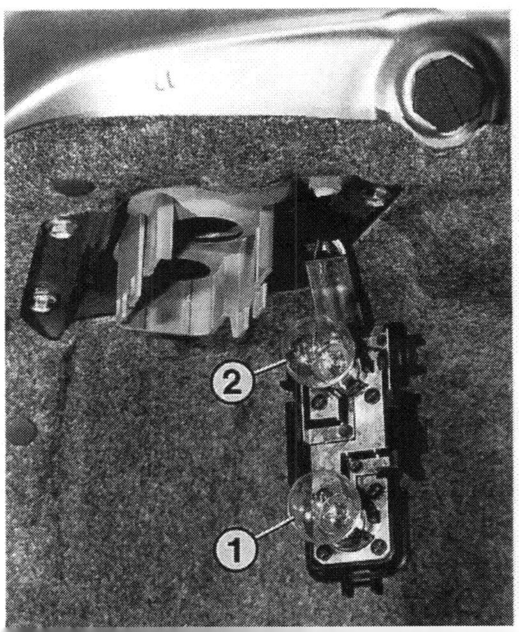

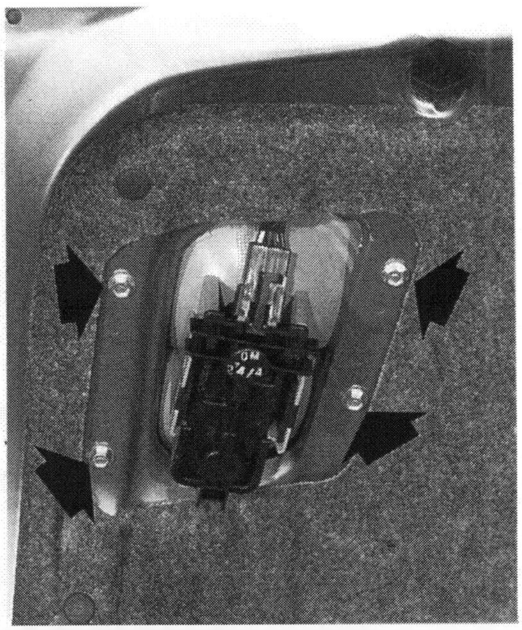

Links: Hier ist der Lampenträger im Kofferraumdeckel der Limousine zu sehen. Es bedeuten:
1 – Rückfahrleuchte;
2 – Nebelschlußlicht.
Rechts: Die Pfeile deuten auf Befestigungsschrauben des Leuchtengehäuses.

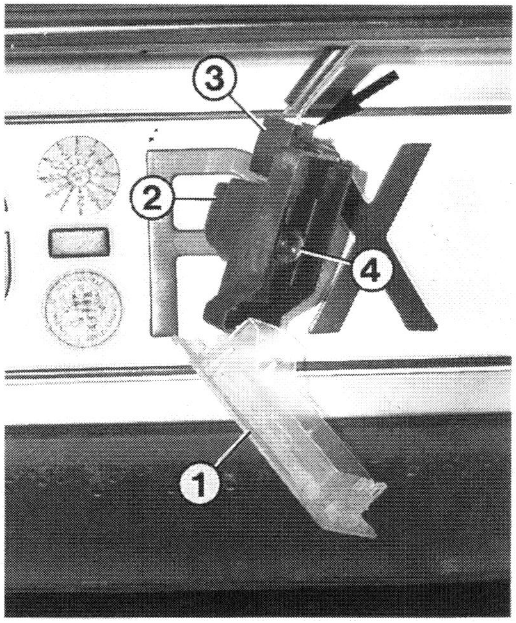

Ausbau der Kennzeichenleuchte und Lampenwechsel an der Limousine gezeigt.
Links: Mit einem Schraubendreher die Haltelasche (Pfeil) ausrasten und Gehäuse abnehmen.
Rechts: Seitliche Haltelasche (Pfeil) andrücken und Deckglas (1) von der Fassung (2) abnehmen. Glühlampe (4) linksdrehen und abnehmen. Position »3« kennzeichnet den Anschlußstecker der Kennzeichenleuchte.

Sonstige Leuchten

Innenleuchte

Die Soffittenlampe (10 Watt, 41 mm lang, DIN-Form K) muß bei geöffneten Türen und entsprechender Schalterstellung brennen. Sie erhält dauernd Strom.

- Massekabel der Batterie abklemmen oder Sicherung der Innenleuchte herausnehmen, sonst Kurzschlußgefahr.
- Lampengehäuse aus dem Dachausschnitt hebeln. Dazu brauchen Sie kräftige Fingernägel, einen Schraubendreher oder einen flachen Löffelstiel.
- Soffittenlampe aus ihren Haltezungen aushängen.
- Vor dem Einsetzen der neuen Lampe die Haltezungen etwas gegeneinanderdrücken.

Innenleuchte mit Abschaltverzögerung

Hier wird das Innenlicht durch ein Steuergerät am Lampengehäuse beeinflußt. Nach Schließen der Tür brennt die Leuchte noch etwa 15 Sekunden. Es sei denn, zuvor wurde die Zündung eingeschaltet.

- Deckglas mit Messer oder schmalem Werkzeug vorsichtig vom Lampengehäuse abhebeln.
- Soffittenlampe (10 Watt, 41 mm lang, DIN-Form K) aus den Haltezungen aushängen.
- Neue Lampe zwischen den Haltezungen einhängen.
- Deckglas in den Ausschnitt eindrücken.

Türkontaktschalter der Innenleuchte

Die Innenleuchte muß bei geöffneter Tür brennen. Bei geschlossenen Türen leuchtet sie, wenn der Lichtschalter gezogen wird. Brennt die Innenleuchte nicht, gerät der Türkontaktschalter in Verdacht. Er stellt die Masseverbindung zu der ständig unter Strom stehenden Innenleuchte her und schließt damit den Stromkreis – die Lampe kann brennen. Störungen am Schalter können sich ergeben, wenn

○ der Druckstift des Schalters in der Führung klemmt oder verbogen ist. Schalter ersetzen;
○ ein Kabelstecker vom Schalter abgefallen ist. Stecker zum besseren Halt etwas zusammenbiegen und wieder aufstecken.

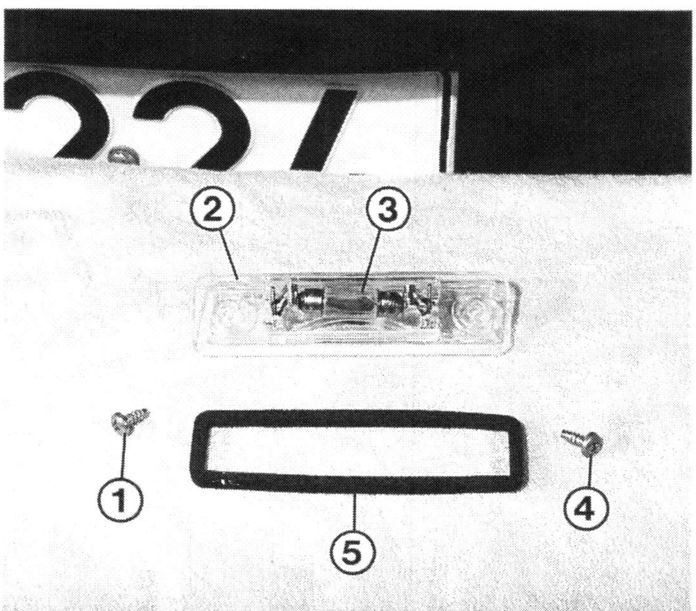

Links und rechts unter dem Griff der Laderaumklappe sitzen die Kennzeichenleuchten des Caravan. Zum Ausbau Kreuzschlitzschrauben lösen und Deckglas abnehmen.

Links: Bei abgenommener Innenleuchte (1) sind die Soffittenlampe (2) und das Deckglas (3) bezeichnet.
Rechts: Lampenwechsel einer Leseleuchte an der Rückseite des Lampengehäuses (2). Fassung (1) aus dem Gehäuse herausziehen. Glassockellampe (3) aus der Fassung herausziehen und neues Lämpchen einsetzen.

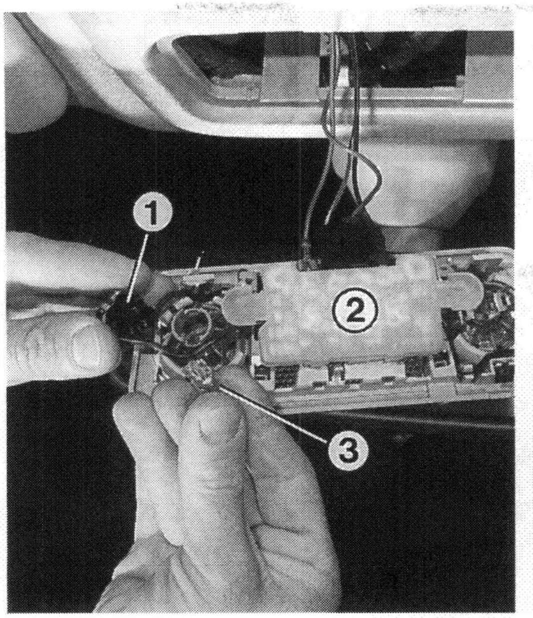

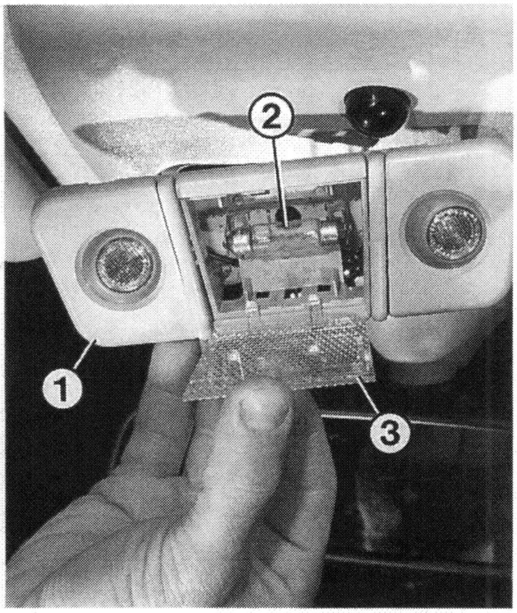

Der Türkontaktschalter selbst ist nur mit einer Kreuzschlitzschraube an den Türpfosten angeschraubt. Zum Ausbau Schraube herausdrehen und Schalter herausziehen.

Leseleuchten vorn

- Komplettes Lampengehäuse mit den Fingernägeln oder einem schmalen Schraubendreher aus dem Dachausschnitt heraushebeln.
- Zum Wechseln einer Leseleuchte wird das Glassockellämpchen (5 Watt, DIN-Form W 10/5) mit der Fassung aus dem Gehäuse herausgezogen.
- Lämpchen aus der Fassung ziehen und neues einsetzen.
- Fassung einsetzen und Lampengehäuse einbauen.

Leseleuchten hinten

Vor dem Ausbau der hinteren Leseleuchte die Türen schließen, damit die Leuchte nicht unter Spannung steht.

- Schmalen Schraubendreher in die Aussparung seitlich am Lampengehäuse stecken.
- Leuchte vorsichtig aus dem Dachausschnitt heraushebeln.
- Einzelnes Anschlußkabel abziehen.
- Abdeckung über der Glühlampe abclipsen.
- Soffittenlampe (10 Watt, 41 mm lang, DIN-Form K) aus der Fassung nehmen und neue einsetzen.
- Abdeckung und Kabel wieder montieren, Leseleuchte in den Ausschnitt drücken.

Kofferraum- bzw. Laderaumleuchte

Die Kofferraum- bzw. Laderaumleuchte (Soffittenlampe 10 Watt, 41 mm lang, DIN-Form K) sitzt bei der Limousine unterhalb der Heckablage und beim Caravan im Dachhimmel. Ihre Masseverbindung erhält die Leuchte über einen Kontaktschalter im Kofferraumdeckel bzw. am Schließbügel der Ladeklappe.

- Kofferraumdeckel bzw. Ladeklappe öffnen.
- Einen Schlitzschraubendreher in die Aussparung seitlich am Lampengehäuse stecken und die Leuchte vorsichtig heraushebeln.
- Nach dem Auswechseln der Glühlampe das Lampengehäuse – die Kabelseite zuerst – wieder einsetzen.

Links: Hier ist der Türkontaktschalter ausgebaut. Es bedeuten:
1 – Halteschraube;
2 – Anschlußstecker;
3 – Kontaktstift.
Rechts: Mit Öffnen der Heckklappe schließt der Kontaktschalter (Pfeil) die Verbindung zur Masse. Die Lampe im Gepäckraum beginnt zu leuchten.

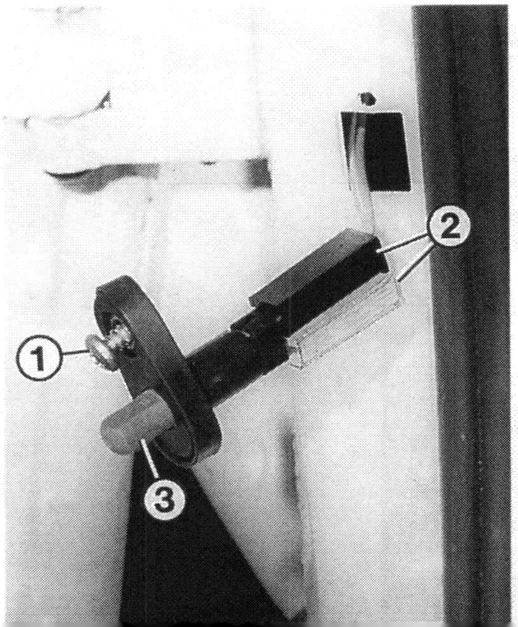

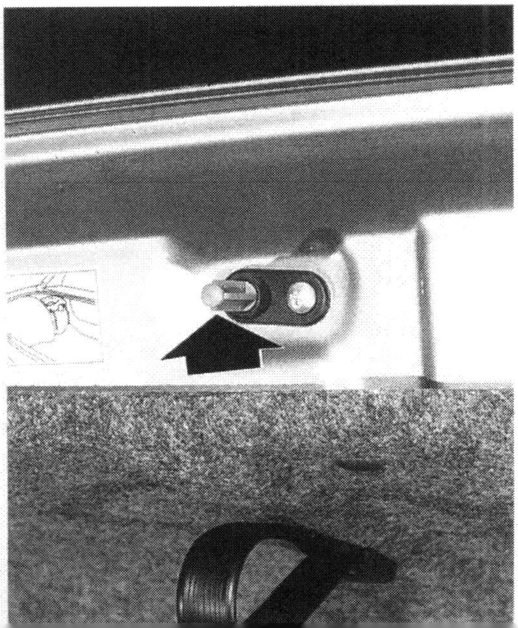

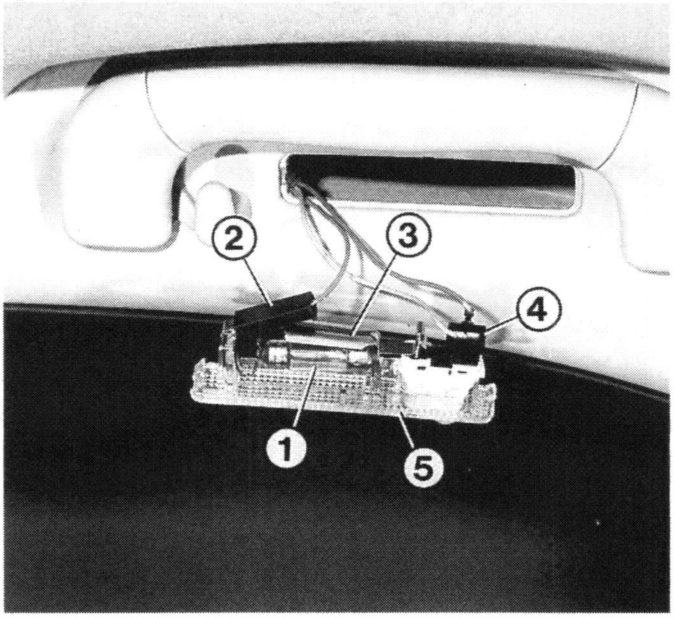

Die Abbildung zeigt die ausgebaute hintere Leseleuchte. Bezeichnet sind: 1 – Soffittenlampe; 2 – Massekabel; 3 – Abdeckung; 4 – Anschlußstecker; 5 – Leuchtengehäuse.

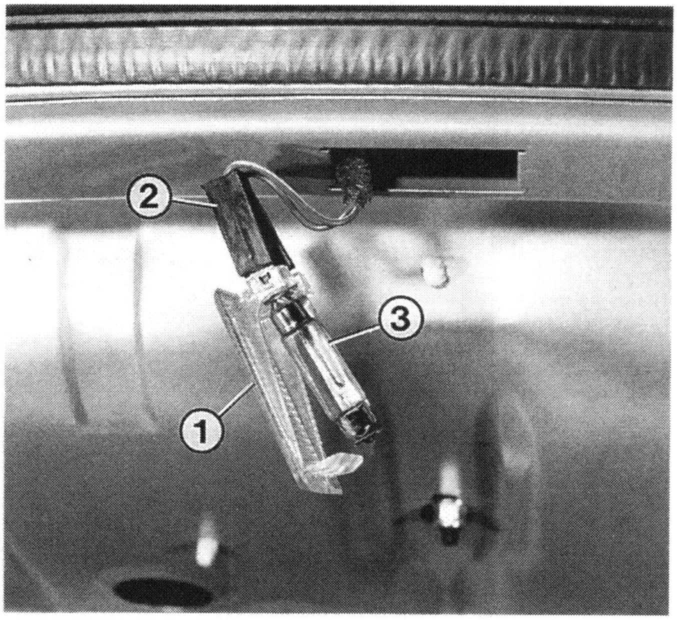

Das Bild zeigt die ausgebaute Laderaumleuchte des Caravan. Ausgebaut wird die Leuchte mit einem Schlitzschraubendreher. Bezeichnet sind: 1 – Deckglas; 2 – Anschlußstecker; 3 – Soffittenlampe.

Make-up-Spiegel-Beleuchtung

- Spiegelabdeckung hochklappen.
- Mit einer Messerklinge oder ähnlichem Werkzeug Make-up-Spiegel aus der Einfassung in der Sonnenblende heraushebeln.
- Dazu das Messer an der kurzen Seite, also rechts oder links vom Spiegel, ansetzen.
- Soffittenlampe (1,2 Watt, 36 mm lang) aus den Haltezungen nehmen und neue einsetzen.

Ascherbeleuchtung vorn

- Ascher öffnen.
- Aschereinsatz rechts entriegeln und herausnehmen.
- Dahinterliegende Befestigungsschraube herausdrehen.
- Ascher aus dem Ausschnitt herausnehmen.
- Blende hinten am Ascher mit einem kleinen Schraubendreher entriegeln und abnehmen.
- Glühlampe zusammen mit der Fassung aus der Halterung herausziehen.
- Glühlampe aus der Fassung ziehen und neues Lämpchen einsetzen.

Anzünderbeleuchtung vorn

- Ascher ausbauen, siehe vorangegangenen Abschnitt.
- Kabelstecker abziehen.
- Glühlampe mit Fassung aus der Halterung am Anzünder herausziehen.
- Glassockellampe aus der Fassung ziehen und neues Lämpchen einsetzen.

Das Bild zeigt den abgenommenen Make-up-Spiegel (1) und die beiden Soffittenlampen (2 und 3) der Spiegelbeleuchtung.

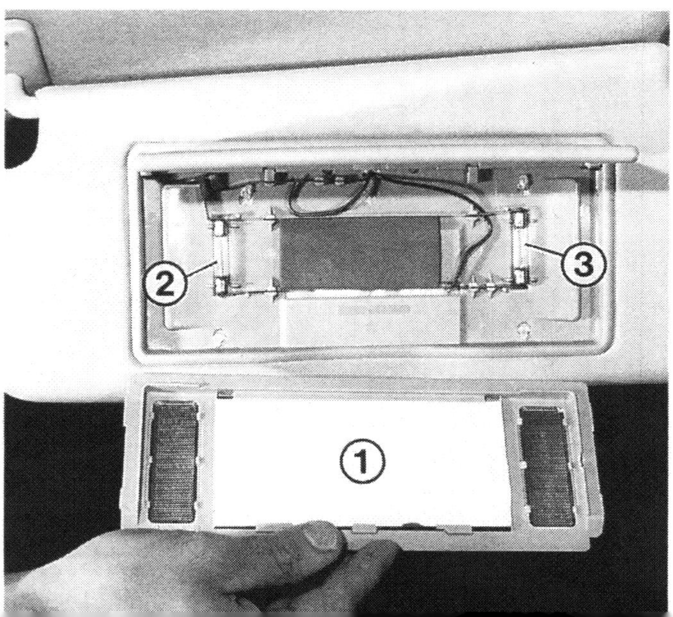

Mit einem schmalen Schraubendreher lassen sich die beiden Gehäusehälften (1 und 3) der Schlüsselbeleuchtung trennen. So kann die Kontaktfeder (2) gereinigt oder Batterie (5) bzw. Lämpchen (4) ausgewechselt werden.

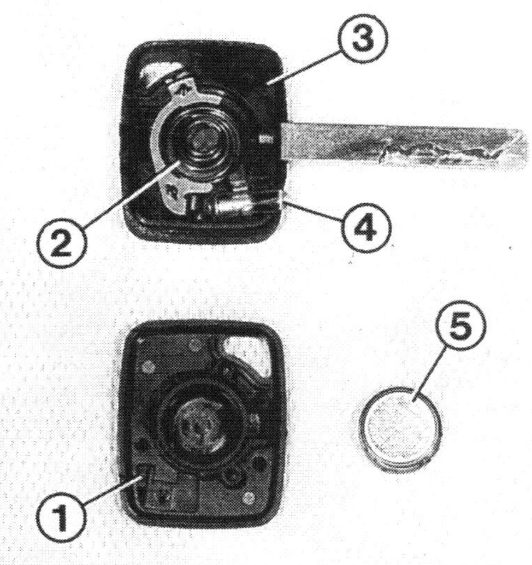

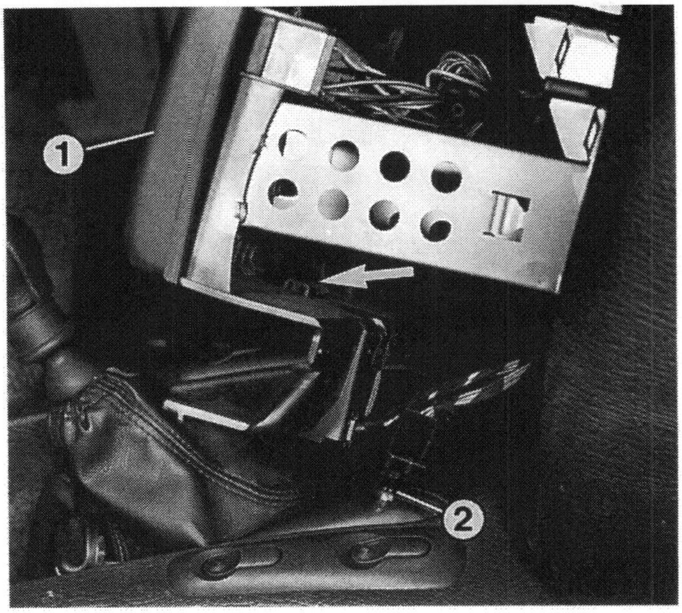

Ascherbeleuchtung vorn bei ausgebauter Armaturenbrettblende. Bezeichnet sind: 1 – Armaturenbrettblende; 2 – Anzünderbeleuchtung. Der Pfeil deutet auf die Öffnung, in die die Ascherbeleuchtung eingesteckt wird.

Anzünderbeleuchtung vorn bei ausgebautem Ascher. Bezeichnet sind: 1 – Anzünder; 2 – Ascher; 3 – Glassockellampe; 4 – Fassung.

Anzünderbeleuchtung hinten

- Anzünder zusammen mit der Einbaublende vorsichtig aus dem Lüftdüsengehäuse heraushebeln. Hierzu Schlitzschraubendreher seitlich ansetzen.
- Kabelstecker von der Fassung abziehen.
- Fassung vom Anzünder abnehmen.
- Glassockellampe aus der Fassung ziehen und neues Lämpchen einsetzen.
- Zum Einbau Blende bis zum Einrasten ins Luftdüsengehäuse eindrücken.

Türleuchte

- Lampengehäuse mit einem kleinen Schraubendreher aus der Türinnenverkleidung heraushebeln.
- Kabelstecker abziehen.
- Hitzeschutzblech vom Lampengehäuse abziehen.
- Soffittenlampe aus ihren Haltezungen aushängen und neue Lampe einsetzen.

Leuchten am Armaturenbrett

Instrumentenbeleuchtung

An dieser Stelle ist lediglich die Beleuchtung der Anzeigeinstrumente behandelt. Die ebenfalls in der Instrumententafel sitzenden Kontrolleuchten finden Sie im Kapitel »Instrumente und Geräte« beschrieben.

- Instrumententafel ausbauen, siehe Instrumentenkapitel.
- Hinten an der Instrumententafel insgesamt drei weiße Lampenfassungen linksdrehen und herausnehmen.
- Die eingesteckten Glassockellämpchen (2 Watt) aus der Fassung herausziehen.
- Neues Lämpchen einsetzen, Fassung in die Instrumententafel setzen und bis zum Anschlag rechtsdrehen.

Die ausgebaute Türleuchte. Es bedeuten: 1 – Abdeckung; 2 – Anschlußstecker; 3 – Soffittenlampe; 4 – Deckglas.

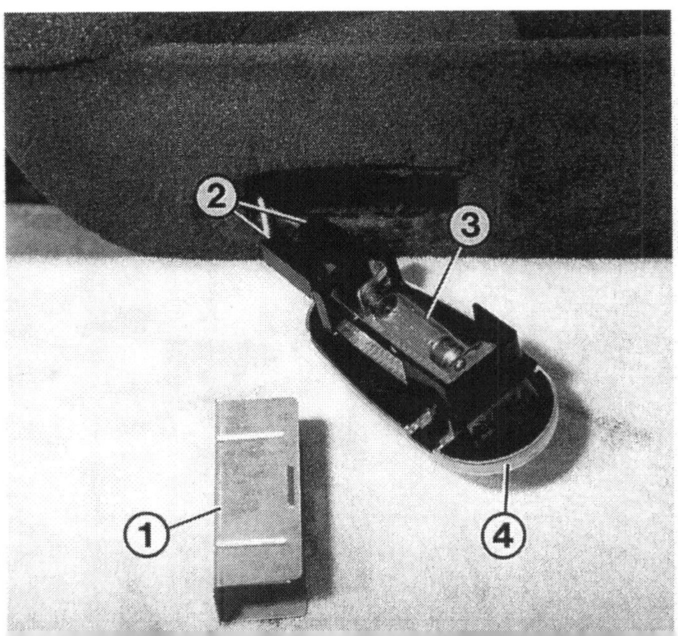

Der ausgebaute hintere Anzünder. Es bedeuten: 1 – Anzünder mit Einbaublende; 2 – Anschlußstecker der Anzünderbeleuchtung; 3 – Fassung; 4 – Glassockellampe.

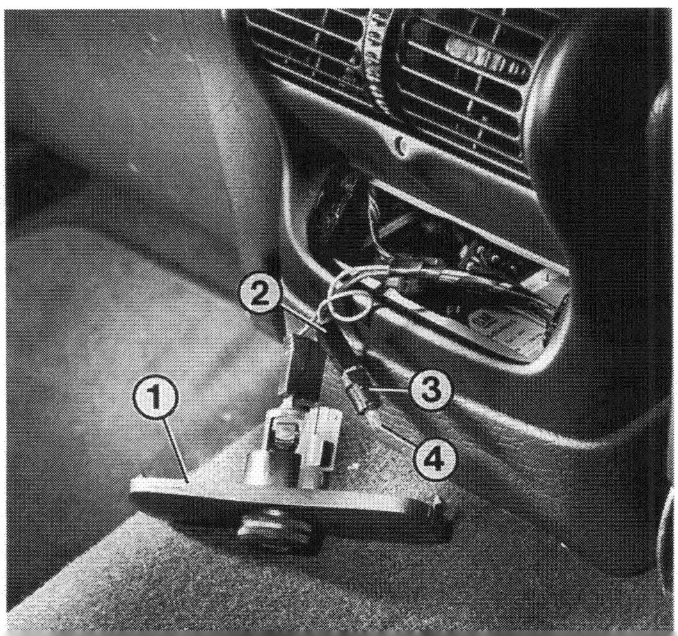

An der Rückseite des Lichtschalters befindet sich das 0,5-Watt-Lämpchen der Lichtschalterbeleuchtung.

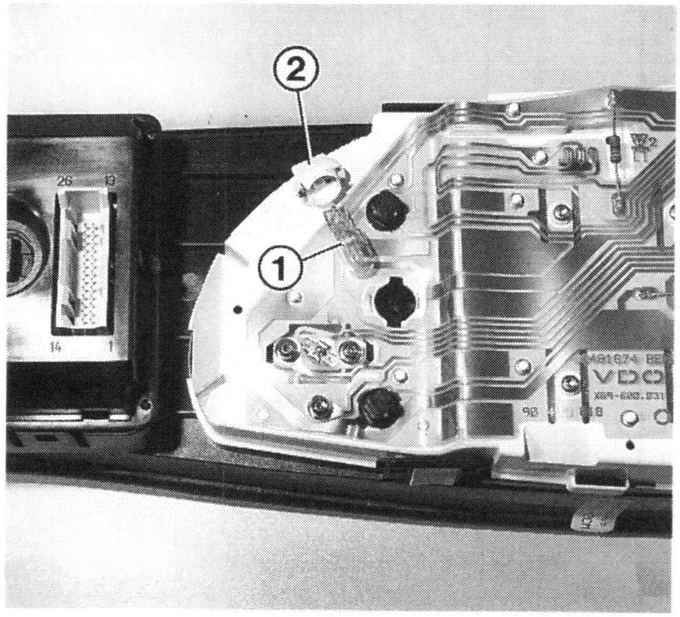

Die Instrumententafel wird mit drei Lämpchen beleuchtet. Zum Ausbau die weiße Fassung ¼ Umdrehung linksdrehen und herausziehen. 1 – Glassockellampe; 2 – Lampenfassung.

Lichtschalterbeleuchtung

● Lichtschalter ausbauen, siehe Kapitel »Instrumente und Geräte«.
● An der Rückseite des Lichtschalters Lampenfassung mit einem Schraubendreher losdrehen.
● Das Lämpchen (0,5 Watt) ist fest mit der Fassung verlötet und nur komplett als Ersatzteil erhältlich.
● Neues Lämpchen eindrehen und Lichtschalter ausbauen.

Heizregulierungsbeleuchtung

● Sämtliche Drehregler von der Bedienungseinheit abziehen. Ggf. lappenumwickelte Rohrzange zu Hilfe nehmen.
● Darunterliegende Befestigungsschrauben herausdrehen.
● Ascher ausbauen, siehe Kapitel »Der Innenraum«, und beide dahinterliegenden Befestigungsschrauben losdrehen.
● Blende der Bedienungseinheit nach vorn ziehen.
● Betreffende Glassockellampe 1,2 Watt aus der Fassung ziehen und neues Lämpchen einsetzen.

Lüftdüsenbeleuchtung

● **Mitte vorn:** Luftdüsengehäuse ausbauen, siehe Kapitel »Heizung und Lüftung«.
● Oben im Ausschnitt Fassung aus der Halterung herausziehen.
● Glassockellampe 1,2 Watt aus der Fassung ziehen und neues Lämpchen einsetzen.
● **Fahrer- bzw. Beifahrerseite:** Tür öffnen.
● Seitliche Armaturenbrettverkleidung mit einem Schlitzschraubendreher abhebeln.
● In die Öffnung greifen und Lampenfassung der Lüftungsbeleuchtung herausziehen.
● Glassockellampe 1,2 Watt aus der Fassung herausziehen und neues Lämpchen einsetzen.
● **Mitte hinten:** Luftdüsengehäuse ausbauen, wie

Nach Abbau der Blende (1) gelangt man an die drei Glassockellämpchen der Heizungsregulierungsbeleuchtung.

Das Bild zeigt das Glassockellämpchen der Luftdüsenbeleuchtung vorn in Armaturenbrettmitte.

Luftdüsenbeleuchtung an der Fahrerseite. Bezeichnet sind: 1 – Anschlußstecker; 2 – Fassung; 3 – Lichtleiter; 4 – Glassockellampe.

Luftdüsenbeleuchtung an der Beifahrerseite. Bezeichnet sind: 1 – Fassung; 2 – Glassockellampe; 3 – Anschlußstecker. Zum Einbau Düsenbeleuchtung in die Öffnung (Pfeil) eindrücken.

im Kapitel »Heizung und Lüftung« beschrieben.

- Fassung aus dem Gehäuse herausziehen.
- Glassockellampe 1,2 Watt aus der Fassung herausziehen und neues einsetzen.

Display-Beleuchtung

- Instrumententafel ausbauen, siehe Kapitel »Instrumente und Geräte«.
- Hinten am Displaygehäuse entsprechende Lampenfassung linksdrehen und abnehmen.
- Glassockellampe 3 Watt aus der Fassung ziehen und neues Lämpchen einsetzen.
- Bei Fahrzeugen mit Triple-Info-Display sind Lampe und Fassung fest miteinander verbunden und können nicht getrennt werden. Die Hintergrundlampen haben 2 Watt, die Kontrollampen 1,2 Watt.

Schalterbeleuchtung

Die Schalter für Warnblinkanlage, Umluftschalter, Klimaanlage, heizbare Heckscheibe und Sitzheizung besitzen eine fest eingebaute Beleuchtung. Ein Lampenwechsel ist nicht möglich. Man muß sich mit dem dunklen Schalter abfinden oder ihn komplett ersetzen.

Handschuhfachleuchte

Beim Öffnen des Handschuhfachs wird die Handschuhfachleuchte durch einen Kontaktschalter eingeschaltet.

- Zum Auswechseln des Lämpchens Handschuhfach öffnen.
- Deckglas mit einem kleinen Schraubendreher aus dem Ausschnitt heraushebeln.
- Soffittenlampe (10 Watt, 41 mm lang, DIN-Form K) aus der Fassung herausnehmen.
- Neues Lämpchen einsetzen und Deckglas wieder in den Ausschnitt eindrücken.

Display-Beleuchtung bei Fahrzeugen mit Multi-Info-Display. Bezeichnet sind: 1 – Lampenfassung; 2 – Anzeigen-Display; 3 – Glassockellampe.

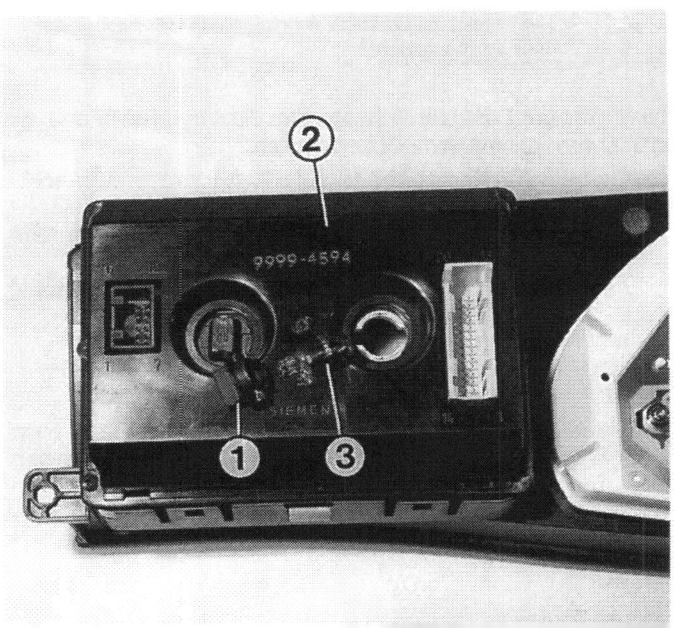

Um an das Lämpchen der Handschuhfachleuchte zu gelangen, muß das Lampengehäuse aus dem Ausschnitt herausgehebelt werden. Bezeichnet sind: 1 – Soffittenlampe; 2 – Anschlußstecker; 3 – Deckglas.

Gruß an alle

Alle Fahrzeuge verfügen über die gleiche Art von Signaleinrichtungen, mit deren Instandhaltung bzw. Reparatur sich das folgende Kapitel befaßt.

Blink- und Warnblinkanlage prüfen

Ständige Kontrolle

- Drücken Sie bei ausgeschalteter Zündung den unterhalb der Heizungsregler sitzenden Warnblinkschalter:
- Alle sechs Blinkleuchten, die Warnblink-Kontrollleuchte und beide Kontrolleuchten der Richtungsblinker leuchten im gleichen Rhythmus auf.
- Warnblinker ausschalten, Zündung einschalten.
- Bei gedrücktem Blinkerhebel müssen eine Blinkerseite sowie die jeweils zuständige grüne Kontrollleuchte regelmäßig aufleuchten.

Störungsbeistand

Blink- und Warnblink-anlage

Die Störung	– ihre Ursache
A Grüne Kontrollampe für Richtungsblinker leuchtet in ganz kurzen Intervallen auf, normaler Blinker-Rhythmus beim Warnblinken	Eine Glühlampe defekt oder ohne Kontakt
B Blinkleuchten am Wagen und grüne Kontrolleuchte brennen dauernd	Blinkrelais defekt
C Grüne Kontrolleuchte und Blinkleuchten am Wagen bleiben dunkel	Blinkrelais defekt
D Richtungsblinken funktioniert, aber kein Warnblinken	1 Sicherung 12 defekt 2 Leitung zwischen Ausgang Sicherung 12 und Warnblink- bzw. Hebelschalter unterbrochen 3 Warnblink- bzw. Hebelschalter defekt
E Warnblinken funktioniert, aber kein Richtungsblinken	1 Sicherung 2 defekt 2 Leitung zwischen Ausgang Sicherung 2 und Warnblink- bzw. Hebelschalter unterbrochen 3 Siehe D 3
F Kein Richtungs- und kein Warnblinken	Siehe D 3
G Störungen im Blinker-Rhythmus, Blinker spricht ohne Schalterbetätigung an	1 Überspringende Zündfunken durch schadhafte Kabel oder Stecker 2 Spannungsimpulse durch stromführende Leitungen in der Nähe des Blinkrelais

Behelf bei defektem Blinkrelais

Mit einem ausgefallenen Blinkrelais ist die Weiterfahrt nicht ganz ungefährlich, denn im dichten Verkehr und vor allem bei Dunkelheit wird Ihre Abbiegeabsicht den anderen Autofahrern nicht ersichtlich.

- Blinkrelais (siehe Seite 221) leicht ruckelnd aus dem Relaiskasten (neben dem Sicherungskasten) herausziehen.
- Kurzschlußbrücke zwischen den Klemmen 49 und 49 A (am Relais markiert) herstellen.
- Dazu Büroklammer oder ein kurzes Drahtstück um die genannten Steckerzungen am Relais schlingen.
- Blinkrelais wieder ein Stück weit einsetzen.
- Bei gedrücktem Blinkerhebel leuchtet jetzt eine Blinkerseite dauernd.
- Durch Ein- und Ausschalten mit dem Blinkerhebel erhalten Sie einen Blinker-Rhythmus.

Bremsleuchten prüfen

Es macht keine Probleme, die Bremslichter zu kontrollieren, und zu Ihrer eigenen Sicherheit sollten Sie es auch täglich tun. Das Check-Control prüft zwar auch die Bremsleuchten, doch doppelte Kontrolle kann bei den Bremsleuchten nicht schaden.

Links: In einem Halter oberhalb des Bremspedals sitzt der Bremslichtschalter (Pfeil).
Rechts: Die Abbildung zeigt den ausgebauten Bremslichtschalter. Bezeichnet sind:
1 – Betätigungsstift;
2 – Sicherungshülse.

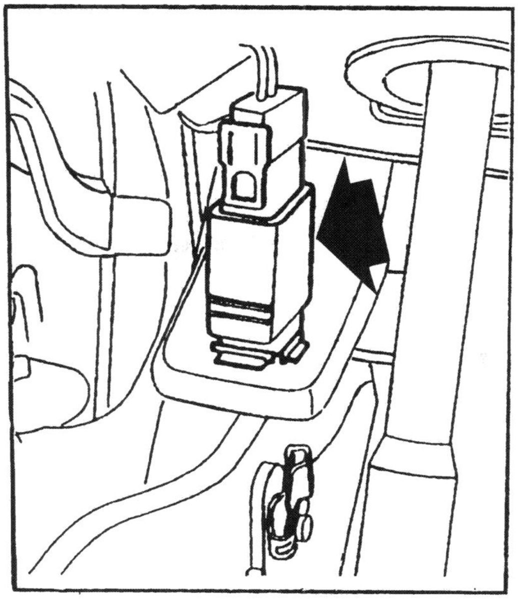

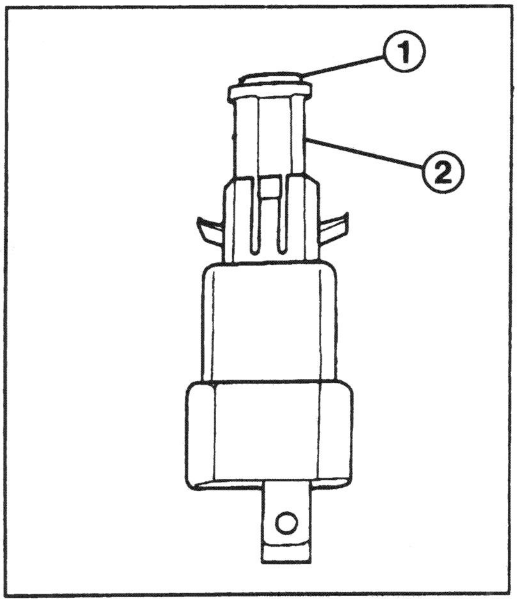

● Die Garagenwand hinter dem Wagen muß rechts und links hell rot aufleuchten, wenn Sie auf das Bremspedal treten.
● Oder in einer Kolonne prüfen Sie mit dem Rückspiegel, ob sich in den Scheinwerfer-Reflektoren oder in der Lackierung Ihres Hintermannes beide Bremslichter spiegeln.

Der Bremslichtschalter

Der Bremslichtschalter sitzt in einer Platte über dem Bremspedal. Wird das Pedal niedergedrückt, wandert der Schalterstift heraus und schließt den Kontakt zu den Bremsleuchten.

Bremslichtschalter ausbauen

● Im Fahrerfußraum die Abdeckung unter dem Armaturenbrett ausbauen.
● Heizungs-/Lüftungskanal losschrauben und abnehmen.
● Kabelstecker vom Bremslichtschalter abziehen.
● Bremspedal niedertreten und gedrückt halten.
● Betätigungsstift und Sicherungshülse aus dem Bremslichtschalter herausziehen.
● Mit einer abgewinkelten Spitzzange beide Rastnasen am Bremslichtschalter zusammendrücken und Schalter aus dem Pedalbock herausziehen.
● Eine Einstellung des Schalters beim Einbau erfolgt nicht. Bremslichtschalter mit herausgezogenem Betätigungsstift und Sicherungshülse bis zum Anschlag eindrücken. Bremspedal dabei gedrückt halten.
● Kabelstecker aufdrücken.

Bremslichtschalter überprüfen

Sind beide Bremslichter ausgefallen, kontrolliert man, ob es am Bremslichtschalter liegt:
● Kabelstecker abziehen.
● Kabelanschlüsse im Stecker überbrücken.
● Brennen jetzt die Bremslichter, ist der Bremslichtschalter defekt.

Störungsbeistand

Bremsleuchten

Die Störung	– ihre Ursache	– ihre Abhilfe
A Eine Bremsleuchte brennt nicht	1 Glühbirne durchgebrannt	Austauschen
	2 Spannungszuleitung unterbrochen. Brennen alle übrigen Glühbirnen in derselben Heckleuchte? Falls nicht	Kabel kontrollieren
	3 Unterbrechung der Masseverbindung	Masseanschluß überprüfen
B Beide Bremslichter brennen nicht	1 Sicherung defekt	Ersetzen
	2 Bremslichtschalter defekt	Überprüfen, ggf. ersetzen
	3 Siehe A 1 und 3	
C Bremslicht brennt dauernd	1 Siehe B 2	
	2 Kabel zum Bremslichtschalter haben direkten Kontakt	Kabel kontrollieren

Hupe prüfen

Ständige Kontrolle

Bei eingeschalteter Zündung und beim Druck auf den Hupkontakt im Lenkrad muß das Horn ertönen bzw. bei »besserer« Ausstattung die Zweiklanghörner. Zur Schonung der Hupkontakte ist ein Relais zwischengeschal-

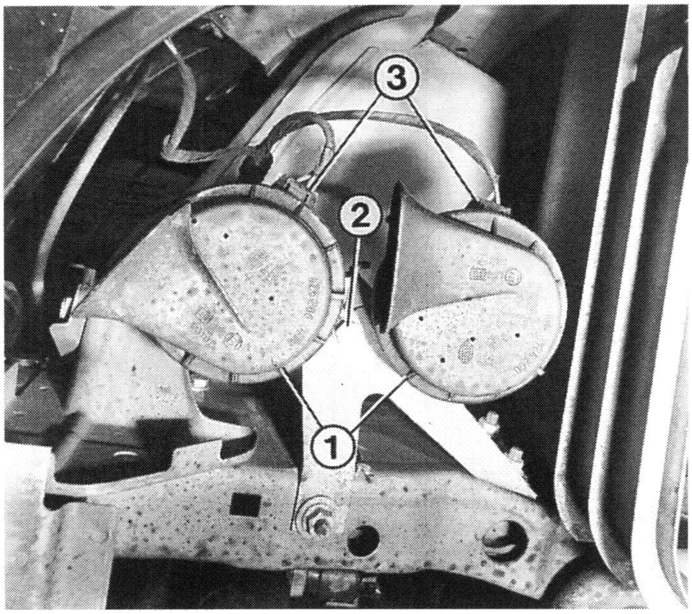

Die Zweiklanghörner (1). Nach Abschrauben von den Halterungen (2) und Lösen der Anschlußkabel (3) sind die Einstellschrauben (unter Vergußmasse) zugänglich.

tet. Am Signalhorn bzw. den Hörnern liegt ständig Spannung von Klemme 30 an. Damit es hupt, wird die Verbindung zur Masse über den Hupkontakt geschlossen.

Hupe defekt

- Wagen aufbocken und sichern.
- Signalhorn bzw. Zweiklanghörner von der linken Wagenunterseite losschrauben und Kabelstecker abziehen.
- An jedem Steckanschluß ein Hilfskabel aufstecken und diese mit dem Plus- bzw. Minuspol der Batterie verbinden.
- Bleibt es ruhig, ist das Signalhorn defekt.
- Ein krächzendes oder völlig stummes Horn läßt sich bisweilen durch Drehen der Einstellschraube an der Hupenrückseite wieder stimmen oder zu neuem Leben erwecken.
- Schraube unter der Vergußmasse freilegen.
- Nach dem Einstellen die Schraube mit Karosseriedichtmasse wieder feuchtigkeitssicher verschließen.

Störungsbeistand

Hupe

Die Störung	– ihre Ursache	– ihre Abhilfe
A Einzelhupe tönt nicht	1 Sicherung defekt	Ersetzen
	2 Spannungszuleitung zur Hupe (rotes Kabel) unterbrochen	Kabelverlauf kontrollieren, Steckkontakte an der Hupe blank kratzen
	3 Hupe defekt	Prüfen, ggf. austauschen
	4 Leitung zwischen Hupenkontakt und Hupe unterbrochen	Kabelverlauf kontrollieren
	5 Hupenrelais defekt	Prüfen, siehe Instrumentenkapitel
B Einzelhupe tönt dauernd bei eingeschalteter Zündung	1 Kabel vom Hupkontakt zur Hupe hat Kurzschluß zur Masse	Braun/weißes Kabel abziehen. Hupt es nicht mehr, Kabelverlauf kontrollieren. Unterwegs: Kabel abgezogen lassen
	2 Hupe hat inneren Kurzschluß	Hupe ersetzen. Unterwegs: Stromzuführendes rotes Kabel abziehen und isolieren
C Eine Hupe der Zweiklanghörner tönt nicht	Siehe A 2 – 4	
D Beide Hupen der Zweiklanghörner tönen nicht	1 Siehe A 1, 2 und 4	
	2 Hupenrelais defekt	Prüfen, siehe Instrumentenkapitel, ggf. austauschen

Die Lichthupe

Gleichgültig, ob die Zündung oder die Scheinwerfer eingeschaltet sind oder nicht, die Fernlicht-Glühfäden und die Fernlichtkontrolle leuchten immer auf, wenn Sie den Blinkerhebel zum Lenkrad hin ziehen. Falls die Lichthupe nicht funktioniert, obwohl die Scheinwerfer bei eingeschalteter Beleuchtung brennen:

- Lenksäulenverkleidung abbauen, siehe Kapitel »Der Innenraum«.
- Mit Prüflampe kontrollieren, ob am roten Klemme-30-Kabel zum Hebelschalter-Element Spannung anliegt.
- Falls ja, dürfte der Lichthupen-Kontakt defekt sein.

Kleine Helfer

Im Omega tummelt sich ein Zwergenstaat voller diensteifriger Geister: Anzeige-Instrumente mit Kontrolleuchten informieren über Fahrzeug- und Motorzustände, Scheibenwischer und heizbare Heckscheibe sorgen für gute Sicht, die Zentralverriegelung hilft beim Verschließen des Wagens. Von diesen und weiteren kleinen Helfern handelt das folgende Kapitel.

Kontrollinstrumente und -leuchten prüfen

Wartung Nr. 32

Setzen Sie sich hinter das Lenkrad und kontrollieren Sie nacheinander:

- Zeigen Digitaluhr, Außentemperaturanzeige und Datumsanzeige die richtigen Werte an?
- Zündung einschalten. Es müssen aufleuchten: Ladekontrolle, Öldruckkontrolle, Motorkontrolle und bei angezogener Handbremse die Handbrems-Kontrolleuchte.
- Weiterhin leuchtet die Kontrollampe des Antiblockiersystem (ABS) im linken Leuchtenfeld der Instrumententafel (bei laufendem Motor verlöscht sie) und bei Fahrzeugen mit Automatikgetriebe und entsprechender Ausstattung das Symbol für Getriebedefekt im Anzeigen-Display.
- Die Airbag-Kontrolleuchte leuchtet ca. vier Sekunden und verlöscht anschließend.
- Mit etwas Verzögerung wandert der Zeiger der Tankuhr über die Skala und, wo vorhanden, verlöscht die Kontrolleuchte mit dem Symbol »Zapfsäule«.
- Linken Hebelschalter betätigen – leuchten die grüne Blinkerkontrolleuchten bzw. die blaue Fernlichtkontrolle?
- Brennen bei gedrücktem Schalter die Kontrolleuchten von Warnblinker, heizbarer Heckscheibe, Umluftschalter, Klimaanlage und bei eingeschaltetem Abblendlicht Nebelscheinwerfer und Nebelschlußleuchte (auch die Zusatzkontrolleuchte in der Instrumententafel).
- Motor starten – arbeitet ggf. der Drehzahlmesser?
- Bei einer Probefahrt überprüfen Sie die Funktion von Tachometer, Kühlmittel-Temperaturanzeige und Schaltanzeige für sportliches Fahrprogramm bzw. Anfahrhilfe (Fahrzeuge mit Automatikgetriebe).

Instrumententafel ausbauen

Die Instrumententafel läßt sich ohne Ausbau des Lenkrads aus dem Armaturenbrett herausnehmen.

- Massekabel der Batterie abklemmen.
- Mischluftdüse an der Fahrerseite und mittlere Mischluftdüse ausbauen, siehe Kapitel »Heizung und Lüftung«.
- Obere Lenksäulenverkleidung ausbauen, siehe Kapitel »Der Innenraum«.
- Unterhalb des Drehzahlmesser und rechts an der Instrumententafel je eine Befestigungsschraube herausdrehen.
- Instrumententafel ein Stück weit aus dem Armaturenbrett herausziehen.

Zum Ausbau der Instrumententafel die hier gezeigten Befestigungsschrauben (Pfeile) herausdrehen.

Instrumententafel (1) ein Stück weit herausziehen und hinten zwei Kabelstecker (2) entriegeln und abziehen.

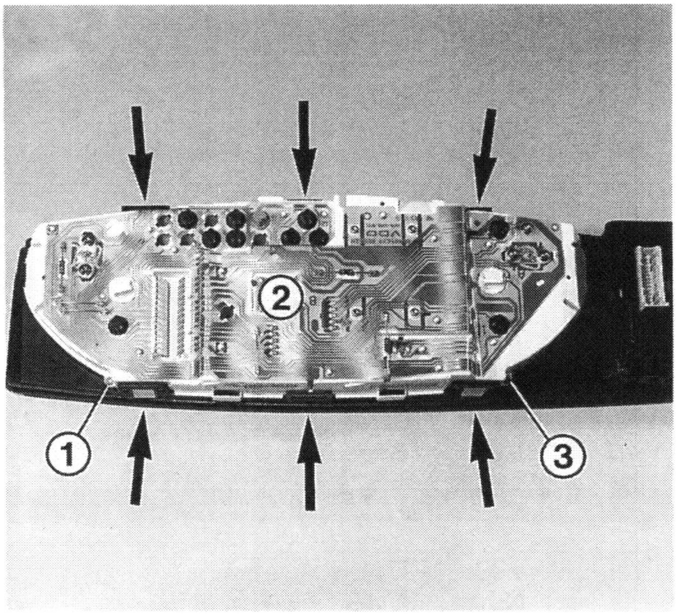

Glasfront abbauen. An der Rückseite der Instrumententafel (2) zwei TORX-Schrauben (1 und 3) herausdrehen. Clips (Pfeile) anheben und gleichzeitig Glasfront abdrücken.

Instrumente ausbauen. Die Pfeile deuten auf die vier TORX-Schrauben, mit denen die Instrumente an der Vorderseite des Gehäuses angeschraubt sind.

● Rechts hinten an der Instrumententafel zwei Kabelstecker entriegeln und abziehen.

● Instrumententafel seitlich aus dem Armaturenbrett herausnehmen.

Instrumententafel zerlegen

Wir behandeln im Folgenden den Ausbau der einzelnen Instrumente. Die Funktionsbeschreibung finden Sie auf den folgenden Seiten.

Glasfront abbauen

● Zum Ausbau der Instrumente muß die Glasfront abgenommen werden.
● Oben an der Rückseite der Instrumententafel zwei TORX-Schrauben herausdrehen.
● Unten und oben an der Instrumententafel ingesamt sechs Clips anheben. Zugleich Glasfront Stück um Stück von der Instrumentengehäuse abdrücken.
● Bei abgebauter Glasfront Zeigernadel des Tachometer nicht bewegen! Die Berührung des Zeigers hat zur Folge, daß der Tacho dejustiert wird und das Instrument unbrauchbar wird.

Instrumente ausbauen

● Die Glasfront ist abgenommen.
● Vorn an den Anzeigeinstrumenten vier TORX-Schrauben herausdrehen.
● An der Rückseite des Tachometers vier TORX-Schrauben losschrauben.
● Steckanschlüsse von Temperatur- und Kraftstoff-

Instrumente ausbauen. Die Pfeile deuten auf die vier TORX-Schrauben, mit denen die Instrumente an der Rückseite des Gehäuses angeschraubt sind.

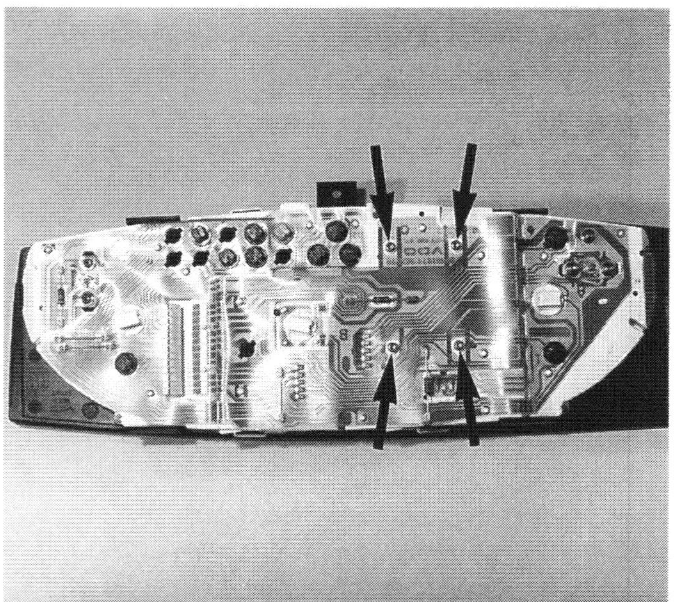

Instrumente ausbauen. Das Bild zeigt, wie mit zwei Schraubendrehern der Kontaktstift (1) der Tankanzeige von der Leiterplatte abgedrückt wird.

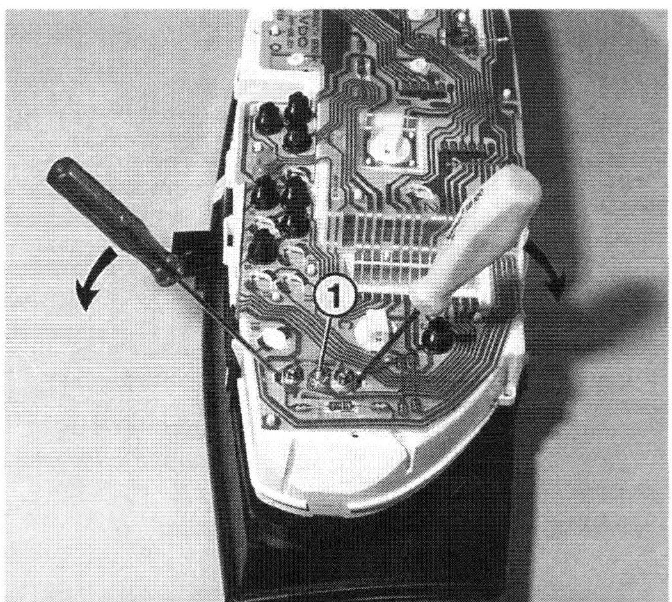

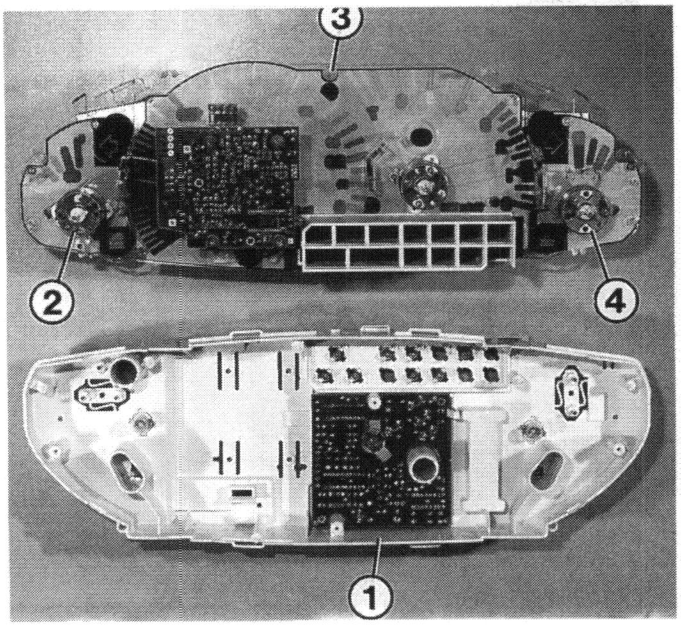

Hier haben wir folgende Teile bezeichnet: 1 – Instrumentengehäuse; 2 – Tankanzeige; 3 – Instrumententafel; 4 – Kühlmittel-Temperaturanzeige.

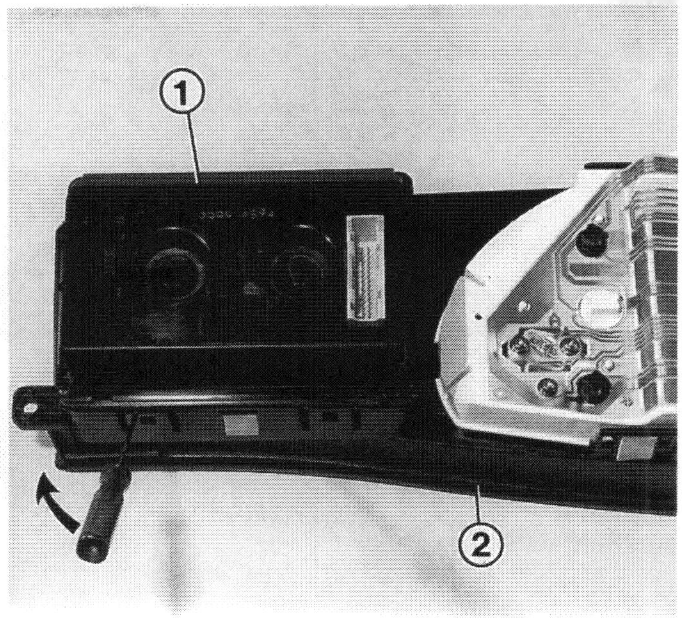

Anzeige-Display ausbauen. Zwei Befestigungsschrauben herausdrehen. Mit einem Schraubendreher insgesamt vier Clips anheben und Display (1) von der Instrumententafel (2) abnehmen.

anzeige abdrücken. Hierzu mit zwei kleinen Schlitzschraubendrehern, wie in der Abb. auf der gegenüberliegenden Seite unten rechts gezeigt, betreffendes Anzeigeinstrument anheben. Gleichzeitig mittleren Kontaktstift von der Leiterplatte abdrücken.

- Auf keinen Fall die Kontaktschrauben von Temperatur- und Kraftstoffanzeige herausdrehen bzw. verdrehen, da sonst das Anzeigeinstrument Schaden nehmen kann.
- Instrumente gleichmäßig vom Gehäuse abnehmen. Hierzu kann ein Schraubendreher zur Hilfe genommen werden. Schraubendreher an den Außenseiten ansetzen.
- Nach dem Zusammenbau an der Rückseite alle Anschlüsse von der Leiterplatte zu den Instrumenten auf korrekten Sitz prüfen.

Tachometer und Drehzahlmesser ersetzen

- Die Instrumente sind ausgebaut.
- Temperatur- und Kraftstoffanzeige von Drehzahlmesser und Tachometer trennen, siehe folgenden Text.
- Das Austauschinstrument ist paßgerecht gefertigt. Ein Glätten der Bruchkanten ist nicht erforderlich.
- Instrumente in das Gehäuse einsetzen und festschrauben.
- Alle Verbindungsstecker auf richtigen Sitz kontrollieren.

Temperatur- oder Kraftstoffanzeige ersetzen

- Die Instrumente sind ausgebaut.
- Oben und unten am betreffenden Anzeigeinstrument mit einem Seitenschneider das Plexiglas (Lichtleiter) durchtrennen, siehe die Zeichnungen unten.
- Anzeigeinstrument nach unten abknicken. Das Anzeiginstrument besitzt eine Sollbruchstelle.

Tankanzeige ersetzen. Hier sind die Trennstellen gezeigt, an denen das Plexiglas mit einem Seitenschneider durchschnitten werden soll.

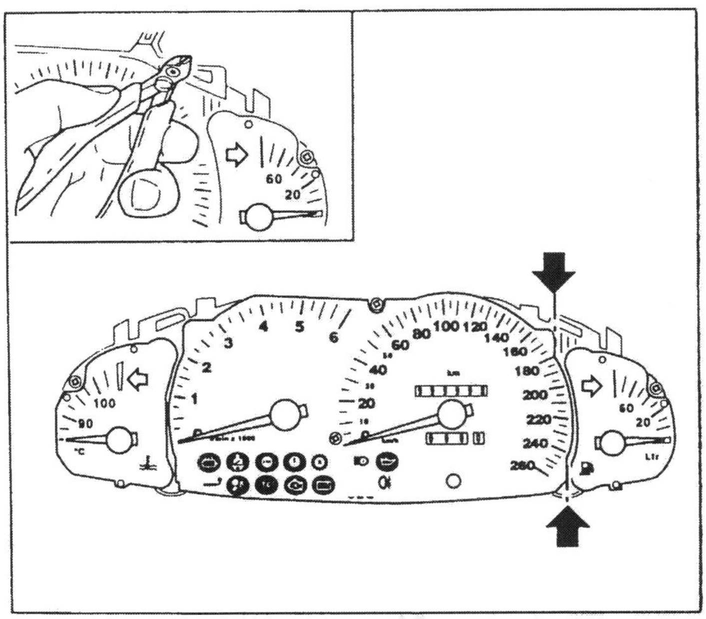

Tankanzeige ersetzen. Nachdem das Plexiglas durchtrennt wurde, Anzeigeinstrument nach unten vollständig abknicken.

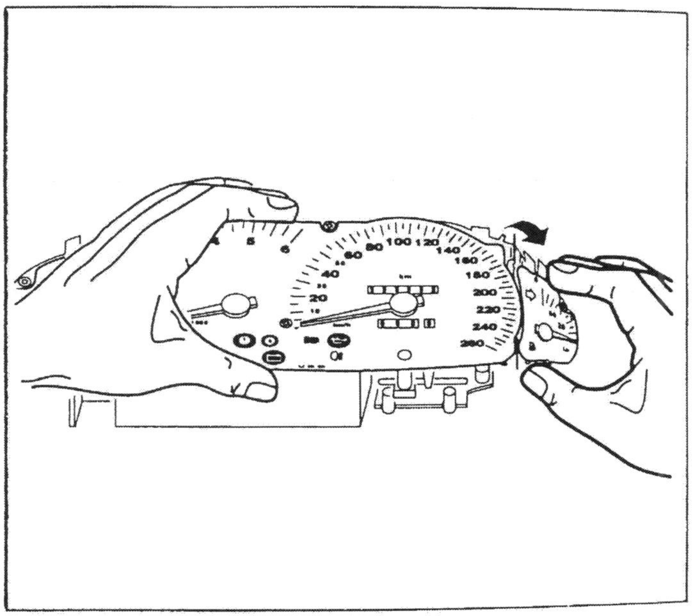

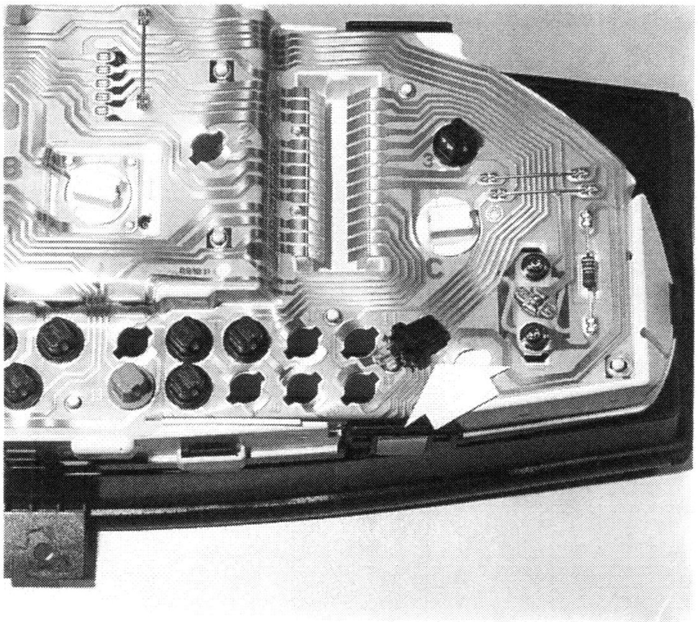

Soll eine Kontrollampe (Pfeil) ausgebaut werden, Lampenfassung 1/4 Umdrehung linksdrehen und abnehmen.

● Das Austauschinstrument ist paßgerecht gefertigt. Ein Glätten der Bruchstellen ist nicht erforderlich.
● Instrumente einbauen und festschrauben.
● Alle Verbindungsstecker auf korrekten Sitz kontrollieren.

Anzeige-Display ausbauen

● Instrumententafel ausbauen.
● An der Rückseite der Instrumententafel beide Befestigungsschrauben des Anzeige-Displays herausdrehen.
● Vier Clips anheben und gleichzeitig Anzeige-Display von der Instrumententafel abnehmen.
● Zum Einbau Display bis zum Einrasten der Clips andrücken. Anschließend Display festschrauben.

Kontrollampen

Beim Omega sind die Kontrollampen in der Instrumententafel fest mit ihren Fassungen verlötet und auch nur komplett als Ersatzteil erhältlich. Zum Ausbau die Lampenfassung eine Viertelumdrehung linksdrehen und herausziehen.
Die Glassockellampen der Instrumentenbeleuchtung hingegen können einzeln ausgetauscht werden, siehe hierzu Kapitel »Die Beleuchtung«.

Der Tachometer

Von früher her sind wir einen Geschwindigkeitsmesser gewohnt, der von einer biegsamen Welle – der Tachowelle – angetrieben. Anders beim Omega: Sein Tachometer ist ein elektronisches Meßgerät ähnlich dem Drehzahlmesser. Genau wie dieser erhält er Drehzahlimpulse – doch nicht vom Motor, sondern über das ABS-Steuergerät von den Drehzahlgebern am Hinterachsgetriebe. Dort wird gemessen, wie oft sich die Räder drehen. Das Instrument bringt die Umdrehungsimpulse mit einem Zeitfaktor in Bezug, und man erhält eine Vergleichsgröße für die Geschwindigkeit.
Der Kilometerzähler funktioniert in Ermangelung eines mechanischen Antriebs auch teilweise elektrisch: Ein sogenannter Schrittmotor dreht die Antriebswelle des Zähler-Getriebes schrittweise weiter – je nach Anzahl der Umdrehungsimpulse. Vorteile des elektronischen Tachometers: Geräuschfreier Tachoantrieb, bessere Ablesbarkeit durch die Spreizung im unteren Geschwindigkeitsbereich, genauere Anzeige.

Drehzahlmesser

Wie oft die Kurbelwelle des Motors rotiert, zeigt der Drehzahlmesser an. Dazu erhält er vom Zünd/Einspritz-Steuergerät die Zündimpulse übermittelt. Die werden von der Elektronik im Instrument summiert und aufbereitet an das Meßwerk des Zeigerinstruments weitergegeben.
Bei Störungen gilt es die entsprechenden Leitungen zu prüfen. Auch in der Leiterplatte der Instrumententafel kann der Fehler stecken. Der Drehzahlmesser selbst kann mit Eigenmitteln nicht repariert werden.

Kühlmittel-Temperaturanzeige

Die Anzeige für die Kühlmitteltemperatur funktioniert ähnlich wie die Tankanzeige. Plusstrom erhält das Instrument bei eingeschalteter Zündung, die Masseverbindung stellt der Temperaturgeber am Thermostatgehäuse (Achtventiler) bzw. hinten am DIS-Zündmodul (16V) her. Dieser Geber ist ein veränderlicher Widerstand, der mit zunehmender Erwärmung den Stromzufluß weiter freigibt, so daß mehr Spannung am Instrument ankommt und die Nadel weiter ausschlägt.

Der ausgebaute Tankgeber. Hier sind gezeigt:
1 – Schwimmer;
2 – Schleifkontakt mit Widerstand;
3 – Anschlußstecker;
4 – Verbindungsstange.

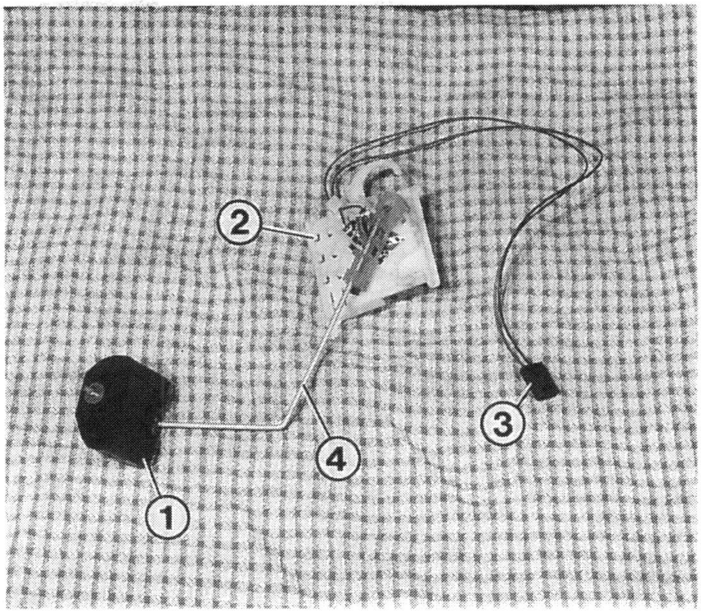

Kühlmittel-Temperaturanzeige prüfen

● **Temperaturgeber prüfen:** Zuständiges Kabel am Geber im Motorraum abziehen und an blankes Metall (Masse) halten. Beim 16V ist der Temperaturgeber am besten von der Wagenunterseite her zugänglich.
● Zündung kurz einschalten: Wandert die vorher regungslose Anzeigenadel nun zügig über die Skala, ist der Temperaturgeber defekt – austauschen.
● Rührt sich nichts im Anzeige-Instrument, ist die Zuleitung zur Instrumententafel unterbrochen, die Leiterfolie oder das Anzeige-Instrument defekt.
● **Anzeige-Instrument prüfen:** Instrumententafel ausbauen.
● An der Rückseite des Intruments eine 9-Volt-Batterie als Stromquelle anschließen.
● Rührt sich die Anzeigenadel nicht, ist das Anzeige-Instrument defekt.

Die Tankanzeige

Der Tankgeber im Kraftstofftank besteht aus einem Schwimmer und einem elektrischen Widerstand. Mit Einschalten der Zündung erhält das Anzeigegerät in der Instrumententafel Spannung. Den Stromkreis schließt der veränderliche Widerstand im Tankgeber, der die Verbindung zur Masse herstellt. Je nach Spannungsversorgung des Anzeige-Instruments schlägt die Zeigernadel entsprechend aus.
Steht der Schwimmer bei vollem Tank in seiner höchsten Stellung, ist der Widerstand am Tankgeber überbrückt, das Anzeige-Instrument wird mit voller Spannung versorgt und läßt den Zeiger voll ausschlagen. Mit abnehmendem Tankinhalt sinkt der Schwimmer, der dadurch höhere Widerstand hemmt den Stromdurchfluß zum Instrument, die Nadel zeigt weniger an.

Störungssuche

● Bei Falschanzeige durch verbogenen Schwimmerarm Tankgeber ausbauen.
● Biegen des Arms nach oben verringert die Anzeige. Biegen nach unten ergibt höheren Anzeigewert.
● Tankgeber prüfen: Kabelstecker am Verschlußdeckel abziehen.

Zur Funktionsprüfung des Temperaturgebers Kabel am Geber abziehen und an Masse halten. Zündung kurz einschalten: Die Anzeigenadel muß über die Skala wandern. Das Bild zeigt den Temperaturgeber des Achtventilers.

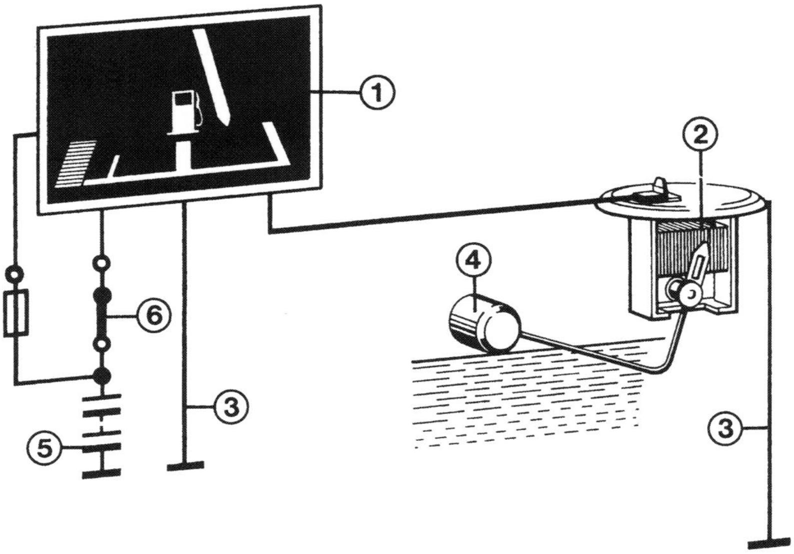

Die Tankanzeige besteht aus:
1 – Instrumentenskala mit dahintersitzendem Bimetallkörper;
2 – Geber mit Widerstand;
3 – Masseanschluß;
4 – Schwimmer;
5 – Batterie;
6 – Zünd-Anlaßschalter.

- Hilfskabel in den Steckanschluß des blau/schwarzen Kabels stecken und direkt an Masse halten.
- Zündung ganz kurz einschalten – schlägt der Zeiger auf »Voll« aus, ist der Tankgeber defekt.
- Bewegt sich die Nadel nicht, ist entweder das blau/schwarze Kabel zur Instrumententafel bzw. vom Verschlußdeckel zum Tankgeber unterbrochen, die Leiterplatte oder das Anzeige-Instrument defekt.
- Anzeige-Instrument prüfen: Instrumententafel ausbauen.
- Das Anzeigegerät wird mit einer 9-Volt-Batterie auf die gleiche Weise wie das Kühlmittel-Temperaturanzeige-Instrument geprüft.

Kontrolleuchten in der Instrumententafel

An der Rückseite der Instrumententafel ist eine Vielzahl von Kontrolleuchten für die unterschiedlichsten Funktionen eingebaut. Auf diese wollen wir in den folgenden Abschnitten eingehen. Wie die kleinen Glühlampen der Kontrolleuchten ausgebaut werden, steht weiter vorn in diesem Kapitel.

Ladekontrolleuchte

Bei laufendem Motor darf die Ladekontrolle weder glimmen noch aufleuchten. Sonst sitzt ein Fehler in der Stromversorgung, siehe »Störungsbeistand« im Kapitel »Die Lichtmaschine«. Brennt das rote Lämpchen beim Einschalten der Zündung nicht, ist vermutlich die Glühlampe durchgebrannt, oder aber das Kabel zur Lichtmaschine ist defekt bzw. hat sich gelöst.
Mehr über die Ladekontrolleuchte erfahren Sie im Lichtmaschinen-Kapitel.

Öldruckkontrolle

Bei eingeschalteter Zündung liegt an der Öldruckkontrolle Spannung an. Solange kein Öldruck aufgebaut wird, ist ihr Stromkreis durch den Öldruckschalter geschlossen – sie brennt. Bei steigendem Öldruck im Motor öffnet der Kontakt des Öldruckschalters, der Stromkreis wird unterbrochen, und die Kontrolle verlöscht.
Kaltes Motoröl ist ziemlich zähflüssig. Das ergibt hohen Öldruck, der die Kontrolle schon beim oder gleich nach dem Anlassen des Motors verlöschen läßt. Im heißgefahrenen Motor im Hochsommer ist das Öl dünnflüssiger, und bei dem entsprechend niedrigeren Druck verlöscht die Kontrolle erst bei höheren Drehzahlen.

Störungssuche

Leuchtet die Öldruckkontrollampe plötzlich während der Fahrt auf, ist das grundsätzlich ein Alarmzeichen:

- **Brennt sie nur kurz** bei scharfem Bremsen oder in schnell gefahrenen Kurven, dürfte der Ölstand unter die Minimalmarke abgesunken sein – Ölstand prüfen und, wenn nötig, Öl nachfüllen.
- **Leuchtet die Lampe dauernd**, müssen Sie sofort anhalten.
- Ölstand kontrollieren.
- Ist dieser in Ordnung, als nächstes prüfen, ob das Kabel vom Öldruckschalter zur Warnlampe Kurzschluß hat: Zündung einschalten, Kabelstecker am Öldruckschalter abziehen.
- Die Lampe muß nun bei stehendem Motor verlöschen; das beobachtet am besten ein Helfer.
- Brennt sie dagegen weiter, ist das Kabel irgendwo durchgescheuert und hat Massekontakt. Das ist dann harmlos für den Motor – Sie können weiterfahren.
- Normalerweise zeigt das Aufleuchten der Öldruckkontrolle, daß an den Schmierstellen des Motors nicht der nötige Öldruck herrscht.
- Das liegt jedoch meistens nicht an einem Defekt an der Ölpumpe, sondern weit öfter an einem klemmenden Druckregelventil (siehe Motor-Kapitel).

● Auch ein schlagartiger Ölverlust ist nicht auszuschließen, weil sich etwa die nachlässig eingedrehte Ölablaßschraube gelockert hat.
● Stellt sich der Fehler als gefährlich für den Motor heraus, keinesfalls weiterfahren. Der Omega muß abgeschleppt werden.
● Bei ständig aufleuchtender Ölkontrolle ist nicht selten ein defekter Öldruckschalter schuld. Regelrecht nachgeprüft werden kann das aber nur durch Auswechseln des Schalters.
● Behelfsmäßige Kontrolle: Steckerzunge des Öldruckschalters etwas hin- und herbewegen. Verlöscht die Lampe jetzt, wenn der Motor kurz gestartet wird?
● **Bleibt die Öldruckkontrolle beim Zündschlüsseldreh dunkel?** Zündung einschalten, Steckverbindung am Öldruckschalter trennen und an blankes Metall halten.
● Brennt nun das Warnlicht, liegt es am Öldruckschalter. Öldruckschalter austauschen.
● Leuchtet nichts, ist die Zuleitung oder die Glühlampe selbst defekt.

Motor-Kontrolleuchte

Die Fehlerlampe leuchtet während der Fahrt, wenn ein Defekt aufgetreten ist, der zu Schäden am Motor führen kann. Das Steuergerät der Zünd/Einspritz-Steuerung »merkt sich« im sogenannten Fehlerspeicher einmal aufgetretene Fehler und teilt sie bei Abfrage über einen Blinkcode mit (Fehlerlampe blinkt in bestimmtem Rhythmus).
Zur Eigenkontrolle leuchtet die Lampe bei eingeschalteter Zündung und verlöscht bei laufendem Motor.

Blinker-Kontrolleuchte

Die beiden Blinker-Kontrolleuchten erhalten Strom im Blinker-Rhythmus von derselben Leitung, die auch zu den jeweiligen Blinkleuchten führt. Von den rechten Blinkleuchten erhält die rechte Blinkerkontrolle Strom, von den linken die linke. Die Zuleitung erfolgt ohne Sicherung. Die Masseverbindung beider Kontrolleuchten kommt von der zentralen »Masse-Versorgung« der Instrumententafel.

Fernlichtkontrolle

Bei eingeschaltetem Fernlicht oder beim Lichthupen erhält die Fernlichtkontrolle von der »Fernlicht«-Sicherung des rechten Scheinwerfers Strom. Ob die Fernlichtfäden wirklich brennen, kann sie aber nicht anzeigen; das muß man selbst kontrollieren. Die Masse-Zufuhr kommt auch hier von der Instrumententafel.

Brems-Kontrolleuchte

Bei angezogener Handbremse schließt ein Schalter am Handbremshebel die Verbindung zur Masse. Damit kann die Kontrolleuchte im linken Leuchtenfeld der Instrumententafel, die bei eingeschalteter Zündung auf ihrem anderen Anschluß mit Spannung versorgt wird, aufleuchten. Bei gelöster Handbremse verlöscht sie wieder.
Zusätzlich wird abgesunkener Bremsflüssigkeitsstand angezeigt: Die Kontrolle des Flüssigkeitsstands übernimmt der im Vorratsbehälter sitzende Schwimmer mit einem angeschlossenen Kontakt. Fällt der Pegel durch ein Leck in der Bremsanlage, wird der Kontakt zur Masseleitung ausgelöst, und die Kontrollampe brennt.

Der Öldruckschalter (Pfeil) am Ölfilterflansch signalisiert über die Öldruck-Warnleuchte in der Instrumententafel, ob an den Motorlagern ausreichender Öldruck vorhanden ist.

Störungssuche

- Die Lampe brennt nicht bei angezogener Handbremse: Glühlampe ausbauen und kontrollieren.
- Brachte das keinen Erfolg, Handbrems-Kontrollschalter freilegen. Dazu:
- Mittelkonsole ausbauen, siehe Kapitel »Der Innenraum«.
- Beide Befestigungsschrauben der Handbremse herausdrehen und Handbremshebel anheben.
- Kabelstecker am Schalter abziehen und Stecker an blankes Metall halten.
- Brennt die Lampe jetzt, war der Schalter defekt.
- Die Lampe verlöscht nicht bei gelöster Handbremse: Kabel am Schalter der Handbremse lösen, wie vorstehend beschrieben, doch Stecker in der Luft hängen lassen.
- Brennt die Lampe nicht mehr, war der Schalter defekt.
- Leuchtet sie dagegen weiter, ist das Kabel durchgescheuert und hat Massekontakt.
- Lampe brennt bei gelöster Handbremse und laufendem Motor: Stand im Bremsflüssigkeitsbehälter prüfen.
- Ist dieser voll, Kabelstecker am Deckel des Behälters abziehen.
- Verlöscht die Lampe jetzt, ist der Niveauschalter defekt.
- Eventuell ist auch der Schwimmer leck.
- Brennt die Kontrolleuchte weiterhin, liegt der Fehler im Instrument oder Zuleitungskabel bzw. an einem defekten Handbremshebel-Kontaktschalter oder dessen Kabelzuleitung.

Nebelscheinwerfer-Kontrolleuchte

Die Nebelscheinwerfer-Kontrolleuchte im Drucktastenschalter bezieht Strom über den Lichtschalter bzw. über die zuständige Sicherung. Sie kann – wie auch die Fernlichtkontrolle – nur anzeigen, ob die Nebelleuchten eingeschaltet sind. Über die Glühlampen in den Scheinwerfern sagt sie nichts aus, wohl aber über die Sicherung. Ein Wechsel der Glühlampe ist nicht möglich.

Kontrolleuchte für Nebelschußlicht

Für die Nebelschlußlicht-Kontrolleuchte gilt dasselbe wie für die Nebelscheinwerfer-Kontrolle: Strom kommt über die zuständige Sicherung vom Lichtschalter. Der Wechsel der Glühlampe im Schalter ist nicht möglich. Das Lämpchen der zusätzlichen Kontrolleuchte in der Instrumententafel kann dagegen ausgebaut werden.

ABS-Kontrolleuchte

Bei unserem Omega mit Antiblockiersystem (ABS) brennt diese Kontrolleuchte zur Funktionskontrolle beim Einschalten der Zündung. Wenn nicht, Lämpchen auswechseln. Bei laufendem Motor muß die Anzeige verlöschen. Brennt sie dagegen während der Fahrt, liegt ein Defekt im ABS vor. In die Werkstatt fahren und kontrollieren lassen (siehe Kapitel »Das Antiblockiersystem«).

Anhänger-Blinkerkontrolle

Sie blinkt rhythmisch mit, wenn bei angeschlossener Anhängerbeleuchtung die betreffende Blinkleuchte am Anhänger funktioniert. Ist am Anhänger (oder am Zugwagen) eine Blinkleuchte defekt, blinkt die Kontrolle beim jeweiligen Richtungsblinken nicht mit. Bei eingeschalteter Warnblinkanlage und angeschlossener Anhängerbeleuchtung leuchtet die Kontrolle auch dann auf, wenn eine der Blinkleuchten nicht funktioniert.

Tank-Kontrolleuchte

Unser Omega besitzt eine Tank-Kontrolleuchte im Anzeigeinstrument. Diese brennt, wenn weniger als ca. 5 Liter im Tank schwappen. Die Leuchte wird durch einen separaten Kontakt im Tankgeber eingeschaltet.

Kontrolleuchte für sportliches Fahrprogramm

Automatikgetriebe

Wird beim Omega mit Automatikgetriebe das sportliche Fahrprogramm gewählt, leuchtet in der Instrumententafel die zuständige Kontrolleuchte auf. Den Massekontakt hierzu erhält das Lämpchen vom Steuergerät des Automatikgetriebes.

Blinkt die Kontrolleuchte während der Fahrt, liegt ein Defekt im System vor. In die Werkstatt fahren und kontrollieren lassen.

Brennt die Lampe im sportlichen Fahrprogramm nicht, Lämpchen auswechseln.

Zum Ausbau oder zur Prüfung des Handbremsschalters muß die Mittelkonsole ausgebaut werden. Nach Abschrauben und Anheben des Handbremshebels kommt der Handbremsschalter (Pfeil) zum Vorschein.

Warnblink-Kontrolleuchte

Diese Kontrolleuchte im Druckschalter leuchtet bei eingeschalteter Warnblinkanlage im Gleichtakt mit den sechs Blinkleuchten auf, Spannung erhält die Leuchte über die zuständige Sicherung. Ein Wechsel der Glühlampe ist nicht möglich.

Die Info-Displays

Triple-Info-Display

Der Omega in der Grundausstattung ist mit einem Triple-Info-Display ausgestattet. Aus der Bezeichnung »Triple« läßt es sich schon ablesen: Es werden drei Informationen geliefert, nämlich die Außentemperaturanzeige, Uhrzeit und die Radio-Anzeige bzw. Datum bei ausgeschaltetem Radio.

Das Multi-Info-Display

Der Omega CD besitzt serienmäßig das sogenannte Multi-Info-Display. In diese Informationszentrale fließen die Daten folgender Einzelsysteme: Zeituhr, Radio bzw. Datum, Bord-Computer und Check-Control. Wissenswertes über die Aufgliederung der Einzelfunktionen von Bord-Computer und Check-Control finden Sie in den nachfolgenden Abschnitten.

Der Bord-Computer

Mit dem Bord-Computer stehen dem Fahrer folgende Anzeigen bzw. Funktionen auf Abruf zur Verfügung: Momentanverbrauch, Durchschnittsverbrauch, Reichweite, Durchschnittsgeschwindigkeit, Außentemperatur, Stoppuhr.

Signale für den Bord-Computer

Meßwerte und Signale, aus denen der Bord-Computer seine Informationen bezieht oder errechnet, liefern die folgenden Bauteile:

- Wegstrecken-Impulse vom ABS-Steuergerät
- Kraftstoffpumpenrelais
- Steuergerät der Zünd/Einspritz-Steuerung
- Tankgeber
- Außentemperaturfühler am vorderen Stoßfänger

Das Check-Control-System

Das Check-Control-System überwacht neun Funktionen bzw. Betriebszustände nach Einschalten der Zündung und nach Einschalten des Fahr- und Bremslichts. Ebenso wird während der Fahrt aktiv kontrolliert. Damit ersetzt bzw. ergänzt das Check-Control-System eine Anzahl der in Standardausrüstung vorhandenen herkömmlichen Kontrolleuchten.
Nach Einschalten der Zündung werden alle Funktionen der Check-Control automatisch überprüft, dabei leuchtet »Check« rechts im Display auf. Sind alle Funktionen in Ordnung, verlöscht »Check« nach ca. vier Sekunden, nachdem das Bremspedal einmal betätigt wurde.
Das Aufleuchten der einzelnen Symbole bedeutet folgendes:

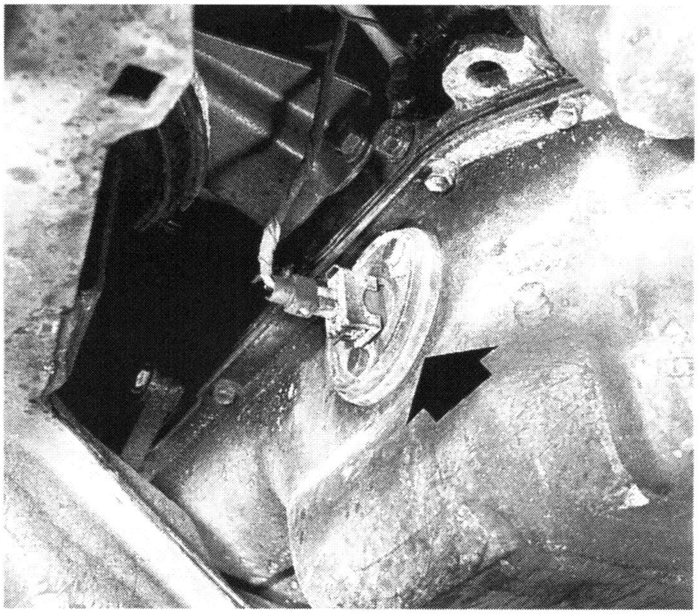

Bei Fahrzeugen mit Check-Control sitzt seitlich an der Ölwanne ein Geber (Pfeil), der ständig den Stand des Motoröls überwacht.

○ **Stand Scheibenwaschwasser:** Diese Anzeige macht auf zu niedrigen Wasserstand im Scheibenwasch-Wasserbehälter aufmerksam. Ist der Flüssigkeitsstand für ca. 30 Sekunden ununterbrochen zu niedrig, wird die Anzeige eingeschaltet.
○ **Stand Motoröl:** Motorölstand beim Einschalten der Zündung zu niedrig.
○ **Ölmangel:** Akuter Ölmangel wird signalisiert. Sofort anhalten und Motor abstellen. Ölstand kontrollieren.
○ **Stand Kühlmittel:** Kühlmittelstand im Ausgleichbehälter ist zu niedrig.
○ **Abblend- und Schlußleuchten:** Ausfall einer Abblend- oder Schlußlichtlampe. Dieser Prüfschritt kann beim Check-Control-System nicht im automatischen Prüfablauf vorgenommen werden. Zur Kontrolle muß der Fahrer zuvor das Abblendlicht einschalten. Gemeinsam werden nun das Abblendlicht und die Rückleuchten überprüft. Gleichzeitiger Ausfall beider Abblendlicht- und Rücklicht-Glühfäden kann das System konstruktionsbedingt nicht anzeigen. Allerdings ist das auch ein unwahrscheinlicher Defekt.
○ **Bremslicht:** Ausfall eines Bremslichts. Ist eine Anhängerkupplung ab Werk montiert, signalisiert die Kontrolle auch den Ausfall einer Anhänger-Bremslichtlampe. Beim Einschalten der Zündung wird ein Bremslichtfehler simuliert, d. h. nach beendeter »Check«-Kontrolle leuchtet die Anzeige weiter. Bei der ersten Bremsbetätigung wird bei intakter Bremslichtanlage die Anzeige gelöscht. Liegt im Bremslichtkreis ein Fehler vor, bleibt die Anzeige eingeschaltet. Tritt während der Fahrt ein Defekt auf, wird die Anzeige »Bremslicht« bei der nächsten Bremspedalbetätigung eingeschaltet. Beim Anhängerbremslicht wird nur der Ausfall einer der beiden Glühlampen erkannt und angezeigt.
Das Lampenkontrollgerät des Check-Control-System ist auf eine Glühlampenleistung von 2 x 21 Watt ausgelegt. Die Verwendung von Glühlampen mit abweichender Leistung bzw. das Vorhandensein von mehr als zwei Bremsleuchten am Anhänger kann zu einer Fehlanzeige führen.
○ **Bremslichtsicherung:** Sicherung des Bremslichts durchgebrannt.
○ **Bremsbelag:** Bremsbeläge der vorderen Scheibenbremsen auf minimale Belagstärke abgenutzt.
Als Sensor dient hierzu eine im Bremsbelag eingesteckte, verkleidete Drahtschlinge. Ist der Bremsbelag abgenutzt, wird die Schlinge aufgetrennt (unterbrochen) und die Kontrolle eingeschaltet.
○ **Automatikgetriebe:** Störung im elektronischem Bereich des Automatikgetriebes. Das Getriebe schaltet nicht mehr automatisch.

Fingerzeig: Erscheint im Anzeigefeld des Triple-Info-Displays das Symbol »-,-° C«, bzw. im Multi-Info-Display der Buchstabe »F«, so das als »Krankmeldung« des Displays zu verstehen. Eingriffe von Laienhand sind hier nicht möglich, doch die Systeme sind diagnosefähig, d. h. der Diagnose-Computer in der Opel-Werkstatt erteilt schnell Auskunft über die Ursache der Störung.

Die Schalter

Wenn ein elektrisches Gerät im Omega eingeschaltet werden soll, muß der betreffende Schalter betätigt werden. Zum Bereich Schalter gehört natürlich auch das Zündschloß.

Hebelschalter

Obschon sie zu den meistgebrauchten Schaltern im Auto gehören, hat man mit den Hebelschaltern kaum Probleme.
Zur Störungssuche genügt es, die Lenksäulenverkleidung abzuschrauben.

Drucktastenschalter können, wie hier gezeigt, mit zwei kleinen Schraubendrehern aus dem Ausschnitt herausgehebelt werden.

Hebelschalter ausbauen

- Obere und untere Lenksäulenverkleidung losschrauben, siehe Kapitel »Der Innenraum«.
- Rasthebel beidseitig am Hebelschalter zusammendrücken und betreffenden Schalter nach außen von der Lenksäule abnehmen.
- Verriegelung lösen und Mehrfachstecker vom Hebelschalter abziehen.

Drucktastenschalter

Drucktastenschalter sitzen im Omega unterhalb im Lichtschalter (Nebelscheinwerfer und Nebelschlußlicht), in der Bedienungseinheit sowie in der Mittelkonsole.Leider lassen sich die Lämpchen der Schalterbeleuchtung nicht einzeln auswechseln. Ist eine Lampe defekt, muß der Schalter komplett ersetzt werden.

Drucktastenschalter für Nebellampen ausbauen

- Lichtschalter ausbauen.
- Unten am Lichtschalter kleinen Schraubendreher in die Öffnung schieben und Schalterelement entriegeln.
- Schalter für Nebelscheinwerfer und Nebelschlußlicht vom Lichtschalter abhebeln.
- Zum Einbau Schalterelement bis zum Einrasten in den Lichtschalter eindrücken.

Drucktastenschalter in der Bedienungseinheit ausbauen

- Schalter mit zwei kleinen Schraubendrehern oder einer Häkelnadel aus dem Ausschnitt heraushebeln. Legen Sie zum Schutz vor Beschädigungen ein Stück Pappe zwischen Schraubendreher und Ausschnitt.
- Zum Ausbau des Schalters können Sie sich auch ein Ausziehwerkzeug anfertigen.
- Dazu benötigen Sie einen 5–10 mm breiten Blechstreifen von max. 1 mm Dicke.
- Ein Ende des Blechstreifens ca. 1 mm weit im Schraubstock einspannen und mit einem Hammer den Blechstreifen im rechten Winkel abkanten.
- Klopfen Sie dabei nahe der Biegekante, so daß eine möglichst kleine Rundung am Winkel entsteht.
- Haken des Ausziehwerkzeugs zwischen Ausschnitt und Schalter schieben und Schalter herausziehen.

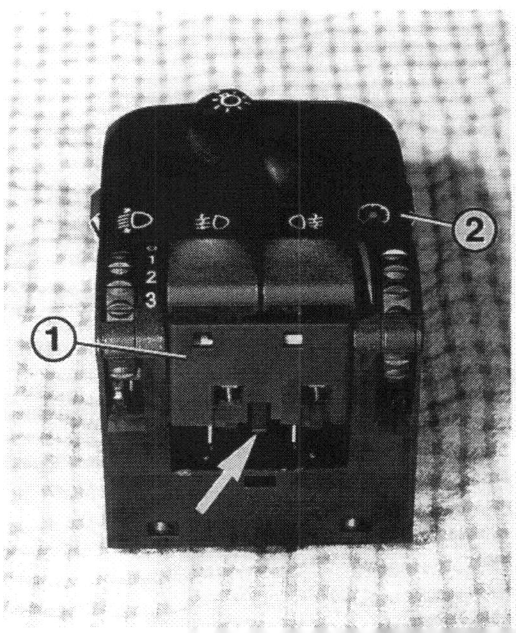

Links: Drucktastenschalter (1) für Nebelscheinwerfer und Nebelschlußlicht ausbauen. Mit einem kleinen Schraubendreher Schalterelement entriegeln (Pfeil) und Drucktastenschalter vom Lichtschalter (2) abhebeln.
Rechts: Linken Hebelschalter ausbauen. Rasthebel (Pfeile) oben und unten am Schalter andrücken und Schalter nach außen von der Lenksäule abnehmen.

Ausbau des Warnblinkschalters. Links: Zwei Schraubendreher rechts und links an der Schalterabdeckung einschieben und Abdeckung vorsichtig vom Warnblinkschalter abheben. Rechts: Verriegelungen (Pfeile) des Warnblinkschalters mit einer kleinen Zange zusammendrücken. Gleichzeitig Schalter aus dem Ausschnitt herausziehen.

Fingerzeig: Drucktastenschalter in der Mittelkonsole werden auf dieselbe Weise ausgebaut wie die Schalter in der Bedienungseinheit.

Warnblinkschalter ausbauen

- Warnblinkanlage einschalten.
- Zwei Schraubendreher links und rechts an der Schalterabdeckung einschieben und Abdeckung vorsichtig vom Warnblinkschalter abhebeln.
- Seitlich am Schalter die Verriegelungszungen mit einer kleinen Zange zusammendrücken.
- Warnblinkschalter aus dem Ausschnitt herausziehen.
- Zum Einbau Warnblinkschalter bis zum Einrasten eindrücken.
- Schalterabdeckung aufdrücken.

Lichtschalter

Im Omega ist der Lichtschalter links im Armaturenbrett untergebracht. Unter seinem Drehknopf befindet links das Rändelrad der Leuchtweitenregulierung und rechts das Rändelrad zur Regulierung der Instrumentenbeleuchtung. Dazwischen sind noch die Drucktastenschalter der Nebelscheinwerfer und des Nebelschlußlichts eingesteckt. Die Beleuchtung des Lichtschalters übernimmt ein Glassockellämpchen, das ausgetauscht werden kann, siehe Kapitel »Die Beleuchtung«.

Lichtschalter ausbauen

- Fahrertür öffnen.
- Seitliche Abdeckung mit einem Schraubendreher vom Armaturenbrett abhebeln.
- Breiten Schraubendreher zwischen Steckerleiste und Lichtschalter schieben.
- Lichtschalter aus dem Ausschnitt heraushebeln.
- Ggf. Schalterelement der Nebelscheinwerfer und des Nebelschlußlichts abbauen.
- Zum Einbau Lichtschalter bis zum Einrasten in den Ausschnitt eindrücken.

Lichtschalter ausbauen: Breiten Schraubendreher (1) zwischen Steckerleiste und Lichtschalter (2) schieben und Lichtschalter aus dem Ausschnitt heraushebeln.

Hier sind die Einzelteile des Lichtschalters bezeichnet. Es bedeuten:
1 – Lichtschalter-Drehknopf;
2 – Gehäusesockel;
3 – Gehäuseteil;
4 – Drucktastenschalter für Nebelscheinwerfer und Nebelschlußlicht.

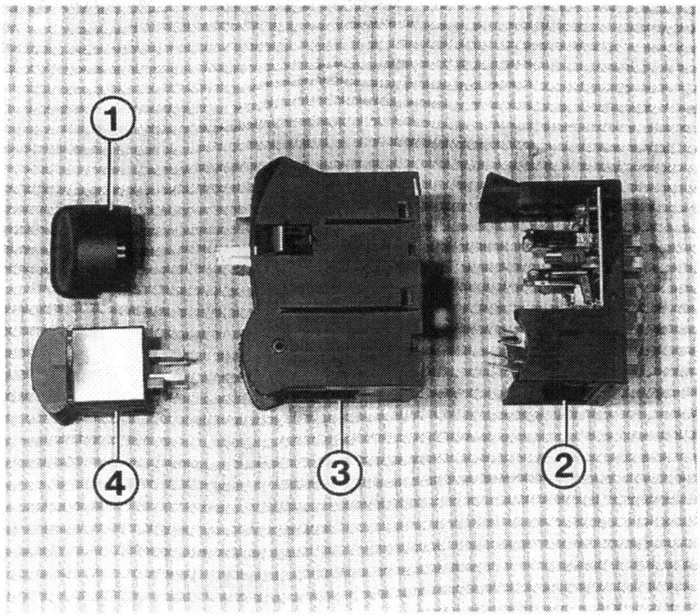

Drehschalter

Die Drehschalter für Heizung und Lüftung lassen sich nicht einzeln austauschen. Ist ein Schalter defekt, muß die komplette Heizungs/Lüftungs-Regulierung ausgewechselt werden. Den Ausbau ist im Kapitel »Heizung und Lüftung« beschrieben.

Zündschloß

Das Zündschloß dient nicht nur dazu, dem Besitzer des Zündschlüssels den Motorstart zu ermöglichen, sondern sperrt nach Abziehen des Zündschlüssels auch die Lenkung.
Während das Schloßteil nur in seltenen Fällen seinen Geist aufgibt, kann der in einem Kunststoffteil eingegossene Schaltkontaktsatz – also der Zünd/Anlaßschalter – eher die Ursache für eine Störung sein. Ob er defekt ist, können Sie nach Abschrauben der unteren Lenksäulenverkleidung prüfen.

Zünd-Anlaßschalter ausbauen

Das Schalterteil des Zündschlosses kann die Ursache von Störungen sein, wenn die Kontakte abgenutzt sind. Ein Fehler, der fast nur bei älteren Wagen vorkommt.

- Batterie abklemmen.
- Untere Lenksäulenverkleidung abbauen, siehe Kapitel »Der Innenraum«.
- Schließzylinder ausbauen.
- Zuvor Abdeckung abhebeln, Mehrfachsteckverbindung der Zuleitungskabel trennen.
- Am Umfang des Zündschlosses eine Madenschraube herausdrehen.
- Zünd/Anlaß-Schalter vom Lenkradschloß abnehmen, dabei die Stellung des Kontaktschalters beachten.
- Falls beim Einbau das Lenkradschloß einrastet, mit einem Schraubendreher den Sperrstein im Lenkschloß soweit nach unten drücken, bis der Haltebolzen einrastet.

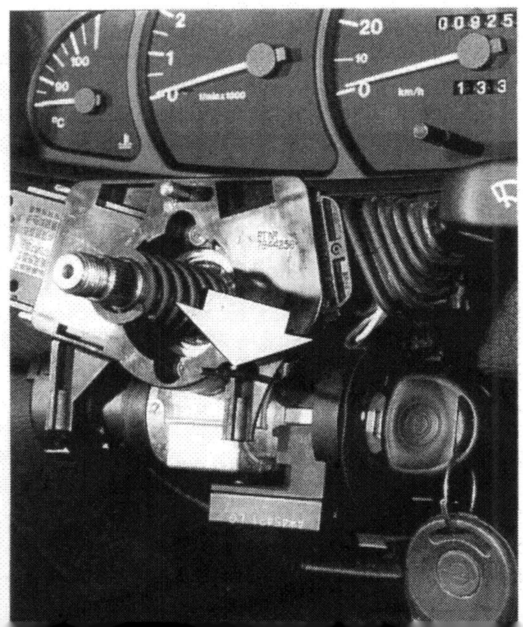

Links: Zünd-Anlaßschalter ausbauen: Mit einem Schraubendreher (1) Abdeckung (2) hinten am Zünd-Anlaßschalter abhebeln und Mehrfachsteckverbindung trennen. Der Pfeil zeigt auf die Madenschraube, mit der der Zünd-Anlaßschalter befestigt ist. Rechts: Schließzylinder ausbauen: Zündschlüssel in Stellung »I« drehen. Drahtstück oder Spiralbohrer (Pfeil) in die Bohrung des Zylindergehäuses stecken. Arretierungsfeder niederdrücken und Schließzylinder aus dem Lenkschloß herausziehen.

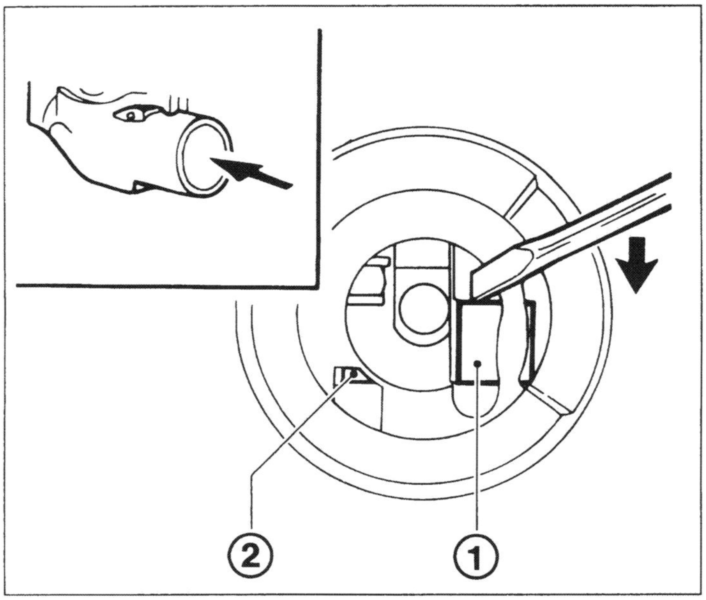

Falls der Lenkschloß-Sperrbolzen (1) beim Einbau des Schließzylinders eingerastet ist, mit einem Schraubendreher Sperrbolzen so weit nach unten drücken, bis der Haltebolzen (2) einrastet. Nun Schließzylinder einbauen.

Schließzylinder für Zündschloß ausbauen

- Lenksäulenverkleidung ausbauen, siehe Kapitel »Der Innenraum«.
- Zündschlüssel in Stellung »I« drehen.
- Drahtstück in die Bohrung an der Oberseite des Zylindergehäuses stecken.
- Arretierungsfeder mit dem Drahtstück niederdrücken und Schließzylinder aus dem Lenkradschloß herausziehen.
- Einbau: Falls der Lenkschloß-Sperrbolzen eingerastet ist, mit einem Schraubendreher Sperrstein so weit nach unten drücken, bis der Haltebolzen einrastet. Nun Schließzylinder einbauen.

Zündung kurzschließen

Diese Beschreibung soll keinen Autodieb aus Ihnen machen, sondern Ihnen vielmehr helfen, bei defektem Zündschloß weiterfahren zu können. Der Zündschlüssel muß natürlich vorhanden sein, und er muß sich im Zündschloß drehen lassen, damit die Lenksperre entriegelt werden kann. Bei Defekten am Lenkschloß selbst sollten Sie nicht mehr weiterfahren, denn die Lenkradsperre könnte sonst während der Fahrt einrasten.

- Lenksäulenverkleidung abbauen.
- Mehrfachstecker entriegeln und vom Zünd/Anlaß-Schalter abhebeln.
- Mit einem Kabelstück oder Büroklammer die Steckerbuchse der beiden dicken Kabel (Klemme 30 rotes Kabel und Klemme 15 schwarzes Kabel) miteinander verbinden. Die Zündung ist damit eingeschaltet.
- Zum Starten des Motors basteln Sie sich eine zweite isolierte Drahtbrücke, die zunächst nur mit dem schwarz/roten Kabel (Klemme 50) verbunden wird.
- Die zweite Drahtbrücke nun kurz gegen die bereits bestehende Brücke halten und sofort wieder wegziehen, sobald der Anlasser den Motor angeworfen hat.
- Zweite Brücke entfernen und die erste gut isolieren, damit sie nicht mit einem blanken Teil in Berührung kommen kann. Sonst gibt's einen saftigen Kurzschluß, denn das rote Kabel – von der Batterie kommend – besitzt keine Sicherung.
- Zum Abstellen des Motors die Verbindung zwischen rotem und schwarzem Kabel abziehen.
- Zum Fahren kann die Lenksäulenverkleidung ausgebaut bleiben.

Schalter prüfen

- Mit einer Prüflampe mit Nadelkontakt können Sie die Kabelisolierung durchstechen und feststellen, welche Kabel Spannung führen.
- Suchen Sie den zum jeweiligen Schalter passenden Stromlaufplan heraus.
- Zuerst prüfen, ob der Schalter überhaupt Spannung geliefert bekommt; hierzu muß vielfach die Zündung oder die Beleuchtung eingeschaltet werden.
- Dann wird kontrolliert, ob der Schalter in entsprechender Stellung die Spannung weiterleitet.
- Am Beispiel des Zünd-Anlaßschalters sieht das folgendermaßen aus:
- Lenksäulenverkleidung ausbauen, um an die Anschlußkabel heranzukommen.
- Kabel der Prüflampe an Masse anschließen.
- Mit der Prüfspitze die Isolierung durchstechen:
- Das dicke rote Klemme-30-Kabel muß ständig Batteriestrom führen.
- Das etwas dünnere schwarze Klemme-15 A-Kabel steht ausschließlich in Schlüsselstellung »Zündung ein« unter Strom.
- Das dicke schwarze Kabel der Klemme 15 erhält Spannung in Stellung »Zündung ein« und »Anlassen«.
- Die schwarz/rote Leitung von Klemme 50 für den Startbefehl an den Anlasser steht nur in Stellung »Anlassen« unter Spannung.
- Auf diese Weise können Schalter geprüft werden, an deren Anschlußkabel man mit einer Prüflampe herankommt. Können die Anschlußkabel eines Schalters nicht ohne größeren Aufwand freigelegt werden, wird folgendermaßen geprüft:

Die Zeichnung zeigt, wo im Omega Relais und Steuergeräte eingebaut sind:
1 – Steuergerät Diebstahlwarnanlage;
2 – Steuergerät Zentralverriegelung und Relaisträger;
3 – Steuergerät Airbag;
4 – Relais Sitzheizung;
5 – Relaiskasten Fahrgastraum;
6 – Relaisträger hinter Sicherungskasten;
7 – Relaisträger an der Lenksäule;
8 – Relaiskasten und Steuergerätebox.

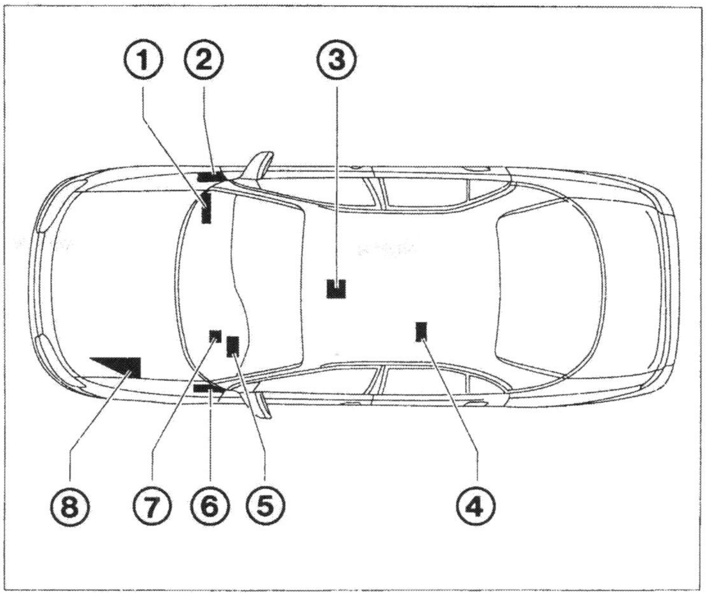

● Beispiel Drucktastenschalter der Sitzheizung hinten: Schalter ausbauen.
● Zuerst wird geprüft, ob der Schalter in Ordnung ist. Ohmmeter an den Kontaktzungen »2« und »3« anschließen.
● Das Ohmmeter muß in Schalterstellung »Ein« 0 Ω anzeigen. In Stellung »Aus« zeigt das Gerät ∞ Ω an.
● Ist der Schalter in Ordnung, werden die Anschlußklemmen geprüft.
● Um die Anschlußklemmen identifizieren zu können, nehmen Sie den Schalter zur Hand. Mit Hilfe der bezeichneten Kontaktzungen (»1« bis »5«) lassen sich die Anschlußklemmen bestimmen.
● Nun kann geprüft werden, ob die betreffenden Klemmen Strom führen bzw. Kontakt zur Masse haben.

Relais und Steuergeräte

Zur Bordelektrik gehören eine Reihe Relais, die gemeinsam im Relaiskasten im Motorraum, hinter dem Sicherungkasten oder im Relaiskasten neben dem Sicherungskasten untergebracht sind. Des weiteren besitzt der Omega einige Schalt- und Steuergeräte, die an verschiedenen Stellen im Fahrzeug auf separaten Anschlüssen eingesteckt sind.
○ Ein einfaches Schaltrelais wird für leistungsstarke Stromverbraucher verwendet. Leitet man den Strom auf langen Kabelwegen über den dazugehörigen Schalter, gibt es Spannungsverlust. Außerdem werden die Schalterkontakte durch den hohen Stromfluß stark beansprucht. Bei einer Relaisschaltung benutzt man den Schalter nur für den geringen Schaltstrom, womit nicht der Verbraucher direkt, sondern dessen Relais eingeschaltet wird.
○ Bestimmte Relais können zusätzliche Funktionen auslösen. So schaltet das Blinkrelais die Blinkimpulse, das Relais der Wisch/Wasch-Intervallschaltung steuert den Intervallbetrieb und den Trockenlauf der Scheibenwischer nach dem Scheibenwaschen.
○ Schalt- und Steuergeräte besitzen mehr oder minder umfangreiche elektronische Schaltungen für bestimm-

Der Relaiskasten im Motorraum. Es bedeuten:
1 – Relaisplatz für Sekundärlufteinblasung (16V);
2 – Relaisplatz für Scheinwerferreinigungsanlage;
3 – Relais Lüfter Klimaanlage;
4 – Relais Kompressordrehzahl;
5 – Relais Lüfter Klimaanlage;
6 – Relais Lüfter Kühler;
7 – Sicherung Lüfter Klimaanlage;
8 – Relais Verpolschutz;
9 – Relais Kraftstoffpumpe;
10 – Relais Gebläsebox;
11– Sicherung Gebläsebox;
12 – Sicherungsplatz für Sekundärlufteinblasung (16V);
13 – Sicherung Lüfter Klimaanlage;
14 – Relais Lüfter Klimaanlage;
15 – Sicherungsplatz für Scheinwerferreinigungsanlage.

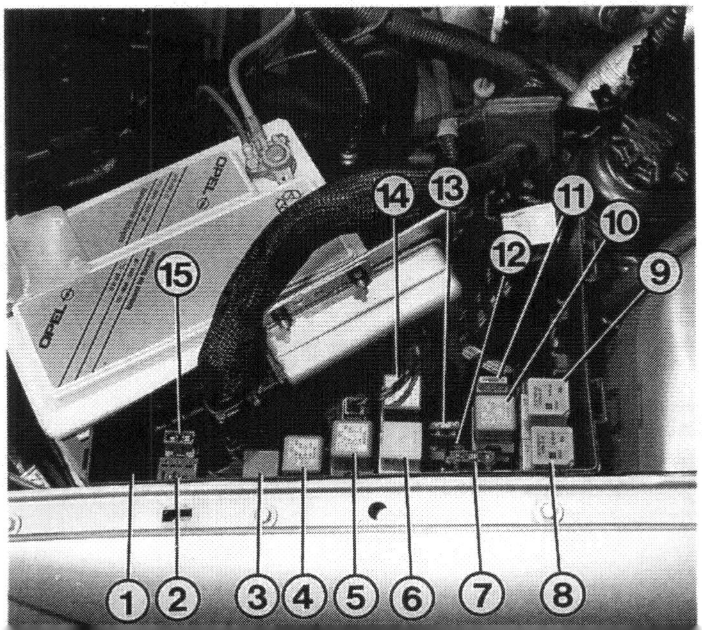

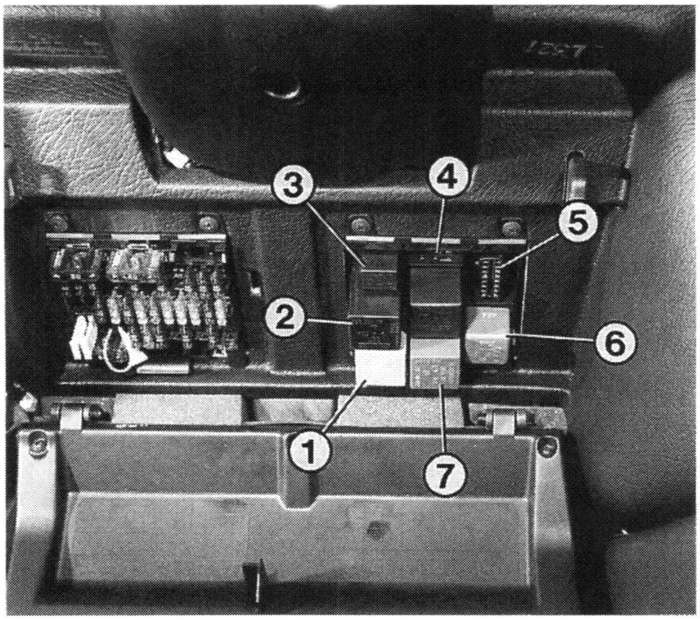

Im Relaiskasten neben dem Sicherungskasten finden wir folgende Relais:
1 – Intervall Wisch/Wasch Frontscheibe;
2 – elektrische Spiegelbeheizung und Heckscheibenheizung;
3 – Fernscheinwerfer;
4 – Niveauregulierung;
5 – Diagnosestecker;
6 – Fanfare;
7 – Intervall Wisch/Wasch Heckscheibe.

te Funktionen, bisweilen ist auch noch ein Relais eingebaut. Als Beispiel seien hier das Steuergerät für die Zünd/Einspritz-Steuerung oder das Airbag-Steuergerät genannt.

Relais-Funktion

○ Beim Einschalten des betreffenden Verbrauchers wird im Relais durch den an Klemme 86 ankommenden »Schaltstrom« der Schaltstromkreis zu Klemme 85 geschlossen.
○ Dadurch zieht eine Magnetspule einen kräftigen Kontakt gegen Federdruck an und schließt so den Stromkreis für den »Arbeitsstrom«.
○ Der Arbeitsstrom wird zur Vermeidung von Spannungsabfall auf kurzem Weg direkt an Klemme 30 des Relais herangeführt und von dort weiter – bei geschlossenen Schalterkontakten – über Klemme 87 an den Stromverbraucher weitergeleitet.

Relais-Störungssuche

○ An Klemme 30 muß immer Spannung anliegen, sofern es sich nicht um ein Relais handelt, dessen Verbraucher von einem anderen abhängt. Beispiel: Das Relais der Nebelleuchten erhält nur dann Strom, wenn Licht eingeschaltet ist.
○ Zur Kontrolle betreffendes Relais ein Stück herausziehen und mit Prüflampennadel Klemme 30 antippen.
○ Relais abziehen, Klemme 86 mit Batterie-Plus und Klemme 85 mit Masse verbinden. Die Magnetspule muß den Relaiskontakt deutlich hörbar anziehen, sonst ist das Relais defekt.

Behelf bei defektem Relais

● Relais aus dem Stecksockel abziehen.
● Klemme 30 und 87 im Relaissteckfeld mit Büroklammer oder Drahtstück überbrücken. Dadurch erhält der betreffende Verbraucher Dauerstrom.
● Zum Abschalten die Kurzschlußbrücke abziehen, da der betreffende Schalter in diesem Fall ja überbrückt ist.

Anzünder

Bei eingeschalteter Zündung erhält der elektrische Anzünder Strom über die zuständige Sicherung. Falls der Anzünder trotz intakter Sicherung nicht funktioniert, ist der Heizwendeleinsatz locker oder durchgebrannt.
Die Lampe der Anzünder-Beleuchtung kann ersetzt werden, siehe Kapitel »Die Beleuchtung«.

Anzünder ausbauen

● **Vorn:** Ascher ausbauen, siehe Kapitel »Der Innenraum«.
● Kabelstecker und Schalter entriegeln und aus dem Ascher herausziehen.
● Anzünder aus der Fassung herausziehen.
● Fassung entriegeln und zusammen mit dem Kabelstecker und dem Schalter aus dem Leuchtring herausnehmen.
● Leuchtring aus dem Ascher hebeln.

● **Hinten:** Blende vorsichtig aus dem Luftdüsengehäuse heraushebeln.
● Kabelstecker vom Anzünder und der Beleuchtung abziehen.
● Anzünder aus der Fassung herausziehen.
● Fassung aus dem Leuchtring ziehen.
● Leuchtring entriegeln und aus der Blende herausziehen.

Heizbare Heckscheibe

Strom von Klemme 30 erhält die heizbare Heckscheibe bei geschlossenen Relaiskontakten über das Heckscheiben-Relais. Um das Relais zum Schalten zu bewegen, wird der Drucktastenschalter der heizbaren Heck-

Nach Abnahme der Verkleidung (1) ist der Kabelstecker (2) der Heckscheibenheizung (3) zugänglich.

scheibe gedrückt (»Ein«-Kontakt). Das bewirkt, daß Strom kurzzeitig von Klemme 15 zur Spule des Relais fließt. Die Spule zieht dadurch die beiden Kontakte an.
Nach ca. 15 Minuten oder mit Abschalten des Motors schaltet das Zeitschaltrelais selbsttätig die Spannungsversorgung zur Spule ab – der Arbeitsstromkreis zur Beheizung der Heckscheibe wird unterbrochen. Selbstverständlich kann die heizbare Heckscheibe auch vor Ablauf dieser Zeit durch erneutes Drücken des Drucktastenschalters abgeschaltet werden.
Bei Fahrzeugen mit elektrisch verstellbaren Außenspiegeln ist das Zeitschaltrelais auch für die Spiegelbeheizung zuständig.

Störungssuche

Falls die heizbare Heckscheibe kalt bleibt, kommen folgende Möglichkeiten in Betracht:
- Zuständige Sicherung kontrollieren.
- Schalter defekt. Ausbauen und prüfen, siehe Instrumentenkapitel
- Sitzen die Kabelstecker an der heizbaren Heckscheibe fest?
- Mit Elektrik-Prüflampe kontrollieren, ob hinten am Anschlußkabel der Scheibe Spannung anliegt.
- Sind Heizfäden beschädigt und dadurch unterbrochen, hilft Leitsilberlack. Dieser wird z. B. von Doduco hergestellt und ist im Autozubehörhandel erhältlich.
- War bisher kein Fehler zu finden, weiteren Kabelverlauf zur Heckscheibe prüfen.
- Ist auch hier alles in Ordnung liegt es am Zeitrelais – auswechseln.

Scheibenwischer und -wascher prüfen

Ständige Kontrolle

- Zündung einschalten.
- Laufen die Scheibenwischer in allen Geschwindigkeiten und gehen sie beim Ausschalten in die Parkstellung zurück?
- Funktioniert die Wischintervallschaltung und die Wisch-Wasch-Automatik?
- Spritzt Wasser aus den Wascherdüsen?
- Arbeiten – wo vorhanden – Heckwischer und -wascher?

Scheibenwaschwasser auffüllen

Ständige Kontrolle

Abgasrückstände, Öldunst und Silikon aus Lackpflegemitteln setzen sich hartnäckig aufs Glas. In der warmen Jahreszeit empfiehlt sich ein Reinigungszusatz zum Waschwasser; im Winter Gefrierschutz- und Reinigungsmittel.
- Zuerst Zusatzmittel und anschließend Wasser einfüllen, damit sich die Flüssigkeiten gut vermischen.
- Damit die Wascherdüsen bei tiefem Frost nicht doch einfrieren, Frostschutz ggf. unverdünnt verwenden.
- Das Beimischen von Brennspiritus kann in Verbindung mit Frostschutzmittel zu Flockenbildung und damit Verstopfungen in den Düsen führen.

Fingerzeige: Waschwasser sollten Sie nicht aus den an Tankstellen bereitgestellten Wasserkannen einfüllen. Oft finden sich darin Öl- oder Fettrückstände, die sich anschließend auf Ihrer Windschutzscheibe niederschlagen und bei Regen einen störenden Schmierfilm auf das Wischerfeld »zaubern«.
Wenn das Sichtfeld auf der Windschutzscheibe trotz Reinigungszusatz im Waschwasser schlierig bleibt, helfen Silikonentferner.

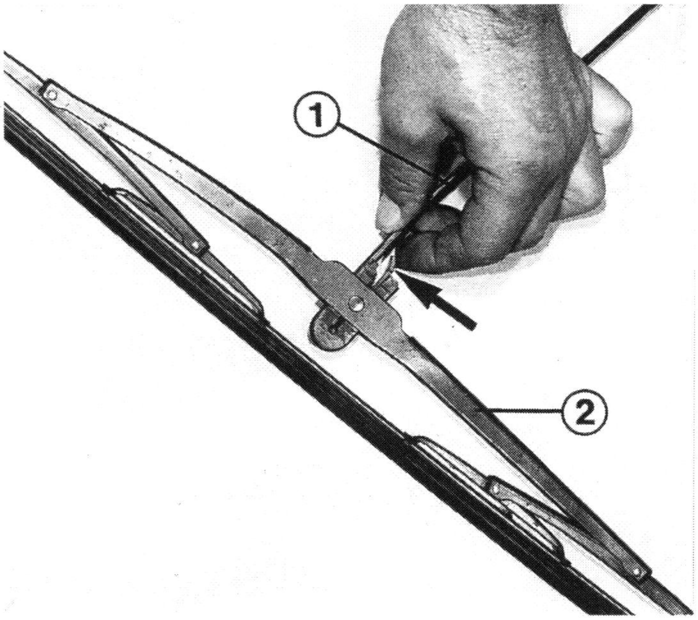

Ausbau des Wischerblatts vom Wischerarm: Kunststoffhebel drücken (Pfeil), Wischerblatt (2) vom Wischerarm (1) abdrücken.

Spritzstrahl einstellen

- Nadel in das Loch der Spritzdüse stecken.
- Das Düsenloch selbst befindet sich in einer Kugel, die mit Hilfe der Nadel verdreht wird.
- Spritzdüse drehen, bis die Spritzwasserstrahlen etwas unterhalb der gedachten Mittellinie auf die Windschutzscheibe auftreffen.

Fingerzeig: Hat die Wascherdüse öfters Verstopfung, hilft ein herkömmlicher Benzinfilter aus dem Zubehörladen, der in den Wasserschlauch von der Wascherpumpe zu den Düsen gesteckt wird.

Scheibenwischerblatt auswechseln

Die Gummis der Scheibenwischer halten etwa ein Jahr. Danach können Sie sich entscheiden, ob Sie ein komplettes Wischerblatt oder – billiger – nur den Wischergummi erneuern wollen. In jedem Fall muß das Wischerblatt vom Wischerarm abgebaut werden. Beachten Sie, daß die Wischerblätter für Fahrer- und Beifahrerseite unterschiedlich lang sind.

- Wischerarm hochklappen.
- Wischerblatt um 90° drehen.
- Kunststoffhebel an der Mittelachse des Wischerblattes nach unten drücken.
- Gleichzeitig das Wischerblatt nach unten ziehen und anschließend nach oben vom Wischerarm abnehmen.
- Beim Einbau Wischerblatt bis zum Einrasten der Haltenocke auf den Wischerarm drücken.

Wischergummi auswechseln

Ist das Metallgestänge des Wischerblatts noch in Ordnung, braucht nur der Wischergummi ausgewechselt zu werden:

- Wischergummi nach Muster kaufen.
- Halteklammer um den Wischergummi an einem Ende des Wischerblatts aufbiegen.
- Alten Gummi herausziehen und die beidseits eingelegten Metallstreifen am neuen Gummi einsetzen. Darauf achten, daß die Krümmung nach unten (zur Scheibe hin) zeigt.
- Neuen Wischergummi einschieben und Halteklammer wieder zusammenquetschen.

Wischerarme ausbauen

- Scheibenwischerblatt abbauen.
- Motorhaube öffnen.
- Die Wischerarmachse ist mit einer schwarzen Schutzkappe abgedeckt. Mit einem Schraubendreher Schutzkappe der Wischerarmwelle abhebeln. Am Heckwischer mit dem Daumen gegen die Schutzkappe drücken, gleichzeitig Schutzkappe hochklappen.
- Darunterliegende Sechskantmutter von der Wischerarmachse abschrauben, Unterlegscheibe abnehmen.
- Wischerarm mit ruckelnden Bewegungen von der Verzahnung der Scheibenwischerwelle abziehen.
- Falls dies nicht möglich ist, setzen Sie zwei mit Lappen umwickelte Schraubendreher unten am Wischerarm an und hebeln ihn so von der Welle.
- Wischerarme beim Einbau so festschrauben, daß die linke Wischerblattachse 60,0 ± 5 cm und die rechte Wischerblattachse 70,0 ± 5 cm von der Scheibengummi-Oberkante entfernt steht.
- Heckwischerarm parallel zum Siebdruck anschrauben.

Scheibenwischermotor

Der Scheibenwischermotor erhält Strom über die zuständige Sicherung. Die Kabelklemmen am Wischermotor haben folgende Bedeutung:

Das Wischerblatt zerlegt. Es bedeuten:
1 – Metallgestänge;
2 – Metallstreifen;
3 – Wischergummi.

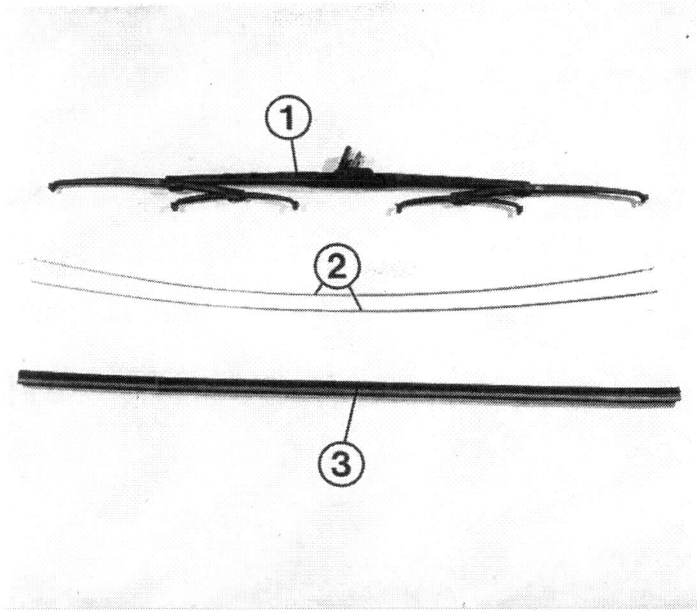

○ Klemme 53 (entspricht Pin A am Wischermotor) liefert Spannung für die erste Wischergeschwindigkeit
○ Klemme 53B (entspricht Pin E am Wischermotor) liefert Spannung für die zweite Wischergeschwindigkeit
○ Klemme 53A (entspricht Pin C am Wischermotor) ist die ständige Stromzufuhr zum Wischermotor (zuständig für den Wischerrücklauf)
○ Klemme 53E (entspricht Pin D am Wischermotor) läßt nach Abschalten die Wischer in Parkstellung zurücklaufen und sorgt für das Abstoppen des Motors in Endstellung.

Fingerzeig: Bei eingeschalteter Zündung dürfen die Wischerblätter nicht außerhalb ihrer Parkstellung blockiert sein – etwa durch dicken Schnee oder weil sie angefroren sind. Klemme 53 A liefert dann nämlich ununterbrochen Spannung. Da der Wischermotor durch die festhängenden Scheibenwischerblätter aber nicht drehen kann, brennt er nach einer gewissen Zeit durch. In einem solchen Fall die Wischerblätter abheben, damit sie in ihre Endstellung laufen können.

Wischermotor oder Zuleitung defekt ?

Zur Klärung, ob der Wischermotor oder die Zuleitung bzw. der Schalter defekt ist, hilft Ihnen folgende Prüfung weiter:

- Wischerarme abbauen und Kunststoffmuttern der Scheibenwischerwellen losschrauben.
- Gummidichtung vom Wasserabweiser abziehen und Wasserabweiser von der Spritzwand abheben.
- Mehrfachstecker am Wischermotor abziehen.
- Nun werden zwei Hilfskabel gelegt. Eines vom Pluspol der Batterie zu Klemme 53 (entspricht Pin A am Wischermotor) oder 53B (entspricht Pin E, Anschlüsse des gelben oder weißen Kabels).
- Das zweite Kabel wird vom Minuspol der Batterie zu Klemme 31 am Scheibenwischermotor gelegt (dahin, wo daś braune Kabel steckt).
- Der Scheibenwischermotor muß jetzt, je nach benutzter Klemme, in Stufe I oder II laufen. Tut er das nicht, ist er defekt.
- Läuft er jetzt, liegt der Fehler im Schalter bzw. der Zuleitung.

Der Scheibenwischerarm sitzt auf einer kerbverzahnten Welle, damit ein Verdrehen weitgehend ausgeschlossen ist. Zum Ausbau des Wischerarms (1) Abdeckkappe (2) abhebeln, darunterliegende Befestigungsmutter (3) lösen und Unterlegscheibe (4) abnehmen. Sehr oft wird sich der Wischerarm jedoch nicht ohne weiteres von der Wischerwelle (5) ziehen lassen, weil die Kerbverzahnung korrodiert ist und die Teile »zusammenbacken«. In diesem Fall beidseitig mit Lappen umwickelte Schraubendreher unten am Wischerarm ansetzen und von der Welle hebeln.

Bei abgenommenem Wasserabweiser sehen Sie den Scheibenwischermotor (1) mit Gestänge (3) und Anschlußstecker (2). Die Pfeile zeigen auf die Befestigungsschrauben des Wischermotors.

Scheiben-wischermotor ausbauen

- Scheibenwischerarme abbauen.
- Gummidichtung vom Wasserabweiser abziehen.
- Scheibenziergummi von der Windschutzscheibe abziehen.
- Sieben darunterliegende Befestigungsschrauben losdrehen.
- Linken und rechten Wasserabweiser abbauen. Hierzu am linken Wasserabweiser zwei Befestigungsschrauben lösen.
- Am Wischermotor Rastnasen des Mehrfachsteckers mit einem kleinen Schraubendreher anheben und Stecker abziehen.
- Vier Befestigungsschrauben des Wischermotors herausdrehen.
- Wischermotor zusammen mit dem Scheibenwischergestänge aus dem Wasserfangkasten nehmen.
- Wird der Wischermotor vom Gestänge losgeschraubt, zuvor die Stellung der Antriebskurbel in Ruhestellung markieren (für den späteren Wiedereinbau).
- Bei Einbau eines neuen Wischermotors diesen erst ohne Antriebskurbel durchlaufen lassen, damit er in seine Endstellung läuft.
- Erst jetzt die Antriebskurbel gemäß der beim Ausbau angezeichneten Markierung festschrauben.
- Zum Einbau Wischermotor mit Gestänge zunächst seitlich in den Führungsbolzen einhängen. Anschließend festschrauben.

Störungsbeistand

Scheiben-wischer

Die Störung	– ihre Ursache	– ihre Abhilfe
A Scheibenwischer laufen nicht	1 Sicherung defekt	Austauschen
	2 Wischerantriebskurbel lose	Festschrauben
	3 Schwarz/violettes Stromzufuhrkabel vom Sicherungskasten zum Wischerschalter unterbrochen	Leitung überprüfen
	4 Masseleitung zum Wischermotor unterbrochen	Leitung überprüfen
	5 Wischermotor durchgebrannt	Austauschen
B Scheibenwischer laufen nicht in Stufe I	1 Klemme 53 (Pin A) am Wischermotor defekt	Motor austauschen
	2 Klemmen 53 A/53 im Wischerschalter unterbrochen	Schalter austauschen
C Scheibenwischer laufen nicht in Stufe II	1 Leitung Klemme 53 B vom Wischerschalter zum Motor unterbrochen	Leitung überprüfen
	2 Klemmen 53 A/53 B im Wischerschalter unterbrochen	Schalter austauschen
	3 Klemme 53 B (Pin E) am Wischermotor defekt	Motor austauschen
D Scheibenwischer laufen nur in Stufe II	Leitung Klemme 53 vom Wischerschalter zum Motor unterbrochen	Leitung überprüfen

Die Störung	– ihre Ursache	– ihre Abhilfe
E Keine Wischerrückstellung	1 Leitungen Klemmen 53 E (Pin D)/53 A (Pin C) unterbrochen	Leitungen kontrollieren
	2 Wischermotor defekt	Mit Prüflampe kontrollieren: Zwischen Klemme 53 A (Pin C) und Masse muß Lampe dauernd brennen. Zwischen Klemme 53 E (Pin D) und Masse muß Lampe kurz vor Erreichen der Parkstellung verlöschen. Bei Gegenprüfung zwischen Klemme 53 E (Pin D) und Batterie-Plus muß Lampe kurz vor Erreichen der Parkstellung aufleuchten. Wenn nicht, Motor austauschen
F Scheibenwischer laufen nicht im Intervallbetrieb	1 Wisch-Wasch-Relais defekt	Austauschen
	2 Leitung Klemme J zwischen Wischerschalter und Relais unterbrochen	Leitung überprüfen
	3 Kontakt J im Wischerschalter defekt	Schalter austauschen
G Intervallbetrieb läßt sich nicht ausschalten	1 Siehe E 1	
	2 Siehe F 1	
	3 Kontakt J im Wischerschalter öffnet nicht	Schalter austauschen
	4 Kurzschluß der Leitung Klemme J zum Wischerschalter	Leitung instand setzen
H Scheibenwischer wischen nach Wascherbetätigung nicht trocken	Siehe F 1	
J Scheibenwischer bleiben nach dem Abschalten nicht oder nur kurz in Parkstellung stehen	Mangelhafter Kontakt am Schleifkontakt im Wischermotor	Wischermotor zerlegen. Kontakte blankschleifen. Ggf. Motor austauschen

Elektrisch beheizte Waschwasserdüsen

Trotz Frostschutzbeimischung kann das Scheibenwaschwasser durch den kalten Fahrtwind in den Spritzdüsen einfrieren. Dagegen hilft die beim Omega serienmäßige elektrische Beheizung der Scheibenwaschwasserdüsen.
Direkt vor den Düsen sitzt ein Kunststoffgehäuse mit einem temperaturabhängigen Heizwiderstand. Mit Einschalten der Zündung erhält dieser Widerstand Spannung. Durch den anfangs hohen Stromfluß werden die Düsen schnell aufgetaut. Zum Halten der Temperatur fällt der Strom nach der Aufheizphase wieder ab.

Störungssuche

- Mit einem Spannungsprüfer bei eingeschalteter Zündung kontrollieren, ob Spannung anliegt bzw. die Masseverbindung intakt ist.
- Zum Prüfen zwei dünne Nadeln in die Anschlußkabel der betreffenden Düse stechen und Spannungsprüfer anschließen.
- Liegt keine Spannung an, Leitungsunterbrechung suchen.
- Fehlt es nicht an der Stromversorgung, muß die Düse ersetzt werden.

Heckwischermotor

Caravan

Der Wischermotor für die Heckscheibe des Omega Caravan wird auf Schalterdruck über ein Relais aktiviert. Damit ist gleichzeitig der Heckwischer-Intervallbetrieb eingeschaltet. Klemme 53 liefert Strom für den Wischermotor, Klemme 53A dient der Wischerrückstellung.
Beim Druck auf die Wipptaste des Schalters läuft die eigene Wasserpumpe vorn im Motorraum am Waschwasserbehälter los, und mit einer gewissen Verzögerung tritt das Waschwasser hinten an der Spritzdüse aus.

Heckwischermotor ausbauen
Caravan

- Wischerarm abbauen. Die Wischerarmachse ist mit einer schwarzen Schutzkappe abgedeckt. Mit dem Daumen gegen die Schutzkappe drücken, gleichtzeitig Schutzkappe hochklappen.
- Darunterliegende Sechskantmutter herausdrehen und Unterlegscheibe abnehmen.
- Wischerarm mit ruckelnden Bewegungen von der Verzahnung der Scheibenwischerwelle abziehen.
- Darunterliegende Abdeckung entfernen und Befestigungsmutter losdrehen. Unterlegscheibe und Gummischeibe abnehmen.
- Blende und Gummischeibe abnehmen.
- Heckklappe öffnen.
- Innenverkleidung von der Heckklappe losschrauben und abnehmen.

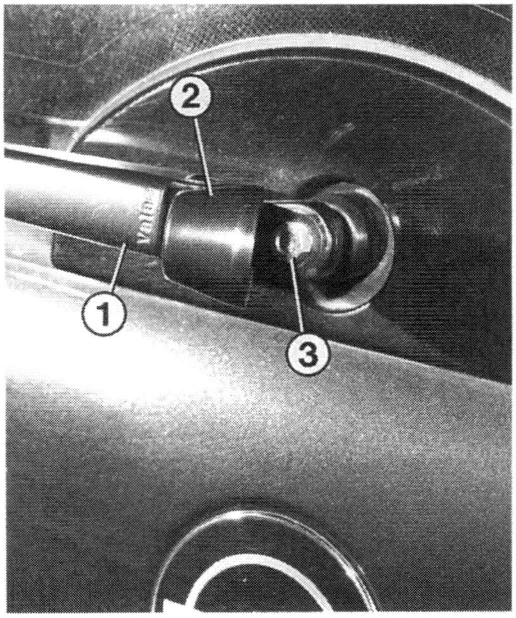

Links: Nach Abheben der Abdeckkappe (2) ist die Befestigungsmutter (3) des Heckscheibenwischerarms (1) zugänglich.
Rechts: Der Heckwischermotor (1) des Omega Caravan bei abgenommener Innenverkleidung. Zusätzlich gekennzeichnet sind:
2 und 4 – Befestigungsschrauben des Wischermotors;
3 – Steckanschluß.

- Kabelsteckverbindung des Wischermotors trennen.
- Beide Befestigungsschrauben lösen und Wischermotor mit Tülle von der Heckklappe abnehmen.
- Beim Einbau des Wischermotors auf richtigen Sitz der Tülle achten.

Scheinwerfer-Waschanlage

Bei eingeschalteter Beleuchtung erhält die betreffende Pumpe am Waschwasserbehälter beim Zug am Wisch-Wasch-Hebel über ein zwischengeschaltetes Relais ihren Arbeitsstrom. Sie pumpt das Wasser zu den beiden Spritzdüsen. In die Leitung ist ein Stauventil eingesetzt, damit das Wasser sofort an den Düsen austritt.
Zur Störungssuche gehen Sie gleich vor wie bei der normalen Waschanlage. Zusätzlich wird das Relais der Scheinwerfer-Waschanlage überprüft.
Läßt die Reinigungswirkung zu wünschen übrig, müssen die Spritzstrahlen mit einer kräftigen Nadel eingestellt werden.

Radio

In unseren Beschreibungen gehen wir lediglich auf die Einbauweise wie ab Werk ein.

Radio ausbauen

- Bei Radios mit Anti-Diebstahl-Codierung sicherstellen, daß die Code-Nummer vorliegt.
- Batterie abklemmen.
- Vier 1,5-mm-Innensechskantschrauben in der Frontplatte des Radios herausschrauben.
- Entriegelungsbügel (bisweilen bei Radio-Einbausätzen mit dabei) in die vier Bohrungen stecken und Radio aus der Mittelkonsole ziehen.
- Oder vier passende Nägel oder Drahtstifte in die Bohrungen schieben und damit die Haltefedern entriegeln.
- Radio aus dem Ausschnitt herausziehen.

Links: Bevor das Radio ausgebaut werden kann, müssen die vier 1,5-mm-Innensechskantschrauben aus der Radioblende herausgedreht werden.
Rechts: Entriegelungsbügel in die vier Bohrungen stecken und Radio aus dem Ausschnitt herausziehen.

Der ausgebaute obere Türlautsprecher. Bezeichnet sind:
1 – Schaumstoff;
2 – Dreiecksblende;
3 – Hochtöner.
Der Lautsprecher ist lediglich in die Dreiecksblende eingeclipst (Pfeil).

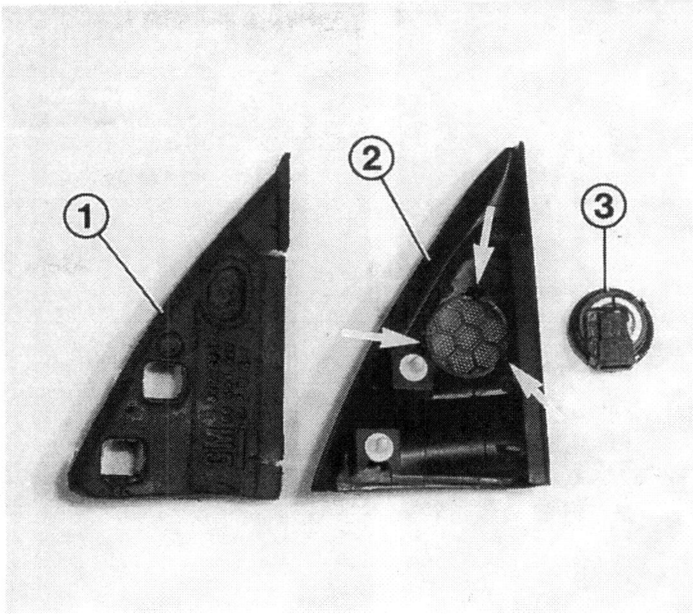

- Kabel- und Antennenstecker abziehen.
- Vor dem Einbau Entriegelungsbügel abnehmen. Dazu Halteclips seitlich am Radio mit einem kleinen Schraubendreher zusammendrücken.
- Elektrische Anschlüsse und Antenne an der Rückseite des Radios anschließen.
- Radio so weit in die Montageöffnung drücken, bis die Haltefedern einrasten.
- Bei Radio mit Anti-Diebstahl-Codierung Code« Nummer nach Bedienungsanleitung eingeben.

<u>Fingerzeige:</u> Der Anti-Diebstahl-Code muß bei jeder Unterbrechung der Stromversorgung neu eingegeben werden – nach Abklemmen der Batterie, Auswechseln der Radiosicherung oder Trennen der Radio-Stromversorgung.
Spannungsversorgung nie bei laufendem Radio trennen. Es kann Schwierigkeiten bei der Wiedereingabe des Anti-Diebstahl-Codes geben.

Obere Türlautsprecher ausbauen

Dreiecksblende oben an der Tür abbauen, siehe unter »Außenspiegel ausbauen« im Karosserie-Kapitel.

- Wo vorhanden, Schaumstoff von der Blende abnehmen.
- Der Hochtöner ist in der Dreiecksblende eingeclipst. Clips mit einem Schraubendreher vorsichtig vom Hochtöner abdrücken, gleichzeitig Höchtöner von der Blende abnehmen.

Unteren Türlautsprecher ausbauen

Zum Ausbau der Türlautsprecher muß die Türverkleidung abgenommen werden, siehe »Karosserie-Kapitel«.

- Drei Befestigungsschrauben herausdrehen.
- Lautsprecher vom Türblech abnehmen.
- Dahinterliegenden Kabelstecker vom Lautsprecher abziehen.
- Der Hochtöner in der Türverkleidung wird auf die gleiche Weise ausgebaut wie der obere Türlautsprecher.

Um die unteren Türlautsprecher ausbauen zu können, muß die Türverkleidung abgebaut werden. Anschließend kann der Lautsprecher durch Lösen der Befestigungsschrauben und Abziehen des Kabelsteckers vom Türblech abgenommen werden.

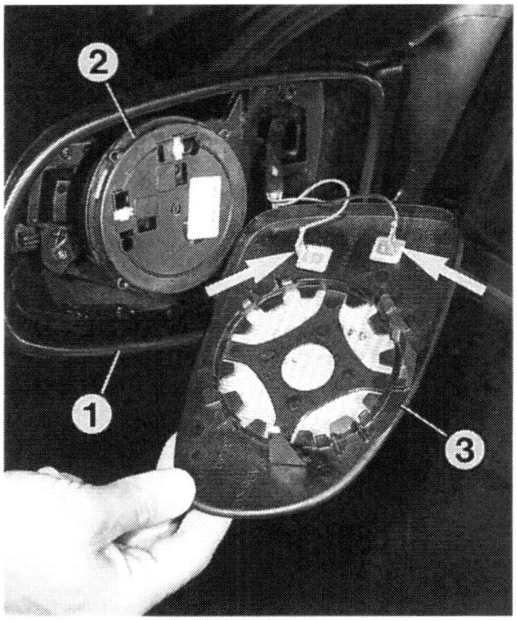

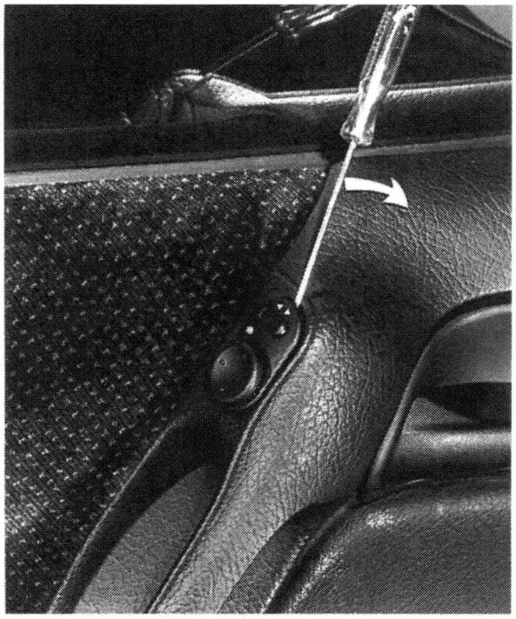

Links: Das abgebaute Spiegelglas (3). An der Rückseite sind die Kabelstecker (Pfeile) der Spiegelbeheizung eingesteckt, und im Spiegelgehäuse (1) ist der Verstellmotor (2) untergebracht. Rechts: Nachdem der Schalter der Spiegelverstellung vom Zuziehgriff abgebaut wurde, kann er nach der Anleitung unter »Schalter prüfen« in diesem Kapitel und anhand der Stromlaufplans überprüft werden.

Hintere Lautsprecher ausbauen

● **Limousine:** Heckablage ausbauen, siehe Kapitel »Der Innenraum«.
● Kabelsteckverbindung des Lautsprechers trennen. Dabei das Gegenstück festhalten, damit die Vernietung nicht abbricht.
● Vier Schrauben lösen und Lautsprecher aus dem Ausschnitt herausnehmen.
● **Caravan:** Laderaumklappe öffnen.
● Befestigungsschrauben lösen und Innenverkleidung von der Klappe abnehmen.
● Vier Befestigungsschrauben des Lautsprechers herausdrehen.
● Lautsprecher so weit aus dem Halter herausheben, bis der Kabelstecker zugänglich ist. Kabelsteckverbindung trennen.

Elektrische Spiegelverstellung

Wenn sich mehrere Fahrer ein Auto teilen, lernt man diese Einrichtung bald zu schätzen, besonders auf der rechten Seite. Außerdem werden die Spiegelflächen nach Druck auf den Schalter für ca. 15 Minuten beheizt. Ausbau und Wechsel des Spiegelglases finden Sie im Karosserie-Kapitel beschrieben.

Störungssuche

● Spiegelverstellung: Falls sich nichts regt, kontrollieren Sie die zuständige Sicherung.
● Bei den folgenden Prüfungen muß die Zündung eingeschaltet sein.
● Schalterblende mit einem schmalen Schraubendreher oder einer Messerklinge vorsichtig aus dem Ausschnitt im Griffstück heraushebeln, bzw. wo nötig Türverkleidung ausbauen, siehe Karosserie-Kapitel.
● Schalter nach Anleitung »Schalter prüfen« weiter vorn in diesem Kapitel und anhand des Stromlaufplans überprüfen.
● Ist der Schalter in Ordnung, prüfen Sie den Elektromotor der Spiegelverstellung.
● Dazu Spiegelglas ausbauen und Verstellmotor durch Lösen der Befestigungsschrauben vom Spiegelgehäuse abnehmen.
● Kommt bei eingeschalteter Zündung und betätigtem Schalter Spannung an den Kontakten des Motors an bzw. ist der Masseanschluß in Ordnung?
● Wenn ja, ist der Verstellmotor defekt.
● Vorübergehend läßt sich der Außenspiegel durch Verdrehen von Hand verstellen.
● Bei ausgefallener Spiegelbeheizung prüfen Sie die zuständige Sicherung und den Stromweg vom Schalter über das Relais zum Spiegel. Das Relais befindet sich neben dem Sicherungskasten im Relaiskasten.

Elektrische Fensterheber

Beim Omega mit elektrisch betätigten Fensterhebern hält die elektronische Fensterhebersteuerung besondere Funktionen bereit:
○ Der **Einklemmschutz** stoppt während der automatischen Schließbewegung die Scheibe und läßt sie wieder nach unten laufen, wenn im Bereich von etwa 20 cm bis 4 mm unterhalb des Fensterrahmens ein Widerstand spürbar wird (z. B. eingeklemmte Hand). Zum Ausschalten des Einklemmschutzes (z.B. bei Schwergängigkeit durch Frost) Taste des betreffenden Schalters mehrmals kurz antippen, bis die Fensterscheibe schrittweise geschlossen wird.
○ **Komfortschaltung:** Bei ausgeschalteter Zündung und geschlossenen Türen oder bei geöffneter Fahrertür lassen sich sämtliche Fenster beliebig oft öffnen und schließen. Wird dagegen die geöffnete Fahrertür wieder geschlossen, ist die Fensterheberfunktion von innen blockiert (Diebstahlschutz).
○ **Kindersicherung** für die hinteren Fenster: Hierzu dient der Schalter zwischen den linken Fensterheber-

Die Zeichnung zeigt die Bauteile der Zentralverriegelung und deren Einbaulage.
Bezeichnet sind:
1 – Steuergerät;
2 – Stellmotor rechte Vordertür;
3 – Schalter rechte Vordertür;
4 – Infrarot-Empfänger;
5 – Stellmotor rechte Hintertür;
6 – Stellmotor Tankklappe;
7 – Stellmotor Kofferraumdeckel;
8 – Stellmotor linke Hintertür;
9 – Stellmotor linke Vordertür;
10 – Schalter linke Vordertür.

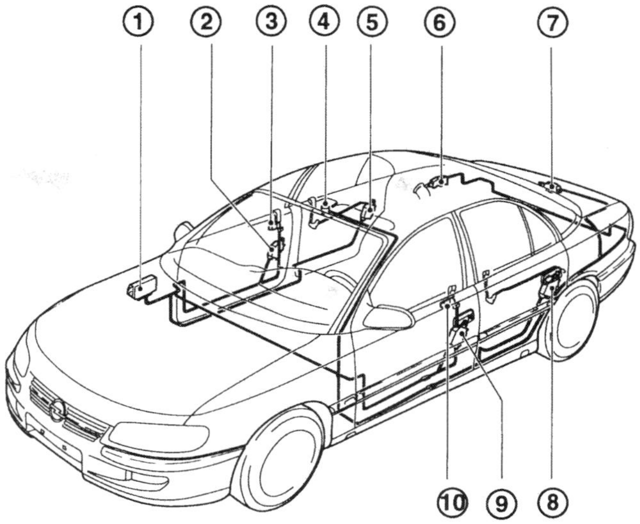

schaltern. Nach vorn drücken – die hinteren Fenster lassen sich von den hinteren Schaltern nicht mehr betätigen. Schalter nach hinten drücken – hintere Fenster lassen sich von den hinteren Schaltern bedienen.
○ Fenster von außen schließen: Um die Fenster von außen zu schließen, halten Sie den Türschlüssel für ca. eine Sekunde in Schließposition.

Störungen

Die Motoren der elektrischen Fensterheber werden auf die gleiche Weise ausgebaut wie die mechanischen Heber. Eine Reparatur des Elektromotors ist nicht vorgesehen.
● Wenn sich keine oder nur die vorderen Fensterscheiben mehr rühren, zuständige Sicherung überprüfen.
● Arbeitet nur ein Fensterheber nicht, bauen Sie den Schalter des Fensterhebers aus und überprüfen ihn.
● Ist der Schalter in Ordnung, betreffende Türverkleidung abnehmen.
● Kabelstecker am Fensterhebermotor abziehen und mit Prüflampe kontrollieren, ob beim Betätigen des Fensterhebers auch tatsächlich Spannung anliegt.
● War bis hier kein Fehler zu entdecken, ist der Fensterhebermotor defekt.
● Kam dagegen keine Spannung am Motor an, muß der Kabelverlauf bzw. das Steuergerät überprüft werden.
● Schlechter Lauf einer Scheibe dürfte an einer verklemmten Fensterführung liegen.

Behelf unterwegs

Mit streikendem Fensterheber brauchen Sie trotzdem nicht mit offenem Fenster durch Wind und Wetter zu fahren:
● Ist der Schalter defekt, überbrücken Sie mit einem isolierten Kabelstück am abgezogenen Mehrfachstecker so lange die verschiedenen Kontakte, bis die Scheibe nach oben läuft.
● Geht das nicht, Zuleitung zum Elektromotor trennen (keine Verbindung mehr zum Steuergerät), ein Hilfskabel vom Batterie-Pluspol und ein zweites von Masse zum Elektromotor legen und Scheibe nach oben laufen lassen.
● Ist der Hebermotor blockiert, können Sie bei abgenommener Türverkleidung das Fenster vom Fensterheber abbauen, siehe Karosserie-Kapitel.
● Scheibe jetzt nach oben schieben und in dieser Stellung mit starkem Klebeband (z. B. Packband) oder einem Holzkeil fixieren.

Die Zentralverriegelung

Sie besteht aus dem Steuergerät mit Verzögerungsschalter, den Stellmotoren in den Türen, dem Stellmotor im Kofferraumdeckel bzw. in der Laderaumklappe und dem Stellmotor in der Tankklappe. Die Ansteuerung erfolgt über Schalter, die sich an den Schlössern der Vordertüren, in den Stellmotoren der Hintertüren sowie im Stellmotor für den Kofferraumdeckel bzw. der Laderaumklappe befinden. Zusätzlich besitzt die Zentralverriegelung eine mechanische Diebstahlsicherung, die jedoch nur über das Fahrertürschloß aktiviert werden kann, indem der Schlüssel um 90° nach rechts gedreht bzw. die schmale Taste der Infrarot-Fernbedienung gedrückt wird. Bei aktivierter Diebstahlsicherung werden in der Fahrertür der Schließzylinder und in den übrigen drei Türen die elektrischen Stellmotoren mechanisch blockiert.
Der Koffer- bzw. Laderaum kann durch Schlüsseldrehung nach links und Abziehen des Schlüssels in dieser Stellung zusätzlich gesichert werden. Allerdings bleibt der Koffer- bzw. Laderaum dann nach dem Entriegeln der Türen geschlossen. Um nach Unfällen den Zugang zum Fahrzeuginnenraum zu ermöglichen, ist im Steuergerät ein Stoßschalter eingebaut, der ab einer bestimmten Aufprallstärke sämtliche Türen entriegelt.

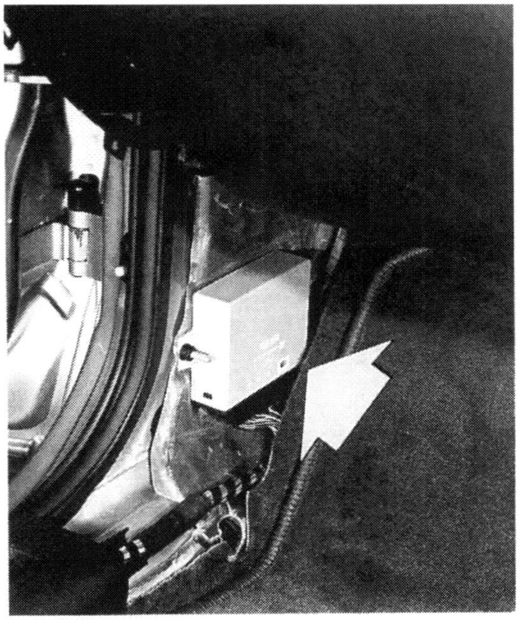

<u>Links:</u> Das Bild zeigt das Steuergerät der Zentralverriegelung rechts im Beifahrerfußraum.
<u>Rechts:</u> Die Abbildung zeigt den Stellmotor der Tankklappen-Verriegelung bei abgenommener Kofferraumverkleidung. Die Betätigungsstange (Pfeil) ist nach vorn gerichtet.

<u>Fingerzeige:</u> Das Steuergerät muß, um die Funktionen des Stoßschalters sicherzustellen, fest am Fahrzeug montiert sein.
Sollte die Zentralverriegelung einmal ausfallen, können Türen und Kofferraumdeckel bzw. Laderaumklappe auch herkömmlich per Schlüssel geöffnet und verriegelt werden. Ebenso lassen sich die Türverriegelungsknöpfe von Hand betätigen. Das Entriegeln der Tankklappe erfordert dagegen mehr Aufwand: Nach Abnahme der rechten Kofferraumverkleidung muß der Verriegelungshebel am Stellmotor der Tankklappe in Fahrtrichtung nach hinten gezogen werden.

Wegfahrsperre

Die Wegfahrsperre verhindert, daß unberechtigte Personen den Motor des Wagens starten können. Überwacht werden dazu der Zündstromkreis (Klemme 15) und der Schaltzustand der Türkontakte. Ändert sich bei »geschärfter« Anlage in diesen Stromkreisen die Spannung (etwa weil für einen Startversuch Spannung an die Zündanlage angelegt oder weil die Tür geöffnet wurde), wird die Wegfahrsperre aktiv: Es wird die Stromzufuhr für Kraftstoffpumpe, Anlasser und Motorsteuergerät für 30 Minuten unterbrochen.
Bedienung: Aktiviert wird die Wegfahrsperre durch Verriegeln des Fahrzeugs mit dem Fahrzeugschlüssel oder der Infrarot-Fernbedienung. Dagegen kann das »Entschärfen« der Anlage nur über die Infrarot-Fernbedienung erfolgen.
Funktion der Infrarot-Sendeanlage: Zum Deaktivieren der Wegfahrsperre sendet der Infrarot-Sender einen Code zur Identifizierung. Dieser Code besteht aus einem Festspeicher und aus einem Wechselcode. Jeder Infrarot-Sender hat einen einmaligen Festcode, der mit dem Festcode der Zentralverriegelung übereinstimmen muß. Der Wechselcode wird bei jedem Tastendruck vom Infrarot-Sender und vom Steuergerät der Zentralverriegelung neu festgelegt. Erst nach Übereinstimmung des gesendeten Fest- und Wechselcodes mit den Codes des Steuergeräts der Zentralverriegelung wird die Wegfahrsperre »entschärft«. Fest- und Wechselcodes können jeweils über 260 000 Varianten annehmen.

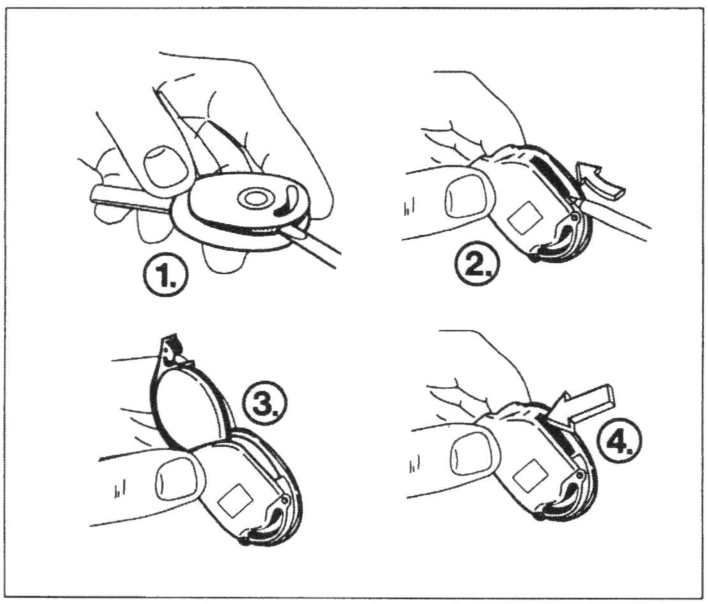

Batteriewechsel am Infrarot-Sender:
1. Infrarot-Sender mit einem Schraubendreher öffnen.
2. Lasche mit einem Kugelschreiber ausrasten.
3. Batteriefach herausschwenken und Batterien auswechseln.
4. Batteriefach bis zum hörbaren Einrasten andrücken.

Fingerzeig: Das Ab- und Wiederanklemmen der Batterie hat keinen Einfluß auf die Wegfahrsperre. Es stellt sich anschließend derjenige Betriebszustand der Wegfahrsperre ein, der vor dem Abklemmen der Batterie herrschte.

Batterien des Infrarot-Senders wechseln

Wartung Nr. 37

- Infrarot-Sender mit Schraubendreher öffnen.
- Lasche (Bild unten) mit Kugelschreiber ausrasten.
- Batteriefach herausschwenken.
- Batteriefach erneuern, Einbaulage beachten.
- Batteriefach hineinschwenken, die Lasche muß hörbar einrasten.
- Infrarot-Sender zusammenfügen.
- Verbrauchte Batterien müssen aus Umweltschutzgründen ordnungsgemäß entsorgt werden.

Infrarot-Sender neu synchronisieren

Der Infrarot-Sender muß neu synchronisiert werden, wenn:

○ die Batterien gewechselt wurden oder

○ wenn der mittlere Taster des Senders mehr als 100 Mal außerhalb des Einflußbereichs des Empfängers am Fahrzeug gedrückt wurde (kindlicher Spieltrieb).

Das geht innerhalb von 10 Sekunden nach Einschalten der Zündung – dann befindet sich der Empfänger im Synchronisier-Modus – wie folgt:

- Mit dem Zweitschlüssel die Zündung einschalten.
- Falls der Zweitschlüssel nicht verfügbar ist, Sendeeinheit vom Schlüssel trennen, mit Schlüsselteil Zündung einschalten.
- Infrarot-Sender in unmittelbarer Nähe auf den Infrarot-Empfänger richten.
- Mittlere Taste am Infrarot-Sender kurz drücken.
- Die erfolgte Synchronisierung wird durch Blinken der Innenleuchte angezeigt.
- Ggf. zerlegte Griffteile des Infrarot-Senders wieder am Schlüssel montieren.

Fingerzeige: Da sich die Wegfahrsperre nur vom Infrarot-Sender ausschalten läßt, sollten immer Reservebatterien für den Sender verfügbar sein.
Bei Verlust eines Schlüssels mit Infrarot-Sender muß der neue Sender mit einem Festcode versehen werden, was aber nur in der Werkstatt mittels eines Programmiergeräts möglich ist.

Die Diebstahlwarnanlage

Die Diebstahlwarnanlage überwacht alle Hauben, Türen, feststehende Seitenscheiben, die Heckscheibe und den Innenraum. Zusätzlich wird das unbefugte Ausbauen des Radios sowie das unbefugte Starten des Motors überwacht. Es sind also alle Funktionen der Wegfahrsperre in der Diebstahlwarnanlage enthalten.

Bedienung

Die Diebstahlwarnanlage kann über die Türschlösser oder über die Infrarot-Fernbedienung aktiviert bzw. deaktiviert werden. An der Infrarot-Fernbedienung muß dazu die mittlere Taste gedrückt werden. Gleichzeitig wird dann die Zentralverriegelung ent- bzw. verriegelt. Mit dem Schlüssel kann das Aktivieren der Anlage nur von der Fahrertür aus erfolgen, das »Entschärfen« ist von Fahrer- und Beifahrertür aus möglich. Der Schlüssel muß dazu ca. 30° nach rechts bzw. nach links gedreht werden.

Der zerlegte Infrarot-Sender. Bezeichnet sind:
1 – Oberteil;
2 – Batteriefach;
3 – Batterien;
4 – Unterteil.

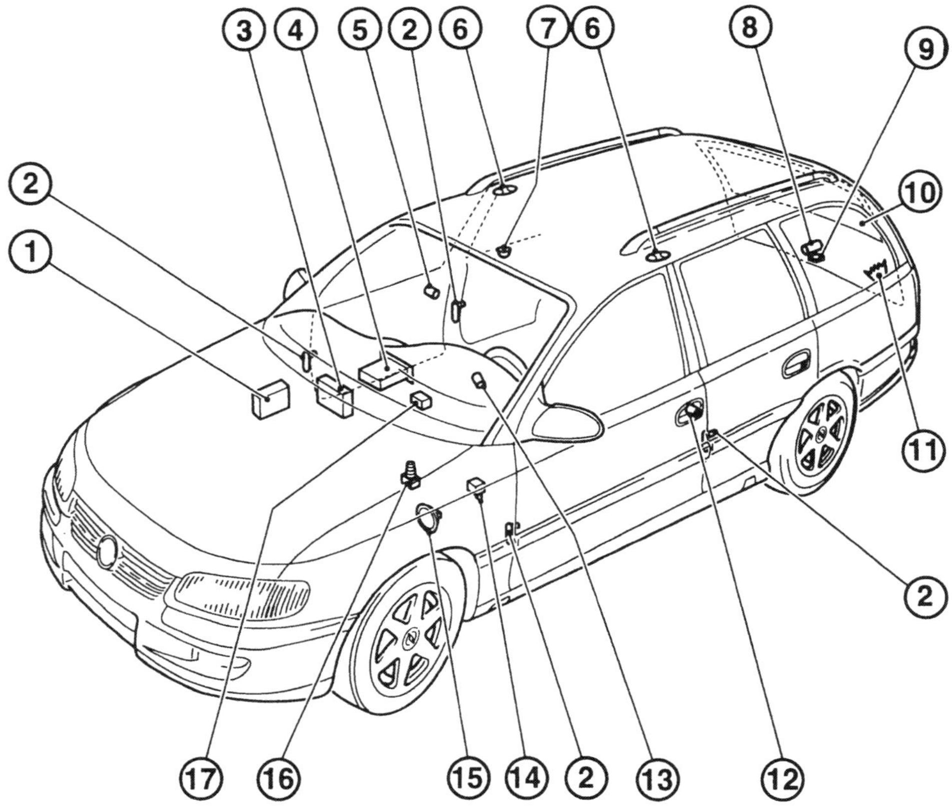

Die Zeichnung zeigt die Bauteile der Diebstahl-Warnanlage und deren Anordnung im Fahrzeug. Es bedeuten:
1 – Steuergerät der Zentralverriegelung;
2 – Türkontakt;
3 – Steuergerät der Diebstahlwarnanlage;
4 – Radiokontakt;
5 – Türschloß Beifahrerseite;
6 – Sensor der Innenraumüberwachung;
7 – Infrarot-Empfänger;
8 – Heckklappenschloß;
9 – Heckklappen-Kontaktschalter;
10 – Heckscheibenheizung;
11 – Kontaktschleife Glasbruchüberwachung;
12 – Türschloß Fahrerseite;
13 – Zündschloß;
14 – Anlasserrelais (Diebstahlwarnanlage);
15 – Signalhorn der Diebstahlwarnanlage;
16 – Motorhauben-Kontaktschalter;
17 – Austaster Innenraumüberwachung.

Da jedoch die Wegfahrsperre nur mit der Infrarot-Fernbedienung deaktiviert werden kann, ist es sinnvoll den Wagen gleich per Fernbedienung zu öffnen.
Kofferraumdeckel bzw. Heckklappe lassen sich auch bei eingeschalteter Diebstahlwarnanlage per Schlüssel öffnen. Hierzu muß der Schlüssel bis zum Anschlag nach rechts gedreht werden. Der Schlüssel läßt sich in dieser Position nicht abziehen. Nach dem Schließen des Gepäckraums den Schlüssel wieder in Ausgangsposition zurückdrehen. Nach 10 Sekunden ist die Diebstahlwarnanlage wieder eingeschaltet.

Alarmauslösung

Bei aktivierter Anlage wird Alarm ausgelöst, wenn:
- die Versorgungsspannung der Zentralverriegelung unterbrochen wird;
- die Schärf/Entschärf-Leitung der Diebstahlwarnanlage durchgetrennt wird;
- die Schärf/Entschärf-Leitung der Wegfahrsperre durchgetrennt wird;
- Masse an einem Türkontaktschalter, am Schalter Heckraumleuchte oder am Schalter Motorraum anliegt (Signal »Tür offen«);
- am Zündstromkreis (Klemme 15) eine Spannungsänderung auftritt;
- die Radiomasse abgeklemmt wird;
- Masse der Kontaktschleifen bzw. der heizbaren Heckscheibe beim Caravan fehlt (Signal »Glasbruch«);
- die Innenraumüberwachung ein Eindringen meldet.

Fingerzeige: Die Innenraumüberwachung kann abgeschaltet werden, um Tiere im Wagen zurückzulassen.
Das Ab- und Wiederanklemmen der Batterie hat keinen Einfluß auf die Diebstahlwarnanlage. Es stellt sich anschließend derjenige Betriebszustand der Diebstahlwarnanlage ein, der vor dem Abklemmen der Batterie herrschte.

Laue Winde

Frische Luft tritt zwischen Motorhaube und Frontscheibe ein und wird vom Fahrtwind oder zusätzlich vom Gebläse in den Innenraum gedrückt. Bei eingeschalteter Heizung verläuft der Luftstrom durch den Wärmetauscher, einen kleinen Heizkörper, durch den aufgeheiztes Motorkühlmittel fließt. Ist die Heizung abgestellt, strömt die Luft unter Umgehung des Wärmetauschers über einen anderen Kanal in den Innenraum. Ein Heizventil, das die Wasserzufuhr zum Wärmetauscher reduziert oder abstellt, wird bei dieser luftseitig gesteuerten Heizungsversion nicht gebraucht.

Heizung und Lüftung prüfen

- Beide Drehregler bei warmgefahrenem Motor ganz nach rechts drehen – strömt Warmluft aus?
- Funktioniert die Luftverteilung nach oben und unten?
- Drehregler zurückdrehen – nach kurzer Zeit darf nur noch kalte Luft aus den Öffnungen strömen, sonst schließt die Mischluftklappe nicht richtig.
- Strömt aus allen Öffnungen (auch hinten) Warm- oder Kaltluft?
- Läuft das Gebläse in sämtlichen Stufen?
- Funktioniert wo vorhanden, die Seitenscheiben-Enteisung hinten?

Reinluftfilter wechseln

Da sich Staub, Pollen und Ruß im Filterelement ablagern, empfiehlt Opel den Wechsel des Reinluftfilters einmal im Jahr oder alle 15 000 km. Wartung Nr. 5

- Motorhaube öffnen.
- Gummidichtung von der Spritzwand abziehen.
- Wasserabweiser von der Spritzwand abheben.
- Der Reinluftfilter ist lediglich im Gebläsekasten eingelegt.
- Beide seitlichen Clips von Hand entriegeln.
- Filterelement aus dem Gebläsekasten herausnehmen und neuen Filter einlegen.

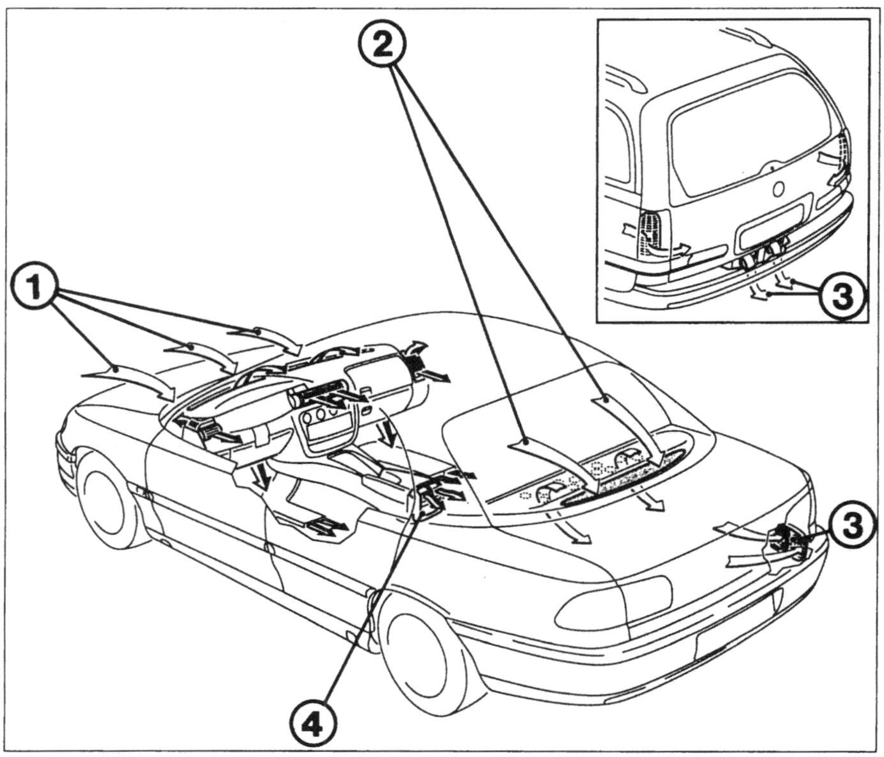

Be- und Entlüftung am Omega: Die Luft strömt unterhalb der Windschutzscheibe (1) ins Luftverteilergehäuse und wird – je nach Klappenstellung – über die vorderen und hinteren Luftdüsen (4) sowie den Fußraumausströmern im Fahrzeug verteilt. Bei der Limousine gelangt die Luft über die Heckablage (2) in den Heckbereich und in den Zwischenraum von Seitenwand und Verkleidung und weiter über die Entlüftungsblenden (3) in den Seitenteilen nach draußen. Beim Caravan sitzen die Entlüftungsblenden im Heckblech.

Nach Abheben der Wasserabweiserklappe (2) und Entriegeln der beiden Clips (Pfeile) kann der Reinluftfilter (1) aus dem Ausschnitt herausgenommen werden.

Das Luftgebläse

Der Gebläsemotor läuft in vier Geschwindigkeiten, die durch den Drehregler »Luftzufuhr und Gebläse« am Armaturenbrett eingestellt werden.
Die Geschwindigkeitsstufen werden durch Zuschalten verschieden großer Widerstände (bzw. durch Hintereinanderschalten derselben) erreicht. Die Widerstände sind in die Plus-Zuleitung zum Gebläsemotor eingeschaltet. Die Masseverbindung ist konstant, während der Pluskontakt »verbessert« bzw. »verschlechtert« wird.

Gebläsemotor ausbauen

Der Gebläsemotor ist zusammen mit seinem Lüfterrad gewuchtet, so daß beide Teile auch nur gemeinsam ausgetauscht werden können.

- Batterie abklemmen.
- Handschuhkasten ausbauen, siehe Kapitel »Der Innenraum«.
- Dahinterliegenden Lüftungskanal zusammendrücken und von den Stutzen abziehen.
- Kabelbaumhalter seitlich ausrasten.
- Kabelstecker von der Vorwiderstandsplatte abziehen.
- Unterdruckschlauch von der Unterdruckdose/ Frischluftverschlußklappe abziehen und aus den Halter am Gebläsemotor ziehen.
- Befestigungsschrauben herausdrehen und Gebläsemotor vom Gehäuse abnehmen.
- Gehäusedeckel vom Gebläse losschrauben.
- Kabeltülle nach innen drücken und Gebläsemotor abnehmen.

Gebläse-Vorwiderstände ausbauen

Bei einem defekten Vorwiderstand wird der komplette Vorwiderstandshalter ausgetauscht. Der Halter ist direkt im Gebläsegehäuse eingesteckt. Zum Ausbau des Vorwiderstandshalters muß der Gebläsemotor nicht ausgebaut werden.

- Gebläsemotor freilegen, siehe Gebläsemotor ausbauen.
- Beide Kabelstecker vom Vorwiderstandshalter abziehen.

Die Pfeile deuten auf die Befestigungsschrauben der Bedienungseinheit der Heizungs/Lüftungs-Regulierung.

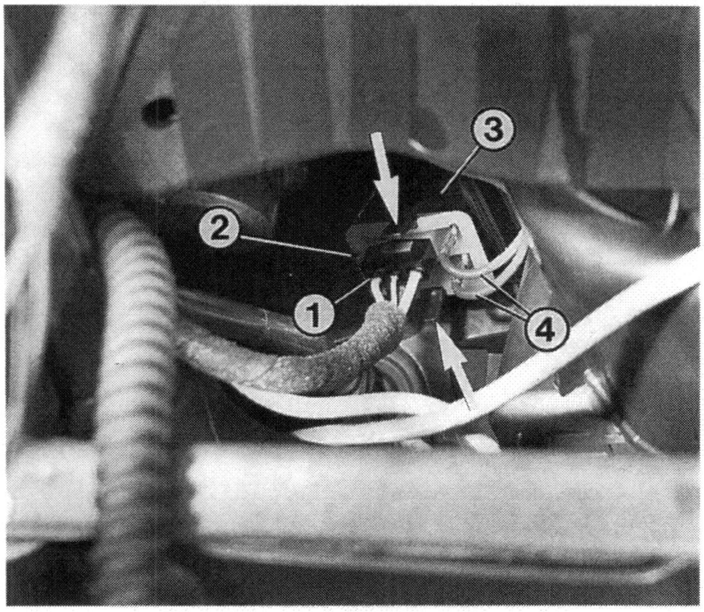

Vorwiderstände ausbauen: Beide Kabelstekker (4) und Mehrfachstecker (1) vom Vorwiderstandshalter abziehen. Beide Haltebügel (Pfeile) an der Vorwiderstands-Halteplatte etwas nach außen drücken und Vorwiderstände (3) aus dem Gehäuse ziehen. Zum Einbau Vorwiderstände in das Gehäuse einsetzen, daß der seitliche Führungsschlitz (2) in der Führungsschiene sitzt.

- Beide Haltebügel an der Vorwiderstands-Halteplatte etwas nach außen drücken und Vorwiderstände aus dem Gebläsegehäuse ziehen.
- Zum Einbau Vorwiderstände so in das Gebläsegehäuse einsetzen, daß der seitliche Führungsschlitz in der Führungsschiene sitzt.
- Vorwiderstands-Halteplatte bis zum Einrasten der Haltebügel andrücken und Kabelstecker aufschieben.

Heizungs/ Lüftungs-Regulierung ausbauen

Die Schalter von Heizung und Lüftung lassen sich nicht einzeln austauschen. Ist ein Schalter defekt, muß die komplette Heizungs/Lüftungs-Regulierung ausgewechselt werden.

- Batterie abklemmen.
- Radio ausbauen, siehe Kapitel »Instrumente und Geräte«.
- Alle Drucktastenschalter ausbauen, siehe Kapitel »Instrumente und Geräte«.
- Warnblinkschalter ausbauen.
- Sämtliche Drehregler von den Schaltern abziehen. Ggf. lappenumwickelte Rohrzange zur Hilfe nehmen.
- Dahinterliegende Befestigungsschrauben losdrehen.
- Ascher ausbauen, siehe Kapitel »Der Innenraum«.
- Beide dahinterliegende Befestigungsschrauben herausdrehen.
- Bedienungseinheit ein Stück weit vom Armaturenbrett abnehmen.
- Die oberen Mehrfachsteckerleisten nach oben aus den Führungen drücken. Restliche Kabelstecker von der Bedienungseinheit ausrasten.
- Drei Befestigungsschrauben der Heizungs/Lüftungs-Regulierung herausdrehen.
- Heizungs/Lüftungs-Regulierung aus dem Armaturenbrett herausziehen.
- Rote Halteclips ausrasten und beide Heizungszüge von den Reglern aushängen.
- Mehrfachstecker entriegeln und vom Gebläseschalter abziehen.
- Unterdruckschlauch-Steckleiste von den Stutzen abziehen.
- Heizungs/Lüftungs-Regulierung abnehmen.

Wärmetauscher ausbauen

Der Wärmetauscher wird vom Kühlmittel durchflossen und sieht aus wie ein kleiner Kühler. Der Wärmetauscher sitzt bei unserem Omega im Wageninnern. Um an den Wärmetauscher zu gelangen, muß das komplette Arma-

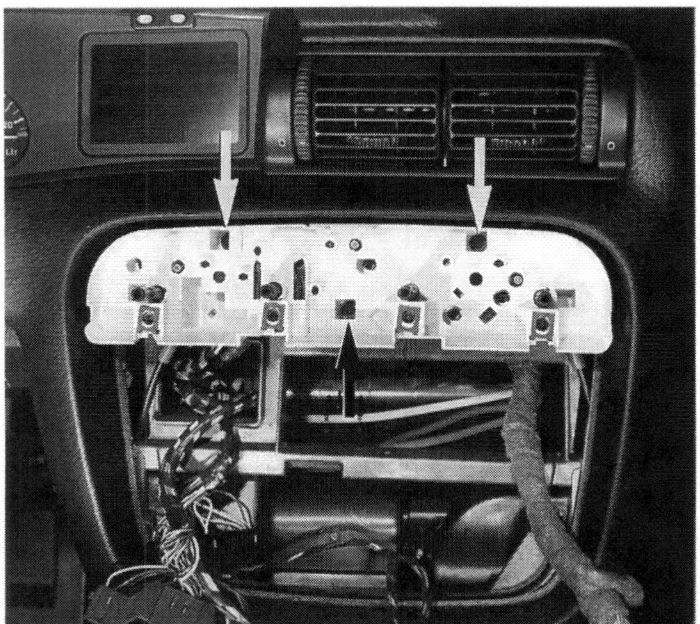

Das Bild zeigt die drei Befestigungsschrauben, mit denen die Heizungs/Lüftungs-Regulierung am Armaturenbrett befestigt ist.

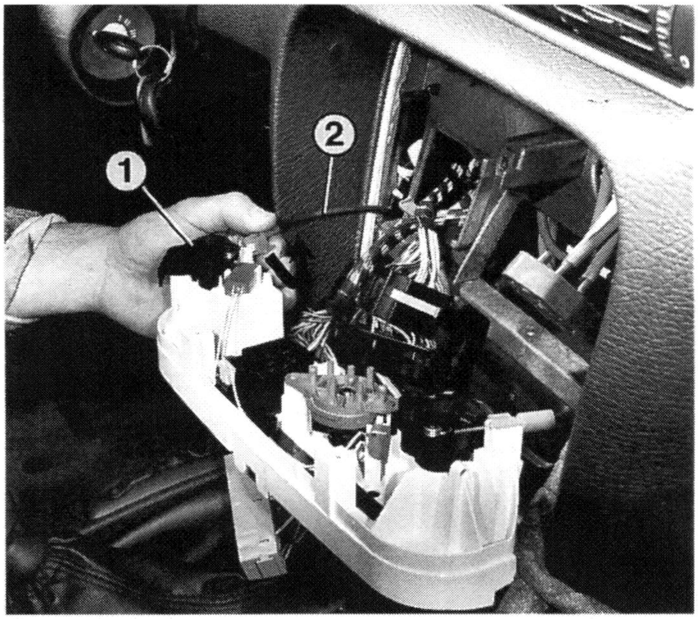

Die Rückseite der Heizungs-/Lüftungsregulierung. Zum Ausbau eines Heizungszugs (2) roten Halteclip am Regler (1) ausrasten und abnehmen.

turenbrett ausgebaut werden. Der Ausbau ist nur dem besonders versierten Selbsthelfer zu empfehlen, da sämtliche Anbauteile des Armaturenbretts zuvor ausgebaut werden müssen. So auch der Beifahrer-Airbag. Leider können wir den Ausbau des Armaturenbretts an dieser Stelle nicht erklären, die hierzu nötigen Beschreibungen würden den Rahmen dieses Buches sprengen.

Mittlere Luftdüse ausbauen

- Luftdüseneinsatz ausbauen. Hierzu betreffende Mischluftdüse bis zum Anschlag nach unten drehen.
- Zwei Schraubendreher links und rechts zwischen Gehäuse und Düseneinsatz schieben.
- Mischluftdüse aushaken und aus dem Gehäuse nehmen.
- Ebenso gegenüberliegende Düse ausbauen.
- Im Mischluftdüsengehäuse zwei Befestigungsschrauben herausdrehen und Gehäuse aus dem Ausschnitt im Armaturenbrett herausziehen.
- Zum Einbau auf korrekten Sitz der seitlichen Düsenlagergummis achten.
- Düse mit den seiltlichen Aussparungen zu den Führungsstiften im Düsengehäuse hin zeigend einsetzen und festdrücken.

Linke Mischluftdüse ausbauen

- Fahrertür öffnen.
- Seitliche Abdeckung mit einem Schraubendreher vom Armaturenbrett abhebeln.
- Düseneinsatz ausbauen, wie im vorangegangenen Abschnitt beschrieben.
- Lichtschalter ausbauen, siehe Kapitel »Instrumente und Geräte«.
- Durch die seitliche Öffnung greifen, Rastnase drücken und Steckerleiste des Lichtschalters seitlich herausziehen.
- Kabelstecker der Düsenbeleuchtung abziehen.
- Befestigungsschrauben im Mischluftdüsengehäuse herausdrehen und Düsengehäuse aus dem Ausschnitt herausziehen.

Rechte Mischluftdüse ausbauen

- Beifahrertür öffnen.
- Wo nötig, Dichtgummi der Beifahrertür teilweise abziehen.
- Seitliche Abdeckung mit einem Schraubendreher abhebeln.

Ausbau der linken Mischluftdüse. Zuerst Mischluftdüse bis zum Anschlag nach unten drehen. Anschließend zwei Schraubendreher rechts und links zwischen Gehäuse und Düse schieben. Schraubendreher in Pfeilrichtung drücken und Mischluftdüse aushaken.

Linkes Mischluft-Düsengehäuse ausbauen. Bevor das Gehäuse (3) losgeschraubt (Pfeile) werden kann, müssen der Lichtschalter, die Steckerleiste (2) und der Lichtleiter (1) der Düsenbeleuchtung ausgebaut werden.

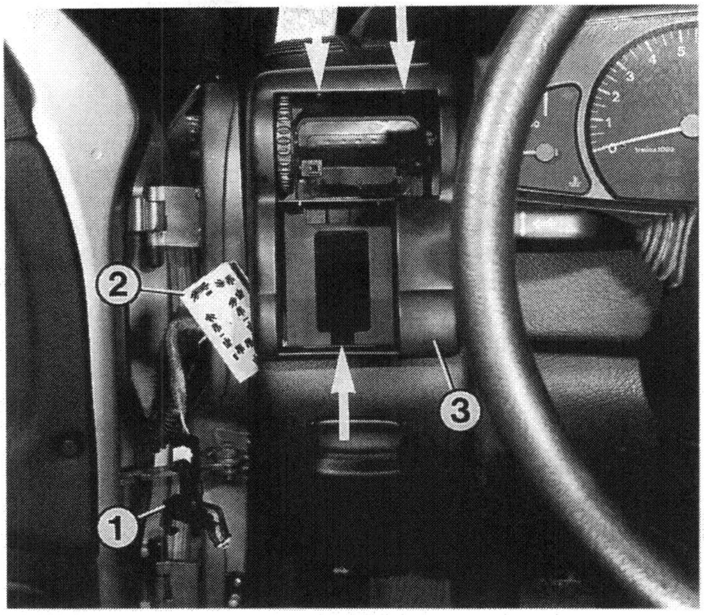

- Dahinterliegende Befestigungsschraube der Mischluftdüse herausdrehen.
- Kabelstecker der Düsenbeleuchtung abziehen.
- Danebenliegende Rastnase mit einem Schraubendreher eindrücken und Mischluftdüse aus dem Ausschnitt herausziehen.
- Zum Einbau Düsengehäuse bis zum Einrasten in den Ausschnitt eindrücken.

- Mischluftdüseneinsätze waagrecht stellen.
- Zwei Schraubendreher links und rechts zwischen Mischluftdüse und Gehäuse schieben.
- Mischluftdüse aushaken und herausnehmen.
- Ebenso die gegenüberliegende Düse ausbauen.
- Wo vorhanden, Staufach der Mittelkonsole ausbauen.

Hintere Mischluftdüse ausbauen

- Befestigungsschrauben herausdrehen und Mischluftdüsengehäuse nach hinten klappen.
- Kabelstecker hinten am Gehäuse trennen und Glühlampenfassung des Anzünders abziehen.
- Blende des Anzünders ausrasten.

Die Klimaanlage

Ein gasförmiges Kältemittel wird durch einen Kompressor verdichtet. Letzterer wird von der Motor-Kurbelwelle über den Keilrippenriemen angetrieben. Beim Verdichten verflüssigt sich das Kältemittel und gelangt in den Verdampfer am Armaturenbrett. Der sieht aus wie ein Kühler. Darin verdampft das Kältemittel und kann hierdurch Wärme aufnehmen. Die durch den Verdampfer geführte Luft strömt abgekühlt in den Innenraum. Über einen Kondensator neben dem Wasserkühler im Motorraum gelangt das Kältemittel wieder zurück zum Kompressor.
Zur verstärkten Kondensierung bläst ein Zusatzventilator dauernd Luft durch den Kondensator.

Keilrippenriemen

Für einwandfreie Funktion der Klimaanlage muß der Keilrippenriemen des Kältekompressors richtig gespannt sein. Mehr darüber im Kapitel »Die Lichtmaschine«.

Rechte Mischluftdüse ausbauen. Bezeichnet sind:
1 – Mischluftdüse;
2 – Befestigungsschraube der Mischluftdüse;
3 – Düsenbeleuchtung;
4 – Schraubendreher zum Andrücken der Rastnase.

Fingerzeige: Das Kältemittel der Klimaanlage im Omega besteht nicht mehr aus dem ozonschädlichen Fluorkohlenwasserstoff (FCKW). Dennoch ist der direkte Umgang mit diesem Stoff gefährlich. Die Berührung mit Kältemittel verursacht schwere Erfrierungen auf ungeschützter Haut und im Augenbereich. Die Arbeit am Kältemittelkreislauf der Klimaanlage ist deshalb Werkstattsache. Einige Opel-Vertretungen haben sich hierauf spezialisiert. Sie sind entsprechend den Sicherheitsbestimmungen ausgerüstet und verfügen über ausgebildete Klimaanlagen-Fachkräfte.
Wichtig für einwandfreie Funktion der Klimaanlage ist, daß sie auch in der kalten Jahreszeit immer wieder aktiviert werden muß. Andernfalls trocknen die Dichtungen im Kältemittelkreislauf aus; sie verhärten und werden undicht. Das hat zur Folge, daß das Kältemittel, das gleichzeitig als Schmiermittel dient, entweichen kann. Deshalb in der kalten Jahreszeit die Klimaanlage in Verbindung mit der Heizung benutzen, der Luft wird Feuchtigkeit entzogen, die beschlagenen Scheiben werden schneller frei.

Störungsbeistand

Heizung und Lüftung

Die Störung	– ihre Ursache	– ihre Abhilfe
A Luftgebläse läuft nicht	1 Sicherung defekt	Auswechseln
	2 Gebläseschalter defekt	Schalter ausbauen und prüfen
	3 Gebläsemotor defekt	Prüfen, ob bei eingeschalteter Zündung und eingeschaltetem Gebläse Spannung am Motor anliegt. Wenn ja, Motor auswechseln
B Heizgebläse läuft nur in einer Geschwindigkeitsstellung nicht	Vorwiderstand defekt	Vorwiderstand am Gebläsemotor ersetzen
C Heizgebläse läuft nicht in der 4. Stufe	Relais defekt	Relais (hinter dem Sicherungskasten) prüfen, ggf. ersetzen
D Heizungsleistung läßt während der Fahrt plötzlichnach	Wärmetauscher durch Kühlmittelverlust leergelaufen	Sofort anhalten, sonst besteht Gefahr für die Zylinderkopfdichtung! Undichtigkeit beheben und Kühlsystem auffüllen
E Heizleistung ungenügend	1 Heizungszug gerissen	Kontrollieren, ggf. ersetzen
	2 Mischluftklappe bzw. Luftverteilerklappe öffnet nicht	Betätigungszug, Klappen- und Hebelstellung kontrollieren
	3 Reinluftfilter verstopft	Filter austauschen
	4 Kühlerthermostat schließt nicht völlig, aufgeheiztes Kühlmittel strömt zu früh in den Kühler	Thermostat austauschen
F Heizung läßt sich nicht abstellen	Siehe D 1	
G Geräusche im Bereich des Heizungsgebläses	1 Laub oder Schmutz eingedrungen	Gebläse reinigen
	2 Lüfterrad hat Unwucht, Lager defekt	Gebläsemotor ausbauen und prüfen, ggf. ersetzen

Markante Rundungen

Das fahrbare Blechgehäuse stellt wesentlich mehr dar als nur ein »Dach über dem Kopf« für die Insassen. Es soll geringes Gewicht, Verwindungssteifigkeit, hohe Formfestigkeit der Fahrgastzelle und energievernichtende »Knautschzonen« an Bug und Heck aufweisen. Darüber hinaus muß die Karosserie eine ansprechende Formgebung und genügend nutzbaren Raum aufweisen.

Demontierbare Teile

Mit einiger Geschicklichkeit kann man die Stoßfänger und die vorderen Kotflügel alleine ausbauen. Wollen Sie aber die Motorhaube, Laderaumklappe bzw. Kofferraumdeckel oder Türen demontieren, brauchen Sie unbedingt einen Helfer, der diese großen und schweren Teile hält, während Sie schrauben.

Wagenfront

Kühlergrill ausbauen

- Motorhaube öffnen.
- Verkleidungsteile oben am Frontblech abbauen.
- Oben am Frontblech die zwei Befestigungsschrauben des Kühlergrills herausdrehen.
- Kühlergrill unten nach hinten drücken, bis die drei Haltenasen des Grills aus dem Stoßfänger ausrasten.
- Kühlergrill nach oben abnehmen.
- Beim Einbau Haltenasen des Kühlergrills in die Öffnungen im Stoßfänger stecken und Grill bis zum Einrasten nach vorn ziehen.
- Kühlergrill oben anschrauben.
- Verkleidungsteile montieren.

Stoßfänger

Ausbau vorn

- Kühlergrill ausbauen.
- Blende unterhalb der Scheinwerfer an den Innenseiten losschrauben, am Stößfänger und am Kotflügel ausrasten und abnehmen.
- Darunterliegende Befestigungsschrauben des Stoßfängers herausdrehen.
- In den Radläufen je zwei Befestigungsschrauben von den Stoßfängerenden herausdrehen.
- Wo vorhanden, Außentemperaturfühler links unten am Stoßfänger ausclipsen.
- Unten am Fahrzeug zwei Spreizniete abdrücken. Hierzu Stift in der Mitte des Niets mit einem passenden Kreuzschlitzschraubendreher oder Durchschlag herausdrücken und Spreizniet abdrücken.
- Stoßfänger von der Wagenfront abnehmen.
- Wo nötig, Stoßfängerträger von der Wagenfront losschrauben.

Kühlergrill ausbauen. »1« und »3« bezeichnen die Befestigungsschrauben des Kühlergrills (2). Die Pfeile deuten auf die Haltenasen des Kühlergrills. Diese müssen beim Einbau im Stoßfänger einrasten.

Der vordere Stoßfänger ausgebaut. Die Befestigungsschrauben und Spreizniete sind mit Pfeilen gekennzeichnet und entsprechend ihrer Einbaulage abgelegt.

Der hintere Stoßfänger des Caravan ausgebaut. Die Befestigungsschrauben und Spreizniete sind mit Pfeilen gekennzeichnet und entsprechend ihrer Einbaulage abgelegt.

Die Pfeile deuten auf die Befestigungsschrauben des hinteren Stoßfängerträgers.

Ausbau hinten

- **Limousine:** In den Radläufen je zwei Befestigungschrauben von den Stoßfängerenden herausdrehen.
- Unten an den Stoßfängerenden je eine Kreuzschlitzschraube herausdrehen.
- Unten am Wagen in der Mitte des Stoßfängers zwei Spreizniete abdrücken. Hierzu Stift in der Mitte des Niets mit einem passenden Kreuzschlitzschraubendreher oder Durchschlag herausdrücken. Spreizniet vom Stoßfänger abdrücken.
- Stoßfänger vom Wagenheck abnehmen und Kabelsteckverbindung der Kennzeichenleuchte trennen.
- Wo nötig, Stoßfängerträger vom Fahrzeugheck abschrauben.
- **Caravan:** Der Ausbau des hinteren Stoßfängers ist sinngemäß gleich durchzuführen wie bei der Limousine. Zusätzlich müssen hier die Rückstrahler abgebaut und die dahinterliegende Schrauben herausgedreht werden.

Spoilerlippe ersetzen

- Wagen aufbocken.
- An den Spoilerenden je eine Schraube herausdrehen.
- Spoilerlippe vom Stoßfänger abziehen.
- Neue Spoilerlippe auf den Stoßfänger schieben und mit einer Kombizange festdrücken.
- Befestigungsschrauben eindrehen.

Die Motorhaube

Haube ausbauen

- Motorhaube öffnen.
- Wo vorhanden, Kabelstecker der Waschdüsenheizung trennen. Hierzu Abdeckung für den Reinluftfilter ausbauen.
- Zuleitungsschlauch für die Scheibenwaschdüsen am linken Haubenscharnier trennen.
- Zentrierschraube der Haube rechts und links lockern.
- Die Haube ist zu schwer, um sie allein auszubauen. Deshalb Haube mit Helfer von rechts und links halten.
- Links und rechts an der Motorhaube mit einem Schraubendreher die Sicherungsklammern abhebeln und Gasdruckdämpfer von den Kugelpfannen abdrücken.
- Jetzt die gelockerten Schrauben vollends herausdrehen und Haube abnehmen.
- Wird dieselbe Haube wieder eingebaut, braucht die Haubeneinstellung bei dieser Ausbaumethode nicht korrigiert zu werden.

Motorhauben-Scharnier komplett wechseln

Zum Auswechseln der Haubenscharniere muß zuvor der komplette Wasserabweiser ausgebaut werden, siehe unter »Scheibenwischermotor ausbauen« im Instrumenten-Kapitel.

- Motorhaube öffnen und von den Scharnieren abbauen.
- Befestigungsschrauben des Haubenscharniers losschrauben und Scharnier abnehmen.
- Neues Scharnier einsetzen und anschrauben.
- Motorhaube einstellen.
- Anzugsdrehmoment: Scharnier an Haube 20 Nm, Scharnier an Seitenwand 25 Nm.

Motorhaube einstellen

Bei geschlossener Motorhaube muß der Abstand zu den beiden Kotflügeln gleich sein. An der Vorderkante soll die Haube mit den Kotflügeln fluchten. Auch die Höheneinstellung muß stimmen: Die Haube soll mit ihrer Ober-

Bevor die Motorhaube abgebaut werden kann, muß der Kabelstecker der Waschdüsenbeheizung (Pfeil) rechts neben dem Reinluftfilter getrennt werden.

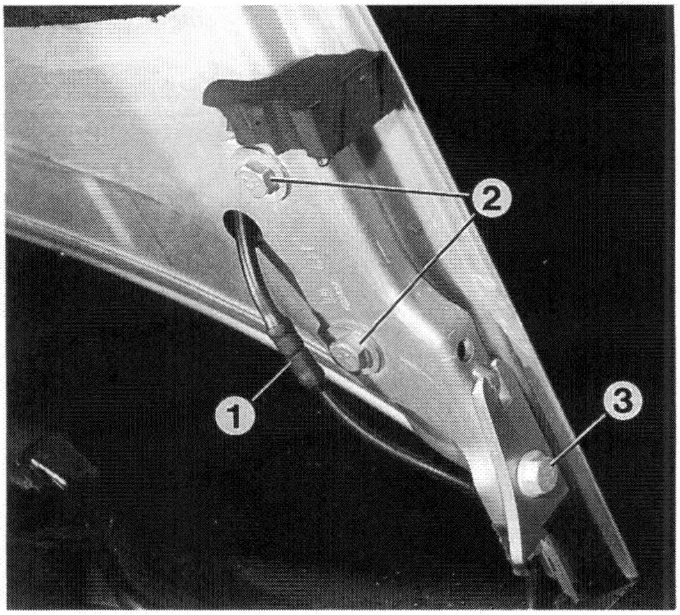

Hier sind folgende Teile gekennzeichnet: 1 – Trennstelle des Zuleitungsschlauch für die Scheibenwaschdüsen; 2 – Halteschrauben des Motorhaubenscharniers; 3 – Zentrierschraube der Motorhaube.

kante in gleicher Höhe mit den beiden Kotflügeln stehen. Um diese Einbaulage zu erreichen, gibt es Einstellmöglichkeiten, die im folgenden aufgeführt sind.

- Wurden die Haubenscharniere gewechselt, müssen diese so an die Seitenwand angeschraubt werden, daß die Motorhaube nach dem Absenken einen Spalt weit offen steht.
- Der Höhenabstand zwischen Haubenkante und oberem Blinkereck soll dabei ca. 25 mm betragen. Diese Einstellung verhindert ein mögliches Klappern der Haube im Fahrbetrieb.
- Zur Einstellung in Längsrichtung werden die Schrauben oben zwischen Scharnier und Haube gelöst.
- An der Vorderkante der Haube erfolgt die Höheneinstellung über den Haubenverschluß:
- Gummipuffer rechts und links in die Motorhaube hineindrehen.
- Kontermutter mit einer Rohrzange lösen und Schloßzapfen mit einem Gabelschlüssel heraus- oder hineindrehen, bis der Abstand vom Haubenblech zur Scheibe am Schließzapfen 40 – 45 mm beträgt.
- Durch Schließen der Haube die Höheneinstellung vorn (rechts und links) prüfen.
- Kontermutter wieder festziehen.
- Darauf achten, daß der Schloßzapfen genau in die Öffnung am Frontblech einschwenkt. Wenn nicht, kann er nach Lösen der Kontermutter seitlich verschoben werden.
- Gummipuffer in der Motorhaube so weit herausdrehen, bis die Haube an der Oberkante bündig zu den Kotflügeln sitzt.

Zur vorderen Höheneinstellung der Motorhaube Blechmutter am Haubenblech lösen. Schloßzapfen entsprechend verdrehen, bis der Abstand vom Haubenblech zur Scheibe am Schließzapfen 40 - 45 mm beträgt.

Nach Einstellen der Motorhaube werden die Gummipuffer (die Abbildung zeigt den linken Puffer) so weit herausgedreht, bis die Oberkante der Haube bündig zu den Kotflügeln sitzt.

Mit der in der Abbildung gezeigten Befestigungsklammer (Pfeil) kann das Spiel des Haubenzugs eingestellt werden.

Haubenzug auswechseln

- Befestigungsklammer des Haubenzugs am Frontblech neben der Batterie abschrauben.
- Kühlergrill ausbauen.
- In die Öffnung greifen und Haubenzug am Motorhaubenschloß aushängen.
- Ggf. Relaiskasten vom Stehblech abbauen.
- Im Fahrerfußraum Abdeckung unter dem Armaturenbrett ausbauen. Hierzu Kunststoffhalter mit einem Schraubendreher eine Viertelumdrehung linksdrehen, Abdeckung abnehmen.
- Entriegelungsgriff entriegeln und aushängen. Zug vom Wageninnern her herausziehen.
- Neuen Haubenzug in den Motorraum schieben und am Haubenschloß einhängen.
- Haubenzughülle mit der Befestigungsklammer so am Frontblech befestigen, daß der Zug genügend Spiel hat. Geprüft wird am Entriegelungsgriff. Dieser soll sich bis zum spürbaren Widerstand 5–10 mm ziehen lassen.

Die Kotflügel

Lediglich die vorderen Kotflügel lassen sich abschrauben. Die hinteren Seitenteile bilden dagegen eine verschweißte Einheit mit der restlichen Karosserie.

Radhausschale abbauen

Die Kunststoff-Radhausverkleidung an der Innenseite der vorderen Kotflügel verhindert, daß sich Schmutznester in den Winkeln an der Kotflügel-Innenseite bilden. Denn an solchen Stellen gedeiht mit Vorliebe Rost.

- Wagen hochbocken.
- Vorderrad abbauen.
- Im Radkasten betreffende Spreizniete, Kunstoffmuttern bzw. Kreuzschlitzschrauben herausdrehen. Wo sich die einzelnen Befestigungsteile befinden, zeigt die Zeichnung rechts oben.
- Zum Ausbau eines Spreizniets mit einem kleinen Kreuzschlitzschraubendreher oder einem passenden Durchschlag den Kunststoffstift in der Mitte des Niets herausdrücken und Spreizniet heraushebeln.
- Radhausschale herausnehmen.
- Zum Einbau neue Spreizniete besorgen, da beim Ausbau die Kunststoffstifte meist in der Karosserie verschwinden.

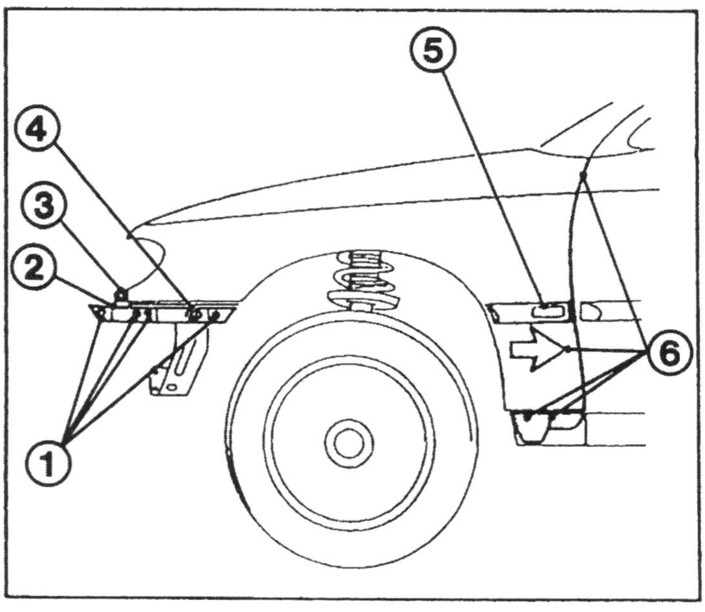

Die Zeichnung zeigt die Befestigungsstellen des Kotflügels mit Ausnahme der Befestigungsschrauben an der Kotflügel-Oberkante.
1 – Befestigungsschrauben der Stoßfänger-Führungsschiene;
2 – Stoßfänger-Führungsschiene;
3 – Befestigungsschraube am Luftleitblech;
4 – Befestigungsschraube am Radeinbauhalter;
5 – seitliche Blinkleuchte;
6 – Befestigungsschrauben an der A-Säule.

Folgende Befestigungsteile der vorderen Radhausschale sind hier bezeichnet:
1 – Befestigungsschrauben;
2 – Spreizniet;
3 – Befestigungsschraube;
4 – Spreizniete;
5 – Kunststoffmuttern.

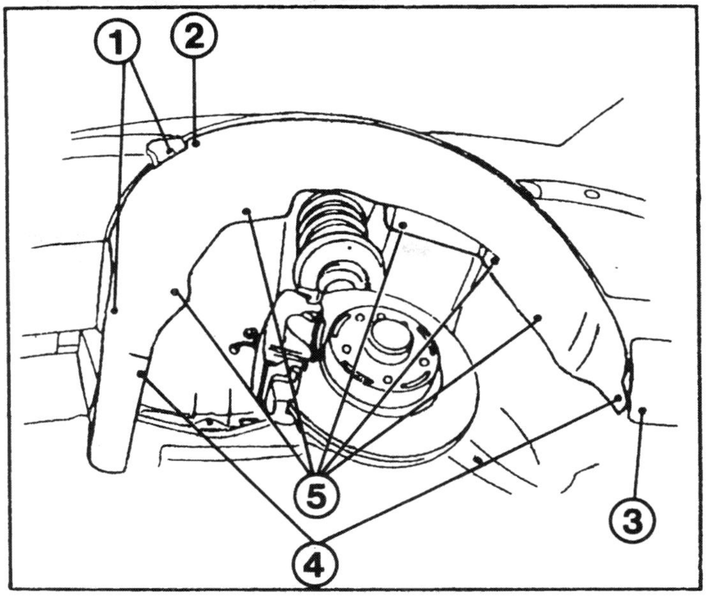

Kotflügel ausbauen

● Stoßfänger ausbauen.
● Einstiegleiste abbauen.
● Radhausschale abmontieren.
● Motorhaube an der hinteren Kante, A-Säule und Tür im vorderen Bereich mit Klebeband gegen Lackbeschädigungen schützen.
● Gasdruckdämpfer der Motorhaube zusammen mit dem unteren Halter ausbauen. Hierzu an der Motorhaube mit einem Schraubendreher die Sicherungsklammer abhebeln und Dämpfer von der Kugelpfanne abdrücken. Motorhaube abstützen.
● Vier Schrauben an der Kotflügel-Oberkante herausdrehen.
● Vorn am Kotflügel die vier Befestigungsschrauben lösen und Stoßfänger-Führungsschiene vom Kotflügel abnehmen.
● Oberhalb und hinter der Stoßfänger-Führungsschiene je eine Befestigungsschraube lösen.
● Seitliche Blinker ausbauen, siehe Kapitel »Die Beleuchtung«.
● Entlang der A-Säule und unten am Schweller je zwei Schrauben herausdrehen.
● Kotflügel vorsichtig von der Karosserie abdrücken, damit es nicht zu Lackschäden kommt.
● Alte Dichtungsreste entfernen und die Anlageflächen mit Versiegelungsmasse abdichten.
● Neuen Kotflügel einpassen. Dabei auf den Spalt zur Tür und zur Motorhaube achten.
● Befestigungsschrauben anziehen.
● Auf die Kotflügel-Innenseite Schutzwachs auftragen.

Einstiegleisten ausbauen

● Vorn an der Einstiegleiste eine Befestigungsschraube herausdrehen.
● Beide Klappen an der Einstiegleiste öffnen.
● Entlang der Leiste zwei Spreizniete abnehmen. Hierzu Stift in der Mitte des Niets mit einem passenden Kreuzschlitzschraubendreher oder Durchschlag herausdrücken. Kunststoffstift von der Einstiegleiste abdrücken.
● Abschlußecke abziehen.
● Einstiegleiste Stück um Stück von den Halteklammern abdrücken.

Die Teile der Einstiegleiste. Es bedeuten:
1 – Einstiegleiste;
2 – Halteklammern (11 Stück);
3 – Abschlußecke;
4 – Spreizniete;
5 – Druckknöpfe;
6 – Klappen;
7 – Befestigungsschraube.

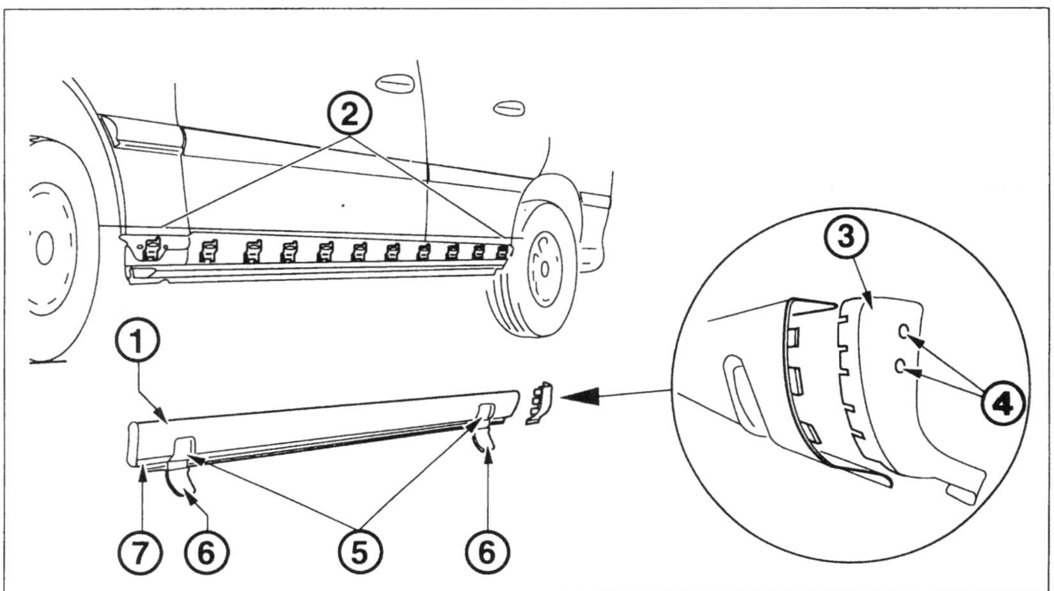

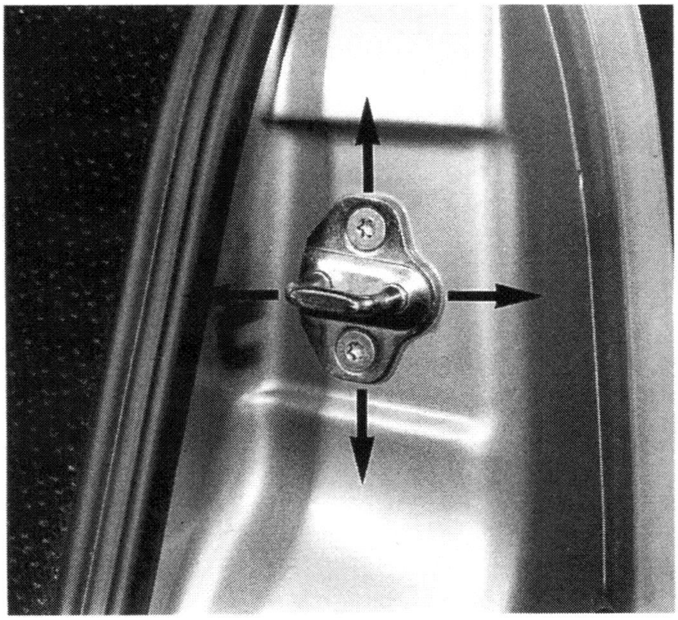

Der Schließbügel kann zum Einstellen der Tür-Hinterkante nach Lösen der TORX-Schrauben verschoben werden.

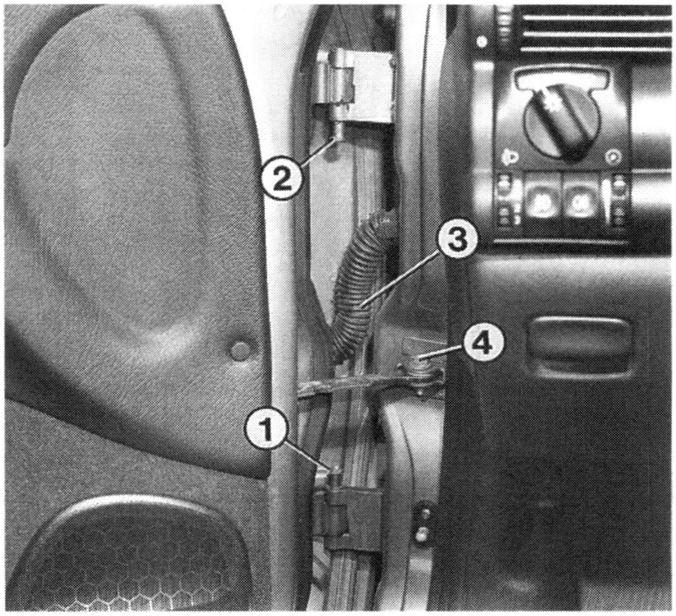

Folgende Teile müssen zum Ausbau der Tür abgebaut werden: 1 – untere Spannhülse; 2 – obere Spannhülse; 3 – Mehrfachstecker; 4 – Türbremse.

Seitenleisten abbauen

- Seitenleiste aus der Verklebung abziehen. Bei der Seitenleiste am Kotflügel zuvor Blinkergehäuse ausbauen.
- Das geht meist nur nach Erwärmung mit einem Fön und auch dann kaum, ohne die Leiste zu beschädigen. Also neue besorgen.
- Klebestelle auf dem Blech mit Reinigungsbenzin und Silikonentferner reinigen.
- Neue Seitenleiste mit dem Fön erwärmen (nicht über 80° C), falls die Außentemperatur unter 18° C liegt.
- Schutzfolie auf der Leiste abziehen.
- Seitenleiste mit den Positionsclipse in die Bohrungen stecken und Stück um Stück auf das Blech auflegen sowie im Klebebereich festdrücken – besonders an den Enden.

Die Türen

Der Ausbau einer Tür wird nur nach einer Beschädigung vonnöten sein. Diese Arbeit erfordert zum einen besondere Werkzeuge, wie z. B. das Ausschlagwerkzeug KM–298 zum Austreiben der Spannhülse in den Türscharnieren. Zum anderen ist handwerkliche Erfahrung Voraussetzung: Der Niet der Türbremse muß abgeschliffen werden. Beim Einbau der neuen Tür wird er durch eine Schraube ersetzt. Eventuell verbogene Türscharniere müssen gerichtet werden.
Des weiteren werden beim Einbau einer sogenannten Rohtür alle (noch verwertbare) Teile der alten Tür für die neue übernommen, außer der Verkleidung also auch der Schließzylinder, die Türgriffe, Fensterheber und -scheibe, Fensterführungsschienen usw. Vor Beginn einer solchen Arbeit sollten Sie sich überlegen, ob die

Reißfesten Lappen zwischen Fensterkurbel und Gummiring legen und straff anziehen. Nun die Kurbel so weit drehen, bis sie von selbst von der verzahnten Welle des Fensterhebers abspringt.

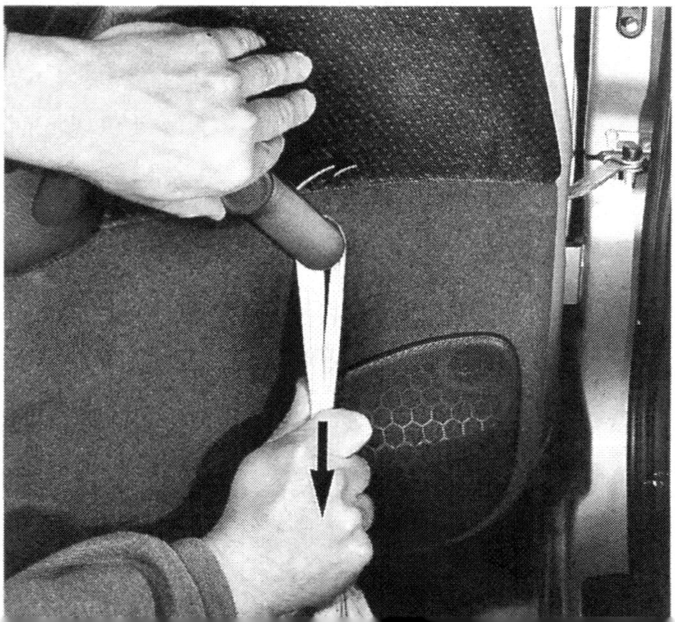

Die Blende am Zuziehgriff ist lediglich eingeclipst. Blende mit einem Ruck von Hand abziehen.

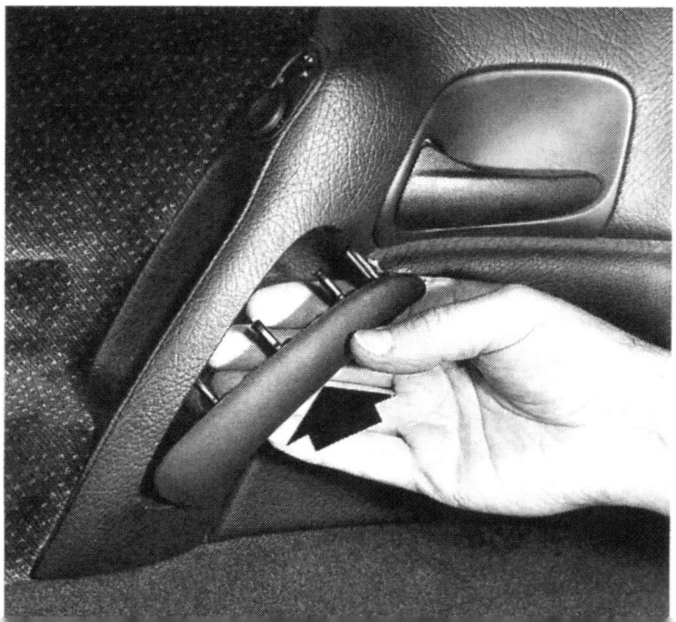

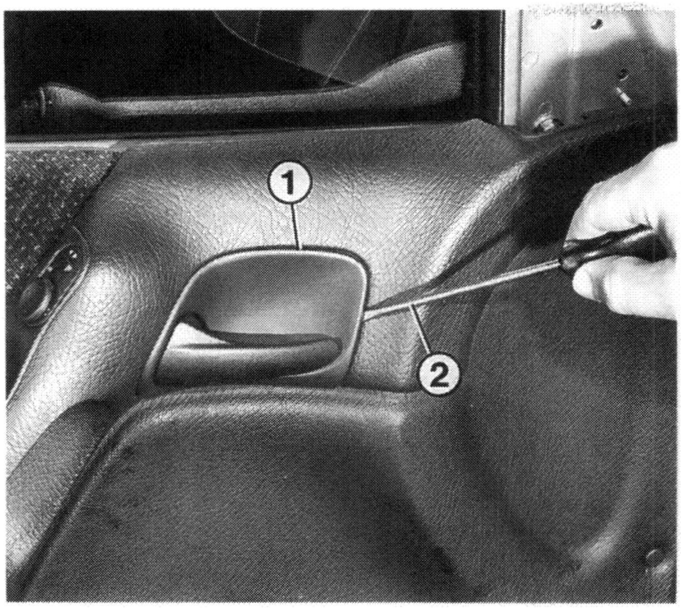

Die Türinnengriffblende (1) wird mit einem schmalen Schraubendreher (2) oder einer Messerklinge ausgebaut. Schraubendreher, wie hier gezeigt, im vorderen Bereich der Blende einschieben und Blende abhebeln.

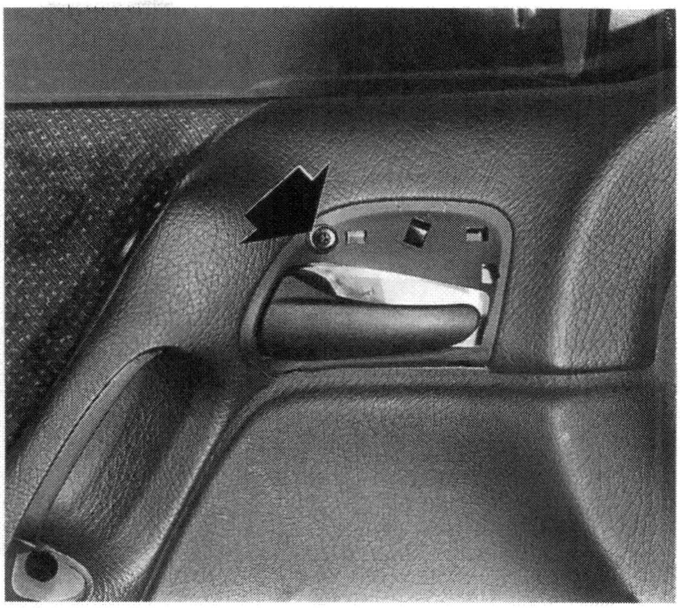

Nun kann die darunterliegende Befestigungsschraube (Pfeil) des Zuziehgriffs herausgedreht werden.

eigenen Fähigkeiten und das vorhandene Werkzeug dazu ausreichen oder ob die Arbeit nicht lieber der Werkstatt überlassen werden sollte.

Türdichtungen pflegen

Die Türdichtungen bedürfen besonderer Pflege, denn rissige Dichtungen bewirken nicht nur Undichtigkeiten, sondern auch höhere Windgeräusche während der Fahrt. Beste Pflege für die Dichtungen ist Hirschtalg. Der hat den angenehmen Nebeneffekt, die Dichtungen winters nicht an der Karosserie festfrieren zu lassen.
Bei älteren Fahrzeugen können sich die Gummidichtungen der Türen setzen. Das führt zu Klappergeräuschen, Zugluft und Eindringen von Regenwasser.

Türschloß-anlage einstellen

- Stellung des Schloßbügels an der B-Säule mit Filzstift kennzeichnen.
- Schloßanschlag mit TORX-Schlüssel um eine halbe Umdrehung lösen.
- Bügel etwas nach innen schieben und festziehen.
- Bei neuer Tür diese bei gelockertem Schloßanschlag vorsichtig schließen.
- Die Tür wieder vorsichtig öffnen und den Schloßanschlag in dieser Stellung festschrauben.

Türen zerlegen

Türverkleidung ausbauen

Diese Arbeit wurde aus den Kapitel »Der Innenraum« vorgezogen, da sie für die weiteren Zerlegungsschritte der Tür wichtig ist.

Verriegelungsknopf abbauen. Mit einem kleinen Schlitzschraubendreher roten Halteclip (1) heraushebeln und Verriegelungsknopf (2) vom Verriegelungsgestänge (3) abnehmen.

Hier sind sämtliche Teile der vorderen Türverkleidung abgebildet. Es bedeuten: 1 – vordere Türverkleidung; 2 – Verriegelungsknopf; 3 – Zuziehgriff; 4 – Türinnengriffblende; 5 – Blende.

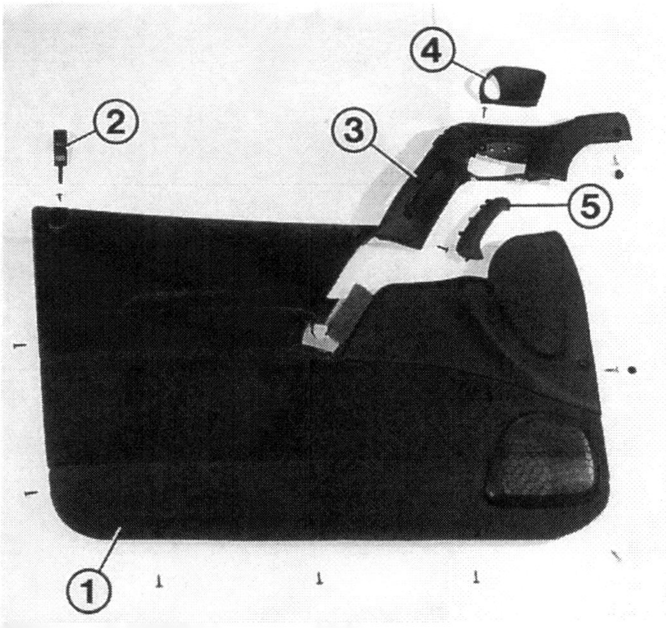

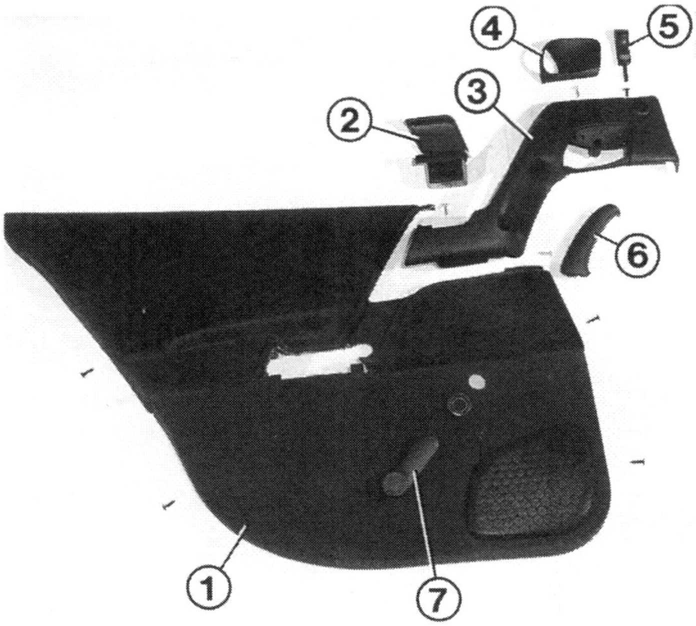

Hier sind sämtliche Teile der hinteren Türverkleidung abgebildet. Es bedeuten:
1 – hintere Türverkleidung;
2 – Ascher;
3 – Zuziehgriff;
4 – Türinnengriffblende;
5 – Verriegelungsknopf;
6 – Blende;
7 – Türkurbel.

Beschrieben ist der Ausbau der Türverkleidung an den Vordertüren. Die Verkleidung der hinteren Türen ist sinngemäß gleich zu behandeln.

- Fensterkurbel abnehmen. Die Werkstatt benutzt hierzu das Spezialwerkzeug KM–317. Nehmen Sie als Hilfsmittel einen reißfesten Lappen und ziehen Sie ihn zwischen Türkurbel und Kunststoffring.
- Lappen kräftig nach unten ziehen, gleichzeitig Türkurbel langsam drehen, bis sie von der Achse springt.
- Achten Sie darauf, daß beim Abspringen der Türkurbel die Halteklammer nicht verloren geht.
- Kunststoffring von der Türverkleidung abnehmen.
- Im Verriegelungsknopf mit einem kleinen Schlitzschraubendreher roten Halteclip heraushebeln und Verriegelungsknopf vom Verriegelungsgestänge abziehen.
- Darunterliegende Befestigungsschraube herausdrehen.
- Wo vorhanden, Türleuchte ausbauen, siehe Kapitel »Die Beleuchtung«.
- Türinnengriffblende mit einem schmalen Schraubendreher oder Messerklinge im vorderen Bereich abhebeln.
- Blende vom Türinnengriff abnehmen.
- Darunterliegende Befestigungsschraube herausdrehen.
- Blende vom Zuziehgriff abziehen.
- Darunterliegende Halteschraube herausdrehen.
- Vorn am Zuziehgriff das Kunststoffkäppchen abhebeln und Befestigungsschraube herausdrehen.
- Zuziehgriff von der Türverkleidung abnehmen und Kabelsteckverbindung des elekrischen Außenspiegels trennen.
- Hinten an der Türverkleidung zwei Kreuzschlitzschrauben losdrehen.
- Unten an der Türverkleidung insgesamt vier Kreuzschlitzschrauben herausdrehen.
- Vorn in halber Höhe der Türverkleidung eine Kreuzschlitzschraube herausdrehen.
- Türverkleidung unten anheben und oben an der Türschachtkante aushängen.
- An der Außenseite der Tür beide Kunststoffhalter mit einem Schraubendreher entriegeln und vom Türblech abziehen.
- Aufgeklebte Folie vorsichtig abziehen, damit sie später wieder angeklebt werden kann.
- Beim Zusammenbau muß die Folie unbedingt wieder angeklebt werden. Sie hält Schwitzwasser aus dem Türkasten von der Verkleidungsrückseite fern.

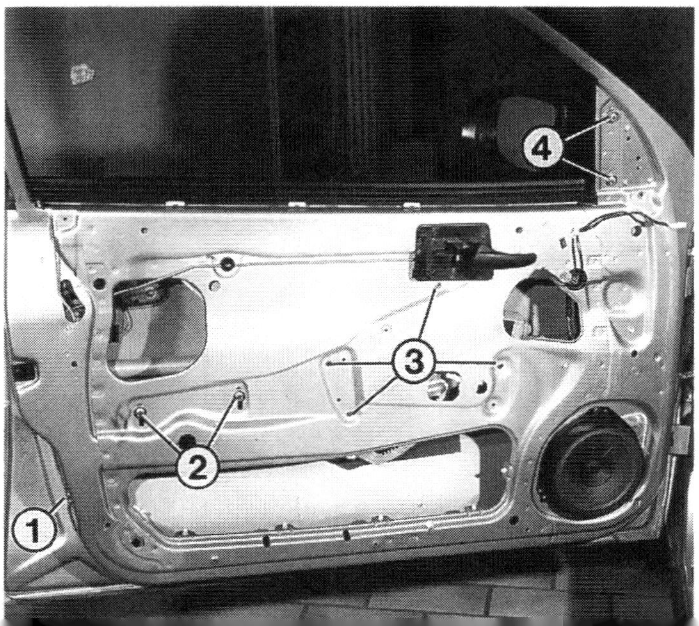

Nachdem die vordere Türverkleidung abgebaut wurde, kommen zum Vorschein:
1 – Befestigungsschrauben der hinteren Fensterführungsschiene;
2 – Befestigungsschrauben der Fensterheber-Einstellschiene;
3 – Befestigungsnieten des Fensterhebers;
4 – obere Befestigungsschrauben der vorderen Fensterführungsschiene.

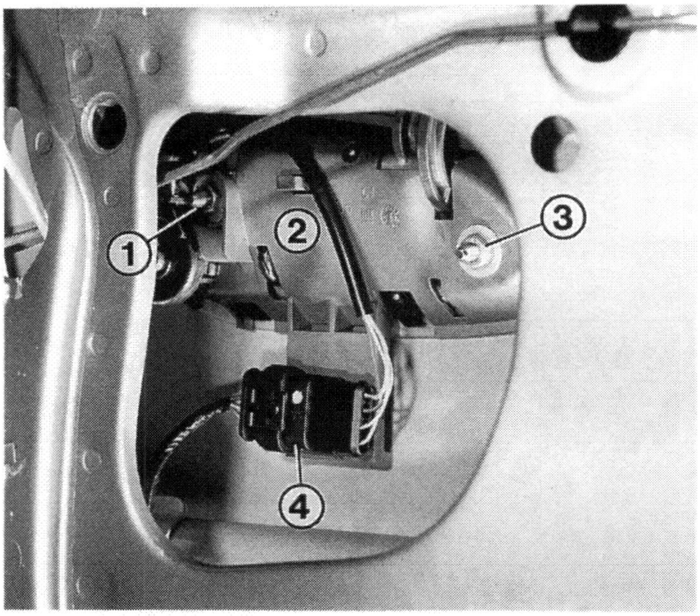

Blick in den Türkasten. Zu sehen sind:
1 – Befestigungsmutter des Türgriffs;
2 – Türgriff-Innenteil;
3 – Befestigungsmutter des Türgriffs;
4 – Mehrfachstecker der Zentralverriegelung.

- Beim Einbau die Folie ggf. erneuern.
- Türverkleidung zuerst oben einhängen und anschließend andrücken.
- Türverkleidung anschrauben.
- Verriegelungsknopf auf das Verriegelungsgestänge schieben. Roten Clip andrücken, damit ist der Verriegelungsknopf gesichert.
- Um die Fensterkurbel einzubauen, müssen Sie die Halteklammer so auf die Türkurbel aufschieben, bis sie in den Aussparungen einrastet.
- Nun die Fensterkurbel mit der eingesetzten Klammer auf die verzahnte Welle des Fensterhebers schieben. Mit der flachen Hand auf die Kurbel drücken, bis die Klammer in die Nut der Welle einrastet.
- Restliche Teile anschrauben.

Türschloß ausbauen

- Türverkleidung ausbauen.
- Schutzfolie teilweise abziehen.
- Tür-Außengriff ausbauen.
- Betätigungsgestänge am Türschloß aushängen.
- Drei TORX-Schrauben (T 30) lösen und Türschloß aus dem Türkasten herausnehmen.
- Wo vorhanden, Steckverbindung der Zentralverriegelung trennen.

Tür-Außengriff ausbauen

- Türverkleidung ausbauen.
- Schutzfolie im Bereich des Türgriffes abziehen. Darauf achten, daß die Folie hierbei nicht einreißt.
- Wo vorhanden, Kabelsteckverbindung der Zentralverriegelung trennen.
- Verriegelungsgestänge vom Türschloß bzw. Außengriff aushängen. Hierzu Halteklammern abdrücken. Innenteil vom Griff abnehmen.
- Beide Befestigungsmuttern des Türgriffs losdrehen.
- Türgriff von außen abnehmen.
- Innenteil mit Schließzylinder aus dem Türschacht nehmen.
- Nach dem Einbau Rändelmutter am Gestänge so weit herunterdrehen, bis das Gestänge spielfrei arbeitet.

Schließzylinder ausbauen

- Tür-Außengriff ausbauen.
- Schlüssel in den Schließzylinder stecken, damit beim Herausziehen des Zylinders die Schließplatten und Federn nicht herausfallen.

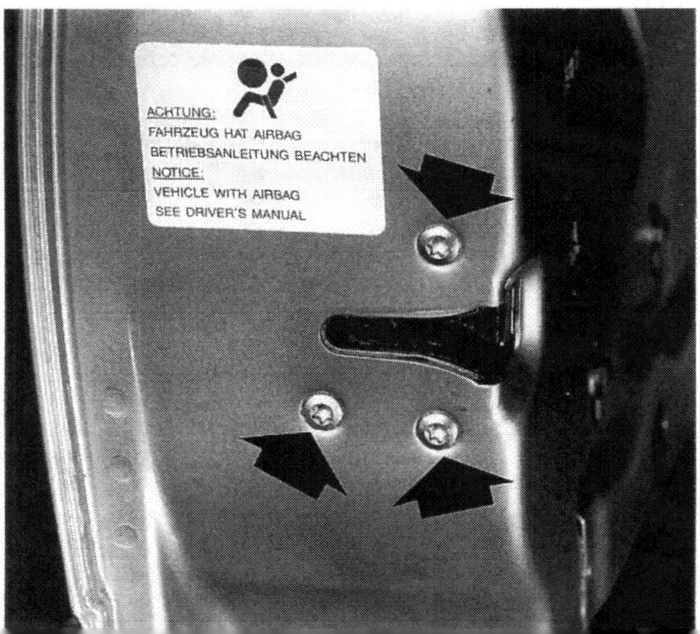

Die Pfeile deuten auf die drei TORX-Schrauben, mit denen das Türschloß im Türkasten befestigt ist.

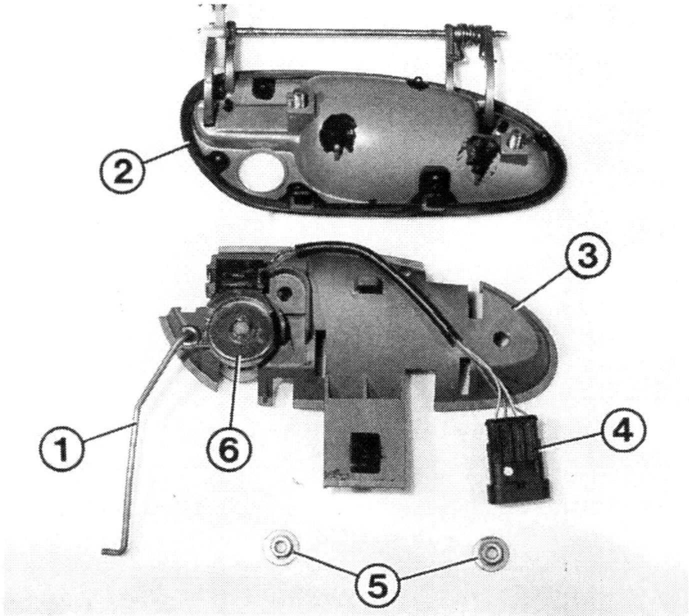

Zum Türgriff gehören folgende Einzelteile:
1 – Verriegelungsgestänge;
2 – Tür-Außengriff;
3 – Türgriff-Innenteil;
4 – Mehrfachsteckverbindung der Zentralverriegelung;
5 – Befestigungsmuttern;
6 – Schließzylinder.

- Sicherungsring hinten am Ende des Schließzylinders abdrücken.
- Schließzylinder mit Schlüssel nach rechts drehen und aus dem Gehäuse herausnehmen.
- Bevor der Schlüssel abgezogen wird, Schließzylinder mit Klebeband umwickeln.
- Neuen Schließzylinder mit Rostlöser-Isolierspray schmieren.

Fensterheber ausbauen

Für das Befestigen des Fensterhebers benötigen Sie eine Blindnietzange und vier (vordere Fensterheber) bzw. 6 (hintere Fensterheber) Blindniete der Größe 4,8 x 11 mm. Sollten Sie keine Blindnietzange besitzen, kann der Fensterheber auch mit entsprechend kurzen Schrauben angeschraubt werden.

- Türinnenverkleidung ausbauen.
- Schutzfolie abziehen.
- Fensterscheibe auf halbe Höhe stellen und mit zwei Holzkeilen im Türschacht festklemmen.
- An der Hintertür Tür-Innengriff ausbauen.
- Mit einem 8,5-mm-Bohrer die Befestigungsniete des Fensterhebers abbohren. Vorsichtig bohren, bis der Nietkopf abfällt. Türblech nicht anbohren.
- Nietreste mit Durchschlag ausschlagen.
- An der Vordertür Fensterheber-Einstellschiene vom Türblech losschrauben. Vorher die Einbaulage des Fensterhebers markieren.
- Türfenster etwas anheben.
- Fensterheber aus der Fensterschiene aushängen.
- Fensterheber aus der unteren Öffnung im Türschacht herausnehmen.
- Fensterheber in den Türschacht einsetzen. An der Vordertür Heberarme in die Fensterschiene einhängen. An der Hintertür Gleitstück in die Fensterführungsschiene einsetzen.
- Fensterheber an den Bohrungen ausrichten und mit einer verstellbaren Gripzange am Türblech festspannen.
- Fensterheber festnieten.
- An der Vordertür Schrauben der Fenster-Einstellschiene entsprechend der angebrachten Markierungen festschrauben. Ggf. Fenstereinstellung mit diesen Schrauben korrigieren. Hierzu Fenster nach unten und anschließend nach oben kurbeln. Schrauben in dieser Stellung festschrauben.
- Vor dem Einbau der Türverkleidung Funktion der Fensterheberbetätigung prüfen. Die Fensterscheibe muß sich leicht rauf- und runterkurbeln lassen.

Elektrische Fensterheber ausbauen

Der Ausbau der elektrischen Fensterheber unterscheidet sich kaum vom Ausbau der manuellen Fensterheber. Hier die abweichenden Arbeiten:

- Vor dem Herausnehmen des Fensterhebers Kabelsteckverbindung zum Hebermotor trennen.
- Nach dem Einbau des Fensterhebers Funktion des Hebers prüfen: Der Elektromotor muß das Fenster ruckfrei bewegen.
- Besitzt Ihr Fahrzeug elektrische Fensterheber an Vorder- und Hintertüren, muß nach Einbau des Fensterhebers die Heberelektronik neu programmiert werden:
- Alle Türen schließen, Zündung einschalten.
- Nacheinander alle Fenster durch ständiges Drücken des Betätigungsschalters vollständig schließen. Schalter für mindestens 5 Sekunden weiter gedrückt lassen.
- Eine Neuprogrammierung der Heberelektronik ist ebenfalls erforderlich, wenn eine der zuständigen Sicherungen ausgetauscht, die Batterie abgeklemmt oder die Fensterheberelektrik vom Bordnetz getrennt wurde.

Türfenster ausbauen
Vordere Tür

- Türverkleidung abbauen und Schutzfolie abziehen.
- Außenspiegel ausbauen.
- Türschachtleisten und Fensterrahmendichtung vorsichtig abziehen.
- Befestigungsschrauben des Türlautsprechers los-

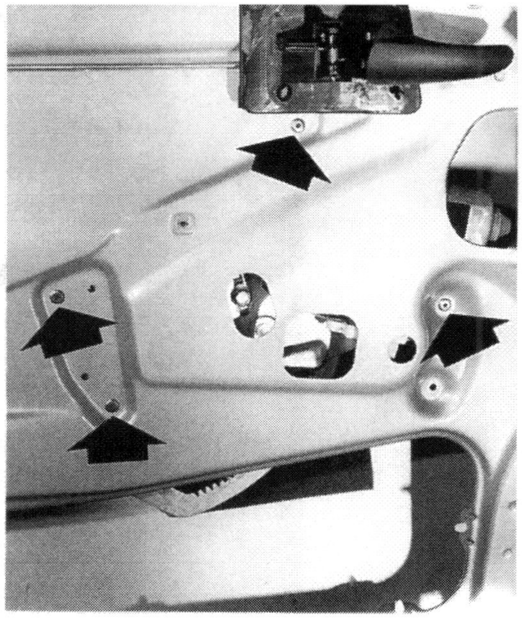

<u>Links:</u> Mit diesen Schrauben (Pfeile) kann die Fenstereinstellung, wenn nötig, korrigiert werden.
<u>Rechts:</u> Der Fensterheber ist mit sogenannten Blindnieten (Pfeile) am Türblech befestigt. Zum Ausbau Niete abbohren.

schrauben. Lautsprecher abnehmen und abklemmen.

- Drei Schrauben der vordere Fensterführungsschiene herausdrehen. Vorher die Einbaulage markieren. Dazu Schraubenköpfe mit Filzstift umkreisen.
- Fensterheber ausbauen.
- Türdichtung hinten im oberen Bereich abziehen. Darunterliegenden Fenster-Endanschlag lösen.
- Fenster nach oben aus dem Türschacht herausheben.
- Beim Einbau Fenster zunächst mit den vorderen Gleitstücken in die Führungsschiene schieben. Darauf achten, daß beide Gleitstücke in der Führungsschiene geführt werden.
- Fensterheber einbauen.
- Führungsschiene anschrauben.
- Fensterrahmendichtung und Schachtleisten montieren.
- Türfenster einstellen, wie unter »Fenstheber ausbauen« beschrieben.
- Fenster-Endanschlag so einstellen, daß die Scheibe den Dichtgummi nicht hochdrückt. Schraube leicht anziehen. Fenster hochkurbeln bzw. fahren, bis die Scheibe bündig mit der Dichtung schließt.
- Fenster ein Stück weit nach unten kurbeln bzw. fahren und Anschlagschraube anziehen.
- Nach dem Einbau Funktion prüfen und, wo nötig, elektrische Fensterheber neu programmieren.

Türfenster ausbauen
Hintere Tür

- Türinnenverkleidung abbauen.
- Befestigungsclips der Türinnenverkleidung ausbauen.
- Schutzfolie abziehen.
- Fensterschachtleisten außen und innen abziehen.
- Türinnengriff abhebeln und vom Gestänge aushängen.
- Fensterheber ausbauen.
- Fensterdichtung abziehen.
- Befestigungsschrauben und Klemmstück der Fensterführungsschiene lösen.
- Fenster-Endanschlag lösen.
- Fenster nach oben ziehen, dabei zwei Gleitstücke aus der Führungsschiene ziehen.
- Führungsschiene nach oben herausziehen.
- Abdichtung der Hintertür außen und oben abziehen.
- Fenster aus dem Türschacht herausnehmen.

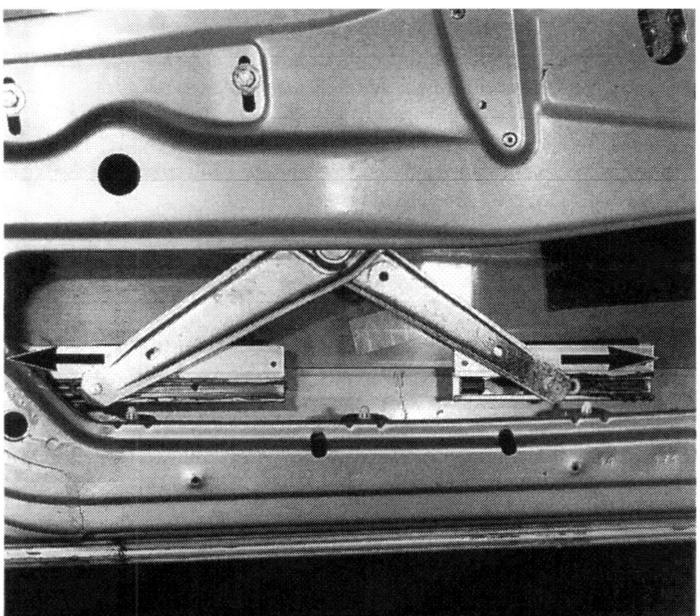

Zum Ausbau des Fensterhebers Hebearme nach hinten und anschließend nach vorn aus der Fensterschiene aushängen.

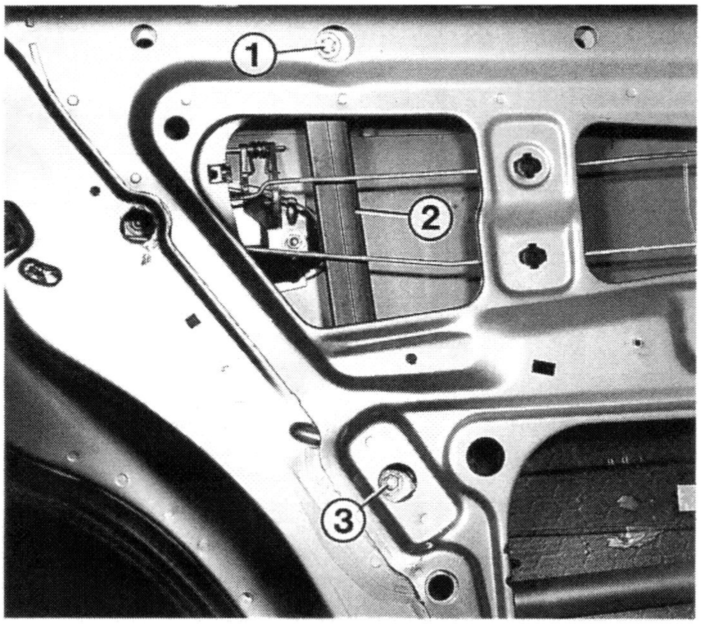

An der Hintertür ist die Fensterführungsschiene (2) unten mit zwei Sechskantschrauben (1 und 3) befestigt.

● Zum Einbau Fenster in den Türschacht stecken und Führungsschiene von oben in den Türschacht schieben.
● Äußere Abdichtung der Tür befestigen und Führungsschiene anschrauben.
● Zum Einstellen des Fensters Endanschläge so befestigen, daß die äußere Abdichtung der Tür nicht angehoben wird.
● Schrauben der Anschläge leicht anziehen.
● Fenster hochkurbeln, bis es bündig mit der Abdichtung schließt.
● Fenster nach unten kurbeln und Schrauben der Anschläge festschrauben.

Feststehendes Fenster ausbauen
Hintere Tür

● Türinnenverkleidung ausbauen und Schutzfolie teilweise abziehen.
● Fensterdichtgummi vom Türrahmen bzw. von der Fensterführungsschiene abziehen.
● Innere und äußere Türschachtleiste abziehen.
● Ingesamt vier Befestigungsschrauben und ein Klemmstück der Fensterführungsschiene lösen.
● Fensterführungsschiene nach vorn drücken.
● Feststehendes Fenster nach vorn aus dem Türrahmen herausziehen.
● Zum Einbau Führungsrille der Fensterdichtung mit Silikon-Spray besprühen und Fenster in den Türrahmen eindrücken.

Außenspiegel

Ausbau

● Dreiecksblende innen ausbauen. Hierzu je nach Ausführung eine Befestigungsschraube herausdrehen bzw. Blende mit einem breiten Schraubendreher vom Türrahmen abdrücken.
● Kabelstecker vom Lautsprecher abziehen.
● Zuziehgriff abbauen, siehe unter »Türverkleidung ausbauen« in diesem Kapitel.
● Spiegelfuß von innen abschrauben, dabei Spiegel von außen festhalten.
● Kabelsteckverbindung der Spiegelverstellung bzw. Spiegelbeheizung trennen.
● Zum Einbau Kabelstecker aufschieben, Spiegel am Türrahmen ansetzen und festschrauben.
● Achten Sie beim Anschrauben des Spiegels darauf, daß die Fensterdichtungslippe über dem Spiegelgehäuse liegt. Ggf. Dichtung etwas anheben und Gehäuse darunterschieben.
● Dreiecksblende und Zuziehgriff einbauen.
● Funktion der Spiegelverstellung sowie der Spiegelbeheizung prüfen.

Fingerzeig: Funktion und Kontrolle der elektrischen Spiegelverstellung finden Sie im Kapitel »Instrumente und Geräte« beschrieben.

Spiegelglas und Spiegelmotor ersetzen

● Arbeitshandschuhe anziehen, falls es Bruch gibt.
● Spiegelglas an der innenliegenden oberen Ecke nach innen drücken.
● Spiegelglas an der diagonal gegenüberliegenden Spiegelecke fassen und ausclipsen. Hierzu kann auch eine Spachtel oder ein Kunststoffkeil zu Hilfe genommen werden.
● Hinten am Spiegelglas Kabelstecker der Spiegelbeheizung abziehen. Hierbei die angenieteten Kontaktzungen festhalten, um Beschädigungen zu vermeiden.
● Falls erforderlich, Verstellmotor vom Spiegelgehäuse losschrauben. Kabelstecker abziehen.
● Auch die Spiegelgehäuse-Abdeckung kann abgebaut werden. Hierzu beide innenliegenden Schrauben herausdrehen und Gehäuseabdeckung innen und außen abclipsen.
● Zum Einbau Spiegelglas in die Halterung einset-

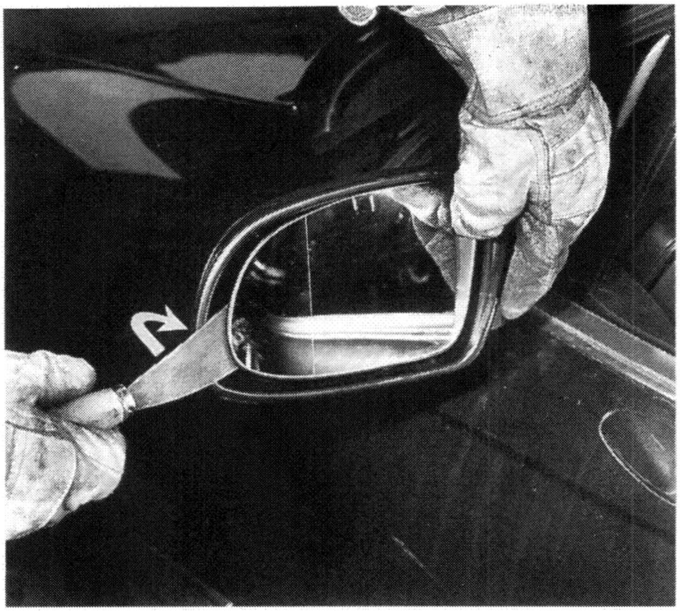

Mit einer Spachtel läßt sich das Spiegelglas, wie hier gezeigt, aus der Halterung herausdrücken.

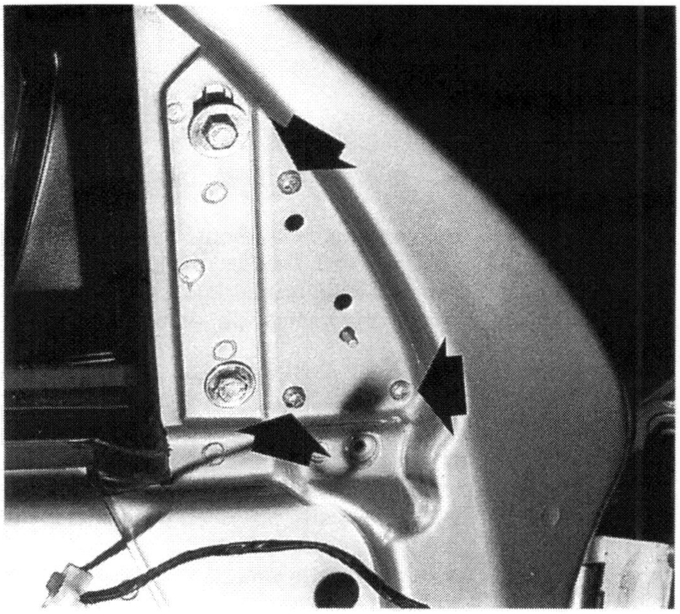

Die Pfeile deuten auf die Befestigungsschrauben (Pfeile) des Außenspiegels.

zen und festdrücken, bis das Spiegelglas einrastet. Auch hier wieder Arbeitshandschuhe tragen.

- Spiegelglas nochmals innen und oben andrücken, so daß auch die Halterungen der Spiegelverstellung einrasten.
- Nach dem Einbau Funktion prüfen.

Kofferraum- bzw. Laderaumklappe

Ausbau

- **Limousine:** Am linken Scharnier Steckverbindung des Kabelbaums trennen.
- Einbaulage des Kofferraumdeckels markieren. Dazu Schraubenköpfe mit Filzstift umkreisen.
- Ggf. Gasdruckdämpfer ausbauen.
- Zusammen mit einem Helfer Kofferraumdeckel von den Scharnieren abschrauben.
- Scharniere ausbauen: Hierzu Einbaulage der Scharniere kennzeichnen.
- Drei Befestigungsschrauben herausdrehen und Scharnier von der Seitenwand abnehmen.
- Zur Höheneinstellung des Kofferraumdeckels dient die Einstellschraube hinten an den Scharnieren.
- Muß eingestellt werden, Befestigungsschrauben entsprechen verdrehen.
- Gummipuffer in Kofferraumdeckel ggf. hinein- bzw. herausdrehen.
- **Caravan:** Innenverkleidung der Laderaumklappe losschrauben.
- Bei Fahrzeugen mit Zentralverriegelung Kabelstecker am Stellmotor abziehen.
- Kabelstecker am Heckwischermotor, zu den Kennzeichenleuchten und zur heizbaren Heckscheibe trennen.
- Schlauch der Scheibenwascherdüse lösen.

Bereich des Kofferraumdeckels: 1 – Einstellschraube; 2 – Gasdruckdämpfer; 3 – Kofferraumscharnier. Die Pfeile deuten auf die Befestigungsschrauben, mit denen das Scharnier an der Seitenwand befestigt ist.

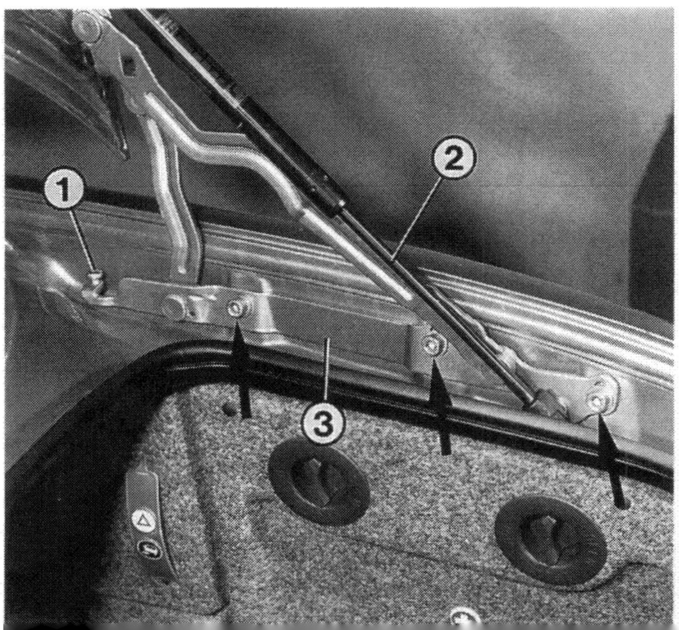

Zum Ausbau des Kofferraumdeckels Gasdruckdämpfer (3) vom Scharnier (1) abbauen und Befestigungsmuttern (2 und 4) des Kofferraumdeckels losschrauben.

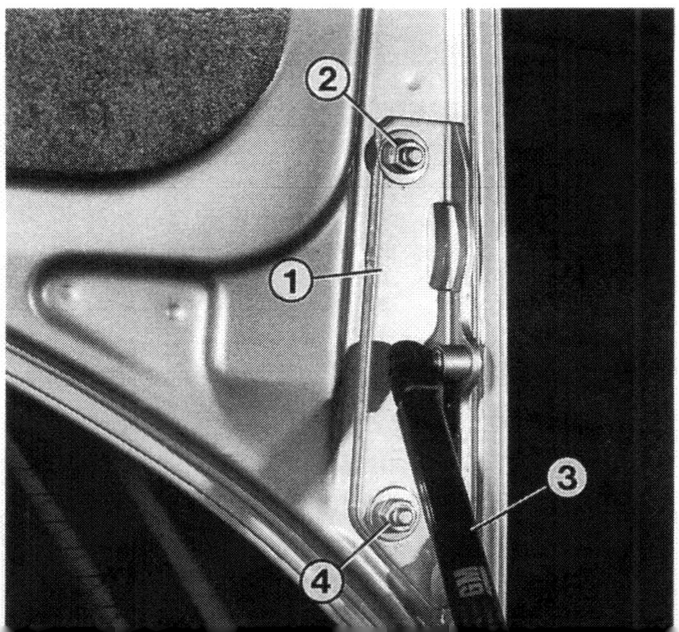

● Kabelbäume aus der Laderaumklappe herausziehen.
● Zusammen mit einem Helfer Sicherungsklammern abhebeln und Gasdruckdämpfer von den Befestigungen an der Klappe abdrücken.
● Sicherungsring von den Scharnierbolzen abziehen.
● Beide Scharnierbolzen zur Wagenmitte herausdrücken und Laderaumklappe zusammen mit dem Helfer abnehmen.
● Scharniere ausbauen: Seitliche Laderaumabdeckung abbauen.
● Innenverkleidung der D-Säule und des Dachrahmens unterhalb von den Scharnieren ausbauen.
● Einbaulage der Scharniere kennzeichnen.
● Scharniere vom Dachrahmen losschrauben.

Schloß der Kofferraum-/Laderaumklappe ausbauen

● Klappe öffnen.
● **Limousine:** Abdeckung unterhalb des Schlosses vom Kofferraumdeckel abnehmen.
● Ggf. Kunststoffclips abdrücken und Innenverkleidung vom Kofferraumdeckel abbauen.
● Betätigungsgestänge entriegeln und vom Entriegelungshebel abdrücken.
● Schloß vom Kofferraumdeckel losschrauben.
● **Caravan:** Innenverkleidung von der Klappe abbauen.
● Betätigungsgestänge entriegeln und abdrücken.
● Schloß von der Laderaumklappe abschrauben.

Schließzylinder der Kofferraum-/Laderaumklappe ersetzen

● Kofferraumdeckel bzw. Laderaumklappe öffnen.
● Innenverkleidung der Klappe abbauen.
● Betätigungsgestänge entriegeln und abdrücken.
● Befestigungsmuttern losdrehen und Schließzylinder abnehmen.
● Schlüssel in das Schloß stecken, damit beim Ausbau des Schließzylinders die Schließplatten und Federn nicht herausfallen.
● Sicherungsring am hinteren Ende des Schließzylinders abhebeln. Achten Sie darauf, daß beim Abhebeln der Sicherungsring nicht verloren geht.
● Neuen Schließzylinder mit Rostlöser-Isolierspray schmieren und Schließzylinder einbauen.

Das Schiebedach

Dieses Fenster zum Himmel erfordert für problemlose Funktion eine exakte Einstellung. Das kann man nach entsprechender Anleitung auch als Heimwerker, aber die hierzu notwendigen Beschreibungen würden den Rahmen dieses Buches sprengen.

Störungssuche am elektrischen Schiebedach

Wenn der elektrische Antrieb nicht mehr funktioniert, können Sie sich selbst helfen.
● Zuerst die zuständige Sicherung kontrollieren.
● Innenleuchte ausbauen, siehe Kapitel »Die Beleuchtung«, und darunterliegende Befestigungsschrauben herausdrehen.
● Drehknopf abziehen und darunterliegenden Potentiometer ausclipsen.
● Abdeckung vorn herunterziehen und hinten aushaken.
● Zündung einschalten und anhand des Stromlaufplans prüfen, ob an den entsprechenden Anschlüssen Spannung anliegt.
● Ebenfalls Massekontakt prüfen.
● Ist Spannung da, könnte es am Schalter liegen.
● Aber auch ohne Strom können Sie das Schiebedach schließen.
● Schraubendreher in die Schlitzschraube stecken und hochdrücken.

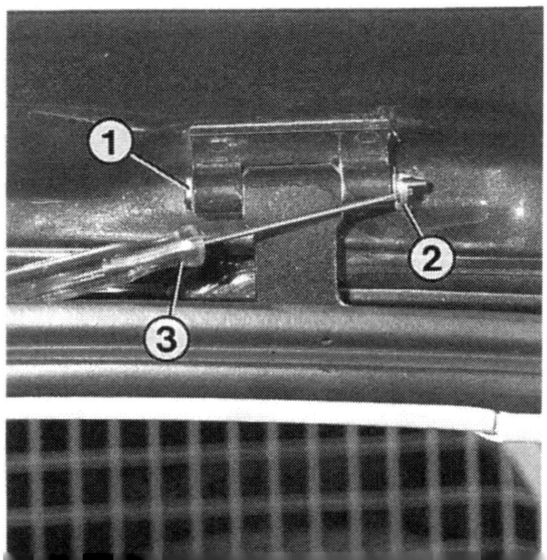

Der Ausbau der Heckklappe am Caravan.
Links: An beiden Heckklappenscharnieren die Sicherungs-klammer (2) mit einem Schrauben-dreher (3) von den Scharnierbolzen (1) abziehen und Bolzen zur Wagenmitte herausdrücken.
Rechts: Schließt die Heckklappe nicht korrekt, Klappe (1) öffnen und Halteschraube (3) des Schließbügels lockern. Schließbügel (2) entsprechend verschieben und Schraube wieder anziehen.

Folgende Teile gehören zum Schließzylinder des Kofferraumdeckels:
1 – Betätigungsgestänge;
2 – Verriegelungsclip;
3 – Abdeckung;
4 – Befestigungsmuttern;
5 – Betätigungsgestänge;
6 – Verriegelungsclip;
7 – Schließzylinder.

● Zum Schließen des nach hinten gefahrenen Schiebedachs Schraubendreher rechtsdrehen.

● Aus der Aufstellposition schließen Sie durch Linksdrehen.

Undichtes Schiebedach

Ein undichtes Schiebedach hat seine Ursache in verstopften Ablaufrohren, von denen je eines an jeder der vier Ecken des Schiebedachkastens angeschlossen ist. Denn eindringen darf das Wasser, aber ablaufen muß es auch können.
○ Bei undichtem Schiebedach deshalb alle vier Ablaufschläuche durchstoßen.
○ Die hinteren beiden Ablauföffnungen sind auch bei zurückgefahrenem Schiebedach kaum zu erreichen (mit Taschenlampe in den Schiebedachkasten leuchten).
○ Die Ablaufschläuche des Schiebedaches münden vorn – von außen unsichtbar – in die Hohlprofile der Türschweller. Das eingetretene Wasser läuft durch die Ablauflöcher unten am Schweller ab. Dazu dürfen diese nicht verstopft sein.
○ Die hinteren beiden Schläuche enden unter den Seitenwangen des Stoßfängers.
○ Zum Reinigen eignet sich z. B. die Spirale einer alten Tachometerwelle. Manchmal genügt auch ein Draht.

Die Scheiben

Die Front- und Heckscheibe sind »kraftschlüssig verklebt«. Dieses Verfahren ist bei der Suche nach möglichst glattflächigen Karosserien nahezu unumgänglich. Die hinteren Seitenfenster sind geschraubt. Die geschraubten und geklebten Scheiben am Omega sind konstruktive Elemente und wurden in die Festigkeitsberechnungen der Karosserie mit einbezogen.
Für den Selbsthelfer bedeuten geklebte Scheiben das »Aus«. Ohne Spezialwerkzeug ist da nichts zu machen – ein Fall für die Werkstatt.
Die geschraubten Scheiben hingegen kann man nach Abbau der umliegenden Verkleidungsteilen von der Karosserie abschrauben. Beim Einbau neue Kunststoffmuttern verwenden.

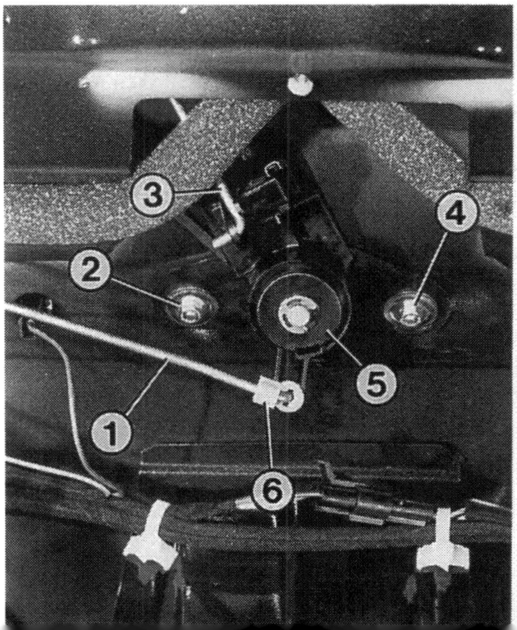

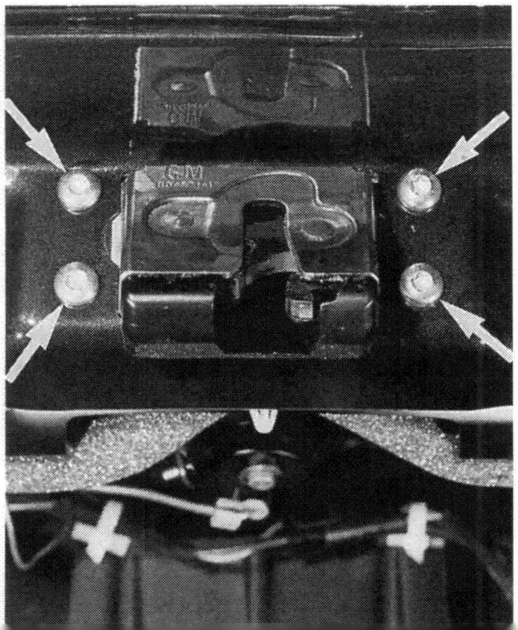

Links: Hier ist der Schließzylinder der Laderaumklappe abgebildet. Es bedeuten:
1 – Betätigungsgestänge;
2 – Befestigungsmutter;
3 – Betätigungsgestänge;
4 – Befestigungsmutter;
5 – Schließzylinder;
6 – Verriegelungsclip.
Rechts: Nach Lösen der TORX-Schrauben und Abnehmen der Verriegelungsstange läßt sich das Schloß von der Heckklappe abnehmen.

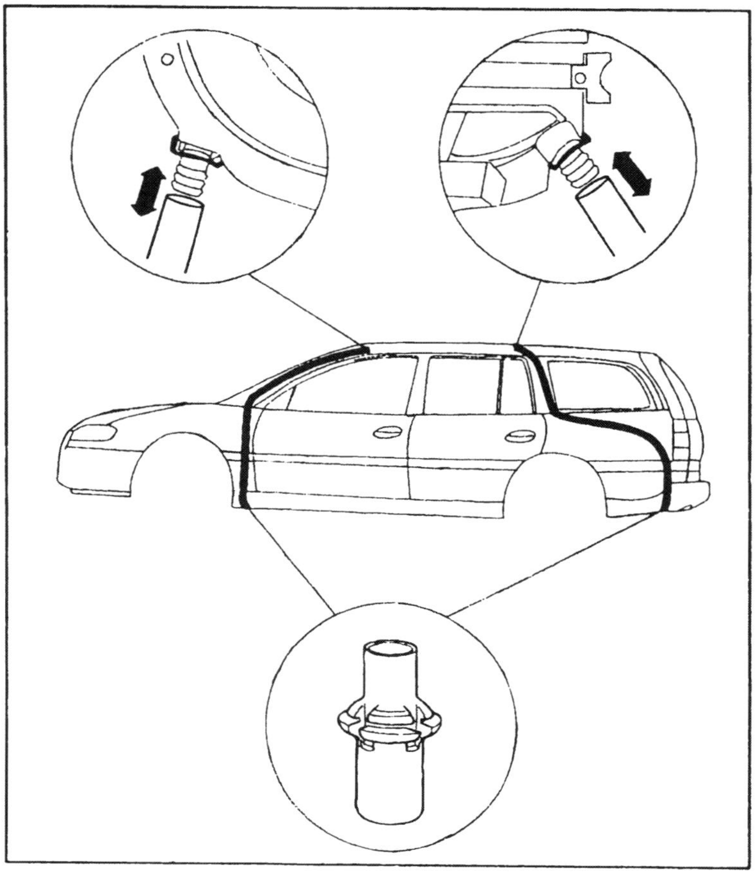

Die Zeichnung zeigt, wo beim Omega die Wasserablaufschläuche des Schiebedaches verlegt sind.

Unterbodenschutz kontrollieren

Wartung Nr. 19

Die Schutzschicht der Wagenunterseite muß sorgsam geprüft und ggf. nachgearbeitet werden. Das können Sie selbst machen, wenn Sie eine sichere Aufbockmöglichkeit für den Omega haben (Hebebühne, Auffahrrampe). Unterbodenschutz kaufen Sie am besten bei Ihrem Opel-Händler. Nicht alle Unterbodenschutzmaterialien eignen sich für die Verwendung am Opel. So kann es Haftprobleme bei Materialien auf Bitumenbasis geben.

- Unterboden gründlich waschen.
- Gesamte Unterseite mit einer hellen Lampe ableuchten und auf schadhafte Stellen untersuchen.
- Beschädigte Stellen im Unterbodenschutz mit Spachtel, Schaber und Drahtbürste bis aufs blanke Blech freilegen.
- Rostansätze so weit als möglich blankschleifen.
- Gesäuberte Fläche mit Zinkstaubfarbe als Rostgrundierung bestreichen.
- Ebene oder größere Flächen werden mit streichbarem Unterbodenschutzmaterial behandelt.
- Für schwer zugängliche Fugen und Ecken ist eine Sprühdose mit Unterbodenschutz günstiger.
- Besser ist Wachs-Unterbodenschutz: Er kann sowohl zum zusätzlichen Konservieren der werksseitig aufgespritzten PVC-Unterbodenschutzschicht verwendet werden wie auch zum Behandeln von Reparaturstellen.

Fingerzeige: Beim Sprühen von Unterbodenschutz müssen die Bremsen mit Papierbogen oder Kunststoffolie gegen den schmierigen Nebel abgedeckt werden.

Wagenunterseite waschen

Eine wirkungsvolle und zugleich preiswerte Pflege für die Wagenunterseite ist – vor allem im Winter – das regelmäßige Abspritzen mit einem scharfen Wasserstrahl. Auftausalz und Straßenschmutz sollen sich nicht lange in den Kanten und Ecken des Bodens festsetzen können, denn sie binden Feuchtigkeit. Die ohnehin schlecht zugänglichen Ecken trocknen nie ganz aus, was letztendlich den Rostfraß erheblich fördert. Dank der vorderen Radhausschalen sind die Vorderkotflügel ganz gut geschützt. Schmutzkrusten können sich an folgenden Stellen festsetzen:

○ Im Blechfalz am Rand der hinteren Radausschnitte;
○ in den hinteren Radkästen;
○ im Spritzbereich der Hinterräder rechts und links des Koffer- bzw. Laderaums;
○ unter den Seitenwangen der hinteren Stoßfänger.

Für die Unterwagenwäsche brauchen Sie zumindest einen Wasserschlauch mit Spritzdüse. Es gibt auch abgewinkelte Spritzdüsen (z. B. von APA), mit denen man den am Boden stehenden Wagen abspritzen kann, ohne selbst allzu naß zu werden. Am günstigsten ist allerdings ein Dampfstrahlgerät, wie es Tankstellen besitzen. Erkundigen Sie sich, ob es in Ihrer Nähe ein solches Gerät zur Selbstbedienung gibt.

Fingerzeig: Streusalzrückstände und Feuchtigkeit werden mit zunehmenden Temperaturen besonders aggressiv. Deshalb ist mancher Laternengaragen-Wagen weniger vom Rost befallen als einer, der in der beheizten Garage stand.

Wasserablauflöcher reinigen

Wartung Nr. 20

Keine Schweißnaht ist so dicht, daß nicht Wasser eindringen kann. Aus diesem Grund sind an allen Hohlprofilen im Wagen Wasserablauflöcher angebracht. Sind diese durch Schmutz oder Unterbodenschutz verstopft, kann eindringendes Wasser nicht mehr ablaufen, sondern fördert den Rostfraß von innen heraus. Besonders gefährdet sind die Längsversteifungen der Karosserie.

● Löcher regelmäßig mit einem Pfeifenreiniger durchstoßen.
● Bei einem Fahrzeug mit Schiebedach sollten Sie zusätzlich die Wasserabläufe der Dachöffnung kontrollieren.

Lackierung prüfen

Wartung Nr. 29

● Steinschlagschäden an der Lackierung müssen schon bald ausgebessert werden, bevor sich Rostansatz breit macht.
● Dazu eignet sich am besten sogenannter Tupflack, den es in kleinen Fläschchen samt Tupfpinsel zu kaufen gibt.
● Ist die beschädigte Lackstelle bereits unterrostet, Rost abschleifen – je nach Umfang mit Glasfaser-Radierstift, Schleifpapier oder elektrischem Winkelschleifer.
● Vor dem Decklack Rostgrundierung auftragen.

Fingerzeig: Mehr über die Pflege und Reparatur der Lackierung und der ganzen Karosserie beschreibt unser Sonderband Nr. 175 mit dem Titel »Die Autokarosserie«.

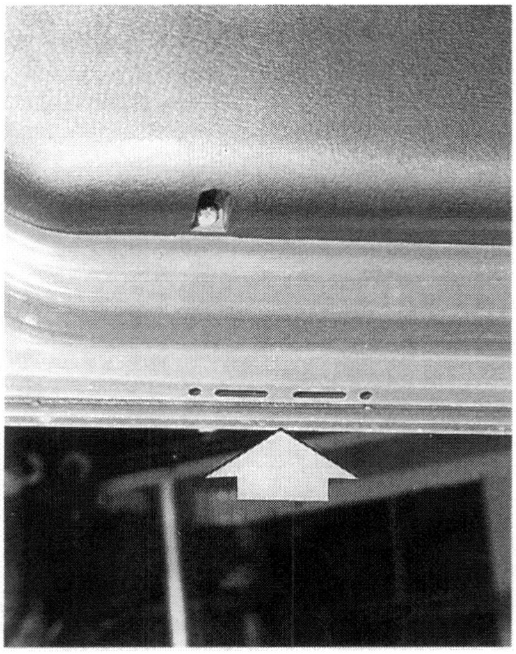

Links: An den Unterkanten der Türen befinden sich Wasserablauflöcher, durch die eingedrungenes Wasser ablaufen kann.
Rechts: Die Abbildung zeigt, wo sich der linke hintere Wasserablaufschlauch des Schiebedaches befindet.

Fahrgastzelle

Die Teile, die den Innenraum eines Autos ausmachen, sind zum optimalen Raumgewinn oft raffiniert geformt. Müssen solche Teile ausgebaut werden, stellt man schnell fest, daß fast keine Befestigungsschraube mehr sichtbar ist. Dann müssen angrenzende oder überdeckende Verkleidungsteile ausgeclipst werden, um an die betreffende Schraube oder Mutter zu gelangen. Hier finden Sie die richtige Anleitung.

Armaturenbrett

Blende in Armaturenbrettmitte ausbauen

- Massekabel an der Batterie abklemmen.
- Radio ausbauen, siehe Kapitel »Instrumente und Geräte«.
- Alle Drucktastenschalter und den Warnblinkschalter ausbauen, siehe Kapitel »Instrumente und Geräte«.
- Sämtliche Drehregler von den Schaltern abziehen. Ggf. lappenumwickelte Rohrzange zu Hilfe nehmen.
- Darunterliegende Befestigungsschrauben herausdrehen.
- Ascher ausbauen. Dahinterliegende Kreuzschlitzschrauben losdrehen.
- Blende ein Stück weit vom Armaturenbrett abnehmen.
- Die oberen Mehrfachsteckerleisten nach oben aus den Führungen drücken.
- Restliche Kabelstecker von der Blende ausrasten.
- Drei Befestigungsschrauben der Heizungs/Lüftungs-Regulierung herausschrauben.
- Blende aus dem Armaturenbrett herausziehen.
- Halteclips ausrasten und beide Heizungszüge von den Reglern aushängen.
- Mehrfachstecker entriegeln und vom Gebläseschalter abziehen.
- Unterdruckschlauch-Steckleiste von den Stutzen abziehen.
- Blende abnehmen.

Handschuhfach ausbauen

- Handschuhfach öffnen.
- Deckglas der Handschuhfachleuchte mit einem kleinen Schraubendreher heraushebeln.
- Kabelsteckverbindungen trennen und Leuchte abnehmen.
- Oben im Handschuhkasten drei Befestigungsschrauben losdrehen und Airbag-Abdeckung ein Stück weit nach oben drücken.
- Die nun zugänglich gewordenen Kreuzschlitzschrauben herausdrehen.
- Ebenso die beiden unteren Halteschrauben des Handschuhkastens losdrehen.
- Bei kühlbarem Handschuhfach Zuleitungsschlauch abziehen.
- Handschuhfach aus dem Ausschnitt herausziehen.

Lenksäulenverkleidung ausbauen

- Bei Fahrzeugen mit höhenverstellbarem Lenkrad Verstellhebel herausschrauben.
- Die drei unteren Befestigungschrauben der Lenksäulenverkleidung herausdrehen.
- Lenkrad drehen, bis eines der beiden Kunststoff-Abdeckkäppchen an der Stirnseite der Verkleidung nicht mehr vom Lenkrad verdeckt wird.
- Kunststoffkäppchen mit einer Messerklinge von der Befestigungsschraube abhebeln.

Links: Die Drehregler lassen sich am besten mit einer lappenumwickelter Rohrzange von den Schaltern abziehen.
Rechts: Nach Ausbau von Drehregler, Drucktastenschalter, Radio und Ascher gelangt man an die Befestigungsschrauben (Pfeile) der Armaturenbrettblende.

Nach Herausdrehen der vier Befestigungsschrauben (Pfeile) kann das Handschuhfach aus dem Armaturenbrett herausgenommen werden. Zuvor Handschuhfachleuchte abbauen und Airbag-Abdeckung teilweise lösen.

- Kreuzschlitzschraube herausdrehen.
- Lenkrad drehen. Gegenüberliegendes Kunststoffkäppchen abheben und Befestigungsschraube losschrauben.
- Untere Lenksäulenverkleidung vom Gummiring am Zündschloß abziehen.
- Lenkrad in Geradeausstellung drehen und Verkleidungsteile von der Lenksäule abnehmen.
- Vor dem Einbau der Lenksäulenverkleidung Gummiring vom Zündschloß abziehen.
- Verkleidungsteile anbauen und Gummiring am Zündschloß aufschieben.

Ascher ausbauen

- Ascher aufklappen.
- Aschereinsatz rechts entriegeln und herausnehmen.
- Oben im Ascher eine Befestigungsschraube losdrehen.
- Ascher ein Stück weit aus dem Ausschnitt herausziehen.
- Kabelstecker für Anzünder und Beleuchtung trennen.
- Ascher abnehmen.

Mittelkonsole

Konsole ausbauen

- Bei Fahrzeugen mit gehobener Ausstattung Staufach öffnen. Kreuzschlitzschrauben lösen und Staufach herausnehmen.
- Hintere Mischluftdüse losschrauben, abheben und Kabelsteckverbindungen trennen.
- Im Staufachausschnitt zwei Sechskantschrauben losdrehen.
- Kunstlederbalg des Handbremshebels etwas zusammendrücken und nach vorn vom Handbremshebel abziehen.
- Kunstlederbalg des Schalthebels etwas zusammendrücken, von der Konsole abclipsen und nach oben stülpen.
- Darunterliegende Sechskantschraube herausdrehen.
- Bei Fahrzeugen mit Automatikgetriebe Wählhebelbalg abheben.
- Wählskala und Schalter für Anfahrhilfe abheben und Kabelsteckverbindung trennen. Darunterliegende Schraube lösen und Blende abnehmen.

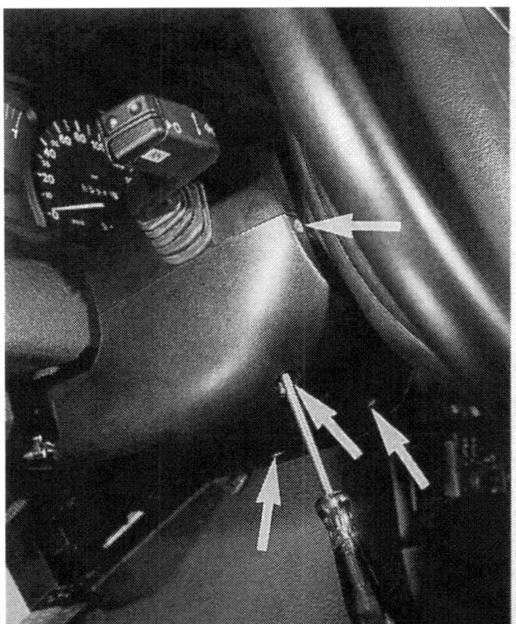

Links: Lenksäulenverkleidung ausbauen. Die Abbildung zeigt Befestigungsschrauben (Pfeile) der zweiteiligen Verkleidung. Rechts: Ausbau des Aschers. Aschereinsatz ausbauen und oben im Ascher die Befestigungsschraube (Pfeil) herausdrehen. Ascher abnehmen und Kabelsteckverbindung trennen.

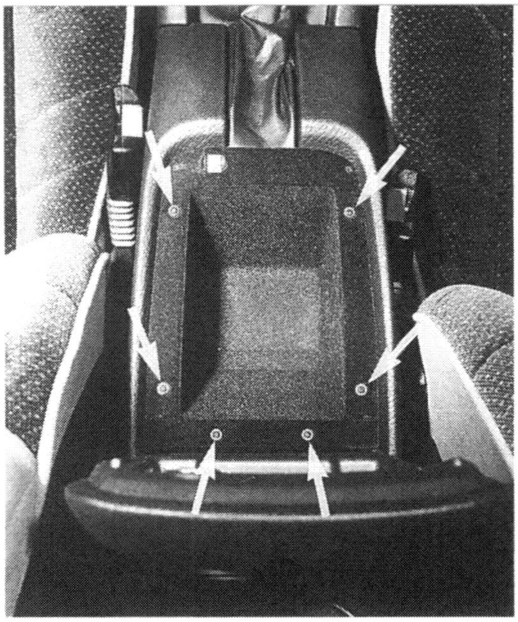

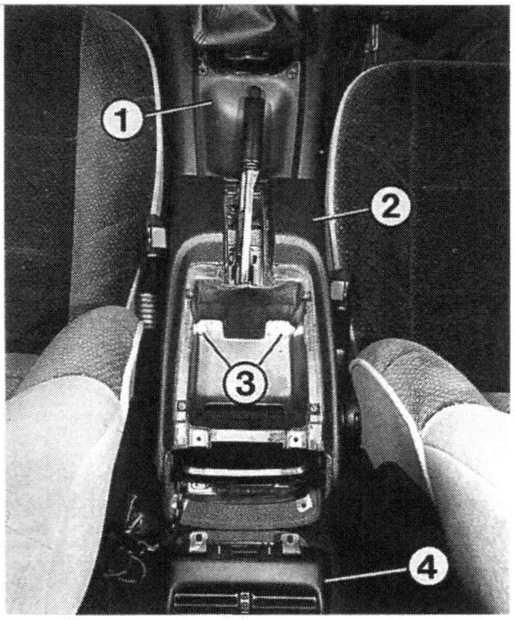

Mittelkonsole ausbauen.
Links: Die Pfeile deuten auf die Befestigungsschrauben des Staufachs.
Rechts: Hier sind folgende Teile bezeichnet:
1 – Griffschale unter dem Handbremshebel;
2 – Konsolenhintenteil (bei Fahrzeugen mit gehobener Ausstattung);
3 – Befestigungsschrauben der Mittelkonsole;
4 – hintere Mischluftdüse.

● Griffschale unter dem Handbremshebel losschrauben und abnehmen.
● Darunterliegende Kreuzschlitzschraube losdrehen.
● Wo vorhanden, Kabelsteckverbindungen der Fensterheberschalter trennen.
● Bei Fahrzeugen mit gehobener Ausstattung Konsolenhinterteil nach hinten drücken und aushaken. Anschließend nach vorn über den Handbremshebel abnehmen.
● Mittelkonsole etwas nach hinten ziehen und vom Kardantunnel abnehmen.

Die Sitze

Vordersitz ausbauen

Zu allen Arbeiten an den Vordersitzen müssen grundsätzlich die Gurtstraffer an den Sitzen gesichert werden. Andernfalls besteht die Gefahr, daß die Straffer ungewollt auslösen.
● Sitz ganz nach vorn schieben.
● Gurtstraffer-Abdeckung abbauen. Hierzu hintere Sitzschienenverkleidung seitlich losschrauben und abnehmen.
● Gurtstraffer-Abdeckung anheben und nach vorn herausziehen.
● Gurtstraffer sichern: Hierzu Sicherungsgabel hinten am Gurtstraffer abnehmen und bis zum Anschlag in die vorgesehene Öffnung einstecken.
● Wo vorhanden, Kabelsteckverbindung der Sitzheizung trennen. Die Steckverbindung befindet sich unterhalb des Sitzes.
● Hinten am Sitz beide Führungsschienen vom Wagenboden losschrauben.
● Sitz nach hinten schieben.
● Vordere Befestigungsschrauben der Führungsschienen herausdrehen.
● Sitz aus dem Fahrzeug herausnehmen.
● Vor dem Einbau des Sitzes Gewindebohrungen im Bodenblech mit Gewindebohrer M8 nachschneiden und anschließend Sicherungsmasse aufstreichen.
● Sitz mit neuen Schrauben am Bodenblech festschrauben (20 Nm).
● Nach dem Einbau des Sitzes Gurtstraffer aktivieren: Sicherungsgabel herausziehen und wieder am Federgehäuse befestigen.

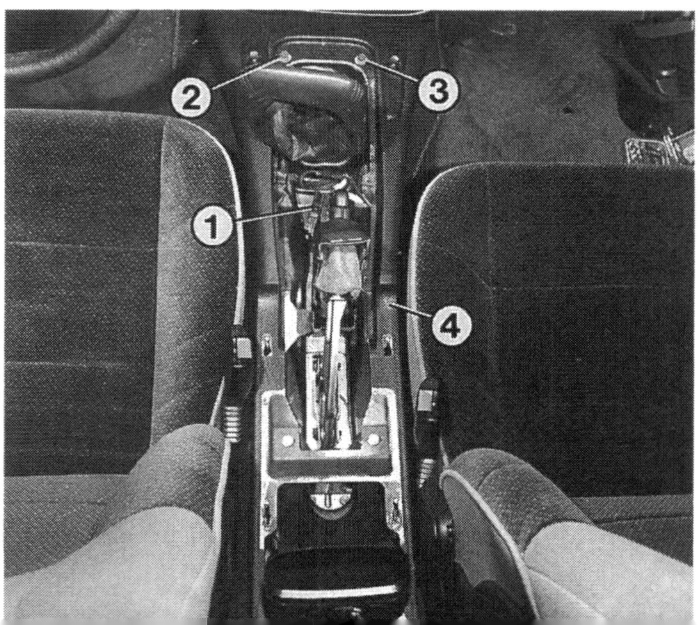

Weiterer Ausbau der Mittelkonsole (4). Bezeichnet sind:
1 – Kabelsteckverbindungen der Fensterheber;
2 und 3 – vordere Befestigungsschrauben.

Links: Nachdem der Gurtstraffer gesichert wurde, kann der Vordersitz zusammen mit den Sitzschienen ausgebaut werden.
Rechts: Das Bild zeigt, wo die Sicherungsgabel (Pfeil) am Gurtstraffer eingesteckt werden muß, um den Straffer zu sichern.

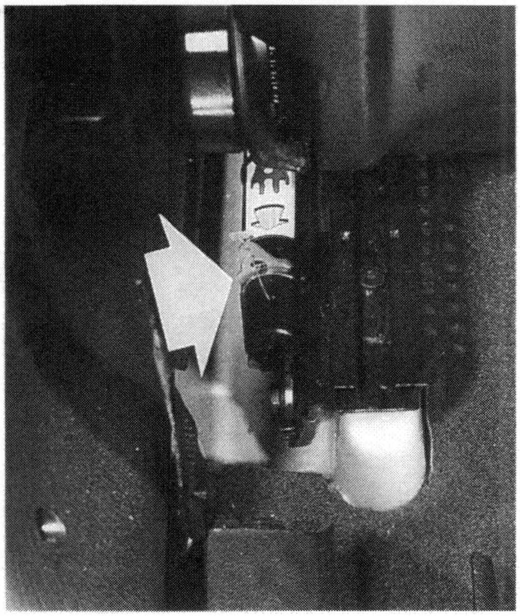

Kopfstützen ausbauen

- Kopfstütze bis zur Endstellung hochziehen.
- Beide Entriegelungsknöpfe in der Sitzlehne eindrücken, gleichzeitig Kopfstütze aus der Sitzlehne herausziehen.
- Beim Einbau Kopfstütze bis zum Einrasten einschieben.
- Auf die gleiche Weise werden die hinteren Kopfstützen ausgebaut.

Rücksitz ausbauen

- **Sitzbank:** Vordersitze nach vorn schieben.
- Entriegelungshaken rechts und links an der Sitzbank ziehen.
- Sitzbank aushaken und vom Bodenblech abheben.
- Bei einem Fahrzeug mit Sitzheizung hinten Kabelsteckverbindungen trennen.
- Sitzbank aus dem Fahrzeug herausheben.
- **Rückenlehnen Limousine:** Zuerst die Rücksitzbank ausbauen.
- Rückenlehne umklappen.
- An der Rückseite der betreffenden Rückenlehne Filzbelag unten bis zur Hälfte von der Lehne abnehmen. Hierzu Kunststoffclips abdrücken.
- Darunterliegende Scharnierschrauben herausdrehen.
- Bei Fahrzeugen mit Sitzheizung hinten Kabelsteckverbindung trennen.
- Rückenlehne abnehmen.
- Soll die Mittellehne ausgebaut werden, rechts und links unten an der Lehne beide Scharnierschrauben losdrehen und Lehne abnehmen.
- **Rückenlehne Caravan:** Zunächst Rücksitzbank ausbauen.
- Unten an der Rückenlehne beide außenliegenden Scharnierschrauben herausdrehen. Dabei auf die Einbaureihenfolge der Unterlagscheiben achten.
- Bei Fahrzeug mit Sitzheizung hinten Kabelsteckverbindungen trennen.
- Rückenlehne aus dem Fahrzeug herausheben.

Links: Nach Ziehen der Entriegelungshaken (Pfeil) links und rechts der Sitzbank kann die Bank ausgehakt und vom Bodenblech abgenommen werden.
Rechts: Sollen die außenliegenden Rückenlehnenteile der Limousine ausgebaut werden, Sitzbank ausbauen, Lasche (2) mit einem breiten Schraubendreher (3) nach oben legen und Rückenlehnenteil (1) aushaken.

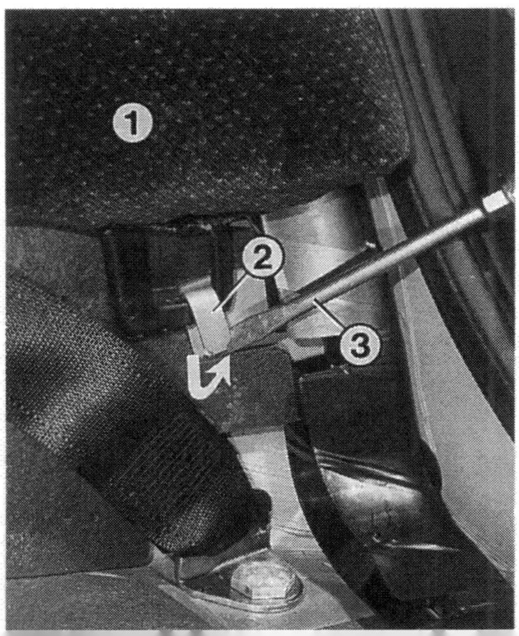

Das Bild zeigt die ausgebaute Heckablage der Limousine. Bezeichnet sind:
1 – Kabelsteckverbindung des Sonnenrollos;
2 – Sonnenrollo;
3 – Heckablage;
4 – Halteclip;
5 – Faltenbalg;
6 – Haltebolzen;
7 – Führungshülse.

Heckablage ausbauen Limousine

● Rücksitzbank ausbauen.
● Rückenlehnen umklappen und außenliegende Rückenlehnenteile ausbauen.
● Gurtverstellung in die oberste Position schieben.
● Wo vorhanden, Kopfstützen aus den Führungshülsen herausziehen.
● Führungshülsen von hinten entriegeln und aus den Bohrungen herausdrücken.
● Haltebolzen der Mittelarmlehne losdrehen.
● Beide Faltenbälge der Rückenlehnen-Verriegelung abziehen.
● Kantenschutz zum Kofferraum abziehen.
● Drei Halteclips oben an der Heckablage abdrükken.
● Bei Fahrzeugen mit Sonnenrollo Kabelsteckverbindung trennen und Rollo unten losschrauben (drei Muttern).
● Zusammen mit einem Helfer Befestigungsbolzen des Sonnenrollos nach oben aus den Bohrungen drücken. Gleichzeitig Heckablage nach vorn herausziehen. Gurt mit Blende durch die Öffnungen führen.
● Heckablage aus dem Fahrzeug herausnehmen.

Die Sicherheitsgurte

Der Zustand der Sicherheitsgurte kann im Fall eines Unfalls dafür ausschlaggebend sein, ob der Insasse den Aufprall überlebt. Deshalb ist eine genaue Kontrolle von Zustand und Funktion z. B. beim Gebrauchtwagenkauf durchaus empfehlenswert. Zeigen die Gurte einen der nachfolgend genannten Mängel, sollten sie ausgewechselt werden, damit sie im Notfall wirklich schützen können:

○ Welliges Gurtband
○ Ausgefranste Kanten
○ Aufgerissenes Gewebe
○ Angerissene Nähte
○ Wenn ein »lahmer« Automatikgurt öfters zwischen Tür und Karosserie eingeklemmt wurde, wodurch er mit der Zeit an Festigkeit verliert.

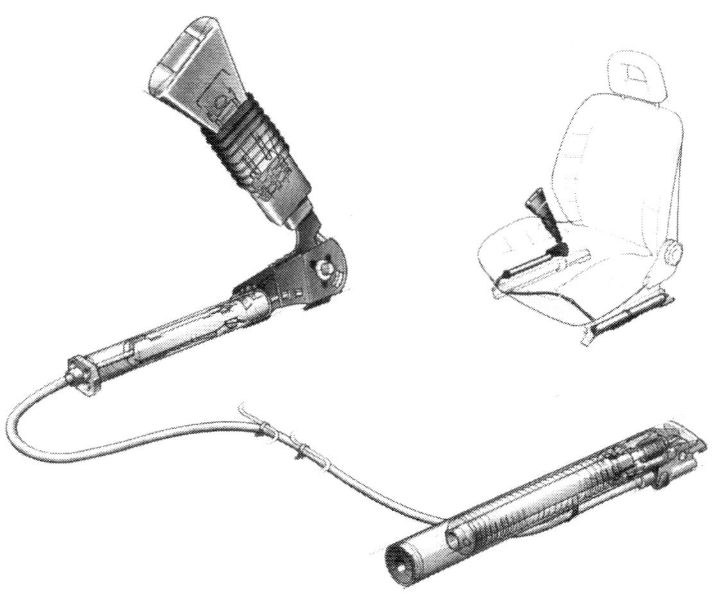

Für optimalen Insassenschutz besitzt der Omega an den Vordersitzen mechanische Gurtstraffer. Der Gurtstraffer löst bei einem Frontalaufprall aus, wobei der Aufprallwinkel bis maximal 30° zur Seite abweichen darf. Die Verzögerung muß bei mindestens 6 g (1 g = 9,81 m/s) liegen. Bei einer geringeren Verzögerung oder einem Aufprall von hinten wird der Gurtstraffer nicht ausgelöst.

Die Innenverkleidungsteile des Caravan:
1 – A-Säule oben;
2 – B-Säule unten;
3 – B-Säule oben;
4 – Hintertür;
5 – C-Säule oben;
6 – seitliche Laderaumabdeckung;
7 – D-Säule;
8 – Laderaumklappe oben;
9 – Dachrahmen;
10 – Laderaumklappe unten;
11 – Rückwand unten;
12 – Laderaumabdeckung mitte;
13 – Seitenwand links;
14 – Seitenwand rechts;
15 – C-Säule unten;
16 – Abdeckung Einstieg;
17 – Vordertür;
18 – A-Säule unten.

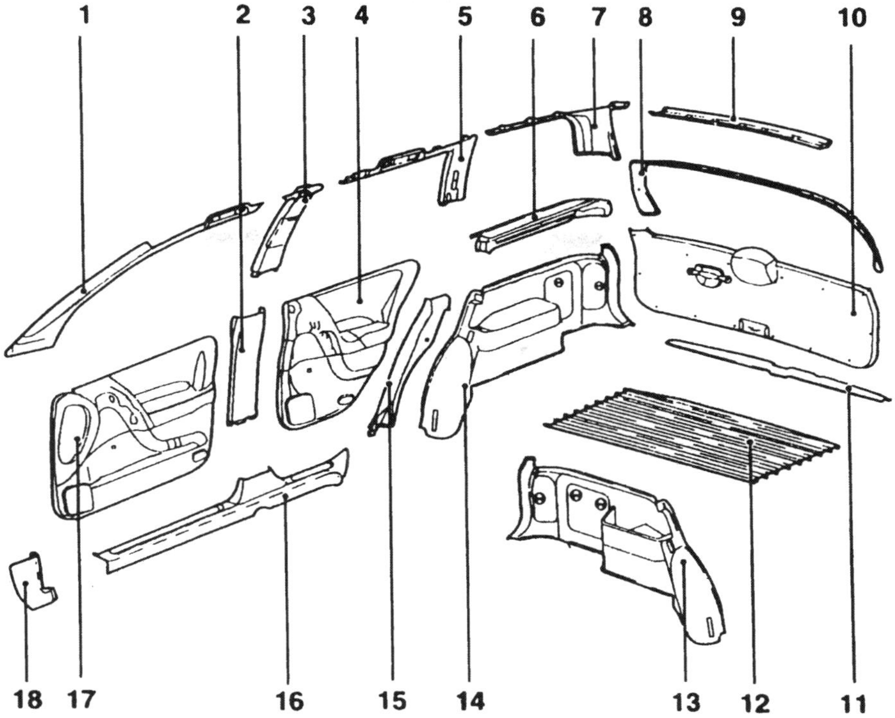

<u>Fingerzeig:</u> Schmutzige Gurte werden ausschließlich mit Seife und Wasser gesäubert. Benzin oder chemische Reinigungsmittel greifen die Gewebestruktur an.

Die Gurtstraffer

Der Omega besitzt serienmäßig Gurtstraffer an den Vordersitzen, die im Falle eines Aufpralls blitzartig das Gurtschloß um bis zu 80 mm nach unten ziehen. Einmal ausgelöst, kann die Feder des Gurtstraffers nicht wieder vorgespannt werden. Ein ausgelöster Gurtstraffer ist an der gelben Zunge an der Innenseite des Gurtschlosses zu erkennen. In ausgelöstem Zustand funktioniert der Sicherheitsgurt weiterhin wie ein normaler Automatikgurt.

Die Innenverkleidung

Die Verkleidungen an den Türen und Klappen, am Türschweller sowie an den Türsäulen sind auf unterschiedliche Weise befestigt. Anstelle langer Worte haben wir oben eine Zeichnung abgebildet, auf der sämtliche Vergleichsteile numeriert sind. Die Zeichnung unten zeigt die entsprechende Befestigungsteile.

Der Dachhimmel

Der Omega besitzt als Verkleidung für das Dach einen sogenannten Formhimmel. Dieses große Fertigteil ist zwar lediglich eingeclipst; dennoch können wir den eigenhändigen Aus- und Einbau nicht empfehlen.

Innenverkleidungs-Befestigungsteile:
1 – Linsenkopfschraube Innen-TORX;
2 – Flachkopfschraube Innen-TORX;
3 – Zylinderschraube Innensechskant;
4 – Sechskantschraube;
5 – Linsensenkschraube Innen-TORX;
6 – Linsenkopfschraube Kreuzschlitz;
7 – Linsenkopfschraube Kreuzschlitz;
8 – Flachkopfschraube Innen-TORX ;
9 – Sechskantmutter (Metall);
10 – Spezialmutter (Kunststoff);
11 – Blindniet;
12 – Stopfen (farbig);
13 – Clip;
14 – Stopfen (konisch, farbig);
15 – Clip (eckig, hell);
16 – Druckknopf;
17 – Abdeckkappe (farbig, rund);
18 – Federklammer (hell);
19 – Federklammer (dunkel).

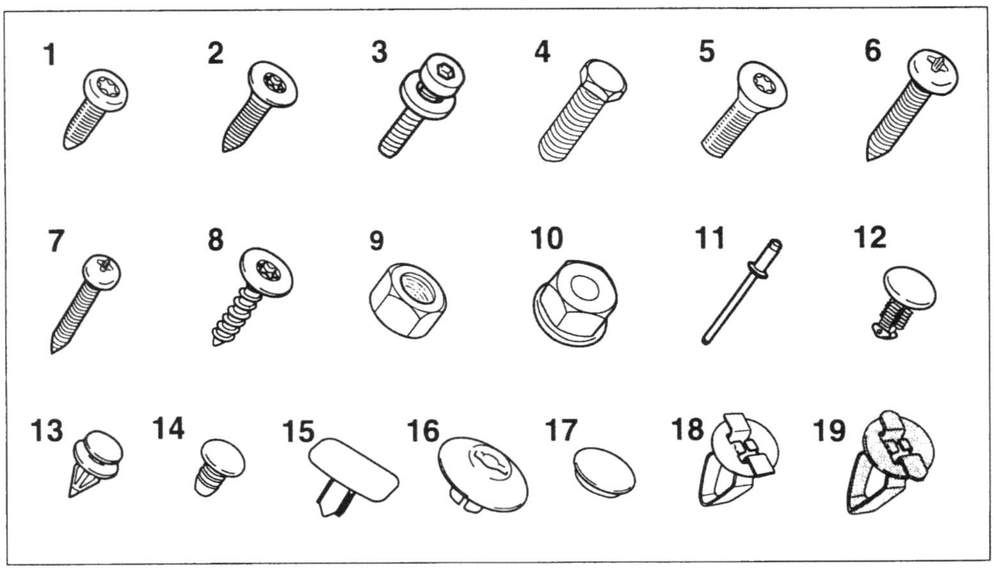

Störungsdienst

Wir gehen bei unserer Fehlersuche davon aus, daß der Motor keine mechanischen Leiden hat. Weiter nehmen wir an, daß das Triebwerk unvermittelt stehenblieb bzw. nicht mehr anspringen will.

Dreht der Anlasser den Motor durch?

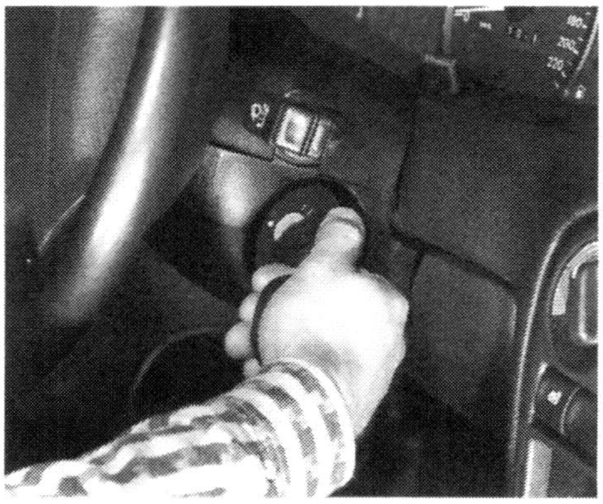

Tut er's nicht oder nur unwillig, lesen Sie bitte weiter unter »Fehlerquelle Elektrik«. Wird der Motor dagegen flott durchgedreht, müssen zur weiteren Eingrenzung die folgenden Fragen der Reihe nach beantwortet werden.

Funken die Zündkerzen?

Beim 16V Zündkabelabdeckung ausbauen. Einen Kerzenstecker abziehen, Zündkerze herausschrauben, in den Kerzenstecker hineinstecken und auf blankem Motorblockmetall ablegen. Noch besser: Kerze elektrisch leitend mittels eines Starthilfekabels mit dem Motorblock verbinden. Von einem Helfer den Anlasser durchdrehen lassen. **Zündkabel und Kerze nicht berühren**. Springen Funken über? Wenn ja, nächste Frage abklären. Falls nicht, weiterlesen unter »Fehlerquelle Zündung«.

Wird die Einspritzanlage mit Kraftstoff versorgt?

Am Kraftstoff-Verteilerrohr Verschlußkappe vom Prüfanschluß abschrauben. Anlasser kurz betätigen. Die Kraftstoffpumpe läuft an und baut Kraftstoffdruck auf. Lappen bereithalten und Stift in der Mitte des Prüfanschluß eindrücken.

Spritzt Benzin heraus, arbeitet die Kraftstoffpumpe. Wenn nicht, lesen Sie bitte unter »Fehlerquelle Kraftstoffversorgung« weiter. War kein Fehler an der Kraftstoffversorgung zu finden, bleibt die Einspritzung als Fehlerquelle. Oder die Pumpe läuft, bringt aber zu wenig Druck.

Zuerst die Sichtprüfung

Bevor wir uns Gedanken dazu machen, wieso unser Omega-Motor wohl nicht anspringen will, lohnt sich ein erster prüfender Blick in den Motorraum. Möglicherweise ist der Fehler offensichtlich:

○ Ist ein Kabelstecker an Teilen der Zündanlage oder an einem Teil der Einspritzanlage abgefallen?
○ Kontrollieren Sie den festen Sitz der Zündkabel am DIS-Zündmodul und an den Kerzensteckern (die Zündung darf nicht eingeschaltet sein!).
○ Sämtliche Luftschläuche im Motorraum auf ihren entsprechenden Stutzen aufgesteckt?
○ Alle Teile der Zündanlage müssen sauber und trocken sein, sonst besteht die Gefahr von Kriechströmen und Spannungs-Überschlägen.
○ Benzingeruch im Motorraum? Ist ein Kraftstoffschlauch undicht oder hat er sich gar gelockert?

Fehlerquelle Elektrik

○ Die Kontrollampen im Armaturenbrett brennen nicht bei eingeschalteter Zündung: Batterie ist völlig entladen oder die Batterieklemmen sind lose.
○ Kontrollampen verlöschen beim Betätigen des Anlassers: Batterie stark entladen oder altersschwach oder Anlasser hat Kurzschluß.
○ Kontrollampen werden beim Schlüsseldreh geringfügig dunkler; Anlasser dreht sich nicht: Magnetschalter klemmt bzw. defekt oder Anlasser defekt.
○ Kontrollampen brennen hell beim Schlüsseldreh; Anlasser dreht nicht: Klemme-50-Kontakt im Zündschloß defekt, Klemme-50-Leitung am Magnetschalter lose oder Magnetschalter defekt.

Fehlerquelle Zündung

○ Alle Steckeranschlüsse im Bereich des DIS-Zündmoduls aufgesteckt?
○ Risse im DIS-Zündmodulgehäuse, Brandspuren von Funkenüberschlägen?
○ Steckverbindung zum induktiven Impulsgeber bzw. Nockenwellengeber (16V) in Ordnung? Geber evtl. ausbauen und prüfen, ob er an der Stirnseite verschmutzt ist. Reinigen.
○ Sind die Steckeranschlüsse am Steuergerät fest? Ist evtl. ein einzelner Steckkontakt im Mehrfachstecker zurückgerutscht?
○ Als letztes hilft nur das komplette Durchprüfen der Zündanlage.

Fehlerquelle Kraftstoffversorgung

○ Kein Benzin im Tank – das ist nicht so abwegig, wie Sie vielleicht denken. Kraftstoffmangel zeigt sich zuerst durch Motorstottern in Kurven. Wagen aufschaukeln und horchen, ob es im Tank plätschert.
○ Kraftstoffpumpe defekt.
○ Benzinfilter verstopft.
○ Bei intaktem Benzinnachschub gerät – z. B. bei ständigen Startproblemen – die Einspritzanlage in Verdacht.

Verzeichnis der Störungsbeistände

Über das Buch verteilt finden Sie Störungsbeistände zu den einzelnen Bauteilen. Hier die Zusammenstellung:

Gezählt und gemessen

Motor

Typ		X 20 SE	X 20 XEV
Bauart		Längs eingebauter wassergekühlter Vierzylinder-Viertaktmotor in Reihenbauweise, Querstrom-Zylinderkopf aus Leichtmetall	
Bohrung	mm	86,0	86,0
Hub	mm	86,0	86,0
Hubraum	cm^3	1998	1998
Verdichtung		10,0:1	10,8:1
Höchstleistung	kW	85	100
bei Drehzahl	1/min	5400	5600
Max. Drehmoment	Nm	178	185
bei Drehzahl	1/min	2800	4000
Kraftstoff-Oktanzahl-bedarf	ROZ (MOZ)	95 (85), 91 (82,5) [1]	95 (85), 91 (82,5) [1]
Kraftstoffart		Euro Super/Normal [1]	Euro Super/Normal [1]
Katalysator		Keramik-Monolith	Keramik-Monolith
Kurbelwellenlager		5	5
Kurbelwellengegengewichte		8	8
Nockenwelle(n)		1 im Zylinderkopf (OHC)	2 im Zylinderkopf (DOHC)
Antrieb der Nockenwelle(n)	Zahnriemen	Zahnriemen	
Ventilspielausgleich		hydraulisch (Hydostößel)	hydraulisch (Tassenstößel)
Ventilanordnung		2 parallel pro Zylinder	4 V-förmig pro Zylinder
Kompressionsdruckbar		11,5 – 13,0	12,5 – 14,0
Mindestwert	bar	9,5	10,5

[1] Mit Einschränkungen, siehe Seite 63

Schmiersystem

Art		Druckumlaufschmierung mit Wechselfilter im Ölhauptstrom	
Ölpumpe		Sichelpumpe	Sichelpumpe
Öldruck bei 80° C			
bei 2000/min	bar	2,0	2,0
im Leerlauf	bar	1,5	1,5
im Leerlauf mindestens	bar	0,3	0,3

Kühlsystem

Art		Wasserumlaufkühlung mit Flügelradpumpe, Thermostat, Leichtmetallkühler, Ausgleichsbehälter und temperaturgesteuertem Elektrolüfter	
Antrieb der Wasserpumpe		Zahnriemen	Zahnriemen
Thermoschalter des Lüfters			
schaltet ein bei	°C	100	100
schaltet aus bei	°C	95	95
Thermostat Bauart		Drosselventil	Drosselventil
Öffnungsbeginn bei	°C	92	92
volle Öffnung bei	°C	107	107
Kühlsystem-Verschlußdeckel			
Überdruckventil öffnet bei	bar	1,2 – 1,5	1,2 – 1,5
Kühler Bauart		Querstrom	Querstrom
Kernfläche	cm^2	2000 [1]	2000 [1]
Kühlerventilator	Ø mm	366	366
Anzahl der Flügel		5	5

[1] in Verbindung mit Klimaanlage: 3000 cm^2

Kraftstoffanlage

Motor		X 20 SE	X 20 XEV
Einspritzanlage		Mehrpunkteinspritzung vollsequentiell, Steuerung durch Heißfilm-Luftmassenmesser und Ansaugluft-Temperaturgeber	
Typ		BoschMotronic 1.5.4	Siemens Simtec 56.1
Fördermenge der Kraftstoffpumpe	l/h	ca. 85	ca. 85
Kraftstoffdruck im Leerlauf			
Unterdruckschlauch aufgesteckt	bar	1,7–2,2	1,7–2,2
Unterdruckschlauch abgezogen	bar	2,5 – 3,0	2,5 – 3,0
Öffnungsdauer der Einspritzventile			
Leerlauf	ca. ms	2,0	2,0
Vollast	ca. ms	3,0	3,0

Kraftübertragung

Kupplung		Einscheiben-Trockenkupplung mit Tellerfeder, automatische Nachstellung	
Kupplungsbetätigung		Hydraulisch über Geber- und Nehmerzylinder in der Zentralausrückeinheit	
Schaltgetriebe		Schrägverzahntes vollsynchronisiertes Fünfganggetriebe mit Mittelschaltung	
Automatikgetriebe		Viergang-Getriebe mit überbrückbarem Drehmomentwandler, elektronisch gesteuert durch Mikrocomputer, Programmwahl Economy/Sport/Winter, Notlauffunktionen, Fehlerspeicher	
		Schaltgetriebe	Automatikgetriebe
Getriebebezeichnung		R 25/5	AR 25/35
Übersetzungen	1. Gang/1. Stufe	3,954	2,856
	2. Gang/2. Stufe	2,188	1,620
	3. Gang/3. Stufe	1,388	1,000
	4. Gang/4. Stufe	1,000	0,723
	5. Gang	0,845	
	Rückwärtsgang	3,534	2,000
	Achsantrieb	3,900	3,900

Fahrwerk

Vorderradaufhängung	Einzelradaufhängung mit Querlenkern unten, McPherson-Federbeinen und Pendel-Stabilisator
Lenkung	Servounterstützte Kugelumlauflenkung mit selbsttätigem Rücklauf
Lenkgetriebeübersetzung	14,8 : 1
Hinterradaufhängung	Einzelradaufhängung mit Dreiecks-Schräglenkern, Zusatzlenkern und Querträger, tonnenförmige Miniblock-Schraubenfedern, Zweirohr-Teleskopstoßdämpfer, Stabilisator
Achseinstellung	Siehe Tabelle Seite 111
Räder	Siehe Seite 144
Reifen	Siehe Seite 143

Bremsanlage

Bauart		Diagonal geteiltes Zweikreis-Bremssystem
Fußbremse vorn		Einkolben-Schwimmsattelbremse, Hersteller ATE oder Girling, Bremsscheiben innenbelüftet
Bremskolbendurchmesser	mm	54,0
Bremsscheibe Durchmesser	mm	286,0
Stärke neu/mindestens	mm	24,0/21,0
Stärke nach dem Feindrehen	mm	22,5 (Mindestmaß)
Belagstärke neu/mindestens	mm	17,5/8,0 (mit Trägerplatte)
Fußbremse hinten		Zweikolben-Festsattelbremse, Hersteller ATE oder Girling, Bremsscheiben hinten massiv
Bremskolbendurchmesser	mm	40,0
Bremsscheibe Durchmesser	mm	286,0
Stärke neu/mindestens	mm	12,0/10,0
Stärke nach dem Feindrehen	mm	11,0 (Mindestmaß)
Belagstärke neu/mindestens	mm	17,0/6,0 (mit Trägerplatte)
Handbremse		Über Seilzug auf in den Bremsscheiben integrierte Bremstrommeln wirkend
Bremstrommel-Innendurchmesser neu/maximal	mm	160,0/161,0
Bremsbelag Verschleiß		max.0,5 mm über Nietkopf

Elektrische Anlage

Bordspannung V 12		
Batterie	Ah	44, 55 bzw. 66
Generator		14 V 70A/980 W oder 14 V 100A/1400 W
Keilrippenriemen-Abmessungen		
ohne Klimaanlage	mm	21,36 x 1725
mit Klimaanlage	mm	21,36 x 1900
Zündsystem		Vollelektronische Kennfeldzündung mit Klopfregelung
Zündkerzen		Siehe Tabelle Seite 190
Zündkerzen-Elektrodenabstand	mm	0,7– 0,8
Zündfolge		1 – 3 – 4 – 2
Anlasser-Bauart		Schub-Schraubtrieb-Anlasser betätigt durch Zünd/Anlaßschalter
Anlasserleistung	kW	1,4

Füllmengen (in Liter)

Ölmenge ohne Filterwechsel	4,0
Ölmenge mit Filterwechsel	4,5
Kühlsystem mit Heizung	
Achtventiler mit Schaltgetriebe	9,0
16 V mit Schaltgetriebe	8,8
Achtventiler mit Automatikgetriebe	8,8
16 V mit Automatikgetriebe	8,6
Kraftstofftank	75
Schaltgetriebe	1,2

Automatikgetriebe	
Ersteinfüllmenge	8,4
nach Demontage der Ölwanne	4,4
Bremssystem	0,5
Scheibenwaschanlage	3,0
Scheibenwaschanlage mit Scheinwerferwaschanlage	6,4

Abmessungen (in mm)

Modell		Limousine	Caravan
Länge		4787	4819
Breite		1766	1766
Höhe bei Leergewicht		1457	1509
Bodenfreiheit		135	142
Radstand		2730	2730
Spurweite vorn		1514	1514
Spurweite hinten		1528	1525
Gepäckraumvolumen	Liter	530	540 – 1800
Ladekantenhöhe		714	609

Anhängelasten (in kg)

Modell	X2,0SE mit Schaltgetriebe	X2,0SE mit Automatiketriebe	X2,0XEV mit Schaltgetriebe	X20XEV mit Automatikgetriebe
Zulässige Anhängelast bei 12% Prüfsteigung				
Anhänger ohne Bremse				
Limousine	750	750	750	750
Caravan	750	750	750	750
Anhänger mit Bremse				
Limousine	1600	1700	1700	1700
Caravan	1500	1650	1600	1700
Anhängestützlast	75	75	75	75
Dachlast inklusiv Dachträger	100	100	100	100

Stichwortverzeichnis

FSC
www.fsc.org
MIX
Papier | Fördert gute Waldnutzung
FSC® C083411

Kolibri 360 GmbH
Ferdinand-Jühlke-Straße 7
99095 Erfurt, Deutschland
produktsicherheit@kolibri360.de

Druck:
CPI Druckdienstleistungen GmbH
im Auftrag der
Kolibri 360 GmbH
Ferdinand-Jühlke-Str. 7
99095 Erfurt